Dialer/Onken/Leschonski
Grundzüge der Verfahrenstechnik und Reaktionstechnik

Dialer/Onken/Leschonski

Grundzüge der Verfahrenstechnik und Reaktionstechnik

mit Beiträgen von K. Dialer, K. Leschonski, F. Löffler,
A. Löwe, O. Molerus, W. Müller, U. Onken, J. Raasch,
K. Schönert, H. Schubert, J. Schwedes, W. Stahl.

HANSER

Carl Hanser Verlag München Wien

Sonderdruck aus Winnacker/Küchler, Chemische Technologie, Band 1.

Die Seitenzahlen, die auf Seite 29 beginnen, wurden in diesem Auszug beibehalten.

CIP-Kurztitelaufnahme der Deutschen Bibliothek

Grundzüge der Verfahrenstechnik und Reaktionstechnik /
Dialer ... Mit Beitr. von Dialer ... – Sonderdr. –
München ; Wien : Hanser, 1986.
  (Hanser-Studien-Bücher)
  Aus: Chemische Technologie ; Bd. 1. 1984
  ISBN 3-446-14560-5
NE: Dialer, Kurt [Hrsg.]

Dieses Werk ist urheberrechtlich geschützt.
Alle Rechte, auch die der Übersetzung, des Nachdrucks und der Vervielfältigung des Buches oder Teilen daraus vorbehalten.
Kein Teil des Werkes darf ohne schriftliche Genehmigung des Verlages in irgendeiner Form (Fotokopie, Mikrofilm oder ein anderes Verfahren), auch nicht für Zwecke der Unterrichtsgestaltung, reproduziert oder unter Verwendung elektronischer Systeme verarbeitet, vervielfältigt oder verbreitet werden.

© 1986 Carl Hanser Verlag München Wien
Satz und Druck: Passavia GmbH, Passau

Printed in Germany

Vorwort

Die wissenschaftlichen Grundlagen chemischer Produktionsverfahren sind zum einen stofflicher, zum andern methodischer Art. Zum ersteren Bereich gehört das Wissen über die beteiligten Stoffe, deren Eigenschaften und Reaktionen, also im wesentlichen die Chemie. Der andere Bereich umfaßt das Rüstzeug, das man zur Übertragung chemischer Verfahren in den technischen Maßstab benötigt. Eine wesentliche Rolle spielen dabei die Auswahl und Auslegung der Apparate für die einzelnen Verfahrensschritte. Die dafür erforderlichen Kenntnisse und Methoden sind Gegenstand der Disziplinen, die wir als mechanische und thermische Verfahrenstechnik und chemische Reaktionstechnik bezeichnen. Diese Gebiete sind zentraler Bestandteil jeder chemischen Technologie, und dementsprechend enthält auch die 4. Auflage des Winnacker/Küchler monographieartige Darstellungen dieser Gebiete.

Die Autoren dieser drei Kapitel begrüßen es, daß sich der Carl Hanser Verlag bereit erklärt hat, die Abhandlungen in Form eines einzigen, preiswerten Bandes herauszubringen. Er kommt damit vor allem einem Bedürfnis aus dem Kreis der Studenten des Chemie-Ingenieurwesens und der Chemie entgegen.

Die vorgegebene Beschränkung des Umfangs bei der Abfassung der drei Handbuchartikel war ein heilsamer Zwang zur Konzentration auf das Wesentliche. Dabei kam es den Autoren besonders darauf an, die den Teilgebieten zugrundeliegenden physikalischen und physikalisch-chemischen Gesetzmäßigkeiten klar herauszustellen.

Darauf aufbauend werden dann die jeweils wichtigsten Berechnungsmethoden behandelt. Von der Vielzahl der technischen Apparatetypen wird nur eine Auswahl gebracht; für weitergehende umfassendere Informationen werden jedoch zahlreiche Literaturhinweise gegeben.

Die Abgrenzung der drei Teilgebiete erfolgte in der im deutschen Sprachraum üblichen Weise. Danach läßt sich etwas vereinfacht sagen, daß die Grundoperationen der mechanischen Verfahrenstechnik im wesentlichen auf den Grundgesetzen der Mechanik beruhen. Dazu kommen für die in der thermischen Verfahrenstechnik zusammengefaßten Grundverfahren die Gesetze der Thermodynamik und des Wärme- und Stofftransports. Im Mittelpunkt der chemischen Reaktionstechnik steht die chemische Umsetzung, für deren quantitative Beschreibung die chemische Thermodynamik und die Reaktionskinetik benötigt werden. Das Ziel der Reaktionstechnik besteht dann darin, das Zusammenspiel von chemischer Reaktion und dem Transport von Stoff, Wärme und Impuls zu erforschen und für den technischen Prozeß zu nutzen.

Obwohl die drei Teile des vorliegenden Buches von drei verschiedenen Autoren bzw. Autorengruppen verfaßt worden sind, ist es, wie wir glauben, doch gelungen, eine gut abgestimmte Gesamtdarstellung der chemischen Verfahrenstechnik vorzulegen. Das ist in erster Linie das Verdienst von Herrn Prof. Dr. R. Steiner (Frankfurt/Main) und seinen Mitarbeitern, die an der Herausgabe von Bd. 1 – Allgemeines – der 4. Auflage der „Chemischen Technologie" von Winnacker/Küchler beteiligt waren. Sie haben u.a. dafür gesorgt, daß einheitliche Begriffe und, soweit möglich, auch einheitliche Symbole verwendet wurden.

Der Einsatz mechanischer und thermischer Grundoperationen ist nicht auf chemische Produktionsverfahren beschränkt; ihre Anwendung erstreckt sich vielmehr darüber hinaus auf eine ganze Reihe weiterer Industriezweige, angefangen von der Biotechnologie und Lebensmitteltechnologie über die Kunststofftechnologie, die Metallurgie, die Celluloseindustrie bis hin zur keramischen Industrie und zum Bergbau. Aber auch Kenntnisse und Methoden der chemischen Reaktionstechnik werden in diesen Industriezweigen nicht selten benötigt; man denke nur an die Technik der kontinuierlichen Heißsterilisation in der Lebensmittelindustrie und der Biotechnologie, wo die Schonung der Produkte ganz entscheidend vom Verweilzeitverhalten abhängt. Das Buch dürfte daher für viele auf diesen Gebieten tätige Ingenieure und Naturwissenschaftler von

Interesse sein. In erster Linie wendet es sich natürlich an Chemie- und Verfahrensingenieure und Chemiker. Insbesondere sollte es Studenten dieser Fachrichtungen an Universitäten, Technischen Hochschulen und Fachhochschulen als kurzgefaßter systematischer Leitfaden der mechanischen und thermischen Verfahrenstechnik und der chemischen Reaktionstechnik – vornehmlich zur komprimierten raschen Wiederholung des Prüfungsstoffes geeignet – dienen.

K. Dialer
U. Onken
K. Leschonski

Inhaltsverzeichnis

Grundzüge der mechanischen Verfahrenstechnik

Prof. Dr. Kurt Leschonski, Clausthal; Prof. Dr. Friedrich Löffler, Karlsruhe;
Prof. Dr. Otto Molerus, Erlangen; Dr. Walter Müller, Frankfurt(M)-Höchst;
Dr. Jürgen Raasch, Karlsruhe; Prof. Dr. Klaus Schönert, Clausthal;
Prof. Dr. Helmar Schubert, Karlsruhe; Prof. Dr. Jörg Schwedes, Braunschweig;
Prof. Dr. Werner Stahl, Karlsruhe

1	**Einführung**	29
2	**Allgemeine Grundlagen**	31
2.1	Kennzeichnung und Darstellung von Partikelkollektiven *(K. Leschonski)*	31
2.1.1	Partikelmerkmale – Mengenarten	31
2.1.2	Graphische Darstellung einer Partikelgrößenverteilung	32
2.1.3	Mittlere Partikelgrößen	33
2.1.4	Verteilungsfunktionen	34
2.1.5	Rechnerische Ermittlung der spezifischen Oberfläche	35
2.2	Bewegungen von Feststoffpartikeln in strömenden Flüssigkeiten und Gasen *(J. Raasch)*	36
2.2.1	Bewegung einer einzelnen wandfernen Partikel in einer stationären laminaren Strömung	36
2.2.2	Wandeinfluß	39
2.2.3	Strömungswechselwirkung von Partikeln	40
2.3	Strömungen durch Packungen und Wirbelschichten *(O. Molerus)*	40
2.3.1	Druckverlust bei der Packungsdurchströmung	40
2.3.2	Verfahrensprinzip der Fluidisation, Vor- und Nachteile	40
2.3.3	Lockerungspunkt (Minimalfluidisation)	41
2.3.4	Wirbelschicht-Zustandsdiagramm	42
2.3.5	Schüttguttypen	43
2.3.6	Lokale Struktur der Gas-Feststoff-Wirbelschichten	44
2.3.7	Technische Anwendung des Wirbelschichtprinzips	45
3	**Partikelmeßtechnik** *(K. Leschonski)*	46
3.1	Probennahme und Probenteilung	47
3.1.1	Probenteilung von Schüttgütern, Pasten und Suspensionen	48
3.1.2	Probennahme aus strömenden Gasen und Flüssigkeiten	48
3.2	Sedimentationsverfahren	48
3.3	Zählverfahren	50
3.3.1	Mittelbare Zählverfahren	50
3.3.2	Unmittelbare Zählverfahren	51
3.4	Analyse von Beugungsspektren	52
3.5	Analysen-Trennverfahren	52
4	**Trennverfahren**	53
4.1	Kennzeichnung einer Trennung *(K. Leschonski)*	53
4.2	Abscheiden von Partikeln aus Gasen *(F. Löffler)*	55
4.2.1	Beurteilung von Abscheidern	55

4.2.2	Ermittlung des Trenngrades	56
4.2.3	Fliehkraftabscheider	57
4.2.4	Naßabscheider	59
4.2.5	Filter	61
4.2.6	Elektrische Abscheider	63
4.3	Abscheiden von Feststoffen aus Flüssigkeiten *(W. Stahl)*	64
4.3.1	Trennprinzipien	64
4.3.2	Rechnerische Beschreibung der Vorgänge bei der Fest-Flüssig-Trennung	66
4.3.2.1	Sinkgeschwindigkeit von Einzelpartikeln	66
4.3.2.2	Gesetz der kuchenbildenden Filtration	66
4.3.2.3	Entfeuchtung des Filterkuchens	67
4.3.3	Experimentelle Methoden der Vorhersage	68
4.3.4	Trennverfahren im Schwerefeld	68
4.3.5	Trennverfahren im Fliehkraftfeld	70
4.3.5.1	Diskontinuierliche Zentrifugen	70
4.3.5.2	Kontinuierliche Zentrifugen	71
4.3.6	Filtrierende Trennverfahren mit Differenzdruck	74
4.3.6.1	Diskontinuierliche Filter	74
4.3.6.2	Kontinuierliche Filter	75
4.4	Klassieren in Gasen *(K. Leschonski)*	76
4.4.1	Verfahrensschritte des Windsichtens	76
4.4.2	Gegenstrom-Windsichter	77
4.4.2.1	Spiralwindsichter	77
4.4.2.2	Abweiseradsichter	79
5	**Zerkleinern** *(K. Schönert)*	80
5.1	Grundlagen	80
5.1.1	Partikelzerstörung	80
5.1.2	Zerkleinerungstechnische Stoffeigenschaften	83
5.1.3	Beschreibung von Zerkleinerungsprozessen	86
5.2	Zerkleinerungsmaschinen	87
5.2.1	Brecher	87
5.2.2	Wälzmühlen	88
5.2.3	Mahlkörpermühlen	89
5.2.4	Prallmühlen	91
6	**Agglomerieren** *(H. Schubert)*	94
6.1	Bindemechanismen von Agglomeraten – Partikelhaftung	94
6.2	Eigenschaften von Agglomeraten	99
6.3	Grundverfahren des Agglomerierens	102
6.3.1	Aufbauagglomeration	102
6.3.2	Preßagglomeration	104
6.3.3	Sonstige Agglomerierverfahren	105
7	**Mischen** *(W. Müller)*	105
7.1	Ablauf von Mischvorgängen	105
7.2	Mischgüte bei dispersen Systemen	106
7.3	Rühren	108
7.3.1	Rührkessel, Rührorgane	108
7.3.2	Leistungsbedarf	108
7.3.3	Mischzeit	110
7.3.4	Wärmeübertragung, Suspendieren und Dispergieren	111
7.4	Mischen in Rohrleitungen	113

7.5	Mischen von Massen, Teigen und Schmelzen	113
7.6	Mischen von Feststoffen	114
8	**Bunkern** *(J. Schwedes)*	**118**
8.1	Fließverhalten von Schüttgütern	118
8.1.1	Fließkriterien	119
8.1.2	Verhalten realer Schüttgüter	120
8.2	Dimensionierung von Bunkern	122
8.2.1	Probleme, Fließprofile	122
8.2.2	Vermeidung von Brückenbildung	123
8.2.3	Austraghilfen, Austragorgane	124
8.2.4	Bunkerauslegung aus statischer Sicht	125
9	**Hydraulischer und pneumatischer Transport** *(O. Molerus)*	**126**
9.1	Hydraulischer Transport	126
9.2	Pneumatischer Transport	127
9.2.1	Vor- und Nachteile der pneumatischen Förderung	127
9.2.2	Förderzustände	128
9.2.3	Auslegung von pneumatischen Förderanlagen	129
9.2.4	Anlagen zur pneumatischen Förderung	133
	Literaturverzeichnis	**134**

Grundzüge der thermischen Verfahrenstechnik

Prof. Dr. Ulfert Onken, Dortmund
unter Mitwirkung von
Dr. Peter Weiland, Braunschweig

1	**Wärmeübertragung**	**139**
1.1	Grundlagen des Wärmetransports	139
1.1.1	Wärmetransport durch Leitung	140
1.1.2	Konvektiver Wärmetransport	142
1.1.2.1	Wärmeübergang	142
1.1.2.2	Kennzahlbeziehungen	144
1.1.2.3	Wärmeübergang bei Änderung des Aggregatzustands	145
1.1.2.4	Wärmedurchgang	147
1.1.3	Wärmetransport durch Strahlung	148
1.2	Technischer Wärmetransport	150
1.2.1	Einteilung der Wärmeaustauscher	150
1.2.2	Wärmedurchgangskoeffizienten üblicher Wärmeaustauschertypen	152
1.2.2.1	Doppelrohr- und Rohrbündelwärmeaustauscher	152
1.2.2.2	Wärmeaustauscher mit berippten Oberflächen	154
1.2.2.3	Platten- und Spiralwärmeaustauscher	155
1.2.2.4	Wärmeaustausch in Rührkesseln	155
1.2.2.5	Wärmeaustausch in Dünnschichtverdampfern	156
1.2.2.6	Apparate mit direktem Wärmeaustausch	156
1.2.2.7	Wärmeaustauscher mit Wärmespeichern (Regeneratoren)	157
1.2.3	Wirtschaftlichkeitsüberlegungen	158
2	**Grundlagen der thermischen Trennverfahren**	**158**
2.1	Phasengleichgewichte	158
2.1.1	Gleichgewichte zwischen gasförmigen und kondensierten Phasen	158

2.1.1.1	Gleichgewichtsbeziehungen	158
2.1.1.2	Phasendiagramme	161
2.1.1.3	Aktivitätskoeffizienten flüssiger Mehrkomponentensysteme	163
2.1.1.4	Vorausberechnung von Aktivitätskoeffizienten	165
2.1.2	Gleichgewichte zwischen flüssigen Phasen	165
2.1.2.1	Gleichgewichtsbeziehungen	165
2.1.2.2	Phasendiagramme	166
2.1.3	Gleichgewichte zwischen flüssigen und festen Phasen	167
2.1.3.1	Gleichgewichtsbeziehungen	167
2.1.3.2	Phasendiagramme	168
2.2	Stofftransport	169
2.2.1	Stofftransport durch Diffusion	169
2.2.2	Stofftransport durch Konvektion	170
2.2.3	Stofftransport durch Grenzflächen (Stoffdurchgang)	172
2.2.3.1	Zweifilmtheorie	172
2.2.3.2	Oberflächenerneuerungstheorien	174
2.3	Gegenstromtrennprozesse	174
2.3.1	Vervielfachung des Einzeltrenneffekts	174
2.3.2	Theorie der Trennstufen	176
2.3.3	Kinetische Theorie der Gegenstromtrennung	178
3	**Trennverfahren für fluide Phasen**	**180**
3.1	Destillation und Rektifikation	180
3.1.1	Einfache Destillation und Kondensation	181
3.1.2	Kontinuierliche Rektifikation von Zweistoffgemischen	182
3.1.2.1	Vereinfachte Berechnung	183
3.1.2.2	Berechnung unter Berücksichtigung der Wärmebilanzen	185
3.1.2.3	Wirtschaftliche Gesichtspunkte	186
3.1.3	Kontinuierliche Rektifikation von Mehrstoffgemischen	187
3.1.4	Absatzweise Rektifikation	188
3.1.5	Rektifikation mit Hilfsstoffen	190
3.1.5.1	Azeotroprektifikation	191
3.1.5.2	Extraktivrektifikation	192
3.1.6	Rektifizierapparate	194
3.1.6.1	Bodenkolonnen	194
3.1.6.2	Kolonnen mit Packungen	197
3.2	Absorption	199
3.2.1	Trennaufwand	200
3.2.2	Chemische Absorption	203
3.2.3	Absorptionsapparate	204
3.3	Flüssigkeitsextraktion	204
3.3.1	Auswahl des Lösemittels	206
3.3.2	Trennaufwand	206
3.3.3	Extraktionsapparate	208
3.3.3.1	Einstufige Apparate	208
3.3.3.2	Extraktionskolonnen	209
3.3.3.3	Zentrifugalextraktoren	211
4	**Thermische Trennverfahren mit festen Phasen**	**212**
4.1	Kristallisation	212
4.1.1	Kinetik der Kristallisation	212
4.1.1.1	Keimbildung	213
4.1.1.2	Kristallwachstum	214
4.1.1.3	Auslegung von Kristallisatoren	216

4.1.2	Kristallisationsverfahren	217
4.1.2.1	Anwendung der Kristallisation	217
4.1.2.2	Kristallisiermethoden	218
4.1.3	Kristallisatoren	219
4.2	Trocknung	222
4.2.1	Trocknungsverlauf	222
4.2.2	Auslegung von Trocknern	224
4.2.2.1	Trocknungszeit bei der Konvektionstrocknung	225
4.2.2.2	Wärmebedarf bei der Konvektionstrocknung	225
4.2.3	Bauarten von Trocknern	227
4.2.3.1	Konvektionstrockner	227
4.2.3.2	Kontakttrockner	229
4.2.3.3	Gefriertrocknung	229
4.3	Feststoffextraktion	230
5	**Thermische Trennverfahren an Grenzflächen**	**231**
5.1	Adsorption	231
5.1.1	Grundlagen	231
5.1.2	Anwendung und technische Durchführung	232
5.2	Ionenaustausch	234
5.3	Membranverfahren	235
	Literaturverzeichnis	238

Grundzüge der chemischen Reaktionstechnik

Prof. Dr. Kurt Dialer, München; Prof Dr. Arno Löwe, Braunschweig

1	**Einleitung – Bedeutung der chemischen Reaktionstechnik**	242
2	**Chemische Reaktion**	244
2.1	Stöchiometrie, Thermodynamik	244
2.2	Kinetik	244
3	**Reaktion und Transport (Makrokinetik)**	247
3.1	Reaktionen in einer Phase	247
3.2	Heterogene Reaktionen	249
3.2.1	Fluidreaktionen mit Feststoffkatalysatoren	249
3.2.2	Heterogene Fluidreaktionen	256
3.2.3	Reaktionen von Feststoffen mit Fluiden	263
3.2.4	Mehrphasensysteme	266
3.2.4.1	Dreiphasensysteme mit Feststoff als Katalysator	266
3.2.4.2	Dreiphasensysteme mit Feststoff als Reaktionspartner	267
3.3	Desaktivierung fester Katalysatoren	268
4	**Berechnung von Reaktoren**	271
4.1	Grundformen technischer Reaktionsapparate	272
4.1.1	Kennzeichnende Merkmale	272
4.1.2	Technische Betriebsformen	273
4.1.2.1	Satzbetrieb	273
4.1.2.2	Fließbetrieb	273
4.1.2.3	Teilfließbetrieb	274

4.2	Modelle isothermer Reaktoren	274
4.2.1	Idealkessel	276
4.2.1.1	Absatzweise betriebener Idealkessel	276
4.2.1.2	Kontinuierlich betriebener Idealkessel	277
4.2.2	Idealrohr	278
4.2.3	Reaktorschaltungen	280
4.3	Verweilzeitverhalten	282
4.3.1	Verweilzeitverteilung	282
4.3.2	Verweilzeitmodelle	283
4.3.3	Verweilzeitverteilung und Reaktion	286
4.4	Berücksichtigung der Wärmebilanz von Reaktoren	287
4.4.1	Adiabatische Reaktionsführung	288
4.4.2	Nichtadiabatische Reaktionsführung	289
4.4.2.1	Absatzweise betriebener Idealkessel	289
4.4.2.2	Kontinuierlich betriebener Idealkessel	290
4.4.2.3	Idealrohr	292
4.5	Reaktoren für disperse Systeme	295
4.5.1	Festbettreaktoren	295
4.5.2	Wirbelschichtreaktoren	298
4.5.3	Gas-Flüssig-Reaktoren	300
4.5.4	Mehrphasenreaktoren	303
4.5.4.1	Rieselbettreaktoren	304
4.5.4.2	Suspensionsreaktoren	305
4.5.5	Andere Reaktoren	306
5	**Wahl der Betriebsbedingungen**	**308**
5.1	Zielgröße Umsatz	308
5.1.1	Konzentrationsführung	310
5.1.1.1	Druck und Inertstoffkonzentration	310
5.1.1.2	Einsatzverhältnis	310
5.1.1.3	Vermischung	311
5.1.1.4	Zu- bzw. Abfuhr von Reaktionskomponenten	312
5.1.2	Stoffstromführung	313
5.1.3	Temperaturführung	313
5.1.4	Maßnahmen bei Katalysator-Desaktivierung	316
5.1.4.1	Maßnahmen während der Desaktivierung	317
5.1.4.2	Maßnahmen zur Reaktivierung	317
5.2	Zielgröße Selektivität	318
5.2.1	Konzentrationsführung	318
5.2.1.1	Vermischung	318
5.2.1.2	Zu- bzw. Abfuhr von Reaktionskomponenten	323
5.2.2	Stoffstromführung	323
5.2.3	Temperaturführung	324
6	**Fragen der Anwendung**	**326**
6.1	Datenbeschaffung	327
6.2	Maßstabsvergrößerung	328
6.3	Optimierung	329
	Literaturverzeichnis	330
	Sachregister	335

Grundzüge der mechanischen Verfahrenstechnik

Prof. Dr.-Ing. Kurt Leschonski, Clausthal
Prof. Dr.-Ing. Friedrich Löffler, Karlsruhe
Prof. Dr.-Ing. Otto Molerus, Erlangen
Dr.-Ing. Walter Müller, Frankfurt/M.-Höchst
Dr.-Ing. Jürgen Raasch, Karlsruhe
Prof. Dr.-Ing. Klaus Schönert, Clausthal
Prof. Dr.-Ing. Helmar Schubert, Karlsruhe
Prof. Dr.-Ing. Jörg Schwedes, Braunschweig
Prof. Dr.-Ing. Werner Stahl, Karlsruhe

1 Einführung

Die mechanische Verfahrenstechnik behandelt die Umwandlung stofflicher Systeme unter mechanischen Einwirkungen. Sie umfaßt insbesondere Trennverfahren zwischen Feststoffen und Fluiden, Mischvorgänge sowie Zerkleinerungs- und Agglomerationsprozesse, daneben die Bunkerung und den Transport von Feststoffen. Zur Charakterisierung dieser Grundoperationen hat sich eine spezielle Meßtechnik – die Partikelgrößenanalyse – herausgebildet.
Die das disperse System aufbauenden Phasen können gleiche, aber auch unterschiedliche Aggregatzustände besitzen. Sie können also aus Feststoffpartikeln (Aerosole, Suspensionen), Tröpfchen nicht-mischbarer Flüssigkeiten (Emulsionen) und Blasen bestehen. Die Partikelgrößen erstrecken sich über viele Zehnerpotenzen, von etwa 0,1 µm bis zu 1 m. Die Feststoffpartikeln bestehen i.a. aus mehreren Komponenten (mineralische, pflanzliche oder tierische Rohstoffe), aus vielen Kristalliten einer Komponente oder sind Agglomerate, die durch schwache Bindungskräfte (kapillare Haftkräfte, van der Waals-Kräfte, elektrostatische bzw. magnetische Kräfte) zusammengehalten werden. Eine derartige Heterogenität der Stoffsysteme liegt in anderen Bereichen der Verfahrenstechnik und der chemischen Technologie nicht vor und prägt die mechanische Verfahrenstechnik in besonderer Weise.
Die Eigenschaften disperser Systeme hängen von Größe und Form der Partikeln sowie vom Konsolidierungsgrad ab. Eine Übersicht nach Rumpf [1] gibt Tab. 1.
Die Zustandsänderungen der mechanischen Verfahrenstechnik lassen sich nach den beiden Hauptgruppen unterscheiden:
– Zustandsänderungen, bei denen sich die Partikeln selbst nach Größe, Form und Oberflächenzustand ändern,
– Zustandsänderungen, bei denen die Partikeln unverändert bleiben bzw. keine Partikeln beteiligt sind.
Zur ersten Gruppe gehören die Grundverfahren Zerkleinern und Kornvergrößerung (Agglomerieren, Tablettieren, Brikettieren), zur zweiten das Trennen (Klassieren, Sortieren, Abscheiden, Filtrieren), das Mischen sowie die Behandlung von Kontinua und Quasikontinua (Rühren, Kneten, Wirbelschichttechnik). Zu den Transportvorgängen der mechanischen Verfahrenstechnik zählen das hydraulische und pneumatische Fördern, Dosieren und das Lagern von Schüttgütern.

Tab. 1. Korngrößenabhängige Eigenschaften disperser Systeme (in Klammern ist die Tendenz bei abnehmender Korngröße angegeben)

Eigenschaften des Einzelkorns:
- Homogenität (zunehmend):
  chemische Homogenität, z. B. bei Mineralien, Erzen;
  mineralogische Homogenität, wenn verschiedene Kristallmodifikationen existieren;
  physikalische Homogenität, d. h. Homogenität hinsichtlich bestimmter physikalischer Eigenschaften (Unterscheidung zwischen *strukturunempfindlichen* Eigenschaften, wie z. B. Elastizität, spez. Wärme, opt. Absorption, und *strukturempfindlichen* Eigenschaften, wie z. B. Plastizität, Festigkeit),
- Elastisch-plastisches Verhalten (meist vergrößerte Duktilität),
- Bruchwahrscheinlichkeit (abnehmend), Festigkeit (zunehmend),
- Verschleißverhalten, Tauglichkeit zur mechanischen Oberflächenbehandlung,
- Eigenschaften resultierend aus Konkurrenz zwischen Volumen- und Oberflächenkräften, z. B. Haften, Agglomerieren, Schwebefähigkeit, Beweglichkeit im elektrischen Feld (zunehmend),
- Optische Eigenschaften: Absorption, Lichtstreuung (zunehmend).

Eigenschaften des Kornkollektivs:
- Raumausfüllung (abnehmend),
- Rheologisches Verhalten:
  Elastizität, Fließgrenze, innere Reibung, Viskosität einer Suspension (meist zunehmend),
- Rieselfähigkeit (abnehmend), Fließeigenschaften,
- Mischbarkeit (erst zu-, dann abnehmend),
- Trennbarkeit (abnehmend),
- Benetzung (abnehmend),
- Kapillardruck bei Systemen fest–flüssig (zunehmend),
- Agglomerat-, Brikettfestigkeit (zunehmend),
- Strömungseigenschaften:
  Durchströmung, Fluidisierbarkeit, Sinkgeschwindigkeit von Clustern,
- Thermische Eigenschaften:
  Wärmeübertragung, Wärme- und Stoffaustausch,
- Zünd- und Explosionsverhalten (zunehmend),
- Geschmackliche Eigenschaften,
- Optische Eigenschaften (Extinktion, diffuse Reflexion).

Die Partikelmeßtechnik ist insofern eine spezifische Meßtechnik der mechanischen Verfahrenstechnik, da erst sie die wesentlichen Informationen über den Systemzustand liefert, zu dessen vollständiger Beschreibung folgende Kenntnisse notwendig sind: Partikelgrößenverteilung, spezifische Oberfläche, Partikelform, Partikelkonzentration, Bewegungszustand der Partikeln, Schüttdichte.

Dieses Kapitel kann nur eine knappe Einführung in das Fachgebiet bringen. Es sei auf die weiterführenden Bücher von *Brauer* [2], *Grassmann* [3], *Rumpf* [1], *Schubert* [4, 5] und *Ullrich* [6] hingewiesen.

2 Allgemeine Grundlagen

2.1 Kennzeichnung und Darstellung von Partikelkollektiven

2.1.1 Partikelmerkmale – Mengenarten

Disperse Stoffe sind Kollektive, deren Elemente sich nach Größenklassen ordnen lassen. Zur Kennzeichnung der Elemente benutzt man bestimmte, meßbare, möglichst eindeutig die Elemente beschreibende physikalische Eigenschaften wie z.B. die Masse, das Volumen, die Oberfläche, unterschiedliche charakteristische Längen (Sehnenlängen) der Projektion eines Elementes, die Sinkgeschwindigkeit in einem Gas oder in einer Flüssigkeit, die Intensität des von einer Partikel gestreuten oder absorbierten Lichtes oder allgemeiner die Störung eines elektromagnetischen Feldes durch die Anwesenheit einer Partikel usw.

Diese unterschiedlichen physikalischen Partikeleigenschaften faßt man unter dem übergeordneten Begriff Partikelmerkmal [7–9] zusammen. Die Elemente der dispersen Phase unterscheiden sich in der absoluten Größe der zu messenden Eigenschaft, d.h. des Partikelmerkmals, so daß diese nach der Größe dieser Eigenschaft geordnet werden können. Es sind deshalb nicht nur die Größe der Elemente, d.h. deren Feinheit, sondern auch die Mengenanteile, mit denen die einzelnen Klassen am Gesamtaufbau der Verteilung beteiligt sind, zu ermitteln. Dabei können unterschiedliche Mengenarten verwendet werden. Zählt man die Elemente gleicher Feinheit, so ist die Mengenart eine Anzahl, wiegt man sie, dann ist die Masse die Mengenart. Aneinandergereiht bilden Elemente gleicher Feinheit eine Strecke, so daß auch die Summe von Partikellängen eine Mengenart sein kann. Die gebräuchlichsten Partikelmerkmale und Mengenarten sind in Tab. 2 zusammengefaßt.

Tab. 2. Partikelmerkmale – Mengenarten

Partikelmerkmale:	Mengenarten:
Geometrische Merkmale:	Anzahl,
Sehnenlängen,	Länge,
Oberfläche,	Fläche,
Projektionsfläche,	Volumen,
Volumen.	Masse.
Masse,	
Sinkgeschwindigkeit,	
Feldstörungen (z.B. Störung eines elektromagnetischen Feldes).	

Die zu messenden Elemente der Partikelgrößenanalyse sind vielfach unregelmäßig geformt. Eine eindeutige Beschreibung ist deshalb schwierig, so daß man bei Vergleichen bestrebt ist, die genannten Partikelmerkmale auf sog. Äquivalentdurchmesser umzurechnen.

Der *Äquivalentdurchmesser* ist der Durchmesser einer Kugel, die dieselbe physikalische Eigenschaft aufweist wie die gemessene, unregelmäßige Partikel. Der Zusammenhang zwischen Äquivalentdurchmesser und Partikelmerkmal muß entweder theoretisch oder aufgrund einer Eichung bekannt sein. Den unterschiedlichen Partikelmerkmalen entsprechend unterscheidet man z.B. die in Tab. 3 angegebenen Äquivalentdurchmesser. Zwischen den Äquivalentdurchmessern lassen sich unter bestimmten Voraussetzungen theoretische Zusammenhänge ableiten. Nach dem Theorem von *Cauchy* [10] (mittlere Projektionsfläche = ein Viertel der Partikeloberfläche) ist:

$$d_{pm} = d_S \tag{1}$$

Tab. 3. Äquivalentdurchmesser

Symbol	Bedeutung
d_{pm}	Durchmesser der Kugel gleicher Projektionsfläche bei mittlerer Partikellage
d_S	Durchmesser der Kugel gleicher Oberfläche
d_V	Durchmesser der Kugel gleichen Volumens
d_w	Durchmesser der Kugel gleicher Singeschwindigkeit
d_F	Durchmesser der Kugel gleicher Feldstörung

Mit dem Formfaktor ψ, der Sphärizität nach *Wadell* [11], die durch das Verhältnis der Oberfläche der volumengleichen Kugel zur tatsächlichen Partikeloberfläche definiert ist, erhält man:

$$\psi = \frac{d_V^2}{d_S^2} \qquad (2)$$

Schließlich errechnet man aus dem Gleichgewicht der an einer sedimentierenden und laminar umströmten Partikel bei stationärer Bewegung angreifenden Kräfte:

$$d_w = d_V \sqrt[4]{\psi} \qquad (3)$$

2.1.2 Graphische Darstellung einer Partikelgrößenverteilung

Bei der graphischen Darstellung einer Partikelgrößenverteilung [9] werden bestimmten Partikelmerkmalen bzw. Äquivalentdurchmessern zugeordnete Mengenanteile aufgetragen. Jedem Äquivalentdurchmesser wird dabei ein normiertes, d. h. auf die Gesamtmenge bezogenes Mengenmaß zugeordnet. Bei der graphischen Darstellung trägt man den Äquivalentdurchmesser d auf der Abszisse, das Mengenmaß auf der Ordinate auf. Man unterscheidet zwei Mengenmaße (vgl. auch DIN 66141):
– die Verteilungssumme Q_r und
– die Verteilungsdichte q_r.
Die Buchstaben q, Q stehen für den Begriff: Menge = quantity. Der Index r gibt die dargestellte Mengenart an (Anzahl: $r = 0$; Länge: $r = 1$, Fläche: $r = 2$; Volumen, Masse (falls $\varrho_p = $ konst): $r = 3$). Die Verteilungssumme Q_r gibt die auf die Gesamtmenge bezogene, d.h. normierte Menge aller Partikel mit Äquivalentdurchmessern kleiner gleich d an. Ihre Abhängigkeit von einem Partikelmerkmal oder einem Äquivalentdurchmesser d wird in Form der in Bild 1 dargestellten Verteilungssummenkurve $Q_r(d)$ angegeben.

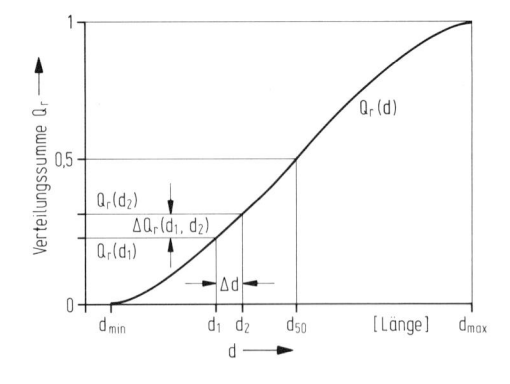

Bild 1. Verteilungssummenkurve $Q_r(d)$
$Q_r(d_{min}) = 0$;
$Q_r(d_{max}) = 1$ (Normierungsbedingung)

[Literatur S. 134]   2 *Allgemeine Grundlagen*   33

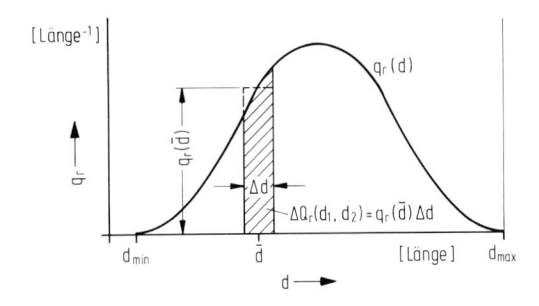

Bild 2. Verteilungsdichtekurve $q_r(d)$

Die *Verteilungsdichtekurve* $q_r(d)$ gibt den Mengenanteil je Merkmalsintervall Δd an. Ist die Verteilungssummenkurve $Q_r(d)$ eine stetige, differenzierbare Funktion, so erhält man die Verteilungsdichtekurve aus:

$$q_r(d) = \frac{dQ_r(d)}{dd} \qquad (4)$$

Die schraffierte Fläche in Bild 2 gibt gemäß $\Delta Q_r(d) = q_r(\bar{d}) \cdot \Delta d$ den im Intervall Δd enthaltenen Mengenanteil der Partikeln um den Intervallmittelwert $\bar{d}$ an. Die Fläche unterhalb der gesamten Verteilungsdichtekurve $q_r(d)$ ist unabhängig von der gewählten Mengenart (Index r) immer gleich Eins (Normierungsbedingung):

$$\int_{d_{\min}}^{d_{\max}} q_r(x) dx = Q_r(d_{\max}) - Q_r(d_{\min}) = 1 \qquad (5)$$

Vielfach wird bei der graphischen Darstellung von $q_r(d)$ die Verteilungsdichte $q_r(d_1, d_2)$ im Merkmalsintervall oder der Merkmalsklasse $\Delta d = d_2 - d_1$ als konstant angenommen, und man trägt den Mengenanteil

$$\Delta Q_r(d_1, d_2) = q_r(d_1, d_2) \cdot \Delta d \qquad (6)$$

als Rechteck über Δd auf. Man erhält dann das in Bild 3 dargestellte Säulendiagramm oder Histogramm.

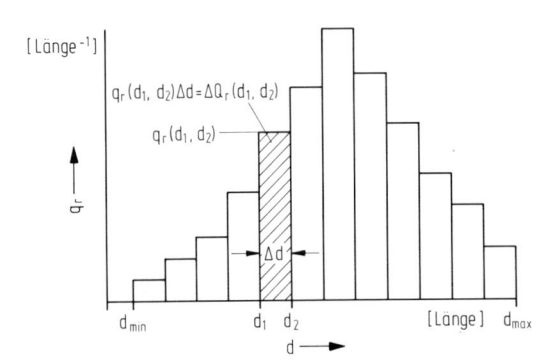

Bild 3. Verteilungsdichtekurve $q_r(d)$, dargestellt als Histogramm

2.1.3 Mittlere Partikelgrößen

Die Partikelgrößenanalyse wird in der Technik im allgemeinen nicht um ihrer selbst willen betrieben, sondern um die Abhängigkeit bestimmter physikalischer Eigenschaften eines dispersen Haufwerks, wie z. B. Fließfähigkeit, Raumausnutzung, Löslichkeit, Agglomerationsneigung usw. von

der Lage und dem Verlauf der Partikelgrößenverteilung zu ermitteln. Den funktionalen Zusammenhang nannte *Rumpf* [12] die Eigenschaftsfunktion.
Eigenschaftsfunktionen lassen sich jedoch meist nur dann zufriedenstellend darstellen, wenn sich die betrachteten Variablen durch jeweils einen einzigen Zahlenwert kennzeichnen lassen. Man verwendet deshalb Mittelwerte der Verteilungen.

Beliebige mittlere Partikelgrößen lassen sich berechnen nach:

$$\bar{d}_{k,r} = \sqrt[k]{M_{k,r}} \tag{7}$$

Dabei ist $M_{k,r}$ das k-te Moment der q_r-Verteilung

$$M_{k,r} = \int_{d_{min}}^{d_{max}} x^k q_r(x) dx \qquad \begin{aligned} r &= 0, 1, 2, 3 \\ k &= \ldots -3, -2, -1, 0, 1, 2, 3 \end{aligned} \tag{8}$$

Unterschiedliche mittlere Partikelgrößen lassen sich demnach je nach Wahl von k bzw. r definieren. Bevorzugt verwendet werden:
- arithmetische mittlere Partikelgrößen:

$$\bar{d}_{k,0} = \sqrt[k]{M_{k,0}} \tag{9}$$

Sie entsprechen der k-ten Wurzel des k-ten Momentes der Anzahlverteilung,
- gewogene mittlere Partikelgrößen:

$$\bar{d}_{l,r} = M_{l,r} = M_{r+l,0}/M_{r,0} \tag{10}$$

Gewogene mittlere Partikelgrößen sind mit der Abszisse des Schwerpunktes der Fläche der q_r-Kurve identisch.
Eine ausführliche Darstellung über die Verwendung von Momenten im Bereich der Partikelgrößenanalyse sowie des Umrechnens von Verteilungen auf andere Mengenarten wurde von *Rumpf* und *Ebert* [13] sowie von *Leschonski, Alex* und *Koglin* [14] gegeben.

2.1.4 Verteilungsfunktionen

In vielen Fällen läßt sich der empirisch ermittelte Verlauf einer Verteilungssummenkurve durch eine mathematische Funktion angenähert beschreiben. Derartige Approximationsfunktionen er-

Tab. 4. *Verteilungsfunktionen der Partikelgrößenanalyse*

Bezeichnung	Funktion	Lage-parameter	Streuungs-parameter	DIN
Potenzverteilung	$Q_3(d) = (d/d_{max})^m$	d_{max}	m	66 143
RRSB-Verteilung	$1 - Q_3(d) = \exp(-(d/d')^n)$	d'	n	66 145
Normalverteilungen	$Q_r^*(t) = \int_{-\infty}^{t} q_r^*(\xi) d\xi$			
	$q_r^*(t) = (1/\sqrt{2\pi}) \exp(-t^2/2)$			
lin. Abszisse	$t = (d - d_{50,r})/s$	$d_{50,r}$	s	66 144
log. Abszisse	z. B.: $t = \ln(d/d_{50,r})/s$	$d_{50,r}$	s	
	oder: $t = \lg(d/d_{50,r})/\lg s_g$	$d_{50,r}$	$s_g = e^s$	

möglichen die Anfertigung spezieller Netzpapiere, in denen sich der Funktionsverlauf als eine Gerade darstellen läßt. Die bekanntesten Verteilungsfunktionen sind die:
- Potenzverteilung (Gaudin-Schuhmann-Verteilung) [15, 16],
- RRSB-Verteilung (Rosin, Rammler, Sperling, Bennett-Verteilung) [17–19] und
- Normalverteilungen [13]

Diese Verteilungsfunktionen sind in Tab. 4 zusammenfassend dargestellt [14]. Bezüglich näherer Einzelheiten sei auf die in Tab. 4 angegebenen DIN-Normen verwiesen.

2.1.5 Rechnerische Ermittlung der spezifischen Oberfläche

In vielen technischen Anwendungsfällen wird eine Produkteigenschaft nicht direkt bzw. nicht allein durch eine der genannten Partikelgrößenverteilungen gekennzeichnet, sondern man verwendet eine aus der Partikelgrößenverteilung abgeleitete Größe: z. B. die spezifische Oberfläche. Diese ist entweder als das Verhältnis von Oberfläche S zu Volumen V, der volumenbezogenen Oberfläche S_V, oder als das Verhältnis der Oberfläche S zur Masse m, der massenbezogenen Oberfläche S_m, definiert. Zwischen der volumenbezogenen und der massenbezogenen Oberfläche besteht die Beziehung

$$S_V = S_m \cdot \varrho_s \tag{11}$$

mit ϱ_s als Dichte der Partikel.

Eine Kugel vom Durchmesser d besitzt folgende volumenbezogene Oberfläche:

$$S_V = \pi d^2 / (\pi d^3/6) = 6/d \tag{12}$$

Die volumenbezogene Oberfläche einer Partikelgrößenverteilung läßt sich unter Benutzung von Momenten berechnen gemäß:

$$S_V = \frac{\int_{d_{\min}}^{d_{\max}} \pi d_S^2 q_0(d_S) \cdot \mathrm{d}d_S}{\int_{d_{\min}}^{d_{\max}} \frac{\pi}{6} d_V^3 q_0(d_V) \cdot \mathrm{d}d_V} \tag{13}$$

Dabei sind $q_0(d_S)$ bzw. $q_0(d_V)$ die Anzahlverteilungsdichtekurven der Äquivalentdurchmesser der oberflächen- bzw. volumengleichen Kugeln. Gl. (13) läßt sich nach Einführung des als konstant angenommenen Formfaktors $\psi_{S,V}$.

$$\psi_{S,V} = d_S/d_V \tag{14}$$

mit Momenten wie folgt berechnen:

$$S_V = 6\psi_{S,V}^2 \frac{M_{2,0}(d_V)}{M_{3,0}(d_V)} = 6\psi_{S,V}^2 \cdot M_{-1,3}(d_V) \tag{15}$$

2.2 Bewegungen von Feststoffpartikeln in strömenden Flüssigkeiten und Gasen

2.2.1 Bewegung einer einzelnen wandfernen Partikel in einer stationären laminaren Strömung

Betrachtet man eine einzelne, in einem Strömungsmittel (Flüssigkeit oder Gas) suspendierte Partikel zu einem bestimmten Zeitpunkt t, so ist ihre momentane Lage durch die Lage ihres Schwerpunkts und durch ihre Orientierung festgelegt (Bild 4). Ihre Translationsgeschwindigkeit wird mit $\underline{w}$, ihre Winkelgeschwindigkeit mit $\underline{\omega}$ bezeichnet. Bei Abwesenheit der Partikel hat das Strömungsmittel zu dem betrachteten Zeitpunkt eine bestimmte räumliche Geschwindigkeitsverteilung mit der Geschwindigkeit $\underline{v}$ am Schwerpunktsort der Partikel. Die Relativgeschwindigkeit

$$\underline{v}_{rel} = \underline{v} - \underline{w} \tag{16}$$

ist zugleich die momentane Anströmgeschwindigkeit der Partikel. Ist die Partikel klein gegenüber räumlichen Veränderungen des Strömungsfeldes, so kann die Anströmung der Partikel als gleichförmig angesehen werden.

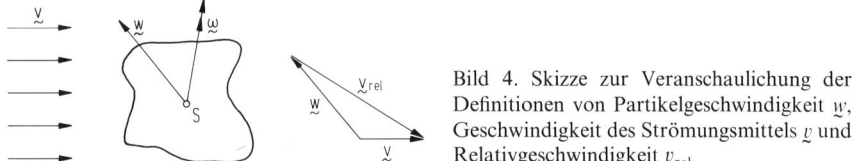

Bild 4. Skizze zur Veranschaulichung der Definitionen von Partikelgeschwindigkeit $\underline{w}$, Geschwindigkeit des Strömungsmittels $\underline{v}$ und Relativgeschwindigkeit $\underline{v}_{rel}$

Auf die Partikel können Kräfte verschiedener Art einwirken:
– *Feldkräfte*: hierzu gehört in erster Linie die Schwerkraft $\underline{F}_G$. Es gilt

$$\underline{F}_G = V \cdot \varrho_p \cdot \underline{g} \tag{17}$$

wobei V und ϱ_p das Volumen bzw. die Dichte der Partikel und $\underline{g}$ die Erdbeschleunigung bezeichnen. In besonderen Fällen können elektrische oder magnetische Feldkräfte hinzutreten.
– *Strömungskräfte*: Infolge Anströmung mit der Geschwindigkeit $\underline{v}_{rel}$ wirken auf eine Partikel im allgemeinsten Fall ein Drehmoment $\underline{M}$ und eine Kraft $\underline{F}_F$, wobei man sich letztere in eine Komponente in Richtung von $\underline{v}_{rel}$, die Widerstandskraft $\underline{F}_W$, und in eine Komponente senkrecht zu $\underline{v}_{rel}$, den dynamischen Auftrieb $\underline{F}_A$, zerlegt denken kann.
– *Druckkräfte*: Zusätzlich zu den Strömungskräften und auch dann, wenn zwischen Strömungsmittel und Partikel keine Relativbewegung stattfindet, können vom Strömungsmittel Druckkräfte $\underline{F}_P$ auf die Partikel ausgeübt werden. Dies ist immer dann der Fall, wenn im Strömungsfeld ein Druckgradient $\text{grad}\, p$ besteht. Es gilt allgemein:

$$\underline{F}_P = -V \cdot \text{grad}\, p \tag{18}$$

Für eine reibungsfreie Strömung folgt aus den *Navier-Stokes*-Gleichungen

$$\text{grad}\, p = \varrho_f \cdot (\underline{g} - d\underline{v}/dt) \tag{19}$$

wobei ϱ_f die Dichte und $d\underline{v}/dt$ die substantielle Beschleunigung des Strömungsmittels bezeichnet.

[Literatur S. 134]   2 *Allgemeine Grundlagen*   37

– *Trägheitskräfte:* Gemäß dem *d'Alembert*schen Prinzip wird eine sogenannte Trägheitskraft $\underline{F}_T$

$$\underline{F}_T = -V \cdot \varrho_p \cdot d\underline{w}/dt \tag{20}$$

eingeführt mit V, ϱ_p und $d\underline{w}/dt$ dem Volumen, der Dichte und der Beschleunigung der Partikel.
Die an einer Partikel angreifenden Kräfte heben sich gegenseitig auf. Werden sonstige äußere Kräfte wie Diffusions- und Kontaktkräfte gänzlich außer Betracht gelassen und wird von den Feldkräften allein die Schwerkraft berücksichtigt, so muß die vektorielle Summe aus Schwerkraft $\underline{F}_G$, Strömungskraft $\underline{F}_F$, Druckkraft $\underline{F}_P$ und Trägheitskraft $\underline{F}_T$ zu null werden:

$$\underline{F}_G + \underline{F}_F + \underline{F}_P + \underline{F}_T = 0 \tag{21}$$

Diese Gleichung bildet die Grundlage für alle Partikelbahnberechnungen. Unbekannt ist dann in Gl. (21) nur noch die Strömungskraft $\underline{F}_F$. Hierfür läßt sich jedoch – anders als für die übrigen beteiligten Kräfte – kein einfacher allgemeingültiger mathematischer Ausdruck angeben. Bei der Berechnung von Partikelbewegungen werden deshalb üblicherweise sehr weitgehende vereinfachende Annahmen getroffen. Ob diese Vereinfachungen zulässig sind, muß in jedem Einzelfall nachgeprüft werden.
Vereinfachend wird zunächst angenommen:
– Die Partikel hat die Form einer Kugel, hat eine glatte Oberfläche, ist nicht deformierbar und rotiert nicht in der Strömung,
– feste Wände und freie Oberflächen sind so weit entfernt, daß sie die Strömung praktisch nicht beeinflussen,
– das Strömungsmittel ist inkompressibel, weist Newtonsches Fließverhalten auf und kann als Kontinuum betrachtet werden,
– die Anströmung ist gleichförmig, laminar und stationär.
Unter diesen Voraussetzungen verschwinden Drehmoment $\underline{M}$ und dynamischer Auftrieb $\underline{F}_A$. Die Strömungskraft $\underline{F}_F$ ist auf eine Widerstandskraft $\underline{F}_W$ reduziert, die nur noch von der Anströmgeschwindigkeit $\underline{v}_{rel}$, der Viskosität η, der Dichte ϱ_f und dem Partikeldurchmesser d abhängt. Aufgrund einer Dimensionsanalyse wird für $\underline{F}_W$ folgender Ansatz gemacht:

$$\underline{F}_W = c_w \cdot A \cdot (\varrho_f/2)|\underline{v}_{rel}|\underline{v}_{rel} \tag{22}$$

Hierin ist $A = d^2\pi/4$ die Projektionsfläche der Partikel und c_w die Widerstandszahl, die unter den genannten Voraussetzungen nur noch von der Reynolds-Zahl Re

$$\text{Re} = d|\underline{v}_{rel}|\varrho_f/\eta \tag{23}$$

abhängt.
Für den Bereich sehr kleiner Reynolds-Zahlen hat *Stokes* das Problem der Kugelumströmung analytisch gelöst. Die Widerstandskraft ergab sich zu

$$\underline{F}_W = 3\pi\eta d\underline{v}_{rel} \tag{24}$$

und die Widerstandszahl c_w zu

$$c_w = 24/\text{Re} \tag{25}$$

Dieses Ergebnis stimmt im Bereich Re ≤ 0,25 sehr gut mit Messungen überein. Für größere Reynoldszahlen existieren keine analytischen Lösungen. Bis etwa Re = 100 gibt es numerische Lösungen der vollständigen *Navier-Stokes*-Gleichungen [20–22] darüber hinaus nur die Ergebnisse von Messungen. Im Lehrbuch von *Schlichting* [23] sind Meßwerte verschiedener Autoren zusammengetragen. Den experimentell gefundenen Zusammenhang kann man nach einem Vorschlag von *Kaskas* und *Brauer* [2] durch eine Approximationsfunktion von der Form

$$c_w = 24/\text{Re} + 4/\sqrt{\text{Re}} + 0{,}4 \tag{26}$$

über viele Zehnerpotenzen der Reynolds-Zahl hinweg annähern, wobei der maximale relative Fehler 6% beträgt.
Die Gleichungen (22) bis (26) gelten für den Fall, daß die Partikel stationär angeströmt wird. Bewegt sich die Partikel beschleunigt oder verzögert in der Strömung, so ist die Anströmung jedoch notwendig instationär, selbst wenn die Grundströmung – wie vorausgesetzt – stationär ist. Für die instationäre Anströmung gibt es wiederum nur für den Bereich sehr kleiner Reynolds-Zahlen eine analytische Lösung. Nach Rechnungen von *Basset*, *Boussinesq* und *Oseen*, die von *Tchen* [24] auf den Fall veränderlicher Geschwindigkeit des Strömungsmittels ausgedehnt wurden, erhält man für die Widerstandskraft $\underline{F}_W$ auf eine kugelförmige Partikel des Durchmessers d:

$$\begin{aligned}\underline{F}_W = {} & 3\pi\eta d\,\underline{v}_{\text{rel}} + (1/2)(d^3\pi/6)\varrho_f\,d\underline{v}_{\text{rel}}/dt \\ & + (3/2)d^2\sqrt{\pi\varrho_f\eta}\cdot\int_{t_0}^{t}(d\underline{v}_{\text{rel}}/dt)(t-t^*)^{-1/2}\,dt^*\end{aligned} \tag{27}$$

Hierin bedeuten t_0 die Zeit zu Beginn der Geschwindigkeitsänderung, η und ϱ_f die Zähigkeit bzw. Dichte des Strömungsmittels und $\underline{v}_{\text{rel}}$ die Relativgeschwindigkeit zwischen Partikel und Strömungsmittel.
Im Bereich größerer Reynolds-Zahlen konnte der Beschleunigungseinfluß noch nicht hinreichend geklärt werden. Mangels genauerer Informationen geht man deshalb von Gl. (27) aus und ersetzt darin lediglich den ersten Term (stationärer Widerstand bei sehr kleinen Reynolds-Zahlen) durch Gl. (22) und (26).
Wie *Brush*, *Ho* und *Yen* [25] zeigen konnten, erhält man damit im Bereich mittlerer Reynolds-Zahlen von 18–540 eine gute Übereinstimmung mit experimentellen Ergebnissen über die Partikelbewegung in einem niederfrequent oszillierenden Strömungsfeld. Im Bereich sehr hoher Reynolds-Zahlen verschwindet der Unterschied zwischen stationärem und instationärem Widerstand [26].
Ist das Strömungsmedium eine Flüssigkeit, so kann man den zweiten und dritten Term in Gl. (27) bzw. in der nach dem Vorschlag von *Brush*, *Ho* und *Yen* modifizierten Gleichung bei Partikelbahnrechnungen meist nicht vernachlässigen. Anders verhält es sich im Fall von Gasströmungen. Hier verschwindet auch noch die Druckkraft $\underline{F}_P$ in Gl. (21). Mit Gl. (17), (20) und (22) folgt aus der Kräftebilanz

$$(d^3\pi/6)\varrho_p\cdot d\underline{w}/dt = (d^3\pi/6)\varrho_p\cdot\underline{g} + c_w\cdot(d^2\pi/4)(\varrho_f/2)|\underline{v}_{\text{rel}}|\underline{v}_{\text{rel}} \tag{28}$$

Diese vektorielle Gleichung liefert im allgemeinen Fall drei gekoppelte Differentialgleichungen erster Ordnung zur Bestimmung der drei Komponenten der Partikelgeschwindigkeit $\underline{w}$. Über eine weitere Integration erhält man daraus die Koordinaten der Bahnkurve.
Solche Partikelbahnberechnungen sind schon für eine Reihe technisch wichtiger Gasströmungen ausgeführt worden. Tab. 5 gibt hierzu eine Übersicht und Hinweise auf einige wegweisende Arbeiten. Da wo mehrere Arbeiten zum gleichen Thema genannt werden, liegen die Unterschiede durchweg in der analytischen Beschreibung des Strömungsfeldes, in dem sich die Partikeln bewegen.
Generell ist zu allen Partikelbahnrechnungen, gleichgültig ob in Flüssigkeits- oder Gasströmungen, anzumerken, daß man sie immer nur als mathematische Modelle ansehen darf, die die Wirklichkeit nur teilweise richtig beschreiben können. Dies folgt aus der Vielzahl der vereinfachenden Annahmen, die in dem Ansatz für die Strömungskraft $\underline{F}_F$ stecken.

[Literatur S. 134]   2 *Allgemeine Grundlagen*   39

Tab. 5. Partikelbahnberechnungen für technisch wichtige Gasströmungen

Strömungsfeld	Technische Anwendung	Autoren
Geradlinige Strömung	Querstromsichter	*Bernotat* [29]
Umlenkströmung	Rohrkrümmer, Tropfenabscheider, Umlenksichter	*Watzel* [30], *Mühle* [31], *Maly* [32]
Drehströmung	Spiralwindsichter	*Wolf* u. *Rumpf* [33], *Mühle* [31]
	Gaszyklon	*Dobbins, Konti* u. *Yeo* [34], *Stenhouse, Trow* u. *Chard* [35], *Mothes* [36]
	Zyklonbrennkammer	*Lenze* u. *Lang* [37]
Kugelumströmung	Naßabscheider	*Herne* [38], *Leschonski* u. *de Silva* [39], *Schuch* u. *Löffler* [40]
Umströmung von Kreiszylindern	Faserfilter	*Löffler* u. *Muhr* [41], *Pich* [42], *Stechkina* u. *Kirsch* [43], *Suneja* u. *Lee* [44]

Hierzu gehört, daß in realen Strömungen anders als angenommen die Partikeln durch Wandstöße oder wechselseitige Partikelstöße in Drehung versetzt werden können. Dadurch wird, wie Messungen von *Sawatzki* [27] an Kugeln gezeigt haben, zum einen der Strömungswiderstand F_W erhöht, zum anderen aber auch ein dynamischer Auftrieb F_A quer zur Anströmungsrichtung erzeugt.

Ferner weichen reale Feststoffpartikeln mehr oder weniger stark von der vorausgesetzten Kugelgestalt ab. Die Bewegung unregelmäßig geformter Partikeln unterscheidet sich aber in mehrfacher Hinsicht von der von Kugeln. Für den Bereich sehr kleiner Reynolds-Zahlen hat *Brenner* [28] dazu eine allgemeine Theorie entwickelt.

Für größere Reynolds-Zahlen ist eine solche Theorie dagegen noch nicht formuliert worden.

2.2.2 Wandeinfluß

Der Strömungswiderstand einer Partikel hängt auch vom Abstand der den Strömungsraum begrenzenden Wände ab. Analytische Lösungen liegen wiederum nur für sehr einfache Geometrien und für den Bereich sehr kleiner Reynolds-Zahlen vor.

So hat *Lorentz* [45] den Widerstand einer kugelförmigen Partikel untersucht, die sich in einem ruhenden Strömungsmittel senkrecht zu einer ebenen festen Wand bewegt. Für die Widerstandszahl fand er

$$c_w = (24/\text{Re})/[1-9d/(16h)] \qquad (29)$$

Hierin ist h der Wandabstand der Partikel. Bewegt sich die Partikel nicht senkrecht, sondern parallel zur Wand, gilt stattdessen

$$c_w = (24/\text{Re})/[1-9d/(32h)] \qquad (30)$$

Beide Lösungen sind Näherungen für $d \ll h$. Gleiches gilt auch für die Lösung von *Ladenburg* [46], der den Fall untersucht hat, daß sich eine Kugel längs der Achse eines (unendlich) langen Zylinders vom Durchmesser D bewegt, wobei das Strömungsmittel relativ zum Zylinder in Ruhe ist. Er fand

$$c_w = (24/\text{Re})[1+2{,}104 d/D] \qquad (31)$$

Seine Lösung wurde von *Brenner* und *Happel* [47] auf den Fall erweitert, daß sich die Kugel in beliebiger Entfernung von der Zylinderachse befindet.

Bewegt sich das Strömungsmittel parallel zur Wand, so wird – wie *Rubin* [48] experimentell gezeigt hat – nicht nur der Strömungswiderstand einer Kugel verändert, sondern es wirkt auf diese auch eine von der Wand weggerichtete dynamische Auftriebskraft $\underline{F}_A$. Auf die Existenz einer solchen Kraft hat auch *Bauckhage* [49] die von ihm beobachtete Erscheinung zurückgeführt, daß sich eine durch ein Rohr laminar hindurchströmende Suspension kugelförmiger Partikeln entmischt und daß sich die Partikeln in einer ringförmigen Zone beim halben Radius anreichern.

2.2.3 Strömungswechselwirkung von Partikeln

Für die gegenseitige Beeinflussung zweier gleichgroßer kugelförmiger Partikeln ist im Bereich sehr kleiner Reynolds-Zahlen von *Goldman, Cox* und *Brenner* [50] eine analytische Lösung gefunden worden, die für beliebige Partikelabstände gilt und die zeigt, daß der Strömungswiderstand jeder der beiden Partikeln infolge Anwesenheit der anderen in gleichem Maße herabgesetzt wird.

Im Bereich höherer Reynolds-Zahlen gibt es keine theoretischen Lösungen. Die wenigen bekannt gewordenen experimentellen Untersuchungen zeigen, daß in diesem Bereich die Widerstände zweier gleichgroßer, hintereinander angeordneter Partikeln nicht mehr gleich groß sind, so daß bei der Sedimentation die hinteren die vorderen Partikeln einholen.

Die Wechselwirkung sehr vieler Partikeln läßt sich nur mit statistischen Mitteln beschreiben. In niedrig konzentrierten Suspensionen aus gleichgroßen Partikeln äußert sie sich darin, daß sich bei der Sedimentation Komplexe aus mehreren Partikeln bilden, die schneller absinken als eine Partikel [51]. Bei höheren Partikelkonzentrationen verschwindet dieser Effekt und die Partikeln sedimentieren mit herabgesetzter, einheitlicher Geschwindigkeit.

2.3 Strömungen durch Packungen und Wirbelschichten

2.3.1 Druckverlust bei der Packungsdurchströmung

Im Zusammenhang mit Problemen der mechanischen Verfahrenstechnik interessiert bei der Packungsdurchströmung die Vorhersage des Druckverlustes für eine gleichmäßige Packung unregelmäßig geformter Partikeln in breiter Kornverteilung. Die für die Festbettdurchströmung als Näherung brauchbare *Ergun*sche Gleichung lautet [52]:

$$\frac{\Delta p}{\Delta l} = k S_V^2 \frac{(1-\varepsilon)^2}{\varepsilon^2} \eta v + C S_V \frac{1-\varepsilon}{\varepsilon^3} \varrho_f v^2. \tag{32}$$

Hierin sind k und C empirische Konstanten, z.B. bei unregelmäßig geformten Partikeln in Kornverteilung vorliegend: $k \simeq 5$, $C \simeq 0{,}3$; v bezeichnet die Leerrohrgeschwindigkeit des Fluids. Für kugeliges Gleichkorn gilt $S_V = 6/d$. Durch Auswertung von Messungen erhält man für Kugeln vom Durchmesser d:

$$\frac{\Delta p}{\Delta l} = 150 \frac{1}{d^2} \frac{(1-\varepsilon)^2}{\varepsilon^3} \eta v + 1{,}75 \frac{1}{d} \frac{1-\varepsilon}{\varepsilon^3} \varrho_F v^2. \tag{33}$$

2.3.2 Verfahrensprinzip der Fluidisation, Vor- und Nachteile

Das einer Wirbelschicht zugrunde liegende Verfahrensprinzip der Fluidisation besteht darin, daß eine Schüttung von Feststoffpartikeln (Bild 5a) durch einen aufwärts gerichteten Fluidstrom in einen flüssigkeitsähnlichen Zustand versetzt wird, sobald der Volumenstrom $\dot{V}$ des Fluids einen Grenzwert $\dot{V}_{mf}$ erreicht (Bild 5b). In diesem „fluidisierten" Zustand werden die Feststoffpartikeln durch den Fluidstrom in Schwebe gehalten.

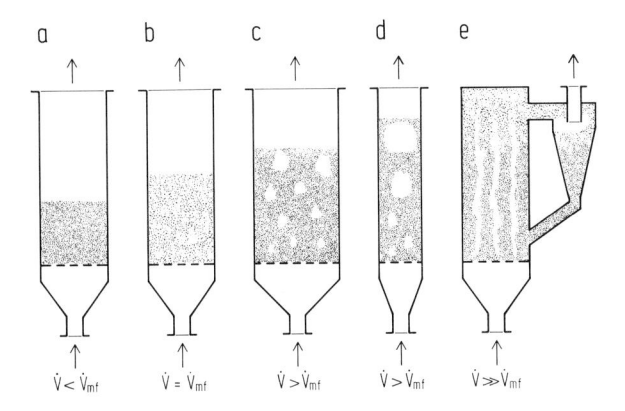

Bild 5. Wirbelschicht-
zustände
a Ruheschüttung
b Wirbelschicht im Lockerungspunkt
c blasenbildende Wirbelschicht
d stoßende Wirbelschicht
e expandierte Wirbelschicht

Bei Steigerung des Volumenstromes $\dot{V}$ über den den Lockerungspunkt kennzeichnenden Wert $\dot{V}_{mf}$ hinaus beginnt bei Fluidisation mit einer Flüssigkeit eine gleichmäßige Expansion der Schicht, während bei der technisch bedeutsameren Fluidisation mit einem Gas die Bildung praktisch feststofffreier Gasblasen einsetzt (Bild 5c). Die Blasenkoaleszenz bewirkt, daß die lokale mittlere Blasengröße mit zunehmender Höhe über dem Anströmboden rasch anwächst. Bei genügend schlanken und hohen Wirbelschichtgefäßen füllen die Blasen schließlich den gesamten Querschnitt aus und durchlaufen die dann „stoßende" Wirbelschicht als eine Folge von Gaskolben (Bild 5d). Bei sehr hohen Geschwindigkeiten sind keine einzelnen Blasen mehr unterscheidbar; ebenso ist keine definierte Schichtoberfläche mehr zu erkennen (Bild 5e). Derartige expandierte oder „zirkulierende" Wirbelschichten lassen sich wegen des hohen Feststoffaustrags nur durch ständige Zirkulation des Feststoffs über einen Rückführzyklon aufrechterhalten.

Die Vorteile der Gas/Feststoff-Wirbelschicht sind:
– einfache Handhabung und Transport des Feststoffs durch flüssigkeitsähnliches Verhalten der Wirbelschicht,
– gleichmäßige Temperaturverteilung infolge intensiver Feststoffdurchmischung,
– große Austauschfläche zwischen Feststoff und Gas durch kleine Korngrößen des Feststoffs,
– hohe Wärmeübergangszahlen sowohl zwischen der Wirbelschicht und eintauchenden Heiz- und Kühlflächen als auch zwischen Feststoff und Anströmgas.

Diesen Vorteilen stehen als Nachteile gegenüber:
– Austrag des Feststoffs erfordert aufwendige Feststoffabscheidung und Gasreinigung,
– intensive Feststoffbewegung kann zur Erosion an Einbauten und zu nennenswertem Abrieb des Feststoffs führen,
– Agglomeration des Feststoffs kann Zusammenbrechen der Fluidisation zur Folge haben,
– hohe Rückvermischung des Gases reduziert Umsatz einer chemischen Reaktion,
– Blasenentwicklung bedeutet im Fall einer katalytischen Reaktion unerwünschten Bypass bzw. sehr breite Verweilzeitverteilung des Reaktionsgases,
– Gegenstrom Gas/Feststoff ist nur in Mehrstufen-Anordnungen angenähert zu verwirklichen,
– Maßstabsvergrößerung von Wirbelschichten ist unter Umständen schwierig.

Insbesondere das Maßstabsvergrößerungsproblem hat sich, da es den Bau kostspieliger Pilotanlagen erforderlich macht, in der Vergangenheit immer wieder als eines der wesentlichsten Hindernisse für eine rasche Entwicklung neuer Wirbelschichtverfahren erwiesen [53].

2.3.3 Lockerungspunkt (Minimalfluidisation)

Der gesamte Druckabfall in der Wirbelschicht ist gleich dem Gewicht von Fluid und Feststoff, bei gasfluidisierten Betten praktisch gleich dem Feststoffgewicht. Für ein gut fluidisierendes, wenig kohäsives Gut von annähernd einheitlicher Korngröße ergibt sich der mit dem Gesamtgewicht der Schüttung G und der leeren Querschnittsfläche A dimensionslos gemachte Druckverlust Δp als Funktion der mit der Minimalfluidisationsgeschwindigkeit v_{mf} dimensionslos gemachten Leerrohrgeschwindigkeit v nach Bild 6.

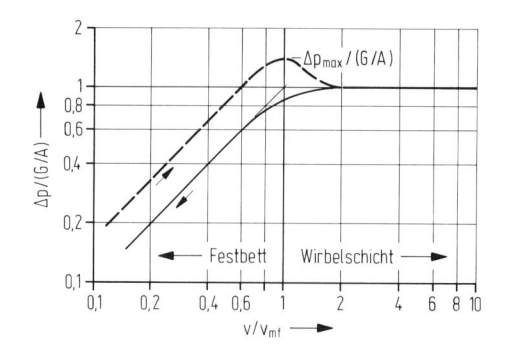

Bild 6. Druckverlustverlauf einer gut fluidisierenden Gas/Feststoff-Wirbelschicht

Vor Einsetzen der Fluidisation wird eventuell ein Wert $\Delta p_{max}/(G/A) > 1$ erreicht aufgrund der Ursprungsverfestigung des Gutes infolge des Eigengewichts. Beim Überschreiten des Lockerungspunktes wird durch die einsetzende Fluidisation die Anfangsverfestigung zerstört und der Druckabfall fällt im Wirbelschichtbereich auf den Gleichgewichtswert $\Delta p/(G/A) = 1$.
Erst bei Werten $v/v_{mf} \gg 1$ steigt der Druckverlust wieder etwas infolge der zusätzlichen Verluste durch die dann wesentlich intensivere Feststoffbewegung bzw. Gasströmung.
Bei Absenkung der Anströmungsgeschwindigkeit unter v_{mf} zeigt das dann lockere Festbett einen geringeren Druckverlust. Der Lockerungspunkt wird daher zweckmäßig durch den Schnittpunkt zwischen der (evtl. extrapolierten) Festbettlinie bei Absenkung der Anströmgeschwindigkeit und der horizontalen Wirbelschichtlinie festgelegt.
Zur Vorausberechnung des Lockerungspunkts bzw. Umrechnung auf Betriebszustand siehe [54].

2.3.4 Wirbelschicht-Zustandsdiagramm

Es läßt sich unter recht allgemein gehaltenen Voraussetzungen zeigen [55], daß sich die mittleren strömungsmechanischen Daten einer Wirbelschicht als Verknüpfung dimensionsloser Kennzahlen wie folgt darstellen lassen:

$$F\left[\frac{3}{4} Fr \frac{\varrho_f}{\varrho_s - \varrho_f} \equiv \frac{3}{4} \frac{v^2}{dg} \frac{\varrho_f}{\varrho_s - \varrho_f}; Re \equiv \frac{v d \varrho_f}{\eta}; \frac{\varrho_s}{\varrho_f}; \varepsilon \right] = 0. \qquad (34)$$

In der technischen Praxis sind Flüssigkeits/Feststoff-Systeme an Dichteverhältnisse $\varrho_s/\varrho_f \approx 2-5$, drucklose Gas/Feststoff-Systeme an Dichteverhältnisse $\varrho_s/\varrho_f \approx (2-5) \cdot 10^3$ gebunden. Aus der Kennzahlen-Kombination (34) folgt daher, daß man nach *Reh* [56] bei jeweils praktisch festgehaltenem ϱ_s/ϱ_f das Overall-Verhalten von drucklosen Gas/Feststoff-Systemen und von Flüssigkeits/Feststoff-Systemen in einem einzigen Diagramm (Bild 7) darstellen kann. Während bei homogener Fluidisation, d.h. bei Flüssigkeits/Feststoff-Systemen (gestrichelte Linien) Fluidisation und Feststoffaustrag klar voneinander abgegrenzt sind, ist die ungleichmäßige Fluidisation von Gas/Feststoff-Systemen (ausgezogene Linien) durch einen zu kleineren Ar-Zahlen und damit kleineren Partikelgrößen immer breiter werdenden Übergangsbereich zwischen Fluidisation und Feststoffaustrag gekennzeichnet. Oberhalb der gekrümmten, gestrichelten Schwebelinie der Einzelpartikel ($\varepsilon \to 1$) bis zur horizontalen Austragslinie ($\varepsilon \to 1$) der Gas-Wirbelschicht befindet sich der Bereich der ausgedehnten Wirbelschicht, der nur durch Rückführung des ausgetragenen Feststoffs oder Neuzufuhr aufrechterhalten werden kann.

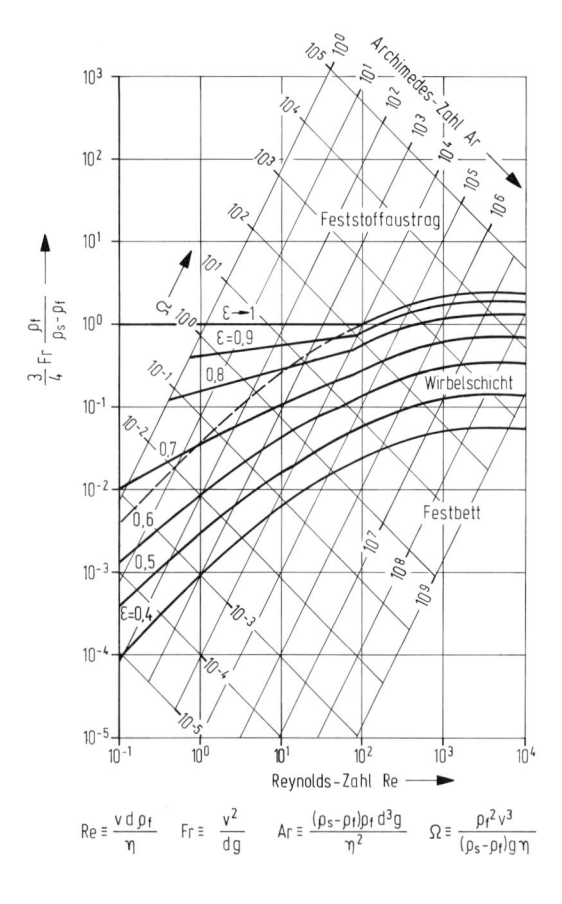

Bild 7. Zustandsdiagramm für Flüssigkeits/Feststoff- bzw. drucklose Gas/Feststoff-Wirbelschichten nach [56]

$$Re \equiv \frac{v\,d\,\rho_f}{\eta} \qquad Fr \equiv \frac{v^2}{d\,g} \qquad Ar \equiv \frac{(\rho_s-\rho_f)\rho_f\,d^3 g}{\eta^2} \qquad \Omega \equiv \frac{\rho_f^2 v^3}{(\rho_s-\rho_f)g\,\eta}$$

2.3.5 Schüttguttypen

Durch Auswertung zahlreicher Messungen konnte *Geldart* [57] für Gas/Feststoff-Wirbelschichten vier unterschiedliche Typen von Schüttgütern hinsichtlich ihres Fluidisationsverhaltens kennzeichnen und voneinander abgrenzen. Diese sind (vgl. auch Bild 8):
– Gruppe A:
  Wirbelschichten aus Materialien mit kleiner Korngröße oder niedriger Feststoffdichte expandieren merklich oberhalb der Minimalfluidisation, bevor Blasenbildung einsetzt. Alle Gasblasen steigen schneller als das Zwischenraumgas in der Suspensionsphase. Es scheint eine maximale Blasengröße zu existieren.
– Gruppe B:
  Diese Gruppe enthält die meisten Materialien im Bereich mittlerer Korngrößen und Dichten, d.h. im Bereich

$$40\ \mu m < d < 500\ \mu m$$

bzw.

$$1{,}4 \cdot 10^3\,kg/m^3 \leq \varrho_s \leq 4 \cdot 10^3\ kg/m^3.$$

Im Gegensatz zu Gruppe A setzt bei diesen Materialien die Blasenbildung direkt oberhalb der Minimalfluidisation ein. Die Bettausdehnung ist gering. Die meisten Blasen steigen schneller

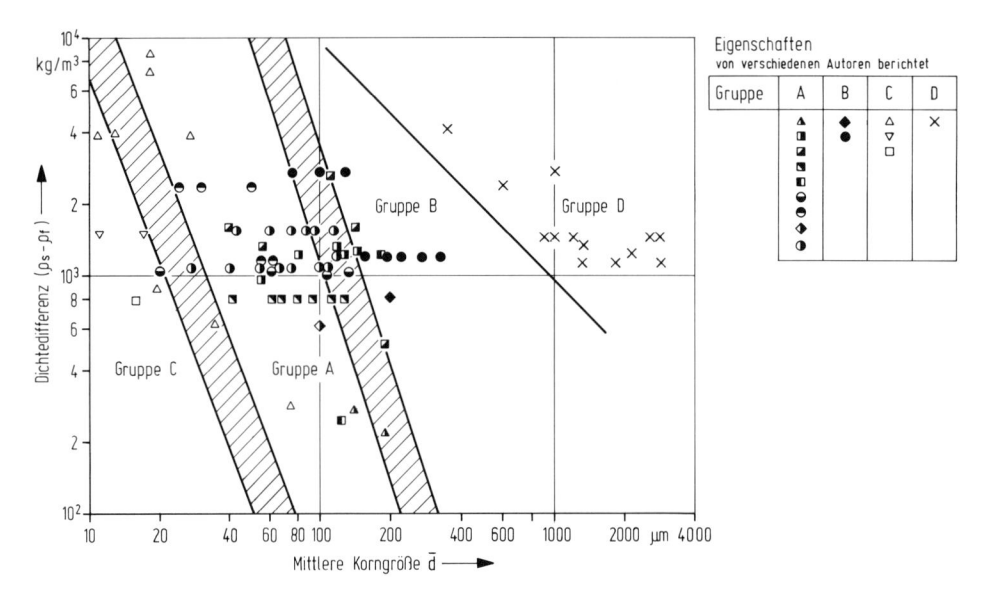

Bild 8. Unterscheidung verschiedener Typen von gasfluidisierten Feststoffen nach [57]

als das Zwischenraumgas. Eine Begrenzung der maximalen Blasengröße scheint nicht zu existieren.
- Gruppe C:
Zur Gruppe C gehören Materialien, die kohäsiv sind. Übliche Fluidisation derartiger Feststoffe ist extrem schwierig. Die Schüttung wird in kleinen, glatten Rohren als Ganzes vom durchströmenden Gas angehoben, bzw. das Gas bläst lediglich einzelne Kanäle frei, die vom Anströmboden bis an die Bettoberfläche reichen. Lediglich durch den Einsatz mechanischer Rührer läßt sich mehr oder weniger schlechte Fluidisation erzwingen.
- Gruppe D:
Zu dieser Gruppe zählen Materialien mit großen oder schweren Partikeln. Die Geschwindigkeit der Gasblasen ist mit Ausnahme der großen Blasen geringer als die des Gases im Zwischenraum der Suspensionsphase. Die Gasgeschwindigkeit in der Suspensionsphase ist vergleichsweise hoch. Führt man das Fluidisiergas durch eine einzelne, zentrale Bohrung zu, so stellt sich keine übliche Fluidisation, sondern das sogenannte spouted bed [58] ein.
Wie Bild 8 zeigt, lassen sich die verschiedenen Schüttguttypen dadurch in vernünftiger Weise abgrenzen, daß man die Dichtedifferenz zwischen Feststoff und Fluid über der mittleren Korngröße aufträgt. Die in Bild 8 eingezeichneten schraffierten Übergangsgebiete bzw. die Grenzlinie folgen aus theoretischen Überlegungen [55].

2.3.6 Lokale Struktur der Gas-Feststoff-Wirbelschichten

Die charakteristische Eigenschaft der Gas-Wirbelschicht ist das Auftreten von Gasblasen. Oberhalb des Lockerungspunktes durchströmt nur ein bestimmter Anteil des Fluidisiergases die dichte Suspensionsphase. Das übrige Gas passiert die Wirbelschicht in Form von praktisch feststofffreien Gasblasen.
Die wesentlichen Züge der Wirkung der Gasblasen auf die Eigenschaften einer Wirbelschicht lassen sich aus der Beobachtung einzelner Blasen bei gering über den Lockerungspunkt fluidisierten Betten erklären. Einen umfassenden Überblick über den Kenntnisstand geben *Jackson* [59] für theoretische und *Rowe* [60] für experimentelle Untersuchungen.

[Literatur S. 134]   2 *Allgemeine Grundlagen*   45

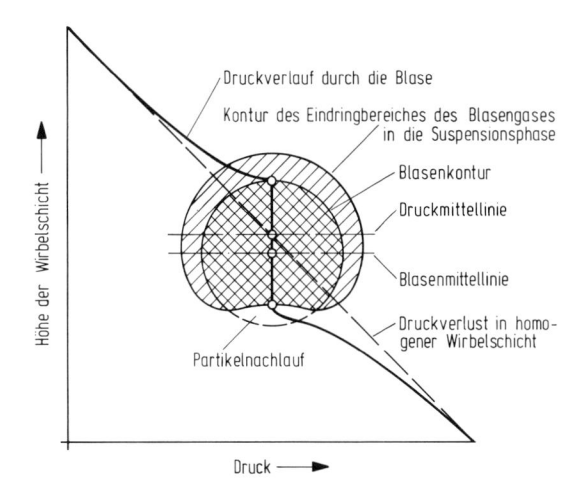

Bild 9. Einzelblase mit Blasengasverteilung und Druckverlauf

Die verschiedenen theoretischen und experimentellen Befunde lassen sich zu folgendem Bild zusammenfassen (vgl. Bild 9):
- Die Gasblasen transportieren Partikeln in der Wirbelschicht nach oben durch Mitnahme im Nachlauf. Bei der Blasenumströmung werden auch im Nachlauf nicht eingefangene Partikeln nach oben verlagert, wie man aus dem Absolutbild der Partikelbewegung entnehmen kann.
- Die Zirkulationsströmung des Gases innerhalb der Blasen ist für eine erhebliche Bypass-Wirkung der Blasen verantwortlich.
- Infolge des Unterdruckes am unteren Blasenende saugen größere, schnellere Blasen kleinere, langsamere Blasen nach dem Überholen von unten ein und koaleszieren mit diesen. Die Folge dieser Koaleszenz ist ein rasches Blasenwachstum in Steigrichtung.

Die Auswertung lokaler Messungen ergab längs eines Steigweges von etwas weniger als 1 m eine Zunahme des lokalen mittleren Blasenvolumens über einen Bereich von 2 Zehnerpotenzen. Ein statistisches Koaleszenzmodell führt in Verbindung mit Messungen auf eine empirische Korrelation für das Blasenwachstum [61]:

$$\left(\frac{d_V}{\text{cm}}\right) = 0{,}853 \sqrt[3]{1 + 0{,}272 \left(\frac{v - v_{mf}}{\text{cm/s}}\right)} \left[1 + 0{,}0684 \left(\frac{h}{\text{cm}}\right)\right]^{1,21}. \tag{35}$$

Gl. (35) ermöglicht eine Vorausberechnung der lokalen mittleren Blasengröße, und zwar des Durchmessers d_V der volumengleichen Kugel, als Funktion der Höhe h über dem Anströmboden und der Gasgeschwindigkeit v. Die Beziehung (35) gilt für eine poröse Platte als Anströmboden. Zur Vorausberechnung des Blasenwachstums bei technischen Anströmböden siehe [54].
Bild 10 zeigt eine Auftragung lokaler Messungen des in Form von Blasen durchgesetzten Gasvolumenstromes pro Flächeneinheit $\dot{V}_b/A$ in Abhängigkeit von der Entfernung r von der Rohrachse für verschiedene Höhen h über dem Anströmboden. Die Messungen lassen erkennen, wie sich in Bodennähe eine wandnahe Zone verstärkter Blasenentwicklung herausbildet, die sich mit zunehmender Höhe über dem Anströmboden zur Rohrmitte hin verschiebt [62].

2.3.7 Technische Anwendungen des Wirbelschichtprinzips

Die folgende Übersicht zeigt das Spektrum der technischen Anwendungen von Wirbelschichtverfahren auf; der an weiteren Informationen interessierte Leser sei auf die einschlägigen Monographien [63, 64] verwiesen.

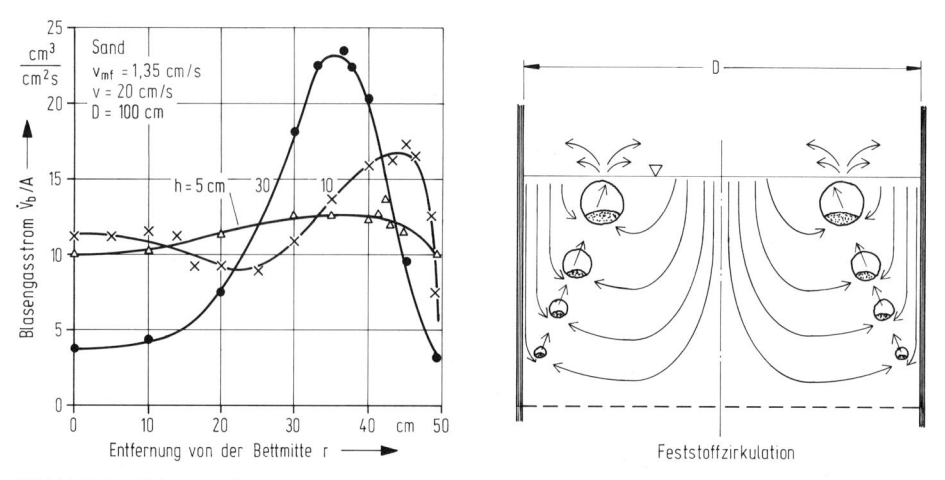

Bild 10. Räumliche Verteilung der Blasen in einer Wirbelschicht und daraus abgeleiteter Feststoffumlauf [62]

Rein mechanische Verfahren werden zwar häufig mit Wärme- und Stoffübertragungsprozessen bzw. mit chemischen Prozessen in der Wirbelschicht verknüpft, besitzen aber durchaus auch eigenständige Bedeutung. Beispiele sind: Fördern von Feststoffen in Wirbelschichtrinnen, Mischen von Feststoffen bei höheren Gasgeschwindigkeiten, Granulieren in der Wirbelschicht [65].
Die durch die heftige Feststoffbewegung in einer Wirbelschicht hervorgerufene mechanische Beanspruchung der Partikeln hat eine in vielen Prozessen durchaus erwünschte desagglomerierende Wirkung, wird aber auch unmittelbar technisch genutzt zur Feinstzerkleinerung in der Wirbelschicht-Strahlmühle [66].
Unter den mit Wärme- bzw. Stoffübertragung verbundenen Verfahren *Aufheizen/Kühlen, Trocknen, Adsorbieren/Desorbieren, Beschichten*, kommt der Trocknung die größte wirtschaftliche Bedeutung zu. Wirbelschichttrockner erlauben bei hohen spezifischen Leistungen eine schonende und gleichmäßige Trocknung bis auf geringe Restfeuchten.
Beim Wirbelsinterverfahren werden erhitzte Werkstücke in Wirbelschichten feinkörniger Kunststoffpulver eingetaucht. Durch Ansintern der Bettpartikeln überziehen sich die Werkstücke mit einer gleichmäßige Schicht [67].
Die in Wirbelschichten durchgeführten chemischen Prozesse werden zweckmäßig nach der jeweiligen Rolle des Feststoffs eingeteilt in [63]
– Prozesse, in denen der Feststoff als Katalysator wirkt
   (Beispiele: katalytisches Cracken, Fischer-Tropsch-Synthese, Herstellung von Acrylnitril)
– Prozesse, in denen der Feststoff als Wärmeträger wirkt
   (Beispiele: BASF-Wirbelschichtverfahren zur Rohölspaltung, Lurgi-Sandcracker zur Ethylen-Erzeugung, Fluid-Coking-Verfahren zur Spaltung von Rückstandsölen,
– Prozesse, in denen der Feststoff an der Reaktion teilnimmt.
   (Beispiele: Rösten sulfidischer Erze, Wirbelschichtfeuerungen zur Kohleverbrennung, Verbrennung von Klärschlamm).

3 Partikelmeßtechnik

Partikelmeßtechnik ist die Messung physikalischer Produkt- und Dispersitätseigenschaften ruhender oder sich bewegender Partikeln bei unterschiedlichen Feststoffkonzentrationen. Das eine Extrem bildet die Einzelpartikel, das andere das verdichtete Schüttgut.

Tab. 6. *Verfahren zur Messung von Partikelkollektiven*

Verfahren zur Messung von Größenverteilungen:
  Zählverfahren,
  Sedimentationsverfahren,
  Trennverfahren.

Verfahren zur Messung von Oberflächen:
  Durchströmungsverfahren,
  photometrische Verfahren,
  Sorptionsverfahren.

Verfahren der Probennahme und Probenteilung

Die Meßverfahren zur Bestimmung von Partikelgrößenverteilungen und daraus berechneter mittlerer Partikelgrößen sowie die Verfahren zur Messung der absoluten bzw. spezifischen Oberfläche sind in Tab. 6 zusammengefaßt. Dazu gehören die Verfahren zur Gewinnung einer repräsentativen Probe von dem für die Durchführung der Analyse erforderlichen Umfang.
Bei dieser klassischen Unterteilung der Verfahren zur Messung von Partikelgrößenverteilungen und Oberflächen werden unter den Zählverfahren alle diejenigen Verfahren zusammengefaßt, bei denen Einzelpartikeln ausgemessen und gezählt werden. Sedimentationsverfahren umfassen dagegen diejenigen Verfahren, bei denen das die Größe einer Einzelpartikel kennzeichnende Merkmal dessen stationäre Sinkgeschwindigkeit in einem ruhenden, unendlich ausgedehnten Medium unter Schwerkrafteinfluß ist. Die Trennverfahren umfassen schließlich die Siebanalyse und die Strömungstrennverfahren, z. B. die Analysenwindsichtung (vgl. auch Abschn. 4.4).
Allen diesen Verfahren ist gemeinsam, daß entweder direkt oder indirekt die Größe einzelner Partikeln und deren Mengenanteile gemessen werden, so daß die Messung Verteilungssummen- bzw. Verteilungsdichtekurven liefert. Typische Verfahren zur Messung von Aerosolen zählen entweder zur Gruppe der Zählverfahren oder zu den Methoden der klassierenden Probennahme, d. h. den Trennverfahren.

3.1 Probennahme und Probenteilung

Voraussetzung für die Messung einer Partikelgrößenverteilung oder von Mittelwerten eines dispersen Feststoffes ist eine dem Analysenverfahren angepaßte, repräsentative Probe des zu untersuchenden dispersen Feststoffes [68–70].
Die Problemstellung der Probennahme ist in Bild 11 dargestellt:
Die partikelmeßtechnische Aufgabe besteht darin, $Q_r(d)$ oder S_V der Grundgesamtheit zu ermitteln. Da die Grundgesamtheit eine beliebig große Ausgangsmasse besitzen kann, andererseits aber für das gewählte Analysenverfahren nur eine bestimmte Feststoffmasse benötigt wird, ist die mit einem entsprechenden Probennahmegerät entnommene Laborprobe auf die Analysenmasse zu

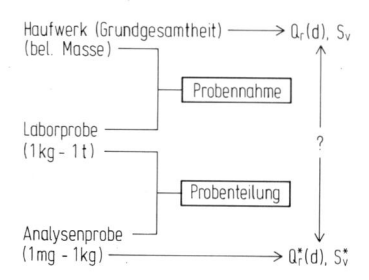

Bild 11. Problemstellung der Probennahme und Probenteilung

teilen. Von dieser Analysenprobe werden die Verteilungskurven $Q_r^*(d)$, $q_r^*(d)$, die spez. Oberfläche S_V usw. bestimmt. Nur wenn die Probennahme und die Probenteilung mit vernachlässigbarem Fehler durchgeführt wurden, d.h. eine repräsentative Analysenprobe vorliegt, werden die Abweichungen zwischen $Q_r^*(d)$ und dem $Q_r(d)$ der Grundgesamtheit klein sein.
Bei der Probennahme und Probenteilung lassen sich prinzipiell zwei Möglichkeiten zur Gewinnung einer repräsentativen Probe unterscheiden:
– Die Grundgesamtheit, bzw. die Laborprobe, liegt in Form einer Zufallsmischung vor: Die repräsentative Analysenprobe kann als einzige Stichprobe gewonnen werden.
– Die Grundgesamtheit bzw. die Laborprobe sind entmischt: Die Analysenprobe ist dann entweder durch eine Teilung (Schüttgut) oder nach sorgfältigem Mischen (Paste, Suspension) zu gewinnen.

3.1.1 Probenteilung von Schüttgütern, Pasten und Suspensionen

Für die Probenteilung von Schüttgütern werden rotierende Riffelteiler verwendet. Das Aufgabegut wird in kontinuierlichem, gleichmäßigem Strom einem rotierenden Teiler zugeführt und in diesem Gerät entsprechend einem meist fest eingestellten Verhältnis geteilt. Ausgangsproben können mit derartigen Teilern auf etwa ein Gramm verkleinert werden.
Um diese Probe weiter zu unterteilen, wird sie z.B. in einer geeigneten Sedimentationsflüssigkeit, die den Feststoff weder physikalisch noch chemisch verändert, dispergiert und gut durchmischt. Aus der Suspension entnimmt man mit einer Pipette ein bestimmtes, dem Analysenverfahren anangepaßtes Suspensionsvolumen. Diese unter Umständen wiederholt angewandte Technik erlaubt die Herstellung von Analysenproben mit Feststoffmassen von 1 mg und weniger.
Eine andere Möglichkeit besteht darin, eine Stichprobe aus einer gut durchmischten Paste zu entnehmen. Dazu gibt man dem Schüttgut nur wenig Flüssigkeit zu und durchmischt die sich bildende Paste vorsichtig mit einem Spatel oder einem dünnen Glasstab. Aus der Zufallsmischung entnimmt man die gewünschte Analysenprobe, z.B. mit einem dünnen Glasfaden.

3.1.2 Probennahme aus strömenden Gasen und Flüssigkeiten

Für die Entnahme einer repräsentativen Teilprobe aus einer Aerosol- oder Suspensionsströmung werden sog. Sonden benutzt. Diese Sonden bestehen aus einem vorne offenen Rohr, das parallel zur Strömungsrichtung in die Strömung eingeführt wird und durch das ein Teil der Gasströmung abgesaugt wird. Eine repräsentative Probe des im Gas oder in der Flüssigkeit transportierten Feststoffes läßt sich nur dann entnehmen, wenn die Strömung an der Sondenöffnung ungestört verläuft und alle ursprünglich in einer Strömungsröhre vom Innendurchmesser des Sondenrohres an die Sonde herangetragenen Partikeln auch tatsächlich von der Sonde aufgenommen werden. Es läßt sich zeigen, daß dieses nur mit einer bestimmten Sonderform, z.B. einem Sondenkopf nach *Fernandez* und *Suter* [71], und bei sog. isokinetischer, d.h. geschwindigkeitsgleicher Absaugung möglich ist [72].

3.2 Sedimentationsverfahren

Die Verfahren der Sedimentationsanalyse beruhen darauf, daß die Einzelpartikeln eines dispersen Systems unter der Wirkung einer massenproportionalen Kraft (Schwerkraft, Fliehkraft) in einem ruhenden Dispersionsmittel, meist einer mit dispergierend und benetzend wirkenden Zusätzen versetzten Flüssigkeit [73], sedimentieren. Als charakteristisches Partikelmerkmal wird die stationäre Sinkgeschwindigkeit w_g einer im Schwerefeld in einer ruhenden, unendlich ausgedehnten Flüssigkeit sedimentierenden Partikel verwendet. Diese Sinkgeschwindigkeit wird z.B. unter

[Literatur S. 134]   3 Partikelmeßtechnik   49

Annahme der Gültigkeit des *Stokes*'schen Widerstandsgesetzes für Kugeln (Re < 0,25) in einen Sinkgeschwindigkeits-Äquivalentdurchmesser d_w umgerechnet.

$$d_w^2 = \frac{18\eta w_g}{(\varrho_s - \varrho_f)g} \tag{36}$$

Die getroffenen Voraussetzungen (Einzelkugel, ruhendes, unendlich ausgedehntes Dispersionsmittel und Gültigkeit des Stokes'schen Widerstandsgesetzes) sind jedoch in der praktischen Anwendung meist nicht erfüllt. Die tatsächliche Sinkbewegung wird durch die Partikelform, Wände und Boden des Sedimentationsgefäßes, bei kleinen Partikeln z. B. durch die Molekularbewegung, vor allem aber durch die gewählte oder für das angewendete physikalische Meßprinzip erforderliche Feststoff-Volumenkonzentration C_V und durch Dichtekonvektionsströmungen, beeinflußt.

Während die drei erstgenannten Einflußgrößen entweder theoretisch berücksichtigt oder durch geeignete Geräteauswahl in ihrem Ausmaß verringert werden können, sind die noch zulässige Feststoffkonzentration und Dichtekonvektionsströmungen bei der Durchführung von Sedimentationsanalysen unbedingt zu beachten. Die Sedimentationsverfahren lassen sich, wie in Bild 12 dargestellt, in Suspensionsverfahren und in Überschichtungsverfahren unterteilen [74].

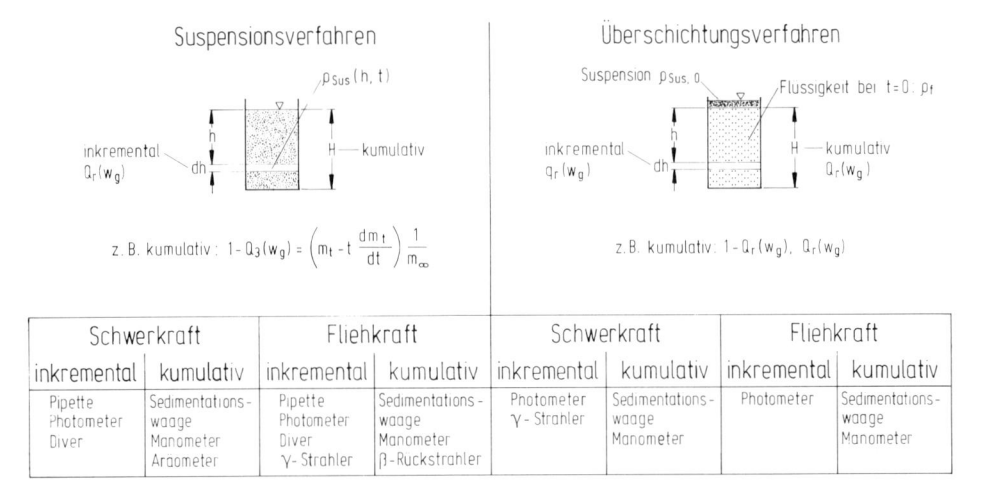

Suspensionsverfahren		Überschichtungsverfahren	
inkremental $Q_r(w_g)$	kumulativ H	inkremental $q_r(w_g)$	kumulativ $Q_r(w_g)$
z. B. kumulativ: $1-Q_3(w_g) = \left(m_t - t\frac{dm_t}{dt}\right)\frac{1}{m_\infty}$		z. B. kumulativ: $1-Q_r(w_g)$, $Q_r(w_g)$	

Schwerkraft		Fliehkraft		Schwerkraft		Fliehkraft	
inkremental	kumulativ	inkremental	kumulativ	inkremental	kumulativ	inkremental	kumulativ
Pipette Photometer Diver	Sedimentations-waage Manometer Aräometer	Pipette Photometer Diver	Sedimentations-waage Manometer γ-Strahler β-Rückstrahler	Photometer γ-Strahler	Sedimentations-waage Manometer	Photometer	Sedimentations-waage Manometer

Bild 12. Einteilung der Mengenmeßmethoden der Sedimentationsanalyse

Bei den *Suspensionsverfahren* sind die Feststoffpartikeln anfänglich über die Höhe der Flüssigkeitssäule, d. h. im gesamten Flüssigkeitsvolumen gleichmäßig verteilt. Bei den *Überschichtungsverfahren* wird einer zu Beginn des Messens feststofffreie Flüssigkeitssäule eine im Verhältnis zu deren Höhe niedrige Suspensionssäule überschichtet. Beide Verfahren lassen sich sowohl im Schwere- als auch im Fliehkraftfeld anwenden, wobei die Mengenanteile entweder in einer im Verhältnis zur gesamten Suspensionshöhe dünnen Schicht gemessen, oder alle oberhalb bzw. unterhalb einer Meßebene befindlichen Partikeln erfaßt werden. Man unterscheidet demgemäß zwischen inkrementalen und kumulativen Methoden.

Die Messung kann entweder bei konstanter Höhe in Abhängigkeit von der Zeit, oder nach einer bestimmten Zeit in Abhängigkeit von der Höhe, oder auch als eine Kombination beider Möglichkeiten durchgeführt werden. Die Verfahren unterscheiden sich weiterhin in der Art der physikalischen Prinzipien der Mengenmessung. Man ermittelt nämlich die Konzentration der in, unterhalb oder oberhalb der Meßebene befindlichen Partikeln z. B. gravimetrisch (Pipette, Sedimentationswaage), durch Messung der Suspensionsdichte (Tauchkörper bzw. Diver, Aräometer), durch

Absorption elektromagnetischer Strahlung (Photometer, Röntgensedimentometer) oder durch Druckmessung (Manometermethode). Mit den inkrementalen Suspensionsverfahren läßt sich bei allen Schwerkraftverfahren direkt die Verteilungssummenkurve $Q_r(w_g)$ ermitteln. Die kumulativen Verfahren ermöglichen eine Auswertung meist nur über eine Hilfsgröße, z.B. bei der Sedimentationswaage über die in Abhängigkeit von der Zeit am Boden des Sedimentationsgefäßes aussedimentierte Feststoffmasse m_t. Demgegenüber ermittelt man mit den inkrementalen Überschichtungsverfahren die Verteilungsdichte- und mit den kumulativen Überschichtungsverfahren die Verteilungssummenkurve ohne weitere Umrechnungen. Dies gilt auch für die Anwendung im Fliehkraftfeld [75].

3.3 Zählverfahren

Die Zählverfahren der Partikelgrößenanalyse lassen sich in unmittelbare und mittelbare Verfahren unterteilen, je nachdem, ob eine Feststoffpartikel selbst oder ihre Abbildung ausgemessen wird [76, 77]. Eine prinzipielle Voraussetzung für die Anwendung aller Zählverfahren besteht darin, daß der Meßzone jede Partikel einzeln und nacheinander zugeführt wird. Dies bedeutet, daß bei allen mittelbaren Zählverfahren die Partikeln im auszumessenden Präparat oder in der davon hergestellten Abbildung deutlich voneinander getrennt vorliegen müssen. Sie müssen sich außerdem deutlich vom Untergrund abheben. Bei den unmittelbaren Zählverfahren müssen die Feststoffpartikeln im Trägermedium, d.h. im Gas oder der Flüssigkeit so weit voneinander entfernt sein, daß sie einzeln und nacheinander die Meßzone passieren können. Dies bedeutet, daß Aerosole und Suspensionen nur dann mit Zählverfahren ausgemessen werden können, wenn die Feststoffpartikeln in sehr niedriger Konzentration in dem die Meßzone durchströmenden Gas oder der Flüssigkeit vorhanden sind.

3.3.1 Mittelbare Zählverfahren

Bei den mittelbaren Zählverfahren wird die Abbildung einer Partikel ausgemessen. Zur Abbildung können einfache optische Vergrößerungssysteme wie eine Lupe, aber auch die Linsenkombination einer Kamera oder eines Lichtmikroskops sowie ein Elektronenmikroskop verwendet werden. Damit lassen sich Verkleinerungen mit Abbildungsmaßstäben von $1:100$ und Vergrößerungen mit Abbildungsmaßstäben von $10^5:1$ erzielen. Auswertbare Abbildungen von Partikeln stellen meist eine Flächenverteilung der Partikelprojektionen dar. Daher können im allgemeinen nur Aussagen über die zweidimensionalen Abmessungen einer Partikelgrößenverteilung gemacht werden.

Die einfachsten Hilfsmittel für die Bildauswertung sind Okularmikrometer, die zur Messung von Sehnenlängen an der Partikelprojektionsfläche verwendet werden, Okularnetze mit Serien von Kreisen oder Quadraten bzw. Rechtecken, die einen Vergleich mit den Partikelprojektionsflächen ermöglichen [78]. Doppelbildokulare teilen das Objektbild in zwei gegeneinander verschiebbare Bilder [79]. Die Größe einer Partikel kann an einer Mikrometerschraube abgelesen werden, wenn sich die Partikelbilder nach Verschiebung gerade berühren. Ein halbautomatisches Bildauswertegerät ist der Teilchengrößenanalysator TGZ 3 der Fa. *Zeiss* [80]. Dabei wird die Projektionsfläche einzelner, auf einem transparenten Foto abgebildeter Partikeln mit einem in der Größe veränderlichen kreisförmigen Lichtfleck verglichen. Die Anzahl von Partikeln gleicher Größe wird in Zählwerken registriert. Während in den bisher beschriebenen Meßeinrichtungen dem Beobachter in der Bestimmung einer Sehnenlänge oder der Schätzung einer Projektionsfläche eine entscheidende Bedeutung zukommt, muß sich auch bei den heute zu hoher Perfektion entwickelten automatischen Bildauswertegeräten das Hauptaugenmerk vor allem auf die immer wichtigere Präparation richten, da dem Automaten ein möglichst kontrastreiches Bild vorgelegt werden muß. Das Quantimet der Fa. *Imanco*, der Classimat bzw. das TAS-System der Fa. *Leitz*, der Mikro-Videomat der Fa. *Carl Zeiss*, das Epiquant des *VEB Carl Zeiss Jena*, das Magiscan der Fa. *Joyce Loebl Ltd.*, das MOP der Fa. *Kontron*, das Omnicon der Fa. *Bausch & Lomb* sowie der Imagelyzer/Polyprocessor der *Hamamatsu-Television Europa* sind Beispiele für Geräte, die in der Lage sind, in sehr kurzer Zeit für einen gewählten Bildausschnitt die Anzahlverteilung bestimmter Sehnenlängen, die Anzahlverteilung der Projektionsflächen, die gesamte Projektionsfläche, den gesamten Umfang aller Partikeln usw. anzugeben [81].

3.3.2 Unmittelbare Zählverfahren

Bei den unmittelbaren Zählverfahren wird der Meßvorgang durch die Partikel selbst ausgelöst. Die Partikeln sind deshalb einzeln und nacheinander – in einer Gas- oder Flüssigkeitsströmung dispergiert – einer Meßzone zuzuführen. Die Anzahl der die Meßzone passierenden Partikeln und das maßgebende Partikelmerkmal werden über die Störung des Ruhezustandes eines elektromagnetischen Feldes ermittelt. Die Feldstörung wird von einem Detektor in ein elektrisches Signal umgewandelt. Als Ergebnis der Analyse erhält man entweder die Dichte- oder Summenverteilung der Impulshöhen. Zur Umrechnung der Impulshöhe in ein Partikelmerkmal bzw. eine Partikelabmessung bezieht man das gemessene elektrische Signal auf ein äquivalentes elektrisches Signal, das in derselben Meßanordnung von einer kugelförmigen Partikel hervorgerufen wird. Stellt man die physikalischen Möglichkeiten zusammen, um eine durch die Partikel verursachte Feldstörung zum Bestimmen seiner Abmessung auszunutzen, so können folgende Effekte herangezogen werden:
– die Störung eines elektrischen Feldes,
– die Streuung und die Extinktion von Licht.

Zur Durchführung eines Verfahrens, das auf der Störung von elektrischen Feldern beruht, dient ein Meßvolumen in Form z. B. eines langgestreckten Zylinders, in dem sich ein homogenes elektrisches Feld befindet. Durch dieses Meßvolumen strömt eine elektrisch leitende Flüssigkeit, ein Elektrolyt, in der die Feststoffpartikeln suspendiert sind. Befindet sich eine Partikel im Meßvolumen, so vergrößert sich dessen elektrischer Widerstand und damit bei konstant gehaltenem Strom die im Meßkreis abfallende Spannung. Man kann zeigen, daß die relative Widerstandsänderung dem Partikelvolumen V_p proportional ist. Dieses Meßprinzip erlaubt daher die Messung der Anzahlverteilung der Partikelvolumina $q_0(V_p)$. Geräte dieses

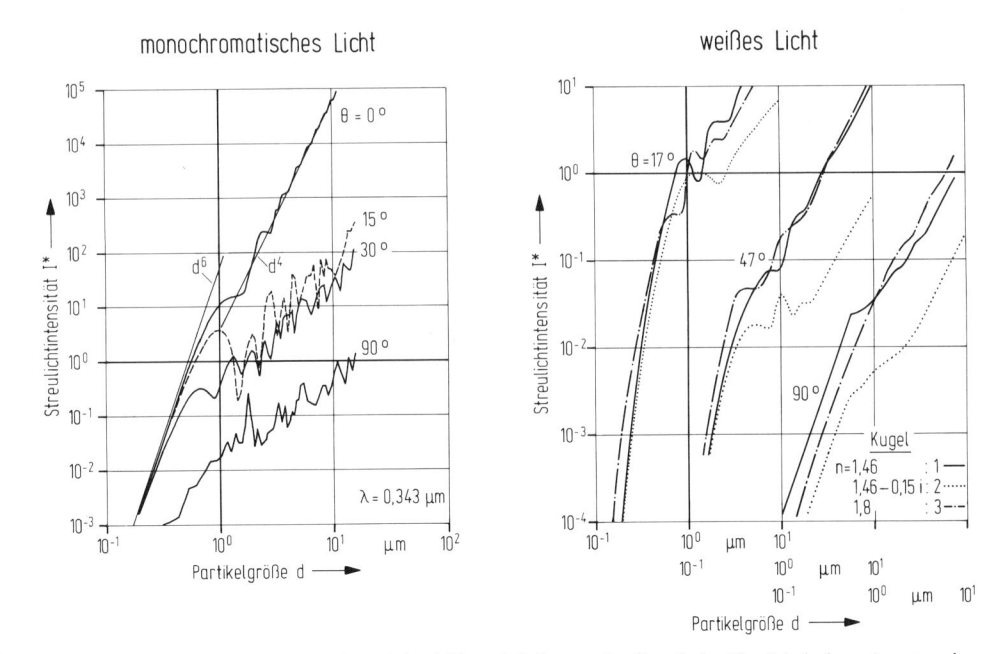

Bild 13. Relative Streulichtintensität I* in Abhängigkeit von der Partikelgröße d bei einer Apertur der Empfängeroptik $\Delta\Theta = 15°$
a monochromatisches Licht, b weißes Licht (n = Brechungsindex, Θ = Streuwinkel)

Prinzips wurden zuerst von der Firma *Coulter Electronics* in den sog. Coulter-Countern gebaut. Ein weiteres Gerät ist z. B. das Elzone der *Particle Data Inc.* Wie alle unmittelbaren Zählgeräte müssen auch die Geräte nach dem Coulter-Prinzip geeicht werden. Dazu benutzt man meist gleichgroße kugelförmige Partikeln, z. B. nahezu monodisperse Latices. Es ist jedoch auch möglich, Zählgeräte mit einem dispersen Feststoff zu eichen, der eine breite, jedoch bekannte Partikelgrößenverteilung aufweist.

Zum Verständnis der Verfahren, die auf der Streuung bzw. Extinktion von Licht beruhen, ist in Bild 13 die relative Streulichtintensität I^* in Abhängigkeit von der Partikelgröße d aufgetragen [82, 83]. Man erkennt, daß sich nur unter bestimmten Bedingungen monochromatisches Licht, $\Theta = 0$; weißes Licht, $\Theta = 90°$) angenähert monotone Kurvenverläufe ergeben. Die Ergebnisse von Streulichtrechnungen lassen sich für die Auslegung von Streulichtmeßgeräten verwenden. Die Geräte sind jedoch unabhängig davon mit monodispersen kugelförmigen Partikeln zu eichen. Streulichtmeßgeräte werden z. B. gebaut von: *Bausch &Lomb GmbH*, Unterföhrung, München; *Climet Instruments Comp.* Redlands, Calif., USA; *Coulter Electronics Ltd.*, Harpenden Inc.; Hertfordsh., England; *Royco Instruments Inc.*, Leonberg; *Polytec GmbH &Co.*, Waldbronn-Karlsruhe; *Kratel Verfahrenstechnik*, Gerlingen, Stuttgart.

3.4 Analyse von Beugungsspektren

Fällt ein paralleler Strahl monochromatischen Lichts z. B. auf eine kreisförmige Scheibe oder eine Öffnung, so bildet sich ein Beugungsmuster aus. Das Beugungsmuster überlagert sich dem geometrischen Bild der Scheibe und läßt sich auf einem Schirm abbilden. Bei der Auswertung ermittelt man die relative Lichtenergie innerhalb beliebiger Kreise der Brennebene. Als Auswertegleichung erhält man ein lineares Gleichungssystem für die in Kreisringen mit den Durchmessern D_1, D_2 gemessene relative Lichtenergie ΔE [84]:

$$\Delta E_{D_1 \cdot D_2} = c_i \sum_{i=1}^{\nu} \Delta N_i d_i^2 \left[(J_0^2 + J_1^2)_{D_1} - (J_0^2 + J_1^2)_{D_2} \right] \tag{37}$$

Diese Gleichung läßt sich bei bekannten Konstanten c_i, J_0, J_1 nach den Unbekannten ΔN_i, d. h. der Anzahl der Partikeln in bestimmten Größenklassen, lösen. Voraussetzung für die Anwendung dieser Methode ist eine dünne Partikelschicht geringer Feststoffkonzentration. Es können sowohl Proben auf Objektträgern als auch ruhende bzw. bewegte dünne Suspensions- oder Aerosolschichten ausgemessen werden.

Zur Zeit sind drei nach diesem Prinzip arbeitende Geräte im Handel erhältlich: das Cilas Granulometer der *Comp. Industrielle des Lasers*, Frankreich, der Microtrac Particle Size Analyzer der *Leeds and Northrup Co.*, USA, und der Particle and Droplet Size Distribution Analyzer der *Malvern Instruments Ltd.*, England.

3.5 Analysen-Trennverfahren

Das wichtigste Trennverfahren für die Partikelgrößenanalyse ist die Siebanalyse. Auch Windsichter werden für Partikelgrößenanalysen verwendet. Prinzip und Wirkungsweise von Analysenwindsichtern werden in Abschn. 4.4 beschrieben.

Durch ein Trennverfahren wird das Aufgabegut bei bestimmten Partikelgrößen (Trenngrenzen) in Fraktionen getrennt und deren Mengenanteile ermittelt. Die Trennungen in die einzelnen Fraktionen können einzeln nacheinander oder gleichzeitig an derselben Probe des Aufgabeguts durchgeführt werden. Die Massen der Fraktionen lassen sich leicht durch Wiegen ermitteln. Wird z. B. nur ein Trennschnitt durchgeführt, so ist das Verhältnis der Masse des Grobguts m_G zur Masse des Aufgabeguts m_A gleich der relativen Grobgutmasse, die dem Rückstand $R_A = 1 - Q_{3A}$ des Aufgabeguts gleichgesetzt wird. Die Problematik aller Trennverfahren liegt in der Bestimmung der diesem Rückstand zuzuordnenden Partikelgröße bzw. Trenngrenze. Es läßt sich zeigen, daß dem Rückstand bzw. Durchgang die sog. analytische Trenngrenze zuzuordnen ist [85].

[Literatur S. 134]

Bei der Siebanalyse ordnet man mehrere Siebe nach abnehmender Maschenweite übereinander an, gibt auf das oberste Sieb eine bestimmte Aufgabemenge auf und stellt nach einer gewissen Siebzeit fest, welcher Anteil der ursprünglich eingewogenen Feststoffmasse von den einzelnen Sieben zurückgehalten wurde. Um die Trenngrenzen, die bestimmten Rückständen zuzuordnen sind, zu ermitteln, entnimmt man am Ende einer Siebanalyse alle Siebe einzeln dem Siebsatz und klopft leicht gegen den Siebrahmen. Durch das Sieb fällt bei ausreichend langer Siebzeit eine enge Partikelklasse, deren mittlere Partikelgröße angenähert mit der gesuchten Trenngrenze übereinstimmt. Sie wird Kornscheide genannt. Die mittlere Partikelgröße (Äquivalentdurchmesser der volumengleichen Kugel) wird durch Abzählen und Wiegen bestimmt [86].

4 Trennverfahren

Die mechanischen Trennverfahren spielen in einer Vielzahl von Prozessen der mechanischen Verfahrenstechnik und der Aufbereitung eine hervorragende Rolle. Sie umfassen Abscheide-, Klassier- und Sortierprozesse, je nachdem, ob es sich um ein vollständiges Trennen der festen dispersen Phase von der gasförmigen oder flüssigen Phase (Abscheiden) oder einer Trennung der dispersen Phase in zwei oder mehr Größen- bzw. Sinkgeschwindigkeitsklassen (Klassieren) oder um das Trennen nach der Feststoffdichte, d.h. der Materialart (Sortieren) handelt.

4.1 Kennzeichnung einer Trennung

In Bild 14 ist die Massen-Verteilungsdichtekurve $q_3^{(0)}(d)$ eines auf einen Trennapparat aufgegebenen Guts dargestellt.[1]) Bei einer idealen, bei d_t durchgeführten Trennung gelangen alle Partikeln, die kleiner oder gleich d_t sind, in das Feingut, alle gröberen Partikeln in das Grobgut. Die mit $v_1 = m_1/m_0$ bezeichnete, in Bild 14 schraffiert angegebene Fläche, stellt deshalb den integralen Massenanteil aller Partikeln dar, die kleiner oder gleich d_t sind. v_1 wird Feingut-Massenanteil genannt. Infolge:

$$v_1 + v_2 = \frac{m_1}{m_0} + \frac{m_2}{m_0} = 1 \tag{38}$$

entspricht die nicht schraffierte Fläche in Bild 14 dem Grobgut-Massenanteil v_2. Die Indices 0,1 und 2 entsprechen dem Aufgabegut, Feingut bzw. Grobgut.

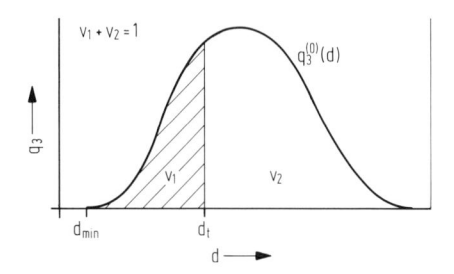

Bild 14. Verteilungsdichtekurve $q_3^{(0)}(d)$ des Aufgabegutes einer Trennung

In Bild 15 sind die Massen-Verteilungsdichtekurven einer realen Trennung dargestellt. Dabei stellen $q_3^{(0)}(d)$ die Massen-Verteilungsdichtekurve des Aufgabeguts, $v_1 q_3^{(1)}(d)$ die Massen-Verteilungsdichtekurve des Feinguts und $v_2 q_3^{(2)}(d)$ die Massen-Verteilungsdichtekurve des Grobguts

---

[1]) Die in Klammern gesetzte Hochzahl 0 gibt an, daß es sich um die Verteilungsdichtekurve des Aufgabegutes handelt.

54 *Grundzüge der mechanischen Verfahrenstechnik* [Literatur S. 134]

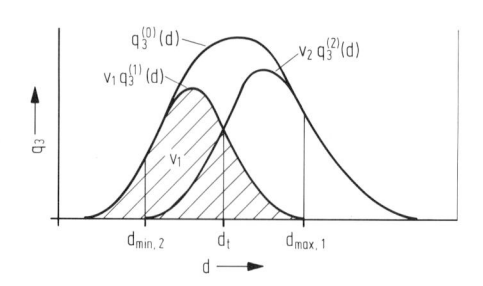

Bild 15. Verteilungsdichtekurven einer realen Trennung

dar. Im Partikelgrößenbereich $d_{min,2} \leq d \leq d_{max,1}$ kommen bei einer realen Trennung Partikeln sowohl im Feingut als auch im Grobgut vor. Die dargestellte Trennung läßt sich durch die in Tab. 7 angegebenen Gleichungen in Form von Massenbilanzen sowie durch die Definition von Trenngrenzen und von Kennwerten für die Trennschärfe beschreiben. Eine ausführliche Darstellung wird in [87] gegeben. Ziel der Kennzeichnung einer Trennung ist, neben der Ermittlung

Tab. 7. Massenbilanzen, Trenngrenzen, Trenngrad und Kennwerte der Trennschärfe von Trennungen

Massenbilanzen:	
$d_{min} \leq d \leq d_{max}$	$1 = v_1 + v_2$
$d_{min} \leq d$	$Q_3^{(0)}(d) = v_1 Q_3^{(1)}(d) + v_2 Q_3^{(2)}(d)$
d bis d + Δd	$q_3^{(0)}(d) = v_1 q_3^{(1)}(d) + v_2 q_3^{(2)}(d)$
Trenngrenzen:	
präparative Trenngrenze d_{50}	$v_1 q_3^{(1)}(d_{50}) = v_2 q_3^{(2)}(d_{50})$
analytische Trenngrenze d_a	$v_1 = Q_3^{(0)}(d_a)$
Überschneidungs-Trenngrenze d_0	$1 - Q_3^{(1)}(d_0) = Q_3^{(2)}(d_0)$
Trenngrad und Kennwerte der Trennschärfe:	
Trenngrad	$T = \dfrac{v_2 q_3^{(2)}(d)}{q_3^{(0)}(d)}$
Merkmals-Kennwerte, wie z. B.:	
Ecart Terra	$E_T = (d_{75} - d_{25})/2$
Imperfektion	$I = E_T/d_{50}$
Trennschärfe	$\kappa_{25/75} = d_{25}/d_{75}$
Verteilungskurven-Kennwerte, wie z. B.:	
Feines im Aufgabegut	$A_1 = Q_3^{(0)}(d)$
Grobes im Aufgabegut	$A_2 = 1 - Q_3^{(0)}(d)$
Feines im Grobgut	$A_3 = v_2 Q_3^{(2)}(d)$
Grobes im Grobgut	$A_4 = v_2(1 - Q_3^{(2)}(d))$
Feines im Feingut	$A_5 = v_1 Q_3^{(1)}(d)$
Grobes im Feingut	$A_6 = v_1(1 - Q_3^{(1)}(d))$
Ausbeute an Feingut	$A_5/A_1 = v_1 Q_3^{(1)}(d)/Q_3^{(0)}(d)$
Ausbeute an Grobgut	$A_4/A_2 = v_2(1 - Q_3^{(2)}(d))/(1 - Q_3^{(0)}(d))$
Sichterwirkungsgrad	$\eta = \dfrac{A_4}{A_2} - \dfrac{A_3}{A_1} = \dfrac{v_2(Q_3^{(0)}(d) - Q_3^{(2)}(d))}{Q_3^{(0)}(d)(1 - Q_3^{(0)}(d))}$
Trennkurven-Kennwerte, wie z. B.:	
Gesamtabscheidegrad	$T_{ges} = v_2 = \int\limits_{d_{min}}^{d_{max}} T(x) q_3^{(0)}(x)\,dx$

einer Trenngrenze und von Kennwerten für die Trennschärfe, die Ermittlung der sogenannten Trennkurve. Dabei wird der Trenngrad T (vgl. Tab. 7) in Abhängigkeit von der Partikelgröße d aufgetragen. Man erhält z. B. den in Bild 16 dargestellten Kurvenverlauf. Aus der Lage und dem Verlauf der Trennkurve lassen sich die gewünschten Kenngrößen ableiten.

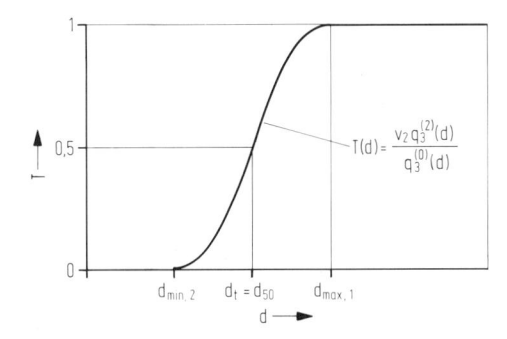

$$T(d) = \frac{v_2 q_3^{(2)}(d)}{q_3^{(0)}(d)}$$

Bild 16. Trennkurve $T(d)$ einer Trennung

4.2 Abscheiden von Partikeln aus Gasen

Abscheider haben die Aufgabe, feste oder flüssige Partikeln aus Gasen möglichst vollständig abzutrennen. Derartige Trennprozesse werden in der Verfahrenstechnik häufig durchgeführt, um entweder ein Produkt aus einem Gaskreislauf zurückzugewinnen oder aber um das Gas vor seiner Weiterverwendung zu reinigen.

Große und wachsende Bedeutung besitzen die Abscheider im Bereich der Luftreinhaltung, d. h. für die Begrenzung der Emission partikelförmiger Verunreinigungen in Abgasen. Auf diesem Gebiet ist die Aufmerksamkeit besonders auf eine wirksame Abscheidung im Feinstaubbereich – etwa unterhalb 10 µm – zu richten.

Die Abtrennung wird dadurch erreicht, daß die Partikeln unter der Wirkung verschiedener Kräfte innerhalb des Abscheiders aus dem Gas heraus in nicht durchströmte Zonen oder zu einer Kollektorfläche geführt werden [88]. Schwierigkeiten bereiten hierbei die feinen Partikeln, da die für eine Abtrennung ausnutzbaren massenproportionalen Kräfte (Schwerkraft, Trägheitskraft) von der 3. Potenz des Partikeldurchmessers abhängen. Andererseits sind die an den Partikeln angreifenden Strömungskräfte proportional der 1. bis 2. Potenz des Durchmessers. Je feiner die Partikeln sind desto leichter werden sie von der Strömung mitgeschleppt. Im Feinstaubbereich müssen daher andere Mechanismen, vor allem elektrostatische Effekte in verschiedenen Modifikationen oder Diffusionsvorgänge, für die Abscheidung eingesetzt werden. Neue Entwicklungsansätze zielen vor allem auf eine verstärkte Nutzung der Elektrostatik ab.

In der praktischen Anwendung findet man folgende vier Gruppen von Abscheideverfahren:
– Fliehkraftabscheider,
– Naßabscheider,
– Filter,
– elektrische Abscheider.

4.2.1 Beurteilung von Abscheidern

Für die Bewertung der Abscheideleistung eignet sich besonders der Trenngrad $T(d)$ (oft auch Fraktionsabscheidegrad genannt), da an Hand der Trennkurve auch unmittelbar eine Aussage über das Verhalten im Feinstaubbereich getroffen werden kann. Zu einer gegebenen Partikelgrößenverteilung im zugeführten Gas (Aufgabegut) $q_3^{(0)}(d)$ kann bei bekanntem Trenngrad $T(d)$

auch der Gesamtabscheidegrad T_{ges} und die aus dem Abscheider austretende Feingutverteilung $q_3^{(1)}(d)$ berechnet werden (vgl. Tab. 7):

$$T_{ges} = \int_{d_{min}}^{d_{max}} T(x) q_3^{(0)}(x) dx \qquad (39)$$

$$q_3^{(1)}(d) = \frac{q_3^{(0)}(d)[1 - T(d)]}{1 - \int_{d_{min}}^{d_{max}} T(x) q_3^{(0)}(x) dx} \qquad (40)$$

Bei der Auswahl eines Abscheiders ist der nach der Gl. (39) berechnete Gesamtabscheidegrad mit dem durch z. B. Emissionsgrenzwerte vorgegebenen Sollwert

$$T_{ges} = 1 - \frac{c_T^{(1)}}{c_T^{(0)}} \qquad (41)$$

zu vergleichen (c_T = Partikelkonzentration). Besonders bei hohen Abscheidegraden ist es oft anschaulicher, die Reinigungswirkung nach dem Durchlaßgrad P zu beurteilen. Es ist:

$$P = 1 - T_{ges} = \frac{c_T^{(1)}}{c_T^{(0)}} \qquad (42)$$

4.2.2 Ermittlung des Trenngrades

An den im Abschn. 4.2.1 dargelegten Gleichungen wird die zentrale Bedeutung des Trenngrades $T(d)$ erkennbar. Wegen unterschiedlicher, gleichzeitig oder bereichsweise getrennt wirksamer Transportmechanismen (z. B. bei Faserfiltern oder elektrischen Abscheidern) kann die Trennkurve bei einigen Abscheidertypen Minima und Maxima durchlaufen. Deshalb ist es wichtig, die Trennkurve in einem möglichst weiten Bereich der Partikelgrößen zu kennen.

Theoretische Beschreibung des Trennvorgangs:
Eine allgemeine Theorie der Abscheider besteht in der Berechnung der realen Partikelbewegung im Abscheideraum. Diese Bewegung setzt sich aus der Überlagerung einer determinierten Bewegung und einer Zufallsbewegung zusammen.
Die determinierte Bewegung erhält man aus der Lösung der Bewegungsgleichung (vgl. Abschn. 2.2). Durch Fortschritte in der Rechentechnik verringerte sich in jüngerer Zeit auch der Aufwand in der numerischen Berechnung wesentlich. Schwierigkeiten können sich bei der Modellierung der Strömung ergeben, die oft mit starken Vereinfachungen verbunden ist. Trotz dieser Einschränkung hat sich die Berechnung der determinierten Bewegung als sehr aufschlußreich für das Verständnis der Vorgänge und als sehr hilfreich bei der Auslegung von Abscheidern erwiesen.
Der zufallsbedingte Bewegungsanteil resultiert aus thermischen und turbulenten Schwankungen der Strömung und der Wechselwirkung zwischen den Partikeln. Die Berechnung dieses Anteils erfordert heute noch teilweise sehr einschränkende Annahmen. Immerhin läßt sich aber jetzt schon der Einfluß auf die Trennschärfe abschätzen. Für eine genauere Erläuterung dieser Ansätze wird auf die Literatur [36, 89, 90] verwiesen.

Experimentelle Bestimmung des Trenngrades:
Angesichts der verbleibenden Probleme bei der Vorausberechnung von Abscheidern und besonders auch für die Kontrolle von Praxisanlagen stellt die experimentelle Ermittlung von Trenngraden eine wichtige meßtechnische Aufgabe dar. Das Problem besteht dabei in erster Linie darin, die Partikelgrößenverteilungen vor und nach dem Abscheider unverfälscht zu messen. Die Verteilungen dürfen durch das Meßverfahren nicht verändert werden. Dies bedeutet, daß einerseits die Probenahme repräsentativ erfolgen muß und daß andererseits keine Agglomerations- oder Desagglomerationsvorgänge das Ergebnis beeinflussen dürfen.

[Literatur S. 134]   *4 Trennverfahren*   57

Als Meßtechnik sind daher vorzugsweise solche Verfahren zu wählen, bei denen entweder Partikeln vor der Mengenbestimmung fraktionierend getrennt und abgeschieden werden (z. B. Kaskadenimpaktoren, Zyklonkaskaden) oder bei denen auf eine Trennung verzichtet werden kann, da für die Messung keine Abscheidung erforderlich ist (optische Verfahren). Hierzu zählen Streulichtverfahren, die entweder als Zählverfahren das am Einzelteilchen gestreute Licht oder das am Kollektiv zugleich gebeugte Licht messen und analysieren (vgl. Abschn. 3.3 und 3.4). Diese Methoden besitzen außerdem den Vorteil, daß sie sehr schnell arbeiten. Damit können auch zeitlich veränderliche Eigenschaften (z. B. bei Filtern) aufgelöst werden.

Im Zusammenhang mit der Wahl eines geeigneten Meßverfahrens sei darauf hingewiesen, daß der Trenngrad $T(d)$ unabhängig von der Mengenart ist, in der gemessen wird (z. B. Anzahl oder Masse), da jeweils die Verhältnisse von Mengen im gleichen Partikelgrößenintervall gebildet werden. Im Gegensatz hierzu ist der Gesamtabscheidegrad T_{ges} natürlich von der Mengenart abhängig, in der die Aufgabegutverteilung $q_r^{(0)}(d)$ bestimmt wurde.

4.2.3 Fliehkraftabscheider

In Fliehkraftabscheidern erfährt das Gas durch die Art der Zuführung einen Drall. Dadurch wirken auf die mitgeführten Partikeln Fliehkräfte, welche eine Abscheidung bewirken können. Zur Realisierung dieses Prinzips wurden sehr viele Varianten entwickelt. Übersichten sind in [91, 92] zu finden.

Die häufigste Bauart ist in Bild 17 dargestellt. Das Gas wird hier einem rotationssymmetrischen Behälter am Kopf tangential zugeführt, strömt kreisend nach unten und verläßt den Apparat nach Richtungsumkehr durch das zentral eintauchende Rohr. Der abgeschiedene Staub wird am unteren Ende des Behälters abgeführt. Diese Ausführung wird meist Zyklon genannt.

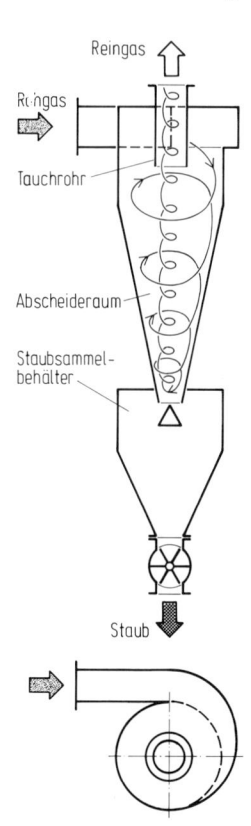

Bild 17. Fliehkraftabscheider mit Strömungsumkehr (Zyklon)

Zyklone werden mit Durchmessern von etwa 0,02–5 m gebaut und bei Drücken von 0,01–100 bar und Temperaturen bis über 900°C eingesetzt [93]; sie stellen damit derzeit das einzige großtechnisch verwendete Abscheideverfahren im Hochtemperaturbereich dar. Zyklone sind betriebssicher sowie kostengünstig in der Herstellung und in den Betriebskosten. Es ist daher nicht verwunderlich, daß dieser Trennapparat in sehr vielen Sparten der Technik eingesetzt wird.

Für die Aufgaben der Luftreinhaltung ist die Bedeutung des Zyklons zumindest als Endabscheider in den letzten Jahren merklich zurückgegangen, da er die steigenden Anforderungen im Bereich der Feinstaubabscheidung unterhalb etwa 5 µm nicht mehr allein erfüllen kann. Er wird daher in diesem Bereich häufig als Vorabscheider vor einem leistungsfähigeren Feinstaubabscheider eingesetzt.

Die Abscheidung hängt im wesentlichen von der Geometrie, dem Gasdurchsatz, der Rohgaskonzentration und den Guteigenschaften ab. In Bild 18 sind typische Trennkurven für Zyklone mit unterschiedlichen Abmessungen dargestellt. Große Zyklone scheiden schlechter ab als kleine. Die Ausführungen mit wenigen cm Durchmesser und Trenngrenzen (50% Abscheidung) unter 1 µm wurden in erster Linie für meßtechnische Zwecke entwickelt. Mit zunehmendem Gasvolumenstrom (d.h. zunehmenden Geschwindigkeiten) wird die Abscheidung besser; allerdings steigt dabei auch der Druckverlust an. Es gilt

$$\Delta p = \zeta \frac{\varrho_f}{2} v_i^2 \qquad (43)$$

wobei v_i die mittlere Geschwindigkeit im Tauchrohr und ζ einen Druckverlustbeiwert darstellt. Messungen ergaben, daß bis zu 90% des gesamten Druckverlustes im Tauchrohr verursacht werden, was auf die dort herrschenden hohen Umfangsgeschwindigkeiten zurückzuführen ist. Typische Werte für Δp liegen im Bereich von 5–20 mbar.

Für die Berechnung des Abscheidegrades gibt es verschiedene Modelle, welche die komplizierte, dreidimensionale turbulente Drehströmung vereinfachen.

Der auf der Theorie des ebenen Spiralwindsichters aufbauende Ansatz von *Barth* [94] liefert ein Grenzkorn, welches dem Medianwert der Trennkurve zugeordnet werden kann. Um den Einfluß der Gutkonzentration (Zunahme der Abscheidung mit wachsender Konzentration) zu erfassen, erweiterte *Muschelknautz* [93] das Modell durch die Einführung einer Grenzbeladung. *Mothes* [36] berechnete den Beitrag der durch unterschiedliche Sinkgeschwindigkeiten bedingten Agglomeration im Zyklon zur Abscheidung. In dem Modell von *Dietz* [95] wird eine turbulente Vermischung der Partikeln im Zyklon angenommen. Dieses Modell liefert zwar eine Verteilung des Trenngrades, erlaubt jedoch keine Aussage zum Konzentrationseinfluß.

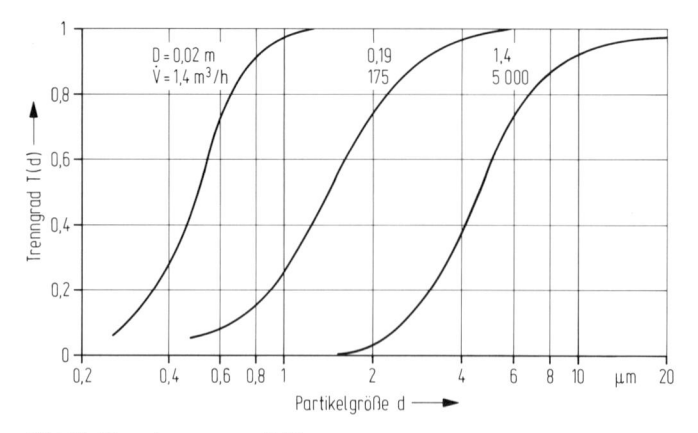

Bild 18. Trennkurven von Zyklonen

4.2.4 Naßabscheider

Die Abscheidung geschieht in Naßscheidern dadurch, daß die Partikeln mit einer Waschflüssigkeit in Kontakt gebracht, an diese gebunden und dann zusammen mit der Waschflüssigkeit aus dem Gasstrom abgetrennt werden. Gleichzeitig können dabei mit der Waschflüssigkeit auch lösliche gasförmige Bestandteile ausgewaschen werden.

Der Einsatz von Naßabscheidern kann besonders bei anbackenden oder zu Explosion neigenden Partikeln vorteilhaft sein. Naßabscheider werden häufig bei kleineren Gasvolumenströmen (< 30000 m^3/h) eingesetzt [96]. Sie können an wechselnde Betriebsbedingungen relativ gut angepaßt werden. Nachteilig ist allerdings die Korrosionsgefahr. Außerdem erzeugt ein Naßabscheider immer Abwasser, welches seinerseits geklärt werden muß.

Es gibt eine Vielzahl von konstruktiven Ausführungen [97, 98], die sich jedoch in wenige Grundtypen zusammenfassen lassen. Bild 19 zeigt fünf Grundtypen [96] zusammen mit einigen charakteristischen Daten. Die experimentell ermittelten Grenzkorngrößen lassen erkennen, daß Naß-

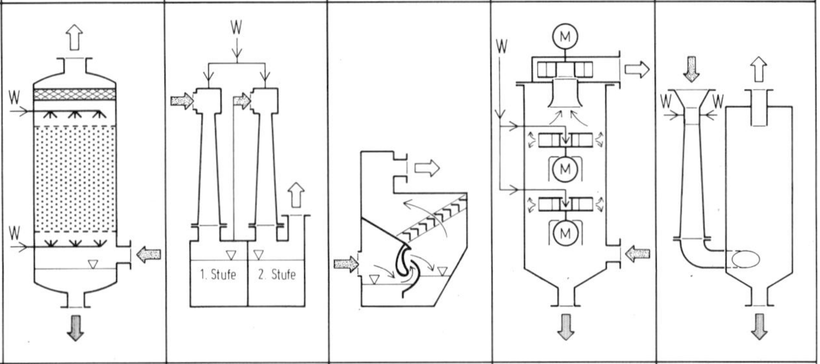

Typ	Waschturm	Strahlwäscher	Wirbelwäscher	Rotationszerstäuber	Venturiwäscher
Grenzkorn (µm) für $\rho_S = 2{,}42$ g/cm^3	0,7–1,5	0,8–0,9	0,6–0,9	0,1–0,5	0,05–0,2
Relativgeschwindigkeit (m/s)	1	10–25	8–20	25–70	40–150
Druckverlust (mbar)	2–25	—	15–28	4–10	30–200
Wasser/Luft *(pro Stufe) (l/m^3)	0,05–5	5–20*	unbest.	1–3*	0,5–5
Energieaufwand (kWh/1000 m^3)	0,2–1,5	1,2–3	1–2	2–6	1,5–6

Bild 19. Naßabscheider-Grundtypen nach [96]

abscheider in der entsprechenden Bauform auch für die Abscheidung von extrem feinen Stäuben eingesetzt werden können – allerdings bei teilweise erheblichen Druckverlusten. Als grobe Regel ergibt sich, daß mit zunehmender Relativgeschwindigkeit die Abscheidung besser wird. Die guten Abscheideeigenschaften einiger Bauarten von Naßabscheidern sind auch aus den in Bild 20 dargestellten Trennkurven zu erkennen.

Für die Berechnung der Abscheidung hat sich nach neueren theoretischen und experimentellen Untersuchungen [99, 100] ein ursprünglich bereits 1959 von *Barth* vorgeschlagenes Modell gut bewährt. Dabei wird vorausgesetzt, daß die Waschflüssigkeit in Form von Tropfen vorliegt und die Staubpartikeln überwiegend durch Trägheitskräfte zu der Tropfenoberfläche transportiert werden.

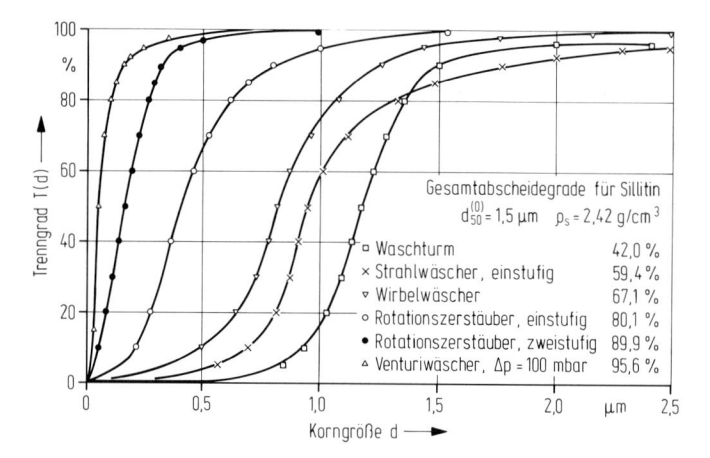

Bild 20. Trennkurven von Naßabscheidern nach [96]

Für die Änderung der Partikelkonzentration im Abscheider erhält man:

$$c = c_0 \exp[-bm] \tag{44}$$

bzw. für den Trenngrad:

$$T(d) = 1 - \exp[-bm] \tag{45}$$

Hierbei ist $b = \dot{V}_{\text{Wasch}}/\dot{V}_{\text{Gas}}$, die spezifische Waschflüssigkeitszugabe. Der Parameter m ist das spezifische Reinigungsvolumen, welches definiert ist als das Verhältnis des von einem Tropfen während eines Fluges durch den Abscheideraum gereinigten Gasvolumens zum Tropfenvolumen.

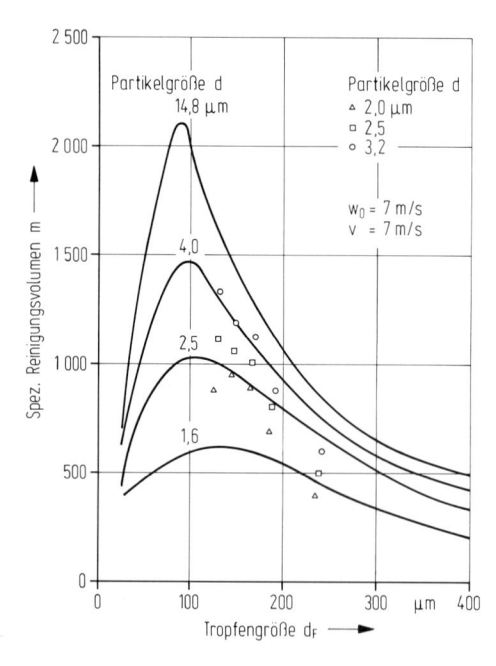

Bild 21. Theoretische (Kurven) und experimentelle Werte (Punkte) für das spezifische Reinigungsvolumen m in Abhängigkeit von der Tropfengröße d_F nach [99]

Die theoretische Bestimmung von m erfordert einerseits die Berechnung der Abscheidung der Partikeln an den Tropfen und andererseits die Berechnung des Flugweges der Tropfen im Abscheideraum. Bild 21 zeigt ein Beispiel für eine Querstromanordnung. Charakteristisch ist hierbei das Maximum der Kurven bei einer bestimmten Tropfengröße, d.h. es gibt eine optimale Tropfengröße. Das spezifische Reinigungsvolumen hängt außer von der Tropfen- und Partikelgröße auch von den Strömungsbedingungen und der Geometrie des Abscheiders ab. Dieser Zusammenhang stellt damit die Grundlage für die Dimensionierung von Naßabscheidern dar.

4.2.5 Filter

Bei Filtern erfolgt die Abscheidung während der Strömung des partikelhaltigen Gases durch ein poröses Medium dadurch, daß die Partikeln unter der Wirkung verschiedener Mechanismen (Diffusion, Trägheitskräfte, Schwerkraft, elektrostatische Kräfte) zu den Kollektoroberflächen transportiert und dort durch Haftkräfte festgehalten werden. Als Filtermedien dienen im Bereich der Gasreinigung vor allem Faserschichten und in neuerer Zeit – allerdings in erheblich geringerem Umfang – auch Schüttschichten aus Feststoffkörnern.
Nach dem Anwendungsbereich und dem daraus resultierenden Aufbau und der Betriebsweise lassen sich Faserfilter in zwei große Gruppen unterteilen: Speicherfilter und Abreinigungsfilter [101].
Speicherfilter werden im Bereich geringer Staubgehalte eingesetzt. Ein typischer Anwendungsbereich ist die Klima- und Belüftungstechnik mit einem weiten Spektrum von Anforderungen vom einfachen Vorfilter bis zum Hochleistungsschwebstoffilter mit Abscheidegraden $\geq 99{,}97\%$ für Partikeln um 0,3–0,5 µm für die Rein-Raum-Technik. Diese Filter sind in der Regel relativ lockere Fasermatten mit Porenvolumenanteilen $>90\%$, oft sogar $>99\%$ (Tab. 8). Die Partikelabscheidung erfolgt im Innern der durchströmten Faserschicht. Nach der Sättigung mit Staub werden diese Filter überwiegend weggeworfen, bei einigen Typen ist auch eine Reinigung durch Waschen oder durch Ausblasen möglich. Typische Anströmgeschwindigkeiten liegen bei 5–200 cm/s.

Tab. 8. Geometrische Daten von Speicherfiltern

	Grobfilter	Schwebstoffilter
Faserdurchmesser d_F	50–100 µm	1–5 µm
Mattendicke	1–3 cm	1–3 mm
Faservolumenanteil	<1–3%	<5–10%
mittlerer Faserabstand	$9\,d_F$	$3\,d_F$

Speicherfilter werden in vielfältigen Formen eingesetzt. Bild 22 zeigt schematisch einige Grundformen. Für die Auslegung und Entwicklung von Speicherfiltern bieten die theoretischen Ansätze wertvolle Hinweise auf Einflußgrößen und Tendenzen. Da diese Berechnungen in der Regel von vereinfachenden Modellannahmen über die geometrische Struktur und den Strömungsver-

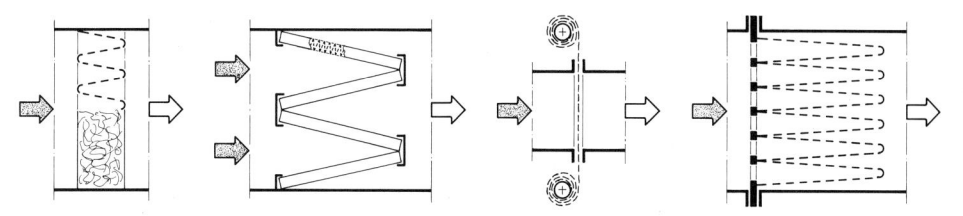

Bild 22. Bauformen von Speicherfiltern

lauf im Innern der Faserschicht ausgehen, müssen die Ergebnisse durch Experimente abgesichert werden. Aus einer Mengenbilanz erhält man die Filtergleichung:

$$T(d) = 1 - \exp[-f \cdot \varphi] \tag{46}$$

Hier in ist f das Verhältnis von Faserprojektionsfläche zu Filteranströmfläche (z. B. Vorfilter $f = 3$–10, Schwebstoffilter $f = 100$–300). φ ist der Einzelfaserabscheidegrad, der außer von der Partikelgröße d von zahlreichen anderen Einflußgrößen abhängt. φ muß sowohl die Transport- als auch die Haftmechanismen berücksichtigen. Es ist Gegenstand der vor ungefähr 50 Jahren begonnenen und heute noch andauernden Forschung, diese komplexen Zusammenhänge zu beschreiben [100–102].

Das Einsatzgebiet von *Abreinigungsfiltern* liegt vorwiegend im Bereich hoher Staubgehalte, wie sie bei verfahrenstechnischen Prozessen und bei der Abgasreinigung häufig vorkommen. Wegen der hervorragenden Abscheidung von Feinstäuben haben diese Filter eine dominierende Rolle in der Luftreinhaltung übernommen und dehnen das Spektrum ihrer Einsatzmöglichkeiten fortlaufend aus [103]. Die Faserschichten werden vorwiegend als nichtgewebte Vliese oder Filze verwendet, während früher vorwiegend Gewebe eingesetzt wurden. Der Porenvolumenanteil dieser Medien liegt bei 70–90 %. Die Abscheidung erfolgt nur in einer kurzen Anfangsphase innerhalb der Faserschicht, verlagert sich dann aber rasch an die Filteroberfläche. Die dort gebildete Staubschicht stellt das eigentliche, hochwirksame Filter dar. Die anwachsende Staubschicht bewirkt gleichzeitig auch einen Anstieg des Druckverlustes. Deshalb werden diese Filter periodisch abgereinigt. Typische Anströmgeschwindigkeiten liegen bei 0,5–5 cm/s.

Die Filtermedien werden entweder in Taschen- oder in Schlauchform verwendet, wobei das Schlauchfilter häufiger anzutreffen ist. Die verschiedenen Ausführungen unterscheiden sich vor allem in der Strömungsführung und in der Art der Abreinigung. Bild 23 zeigt zwei Abreinigungssysteme. Hiervon gewinnt die Druckstoßabreinigung zunehmende Bedeutung.

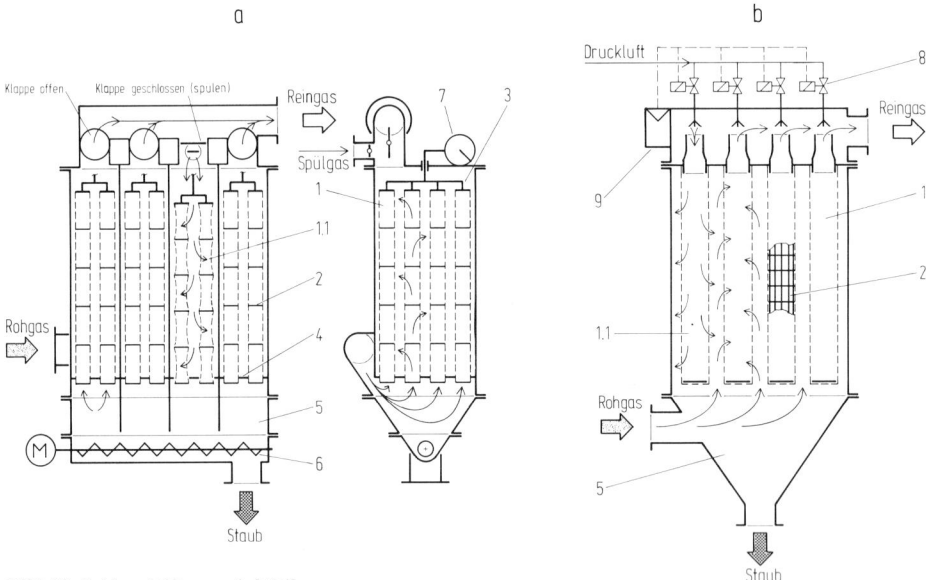

Bild 23. Schlauchfilter nach [104]
a 4-Kammer-Schlauchfilter mit Rüttelabreinigung, b Schlauchfilter mit Druckstoßabreinigung
1 Filterschläuche, 1.1 Filterschlauch während der Abreinigung, 2 Stützringe bzw. Drahtstützkörbe, 3 Hängerahmen, 4 Schlauchboden, 5 Staubsammelraum, 6 Schnecke, 7 Vibrator, 8 Magnetventile, 9 Taktsteuergerät

Die Auslegung von Abreinigungsfiltern geschieht überwiegend nach Erfahrungswerten [104]. Eine wichtige Rolle spielt hierbei die Abstimmung von Filtermaterial, Filtrationsgeschwindigkeit und Abreinigungsintensität mit den vorliegenden Staub- und Gasbedingungen. Wie Bild 24

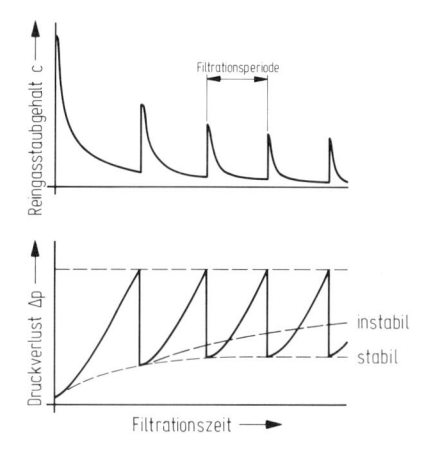

Bild 24. Druckverlust und Reingaskonzentration in Abhängigkeit von der Filtrationszeit

schematisch zeigt, steigt der Druckverlust mit der Zeit, d.h. mit der abgeschiedenen Staubmenge an, wobei gleichzeitig der Reingasstaubgehalt abnimmt. Jede Abreinigung verursacht einerseits einen Abfall des Druckverlustes und andererseits einen kurzzeitigen Anstieg der Staubkonzentration des gereinigten Gases [105]. Die Aufgabe besteht somit darin, die Betriebsbedingungen so zu wählen, daß sich – nach einer gewissen Einarbeitungszeit ein stabiler Zustand einstellt. Die systematische Aufklärung dieser Zusammenhänge ist noch nicht abgeschlossen.

4.2.6 Elektrische Abscheider

In elektrischen Abscheidern wird die Kraftwirkung auf geladene Partikeln für die Abtrennung ausgenutzt. Dieses Prinzip ist vor allem auch bei feinen Partikeln wirksam. Elektrische Abscheider werden vorzugsweise für die Reinigung großer Gasvolumenströme (bis zu einigen 10^6 m³/h) eingesetzt, z.B. für Abgase aus Kraftwerken, Eisen- und Metallhütten, Gießereien, Zementfabriken, Müllverbrennungsanlagen usw. [106]. Die erreichbaren Gesamtabscheidegrade liegen für Flugasche bei entsprechender Auslegung über 99%, die Druckverluste betragen 1–2 mbar. Angaben über Trennkurven für diese Abscheideart existieren in der Literatur nahezu nicht.

Der Abscheidevorgang geschieht in drei aufeinanderfolgenden Schritten: Aufladung der Partikeln, Abscheidung der geladenen Partikeln an den Kollektorflächen (Niederschlagselektrode) und Entfernung des Staubniederschlages von den Kollektorflächen [107].

Diese Prozeßschritte werden in Rohrfiltern oder in Plattenfiltern (Bild 25) realisiert. Die für die Aufladung benötigten Ladungsträger werden an sog. Sprühelektroden erzeugt. Nach der Aufladung wandern die Partikeln im elektrischen Feld quer zur Gasströmungsrichtung an die Niederschlagselektroden. Die angelegte Hochspannung kann bis zu 70 kV betragen. Die abgeschiedene Staubschicht wird von den Niederschlagselektroden entweder mechanisch (durch Klopfen) oder durch Bespülen mit Wasser entfernt.

Eine wichtige Voraussetzung für die Abscheidbarkeit im elektrischen Feld ist die elektrische Leitfähigkeit der Partikeln. Der günstige Bereich des spezifischen elektrischen Staubwiderstandes liegt bei 10^4–10^{11} Ωcm. Der Staubwiderstand hängt von den Stoff- und Gaseigenschaften ab und kann durch entsprechende Konditionierung in gewissen Grenzen beeinflußt werden.

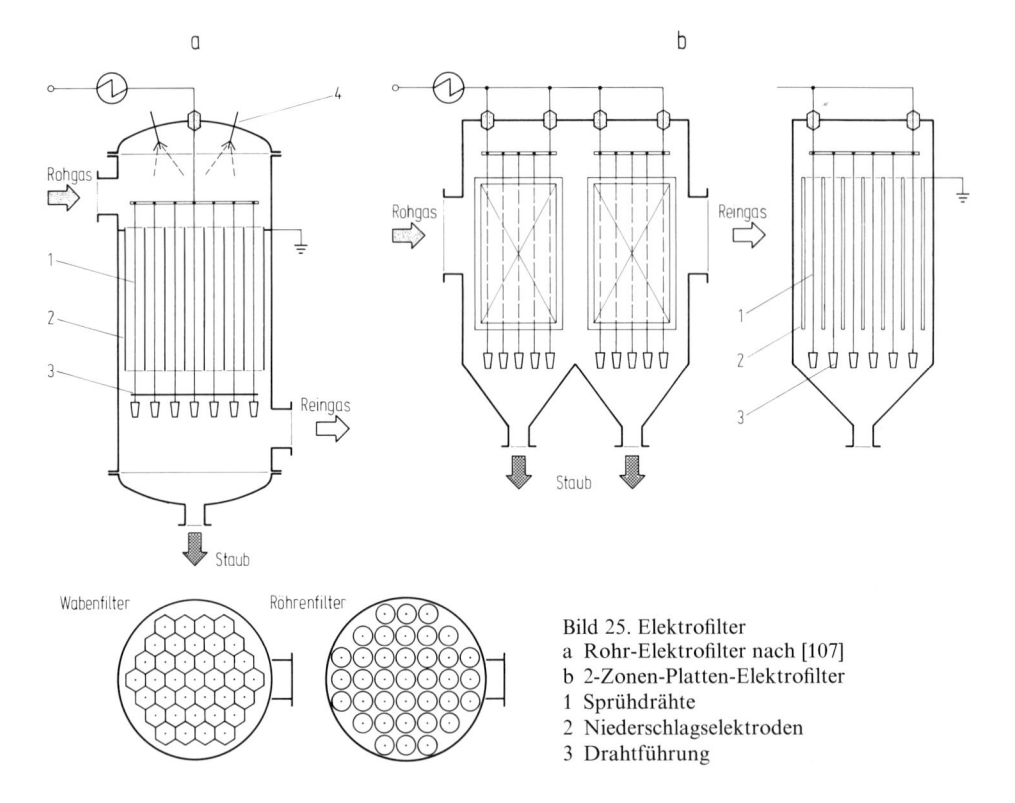

Bild 25. Elektrofilter
a Rohr-Elektrofilter nach [107]
b 2-Zonen-Platten-Elektrofilter
1 Sprühdrähte
2 Niederschlagselektroden
3 Drahtführung

Die Grundgleichung für die Auslegung wurde von *Deutsch* abgeleitet [88, 98]. Mit gewissen vereinfachenden Annahmen ergibt sich für den Trenngrad eines Plattenabscheiders:

$$T(d) = 1 - \exp\left[\frac{A w_e(d)}{\dot{V}}\right] \qquad (47)$$

Hierbei ist A die Fläche der Niederschlagselektroden und $\dot{V}$ der Gasvolumenstrom.
w_e wird die effektive Wanderungsgeschwindigkeit genannt. Diese Größe beschreibt den Partikeltransport zur Niederschlagsfläche. $w_e(d)$ hängt außer von der Partikelgröße auch von der Aufladung und der Feldstärke ab [108]. Bei experimentellen Bestimmungen von w_e an praktischen Abscheideranlagen ergeben sich teilweise erhebliche Unterschiede zu den theoretischen Werten. Die Abhängigkeit der Wanderungsgeschwindigkeit von geometrischen und strömungstechnischen Einflüssen bedarf noch weiterer Aufklärung.

4.3 Abscheiden von Feststoffen aus Flüssigkeiten

4.3.1 Trennprinzipien

Die zur Fest-Flüssig-Trennung im großtechnischen Maßstab verwendbaren physikalischen Prinzipien sind in ihrer Anzahl sehr begrenzt (Tab. 9) [109, 110]. Sieht man von Verfahren ab, die sehr spezielle, selten auftretende Eigenschaften des Feststoffs ausnutzen (z. B. Abscheidung von Eisenpartikeln aus Bohrmilch durch Magnete), so verbleiben die hauptsächlich verwendeten Methoden

Tab. 9. Überblick über die Trennprinzipien für die Feststoffabtrennung aus Flüssigkeiten

		Kuchenbildung		Kuchenentfeuchtung		
Art der Kräfte	erzeugt durch	Sedimentation	Filtration	Auspressen	Gasdurchströmen	Abdrainieren
Massenkräfte	Erdbeschleunigung	Klärbecken	statisches Entwässern	Sedimentbildung in Natur Eindickspitze	—	abtropfen abseihen abrieseln
	Zentrifugalbeschleunigung	Vollmantelzentrifugen Hydrozyklone	alle filtrierenden Zentrifugen	Schlammkompression in Vollmantelzentrifugen	—	alle filtrierenden Zentrifugen
	Schwingbeschleunigung	—	Schwingsiebe Schwingrinnen	—	—	Schwingsiebe Schwingrinnen
Äußere Kräfte durch Anlegen einer Druckdifferenz	Vakuum	—	Vakuumfilter	—	Vakuumfilter	—
	Überdruck	—	Druckfilter Filterpressen	—	Druckfilter	—
Äußere Kräfte durch Volumenverminderung	Nachpressen eines Filterkuchens (hydraulisch, pneumatisch, mechanisch)	—	—	Membranfilterpressen Preßfilter	—	—
	Transport in verengtem Raum			Schneckenpressen Siebbandpressen		

der Fest-Flüssig-Trennung: die Abscheidung des Feststoffs (Kuchenbildung) durch Filtration und durch Sedimentation.
In beiden Fällen wird aus den einzelnen, suspendierten Feststoffpartikeln ein Haufwerk gebildet, dessen Poren zunächst noch voll mit Flüssigkeit gefüllt sind. In manchen Anwendungsfällen genügt es, auf diese Weise eine feststofffreie, flüssige Phase zu gewinnen (Filterpresse, Kläreindicker). Meist jedoch schließt sich dieser Kuchenbildung eine weitergehende Entfeuchtung des Haufwerkes an (nun eine Flüssig-Fest-Trennung):
– das Teilentleeren der flüssigkeitsgefüllten Hohlräume mittels Durchströmen von Gasen oder Abdrainieren durch die Wirkung von Kraftfeldern (Erdbeschleunigung, Zentrifugalbeschleunigung),
– weitergehende Verminderung der Porosität des Kuchens durch Auspressen (Filterpressen mit Membran, Schneckenpressen),
– Kombination beider Methoden (z. B. Preßwalzen, Preßbänder bei Vakuumtrommelfiltern).

Basierend auf diesen Wirkprinzipien wurde eine Vielzahl von technischen Apparaten und Maschinen entwickelt, welche ihren wirtschaftlichen Einsatz in jeweils sehr verschiedenen Bereichen haben. Ihre Auswahl geschieht neben den trenntechnischen Aspekten vor allem nach Betriebsverhalten, Werkstoffausführung und Kosten.

4.3.2 Rechnerische Beschreibung der Vorgänge bei der Fest-Flüssig-Trennung

Zur Auslegung von Zentrifugen und Filtern ist es notwendig, die Eigenschaften des zu verarbeitenden Stoffes physikalisch zu beschreiben. Man findet heute zwei prinzipiell verschiedene Vorgehensweisen:

Die *analytischen Methoden* versuchen, das Verhalten der realen Produkte in physikalisch begründete Modelle zu fassen und damit der Rechnung zugänglich zu machen. Die dabei angewandten notwendigen Vereinfachungen führen jedoch häufig zu so großen Abweichungen vom gemessenen, realen Produktverhalten, daß die Modelle für die Praxis nicht verläßlich genug sind.

So ist es z. B. bis heute nicht möglich, den Widerstandsbeiwert eines Filterkuchens allein aus den Daten der beiden Phasen wie Zähigkeit der Flüssigkeit, Partikelgrößen- und Formverteilung, der Dichtedifferenz u. ä. aufgrund der verfügbaren Theorien sicher genug vorherzusagen. Für manche Vorgänge der Fest-Flüssig-Trennung gibt es bis jetzt keine ausreichenden, theoretischen Grundlagen; so kann z. B. der Widerstand eines Filtertuchs bei der kuchenbildenden Filtration wegen der Vorgänge der Feststoffeinlagerung nicht vorhergesagt werden.

Die *ingenieurmäßig-praktischen Auslegungsverfahren* bilden die Betriebsbedingungen von Filtern oder Zentrifugen möglichst getreu dem Vorgang auf der Großmaschine mit geringen Produktmengen im Labor nach und übertragen die Versuchsergebnisse wieder auf die Großausführung. Die Kombination aus beiden Methoden liefert ein Optimum an Aussagekraft: Die Theorie erlaubt ein Abschätzen der Größenordnung der Vorgänge und gibt recht gut den Einfluß der Änderung der Betriebs-Parameter an, z. B. den Einfluß der Druckdifferenz, der Entfeuchtungszeit oder der Feststoffkonzentration. Der Versuch liefert zuverlässig die absolute Größe des Ergebnisses, z. B. Restfeuchte oder Feststoffgehalt im Filtrat bei bestimmten, fixierten Betriebsbedingungen.

4.3.2.1 Sinkgeschwindigkeit von Einzelpartikeln

Die Sinkgeschwindigkeit w_a einer kugelförmigen Einzelpartikel in einem newtonschen Medium bei laminarer Umströmung unter der Zentrifugalbeschleunigung $a = r\omega^2$ beträgt:

$$w_a = \frac{(\varrho_s - \varrho_f) d^2 a}{18 \eta} \tag{48}$$

Entsprechend der großen Variationsbreite jedes Faktors bei technisch vorkommenden Suspensionen kann sich dieser Wert w_a über viele Zehnerpotenzen erstrecken. Dies ist einer der Gründe für die Vielfalt der entwickelten und auch benötigten unterschiedlichen Trenngeräte. Gegenüber realen technischen Suspensionen berücksichtigt diese Beziehung u. a. nicht
– höhere Feststoffkonzentrationen, bei denen eine gegenseitige Behinderung der Partikeln auftritt,
– verschiedene Kornformen.

4.3.2.2 Gesetz der kuchenbildenden Filtration

Ausgehend vom Gesetz von Darcy ergibt sich der Flüssigkeitsdurchsatz bei laminarer Strömung durch ein poröses Haufwerk (Filterkuchen) mit der Durchlässigkeit B_0, dem Widerstand des Filtermittels r_0, dem Widerstandsbeiwert α des Kuchens und der Kuchenhöhe h_K zu

$$\dot{V} = \frac{A B_0}{\eta} \frac{dp}{dl} = \frac{A \Delta p}{\eta (\alpha h_K + r_0)} \tag{49}$$

Für die kuchenbildende Filtration kann man eine Differentialgleichung ansetzen, deren Lösung für die meist vorkommende Randbedingung konstanten Differenzdrucks lautet:

$$h_K = -\frac{r_0}{\alpha} + \sqrt{\left(\frac{r_0}{\alpha}\right)^2 + \frac{2\varkappa^*}{\eta \alpha} \Delta p t_1} \tag{50}$$

Dabei ist $\varkappa^*$ ein Maß für die Feststoffkonzentration und gibt die Höhe des entstandenen noch gesättigten Kuchens zur Höhe des angefallenen Filtrats an, t_1 stellt die Kuchenbildungszeit dar.
Wird der Filtertuchwiderstand gegenüber dem des Kuchens als klein angesehen, was bei technischen Anwendungen der kuchenbildenden Filtration und längeren Kuchenbildungszeiten zutrifft, so vereinfacht sich der Ausdruck zu:

$$h_K = \sqrt{\frac{2}{\eta \alpha} \varkappa^*} \cdot \sqrt{\Delta p t_1} \tag{51}$$

$$\phantom{h_K = \sqrt{\frac{2}{\eta \alpha}}} \text{Produktdaten} \quad \text{Einstelldaten}$$

Für kontinuierliche Filter, die mit der Drehzahl n umlaufen, ergibt sich daraus mit dem Kuchenbildungswinkel β und ϱ_{kt} der Dichte des trockenen Filterkuchens die Produktionsrate

$$\dot{m} = \varrho_{kt} A \sqrt{\frac{2}{\alpha \eta} \varkappa^* \Delta p \frac{\beta}{360°} n} \tag{52}$$

4.3.2.3 Entfeuchtung des Filterkuchens

Eine Entfeuchtung des Filterkuchens kann erst erreicht werden, wenn die angelegte äußere Druckdifferenz größer ist als der Kapillardruck des Kuchens (Bild 26). Die Dynamik des Vorgangs kann nach *Schubert* [111] näherungsweise für jedes Stoffsystem beschrieben werden durch eine Funktion

$$\frac{S(t_2) - S_\infty}{1 - S_\infty} = f\left\{\frac{B_0}{\varepsilon \eta} \frac{(\Delta p - p_k)}{h_K^2} t_2\right\} \tag{53}$$

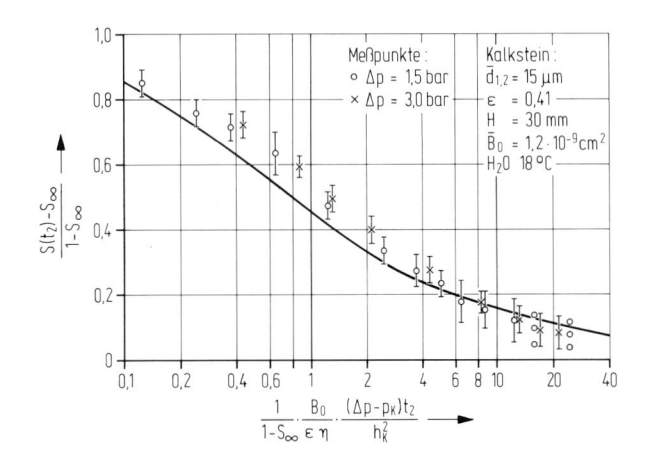

Bild 26. Entfeuchtungsverlauf

Dabei bedeuten:
$S(t_2)$ die Sättigung des Kuchens am Ende der Saugzeit t_2, S_∞ die nach unendlich langer Saugzeit beim Druck Δp erreichbare Sättigung, h_k die Kuchenhöhe und t_2 die Entfeuchtungszeit. Die Sättigungsgrenzkurve muß durch geeignete Extrapolationsmethoden aus dem Experiment bestimmt werden.

4.3.3 Experimentelle Methoden der Vorhersage

Die einzelnen Arbeitszyklen eines Vakuumdrehfilters können mit einer Handfilterplatte und einer geringen Produktmenge nachgebildet und dabei Kuchenbildung, Filtratqualität, Restfeuchte und Luftverbrauch gemessen werden (Bild 27). Für horizontale Filter und Druckfilter dient analog eine Nutsche als Testgerät (Bild 28).

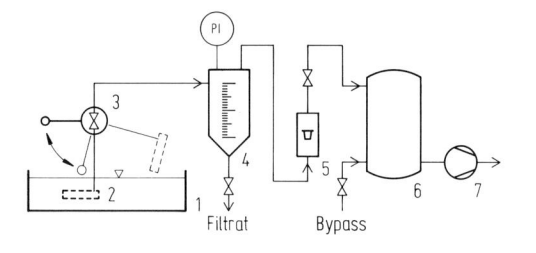

Bild 27. Handfilterversuchsstand
1 Suspensionsbehälter
2 Handfilterplatte
3 Schwenkvorrichtung
4 Filtratabscheider
5 Durchflußaufnehmer
6 Vakuumbehälter
7 Vakuumpumpe

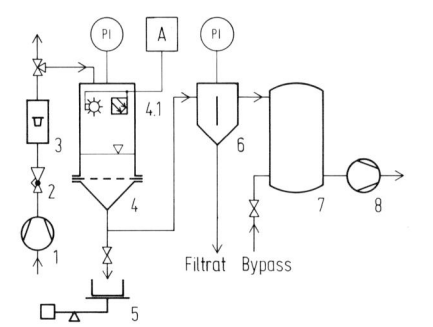

Bild 28. Drucknutschenversuchsstand
1 Kompressor
2 Druckminderer
3 Durchflußaufnehmer
4 Drucknutsche
4.1 Lampe und Photodiode
5 Waage
6 Filtratabscheider
7 Vakuumbehälter
8 Vakuumpumpe

Bei der Übertragung ist zu beachten, daß
– der Effekt der Tuchverlegung nicht ausreichend beurteilt werden kann,
– Entmischungserscheinungen und Querströmungseffekte (durch Rührwerk beim Großfilter bzw. Entmischung in der Nutsche) stark unterschiedliche Ergebnisse verursachen können,
– konstruktiv bedingte Erscheinungen bei Großfiltern, wie Druckabfall in den Filtratleitungen oder unvollkommene Kuchenabnahme, sich qualitäts- und durchsatzmindernd auswirken.

Zur Simulation der Bedingungen in Großzentrifugen (Kuchenhöhe, Beschleunigung, Verweilzeit) mit kleinen Produktmengen haben sich Becherzentrifugen bewährt, die ein sehr schnelles Anfahren und Abbremsen ermöglichen. Die erreichten Restfeuchten werden als Funktion von diesen Betriebswerten aufgetragen und lassen eine schnelle Beurteilung des Entfeuchtungsverhaltens zu. Es können auch Durchflußwiderstände im Fliehkraftfeld ermittelt werden.

4.3.4 Trennverfahren im Schwerefeld

Klären

Für die Trennung großer Mengen von Suspensionen ($\varrho_s > \varrho_f$) dienen statische Kläreindicker in rechteckiger oder runder Ausführung (Bild 29). Während die geklärte, flüssige Phase am Überlauf

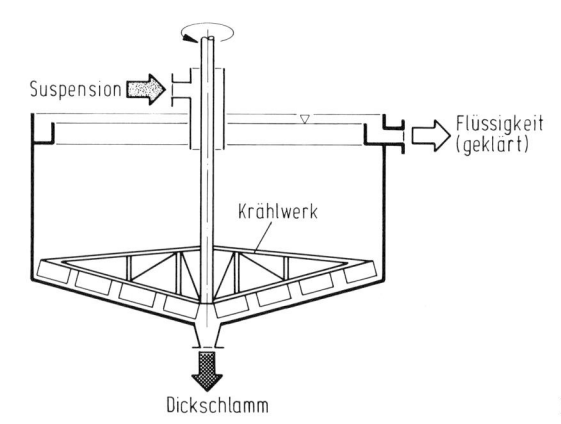

Bild 29. Kläreindicker

abfließt, wird das Sediment durch Rechen- oder Räumerkonstruktionen zur Abzugsöffnung im Behälterboden geschoben.

Eindicken

Durch die Höhe des Schlammspiegels kann bei kompressiblen Sedimenten der Eindickgrad beeinflußt werden; zur Verbesserung der Eindickung können im Boden tiefe Eindickspitzen angebracht werden. Anwendungen: Abwassertechnik, Gegenstromdekantation zur Auswaschung.
Der Vorgang der Eindickung kann auch von dem der Klärung apparativ getrennt werden; dadurch ist eine getrennte Auslegung der Prozesse möglich.

Filtern

Zur Eindickung von Suspensionen mit groben Teilchen ($d > 100$ µm) werden *Bogensiebe* verwendet (Bild 30). Die Suspension strömt unter Druck aus tangential an das Sieb angestellten Düsen. Die Erdanziehung aber auch die Fliehkraft lassen einen Teil der Flüssigkeit, allerdings mit Feinkorn beladen, durch das Spaltsieb treten; der Feststoff tritt noch fließfähig am unteren Ende aus.

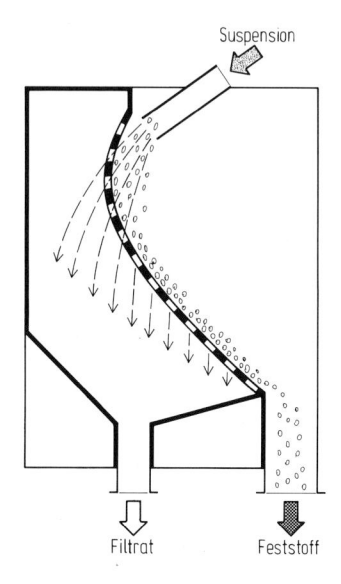

Bild 30. Bogensieb

Anwendungen: Voreindickung von Schubzentrifugen, Schwingsieben.
Suspensionen mit groben Teilchen können auf *Tropfsieben* oder *Schwingsieben* entwässert werden. Um der zulaufenden Suspension neue Filterfläche zu schaffen, wird entweder das Band bewegt oder durch vorwiegend horizontale Schwingungen ein Wandern des Feststoffs auf dem Siebboden erreicht. Bei schräger Anordnung wird der Schwingtransport durch die Erdbeschleunigung unterstützt. Neben dem Schwerefeld tragen die Schwingbeschleunigungen (bis 6 g) zur Entwässerung bei.

4.3.5 Trennverfahren im Fliehkraftfeld

Um sowohl den zeitlichen Ablauf als auch die vom Haufwerk zurückgehaltene Flüssigkeitsmenge zu reduzieren, geht man auf das Fliehkraftfeld über, wobei der Hauptbereich der Anwendungen bei 500–3000 g liegt.

4.3.5.1 Diskontinuierliche Zentrifugen

Diese Zentrifugen gehören zu den ältesten Bauarten. Dennoch haben sie wegen der großen Flexibilität in der Betriebseinstellung und damit ihrer Anpaßbarkeit an die Produkteigenschaften (beliebig einstellbare Einzelzeiten und Drehzahlen für die Teilvorgänge Füllen, Abschleudern der Mutterflüssigkeit, Waschen, Trockenschleudern, Kuchenentfernen) im Zusammenspiel mit modernen, frei programmierbaren Steuerungen ein großes Anwendungsgebiet in der chemischen und pharmazeutischen Industrie behalten. Die Konstruktionen unterscheiden sich hinsichtlich ihrer Anordnung (stehend, hängend, horizontal) und ihrer Art des Feststoffaustrags. Hierfür verwendet man eine Schwenkschälvorrichtung in ganzer Trommelbreite oder löffelartig mit überlagerter Axialbewegung des Schälmessers, bei Schälzentrifugen Obenentleerung mit Filtersack, Untenentleerung durch speichenförmige Trommelrückwand, pneumatische Feststoffabsaugung, ruckartiges Abbremsen der Trommel bei Zuckerzentrifugen und dadurch Losreißen des Kuchens vom Filtermedium.

Bei einer jüngeren Entwicklung wird der Wirkung des Fliehkraftfeldes durch einen sog. Rotationssyphon ein Saugzugeffekt überlagert, der bis zum Dampfdruck der Flüssigkeit unter dem Filtertuch gesteigert werden kann; ferner kann die bei allen Ausschälmethoden unvermeidliche Produktgrundschicht zwischen der Endstellung des Schälmessers und dem Filtertuch durch Rückspülen filtrierbar gehalten werden (Bild 31).

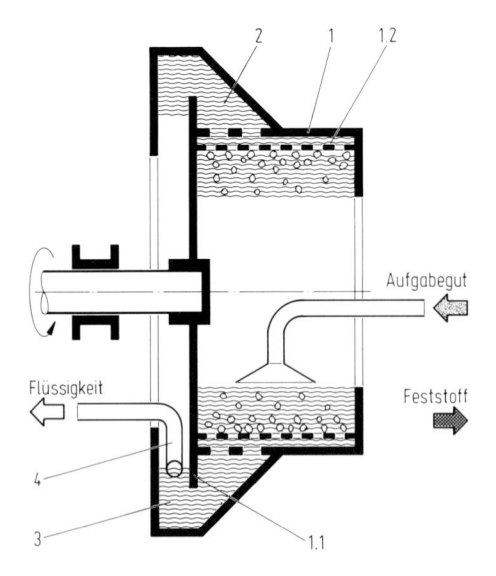

Bild 31. Schälzentrifuge mit Rotationssyphon
1   Zentrifugentrommel
1.1 Syphonscheibe
1.2 Filtermedium
2   Filtratkammer
3   Ringtasse
4   Schälrohr

4.3.5.2 Kontinuierliche Zentrifugen

In vielen Einsatzfällen sind die verfahrenstechnischen Vorzüge der diskontinuierlichen Zentrifugen nicht erforderlich, ihre chargenweise Arbeitsweise jedoch nachteilig. Hier sind kontinuierliche Zentrifugen angebracht, die sich nach der Art des Feststofftransports in der Zentrifugentrommel unterscheiden. Da in der Praxis mit Änderungen der Produkteigenschaften (Reibwerte) zu rechnen ist, kommt es entscheidend auf die Möglichkeiten der Beeinflussung des Feststofftransports an (Tab. 10).

Bei einer *Gleitzentrifuge* wird die Suspension am kleinen Durchmesser des konischen Siebkorbs meist über Ringverteiler aufgegeben (Bild 32). Die „freie" Flüssigkeitsmenge strömt im Bereich der Aufgabezone ab. Ein Teil der in den Poren des gebildeten Kuchens enthaltenen Flüssigkeit drainiert auf dem Weg des Kuchens über das Sieb ab. Der Konuswinkel wird bei der Gleitzentrifuge so gewählt, daß die Haftreibung des Feststoffs gerade überwunden wird, wogegen bei der *Schwing- und Taumelzentrifuge* der Kuchen ohne die Schwing- bzw. Taumelbewegung gerade noch auf dem Sieb liegenbleiben soll und erst durch die Überlagerung der axialen Kräfte eine mäßig steuerbare Gleitgeschwindigkeit des Kuchens erreicht wird.

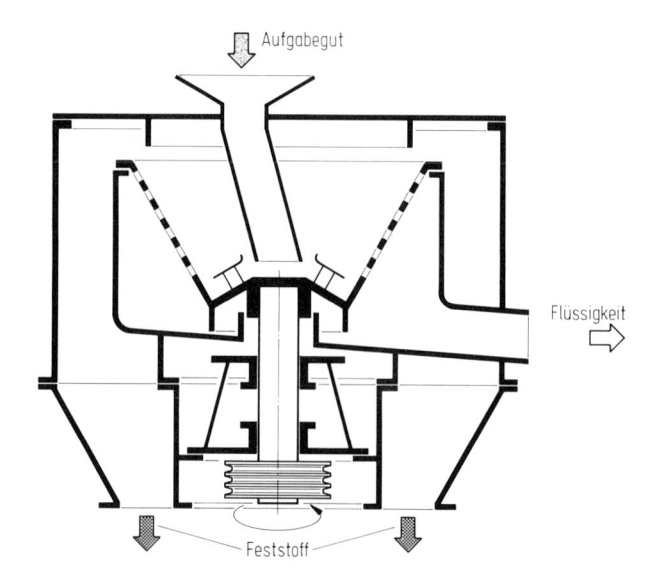

Bild 32. Gleitzentrifuge

Die Gleitzentrifuge ohne Einbauten hat wegen ihrer Empfindlichkeit auf Reibwertschwankungen nur bei der Entfeuchtung von Zucker Verbreitung gefunden (viskoses Verhalten, keine Coulombsche Reibung). In der Ausführung mit verstellbaren Leitkanaleinbauten wird sie für breite Gebiete kristalliner Stoffe eingesetzt.

Die Schwingzentrifuge (Bild 33) kann wegen der Abhängigkeit des ruckweisen Feststofftransports von der Anpreßkraft des Feststoffs auf dem Sieb und der begrenzten Schwingfestigkeit der Trommel nur mit geringen Zentrifugalbeschleunigungen (etwa 90–120 g) betrieben werden. Dadurch ist ihr Einsatz auf schnellentfeuchtendes, grobkörniges Material (> 0,5 mm) begrenzt. Einsatzgebiete von Schwing- und Taumelzentrifuge sind: Kohle 0,5–10 mm, Salze, Sande u. a.

Bei der *Schubzentrifuge* (Bild 34), ein- oder mehrstufig, wird die Reibung des Kuchens auf dem Sieb durch hydraulisch erzeugte, axiale Kräfte, die über den Schubboden in den Produktring eingeleitet werden, zwangsweise überwunden. Dadurch ist der Feststofftransport vom Reibwert weitgehend unabhängig.

Bei der *Siebschneckenzentrifuge* wird der Feststofftransport durch eine mit Differenzdrehzahl laufende Schnecke erreicht. Um die Hangabtriebskomponente teilweise auszunutzen und das

Tab. 10. Überblick über kontinuierliche Zentrifugen

Art des Stofftransportes	Förderprinzip	Trennprinzip Filtration	Sedimentation	Beeinflussungsmöglichkeit des Stofftransportes während des Betriebes	bei stillstehender Maschine	durch konstruktive Änderung
durch Massenkräfte der Feststoffteilchen selbst	Hangabtriebkomponente der Fliehkraft in konischer Trommel größer als Reibkraft-Produkt – Trommel	Gleitzentrifuge	Tellerseparator	keine	bei Ausführung mit Leitschaufeln in Grenzen möglich	durch Änderung des Konuswinkels
	durch axiale Schwingungen der konischen Trommel wird das Produkt ruckartig in Bewegung gebracht	Schwingzentrifuge		durch Änderung von Amplitude und/oder Frequenz und Hauptdrehzahl		durch Änderung des Konuswinkels
	durch Taumelbewegung der konischen Trommel wird „effektiver" Neigungswinkel zyklisch verändert	Taumelzentrifuge		Änderung der Taumeldrehzahl	Änderung des Taumelwinkels und/oder der Taumeldrehzahl	durch Änderung des Konuswinkels
durch Einwirken äußerer Kräfte auf die Feststoffteilchen	Periodisch bewegter Schubboden	Schubzentrifuge		Änderung von Hublänge und/oder Hubfrequenz		Änderung der Stufenzahl und/oder der Stufenlänge
	Förderschnecke	Siebschneckenzentrifuge	Dekantierzentrifuge	Änderung der Differenzdrehzahl	Änderung der Differenzdrehzahl	Änderung der Auslegungsgeometrie und/oder der Reibungsverhältnisse an Schnecken- und/oder Manteloberflächen
	Förderschnecke		Siebdekanter		Niveauänderung	

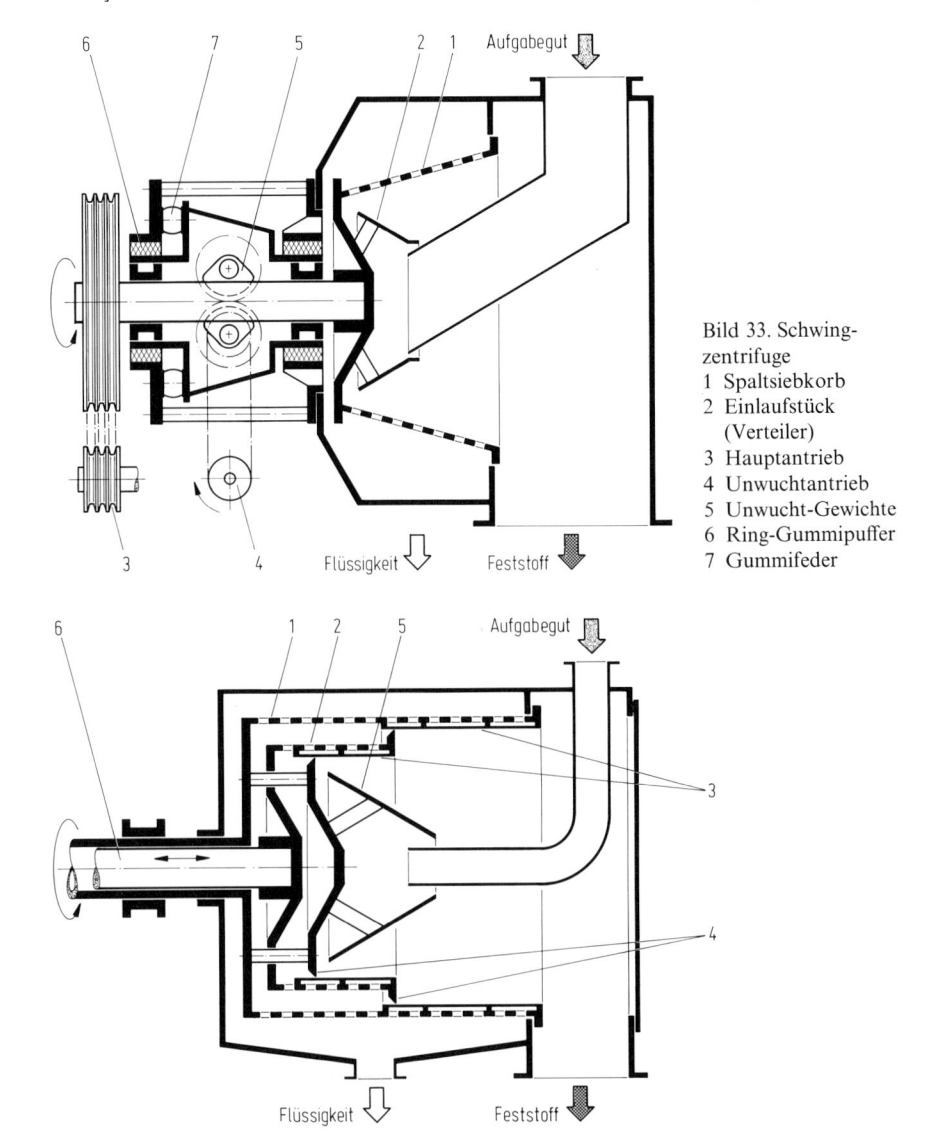

Bild 33. Schwing-
zentrifuge
1 Spaltsiebkorb
2 Einlaufstück
  (Verteiler)
3 Hauptantrieb
4 Unwuchtantrieb
5 Unwucht-Gewichte
6 Ring-Gummipuffer
7 Gummifeder

Bild 34. Schubzentrifuge
1, 2 Siebtrommeln, 3 Spaltsiebe, 4 Schubringe, 5 Verteilerkonus, 6 Schubwelle

Transportmoment zu senken, wird das Sieb meist konisch ausgeführt. Alle Siebzentrifugen erzeugen ein Filtrat mit relativ hohem Feststoffgehalt, das meist einer Nachklärung bedarf (Klärbecken, Filter).

Beim *Dekanter* (Vollmantelschneckenzentrifuge) (Bild 35) wird die Suspension über das Einlaufrohr und Durchbrüche im Schneckenkörper in den Rotor eingeführt. Durch eine Wehrscheibe am Ende der Trommel ist eine Flüssigkeitshöhe im Rotor fest eingestellt. Der Feststoff sedimentiert und wird durch die Schnecke über den Konus transportiert; die Flüssigkeit fließt unter Klärung in den Schneckenkanälen des Rotors über das Wehr der Trommel ab. Sedimentkuchen aus groben Feststoffen ($>100\,\mu m$) geben ihre freie Porenflüssigkeit durch Drainage durch den Spalt zwischen Schnecke und Konus ab; feine, schlecht filtrierende aber kompressible Kuchen

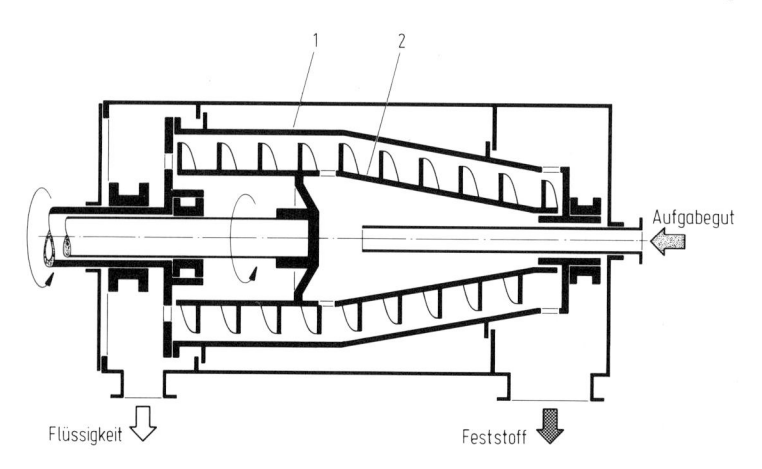

Bild 35. Vollmantelschneckenzentrifuge
1 Vollmanteltrommel, 2 Schnecke

(Schlämme) werden durch niedere Differenzdrehzahlen stark aufgestaut und entfeuchten durch Kompression bereits unterhalb des Flüssigkeitsspiegels.
Die Wirkung der Klärung kann allerdings durch Schleppwirkung der strömenden Flüssigkeit auf die bereits abgesetzten Teilchen gestört werden. Große Teichtiefen beugen diesen Störeffekten vor.
Beim Siebdekanter findet der Feststoff auf dem nachgeschalteten Siebteil bessere Bedingungen zur Entfeuchtung und Waschung. Vorbehaltlich der Lösung von Verschleißproblemen erlaubt der Siebdekanter die beste Phasentrennung auf kontinuierlichen Zentrifugen.
Die maximale Kapazität (Durchsatz) einer Zentrifuge kann durch die mit steigendem Durchsatz schlechter werdende Phasentrennung (Filtratklarheit, Restfeuchte) oder durch mechanisch bedingte Vorgänge (Rotorfestigkeit, Getriebemoment, Schubkraft) begrenzt sein. Eine Änderung der Maschineneinstellung, z. B. der Drehzahl (Umfangsgeschwindigkeit) zur Verbesserung eines Teilvorgangs (z. B. der Restfeuchte), zieht die Änderung aller anderen Teilvorgänge nach sich, wobei dann die Kapazität durch einen anderen Vorgang limitiert sein kann. Die Zentrifuge ist dann optimal eingestellt, wenn kurz über dem gewünschten Durchsatz alle Grenzen möglichst gleichzeitig erreicht werden.

4.3.6 Filtrierende Trennverfahren mit Differenzdruck

4.3.6.1 Diskontinuierliche Filter

Diskontinuierliche Filter werden auch heute noch in einer großen Zahl von konstruktiven Varianten in vielen Prozessen eingesetzt. Der Prozeßablauf ist grundsätzlich gleich dem des Filtergrundtyps, einer Nutsche. Die Vorgänge Kuchenbilden – Auswaschen – Trockenblasen – Nachpressen – Kuchenentfernen und Regenerieren des Filtertuchs werden meist vollautomatisch gesteuert; damit sind diese Filter an Produkt und Aufgabenstellung sehr weitgehend anpaßbar (Bild 36).
Die große Zahl von apparativen Ausführungen läßt sich unterscheiden nach:
– Art der Differenzdruckerzeugung (Vakuum, Druck, Kombinationen beider): das Vakuum kann durch Heberwirkung des Filtrats oder durch Fremderzeugung, der Druck hydrostatisch, durch Pumpen oder überlagerten Gasdruck aufgebracht werden;
– Anordnung und Form der Filterfläche: horizontal, vertikal, ein- oder beidseitig der Stützkonstruktion; einteilige oder mehrteilige Filterfläche, die aus Platzersparnis vielfältig geschichtet oder gestaffelt angeordnet sein kann;

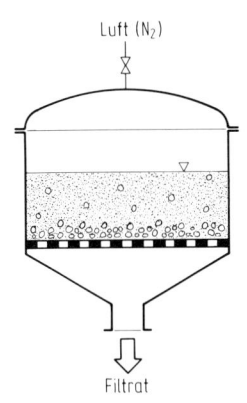

Bild 36. Drucknutsche

– Art der Kuchenabnahme: durch Rückspülen mit Filtrat, Rückblasen mit Druckluft, Abschleudern, Abvibrieren, mechanisches Abkratzen durch Messer oder Schnecken, Abfallenlassen durch Schwerkraft oder Zwangsaustrag durch Abziehen mit dem Filtertuch;
– Art des Nachpressens: durch Erhöhung der Speisedrücke oder durch Nachpressen mit gummielastischen Membranen, durch Nachdrücken oder Überrollen des Kuchens.

4.3.6.2 Kontinuierliche Filter

Das Vakuumfilter ist am weitesten verbreitet. Das Grundelement, die Filterzelle, durchläuft dabei zyklisch die Bereiche der Kuchenbildung, Waschung usw. Durch Anordnen vieler Zellen auf der Oberfläche eines Drehkörpers (Trommel, vertikale Scheibe, horizontaler Teller) oder eines unendlichen, umlaufenden horizontalen Bandes entsteht eine quasikontinuierliche Produktion von Filterkuchen.

Die einzelnen, gegeneinander abgedichteten Zellen (Bild 37) werden dabei durch eine geeignete Steuerung (Steuerkopf bei Drehfiltern bzw. Steuerschiene bei Bandfiltern) zeitlich hintereinander

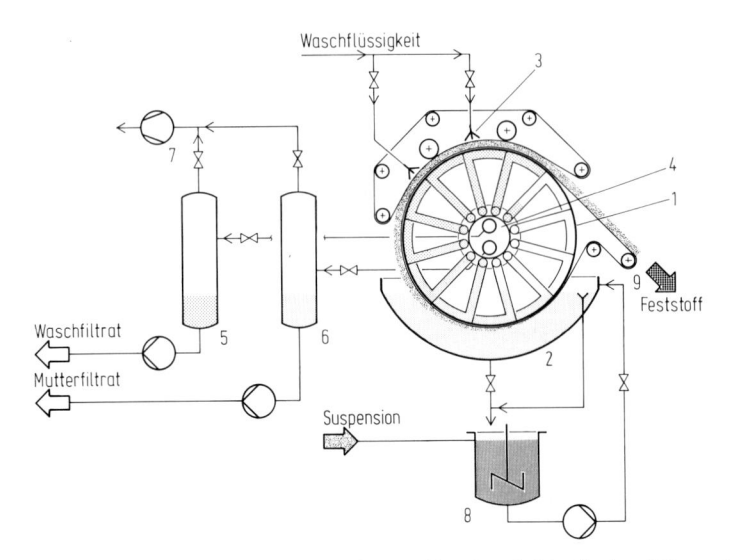

Bild 37. Vakuumfiltrationsanlage mit Waschband und ablaufendem Filtertuch
1 Filtertrommel, 2 Filtertrog, 3 Waschvorrichtung, 4 Steuerkopf, 5 Abscheider für Waschfiltrat, 6 Abscheider für Mutterfiltrat, 7 Vakuumpumpe, 8 Suspensionsbehälter

an die Zonen der Kuchenbildung–Waschung–Trockensaugung angeschlossen und entleeren das dabei anfallende Filtrat in getrennte Abscheidebehälter, in denen Flüssigkeit und Gas wieder getrennt und separat abgesaugt werden können.

Vor Abnahme des Kuchens wird die Druckdifferenz abgesteuert und der Kuchen je nach Dicke, Konsistenz und Haftung am Filtertuch durch verschiedene Vorrichtungen abgenommen. Dazu dienen Druckluftrückstoß, Schaber bei Kuchendicken > 5 mm oder Walzen, die auf dünne, pastöse Kuchen gedrückt werden und diesen durch Adhäsion aufnehmen. Der Kuchen kann so, ohne das Filtertuch zu verschmieren, von der Walze abgeschabt werden.

Bei Gefahr der Tuchverstopfung wird das Filtertuch mit von der Trommel abgezogen, beidseitig gewaschen und läuft vor der Eintauchzone wieder auf die Trommel auf. Ähnlich funktioniert die Abnahme durch Ketten oder Schnüre, die nur noch selten verwendet wird.

4.4 Klassieren in Gasen

Das Trennen einer festen, dispersen Phase in zwei oder mehr Größenklassen in einer gasförmigen Umgebungsphase nennt man Windsichten.

In der Trennzone eines Windsichters greifen an den in der Gasphase dispergierten Feststoffpartikeln in unterschiedlicher Ordnung von der Partikelgröße abhängende Kräfte an. Die Feststoffpartikeln bewegen sich auf unterschiedlichen sinkgeschwindigkeitsabhängigen Bahnkurven, so daß Größenklassen voneinander getrennt werden können.

Zu einer angenommenen Modellströmung, die der tatsächlichen Strömung in der Trennzone des Windsichters möglichst nahekommen sollte, und entsprechenden Randbedingungen läßt sich eine Elementartheorie des Trennvorgangs entwickeln, die nach Lösung der Differentialgleichungen Partikel-Bahnkurven ergibt (vgl. Abschn. 2.2). Infolge von Vernachlässigungen und wegen Sekundärströmungen geben die berechneten Partikelbahnen die tatsächliche Partikelbewegung in der Trennzone meist nur angenähert wieder, sie gestatten jedoch eine überschlägige Dimensionierung der Apparate. In den meisten Fällen lassen sich außerdem aus den berechneten Partikelbahnen prinzipielle, charakteristische Eigenschaften und Abhängigkeiten des betrachteten Trennapparates ableiten.

4.4.1 Verfahrensschritte des Windsichtens

Um in einem Windsichter eine optimale Trennung ausführen zu können, sollte die Trennzone konstruktiv so ausgebildet sein, daß die angestrebte systematische Partikelbewegung möglichst störungsfrei verwirklicht wird und zufällige, die Partikelbewegung verändernde Einflüsse auf ein unvermeidbares Maß verringert werden. Dies bedeutet aber, daß in der Trennzone eines Wind-

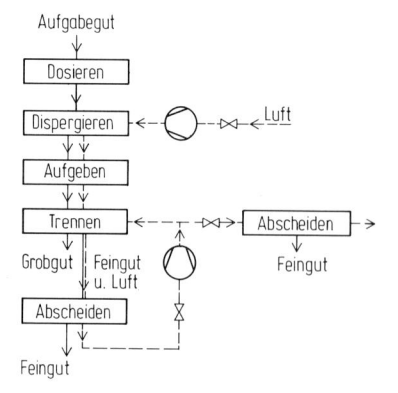

Bild 38. Verfahrensschritte des Windsichtens

sichters ein möglichst übersichtliches, stationäres Strömungsfeld herrschen sollte, in das die Partikeln unter eindeutigen, stationären Bedingungen zur Trennung eingebracht werden [112].
Die Windsichtung umfaßt nicht nur den Trennvorgang, sondern auch die für die optimale Durchführung des Trennprozesses erforderlichen weiteren Verfahrensschritte, die in Bild 38 angegeben sind. Danach werden neben dem beabsichtigten Trennprozeß weitere Verfahrensschritte des Dosierens, des Dispergierens, der Gutaufgabe in die Trennzone, des Abscheidens und des Feststofftransportes benötigt. Außerdem sind die für die Trennung benötigten Luftströme zu erzeugen, zu regeln und zu messen. In Bild 38 wird vorausgesetzt, daß die genannten Verfahrensschritte außerhalb der Trennzone vorgenommen werden und der Hauptluftstrom im Kreislauf die Trennzone und den Feingutabscheider, meist einen Zyklonabscheider, durchläuft. Außerdem wird angenommen, daß die Dispergierung durch einen zusätzlichen angesaugten, einstellbaren Partikelluftstrom erfolgt und die Partikeln mit diesem in die Trennzone eingebracht werden.

4.4.2 Gegenstrom-Windsichter

Das Prinzip der Gegenstromsichtung läßt sich sowohl im Schwerefeld als auch im Fliehkraftfeld anwenden. Die Gegenstrom-Schwerkraftsichtung erfolgt vorzugsweise bei Trennkorngrößen von 10–100 µm, die Gegenstrom-Fliehkraftsichtung bei Werten von 1–20 µm.
Die Gegenstrom-Schwerkraftsichtung wird in einem mit möglichst konstanter Geschwindigkeit v aufsteigenden Gas- bzw. Luftstrom durchgeführt. Die Partikelgeschwindigkeit w für den stationären Bewegungszustand ergibt sich zu:

$$w = v - w_g \qquad (54)$$

Partikel mit $w_g < v$ folgen der Strömung mit $(v - w_g)$, während Partikel mit $w_g > v$ in ihr mit $(w_g - v)$ sedimentieren. Die Trennkorngröße besitzt theoretisch keine Austragsgeschwindigkeit, da $w_g = v$ ist.
Das Gegenstrom-Schwerkraftprinzip wird vor allem in Analysenwindsichtern angewandt. Anwendungsfall im technischen Bereich sind die Umluftsichter der Zementindustrie. Eine zusammenfassende Darstellung hat *Wessel* [113] gegeben.
Bei Gegenstrom-Schwerkraftsichtern wird vielfach als Trennzone ein zylindrisches, senkrechtes Rohr verwendet, das von der Sichtluft von unten nach oben laminar durchströmt wird. Eine Variante der Gegenstrom-Schwerkraftsichter ist der Zick-Zack-Sichter [114, 115], der aus Rohrabschnitten besteht, die unter einem Winkel zusammenstoßen. Da die Strömung den abrupten Richtungsänderungen des Rohres nicht folgen kann, entsteht eine künstlich turbulent gemachte Rohrströmung. Jeder Rohrabschnitt stellt eine Sichtstufe dar, die Hintereinanderschaltung mehrerer Rohrabschnitte führt zur Verbesserung der Trennschärfe des Gesamtsystems. Das Aufgabegut wird in einer der mittleren Stufen zugeführt.
Die hochturbulente Strömung im Zickzackkanal führt nicht nur zu sehr groben Trenngrenzen bis in den Zentimeterbereich, sondern auch zu einer sehr guten Dispergierung der sich noch im Kanal befindlichen Partikeln. Der Zick-Zack-Sichter ist deshalb z. B. auch für die Sichtung von Abfallstoffen geeignet.

4.4.2.1 Spiralwindsichter

Rumpf [116] hat erstmals das Prinzip der Spiralwindsichtung (Bild 39) für die Trennung systematisch genutzt und untersucht. Die Trennzone besteht aus einer flachen, zylindrischen Trennkammer der Höhe H. Die Sichtluft wird vom äußeren Umfang her, z. B. durch einen einstellbaren Leitschaufelkranz, eingesaugt. In der Trennzone stellt sich die Spiralströmung ein, die sich aus der Überlagerung einer Senkenströmung und einer freien Wirbelströmung ergibt. Die Trenngrenze eines Spiralwindsichters läßt sich aus dem Gleichgewicht der an einer Partikel angreifenden Fliehkraft und der radial nach innen gerichteten Komponente der Widerstandskraft berech-

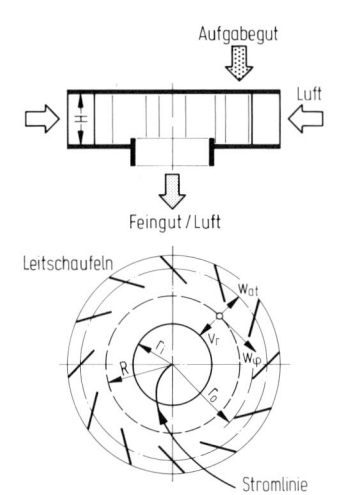

Bild 39. Prinzip der Spiralwindsichtung

nen. Für kugelförmige Partikeln erhält man im Gültigkeitsbereich des Stokes'schen Widerstandsgesetzes:

$$v_R = \frac{\varrho_s d_t^2 a}{18\eta} = w_{at} \tag{55}$$

Mit der Beschleunigung $a = w_\varphi^2/R$ und der Radialgeschwindigkeit $v_R = \dot{V}/2\pi RH$ erhält man für die Sinkgeschwindigkeit des Trennkorns im Schwerefeld:

$$w_{gt} = \frac{\varrho_s d_t^2 g}{18\eta} = \frac{g}{2\pi} \cdot \frac{\dot{V}}{Hw_\varphi^2} = \frac{gRv_R}{w_\varphi^2} \tag{56}$$

Man erkennt, daß sich w_{gt} bzw. d_t durch Ändern des Luftdurchsatzes $\dot{V}$ (bzw. von v_R) und der Partikelumfangsgeschwindigkeit w_φ ändern lassen. Beide Möglichkeiten werden technisch genutzt. Wie beim Zyklonabscheider ändert sich die Sinkgeschwindigkeit w_{gt} der Trenngrenze wegen $w_\varphi \sim \dot{V}$ umgekehrt proportional zu $\dot{V}$:

$$w_{gt} \sim d_t^2 \sim 1/\dot{V} \tag{57}$$

In Bild 39 wird angenommen, daß sich das Trennkorn auf einem Kreis vom Radius R mit der Geschwindigkeit w_φ bewegt. w_φ unterscheidet sich von der Umfangsgeschwindigkeit der Strömung v_φ. Die Änderung von v_φ mit dem Radius r läßt sich in einer Spiralströmung durch

$$v_\varphi \cdot r^m = \text{konstant} \tag{58}$$

beschreiben. Der Exponent m hängt von den Strömungsbedingungen in der Trennzone ab. Man unterscheidet zwischen:

$m = 1$: reibungsfreie Wirbelströmung
$0{,}5 \leq m \leq 0{,}85$: reibungsbehaftete Wirbelströmung
$m = -1$: Starrkörperwirbel.

Die Anwesenheit von Partikeln ändert den Exponenten m, d.h. den Verlauf der Spiralströmung. Deren Verlauf hängt demnach nicht nur von der Gutbeladung μ, sondern auch von der Partikelgrößenverteilung des Aufgabegutes ab. Die Umfangsgeschwindigkeit w_φ wird deshalb zumindest von folgenden Größen beeinflußt:

$$w_\varphi = f(v_\varphi/v_r, Q(d), \mu = \dot{m}_s/\dot{m}_f) \qquad (59)$$

Gl. (56) kann deshalb zur exakten Vorausberechnung der Trenngrenze nicht benutzt werden. Sie gibt jedoch die prinzipiellen Abhängigkeiten wieder.

Spiralwindsichter werden z.B. von den Firmen *Walther-Staubtechnik GmbH* [117, 118], Köln-Dellbrück, *Alpine AG* [119, 120], Augsburg, *Pallmann GmbH & Co. KG*, Zweibrücken, und *Gebr. Pfeiffer AG*, Kaiserslautern, gebaut.

4.4.2.2 Abweiseradsichter

Während sich in einem Spiralwindsichter die Strömung frei einstellen kann und die in Gl. (59) angedeutete Abhängigkeit besteht, kann man bei Abweiseradsichtern durch die Verwendung beschaufelter Rotoren in gewissen Grenzen stabilere Sichtbedingungen erzielen. Die Rotorblätter sind im allgemeinen an der äußeren Peripherie angebracht. Im einfachsten Fall werden Rundstäbe (Korbsichter) verwendet. Meist jedoch sind die Rotorblätter Flacheisen, die entweder radial oder in einem Winkel zum Umfang angestellt sind. Drehzahl des Rotors, Form und Anzahl der Rotorblätter bestimmen die Lage und den Verlauf der Trennkurve.

Die meisten Abweiseradsichter besitzen einen Rotor, dessen Durchmesser etwa der Länge der Rotorblätter entspricht. Aus Festigkeitsgründen sind die Drehzahlen dieser Rotoren und damit auch die kleinste einstellbare Trenngrenze auf einige µm begrenzt. Sollen Trenngrenzen um 1 bis 2 µm erreicht werden, so müssen flache Hochgeschwindigkeitsrotoren mit Umfangsgeschwindigkeiten zwischen etwa 80 bis 140 m/s verwendet werden.

In Bild 40 ist das Betriebsdiagramm eines handelsüblichen Abweiseradsichters [120] dargestellt. Man erkennt, daß der Massendurchsatz des Feingutes $\dot{m}_1$ um so geringer wird, je kleiner die Trenngrenze d_t eingestellt wird. Bei konstanter Trenngrenze nimmt die Trennschärfe bei steigendem Feingutmassendurchsatz ab. Bei konstantem Massendurchsatz sinkt die Trennschärfe bei abnehmender Trenngrenze. Diese in Bild 40 dargestellten prinzipiellen Zusammenhänge sind qualitativ auf alle anderen Abweiseradsichter übertragbar. Eine umfassende Darstellung der Klassierung von Feststoffen in Windsichtern wurde in [9] gegeben.

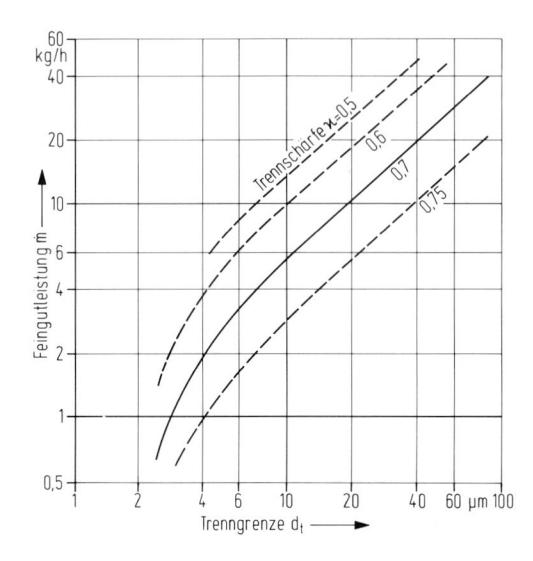

Bild 40. Betriebsdiagramm eines Abweiseradsichters
Massendurchsatz an Feingut in Abhängigkeit von der Trennungsgrenze d_t und der Trennschärfe κ [120]

Windsichter dieses Typs werden von den Firmen *Alpine AG*, Augsburg, *Bauer Bros. Co.*, Springfield, Ohio, USA, *British Rema Manufacturing Comp. Ltd.*, Sheffield, GB, *Donaldson*, Minneapolis, USA, *Forplex*, Boulogne-Billancourt, Frankreich, *Georgia Marble Comp.*, Gantts Quarry, Alabama, USA, *Glen Creston Ltd.*, Stanmore, Middlesex, GB, *Hosokawa Iron Works Ltd.*, Osaka, Japan, *Omya S.A.*, Paris, Frankreich, hergestellt und vertrieben.

5 Zerkleinern

Fast alle festen Rohstoffe, Zwischen- und Endprodukte müssen zerkleinert werden, um einen für die Weiterverarbeitung oder Anwendung günstigen Dispersitätszustand zu erzeugen. Die Aufgabenstellung kann dabei unterschiedlich sein:
– Erzeugen einer bestimmten Korngrößenverteilung, wobei entweder maximal zulässige Rückstandswerte am oberen Ende oder maximal zulässige Durchgangswerte am unteren Ende oder beides gefordert wird,
– Erzeugen einer geforderten spezifischen Oberfläche,
– Aufschluß eines mehrkomponentigen Stoffes, damit Wertstoffe angereichert oder Schadstoffe abgereichert werden können.

Zerkleinerungsprozesse sind energieaufwendig. In Deutschland wie auch weltweit werden 3,4 bis 3,7% des Stromes dafür verbraucht [121]. Bei Massenprodukten, wie Zement, Kohle oder Erzen, aber auch bei einigen Chemieprodukten belastet das Zerkleinern die Herstellungskosten beachtlich, z.B. bei Zement mit 20–25%. Manche Stoffe, insbesondere solche mit viskoelastischem Verhalten lassen sich oft nur schwierig oder überhaupt nicht auf die gewünschte Feinheit mahlen. Die Anstrengungen gelten dann der Entwicklung eines entsprechenden Verfahrens und weniger der Einsparung von Energie.

Übersichten über Zerkleinerungsprozesse werden in [4, 122–124] gegeben.

5.1 Grundlagen

5.1.1 Partikelzerstörung

In Zerkleinerungsmaschinen werden die Partikeln durch Kontaktkräfte beansprucht. Für eine allgemeine Betrachtung bleibt es unerheblich, ob Kontakte zwischen benachbarten Partikeln oder Partikeln und Werkzeug die Belastung verursachen. Die Situationen in den verschiedenartigen Zerkleinerungsmaschinen wie Brechern, Kugel- oder Prallmühlen unterscheiden sich durch Zahl und Richtung der Kontaktkräfte und die Beanspruchungsgeschwindigkeit. Die Kontaktkräfte verformen die Partikel und erzeugen Spannungen, deren räumliche Verteilung und Stärke vom Verformungsverhalten abhängt. An Materialfehlern können Brüche ausgelöst werden, die dann die Partikeln zerstören, wenn sie diese durchqueren. Bild 41 zeigt eine schematisierte Darstellung.

Verformungen und Spannungen sind über die mechanischen Stoffgesetze verknüpft, die sich nach den drei Grenzfällen elastisches, plastisches und viskoses Verhalten unterscheiden lassen. Reale Stoffe verhalten sich bei den zur Zerstörung notwendigen Belastungen äußerst selten nur entsprechend einem dieser Fälle.

Ein elastisches Verhalten bedeutet Reversibilität und Zeitunabhängigkeit. Aus letzterem folgt, daß die Spannungen im Kontakbereich nur von der Kontaktkraft, aber nicht von der Beanspruchungsgeschwindigkeit abhängig sind; so besteht kein Unterschied zwischen Prall- und langsamer Druckbeanspruchung. Elastische Wellen von merkbarer Intensität treten erst bei Prallgeschwindigkeiten > 300 m/s auf. Solche Werte werden in Mühlen kaum erreicht.

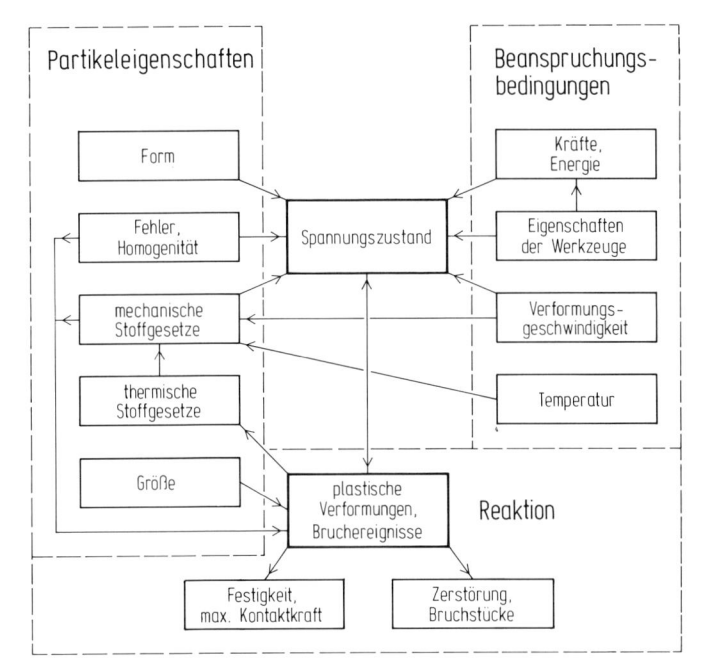

Bild 41. Schema zur Partikelzerstörung

Der Grenzfall des plastischen Verhaltens ist durch Irreversibilität aber ebenfalls Zeitunabhängigkeit definiert; allerdings existiert bei realen plastischen Stoffen eine schwache Zeitabhängigkeit, die hier außer Betracht bleiben soll. Verformung und Spannung sind nicht eineindeutig miteinander verknüpft. Plastische Verformungen bewirken Eigenspannungen und Versprödung, deswegen müssen Partikeln derartiger Stoffe, z. B. Metallpulver, in der Regel wiederholt beansprucht werden, um sie zu zerstören. Da die Verformungsgeschwindigkeit keinen oder nur einen schwachen Einfluß besitzt, bringt der Übergang von Druck- zur Prallbeanspruchung kaum einen Vorteil.

Viskoses Verhalten unterscheidet sich von den beiden anderen Grenzfällen dadurch, daß die Dehngeschwindigkeit und damit gekoppelt die Temperatur einen entscheidenden Einfluß besitzt. Kunststoffe sind typische Vertreter dieser Stoffklasse. Sogenannte Modulfunktionen repräsentieren das Stoffgesetz; Verformungen und Spannungen sind durch Faltungsintegrale verknüpft, so daß die augenblickliche Spannung vom vorausgegangenen Verformungs-Zeit-Verlauf abhängt. Das Spannungsmaximum in einer beanspruchten Kugel kann u. U. während der Entlastung auftreten. Eine sehr schnelle Verformung innerhalb einiger Mikrosekunden führt z. B. bei Hochdruck-Polyethylen zu einer vier- bis fünffach höheren Spannung als eine entsprechende langsame Verformung von einigen Sekunden. Demzufolge erweist sich hier die Prallzerkleinerung anderen Beanspruchungsarten überlegen; eine Abkühlung reduziert ebenfalls den viskosen Verformungsanteil. Hierbei ist zu beachten, daß die plastisch verformten Bereiche unmittelbar erwärmt werden, wodurch dort das viskose Verhalten wiederum verstärkt wird. Da die Partikeln i. a. erst durch eine Vielzahl von Beanspruchungen zerstört werden können, ist es vorteilhaft, zwischen den Beanspruchungen zu kühlen. Bei stark viskosem Verhalten gelingt die Partikelzerstörung besser durch Beanspruchung an Schneiden, allerdings ist die Methode aus konstruktiven Gründen in der Feinheit begrenzt.

Im Kontaktbereich entstehen die größten Spannungen, dort werden die Brüche beginnen. Bei linear-elastischem Verhalten läßt sich das Spannungsfeld mit der Hertz-Huber-Theorie beschreiben, deren wesentliche Merkmale folgende sind: Unterhalb der Kontaktfläche gibt es einen Bereich, in dem nur Druck- und Schubspannungen existieren. Die maximale Druckspannung p_0 liegt im Zentrum der Kontaktfläche, die maximale Zugspannung $\sigma_{z,max}$ an deren Rand und die maximale Schubspannung τ_{max} auf der Achse im Abstand von etwa einem Viertel des Kontaktflächendurchmessers. Diese Spannungen verhalten sich zueinander wie etwa $p_0 : \tau_{max} : \sigma_{z,max} =$ 1 : 0,3 : 0,17, ein Verhältnis, das von der Querkontraktionszahl v abhängt; die angegebenen Zahlen gelten für $v = 0,25$. Bei spröden Materialien – darunter versteht man überwiegend elastisches Verhalten bis zur Zerstörung – entstehen die Brüche im Zugspannungsgebiet am Rande der Kontaktfläche. Sie laufen bei einer Druckbeanspruchung von einem Kontaktbereich zum anderen und bei einer Prallbeanspruchung divergent in die Partikel hinein. Im Falle plastischen Verhaltens wird hingegen ein kegelförmiger Bereich in die Kugel hineingedrückt, das seitwärts verdrängte Material bewirkt periphere Zugspannungen und Brüche in Meridianebenen. Da die Eindringtiefe dieses Kegels die Spannungen bestimmt, wirken sich überlagerte Schubspannungen nicht merklich auf die Bruchentstehung aus. Insofern hat eine Reibbeanspruchung keinen Effekt, sie führt zu einem größeren Energieverlust. Der Meinung, daß die Reibzerkleinerung vorteilhaft sei, muß mit Skepsis begegnet werden.

Das Verformungsverhalten ändert sich mit der Partikelgröße, weil kleinere Partikeln auch nur kleinere Materialfehler enthalten. Die Bruchauslösung erfordert dann größere Spannungen, so daß unterhalb der Kontaktfläche die Fließgrenze erreicht wird. Für jedes spröde Material gibt es einen Korngrößenbereich mit dem Übergang vom spröden zum plastischen Verhalten. Man

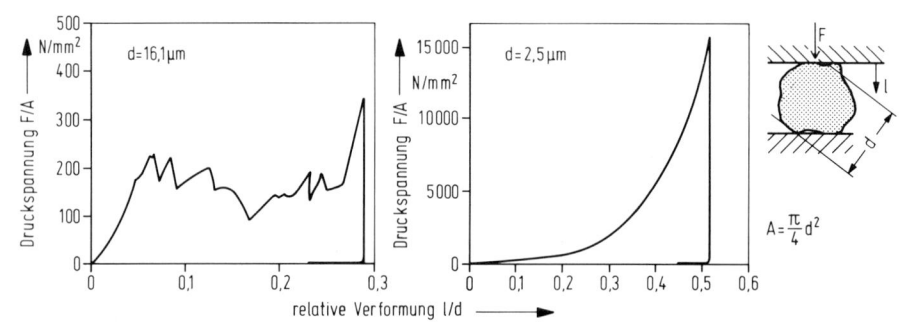

Bild 42. Belastungsdiagramme von Zementklinkerpartikeln

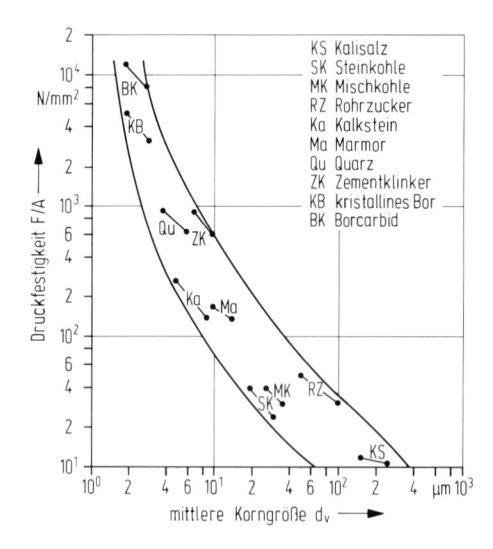

Bild 43. Partikelfestigkeit im Übergangsbereich vom spröden zum plastischen Verformungsverhalten

erkennt dies z. B. am Belastungsdiagramm (Bild 42), bei sprödem Verhalten zeigen Zacken Bruchereignisse an, die glatte Kurve hingegen plastisches Verformen. Bild 43 zeigt diesen Übergangsbereich für verschiedene Materialien und die zugehörige Partikelfestigkeit, die als Quotient aus Bruchkraft geteilt durch den Nennquerschnitt definiert ist. Mit der Annahme, die Kontaktfläche sei ein Zehntel des Nennquerschnittes, ergeben sich dort Spannungen von der Größenordnung der molekularen Festigkeit. Unterhalb des Übergangsbereiches lassen sich die Materialien weit schwieriger zerkleinern.

Bruch und plastische Verformungen bewirken lokale Modifikationen der Struktur, die als mechanische Aktivierung bezeichnet werden und sowohl vorteilhaft oder auch schädlich für das Produkt sein können. Unmittelbar an der Bruchspitze, in der Bruchzone, wird das Material in starkem Maße plastisch verformt, wodurch bei schneller Bruchausbreitung kurzzeitig hohe Temperaturen auftreten. Bei Kalkstein wurden ca. 700°C und bei Quarz 3700°C gemessen [125]. Bruchflächen von Quarz besitzen eine amorphe Struktur, bei Hochpolymeren wird dort die Molmasse merklich reduziert. Neben diesen flächenhaften Strukturänderungen kennt man bei spröden Materialien auch solche im gesamten Partikelvolumen infolge plastischer Verformungen, also muß das Material zunächst bis zum spröd-plastischen Übergangsbereich aufgemahlen werden.

5.1.2 Zerkleinerungstechnische Stoffeigenschaften

Die für das Zerkleinern relevanten Stoffeigenschaften lassen sich in zwei Gruppen einteilen: erstens Kennwerte für den Widerstand gegen die Zerstörung und zweitens Kennwerte für das Ergebnis einer Beanspruchung. Sie sind so zu definieren, daß daraus eine Meßvorschrift folgt und sie für die Anwendung nützlich sind. Sie lassen sich nicht aus bekannten Stoffeigenschaften wie Elastizitätsmodul, Zugfestigkeit, Fließgrenze, Härte u.ä. ableiten. Eine besondere Schwierigkeit bringt die unregelmäßige Form der Partikeln und der Einfluß der Partikelgröße mit sich.

Partikelfestigkeit, Brucharbeit, Bruchwahrscheinlichkeit und Bruchanteil gehören zu den Widerstandskennwerten. Sie beziehen sich auf den Bruchpunkt der Partikeln und erfordern, daß er erkannt werden kann, was bei großen oder einfach geformten Proben i.a. möglich ist. Kleine und unregelmäßig geformte Partikeln ergeben infolge aufeinanderfolgender Bruchereignisse ein Belastungsdiagramm mit mehreren Zacken (s. Bild 42). So muß vereinbart werden, daß die erste große Zacke als Bruchpunkt gilt. Die zugehörige Kraft bezogen auf den Nennquerschnitt $(\pi/4)d_V^2$ mit d_V als dem Durchmesser der volumengleichen Kugel wird als Partikelfestigkeit definiert. Das Bild 44 zeigt den starken Einfluß der Partikelgröße. Im Bereich unter einem Millimeter steigt die Partikelfestigkeit auf das Zehnfache an, und zwar aus zwei Gründen: die Materialfehler werden kleiner und der Anteil der plastischen Verformungen im Kontaktbereich nimmt zu, wodurch die Spannungen begrenzt werden bzw. in schwächerem Ausmaße ansteigen. Als spezifische Bruchenergie E_B wird die bis zum Bruchpunkt zuzuführende Energie pro Partikelvolumen oder Partikelmasse bezeichnet; bei einer Prallbeanspruchung folgt sie aus der Prallgeschwindigkeit, $E_B = (1/2)v^2$. Im Gegensatz zu den üblichen Festigkeitsexperimenten kann den Partikeln bei einer Druck- und Prallbeanspruchung weitere Energie über den Bruchpunkt hinaus zugeführt werden, es entstehen dann mehr und feinere Bruchstücke. Die hierbei aufgewandte massenbezogene Zerkleinerungsarbeit W_m stellt keinen Widerstandskennwert dar. In Bild 45 wird die bei einer Prallbeanspruchung gemessene Bruchenergie von Quarzpartikeln mit der Zerkleinerungsarbeit im Druckversuch bei drei Abbaugraden verglichen, der das Verhältnis von Partikelgröße und Endspalt zwischen Druckflächen angibt. In erster Näherung kann die Zerkleinerungsarbeit bei einem Abbaugrad von 1,2 bis 1,3 gleich der Bruchenergie gesetzt werden; dies gilt wahrscheinlich auch bei anderen spröden Materialien.

Der Bruchanteil ist eine für die Anwendung aufschlußreiche Widerstandskenngröße, sie stellt eine für unregelmäßig geformte Partikeln modifizierte Bruchwahrscheinlichkeit dar. Seine Bestimmung erfolgt durch Beanspruchung einer Fraktion und anschließendes Auswiegen des Massenanteils der Bruchstücke kleiner als die untere Fraktionsgrenze, der bei gleicher Nennkorngröße

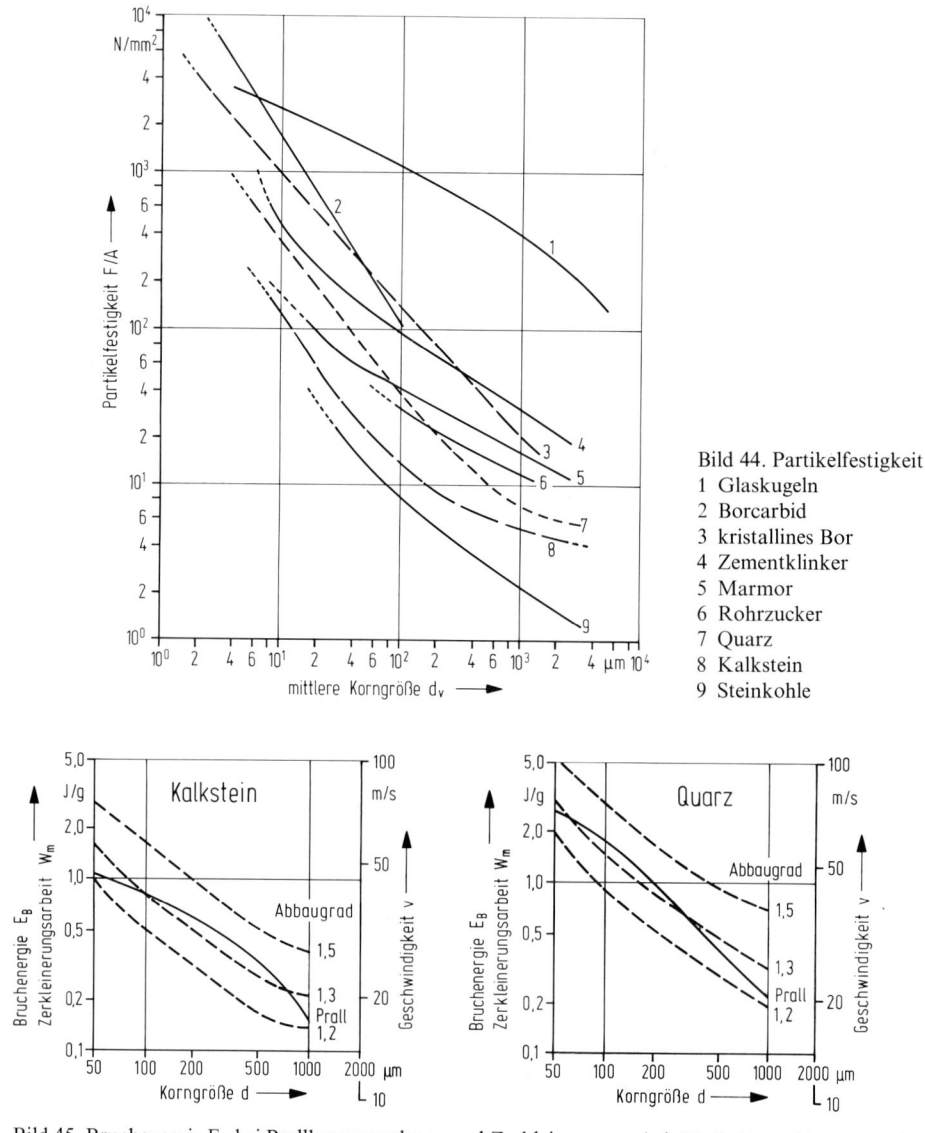

Bild 44. Partikelfestigkeit
1 Glaskugeln
2 Borcarbid
3 kristallines Bor
4 Zementklinker
5 Marmor
6 Rohrzucker
7 Quarz
8 Kalkstein
9 Steinkohle

Bild 45. Bruchenergie E_B bei Prallbeanspruchung und Zerkleinerungsarbeit W_m bei Druckbeanspruchung für Abbaugrade 1,2; 1,3; 1,5 für Kalkstein und Quarz

von der Fraktionsbreite abhängt. Der Massenanteil nach Grenzübergang zur Fraktionsbreite Null wird als Bruchanteil definiert. Der Einsatz von Fraktionen entsprechend einer $\sqrt{2}$-Teilung ergibt bereits den Bruchanteil hinreichend genau. Partikelgröße und Zerkleinerungsarbeit, aber auch die Beanspruchungsbedingungen, beeinflussen das Ergebnis. Bild 46 zeigt am Beispiel von Quarz den Einfluß der granulometrischen Zusammensetzung in einem Gutbett: die Zugabe von gröberen Partikeln erhöht den Bruchanteil der kleinen, hingegen reduziert die Zugabe von kleineren Partikeln den Bruchanteil der gröberen. Die groben Partikeln konzentrieren den Kraftfluß auf die kleinen, letztere verteilen diesen über eine größere Oberfläche der groben [126].

Das Ergebnis einer Beanspruchung wird durch die Größenverteilung der Bruchstücke, für die

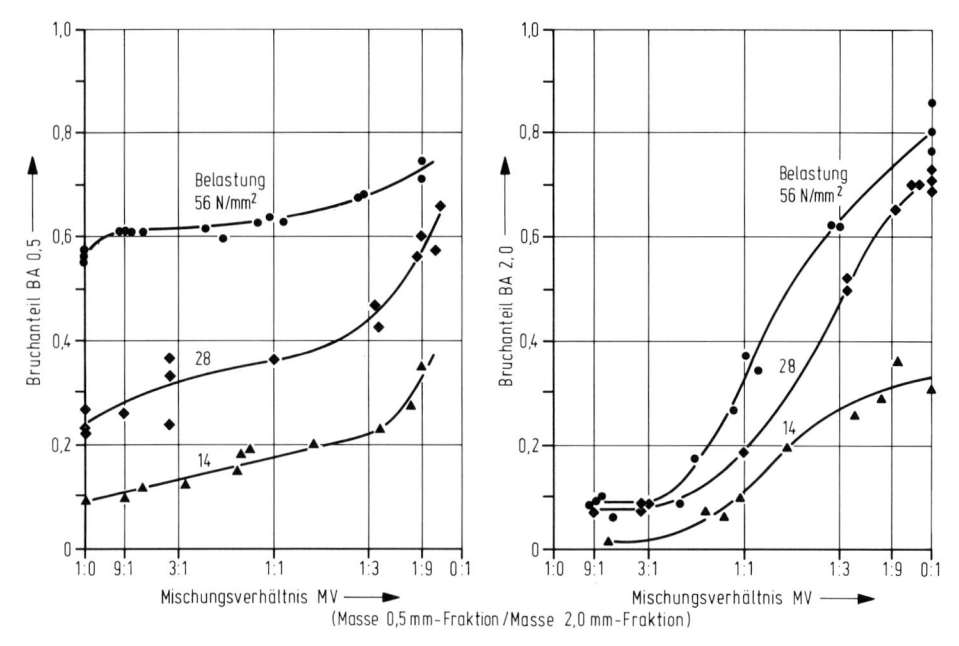

Bild 46. Fraktioneller Bruchanteil in binären Mischungen von 0,5 mm und 2,0 mm-Quarzfraktionen bei Belastungen mit 14, 28 und 56 N/mm²

sich der Begriff „Bruchfunktion" eingebürgert hat, und durch die Oberflächenzunahme beschrieben.

Bruchfunktionen werden sowohl unter den Bedingungen der Einzelkornbeanspruchung als auch im Gutbett und in Mühlen, insbesondere in Kugelmühlen, bestimmt. Die Bruchfunktion ist prinzipiell von der Energie abhängig, die einer Partikel zugeführt wird [127]. In einem Gutbett kann eine Partikel i. a. nur die Bruchenergie oder nur ein wenig mehr zugeführt werden auch bei stärkerer Belastung des Gutbettes. Denn die Bruchstücke können sich in den Hohlräumen einer weiteren Beanspruchung mehr oder weniger entziehen, solange der Feststoffanteil kleiner als 60 bis 65 % bleibt. Die Bruchfunktion ist deshalb nicht oder nur schwach von der zugeführten Arbeit abhängig, hingegen nimmt der Bruchanteil zu. Immer dann, wenn in dieser Art beansprucht wird, stellt man eine stofftypische Bruchfunktion fest, die auch als „natürlich" bezeichnet wird. Dies gilt nicht für Prall- und Strahlmühlen, in denen die Partikeln einzeln beansprucht werden.

Mit den Ergebnissen aus Einzelkornuntersuchungen läßt sich die Effektivität von Zerkleinerungsprozessen beurteilen, wenn man von der Hypothese ausgeht, die Einzelkornbeanspruchung sei die energiegünstigste Methode [128]. Als Effektivität wird der Quotient aus Energiebedarf des idealen Prozesses geteilt durch jenen der Zerkleinerungsmaschine definiert. In beiden Fällen muß das Produkt von möglichst gleicher Dispersität sein; die Berechnungen für den idealen Prozeß verlangen allerdings umfangreiche Daten aus Einzelkornuntersuchungen, die bisher nur für wenige Stoffe vorliegen. Für die Effektivität können folgende Richtwerte angegeben werden: Backen- und Walzenbrecher 0,7–0,9; Prallbrecher 0,3–0,4; Wälzmühlen 0,07–0,15; Kugelmühlen 0,05–0,1; Prallmühlen 0,01–0,1. Die schlechten Werte für Wälz- und Kugelmühlen erklären sich auf Grund der Beanspruchung im Gutbett; bei letzterem kommt hinzu, daß die Beanspruchung stochastisch und mit sehr unterschiedlichen Intensitäten geschieht. Wälzmühlen benötigen weiterhin Energie für den großen internen Gutumlauf. Prallmühlen besitzen einerseits wegen der Ventilationsverluste und andererseits wegen der begrenzten Beanspruchungsintensität bei der Feinmahlung, eine schlechte Effektivität. Der früher oft diskutierte sehr schlechte Wirkungsgrad von Mühlen unter 1 % besitzt keine Relevanz, denn es wird dabei das Produkt aus Oberflächenzunahme und spezifischer Grenzflächenenthalpie als Nutzarbeit betrachtet. Aber nicht die Grenzflächenenthalpie bestimmt den Bruchvorgang, sondern der Rißwiderstand, der mindestens eine Zehnerpotenz größer ist. Daraus folgt weiterhin, daß eine Reduzierung der Grenzflächenenthalpie durch Chemikalien keinen Einfluß auf den Zerkleinerungserfolg haben kann. Die bekannten Mahlhilfsmittel wirken desagglomerierend und verbessern so die Beanspruchungsbedingungen in der Mühle. Es gilt generell, daß Änderungen des umgebenden Mediums, wie z. B. der Übergang von Trocken- zur Naßmahlung, vor allen Dingen den Agglomerationszustand und die Bewegung der Mahlgutpartikeln und der Mahlkörper beeinflussen und nur im beschränkten Umfang das mikro- oder makroskopische Verformungsverhalten der Partikeln.

5.1.3 Beschreibung von Zerkleinerungsprozessen

Mit drei einfachen Beziehungen, die oft anspruchsvoll als Zerkleinerungsgesetze bezeichnet werden, versucht man die Änderung des Dispersitätszustandes mit dem Energieaufwand zu verknüpfen. *Rittinger* hat bereits 1867 die Proportionalität von Oberflächenzunahme und Energieaufwand postuliert; danach bliebe die Energieausnutzung, die als Quotient der beiden Größen definiert ist, konstant (Rittingersche Hypothese). Ausgehend von den neuen Kenntnissen über den Bruchvorgang weist *Rumpf* [129] darauf hin, daß bei geometrisch ähnlicher Anrißverteilung das Produkt ($E_B d$) unabhängig von der Partikelgröße sei und geometrisch ähnliche Bruchflächen entstünden. Die Energieausnutzung wäre dann, wie von Rittinger postuliert, eine Konstante. *Kick* veröffentlichte 1885 eine Modellbetrachtung und setzt voraus, daß die Festigkeit konstant und der Bruchflächenverlauf geometrisch ähnlich sei; daraus folgt eine Zunahme der Energieausnutzung mit abnehmender Partikelgröße entsprechend d^{-1} (Kicksches Ähnlichkeitsgesetz). Die Ergebnisse der Einzelkornbeanspruchung bestätigen dieses Ergebnis tendenzmäßig, zeigen aber auch, daß die Festigkeit von der Partikelgröße abhängt.
Aufgrund umfangreicher Erfahrungen entwickelt *Bond* [130] die Beziehung

$$W_m = W_i(10/\sqrt{d_{80}} - 10/\sqrt{d_{80}^{(0)}}) \tag{60}$$

hierbei bedeuten $d_{80}^{(0)}$ und d_{80} die Partikelgröße bei Durchgang von 80% im Eingangs- und Auslaufgut und W_i eine Art Mahlbarkeit (work index). Die Werte von $d_{80}^{(0)}$ und d_{80} sind im Mikrometer einzusetzen, damit entspricht W_i dem massenbezogenen Arbeitsbedarf für eine Mahlung auf $d_{80} = 100$ µm. Typische Werte für W_i in kWh/t sind: Korund 64, Basalt 22, Eisenerz 16–20, Zementklinker 15–18, Feldspat, Kalkstein, Quarz 13–15, Bleierz und Chromerz 11–13. Die Mahlbarkeit wird in einer Labormühle bestimmt, die Bondsche Beziehung ermöglicht eine erste Schätzung für die Auslegung von Kugelmühlen; es gibt eine Reihe von Korrekturfaktoren für eine bessere Übereinstimmung mit tatsächlichen Werten.
Eine bessere Beschreibung ermöglicht die Methode der mathematischen Simulation, mit der die Änderung der Partikelgrößenverteilung in der Zeit erfaßt wird. Es werden Massenbilanzen für alle Korngrößenklassen aufgestellt und angesetzt, daß die Massenabnahme proportional der vorhandenen Menge ist. Mit m_i als Massenanteil der Fraktion i, w_i als Zerkleinerungsgeschwindigkeit und b_{ij} als Verteilungskoeffizient der Bruchstücke, d.h. als Massenanteil von Bruchstücken der Partikeln aus Fraktion j, die in die i-te Kornklasse fallen, folgt ein System von gekoppelten Differentialgleichungen erster Ordnung:

$$dm_i/dt = -w_i m_i + \sum_{j=1}^{i-1} b_{ij} w_j m_j; \quad i = 1, 2, \ldots, n \tag{61a}$$

$$m_i(t=0) = m_{i0} \tag{61b}$$

Die Indizierung erfolgt so, daß die Klasse mit den gröbsten Partikeln mit eins bezeichnet wird. Unter Voraussetzung der Konstanz von w_i und b_{ij} und $w_i + w_j$ kann dieses Gleichungssystem explizit gelöst werden [131].

Die Zerkleinerungskoeffizienten w_j, b_{ij} werden in Mahlversuchen bestimmt, sie erweisen sich für die Trockenmahlung in Kugelmühlen in guter Näherung als konstant, jedoch nicht für die Naßmahlung [132, 133]. Die Zerkleinerungsraten hängen von den Mahlbedingungen ab, jedoch nicht oder nur im geringen Maße die Übergangskoeffizienten. Unter diesen Voraussetzungen läßt sich die zeitliche Entwicklung der Feinheit vorausberechnen. Der Übergang zur Durchlaufmahlung ist mit Hilfe der Verweilzeitverteilung möglich.

5.2 Zerkleinerungsmaschinen

Das unterschiedliche Stoffverhalten, der weite Dispersitätsbereich von 1 m bis 1 μm sowie die unterschiedlichen Zielsetzungen haben zu einer Vielzahl von Zerkleinerungsmaschinen geführt, die man einerseits nach den Korngrößenbereich des Fertiggutes in die beiden großen Gruppen Brecher und Mühlen (der Grenzbereich liegt zwischen einigen Millimetern und Zentimetern) und andererseits nach den Beanspruchungsarten bzw. konstruktiven Gemeinsamkeiten unterteilt.

5.2.1 Brecher

In Backen- und Kegelbrecher wird das Mahlgut durch Druck- und Schubkräfte in einem Brechraum beansprucht, der sich periodisch schließt und öffnet (Bild 47). Diese Maschinen eignen sich insbesondere für sehr harte und mittelharte Materialien. Die größten Bauformen können Stücke bis zu zwei Metern aufnehmen. Der Abbaugrad beträgt 1:8 bis 1:10, der Transport erfolgt durch die Schwerkraft. Hinsichtlich des Durchsatzes gibt es eine optimale Drehzahl; bei vertikalem Spalt lassen sich Werte von

$$\dot{m} = (0{,}004 \ldots 0{,}008)\rho_s A \sqrt{gH} \qquad (62)$$

erreichen. Hierbei bedeuten H die Brechraumhöhe und A die Maulfläche mit $A = l_M l_B$ für Backen- und $A = \pi D l_m \{1 - (l_M/2D)\}$ für Kegelbrecher, l_M die Maulweite, l_B die Maulbreite und D den äußeren Durchmesser. Den Einfluß des Abbaugrades erfaßt man durch Einsetzen $z = l_M/l_S$ mit l_S als Spalt im geöffneten Zustand.

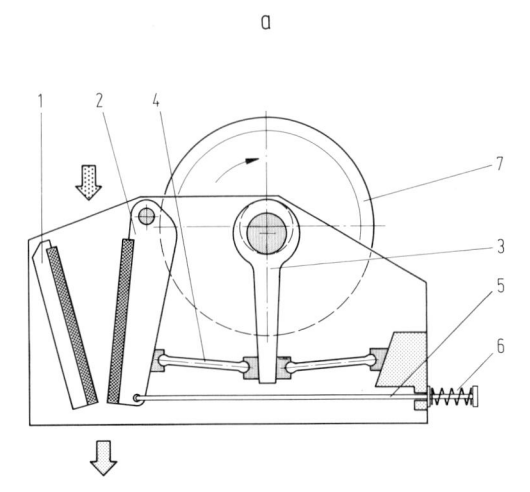

Bild 47a. Backenbrecher
1 Druckplatte, 2 Brechschwinge, 3 Exzenter mit Hubstange, 4 Stützplatte, 5 Zugstange, 6 Rückholfeder, 7 Schwungrad

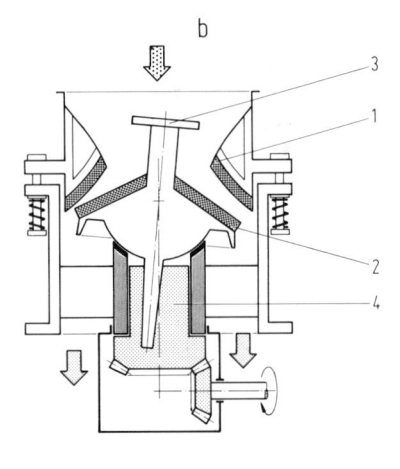

Bild 47b. Kegelbrecher
1 Brechmantel, 2 Brechkegel, 3 Streuteller, 4 Exzenterbüchse

Walzenbrecher bestehen aus zwei sich gegensinnig drehenden Walzen. Wegen der Einzugsbedingungen lassen sich nur Abbaugrade bis zu 1:5 einstellen, jedoch erreicht man größere Durchsätze, da die Umfangsgeschwindigkeit v den Transport bestimmt und bis zu 10 oder gar 20 m/s betragen kann; l_W ist dabei die Walzenlänge:

$$\dot{m} = (0{,}2 \ldots 0{,}4)\rho_s l_s l_W v \tag{63}$$

Walzen mit Nocken oder Stacheln verbessern die Einzugsbedingungen und damit den Abbaugrad, allerdings wird damit der Einsatzbereich auf weniger harte Stoffe beschränkt. Bei weichen Stoffen kann eine unterschiedliche Drehzahl Vorteile bringen.

Hammer- und Prallbrecher sind mit einem schnellaufenden Rotor, Umfangsgeschwindigkeiten von 15–40 m/s, ausgestattet. Sie unterscheiden sich in der Befestigung der Rotorwerkzeuge, die entweder beweglich oder starr erfolgt. Beim Prallbrecher ist deswegen der Abstand von den Statorwerkzeugen größer als beim Hammerbrecher, dessen Werkzeuge bei manchen Bauformen ineinander kämmen. In Hammerbrechnern werden die Partikeln einer schnellen Druckbeanspruchung unterworfen, in Prallbrechnern liegt hingegen eine Prallbeanspruchung vor. Das Zerkleinerungsverhältnis kann Werte bis zu 1:20 und darüber erreichen. Diese Maschinen eignen sich besonders für weiche und schwachharte Stoffe, mit verschleißfester Ausrüstung können auch mittelharte Stoffe zerkleinert werden. Bei gleichem Bauvolumen erreichen Hammer- und Prallbrecher größere Durchsätze als Backen- und Kegelbrecher.

Die Leistungsaufnahme der Brecher ergibt sich aus Durchsatz und spezifischer Zerkleinerungsarbeit, die i. a. im Bereich von 0,2–2 kWh/t liegt.

5.2.2 Wälzmühlen

In Wälzmühlen (Bild 48) wird ein Gutbett zwischen zwei sich aufeinander abwälzenden Flächen beansprucht, zwischen den kugel- oder rollenförmigen Wälzkörpern und einer ebenen bzw. kegel-, schlüssel- oder ringförmigen Mahlbahn. Die älteste Bauform ist der Kollergang. Die An-

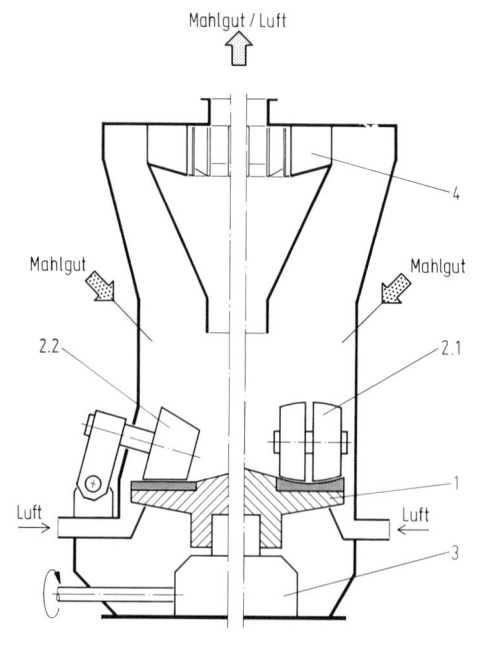

Bild 48. Wälzmühle mit unterschiedlichen Wälzkörpern links und rechts
1 Mahlschüssel
2.1, 2.2 Wälzkörper (unterschiedliche Bauart)
3 Getriebe
4 Sichter

pressung erfolgt durch die Schwer- oder Fliehkraft oder hydraulische bzw. federelastische Fremdkräfte.
Die unterschiedlichen Bauformen haben zu sehr verschiedenen Bezeichnungen, wie z. B. Schüssel-, Ring-, Rollen-, Pendel- und auch verwirrenderweise Kugelmühlen, geführt. Die meisten Bauformen besitzen einen über der Mahlbahn angeordneten Windsichter. Für die Beanspruchung im Gutbett ist typisch, daß nur ein Teil der Partikeln zerstört wird und die flächenbezogene Kraft unter 20 N/mm^2 begrenzt bleiben sollte, da sich ansonsten unerwünschte Agglomerate bilden. Bei einer Überwalzung entsteht nur wenig Fertigprodukt (weniger als 10%). Vor der nächsten Überwalzung muß das Gutbett mindestens teilweise neu aufgeschüttet werden, damit diese wirksam ist. So ergibt sich zwangsläufig ein großer interner Gurtumlauf, der eine zusätzliche Ventilationsleistung erfordert.
Wälzmühlen eignen sich zur Mahlung weicher bis harter Stoffe auf Feinheiten unter 200 µm. Der große Gasdurchsatz ermöglicht einen Mahltrocknungsbetrieb; es gibt Konstruktionen für Temperaturen bis zu 700°C. Die Tellerdrehzahl wird so eingestellt, daß am Tellerrand Zentrifugalbeschleunigungen von 4 bis 10 m/s^2 auftreten. Durchsatz und Leistungsaufnahme verhalten sich bei geometrisch ähnlichen Bauformen und konstanter Zentrifugalbeschleunigung etwa proportional dem Tellerdurchmesser hoch 2,5.

5.2.3 Mahlkörpermühlen

Mahlkörpermühlen sind die wichtigste Gruppe von Zerkleinerungsmaschinen. Sie arbeiten nach folgendem Prinzip: Einer Mischung aus frei beweglichen Mahlkörpern (Kugeln, Zylinderstücke, Würfel, Stäbe, Steine, große Stücke des Mahlgutes) und Mahlgut wird, gegebenenfalls unter Zusatz einer flüssigen Phase (Naßmahlung), durch Drehen oder Schütteln des Mahlgefäßes oder durch Rühren Energie zugeführt, so daß es zu Relativbewegungen, lokale Auflockerungen und Verdichtungen, Stürzen und Fallbewegungen kommt. Das Mahlgut wird zwischen den Mahlkörpern bzw. an der Wand durch Druck- und Schubkräfte beansprucht, allerdings jeweils nur ein kleiner Anteil. Die Beanspruchungsvorgänge wiederholen sich periodisch; zwischenzeitlich vermischen sich Gut und Kugeln erneut. Die Beanspruchungen erfolgen stochastisch mit einem breiten Intensitätsspektrum, eine optimale Abstimmung ist nicht möglich. Die Energieaufnahme wird hauptsächlich durch die Bewegung der Mahlkörper bestimmt, der Zerkleinerungserfolg hängt von der Größenabstufung der Mahlkörper hinsichtlich der Partikelgröße und auch von der Mahlkörperform ab sowie vom Gutfüllungsgrad und bei einer Naßmahlung vom Feststoffvolumenanteil in der Trübe. Die üblichen Bezeichnungen richten sich nach der Art der Mahlkörper (Kugel-, Stab-, Autogenmühlen), nach dem Längen-Durchmesser-Verhältnis des Mahlrohres (Trommel-, Rohrmühlen) sowie nach der Energiezufuhr (Schwing-, Planeten-, Rührwerksmühlen, auch Attritoren genannt).
Die Kugelmühle ist der wichtigste Typ dieser Gruppe; sie gibt es als Laborgerät bis zur Großmühle von 200 t/h Durchsatz. Der kreiszylindrische Mahlraum ist bei technischen Mühlen mit Verschleißplatten gepanzert, bei der Naßmahlung werden auch Gummiauskleidungen gewählt. Muß eine Verunreinigung durch Stahlverschleiß vermieden werden, setzt man keramische Auskleidungen ein. Die Mahlkörper sind Kugeln, Cylpebs oder Steine. Zur allgemeinen Beschreibung werden relative Größen eingeführt: Kugelfüllungsgrad ϕ_K gleich Schüttvolumen der Mahlkörper bezogen auf Mühlenvolumen, Mahlgutfüllungsgrad ϕ_G gleich Schüttvolumen des Mahlgutes bezogen auf Hohlraumvolumen der Mahlkörperfüllung, Feststoffvolumenanteil der Trübe $(1-\varepsilon)$, relative Drehzahl (n/n_c) mit der sogenannten kritischen Drehzahl entsprechend $2\pi^2 n_c^2 D = g$. Die Leistungsaufnahme P hängt von ϕ_k und (n/n_c) ab, erreicht bei schlupffreier Mitnahme das Maximum im Bereich $(n/n_c) = 0{,}7$–$0{,}8$ und $\phi_k = 0{,}35$–$0{,}45$ und berechnet sich wie folgt [134]:

$$P_{\max} = (0{,}035 \ldots 0{,}042)\{1 + 0{,}4\phi_G(\rho_G/\rho_k)\}(n/n_c)\rho_k l \sqrt{g^3 D^5} \qquad (64)$$

(ρ_G; ρ_K Dichte von Mahlgut bzw. Mahlkörper, l = Mühlenlänge, D = Mühlendurchmesser). Für größere (n/n_c)-Werte gilt die obige Gleichung nicht, P wird kleiner. Vorteilhaft ist, ϕ_G etwa gleich eins zu wählen und bei Mahlgut >1 mm Stahlkugeln zehn- bis zwanzigmal so groß wie die Partikeln einzusetzen. Im Feinheitsbereich darunter muß mit relativ größeren Kugeln gemahlen werden, da sonst die Energie nicht ausreicht. Die Trübe sollte möglichst dick sein (($1 - \varepsilon$) = 0,3–0,4), damit die Partikeln nicht mit der Flüssigkeit weggeschwemmt werden und sich der Beanspruchung entziehen; die obere Grenze ergibt sich aus dem Fließverhalten.

Der Durchsatz $\dot{m}$ wird in erster Linie durch den Flächenanteil q_L der Öffnungen in der Austragswand bestimmt. Für Rundlöcher mit Durchmessern d_L und gleichmäßiger Verteilung ($q_L \neq f(r)$) läßt sich für die Trockenmahlung der Durchsatz abschätzen nach:

$$\dot{m} \approx 0,35\{1 - 0,6(d_L/d_K)\} q_L q_A \rho_G D^2 \sqrt{g d_L} \tag{65}$$

(d_K Kugeldurchmesser, q_A Flächenanteil der Gutaufstiegszone). Bei schlitzförmigen Öffnungen setzt man die Breite anstelle d_L. Für die Auslegung einer Mühle muß die zur geforderten Feinheit notwendige spezifische Zerkleinerungsarbeit (Mahlbarkeitstest) und der Durchsatz bekannt sein. Daraus folgt die Antriebsleistung $P = W_m \dot{m}$. Prinzipiell müßte man dann den Durchmesser D nach der Durchsatzformel bestimmen und danach die Länge l mit der Leistungsformel.

Bei Planetenmühlen befinden sich die Mahlbehälter auf einem rotierenden Trägersystem und drehen sich in entgegengesetzter Richtung. Wenn $\omega_T = -\omega_M$ gilt, dreht sich der Behälter nicht bezüglich eines unbewegten Beobachters sondern führt eine Kreisschwingung aus. Die Überlegungen zur Kugelmühle lassen sich sinngemäß übertragen, indem g durch $R_T \omega_T^2$ und ω durch $\omega_T + \omega_M$ ersetzt wird; Zentrifugalbeschleunigungen bis zu 20 g sind möglich. Damit können kleinere Kugeln eingesetzt und schneller und günstiger sehr fein gemahlen werden. Planetenmühlen gibt es bisher nur im Labormaßstab. Mit Schwingmühlen erreicht man um den Faktor ($s\omega^2/g$) höhere Mahlkörperbeschleunigungen, übliche Werte sind 2 bis 6. Schwingmühlen bestehen in der Regel aus einem oder mehreren rohrförmigen Behältern, die federnd aufgehängt sind und durch eine umlaufende Unwucht in Kreisschwingung versetzt werden (Bild 49). Der Mahlkörperfüllungsgrad von Schwingmühlen ist größer als der von Kugelmühlen, er nimmt Werte von ϕ_K = 0,6–0,8 an. Die Leistungsaufnahme berechnet sich nach:

$$P \approx 0,3 m s^2 \omega^3 \tag{66}$$

mit m der Masse der Füllung, s der Schwingungsamplitude und $\omega = 2\pi n$ der Kreisfrequenz.

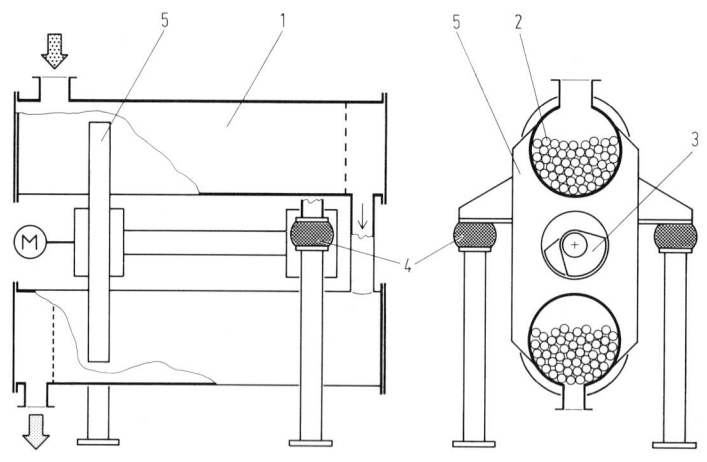

Bild 49. Schwingmühle
1 Mahlrohre, 2 Mahlkörper, 3 Unwucht (Schwingungserreger), 4 Schwingpuffer, 5 Verbindungsstege

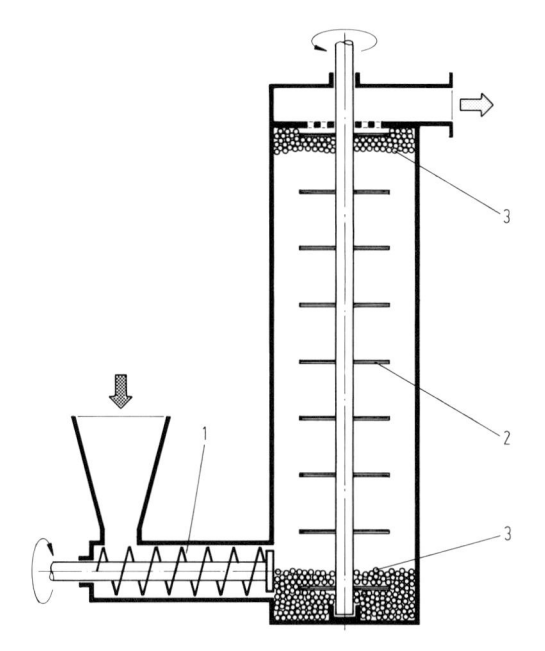

Bild 50. Rührwerksmühle
1 Aufgabevorrichtung
2 Rührwerk
3 Mahlkörper

Rührwerksmühlen (Bild 50) werden ausschließlich zur Naßmahlung eingesetzt. Ein Rührwerk mit Rührelementen sehr verschiedener Formen, wie z. B. Lochscheiben, Ringe, Stifte oder Spiralen, führt die Energie zu. Als Mahlkörper dienen Sandkörner, Stahl-, Glas- oder Keramikkugeln mit Abmessungen von etwa 0,5–5 mm. Die Behälter sind meistens vertikal orientiert. Die Mahlgutsuspension, deren Medium auch eine mittelviskose Flüssigkeit sein kann, wird durch den Mahlraum gepumpt. Die Gestaltung des Mahlgutaustrags beeinflußt die Betriebsweise. Die einfachste Form ist die offene Mühle mit Zylindersieb, die allerdings zwei Nachteile aufweist: Trombenbildung mit Einmischen von Luft und keine Möglichkeit, die Packungsdichte der Füllung zu beeinflussen. Geschlossene Mühlen besitzen eine Sieb- oder Lochwand oder einen ringförmigen Austragsspalt, wobei die innere geschlossene Fläche sich mit der Rührwelle dreht. Der Anwendungsbereich umfaßt Farben, Pharmaka, Ferro- und Chromoxide, keramische Rohstoffe, Lebensmittel. Die Viskosität der Suspension soll möglichst 10 Pa s nicht überschreiten. Langsamläufer besitzen Umfangsgeschwindigkeiten bis zu 2 m/s, Schnelläufer bis zu 12 m/s. Es können Feinheiten bis etwa 5 μm ermahlen werden.

Für die Leistungsaufnahme ist die Newtonsche Kennzahl $P/D^5 n^3 \rho$ maßgeblich (D Durchmesser der Rührelemente, n Drehzahl, ρ Suspensionsdichte) [135].

5.2.4 Prallmühlen

Mühlen mit Prallbeanspruchung der Partikeln kann man nach der Art der Energiezufuhr in Rotor- und Strahl-Prallmühlen einteilen. Bei ersteren übertragen Rotoren die Energie auf die Partikeln, die durch Aufprall an den Rotor- und Statorwerkzeugen beansprucht werden. Umfangsgeschwindigkeiten zwischen 60 und 120 m/s sind üblich, in Sonderfällen bis zu 160 m/s. Je nach Material lassen sich Feinheiten unter 20–30 μm ermahlen. In Strahl-Prallmühlen erfolgt die Energiezufuhr mittels vorgespannter Gase, die Partikeln sollen durch gegenseitige Stöße beansprucht werden, jedoch nicht durch Wandstöße. Es können Partikelgeschwindigkeiten bis zu 250 m/s und Feinheiten ≤1 μm erreicht werden.

Rotorprallmühlen gibt es in sehr vielen Ausführungsformen; sie unterscheiden sich hauptsächlich in der Art der Klassierung und der Form der Werkzeuge. Die Mühlen besitzen fast immer eine geschlossene Beanspruchungszone und eine zentrale Guteinspeisung. So passiert das Mahlgut zunächst den Laufkreis der Rotorwerkzeuge, wird beansprucht und beschleunigt und danach wiederum an den Statorwerkzeugen beansprucht. Die notwendige mehrfache Beanspruchung verlangt, daß die Partikeln wieder in den Laufkreis eindringen. Dafür sind wenige Rotorwerkzeuge vorteilhafter als viele. Die Frage, inwieweit Partikel-Partikel-Stöße auftreten, läßt sich mit dem mittleren Flugweg λ im Vergleich zum Abstand zwischen Rotor und Stator beurteilen, hierbei wird λ analog zur kinetischen Gastheorie abgeschätzt, $\lambda = d/6\sqrt{2}(1-\varepsilon)$. Nimmt man den Feststoff-Volumenanteil $(1-\varepsilon)$ mit 0,001–0,01 an, dann folgt $\lambda \approx 10$–$100\,d$. Im Bereich > 300 µm überwiegen Wandstöße, im Bereich < 30 µm Partikel-Partikel-Stöße, die allerdings i.a. nicht energiereich genug sind, um diese feinen Partikeln zu zerstören. Damit ergibt sich zwangsläufig eine Feinheitsbegrenzung.

Die Rotorwerkzeuge können gelenkig aufgehängt sein (Hammermühlen), oder starr mit dem Rotor verbunden sein; meistens sind es flache Leisten, in manchen Fällen Rundstifte (Stiftmühmühlen), die achsenparallel auf der Rotorscheibe sitzen. Stiftmühlen besitzen häufig auf Rotor und Stator mehrere Stiftkränze, die ineinander kämmen. Es gibt auch Bauarten mit zwei gegenläufig rotierenden Scheiben, um die Aufprallgeschwindigkeit zu erhöhen.

Die zur Klassierung eingesetzten Siebe besitzen häufig schlitzförmige Öffnungen, sie sind in den Stator integriert und befinden sich entweder zwischen oder seitlich von den Statorwerkzeugen (Bild 51). Bei einer speziellen Lösung besteht das Statorgehäuse aus zwei Teilen, von denen einer axial verschiebbar ist, so daß der Klassierspalt auf die gewünschte Breite eingestellt werden kann. Die Sieböffnungen liegen zwischen einem und zehn Millimeter, wegen des schrägen Auftreffens resultieren Trenngrenzen kleiner als die Öffnungen. Die vom Rotor angefachte Rotationsströmung kann für eine Spiralwindsichtung genutzt werden (Bild 51). Die Luft wird durch einen zusätzlichen Ventilator nach innen gezogen. Die Trenngrenze stellt man entweder mit der Rotordrehzahl oder unabhängig davon durch Änderung der zentralen Austrittsöffnung, Verstellen am Ventilator oder im Falle eines äußeren Zusatzgebläses durch den Gasdurchsatz ein. Universellere,

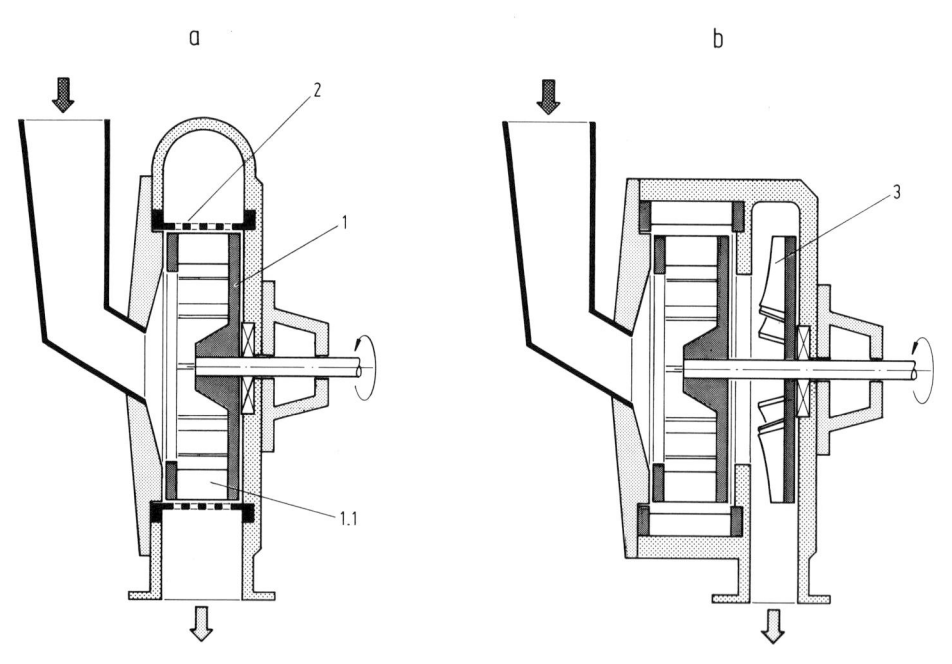

Bild 51. Prallmühle
a Siebklassierung, b Strömungsklassierung, 1 Schleuderrad, 1.1 Schlagleisten, 2 Siebring, 3 Ventilatorrad

doch auch aufwendigere Konstruktionen besitzen im Mühlengehäuse einen Windsichter, der unabhängig vom Zerkleinerungsaggregat eingestellt werden kann. Dies ist besonders dann vorteilhaft, wenn unterschiedliche Mahlgüter aufgegeben und die Feinheiten häufiger variiert werden müssen. Bei derartigen Konstruktionen sollte das Sichtergrobgut innerhalb des Laufkreises der Rotorwerkzeuge zugeführt werden, damit eine erneute Beanspruchung und Beschleunigung gewährleistet ist. Prallmühlen sind fast für alle Stoffe mit Härten < 5 verwendbar. Der große Luftdurchsatz ermöglicht Trocknen und Kühlen. Die Leerlaufleistung kann erheblich sein (50–85% der Gesamtleistung), sie steigt proportional der Drehzahl hoch drei.

Strahl-Prallmühlen gibt es in vier Bauarten: Spiral-, Ovalrohr-, Gegenrohr- und Fließbett-Strahlmühle, erstere ist in Bild 52 dargestellt; die Mahlzone ist gleichzeitig auch Klassierzone. Die Treibluft tritt über die schräg angestellten Düsen ein, das Mahlgut wird über einen Injektor eingespeist. Mit Lavaldüsen lassen sich Düsengeschwindigkeiten von 600 m/s bei Luft und 1100 m/s bei Dampf erreichen. Bei richtiger Einstellung erfolgt die Mahlung in einer Ringzone. Bei der Gegenrohr-Strahlmühle werden die Partikeln in den Strahlrohren beschleunigt und gegeneinander geschossen, danach dem Windsichter zugeführt. Das Grobgut gelangt wieder in das Strahlrohr. Bei der Fließbett-Strahlmühle beschleunigen die Strahlen die im Einzug befindlichen Partikeln und verursachen Kollisionen.

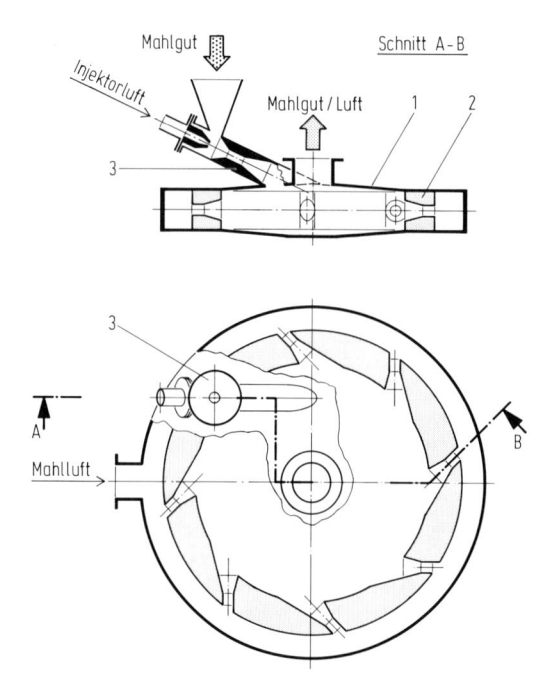

Bild 52. Spiralstrahlmühle
1 Mahlkammer
2 Düsenring
3 Injektor

Bei allen Strahlmühlen läßt sich der Mahlkammerverschleiß sehr klein halten, so daß auch harte Stoffe gemahlen werden können und eine Verunreinigung des Mahlgutes vermieden wird. Die Zerkleinerungskosten sind allerdings wegen der schlechten energetischen Effektivität erheblich. Ein besonderer Vorteil ist, daß Spiral- und Ovalrotor-Strahlmühlen keine potentielle Zündquelle darstellen. Man setzt sie deshalb auch bei explosiven Stoffen anstelle von Rotormühlen ein.

6 Agglomerieren

Agglomerieren ist der Oberbegriff für das Zusammenfügen von Partikeln in gasförmiger oder flüssiger Umgebung zu kompakten Stoffgebilden, den Agglomeraten. Anstelle von Agglomerieren werden auch die Begriffe Granulieren und Pelletieren verwendet und die hergestellten Produkte als Granulate bzw. Pellets bezeichnet. Für spezielle Arten des Agglomerierens sind je nach Herstellverfahren (z. B. Tablettieren) oder den gewünschten Produkteigenschaften (z. B. Instantisieren) besondere Begriffe geprägt worden.

Das Agglomerieren dient zur Verbesserung der Produkteigenschaften. Gegenüber feinen Partikelhaufwerken neigen Agglomeratschüttungen weniger zum Stauben, Anhaften und Entmischen, lassen sich besser dosieren, durchströmen und transportieren und besitzen eine bessere Rieselfähigkeit, i. a. bessere Instanteigenschaften (schnelleres Dispergieren in Flüssigkeiten) und ein definiertes, in Grenzen einstellbares Verpackungsvolumen (Schüttgutdichte). Ferner können Agglomerate hergestellt werden, um eine Depotwirkung zu erzielen, eine bequeme Darreichungsform zu erreichen oder Form und Aussehen zu verbessern. Die gewünschten Produkteigenschaften bestimmen maßgeblich das jeweils zweckmäßigste Agglomerierverfahren.

Neben der gezielten Herstellung von Agglomeraten mit möglichst definierten Eigenschaften beobachtet man in der Partikeltechnologie mitunter auch eine unsystematische Agglomeration feiner Partikeln, die z. B. beim Zerkleinern, Mischen und Trocknen stören und bei Abscheidevorgängen hilfreich sein kann.

6.1 Bindemechanismen von Agglomeraten – Partikelhaftung

Die Partikeln eines Agglomerates werden durch folgende Bindemechanismen zusammengehalten:
a) Haftmechanismen mit Materialbrücken zwischen den Partikeln:
 Festkörperbrücken, hochviskose Bindemittel, Haftung durch frei bewegliche Flüssigkeiten (Kapillarität).
b) Partikelhaftung ohne Materialbrücken zwischen den Partikeln:
 Van-der-Waals-Kräfte, elektrostatische Kräfte, formschlüssige Bindungen.
Eine vollständige Übersicht über die Bindemechanismen hat *Rumpf* [136, 137] gegeben. Von wenigen Ausnahmen abgesehen, ist es bis heute nicht möglich, die Haftkräfte zwischen realen Partikeln mit ausreichender Genauigkeit zu berechnen. Man hat daher Modelle entwickelt, die eine Haftkraftberechnung ermöglichen. Meist wird hierbei von ideal glatten, starren Kugeln als Modell ausgegangen. Aufgrund der bei realen Partikeln unvermeidlichen Oberflächenrauhigkeiten und Verformungen der Kontaktzonen weichen die theoretisch ermittelten Haftkräfte vielfach erheblich von den an realen Partikeln gemessenen ab. Die Modellrechnungen sind daher nur selten zur Bestimmung der absoluten Größe der Haftkräfte geeignet, sie geben jedoch wertvolle Hinweise, in welcher Weise die unterschiedlichen Einflußgrößen wirken.

Festkörperbrücken

Bei Temperaturen, die ca. 60 % der absoluten Schmelztemperatur der Haftpartner übersteigen, können sich im Kontaktbereich der Partikeln Sinterbrücken bilden. Festkörperbrücken infolge Rekristallisation und Strukturänderungen beobachtet man vielfach bei fein vermahlenen oder schnell getrockneten kristallinen Stoffen, wenn sich amorphe Oberflächenschichten gebildet haben. Neben den vielfach auftretenden chemischen Bindungen zwischen Partikeln werden aushärtende Bindemittel nur selten in der Agglomerationstechnik verwendet. Dagegen ist die Kristallisation gelöster Stoffe im Kontaktbereich der Haftpartner ein fast immer anzutreffender Bindemechanismus in Agglomeraten, die unter Zusatz oder Anwesenheit von Flüssigkeit (meist Wasser) hergestellt und anschließend getrocknet werden. Die in der Flüssigkeit gelösten, entweder natürlich vorhandenen oder gezielt hinzugesetzten Stoffe konzentrieren sich im Verlauf der Trocknung in den Flüssigkeitsbrücken zwischen den Partikeln und kristallisieren schließlich aus, wobei sich Festkörperbrücken bilden. Die hierbei wirksamen Haftkräfte werden durch die Trocknungsgeschwindigkeit beeinflußt [138]. Meist existiert eine optimale Trocknungsgeschwindigkeit im Hinblick auf die größte Agglomeratfestigkeit.

Die durch Feststoffbrücken übertragbaren Haftkräfte können i. a. nicht zuverlässig berechnet werden. Selbst bei bekannten geometrischen Abmessungen der Brücken ist man auf Experimente angewiesen, da das brückenbildende Material oft porös ist und meist unbekannte Festigkeitseigenschaften besitzt.

Haftung durch hochviskose Bindemittel

Hochviskose Bindemittel, die sich als Brücken zwischen Partikeln befinden oder auch den Porenraum von Agglomeraten teilweise oder vollständig ausfüllen können, übertragen aufgrund ihrer Zähigkeit Kräfte, die von der Beanspruchungsgeschwindigkeit abhängen. Agglomerate, die durch hochviskose Bindemittel zusammengehalten werden, sind daher gegen Stoß und Abrieb unempfindlich, verformen sich jedoch i. a. bei langanhaltender Beanspruchung, z. B. während der Lagerung in einem Bunker. Hochviskose Binder können beispielsweise Teerprodukte oder wäßrige Stärkelösungen sein.

Haftung durch frei bewegliche Flüssigkeiten (Kapillarkräfte)

Enthalten Agglomerate eine frei bewegliche Flüssigkeit wie z. B. Wasser, so spielen Kapillarkräfte eine entscheidende Rolle. Wie Bild 53 schematisch zeigt, unterscheidet man zwischen dem Kapillarbereich, dem Übergangsbereich, bei dem mit Flüssigkeit ausgefüllte Poren und Flüssigkeitsbrücken nebeneinander bestehen und dem Brückenbereich. Im Kapillarbereich ist der gesamte Porenraum entweder vollständig oder zumindest soweit mit Flüssigkeit gefüllt, daß noch keine Flüssigkeitsbrücken vorhanden sind. Sowohl im Kapillar- als auch im Übergangsbereich werden nicht Haftkräfte zwischen Partikeln angegeben, sondern der Zusammenhalt des Agglomerates infolge des Kapillardrucks erfaßt.

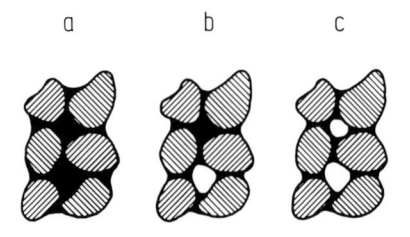

Bild 53. Flüssigkeitsverteilung in den Poren eines Haufwerks
a Kapillarbereich
b Übergangsbereich
c Brückenbereich

Der Kapillardruck berechnet sich aus der Laplace-Gleichung zu

$$p_k = \sigma(1/R_1 + 1/R_2) \tag{67}$$

Hierin sind σ die Oberflächenspannung der Flüssigkeit sowie R_1 und R_2 die Hauptkrümmungsradien der Flüssigkeitsoberfläche. R_1 und R_2 hängen in komplizierter Weise von den geometrischen Verhältnissen der Festkörper ab, an welche die Flüssigkeitsmenisken angrenzen sowie vom Randwinkel δ zwischen der Flüssigkeit und dem Feststoff. Der Randwinkel ist ein Maß für die Benetzbarkeit. Ist $\delta < 90°$, so wird die Flüssigkeit als benetzende Phase bezeichnet und das umgebende Gas als nicht benetzende Phase. Für $\delta > 90°$, wie dies z. B. im System Luft/Quecksilber/Feststoff auftritt, kehren sich die Verhältnisse um; d. h. Luft ist in diesem Fall die benetzende und Quecksilber die nicht benetzende Phase. Eine derartige Einteilung erlaubt eine einheitliche Darstellung unterschiedlicher Systeme [139]. Im Brückenbereich liegen isolierte Flüssigkeitsbrücken vor, die Haftkräfte übertragen. Derartige Haftkräfte lassen sich für Flüssigkeitsbrücken zwischen Modellkörpern berechnen. Die Ergebnisse der Rechnungen, die in geschlossener

Form nicht darstellbar sind, liegen als Arbeitsdiagramme in dimensionsloser Darstellung vor [139]. Beispielsweise gilt für die bezogene Haftkraft zwischen zwei gleich großen Kugeln mit dem Durchmesser d

$$F/(\sigma d) = f(\phi, l/d, \delta) \tag{68}$$

Hierin sind F die Haftkraft, σ die Oberflächenspannung der Flüssigkeit, ϕ das bezogene Flüssigkeitsvolumen ($\phi = V_L/2V_s$ mit $V_L =$ Brückenvolumen und $V_s =$ Kugelvolumen), l der Abstand zwischen den Kugeln und δ der Randwinkel. Bild 54 zeigt ein Beispiel für vollständige Benetzung ($\delta = 0$). Man erkennt, daß mit kleiner werdendem relativen Flüssigkeitsvolumen die Haftkraft empfindlicher auf Abstandsänderungen reagiert. Sehr kleine Brücken können auch durch Kapillarkondensation aus der feuchten Umgebungsluft entstehen. Bei zu starker Dehnung reißen die Brücken; in Bild 54 ist dieser Zustand durch senkrechte, gestrichelte Linien angedeutet. Der kritische Abstand, bei dem Flüssigkeitsbrücken zerreißen, kann auch durch Mikrorauhigkeiten an den Kontaktstellen bewirkt werden.

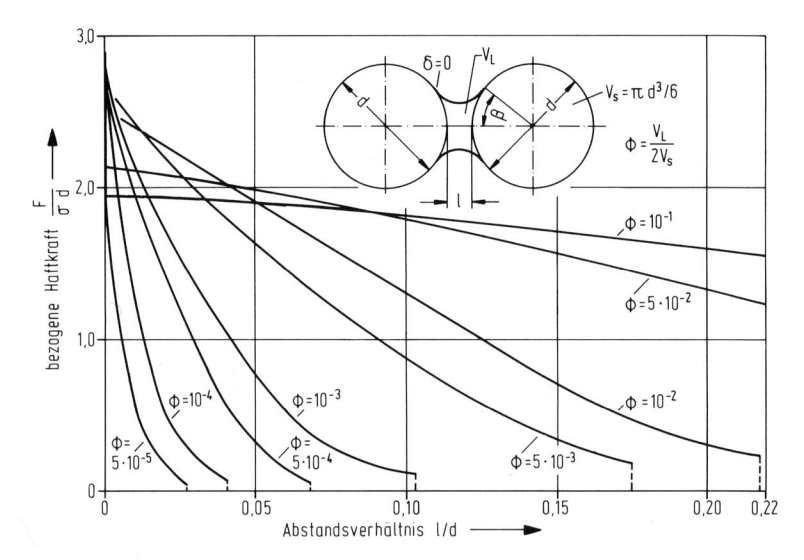

Bild 54. Bezogene Haftkraft einer Flüssigkeitsbrücke zwischen 2 Kugeln als Funktion des Abstandsverhältnisses l/d für $\delta = 0$ [139]

Van-der-Waals-Haftkräfte

Van-der-Waals-Kräfte entstehen durch Wechselwirkungen zwischen Dipolmomenten von Atomen und Molekülen und sind stets vorhanden. Sie lassen sich für einige Modellkörper berechnen. In Tab. 11 sind die Gleichungen für den van-der-Waals-Druck p zwischen zwei Platten sowie die van-der-Waals-Kräfte F zwischen Kugel und Platte sowie Kugel und Kugel zusammengestellt. Die Beziehungen gelten für ideal glatte, starre Körper in gasförmiger Umgebung. Die v.-d.-Waals-Wechselwirkungsenergie E_p liegt zwischen 10^{-19} und $2 \cdot 10^{-18}$ J; ein häufig verwendeter Mittelwert ist $E_p = 8 \cdot 10^{-19}$ J. Für die größten Haftkräfte bei sich berührenden Partikeln wird mit einem Kontaktabstand $l = l_0 = 0{,}4$ nm gerechnet [137].

Elektrostatische Kräfte

Elektrostatische Anziehungskräfte treten auf, wenn Partikeln gegenpolige elektrische Ladungen tragen. Diese Ladungen können bereits als Überschußladungen vorhanden sein oder erst bei Berührung der Partikeln infolge unterschiedlicher Elektronenaustrittsarbeiten (Kontaktpotential) entstehen. Elektrisch nicht leitende Partikeln besitzen häufig Überschußladungen, deren Maximalwert bei $\sigma_{max} = 100$ e/μm² (Elementarladung e $= 1{,}6 \cdot 10^{-19}$ A s) liegt. Für ideale elek-

Tab. 11. Haftdruck p und Haftkräfte F an ideal glatten, starren Modellkörpern

	van-der-Waals	Elektrostatik elektrischer Leiter	elektrischer Isolator
Platte/Platte: p	$\dfrac{E_p}{8\pi^2 l^3}$	$\dfrac{1}{2}\varepsilon_{rel}\varepsilon U^2 \dfrac{1}{l^2}$	$\dfrac{\sigma_1 \sigma_2}{2\varepsilon_{rel}\varepsilon}$
Kugel/Platte: F	$\dfrac{E_p R}{8\pi l^2}$	$\pi\varepsilon_{rel}\varepsilon U^2 \dfrac{R}{l}$	$\dfrac{2\pi\sigma_1\sigma_2}{\varepsilon_{rel}\varepsilon} R^2$
Kugel/Kugel: F (R_a) (R_b)	$\dfrac{E_p R}{16\pi l^2}$	$\dfrac{1}{2}\pi\varepsilon_{rel}\varepsilon U^2 \dfrac{R}{l}$	$\dfrac{\pi\sigma_1\sigma_2}{\varepsilon_{rel}\varepsilon} \dfrac{R^2}{\left(1 + \dfrac{lR}{2R_a R_b}\right)^2}$

E_p *van-der-Waals*-Wechselwirkungsenergie; l Oberflächenabstand der Haftpartner; R, R_a, R_b Kugelradius, für Kugel/Kugel: $R = 2R_a R_b/(R_a + R_b)$; ε_{rel}, ε rel. bzw. absolute Dielektrizitätskonstante des umgebenden Mediums ($\varepsilon_{rel} = 1$ für Vakuum, $\varepsilon = 8{,}86 \cdot 10^{-12}$ A s/V m; U Kontaktpotential; σ_1, σ_2 elektr. Ladung pro Oberfläche).

trische Isolatoren können die Anziehungskräfte für gegenpolig geladene Modellkörper berechnet werden, sofern die Ladungen auf den Partikeloberflächen gleich verteilt sind (Tab. 11). Bei elektrischen Leitern entsteht die elektrostatische Anziehung erst nach Berührung der Haftpartner infolge des Kontaktpotentials, das häufig zwischen $U = 0{,}1$ V und $0{,}7$ V liegt. Die Ladungen sind in der Kontaktzone konzentriert. Tab. 11 gibt die Beziehungen für die Partikelhaftung einiger Modellsysteme an, wobei für den kleinsten Abstand $l = l_0 = 0{,}4$ nm (Kontaktabstand) angenommen werden kann.

Vergleich zwischen Haftkräften

Bild 55 zeigt einen Vergleich zwischen Flüssigkeitsbrücken-, van-der-Waals- und elektrostatischen Kräften am Modellsystem Kugel/Platte für den Kontaktabstand $l_0 = 0{,}4$ nm. Bis auf die elektrostatische Haftung von nichtleitenden Stoffen, bei denen die Haftkraft mit dem Quadrat der Partikelgröße zunimmt, steigt die Haftkraft bei den übrigen Bindemechanismen linear mit der Partikelgröße an. Für die Partikelhaftung ist jedoch weniger die absolute Größe der Haftkraft, als vielmehr das Verhältnis aus Haftkraft F zu Partikelgewicht F_G maßgebend. Da das Partikelgewicht mit der 3. Potenz des Durchmessers steigt, nimmt F/F_G mit kleiner werdenden Partikeln zu. Aus diesem Grunde haften kleine Partikeln fester an Wänden als große, obwohl große Partikeln i. a. größere absolute Haftkräfte besitzen als kleine.

Von besonderer Bedeutung für die Partikelhaftung ist die Abstandsabhängigkeit der Haftkräfte. Für Flüssigkeitsbrücken ist diese Abhängigkeit aus Bild 54 ersichtlich. Wie aus Tab. 11 ersichtlich, fallen van-der-Waals-Kräfte stark mit zunehmendem Abstand ($F \sim l^{-2}$) und elektrostatische Kräfte für den Fall des elektrischen Leiters weniger ($F \sim l^{-1}$) bzw. für elektrische Isolatoren gar nicht (Kugel/Platte) oder nur geringfügig (Kugel/Kugel) mit zunehmendem Abstand. Hieraus ergibt sich, daß für das Anlagern von Partikeln aus größerer Entfernung von den genannten Haftkräften praktisch nur die elektrostatische Anziehung aufgeladener Partikeln einen Beitrag liefert.

Berühren sich die Partikeln bereits, so sind neben Festkörperbrücken hauptsächlich Flüssigkeitsbrücken und van-der-Waals-Kräfte für das Haften verantwortlich.

Einfluß von Rauhigkeit und Verformung auf die Partikelhaftung

Die bei realen Partikeln stets vorhandenen Oberflächenrauhigkeiten vergrößern den für die Haftung wirksamen Abstand. Stark vom Abstand abhängige Haftkräfte werden daher entscheidend

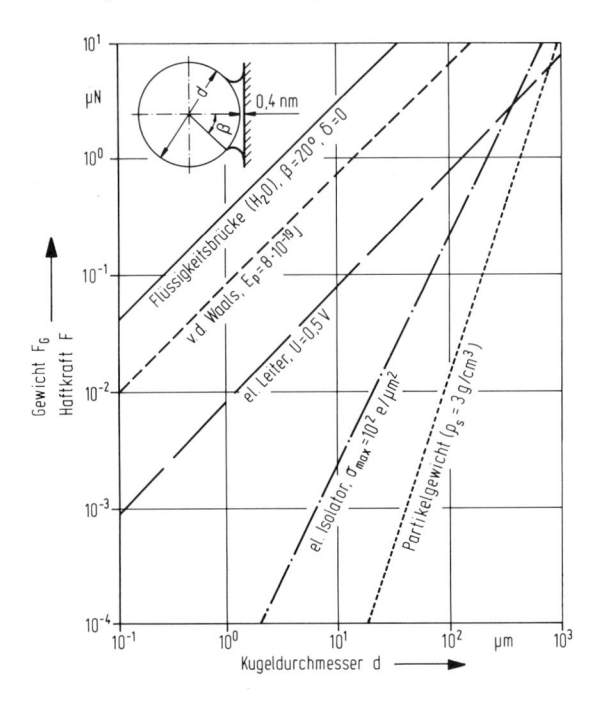

Bild 55. Vergleich zwischen Haftkräften sowie Partikelgewicht für das Modell ideal glatte, starre Kugel/Platte

von den Rauhigkeiten beeinflußt. Bei van-der-Waals-Kräften und sehr kleinen Flüssigkeitsbrücken wird die Haftung fast ausschließlich durch Größe und Form der Rauhigkeitserhebungen bestimmt. In diesen Fällen sind die Haftkräfte zwischen realen Partikeln oft um mehr als eine Zehnerpotenz kleiner als die an ideal glatten Modellkörpern berechneten Werte.

Man kann den Einfluß der Oberflächenrauhigkeit auf die verschiedenen Haftmechanismen anschaulich am Modell einer halbkugelförmigen Erhebung (Rauhigkeitsradius r) zeigen [137], die sich auf der Oberfläche einer Kugel (Durchmesser d) befindet und eine glatte Wand berührt (Kontaktabstand $l = l_0 = 0,4$ nm). Für die van-der-Waals-Haftkraft gilt in diesem Fall (vgl. Tab. 11):

$$F = \frac{E_p}{8\pi} \left(\frac{r}{l_0^2} + \frac{d}{2(R + l_0)^2} \right) \tag{69}$$

Für vorgegebenes d durchläuft $F(r)$ ein Minimum an der Stelle $r_1 = \sqrt[3]{d l_0^2} - l_0$. Für $d = 10$ μm ist z. B. die minimale Haftkraft bei $r_1 \simeq 0{,}01$ μm um annähernd den Faktor 300 kleiner als die an einer ideal glatten Kugel ($r = 0$) berechneten. Einen ähnlichen Haftkraftverlauf erhält man für die elektrostatische Anziehung des elektrischen Leiters, dagegen ist die Haftung des elektrischen Isolators weitgehend unabhängig von Rauhigkeiten. Da Größe und Form der Rauhigkeiten meist unbekannt sind, müssen die Haftkräfte zwischen realen Partikeln gemessen werden, wenn quantitative Aussagen erforderlich sind. Derartige Messungen ergeben i. a. auch bei gleichen Partikeln breite Haftkraftverteilungen. Ursache hierfür sind die unregelmäßig auf der Oberfläche verteilten, unterschiedlich großen Rauhigkeiten. Je nach zufälligem Kontakt ändert sich also die Geometrie der Berührungszone im Mikrobereich. Haftkraftverteilungen, die z. B. bei gleich großen Partikeln vielfach über eine Zehnerpotenz reichen, sind typisch für die Partikelhaftung.

Neben Rauhigkeiten beeinflussen auch Verformungen der Haftpartner im Kontaktbereich die Haftung von realen Partikeln. Jede anziehende Kraft, die auf sich berührende Partikeln wirkt, führt auch ohne den Einfluß äußerer Kräfte zu einer Verformung der Kontaktzone, da nur auf diese Weise die für das Kräftegleichgewicht erforderliche abstoßende Kraft als Reaktionskraft möglich ist. Plastische Verformungen führen stets zu einer Haftkraftverstärkung infolge einer Verringerung des wirksamen Haftabstandes und einer Vergrößerung der Kontaktfläche [140]. Diese Haftkraftverstärkung ist insbesondere für die Preßagglomeration von Bedeutung.

Haftung von Partikeln in flüssiger Umgebung

Die meisten Bindemechanismen mit Materialbrücke sind prinzipiell unabhängig davon, ob eine Partikelhaftung in gasförmiger oder flüssiger Umgebung betrachtet wird. Anders gegenüber der Partikelhaftung in gasförmiger Umgebung verhalten sich van-der-Waals- und elektrostatische Haftkräfte.

Die van-der-Waals-Haftung in flüssiger Umgebung (immergiertes System) läßt sich näherungsweise aus den in Tab. 11 angegebenen Gleichungen berechnen, sofern man die van-der-Waals-Wechselenergie E_p durch

$$E_{im} = (\sqrt{E_p} - \sqrt{E_L})^2 \tag{70}$$

ersetzt [73]. E_L gibt die Wechselwirkungsenergie innerhalb der Flüssigkeit an. Meist ist $E_{im} < E_p$; in wäßrigen Systemen ist die van-der-Waals-Haftkraft in grober Näherung vielfach um etwa den Faktor 10 kleiner als in gasförmiger Umgebung.

Elektrostatische Kräfte zwischen Partikeln, die in einer Flüssigkeit suspendiert sind, lassen sich nicht auf einfache Weise beschreiben, da komplizierte physikochemische Aspekte berücksichtigt werden müssen [73]. Sind Partikeln in einem Elektrolyten suspendiert, so bildet sich eine elektrische Doppelschicht, die stets zu abstoßenden Kräften führt, die ihrerseits mit der van-der-Waals-Anziehung konkurrieren. Die elektrostatischen Abstoßungskräfte lassen sich durch die Ionenkonzentration und sog. Agglomeriermittel (z. B. Polyelektrolyte), die an den Partikeloberflächen adsorbiert werden, beeinflussen.

6.2 Eigenschaften von Agglomeraten

Wegen der Vielzahl der geforderten Eigenschaften existiert ein umfangreiches spezielles Schrifttum (vgl. [141]). Einen Überblick über die Methoden zur Charakterisierung von Agglomeraten haben *Polke*, *Herrmann* und *Sommer* [142] gegeben. Zur Kennzeichnung der Größe und Oberfläche von Agglomeraten siehe Abschn. 2.1. Weitere Haupteigenschaften sind im folgenden zusammengestellt.

Porosität, Schüttgutdichte, Porengrößenverteilung

Als Porosität ε wird das Verhältnis aus Hohlraumvolumen V_H zu Gesamtvolumen V_{ges} bezeichnet:

$$\varepsilon = V_H/V_{ges} = 1 - V_s/V_{ges} \tag{71}$$

In Gl. (71) ist V_s das Feststoffvolumen. Wird ein Agglomerat aus porösen Partikeln (Partikelporosität ε_p) hergestellt, so gilt für die Porosität des gesamten Agglomerats

$$\varepsilon_A = 1 - (1 - \varepsilon_p)(1 - \varepsilon_a) \tag{72}$$

Hierin ist ε_a das Verhältnis aus Hohlraumvolumen zwischen den agglomeratbildenden Partikeln zum Agglomeratvolumen. Die Porosität eines Haufwerks aus derartigen Agglomeraten beträgt

$$\varepsilon = 1 - (1 - \varepsilon_A)(1 - \varepsilon_h), \tag{73}$$

wobei ε_h das Verhältnis von Hohlraumvolumen zwischen den Agglomeraten zum Gesamtvolumen des Haufwerks ist. Vielfach verwendet wird auch die Schüttgutdichte (Scheindichte) eines Haufwerks:

$$\varrho_{sch} = (1 - \varepsilon_p)(1 - \varepsilon_a)(1 - \varepsilon_h)\varrho_s = (1 - \varepsilon)\varrho_s \tag{74}$$

Die Meßmethoden zur Bestimmung von Porositäten sind in [142] zusammengestellt und diskutiert.

Neben der Porosität, die lediglich einen Mittelwert liefert, läßt sich auch die Porengrößenverteilung von Agglomeraten bestimmen. Hierzu stehen hauptsächlich folgende Meßmethoden zur Verfügung:
- Ausmessen von Schliffbildern [142] ($d_K > 0{,}1$ μm),
- Quecksilber-Porosimetrie [143] (5 nm $< d_K <$ 200 μm),
- Kapillarkondensationsmethode [144] (3 nm $< d_K <$ 0,5 μm),
- Sorptionsmethode [145] (0,2 nm $< d_K <$ 2 nm).

In Klammern ist jeweils der Meßbereich angegeben, wobei d_K den Durchmesser eines äquivalenten Kreises bzw. Zylinders angibt. Zur Auswertung der Meßergebnisse müssen Porenmodelle herangezogen werden. Beispielsweise wird bei der häufig benutzten Quecksilber-Porosimetrie, bei der die nicht benetzende Flüssigkeit (Quecksilber) durch Steigerung des äußeren Druckes in die Poren gepreßt wird, üblicherweise das Zylindermodell gewählt. Die Verknüpfung zwischen Überdruck, der dem Kapillardruck p_k entspricht, und dem Porendurchmesser d_K liefert die bekannte Beziehung

$$p_k = (4\sigma/d_K)\cos\delta \tag{75}$$

mit $\sigma =$ Oberflächenspannung des Quecksilbers und $\delta =$ Randwinkel.

Festigkeit

Die Festigkeit umfaßt alle Eigenschaften, welche die Widerstandsfähigkeit gegen mechanische Beanspruchungen wie z.B. Zug, Druck, Biegung, Stoß, Scherung und Abrieb ausmacht. Eine schematische Übersicht über einige Beanspruchungsarten, die für Festigkeitsprüfmethoden verwendet werden, zeigt Bild 56. Der Zugversuch erfordert einen erheblichen experimentellen Aufwand und ist daher für Routinemessungen ungeeignet. Bei der Druckbeanspruchung eines Zylinders sollte das Längen-Durchmesser-Verhältnis $l/D > \tan[(\pi + \varphi)/2]$ sein ($\varphi =$ innerer Reibungswinkel), um einen Stirnflächeneinfluß zu vermeiden. Aus dem Diametraldruck- und Biegeversuch, die beide für Festigkeitsprüfungen von Tabletten eingesetzt werden, läßt sich unter bestimmten Voraussetzungen auf die Zugfestigkeit σ_z schließen. Bei der maximalen Druckkraft F_p beim Diametraldruck-Versuch gilt

$$\sigma_z = 2F_p/(\pi D l) \tag{76}$$

D und l sind hierin Durchmesser bzw. Länge des Zylinders, wobei $l/D \ll 1$ sein sollte.

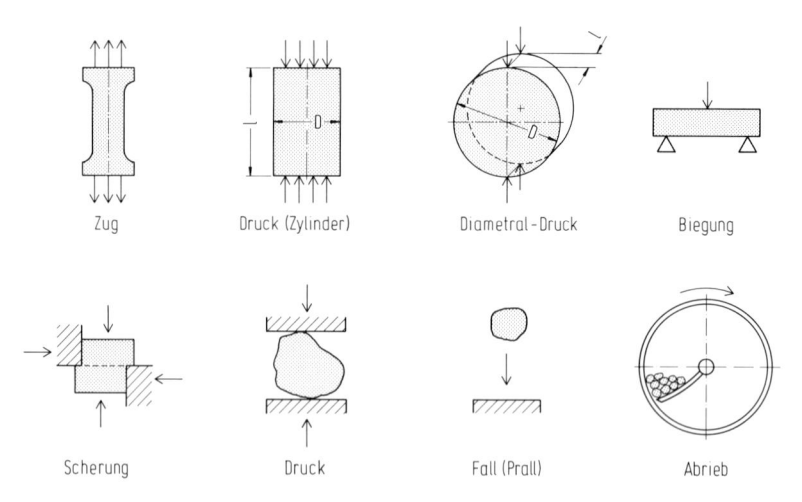

Bild 56. Festigkeitsprüfmethoden für Agglomerate

Viele Agglomerate besitzen ein sprödes Stoffverhalten und brechen daher unter der Wirkung der maximalen Zugspannung. Für grundlegende Untersuchungen hat sich daher der Zugversuch bewährt. Mitunter kann die Zugfestigkeit σ_z auch theoretisch beschrieben werden. Für annähernd gleich große, konvexe Partikeln (Partikelgröße d) in gleichmäßiger Zufallsanordnung (Porosität ε) bei Kraftübertragung an den Kontakten (mittlere Haftkraft F) hat *Rumpf* [146] die Beziehung

$$\sigma_z = \frac{1-\varepsilon}{\varepsilon} \frac{F}{d^2} \qquad (77)$$

hergeleitet. Durch experimentelle Untersuchungen an Feuchtagglomeraten mit Kraftübertragung durch Flüssigkeitsbrücken ist Gl. (77) bestätigt worden. Die Zugfestigkeit trockener Agglomerate – z. B. mit van-der-Waals-Haftung – läßt sich aus Gl. (77) nur in der Tendenz, jedoch nicht quantitativ angeben, da sich diese Haftkräfte wegen der kurzen Reichweite nicht superponieren lassen. Die Zugfestigkeit von flüssigkeitserfüllten Agglomeraten läßt sich aus der Kapillardruckkurve berechnen.

Die Kapillardruckkurve gibt die Abhängigkeit des Kapillardruckes p_k in einem Haufwerk bzw. Agglomerat vom Flüssigkeitssättigungsgrad S an; S ist das Verhältnis aus Flüssigkeitsvolumen zu Hohlraumvolumen eines porösen Feststoffsystems. Eine typische Kapillardruckkurve, die stets gemessen werden muß [139], zeigt Bild 57. Ausgehend vom flüssigkeitserfüllten Porensystem ($S = 1$) durchläuft man die Entfeuchtungs-

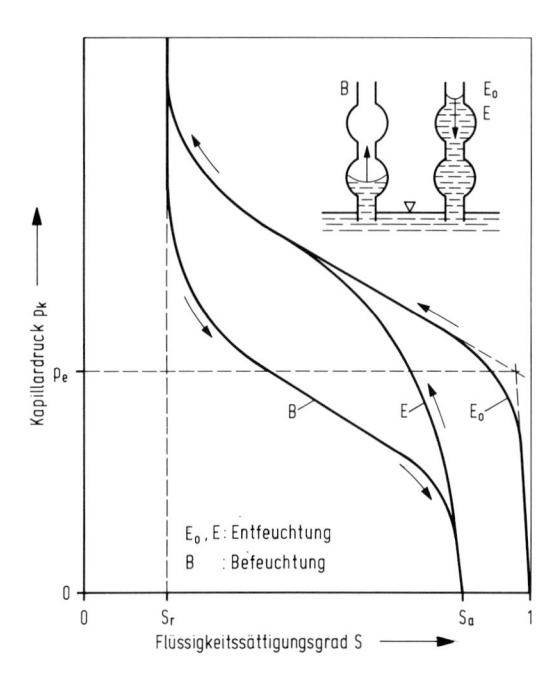

Bild 57. Kapillardruckkurve eines Partikelhaufwerks

kurve E_0, bis schließlich bei $S = S_r$ nur noch isolierte Flüssigkeitsbereiche zurückbleiben. Dringt Flüssigkeit vom Zustand $S = S_r$ in die Poren ein, erhält man die Befeuchtungskurve B, bis sich schließlich bei $S = S_a$ der Kapillardruck $p_k = 0$ einstellt. Eine anschließende Entfeuchtung führt auf die Kurve E. Die Kapillarddruckkurve besitzt also eine Hysterese, die sich hauptsächlich aus der Existenz von engen Porenhälsen und daran anschließenden größeren Poren erklären läßt. Ein vielfach verwendeter Wert ist der Eintrittskapillardruck p_e, der sich für vollständige Benetzung näherungsweise aus $p_e = C(1-\varepsilon)\sigma/(\varepsilon d_{1,2})$ ergibt. Hierin ist C eine Konstante, die zwischen $C = 6$ (Kugeln) und $C = 8$ (unregelmäßig geformte Partikeln) liegt und $d_{1,2}$ die mittlere Partikelgröße (vgl. Abschn. 2.1.3).

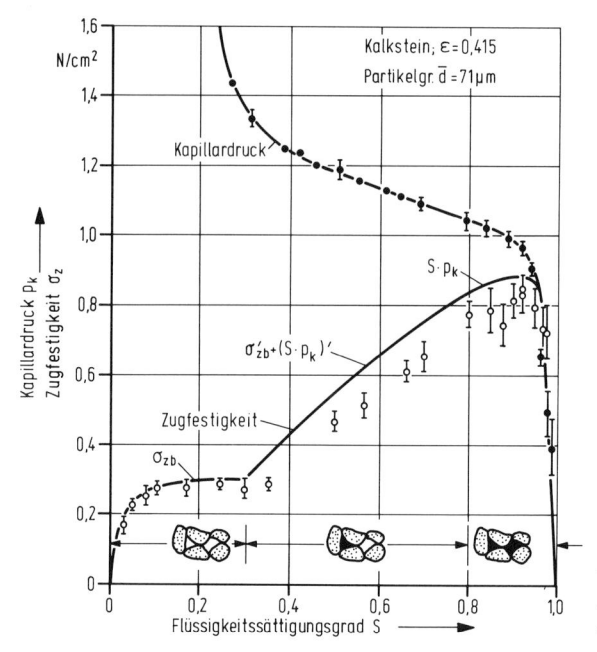

Bild 58. Kapillardruck p_k sowie berechnete und gemessene Zugfestigkeit σ_z von Feuchtagglomeraten [139]

Die Bestimmung der Zugfestigkeit aus der Kapillardruckkurve geht aus Bild 58 hervor. Hierbei wurde die Entfeuchtungskurve E_0 zugrunde gelegt. Entsprechendes gilt auch für die kapillare Befeuchtungskurve B bzw. für die Entfeuchtungskurve E. Im Bereich hoher Flüssigkeitssättigungsgrade – in Bild 58 durch $0.8 < S < 1$ gekennzeichnet – ist die Zugfestigkeit durch $\sigma_z = S p_k$ festgelegt. Der maximale σ_z-Wert stellt sich ungefähr bei $\sigma_z = S_e p_e$ ein, wobei $S_e = 0.8 - 0.9$ häufig vorkommt. Im Übergangsbereich ($0.3 < S < 0.8$) lassen sich die Bindemechanismen entsprechend ihren Anteilen σ'_{zb} (Flüssigkeitsbrücken) und $(S p_k)'$ (Kapillarflüssigkeit) superponieren. Im Brückenbereich kann die Zugfestigkeit σ_{zb} aus Gl. (77) berechnet werden, wobei die Haftkräfte aus Diagrammen [139] entnommen werden können.

Weitere Eigenschaften

Neben den bisher genannten Eigenschaften existieren viele Merkmale, die je nach Verwendungszweck zur Beurteilung herangezogen werden müssen oder sogar über die jeweilige Eignung entscheiden. Hierzu zählen die Instanteigenschaften, die das Benetzungs- und Dispergierverhalten in Flüssigkeiten charakterisieren [142, 147], die Depotwirkung bei Pharmaka und Pflanzenschutzmitteln, die Kompressibilität, das Trocknungsverhalten einschließlich der dabei möglichen Rißbildung sowie das Verhalten bei besonders hohen und tiefen Temperaturen. Spezielle Prüfmethoden existieren für Erz-Agglomerate zur Beurteilung des Sinter- und Brennverhaltens, der Reduzierbarkeit sowie des Schwell- und Schrumpfverhaltens [141].

6.3 Grundverfahren des Agglomerierens

6.3.1 Aufbauagglomeration

Unter Aufbauagglomeration versteht man das Anlagern von einzelnen oder teilweise agglomerierten Partikeln, die relativ zueinander bewegt werden. Eine Anlagerung tritt ein, wenn die Haftkräfte größer sind als die stets vorhandenen Trennkräfte. Trennkräfte sind hier alle Mechanismen, die einem Zusammenhalt von Partikeln entgegenwirken, z.B. Strömungskräfte, elastische Rückstellkräfte oder Kräfte infolge Stoß und Reibung. Die Aufbauagglomeration ist demnach ein Wechselspiel zwischen Haft- und Trennkräften bzw. zwischen Agglomerieren und Zerkleinern und unterliegt daher einem Selektionsprinzip.

Schwächere Bindungen werden zerstört, nur hinreichend starke können bestehen. Aufgrund der meist breiten Haftkraftverteilungen bedeutet dies, daß Partikeln vielfach erst nach mehrmaliger Berührung in eine Position gelangen, die zur Anlagerung führt. Das Selektionsprinzip erklärt auch, daß mit zunehmenden Trennkräften, die im Agglomeriergerät vorgegeben sind oder in Grenzen eingestellt werden können, größere Agglomeratfestigkeiten erreichbar sind.

Die hauptsächlichen Verfahren der Aufbauagglomeration sind in Bild 59 schematisch dargestellt. Für die Rollagglomeration wird meist ein rotierender Teller (Bild 59a) oder eine Trommel benutzt. Die Partikeln werden durch den zufälligen Rollbewegungsablauf zu annähernd kugelförmigen Agglomeraten angelagert, die im Fall des Tellers über den Rand ausgetragen werden und vielfach eine so enge Agglomeratgrößenverteilung besitzen, daß eine nachfolgende Klassierung nicht mehr erforderlich ist. Einen derartigen Klassiereffekt besitzt die Agglomeriertrommel nicht. In der Regel wird bei der Rollagglomerierung Flüssigkeit zugeführt, um die erforderlichen großen Haftkräfte erreichen zu können, so daß Feuchtagglomerate mit teilweise oder vollständig flüssigkeitsgefüllten Poren entstehen. Der Rollgranulierung wird vielfach eine Mischagglomeration (Bild 59c), die ein gleichzeitiges Mischen und Agglomerieren erlaubt, zur Verbesserung der Keimbildung vorgeschaltet [148]. Bei der Agglomeration in der Wirbelschicht (Bild 59b) werden die Partikeln durch einen Gasstrom fluidisiert. Durch die intensive Partikelbewegung kommt es zu Zusammenstößen, die bei ausreichenden Haftkräften, die i.a. nur durch Einsprühen von Flüssigkeit bzw. kondensierendem Dampf erreicht werden können, zum Anlagern führen. Die zunächst entstehenden Feuchtagglomerate können in der gleichen Wirbelschicht getrocknet werden. Im Vergleich zur Rollagglomeration enthält man in der Wirbelschicht lockere Agglomerate, so daß dieses Verfahren für die Herstellung von Produkten mit guten Instanteigenschaften bevorzugt wird. Dies gilt ebenfalls für die Strahlagglomeration (Bild 59d). Hierbei wird das feinkörnige Material nach dem freien Ausfließen aus einem Trichter durch einen Gasstrom intensiv in der Art eines Freistrahles bewegt und infolge der Partikelstöße agglomeriert. Wegen der geringen Verweilzeit der Partikeln in der Agglomerierzone sollte möglichst jeder Partikelstoß zum Anlagern führen. Dies erfordert sehr große Haftkräfte. Das Strahlagglomerieren ist daher bisher nur für Stoffe eingesetzt worden, die unter bestimmten Temperatur- und Feuchtebedingungen, die durch einen eingesprühten Wasser- oder Dampfstrom eingestellt werden, klebrige Oberflächen bilden und daher leicht angelagert werden können. Eine typische Anwendung ist die Herstellung von Instant-Agglomeraten aus Kaffeepulver. Im Prinzip ähnlich ist das Agglomerieren mittels einer Streuscheibe, wie dies aus Bild 59e ersichtlich ist. Die in Bild 59f skizzierte Agglomeration in Flüssigkeiten beruht auf dem gleichen Prinzip wie die Mischagglomeration; statt der umgebenden Gasphase liegt jedoch die Flüssigkeit L_1 vor, die mit der Zusatzflüssigkeit L_2 unmischbar ist. Bei einem Partikelkontakt kann sich eine Brücke aus der Flüssigkeit L_2 bilden, sofern L_2 den Fest-

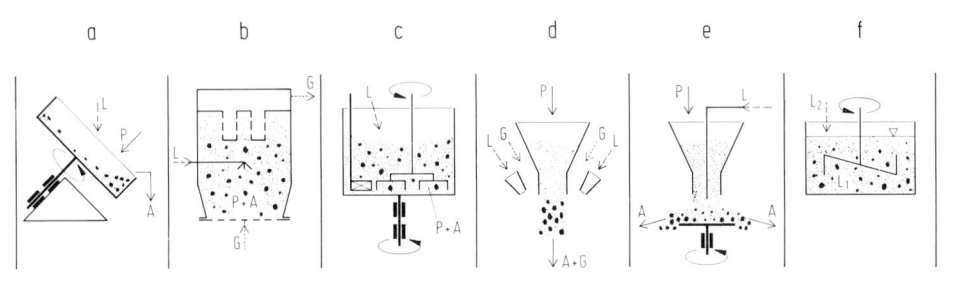

A = Agglomerat; G = Gas; L = Flüssigkeit/Dampf; P = Pulver

Bild 59. Grundverfahren der Aufbauagglomeration (Erläuterungen siehe Text)

stoff besser benetzt als L_1. Sind in der Flüssigkeit Feststoffe mit unterschiedlichem Benetzungsverhalten suspendiert, so können die verschiedenen Stoffe selektiv agglomeriert werden. Die selektive Agglomeration ist vor allem für die Aufbereitungstechnik von Interesse. Das Verfahren wird auch als „spherical agglomeration" bezeichnet.

Zur rechnerischen Simulation von Prozessen der Aufbauagglomeration dient die Agglomerationskinetik. Sie beschreibt den zeitlichen Verlauf der Granulatbildung. Aus den Mechanismen des Agglomeratwachstums läßt sich mit Hilfe von Modellen die Agglomeratgrößenverteilung in Abhängigkeit von der Zeit bestimmen. Derartige Modelle sind hauptsächlich für die diskontinuierliche und kürzlich auch für die kontinuierliche Rollagglomeration entwickelt worden [149]. Ein Modell von *Sommer* [150] ist auch für die Misch- und Wirbelschicht-Agglomeration geeignet und bietet Vorteile für kontinuierliche Verfahren, da auch die hierbei auftretenden Stabilitätsprobleme erklärt werden können.

6.3.2 Preßagglomeration

Durch das Verdichten von Partikelhaufwerken wird einerseits die Porosität reduziert und damit die Kontaktstellenzahl vergrößert und andererseits durch plastische Verformungen der Kontaktzonen die Partikelhaftung verstärkt. Materialien, die sich weitgehend plastisch verformen lassen, liefern daher Preßlinge mit hohen Festigkeiten. Elastisch verformbare Partikeln mit sprödem Stoffverhalten gelten als schwer verpreßbar. Durch Zusatzmittel, z. B. Bindemittel, kann die Verpreßbarkeit verbessert werden.

Die drei häufigsten Preßverfahren sind in Bild 60 schematisch dargestellt. Für das Tablettieren mit Stempel und Matrize (Bild 60a) läßt sich das Verdichtungsverhalten mit Hilfe von Modellen

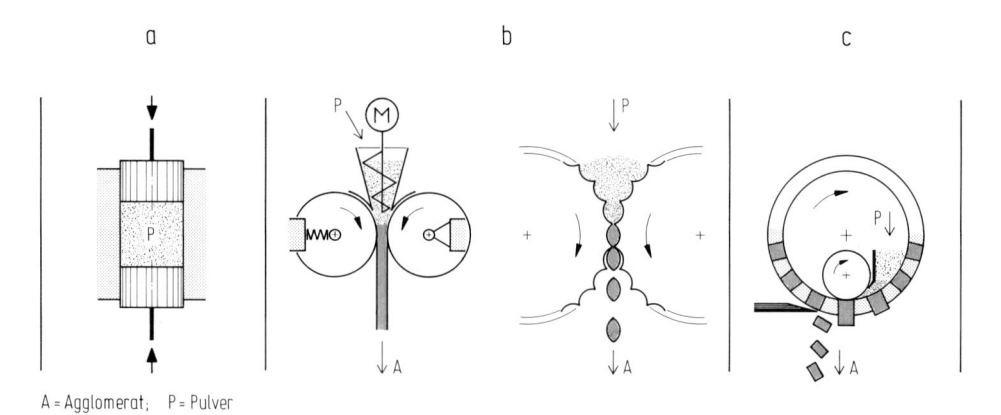

Bild 60. Grundverfahren der Preßagglomeration (Erläuterungen siehe Text)

beschreiben und aus dem Materialverhalten auf die erreichbare Festigkeit sowie auf mögliche Tablettierfehler schließen [151]. Tablettiermaschinen, die insbesondere für feste Arzneimittel eingesetzt werden, können als sog. Rundläufer mehr als 500 000 Tabletten in der Stunde herstellen. Beim Walzenpressen (Bild 60b) werden entweder Glattwalzen oder Formwalzen (Brikettierpressen) eingesetzt. Feuchte und schwer rieselfähige Massen lassen sich in Lochpressen agglomerieren. Bild 60c zeigt das Schema einer Ringkollerpresse, bei der das Material von der inneren Walze durch die Bohrungen der Ringmatrize gepreßt wird. Die Gegenkraft wird wie bei allen Lochpressen, die sich durch die Bauart erheblich voneinander unterscheiden können [148], durch die Reibung des Preßlings an der Matrizenwand aufgebracht. Typisch für alle Preßverfahren ist die inhomogene Verdichtung, die bei elastisch verformbaren Partikeln zu überlagerten inneren Spannungen führt und die Festigkeit der Preßlinge drastisch herabsetzen kann.

6.3.3 Sonstige Agglomerierverfahren

Agglomerate können auch durch Trocknung von Lösungen oder Suspensionen hergestellt werden, z. B. in Sprüh- oder Walzentrocknern. Fast immer treten dabei Festkörperbrücken durch auskristallisierende Stoffe auf, sofern es sich nicht um reine Kristallisationsvorgänge handelt. Von der Menge am bedeutsamsten ist die Eisenerzagglomeration. Hierbei werden entweder durch eine Rollgranulierung Pellets erzeugt, die anschließend durch hohe Temperaturen „gehärtet" werden, oder es wird das feinkörnige Material auf Bandsintermaschinen gesintert (vgl. [141]). Zu den Agglomerierverfahren im weiteren Sinne zählen das Pastillieren, Dragieren und Mikroverkapseln.

7 Mischen

Bei einem Mischprozeß sollen Stoffe oder Stoffströme so vereinigt werden, daß in Teilvolumina eine möglichst gleichmäßige Zusammensetzung der einzelnen Komponenten gegeben ist.
Bei der Auslegung stehen Fragen der Leistungsaufnahme und der Mischzeit im Vordergrund. Zusätzlich können Stoffaustausch, Wärmeübergang und Verweilzeitverhalten von Bedeutung sein.
Die zu mischenden Stoffe können gasförmig, flüssig oder fest sein. Für Mischprozesse mit Stoffen unterschiedlicher Phase sind besondere Bezeichnungen üblich, so für das Verteilen von Gas in einer Flüssigkeit Begasen oder im umgekehrten Fall Zerstäuben. Beim Verteilen eines Feststoffs in einer Flüssigkeit spricht man von Suspendieren.

7.1 Ablauf von Mischvorgängen

Eine vereinheitlichte Beschreibung des Ablaufs der Vermischung, übergreifend über die verschiedenen Teilgebiete (Fluide, Feststoffe), ist wegen produktspezifischer Unterschiede und einer Vielzahl gebräuchlicher Apparate kaum möglich.
Für die formale Beschreibung eines Mischvorgangs, als einem Vorgang instationären Konzentrationsausgleichs und vereinfacht nur längs einer Richtung x betrachtet, soll gelten:

$$\frac{\partial c}{\partial t} = v \frac{\partial c}{\partial x} + (M + D_K) \frac{\partial^2 c}{\partial x^2} \qquad (78)$$

Danach ist für die zeitliche Konzentrationsänderung $\partial c/\partial t$ einer betrachteten Komponente in einem Längenelement dx sowohl konvektiver Transport (v) als auch dispersiver Transport (M, D_K) aufgrund stochastischer Teilchen- oder Fluidbewegung maßgebend. D_K ist der die thermische Beweglichkeit von Gas- oder Flüssigkeitsmolekülen beschreibende Diffusionskoeffizient, der für die Feinstvermischung im Mikromaßstab verantwortlich ist. Der Mischkoeffizient M erfaßt stochastische Bewegungen (z. B. Turbulenz), die durch Energiezuführung mittels Rührelementen, Strahlimpuls und dgl. hervorgerufen werden. Für den großräumigen Ausgleich spielt wegen $M \gg D_K$ die Diffusion keine Rolle.
Für zahlreiche geometrisch definierbare Fälle und bei unterschiedlichen Rand- und Anfangsbedingungen können zum Typ der Gl. (78) geschlossene Lösungen angegeben werden [152], die jedoch für eine praktische Handhabung meist zu aufwendig sind. Wenn die zugehörigen Randbedingungen eine geschlossene Lösung nicht zulassen, können für die aus der dimensionslosen Schreibweise der Differentialgleichung sich ergebenden Kenngrößen verallgemeinerungsfähige Korrelationen gesucht werden. Kenngrößen, die sich aus Gl. (78) ergeben, sind die Fourier- und die Bodenstein-Zahl.

$$Fo = \frac{Mt}{l^2} \tag{79a}$$

$$Bo = \frac{vl}{M} \tag{79b}$$

Die Bodenstein-Zahl gibt das Verhältnis von Durchlaufgeschwindigkeit zur längsbezogenen Dispersionsgeschwindigkeit an. Die wesentliche Aussage der Fourier-Zahl ist, daß die für den Ausgleich notwendige Zeit mit dem Quadrat der Länge zunimmt.
Für eine anfangs in Randlage befindliche Komponente erhält man als asymptotische Lösung ($t > t_0$) der Konzentrationsverteilung bei disperser Vermischung

$$\Delta c(x)/\bar{c} = \cos(\pi x)\,\mathrm{e}^{-(\pi^2 Mt/l^2)} \tag{80}$$

Für einen durchströmten Apparat sind unter Umständen zweiseitige Randbedingungen zu erfüllen. Ist die Konstanz eines eintretenden Materialstroms gegeben, richtet sich die Forderung lediglich auf die Gewährleistung der Quervermischung innerhalb der durch Apparatelänge und Durchlaufgeschwindigkeit gegebenen Verweilzeit τ. Treten im Zulauf Schwankungen auf, muß neben der Quervermischung auch ein hinreichender axialer Ausgleich erfolgen, womit jedoch Verweilzeitfragen berührt werden. Die Intensivierung der Axialvermischung bewirkt eine Verbreiterung der Verweilzeitverteilung, was z.B. bei Polymerisationsverfahren nicht angestrebt wird.
Die Ausbildung der Konzentrationsverteilung einer am Eintritt aufgegebenen Stoßmarkierung oder die Entwicklung der Mischgeschwindigkeit in einem offenen System kann ortsfest im Inneren oder am austretenden Materialstrom verfolgt werden. Die Konzentrationsverteilung des austretenden Materialstroms entspricht der Verweilzeitverteilung. Sie kann durch Angabe von Mittelwert und Varianz charakterisiert werden. Beide Größen können aus gemessenen Verteilungen errechnet werden. Lösungen errechneter Modellfälle unterschiedlicher Rand- und Anfangsbedingungen [153] ermöglichen eine Zuordnung der Bodenstein-Zahl aus der bei gegebener Durchlaufgeschwindigkeit ein Mischkoeffizient M ermittelt werden kann. Für den Fall des beidseitig begrenzten axialen Mischraums mit Zu- und Ablauf an den Begrenzungen ergibt sich z.B. für das Quadrat des Variationskoeffizienten σ^{*2} der Verteilung

$$\sigma^{*2} = (2/Bo^2) \cdot (Bo - 1 + \mathrm{e}^{-Bo}) \tag{81}$$

Bei der schleichenden Strömung hochzäher Fluide bewirken selbst Verengungen oder Erweiterungen keinen Queraustausch. Aufgrund der Wandhaftungsbedingungen und der unter zäher Reibung sich einstellenden Geschwindigkeitsverteilung tritt zwar axiales Verziehen ein, das jedoch keine Vermischung darstellt. Da weder Turbulenz noch Diffusion unterstützend wirken, muß die Arbeit des Zerteilens und Umlagerns in vollem Maß durch Werkzeuge oder Einbauten erfolgen. Diese Zerteilvorgänge (Stauchungen, Quetschungen, Bypassrückströmungen und dgl.) sind prinzipiell systematischer Natur.

7.2 Mischgüte bei dispersen Systemen

Erwartungswerte

Die bestmögliche Zusammensetzung disperser Elemente in Teilvolumina eines Mischraums ist die einer Zufallsmischung. Für ein Zweikomponentensystem gleichartiger Elemente einheitlichen Volumens, bestehend aus einer Komponente A und einer Komponente B, vorgelegt mit der jeweiligen Anzahlhäufigkeit p und q wird die Vielzahl der kombinatorischen Möglichkeiten der

Zusammensetzung einer Teilmenge von N Elementen durch die Binomialverteilung beschrieben. Für den Fall einer Vereinigung weniger Elemente N und bei $p \neq q$ ergeben sich schiefe Verteilungen. Im Grenzfall, für $N = \infty$, geht die Binomial- in die Normalverteilung als symmetrische Verteilung eines stetigen Merkmals über. Die Bedingungen einer angenäherten Normalverteilung sind jedoch bei einer relativ geringen Teilchenzahl N erreicht [154].

Zur Kennzeichnung von Verteilungen bedient man sich der Momente (s. Abschn. 2.1). Der Erwartungswert und die Varianz des normierten Merkmals N_p/N ($1 \leq N_p \leq N$) einer Stichprobe des Umfangs N betragen

$$\mu = E\left(\frac{N_p}{N}\right) = p \tag{82}$$

$$\sigma_z^2 = E\left(\left(\frac{N_p}{N} - \mu\right)^2\right) = \frac{pq}{N} \tag{83}$$

Da man es in der Mischpraxis immer mit Komponenten ungleicher Teilchengröße und unterschiedlicher Verteilungsbreite zu tun hat und Proben je nach Partikelgröße Partikelzahlen in Millionen- und Milliardenhöhe umfassen, wurde dem Bedürfnis nach geeigneter Handhabung von *Stange* [155] durch die Entwicklung einer modifizierten Form Rechnung getragen, die lautet:

$$\sigma_z^2 = \frac{PQ}{m_s}(Pm_Q^* + Qm_P^*) \tag{84}$$

Anzahlungshäufigkeiten sind durch Massenhäufigkeiten (P bzw. Q) ersetzt. Die Teilchenzahl ist als Relation von mittlerer Teilchenmasse zu Probenmasse enthalten. In $m_{P,Q}^* = m_{P,Q}(1 + V_{mP,Q}^2)$ ist die jeweilige Breite der Kornverteilung berücksichtigt, wobei $V_{mP,Q}$ den Variationskoeffizienten der jeweiligen Komponente darstellt.

Schätzwerte, Stichproben

Für die praktische Überprüfung des Zustandes einer Mischung beschränkt man sich auf die Aussage relativ weniger Proben. Der nach den Beziehungen

$$\bar{c} = \frac{\sum c_i}{N_s} \tag{85}$$

$$s^2 = \frac{\sum (c_i - \bar{c})^2}{N_s - 1} \tag{86}$$

errechnete Mittelwert $\bar{c}$ und die Streuung s^2 stellen erwartungstreue Schätzwerte für P oder Q oder für σ_z^2 nach den Gleichungen (82) bis (84) dar. Ob die Höhe der Abweichungen zwischen Erwartungswert und Stichprobenergebnis nur zufällig und bedingt durch die endliche Probenzahl N_s ist, kann, wenn Normalverteilung vorausgesetzt wird, mittels der durch die t- bzw. χ^2-Verteilung gegebenen oberen und unteren Grenzwerte für eine vorgegebene Wahrscheinlichkeit, z. B. 95%, festgelegt werden.

Liegen die Schätzwerte $\bar{c}$ und s innerhalb von Vertrauensgrenzen wird angenommen, daß Zufallsmischung erreicht ist. Ist dies nicht der Fall, ist entweder noch ungenügend gemischt worden oder Entmischungen verhindern das Erreichen des bestmöglichen Ergebnisses.

Die Zunahme der Vermischung kann anhand der Veränderung z. B. des axialen Konzentrationsprofils festgestellt werden. Hierzu werden längs der Achse Stichproben gezogen und daraus die Streuung berechnet. Sie beinhaltet jedoch Anteile des noch systematisch ausgeprägten Profils sowie der zufälligen Schwankungen der Partikelzusammensetzung, so daß für den Erwartungswert der Gesamtstreuung σ^2 angesetzt werden kann

$$\sigma^2(t) = \sigma_s^2(t) + \sigma_z^2(t) \tag{87}$$

Bei genügendem Abklingen der systematischen Ausprägungen ist nur noch $\sigma_z(t) = \sigma_z$ maßgebend, die den Endwert darstellt.
Bei realen Stoffsystemen, mit Unterschieden in Dichte, Korngröße und Oberflächeneigenschaften, treten Sortiereffekte auf, die als Entmischungen bezeichnet werden. Der Endwert der Varianz σ_e^2 ist höher als σ_z^2 nach Gl. (84). Dieser Zustand ist als stabil anzusehen, weil mischende und entmischende Bewegungen im Gleichgewicht stehen.

7.3 Rühren

7.3.1 Rührkessel, Rührorgane

Der Rührkessel ist in der chemischen Industrie der wichtigste Misch- und Reaktionsapparat und ist in allen Produktionsbereichen vertreten. Als Anwendungsbeispiele können Polymerisationen in Suspension und in der Masse gelten sowie die Herstellung von Pharmaka, Zwischenprodukten, Farben und Fermentationsprodukten. Die Kesselgrößen liegen meist unter 100 m³. Der Regelfall ist der diskontinuierliche Betrieb. Neben der flüssigen Phase werden auch Gase oder Feststoffe eingesetzt oder entstehen während des Prozesses. Damit ergeben sich Aufgaben des Suspendierens und Dispergierens und daneben der Wärmeübertragung. Die Zähigkeit der Produkte liegt zwischen $5 \cdot 10^{-4}$ und $5 \cdot 10^2$ Pa s. Hierbei bleibt zwar der Apparat der gleiche, die Rührer sind aber den unterschiedlichen Anforderungen anzupassen. Eine Übersicht über die gebräuchlichen Rührerarten und Hinweise auf ihr Einsatzgebiet wird in Tab. 12 gegeben.
Für Rührbehälter mit Volumina < 32 m³ ist der sog. Normkessel (DIN 28 136) mit einem Verhältnis von Füllhöhe/Durchmesser ≈ 1 üblich. Bei niedrigviskosen Flüssigkeiten leistet ein einzelnes Rührorgan meist eine genügende Umwälzung. Bei den Großprodukten hat der Zwang zu Kostenoptimierung zu größeren und schlankeren Kesseln geführt ($h_1/d_1 = 2$–3). Um hier die genügende axiale Durchmischung und eine gleichmäßigere Energieeinleitung zu gewährleisten, sind mehrstufige Rührsysteme unerläßlich.
Unter Bedingungen überwiegend turbulenter Stömung sind, unabhängig von der Größe des Kessels, Stromstörer vorzusehen. Sie verhindern das Aufkommen einer vorzugsweise rotatorischen Strömung, die von Trombenbildung begleitet ist. Sie ermöglichen die Intensivierung des axialen Austausches und die notwendige Energieeinleitung.

7.3.2 Leistungsbedarf

Auslegungen zur Leistung erfolgen anhand von Charakteristiken, die den Bezug zwischen der Newton-Zahl $Ne = P/(\varrho_f d_2^5 n^3)$ und der Reynolds-Zahl $Re = (n d_2^2 \varrho_f / \eta)$ herstellen (Bild 61). Das Widerstandsverhalten eines Rührers oder Rührsystems ist bei geometrisch ähnlicher Ausführung, unabhängig von der Größe, auf eine einzige Kurve reduziert. Es sind drei Bereiche zu unterscheiden. Im laminaren Bereich ($Re < 50$) ist zähe Reibung, im turbulenten Bereich ($Re > 10^3$) die Dichte für den Widerstand maßgebend. Im Übergangsbereich sind die Einflüsse von Zähigkeit η und Dichte ϱ_f von gleicher Größenordnung.

Tab. 12. Kennwerte und Einsatzgebiete von Rührern

Benennung	Bevorzugte geometrische Abmessungen und Anordnungen $h_1/d_1 = 1$; $\delta/d_1 = 0,1$	Einbauverhältnisse	Primärströmungsrichtung	Hauptsächlicher Strömungsbereich	Geschwindigkeitsbereich (m/s)	Leistungskennzahl	Wichtige, bzw. bevorzugte Rühraufgaben
Propeller-Rührer	$d_2/d_1 = 0,33$ $h_3/d_1 = 0,3$ 3flügelig	zentrisch 2–4 Stromstörer bzw. exzentrisch ohne Stromstörer	axial	turbulent	2–15	$Ne = 0,35$ für $Re > 5 \cdot 10^3$	Homogenisieren Suspendieren Dispergieren flüssig/flüssig
Schrägblatt-Rührer	$d_2/d_1 = 0,33$ $h_2/d_2 = 0,125$ $h_3/d_1 = 0,3$ 6flügelig	zentrisch 2–4 Stromstörer bzw. exzentrisch ohne Stromstörer	axial, radial	turbulent	3–10	$Ne = 1,5$ für $Re > 5 \cdot 10^3$	Homogenisieren Suspendieren Dispergieren flüssig/flüssig
Scheiben-Rührer	$d_2/d_1 = 0,33$ $h_2/d_2 = 0,2$ $b/d_2 = 0,25$ $h_3/d_1 = 0,3$ 6flügelig	zentrisch 2–4 Stromstörer	radial	turbulent	2–6	$Ne = 4,6$ für $Re > 5 \cdot 10^3$	Dispergieren flüssig/flüssig Begasen
Mehrstufen-Rührer z.B.: ®MIG	$d_2/d_1 = 0,7$ $h_3/d_1 = 0,16$ $h_4/d_1 = 0,28$ 3stufig	zentrisch 2–4 Stromstörer bei $d_2/d_1 < 0,7$ bzw. ohne Stromstörer bei $d_2/d_1 > 0,7$	axial, radial	turbulent und Übergangsgebiet für $d_2/d_1 < 0,7$ bzw. laminar für $d_2/d_1 > 0,7$	2–10	$Ne = 0,55$ für $Re > 5 \cdot 10^3$ bei $d_2/d_1 < 0,7$ $Ne \cdot Re = 10^2$ für $Re < 10^2$ bei $d_2/d_1 > 0,7$	Homogenisieren Suspendieren Begasen Wärmeaustausch
Wendel-Rührer	$d_2/d_1 = 0,9$ $b/d_2 = 0,1$ $s/d_2 = 1$ 2gängig; auch Ausführungen mit Innenschnecke	zentrisch ohne Stromstörer	axial			$Ne \cdot Re \approx 250$ für $Re < 10^2$	Homogenisieren

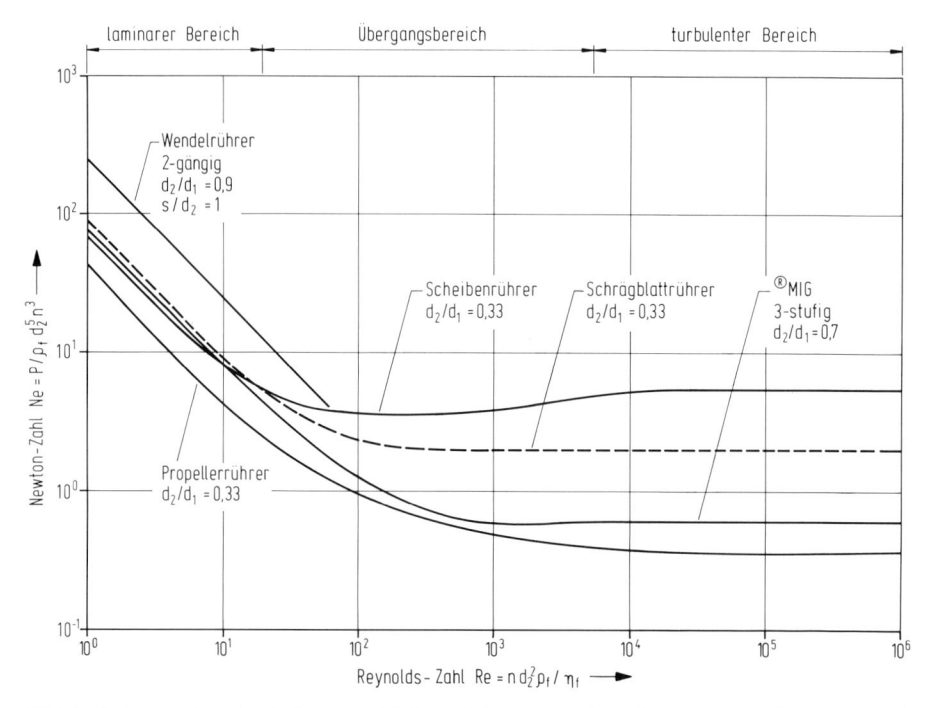

Bild 61. Leistungscharakteristiken verschiedener Rührorgane, Anordnung von vier Stromstörern (außer bei Wendelrührer), nach [159] und eigenen Messungen

7.3.3 Mischzeit

Die Kenntnis von Mischzeiten ist ein wichtiges Beurteilungskriterium für die Wirksamkeit eines Rührers. Für alle gängigen Rührer liegen Mischzeituntersuchungen vor. Die verallgemeinerungsfähige Korrelation stellt einen Zusammenhang zwischen dem dimensionslosen Produkt aus Drehzahl und Mischzeit $n \cdot \theta$ über Re her (Bild 62).

Im allgemeinen ist für die Behandlung hochzäher Substanzen nur der Wendelrührer geeignet. Ebenfalls geeignet, aber mehr auf das Homogenisieren beschränkt, ist der sog. Schraubenspindelrührer in exzentrischer Position oder zentrisch in einem Leitrohr angeordnet. Die Verteilwirkung dieser Rührer beruht auf der Schleppströmung.

Im Übergangsgebiet sind mehrstufige Rührer großen Durchmessers besser geeignet als schnell drehende Rührorgane. Das Anwendungsfeld von Rührern, deren Prinzip die Strahlerzeugung ist (Propellerrührer, axial wirkend; Scheibenrührer, radial wirkend) ist der niedrigviskose Bereich. In der Korrelation $n \cdot \theta = f(Re)$, die sich auf den Normkessel bezieht, ist kein Füllhöhenverhältnis enthalten. Soweit für schlankere Ausführungen Messungen vorliegen [156, 157] stellt man eine Annäherung an eine mit dem Quadrat der Höhe steigende Mischzeit fest.

Polymerlösungen, Dispersionen, Farbsuspensionen weichen mit zunehmender Konzentration von newtonschem Fließverhalten ab und nehmen in der Regel strukturviskoses Verhalten an. Kennzeichen dieses Verhaltens ist die Abhängigkeit der Viskosität vom Geschwindigkeitsgefälle. Dabei können im unmittelbaren Einwirkungsbereich des Rührorgans Umwälzung und Impulsaustausch voll gewährleistet sein. Der Umwälzstrom, dessen Geschwindigkeit mit wachsender Entfernung vom Rührorgan generell abnimmt, wird aber wegen wachsender Zähigkeit zusätzlich verlangsamt und der turbulente Austausch unterbunden. Je nach Grad der Strukturviskosität und der Grundzähigkeit können die Mischzeiten auf das Zehnfache anwachsen [158] oder Zonen

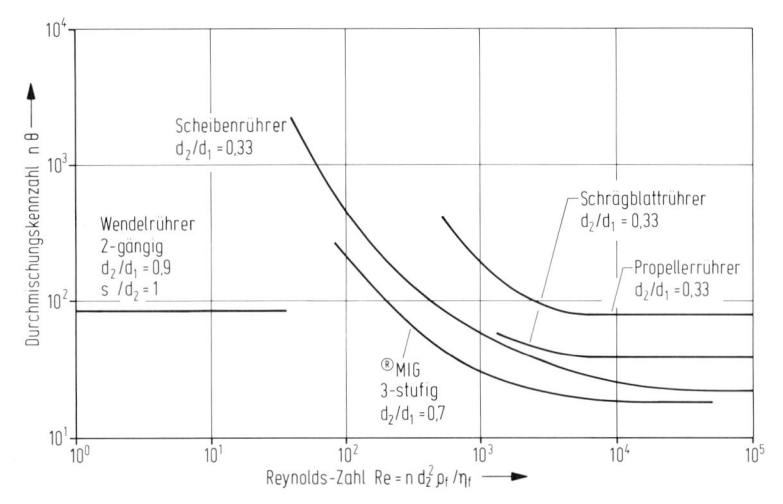

Bild 62. Mischzeitcharakteristiken von Rührern

völliger Stagnation entstehen, die überhaupt nicht durchmischt werden. Entsprechend betroffen sind Stoff- und Wärmeübergang. Die wesentlichen Auslegungsschwierigkeiten sind durch rheologische Probleme bedingt [159, 160].

7.3.4 Wärmeübertragung, Suspendieren und Dispergieren

Die für die vier verschiedenen Operationen einschließlich der Mischzeit maßgebenden Kenngrößenbeziehungen sind in Tab. 13 zusammengestellt. Hierbei ist für die jeweilige Zielgröße der Zusammenhang zur spezifischen Leistung und der Behältergröße unter Nichtberücksichtigung von Stoffdaten angegeben. Weitgehend tragfähig als Vergrößerungsregel ist das Einhalten gleicher volumenbezogener Leistung P_V, wobei als Richtwert üblicher Auslegung ein Bereich von 0,2–2 kW/m³ genannt werden kann. Die Forderung nach dem Einhalten gleicher spezifischer Leistung als Regel für die Maßstabsübertragung geht auf *Büche* [161] zurück und erscheint heute durch die Forschungen zur Turbulenzstruktur in neuem Licht. Maßgebend für den Stoffübergang und die disperse Verteilung ist die Wirbelfeinstruktur, die dem sog. Trägheitsbereich der Turbulenz zugeordnet wird. Die durch sie ausgeübten Schubspannungen hängen nur von der Höhe des Leistungseintrags, nicht jedoch von der Geometrie ab. Für die Grobverteilung sind dagegen die niederfrequenten Elemente des Makrobereichs maßgebend, deren Größenordnung die der Rührerabmessung ist und deren Ausprägung von der Geometrie beeinflußt wird [157, 162, 163].

Wärmeübertragung

Die angegebene Beziehung gilt für alle Rührer im Bereich $Re > 10^2$. Dabei ist C_1 eine jeweils rührorganabhängige Konstante. Bei strukturviskosen Medien treten für $Re < 2 \cdot 10^3$ deutliche Verschlechterungen ein, weil die Geschwindigkeit überproportional mit dem Abstand vom Rührer abfällt [164]. Die Wärmeübergangszahl ist für den Fall gleicher spezifischer Leistung von der Behältergröße kaum abhängig, der volumenbezogene Wärmestrom nimmt jedoch im Verhältnis von Oberfläche zu Volumen ab.

Suspendieren

Eine tragfähige strömungsmechanische Begründung liegt dem Ansatz von *Einenkel* [165] zugrunde. Analog zur Wirbelschicht wird für die Aufrechterhaltung eines Schwebezustandes ein

Grundzüge der mechanischen Verfahrenstechnik

Tab. 13. Charakteristiken der Grundoperationen

Operation	Strömungs-bereich	Charakteristik	Zielgröße	Abhängigkeit der Zielgröße von spez. Leistung P_V und Volumen V
Mischen	laminar	$n\Theta \approx C_1$ [1])	Mischzeit Θ	$\Theta \sim (P_v)^{-1/2} \; V^0$
	turbulent	$n\Theta \approx C_2$ [2])	Mischzeit Θ	$\Theta \sim (P_v)^{-1/3} \; V^{2/9}$
Wärme-übertragen (Behälterwand)	turbulent (Übergang)	$Nu = C_3 \, Re^{2/3} \, Pr^{1/3} \, (\eta/\eta_w)^{0,14}$	Wärmeüber-gangs-koeffizient	$\alpha \sim (P_v)^{2/9} \; V^{-1/27}$
Suspendieren	turbulent	$\dfrac{C_4}{Re^{0,27}} = \dfrac{v_u}{w_{gs}} \, Fr \, \dfrac{1}{1-\varepsilon}$	Grad der Auf-wirbelung bei d = const. Bild 63	$V_a = f(P_V \, V^{1/9})$
Dispergieren	turbulent	$\dfrac{d}{d_2} = C_5 (1-\varepsilon)^{1/3} \, We^{-0,6}$	Tropfen-, Blasengröße d	$d \sim (P_v)^{-0,4} \; V^0$

[1]) z. B. Wendelrührer
[2]) praktisch alle Rührer

d_1	Behälterdurchmesser
d_2	Rührerdurchmesser
v_u	Umfangsgeschwindigkeit des Rührers
w_{gs}	Schwarmsinkgeschwindigkeit

Kennzahlen
$Nu = \alpha d_1/\lambda$
$Pr = \eta/\varrho_f a$
$Re = n d_2^2 \varrho_f/\eta$
$We = n^2 d_2^3 \varrho_f/\sigma$
$Fr = \dfrac{n^2 d_2}{g} \cdot \dfrac{\varrho_f}{\varrho_s - \varrho_f}$

n (min^{-1})	V_a (%)
1	1377	35
2	1134	39
3	837	57
4	667	81
5	459	112

Glaskugeln in Wasser
$d_K = 200 \mu m$
$\dfrac{\varrho_s - \varrho_f}{\varrho_f} = 1{,}87$
$\bar{c} = 0{,}1$

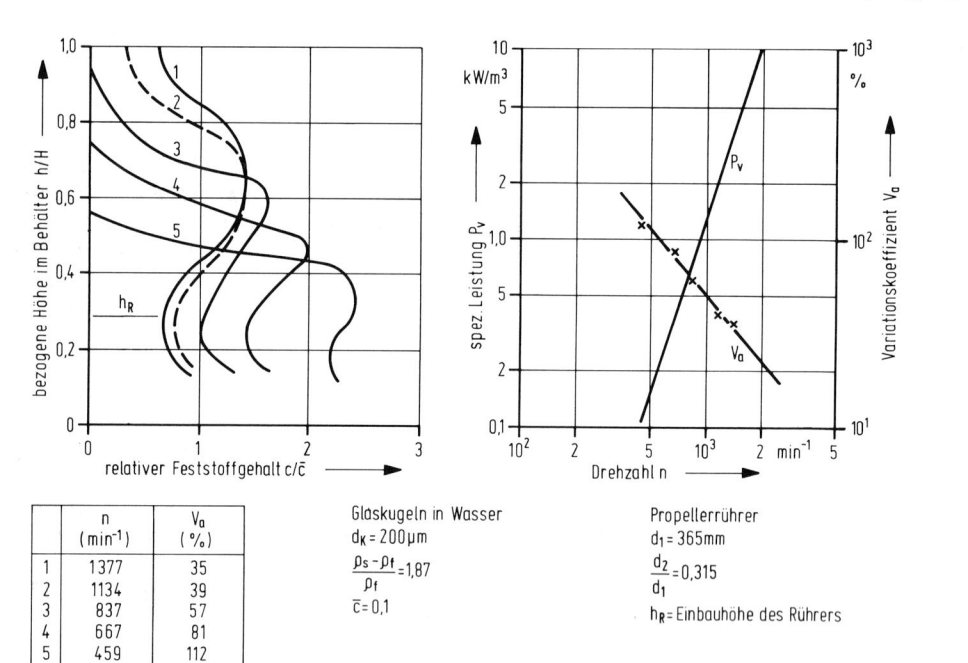

Propellerrührer
$d_1 = 365 mm$
$\dfrac{d_2}{d_1} = 0{,}315$
h_R = Einbauhöhe des Rührers

Bild 63. Einfluß der Rührerdrehzahl auf die bezogene örtliche Konzentration beim Suspendieren (nach [165]), sowie Variationskoeffizient der Axialverteilung V_a und zugehörige spezifische Leistung in Abhängigkeit von der Drehzahl

Gleichgewicht zwischen Strömungs- und Schwerkraft angesetzt, so daß die Froude-Zahl die maßgebende Kenngröße ist. Bei einer Anpassung an experimentelle Befunde ergab sich noch ein Einfluß von Re. Eine vollständige Aufwirbelung, die zur axialen Gleichverteilung der Konzentration führt, ist für eine hinreichende Intensivierung des Stoffübergangs meist nicht nötig. In Bild 63 sind axiale Konzentrationsprofile in Abhängigkeit von der Drehzahl und die jeweils dazu notwendige Leistung wiedergegeben. Bei Forderung einer Gleichmäßigkeit von 20% wären für das gegebene Beispiel ca. 10 kW/m^3 aufzuwenden. Gleicher Verteilungsgrad wird bei Maßstabsvergrößerung näherungsweise bei gleicher spezifischer Rührleistung erreicht.

Dispergieren

Das disperse Feinzerteilen von Flüssigkeiten oder Gasen in einer Trägerflüssigkeit erfolgt infolge turbulenter Deformation durch die dem Mikrobereich des Turbulenzspektrums zugeordneten Wirbel. Die maßgebende Kenngröße, in der die Schubspannung aufgrund von eingeleiteter Rührleistung und die Grenzflächenspannung relativiert sind, ist die Weber-Zahl. Die angegebene Abhängigkeit konnte bei zahlreichen Flüssig-flüssig-Systemen bestätigt werden. Andererseits wurden auch erhebliche Abweichungen beobachtet [166].

7.4 Mischen in Rohrleitungen

Beim Zusammenführen von Materialströmen in Rohrleitungen spielt die zur Quervermischung notwendige Zeit eine Rolle. Die aufgrund der Rohrturbulenz ($Re > 10^4$) sich einstellende Mischgüte ist häufig nicht ausreichend, insbesondere wenn Viskositäts- oder Dichteunterschiede vorliegen. Zur Intensivierung sind turbulenzerhöhende Maßnahmen vorzunehmen. Dies kann geschehen durch Einbau von Staublechen, Blenden, Strahlmischern, rechtwinklige Zusammenführung und dgl. [157, 167] oder durch Einbau statischer Mischer [168]. Während sich beim leeren Rohr als notwendige Mischstrecke ein Wert von $l/d \approx 100$ ergibt, bewirken Einbauten meist eine Reduktion auf Werte $l/d < 10$. Die Druckverluste sind höher, können sich jedoch untereinander erheblich unterscheiden.

Der Anwendungsschwerpunkt des statischen Mischers wurde ursprünglich in der Quervermischung zäher Fluide gesehen. Neben dieser klassischen Anwendung wird er heute zum turbulenten Dispergieren, zur Intensivierung von Wärme- und Stoffaustausch und zum Gasmischen benutzt [169, 170].

Ein aus Gründen von Temperatur- oder Reaktionsführung wesentlicher Effekt ist bei zähen Medien der Erhalt enger Verweilzeitspektren. Dies erklärt sich aus den fortwährenden Umlagerungen, die zu einem radial ausgeglichenen Geschwindigkeitsprofil führen. Vergleichende Betrachtungen sind z.B. in [171, 172] zu finden.

7.5 Mischen von Massen, Teigen und Schmelzen

Unter Massen oder Teigen werden Flüssig-fest-Systeme verstanden, bei denen der Flüssigkeitsanteil soweit vorherrschend ist, daß das Schüttgutverhalten gegenüber dem rheologischem Verhalten zurücktritt. Unter hochzähe Fluide sind auch die Thermoplastschmelzen zu rechnen.

Für leichtere Massen, Pasten oder Salben (z.B. Anwendungsfälle der Kosmetikindustrie) sind häufig Planetenmischwerke oder ineinander kämmende Finger, meist kombiniert mit Wandabstreifern, üblich. Die diskontinuierliche Behandlung sehr zäher Massen ist den Trogknetern vorbehalten. Zur Anpassung an das Produkt, wobei das rheologische Verhalten eine erhebliche Rolle spielt, steht eine Vielzahl von Knetschaufelausführungen zur Verfügung. Große Einheiten haben ein Fassungsvermögen von 15 m^3. Bezogen auf mittlere Größen liegt die installierte Leistung bei ca. 100 kW/m^3.

Für das kontinuierliche Mischen zäher Massen werden Schneckenmaschinen verwendet. Einspindelige Maschinen, deren Geschwindigkeitsprofil längs des Schneckenkanals durch schleppende Wirkung der Schnecke und Gegendruck vom Mundstück gekennzeichnet ist, haben keine selbstreinigende Wirkung; diese ist jedoch bei ineinander kämmenden Doppelschnecken gegeben. Solche Ausführungen sind für gleich- und gegenläufigen Drehsinn der Schnecken möglich.
Für verfahrenstechnische Belange sind die gleichsinnig drehenden Doppelschnecken, die axial offen sind, besser geeignet. Die axiale Öffnung ermöglicht eine für die Längsmischung erwünschte Schleppströmung, und verhindert den unerwünschten Aufbau zu hoher Drücke. Das Längen/Durchmesser-Verhältnis liegt üblicherweise bei 12–15. Ein Aufbau nach dem Baukastenprinzip ermöglicht zahlreiche Modifikationen, wie den Einbau von Zonen aufeinanderabrollender Knetscheiben, die kaum fördern, sondern durch Stauchungen und Verziehungen für eine intensivere Axial- und Quervermischung sorgen. Der Durchmesserbereich liegt bei 50–280 mm, wobei Durchsätze $>5\ m^3/h$ möglich sind. Installierte Leistungen für mittlere Größen liegen bei ca. 20 kW/l. Die Schnecken sowie die gekammerten Gehäuse können von einem Wärmeträgermedium durchströmt werden, so daß bei dem hohen Verhältniswert von Übertragungsfläche zu Füllvolumen alle Arten von Reaktionen in zähplastischer Phase möglich sind. Näheres kann z. B. [173, 174] entnommen werden.
Ein Apparat, in dem pastöse, krustende oder backende Substanzen behandelt werden können, ist der sog. AP-(All-Phasen)-Reaktor (Bild 64). Der Mantel sowie die auf der größeren Hauptwelle aufgesetzten Segmente sind für Wärmeaustausch eingerichtet. Die Nebenwelle, ebenfalls heiz- oder kühlbar, dreht viermal schneller als die Hauptwelle und trägt Rührarme in Rahmenform, die die Hauptwelle und die Segmente reinigen. Bei einem noch günstigen Verhältnis von Heizfläche zu Volumen sind Mischreaktionen bei langer Verweilzeit möglich. Baugrößen für kontinuierlichen Betrieb reichen bis zu Nutzinhalten von ca. 1,6 m^3 bei einer installierten Leistung von rd. 30 kW/m^3.

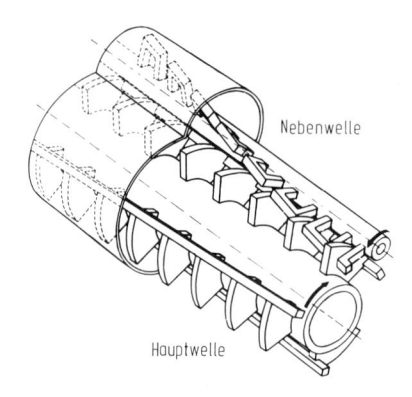

Bild 64. AP-Reaktor (List, CH-Pratteln)

7.6 Mischen von Feststoffen

Beim Mischen von Feststoffen wird die Gutverschiebung durch drehende Werkzeuge, drehende Behälter oder durch Umwälzen mittels Luft (Stickstoff) bewirkt. Kriterien für die Apparatewahl sind Durchsatz bzw. Chargengröße, Korngröße oder die Verfügbarkeit genügender Austauschfläche, wenn z.B. gleichzeitig getrocknet werden muß.
Allgemein gesehen sind die bisher erarbeiteten Kenntnisse für Auslegungen wesentlich geringer als bei Verfahren, bei denen die Trägerphase eine Flüssigkeit ist. Dies liegt an der wesentlich aufwendigeren Versuchstechnik und dem schwer zu erfassenden Stoffverhalten [175].
Bei gleicher Feststoffart hängt die Fließfähigkeit in hohem Maß von der Dispersitätsgröße ab. Bei feinen Pulvern werden Kohäsionskräfte zwischen den Partikeln wirksam, die die Verschie-

bung erschweren. Durch schnell drehende Mischwerkzeuge findet jedoch Lufteinzug statt, so daß solche Verbände Fließbettcharakter annehmen können und geringeren Widerstand ausüben. Selbst bei geringen Feuchtegehalten, sind wegen damit einhergehender Haftkräfte (s. Abschn. 6.1) Dispergieren und Zerteilen erschwert, so daß sich je nach Bindungsintensität höhere Mischzeiten und höhere Leistungsaufnahmen ergeben.

Apparate

Zwei Apparatekategorien sind von besonderer Bedetung:
- Mischer mit drehenden Werkzeugen (bzw. drehenden Behältern),
- Mischsilos, in denen die Gutbewegung meist pneumatisch erfolgt.

Alle Feststoffmischer dürfen nur teilgefüllt werden, damit die Gutbeweglichkeit gesichert ist.
Bei den Mischern mit drehenden Werkzeugen, von denen verschiedene Ausführungen in Bild 65 dargestellt sind, kann eine Einteilung nach Art der realisierten Gutbewegung als zweckmäßig angesehen werden. Maßgebende Kennzahl zur Charakterisierung der Gutbewegung ist die Froude-Zahl, in der in Bild 65 gegebenen Definition. Sie drückt das Verhältnis von Flieh- zu Schwerkraft aus.

Die sog. Freifallmischer haben eine gewisse Bedeutung im Pharmaziebetrieb, weil sie auf die unter Sterilbedingungen unangenehmen Wellendurchführungen verzichten können. Das Gut wird durch Reibung an der Wand angehoben und rieselt unter Schwerkrafteinfluß über die Schüttungsoberfläche ab. Es gibt zahlreiche Ausführungsformen. (Eine Bewegungsintensivierung wird durch Schüttelmischer erreicht, die ebenfalls ohne Wellendurchführung auskommen.)

Bei Schubmischern findet ein Verschieben in der Schüttung statt. Bei der skizzierten Anordnung mit rotierendem Trog und exzentrisch angeordnetem Mischflügelwerk können auch feuchte Produkte oder solche mit klebenden Beimengungen erfolgreich verarbeitet werden; es sind dann höhere Leistungen als die in Bild 65 angegebenen Werte erforderlich.

Apparatetyp	Bewegung durch	$Fr = R\omega^2/g$	Größen (m^3)	Leistung (kW/m^3)
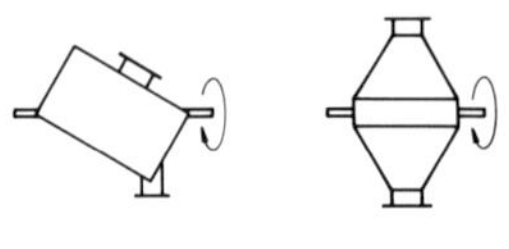	freien Fall	<1	<10	1–2
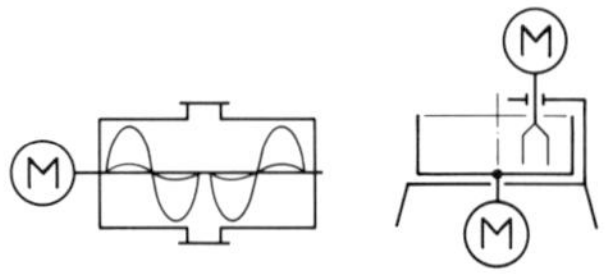	Schub	<1	<30 /<8	3–10
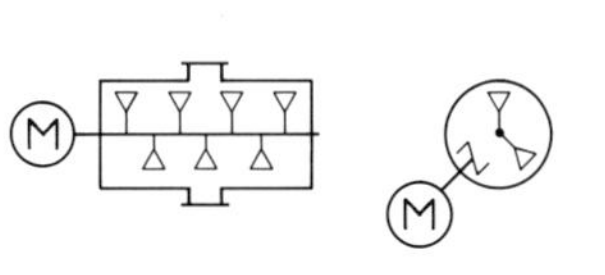	Schub Fliehkraft	>1	<30	<20
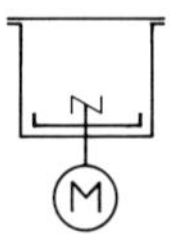	Fliehkraft	≫1	<1,5	20 beim Heißmischen bis 500

Bild 65. Apparate zum Mischen von Feststoffen
(Gutbewegung durch drehende Mischwerkzeuge oder drehende Behälter)

Die Schleudermischer arbeiten überwiegend in einem Drehzahlbereich, der durch fliehkraftbestimmte Gutbewegung gekennzeichnet ist, wodurch die Mischgeschwindigkeit wesentlich erhöht wird. Mischelemente sind zur Bewegungsrichtung geneigte Schaufeln, Pflugscharen und dergleichen. Die Apparate können diskontinuierlich und im Durchlauf betrieben werden. Der Aufschluß von Agglomeraten wird beschleunigt durch radial aufgesetzte, hochtourig drehende Zerhacker. Ausführungen mit einem Heizmantel werden als Trockner und auch als Reaktionsapparate betrieben.

Bei den Turbo- und Fluidmischern sind die Mischelemente von unten angetriebene Kreisel oder Flügel hoher Umfangsgeschwindigkeit, so daß eine eindeutig fliehkraftbestimmte Gutbewegung entsteht. Beim sog. Heißmischen wird die für die Plastifizierung notwendige Wärme durch Reibung erzeugt.

Einige Silomischer in Form stehender Behälter sind in Bild 66 skizziert.

Der Kegelschneckenmischer wird auch in sehr kleinen Größen ausgeführt. Die in einem konischen Behälter nahe der Wand geführte und nach oben fördernde Schnecke realisiert das Schubprinzip. In kleineren Einheiten können bei nach unten drückender Schnecke auch leicht fließende Teige behandelt werden. In Doppelmantelausführung wird er auch als Prozeßapparat genutzt.

Andere Silomischer mit Umwälzung mittels zentraler Schnecke im Leitrohr sind auf kleine Baueinheiten beschränkt und für Granulate geeignet. Da die Förderung jedoch nur unter Wandreibung zustande kommt, muß die Schnecke so hoch drehen, daß anpressende Fliehkraft entsteht, was wiederum Verschleiß und Materialabrieb bewirkt.

Für den sog. Granulatmischer mit pneumatischer Umwälzung, können einwandfreie Auslegungen vorgenommen werden [176]. Ein geeignetes Leitsystem in Form konzentrischer Rohre im Unterteil des Bunkers bewirkt den für den Mischfortgang notwendigen Axialverzug, so daß 3–5 Umläufe für die Homogenisierung genügen.

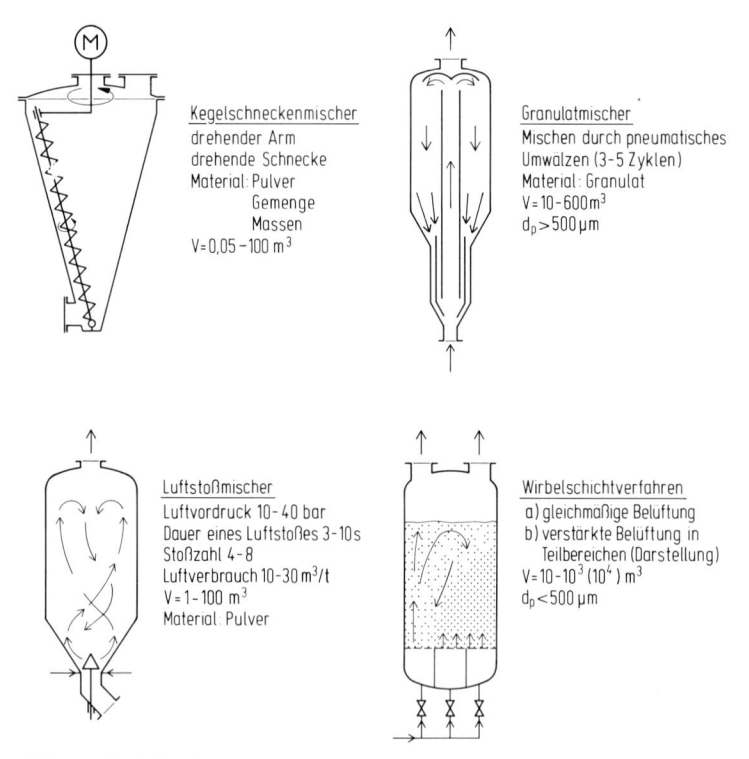

Kegelschneckenmischer
drehender Arm
drehende Schnecke
Material: Pulver
Gemenge
Massen
$V = 0{,}05 - 100 \ m^3$

Granulatmischer
Mischen durch pneumatisches Umwälzen (3-5 Zyklen)
Material: Granulat
$V = 10 - 600 \ m^3$
$d_p > 500 \ \mu m$

Luftstoßmischer
Luftvordruck 10-40 bar
Dauer eines Luftstoßes 3-10 s
Stoßzahl 4-8
Luftverbrauch 10-30 m^3/t
$V = 1 - 100 \ m^3$
Material: Pulver

Wirbelschichtverfahren
a) gleichmäßige Beluftung
b) verstärkte Beluftung in Teilbereichen (Darstellung)
$V = 10 - 10^3 \ (10^4) \ m^3$
$d_p < 500 \ \mu m$

Bild 66. Mischsilos für Feststoffe

Bei den Luftstoßmischern wird über ein im unteren Konusteil befindlichen Düsenring mit schräg aufwärts angestellten Düsen Druckluft in einer Abfolge von Stößen jeweils schlagartig entspannt. Der Füllung wird unter starker Expansion eine Drallbewegung aufgezwungen. Man erhält gute Mischergebnisse auch bei Gut mit starken Eigenschaftsunterschieden, weil sich wegen der Kürze der Stöße keine Klassierung ausbilden kann. Die Mischung ist schonend und z. B. für druckempfindliche Güter wie Farbpigmente geeignet. Die Gesamteinrichtung ist teuer (Druckluftanlage, Filter, druckstoßfeste Ausführung).

Wirbelschichtverfahren dienen der Chargenhomogenisierung. Silos in der chemischen Industrie haben ein Fassungsvermögen $< 1000 \text{ m}^3$ (Zementindustrie bis zu 20000 m^3). Um eine Schüttschicht in den Wirbelzustand zu überführen, muß die dem Lockerungspunkt entsprechende Geschwindigkeit v_{mf} überschritten werden (s. Abschn. 2.3.3). In der expandierten Wirbelschicht finden oszillierende und konvektive Teilchenbewegungen auch bei gleichmäßiger Anströmung statt. Durch verstärkte Belüftung in Teilbereichen des Bodens kann ein Umlaufstrom eingestellt werden.

Auslegungen

Auslegungen für Feststoffmischer werden heute noch weitgehend anhand von Erfahrungswerten und ergänzender Versuche vorgenommen. Soweit verallgemeinerungsfähige Erkenntnisse vorliegen, beziehen sie sich auf rieselfähiges Produkt, oder wie im Fall des Granulatmischers, auf grobkörniges Material, das in der Handhabung keine Schwierigkeit bietet.

In [177] wird erstmals für den Kegelschneckenmischer der Versuch zu einer verallgemeinerungsfähigen Darstellung von Leistung und Mischzeit unternommen. Als Korrelationen werden angegeben:

$$Ne^* = k_p \left(\frac{l}{d_S}\right)^{1,7} \phi \qquad (88)$$

mit

$$Ne^* = \frac{P}{n_S d_S^4 \varrho_s (1-\varepsilon)g} \qquad (89)$$

und

$$n_S \theta = k_S \left(\frac{l}{d_S}\right)^{1,93} \qquad (90)$$

n_S und d_S bezeichnen Schneckendrehzahl und -durchmesser, l ist die Eintauchlänge der Schnecke. Die Funktion ϕ ermöglicht den Einbezug von Materialkenndaten aus Scherversuchen.

Für Schleudermischer konnte gezeigt werden [175, 178], ausgehend von niedrigen Drehzahlen, bei denen noch Schub vorliegt, bis hin zur fliehkraftbestimmten Bewegung, daß die Gutumlagerung dispersiver Natur ist, so daß für den zeitlichen Ausgleich die aus Gl. (78) abzuleitenden Formalismen herangezogen werden können, wobei die maßgebende axiale Mischgeschwindigkeit, allgemeingültig und nicht von der Aufgabeposition einer Komponente abhängig, durch Angabe eines Mischkoeffizienten festgelegt werden kann.

Aus dem Vergleich dieser Ergebnisse mit neueren Messungen [179] scheint es möglich geworden zu sein, eine verallgemeinerungsfähige Beziehung zur Maßstabsvergrößerung anzugeben [175]. Die Korrelation zwischen einer Kenngröße $M/(D^2 \cdot n)$ und Fr ist in Bild 67 enthalten. Der Verlauf im Bereich $Fr < 3$ ist näherungsweise konstant, was z. B. unter Berücksichtigung von Gl. (80) zu $n \cdot \theta = $ const. führt. Danach ist unabhängig von der Drehzahl (bei gleichem L/D) eine bestimmte Umdrehungszahl der Mischwerkzeuge für die Vermischung maßgebend. Bei L/D-Variation ergibt sich eine mit dem Quadrat der Länge ansteigende Mischzeit [178]. Für $Fr > 3$ ist näherungsweise quadratischer Anstieg festzustellen, d. h. daß sich im Schleuderbereich die Mischzeiten, allerdings auf Kosten höherer Leistungsaufnahme, erheblich verkürzen lassen. Bei einer

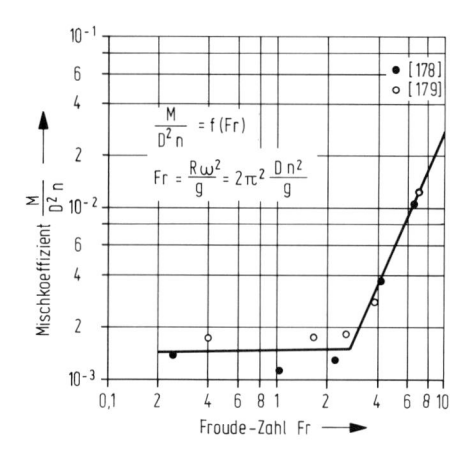

Bild 67. Dimensionsloser Mischkoeffizient $M/(D^2n)$ über der Froude-Zahl Fr für Schleudermischer mit Pflugscharelementen nach Daten von [178] und [179] $D \approx d_2$

Leistungskorrelation in der Form $Ne = f(Fr)$ [175] (Definition von Ne analog zum Rührkessel), wird deutlich, daß damit eine genügende Verallgemeinerung nicht möglich ist, weil (analog zur Zähigkeit in Re) die Kennzeichnung der Gutreibung fehlt.
Bei Kenntnis der Korngrößenverteilung können Auslegungen hinsichtlich Luftbedarf und Leistung bei Wirbelschichtverfahren zuverlässig vorgenommen werden (vgl. Abschn. 2.3.4). Entsprechendes kann zur Mischzeit nicht gesagt werden [175].

8 Bunkern

8.1 Fließverhalten von Schüttgütern

Zu den Aufgaben der mechanischen Verfahrenstechnik gehört auch die Erforschung und Beschreibung des Lagerungs- und Bewegungsverhaltens von Schüttgütern. Die entsprechenden Vorgänge bei Flüssigkeiten sind hinreichend bekannt. Es ist deshalb zunächst auf die prinzipiellen Unterschiede beim Lagern von Flüssigkeiten und Schüttgütern hinzuweisen. Befindet sich eine Flüssigkeit in Ruhe, bildet sie eine horizontale Oberfläche und kann keine Schubkräfte übertragen. In einem Behälter nimmt der Druck linear mit der Tiefe zu und ist nach allen Richtungen gleich. Ein Schüttgut kann dagegen beliebig geformte Oberflächen bilden bis zu Neigungen, die seinem Böschungswinkel entsprechen. Es kann statische Schubkräfte übertragen, und die Drücke, die es in einem Bunker auf Boden und Wände ausübt, nehmen nicht linear mit der Tiefe zu, sondern streben einem Maximalwert zu. Zudem ist der Druck von der Richtung abhängig und verschieden beim Füllen und Entleeren. Da ein Schüttgut aber auch keine oder nur sehr geringe Zugkräfte übertragen kann, läßt sich sein Verhalten auch nicht mit den Gesetzen des Festkörpers beschreiben.
Das Schüttgut ist also weder eine Flüssigkeit noch ein Festkörper. Nur in Grenzfällen, die nicht Gegenstand dieses Kapitels sind, mögen Analogien zutreffen. Das fluidisierte Schüttgut, das von einem Gasstrom bewegt wird, verhält sich ähnlich wie eine Flüssigkeit (vgl. Abschn. 2.3). Ist das Schüttgut dagegen fest gepackt, z. B. brikettiert, kann es bis zu einem gewissen Grad die Eigenschaften eines Festkörpers zeigen (vgl. Abschn. 6).
Den Schüttgütern im Sinne dieses Kapitels sehr nahe kommen die Materialien der Bodenmechanik. Im Gegensatz zur Aufgabenstellung der Bodenmechanik, die darum bemüht ist, daß die Beanspruchung ihrer Stoffe in Staudämmen, unter Gebäuden usw. so ist, daß es nicht zu Gleitvorgängen oder Brüchen kommt, strebt der Verfahrenstechniker den Fließzustand meist an. Das

Schüttgut soll im Bunker fließen, und die Bildung von Brücken und toten Zonen muß vermieden werden.
In der Literatur kann eine größere Zahl empirischer Definitionen wie Rieselfähigkeit oder Fließfähigkeit nachgelesen werden, die jedoch nicht in der Lage sind, die Fließfähigkeit unabhängig vom Anwendungsfall zu beschreiben. Dieser Forderung sehr nahe kommt der bereits erwähnte Böschungswinkel. Er stellt den maximal möglichen Neigungswinkel einer Schüttgutoberfläche gegen die Horizontale dar. Der Böschungswinkel kann auf mannigfache Art bestimmt werden, z. B. Aufschütten eines Kegels, Auslaufenlassen eines Behälters mit kreisförmiger oder schlitzförmiger Öffnung im horizontalen Boden oder Rotation eines mit Schüttgut gefüllten Zylinders um die horizontale Achse. Es ist leicht einzusehen, daß das Ergebnis von der Art der Messung abhängen wird. So ist der Winkel eines aufgeschütteten Kegels mit seiner konvexen Oberfläche kleiner als der Winkel der konkaven Oberfläche, die im Behälter mit Kreisöffnung bestehen bleibt. Zudem ist der Böschungswinkel nur bei solchen Schüttgütern eine eindeutige und damit reproduzierbare Größe, die beim Fließen keine größeren Schwierigkeiten bereiten. Es sind dies die kohäsionslosen, meist grobkörnigen Schüttgüter, die von den kohäsiven Schüttgütern zu unterscheiden sind.
Aus den Arbeiten, die sich mit dem Fließverhalten von Schüttgütern befaßt haben, folgt, daß der Teilchengrößenbereich, oberhalb dem bei nicht zu feuchtem Schüttgut die Kohäsion zu vernachlässigen ist, bei etwa 100–200 µm liegt. Im Bereich darunter spielt die Kohäsion eine wesentliche Rolle. Sie beruht auf den Haftkräften zwischen den Einzelteilchen (vgl. Abschn. 6). Mit kohäsiven Schüttgütern lassen sich beliebige Böschungswinkel erzeugen. Der Böschungswinkel wird vom Verdichtungszustand abhängig und eignet sich kaum mehr, die Fließfähigkeit hinreichend zu beschreiben.

8.1.1 Fließkriterien

Die Betrachtung des Böschungswinkels zeigt, daß es Grenzzustände gibt, bei deren Unterschreitung Böschungen stabil und bei deren Überschreitung Böschungen instabil sind. Am Übergang müssen bestimmte Bedingungen erfüllt sein. In der Plastizitätslehre spricht man von Fließkriterien. Es ist somit ein Kriterium aufzustellen, das besagt, ob ein Schüttgutelement unter bestimmten Spannungszuständen fließt oder nicht.
Die Bodenmechanik benutzt in Analogie zur Festkörperreibung das Mohr-Coulombsche Fließkriterium. Wirkt auf einen Körper bzw. ein Schüttgutelement eine Druckkraft N, ist zur Bewegung des Körpers längs der Fläche eine Scherkraft S nötig, die der Kraft N proportional ist. Da der Zusammenhang von der Berührfläche A unabhängig ist, wird für die grafische Darstellung Druckspannung $\sigma = N/A$ und Schubspannung $\tau = S/A$ gewählt. Die Gerade im σ,τ-Diagramm Bild 68 – Coloumb-Gerade genannt – ist um den Winkel φ gegen die σ-Achse geneigt und schneidet die τ-Achse beim Wert c. φ ist der Reibungswinkel, $\tan\varphi$ der Reibungskoeffizient und c in Anlehnung an die Nomenklatur der Bodenmechanik die Kohäsion mit der Einheit einer Spannung:

$$\tau = c + \sigma \tan\varphi \qquad (91)$$

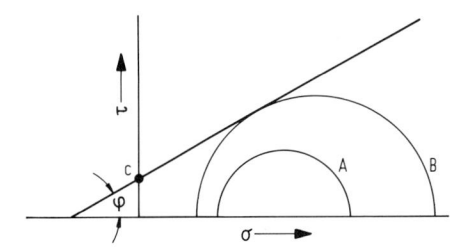

Bild 68. Coulombsches Fließkriterium

120 *Grundzüge der mechanischen Verfahrenstechnik* [Literatur S. 134]

Diese Gleichung stellt ein Fließkriterium dar und besagt, daß Fließen eintritt, wenn die Schubspannung einen Wert gemäß der Gleichung erreicht, bzw. kein Fließen einsetzt, wenn τ kleiner ist. Bei kohäsionslosen Schüttgütern ist $c = 0$.

Die Beanspruchung eines Schüttgutelementes, z. B. in einem Bunker, hängt von der Geometrie der Schüttung, dem Ort in der Schüttung und den wirkenden Kräften, u. a. der Schwerkraft, ab. Je nach Lage eines willkürlich wählbaren x,y-Achsenkreuzes erhält man auf den Flächen $x = \text{konst.}$ und $y = \text{konst.}$ Wertepaare, die sich aus Kräftegleichgewichten ergeben (Bild 69). Es erscheint damit zunächst zufällig, daß die Werte von σ und τ gerade so sind, daß sie auf der Coulomb-Geraden liegen. Die Frage, ob ein Schüttgutelement fließt oder nicht, muß aber unabhängig vom willkürlich wählbaren x,y-Achsenkreuz lösbar sein. Dies ist über Mohrsche Spannungskreise möglich.

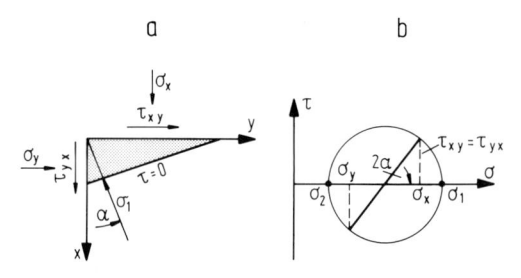

Bild 69. Darstellung der Spannungen beim ebenen Spannungszustand
a Lageplan
b Spannungskreis

Bei der Beanspruchung des Schüttgutelements wird es eine um den Winkel α gegen die x-Achse geneigte Richtung geben, in der σ_1 wirkt. Diese sogenannte Hauptspannung ist dadurch ausgezeichnet, daß auf die entsprechende Fläche keine Schubspannung ($\tau = 0$) wirkt. Sämtliche Spannungszustände σ, τ in beliebigen Schnitten α werden im σ,τ-Diagramm durch den Mohrschen Spannungskreis wiedergegeben. Er ist die grafische Darstellung der sich aus Kräftegleichgewichten ergebenden Zusammenhänge zwischen σ, τ und α. Mit der Größe der beiden Hauptspannungen σ_1 und σ_2 liegen Ort und Größe des Kreises fest. Eine Abhängigkeit vom willkürlich gewählten Achsenkreuz entfällt.

Das Fließkriterium lautet dann (vgl. Bild 68):
– Spannungszustände unterhalb der Coulomb-Geraden verursachen kein Fließen (Kreis A)
– Spannungskreise, die die Coulomb-Gerade tangieren, führen zum Fließen (Kreis B)
– Spannungszustände jenseits der Coulomb-Geraden sind physikalisch nicht möglich.

8.1.2 Verhalten realer Schüttgüter

In der Bodenmechanik muß die Fließgrenze nur in etwa bekannt sein, da sie nicht erreicht werden darf. In der Verfahrenstechnik ist eine genaue Kenntnis erforderlich. In der Bodenmechanik liegen die Drücke in Bereichen bis über 20 bar, im Schüttgutbunker dagegen meist unter 1 bar. Für diesen Druckbereich stellt das Mohr-Coulombsche Fließkriterium eine Näherung dar, die nicht befriedigen kann.

Die Ermittlung der Fließgrenze geschieht experimentell mit Hilfe von Scherversuchen [180–182]. Die Schergeräte der Bodenmechanik konnten nicht oder nur bedingt übernommen werden. Eine Übersicht über mögliche Scherprinzipien, über ihre Vor- und Nachteile und ihre Einsatzgebiete findet sich in [183]. Ein häufig benutztes Schergerät ist das nach *Jenike*, das schematisch in Bild 70 dargestellt ist. Es besteht aus zwei konzentrischen Ringen mit einem Innendurchmesser um 95 mm, von denen der untere bodenseitig geschlossen ist. Die Schüttgutprobe wird mit einer Normalkraft N belastet und durch Verschieben des oberen Ringes geschert. Die dazu nötige Scherkraft S wird gemessen. Werden an mehreren Proben gleicher Ausgangsdichte Scherversuche unter verschiedenen Normalkräften ausgeführt, ergeben die einzelnen Wertepaare N, S Punkte der Fließgrenze dieses Materials. Nach Division durch die Scherfläche erhält man Schubspannung τ und Druckspannung σ, die im σ,τ-Diagramm dargestellt werden (Bild 71). Im Unterschied zur Coulomb-Geraden (Gl. (91)) ergibt sich keine Gerade für die Fließgrenze. Parameter der Fließ-

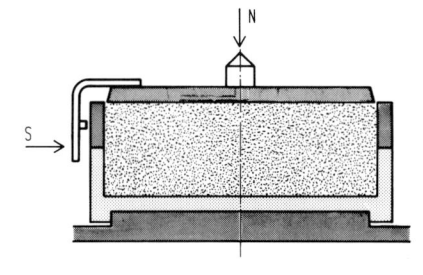

Bild 70. Schergerät nach Jenike

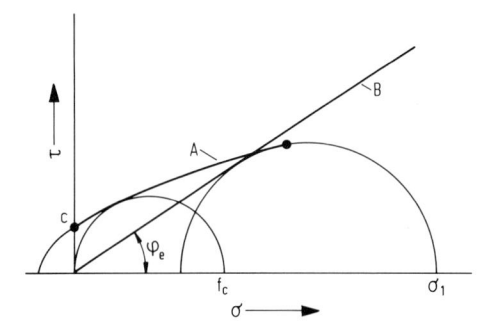

Bild 71. Fließort (A) und effektiver Fließort (B)

grenze, Fließort genannt, ist die Schüttgutdichte ϱ_{Sch}. Ist sie größer, liegt der entsprechende Fließort höher, da bei gleicher Druckspannung σ eine höhere Schubspannung τ zum Scheren nötig ist.
Jeder Fließort hat einen Endpunkt in Richtung steigender Druckspannungen, der dadurch gekennzeichnet ist, daß das Schüttgutelement bei Erreichen dieses Zustandes ohne Änderung der Spannungen und des Volumens fließt (stationäres Fließen). Da keine Änderung eintritt, sind solche Proben der vorgegebenen Schüttgutdichte ϱ_{Sch} unter der zum Endpunkt gehörigen Druckspannung „kritisch verfestigt". Bei Scherversuchen unter größeren Druckspannungen wird das Schüttgutelement im Verlauf des Scherversuchs noch verdichtet, bevor es bei Erreichen eines höher gelegenen Fließortes stationär zu fließen beginnt. Bezogen auf die Druckspannung des Scherversuchs war die entsprechende Probe „unterverfestigt". Schließlich sind Proben „überverfestigt", wenn sie bei Erreichen der Fließgrenze beginnen, sich auszudehnen. Versuche an solchen Proben legen weitere Punkte eines Fließortes fest.
In Bild 71 sind zwei charakteristische Spannungskreise mit den größeren Hauptspannungen σ_1 und f_c eingezeichnet. Der größere Spannungskreis stellt den Spannungszustand des stationären Fließens bei der Schüttgutdichte ϱ_{Sch} dar. f_c ist die Druckfestigkeit des Schüttguts gleicher Schüttgutdichte ϱ_{Sch}. Das Verhältnis beider Größen σ_1/f_c ist eine sinnvolle Größe zur Charakterisierung der Fließfähigkeit und wird u. a. zur quantitativen Bunkerdimensionierung benötigt (vgl. Abschn. 8.2.2). Man unterscheidet etwa folgende Bereiche: sehr kohäsiv für $\sigma_1/f_c < 2$, kohäsiv für $2 < \sigma_1/f_c < 4$, leicht fließend für $4 < \sigma_1/f_c < 10$ und freifließend für $\sigma_1/f_c > 10$.
Die in Bild 71 gezeichnete Gerade mit dem Neigungswinkel φ_e tangiert nicht nur den dargestellten größten Spannungskreis eines Fließortes, sondern angenähert auch die entsprechenden Spannungskreise aller anderen Fließorte. Diese Gerade, effektiver Fließort genannt, gibt somit die stationären Fließzustände unter verschiedenen Drücken bzw. bei unterschiedlichen Schüttgutdichten wieder. *Jenike* führte diese Gerade aus rein mathematischen Erwägungen ein, um ein einfaches Materialgesetz für stationäres Fließen zu erhalten:

$$\frac{\sigma_1}{\sigma_2} = \frac{1 + \sin \varphi_e}{1 - \sin \varphi_e} \qquad (92)$$

φ_e ist ein Maß für die innere Reibung beim stationären Fließen.

Im Gegensatz zu *Jenike*, der das Schüttgut als Kontinuum betrachtet, geht *Molerus* [55] von den interpartikulären Wechselwirkungen aus. Er enthält eine physikalisch begründete Beziehung für den Zustand des stationären Fließens. Im σ, τ-Diagramm ergibt sich ebenfalls eine Gerade, allerdings mit einem Schnittpunkt auf der τ-Achse. Um Widersprüche zu vermeiden, wird empfohlen, den von *Molerus* eingeführten Ort stationären Fließens als stationären Fließort zu bezeichnen.

Der Reibungswinkel φ_w eines Schüttguts gegen ein Wandmaterial kann ebenfalls mit der Scherzelle nach Bild 70 ermittelt werden, nachdem die untere Zellhälfte gegen eine Platte des Wandmaterials ausgetauscht wird.

8.2 Dimensionierung von Bunkern

Über die Dimensionierung von Feststoff-Bunkern wird zusammenfassend in [180–182] berichtet.

8.2.1 Probleme, Fließprofile

Beim Bunkern von Schüttgütern treten folgende Probleme auf:
- Brückenbildung: über der Auslauföffnung bildet sich ein stabiles Gewölbe;
- Schachtbildung: es fließt nur das Schüttgut aus, das sich zentral über der Auslauföffnung befindet;
- Unregelmäßiger Fluß;
- Schießen von Material: bei unregelmäßigem Fluß können feinkörnige Schüttgüter von selbst fluidisiert werden und „schießen" wie eine Flüssigkeit aus dem Bunker;
- Entmischung: bildet sich beim Füllen eines Bunkers ein Schüttgutkegel, gelangt das Grobgut in die Peripherie, wogegen sich das Feingut im Zentrum ansammelt; bildet sich beim Entleeren ein Abflußtrichter, wird zunächst vorwiegend Feingut und gegen Ende vorwiegend Grobgut ausgetragen;
- Füllstandskontrolle: bilden sich tote Zonen im Bunker, ist die Kapazität unbekannt und eine Füllstandsangabe sinnlos;
- Verweilzeitverteilung: bei Bunkern mit toten Zonen wird Schüttgut, das beim Füllen in diese Zonen gelangt, erst beim völligen Entleeren abgezogen, wogegen später eingefülltes Schüttgut sofort wieder ausgetragen wird.

Die Reibungsverhältnisse im Schüttgut und an der Wand und die Bunkerausführung in ihrem untersten Bereich sind die Faktoren, die die Art des Flusses festlegen. Nach *Jenike* wird zwischen Massenfluß und Kernfluß unterschieden (Bild 72).

Beim Massenfluß ist die gesamte Füllung in Bewegung, sobald Schüttgut abgezogen wird. Damit dies eintritt, müssen die Wände entsprechend glatt und steil sein. Wird Brückenbildung ausgeschlossen, treten weitere Probleme nicht auf. Ist die Neigung des Auslauftrichters zu gering oder

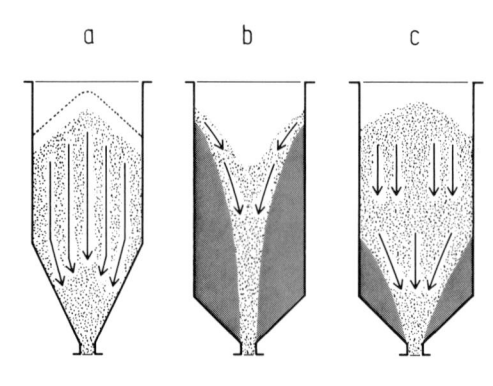

Bild 72. Massenfluß (a) und Kernfluß (b und c)

sind die Wände zu rauh, wird sich der Kernfluß einstellen. Die Grenzen zwischen Massenfluß und Kernfluß ergeben sich bei der mathematischen Behandlung und Lösung des Spannungsfeldes im Bunker. Die Ergebnisse entsprechender Rechnungen nach *Jenike* liegen in Diagrammform vor.

Die Grenzen sind von den drei Winkelgrößen Θ, φ_e und φ_w abhängig. Dabei sind Θ die Neigung des Auslauftrichters gegen die Vertikale, φ_e der Neigungswinkel des effektiven Fließortes (Bild 71) und φ_w der Wandreibungswinkel. Bild 73 zeigt die Grenzen für Massenfluß für den konischen

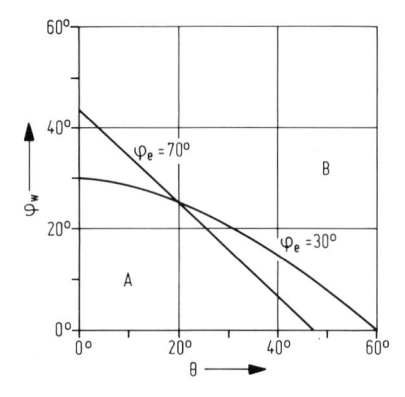

Bild 73. Grenzen zwischen Massenfluß (A) und Kernfluß (B) für den konischen Auslauftrichter

Auslauftrichter. Ein ähnliches Diagramm existiert für den keilförmigen Trichter. Über Scherversuche mit über 500 Schüttgütern aus dem Bereich der chemischen Industrie berichtet *ter Borg* [184].

8.2.2 Vermeidung von Brückenbildung

In Bild 74 ist ein Massenflußbunker dargestellt, der bis zur Höhe H mit Schüttgut gefüllt ist. Daneben sind schematisch drei Druckverläufe über der Höhe dargestellt, die folgende Bedeutung haben:
- σ_1 ist die größere Hauptspannung auf ein an der Wand fließendes Schüttgutelement. σ_1 nimmt mit wachsender Tiefe zu, um vom Übergang zum Auslauftrichter wieder abzunehmen. In der Höhe h' sind Spannungsspitzen möglich (gestrichelt gezeichnet), die sich zwar nicht auf die Größe von σ_1 in Auslaufnähe auswirken, für die statische Auslegung der Bunkerwände aber von Bedeutung sind (vgl. Abschn. 8.2.4).
- f_c ist die Druckfestigkeit des Schüttguts und hängt von σ_1 ab. Daß f_c in den Höhen O und H nicht verschwindet, liegt daran, daß kohäsives Schüttgut auch in nicht-verdichtetem Zustand eine gewisse durch Haftung bedingte Festigkeit besitzt. Im allgemeinen gilt: $\sigma_1/f_c \neq$ konst.

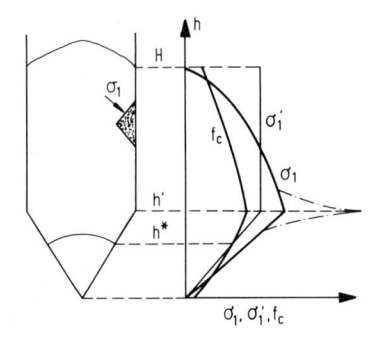

Bild 74. Druckverläufe im Massenflußbunker

- σ_1' ist die Auflagerspannung einer stabilen Schüttgutbrücke. σ_1' ist der Breite bzw. dem Durchmesser des Bunkers direkt proportional. Im Auslauftrichter gilt:

$$\left(\frac{\sigma_1}{\sigma_1'}\right)_{\text{Trichter}} = ff = f(\Theta, \varphi_e, \varphi_w) = \text{konst.} \tag{93}$$

Werte für *ff*, Fließfaktor genannt, können aus Diagrammen von *Jenike* abgelesen werden.

Bei Kenntnis der Verläufe von σ_1, σ_1' und f_c ergibt sich folgendes Kriterium der Brückenbildung: Ist die Auflagerspannung σ_1' größer als die Festigkeit f_c des Schüttguts, ist keine stabile Brücke möglich. Im Fall von Bild 74 muß der Auslauf also mindestens in der Höhe h^* angebracht werden, in der gerade $\sigma_1' = f_c$ ist.

Zeichnet man die über die Fließorte experimentell erhaltene Abhängigkeit $f_c = f_c(\sigma_1)$ und die über Gl. (93) erhaltene Beziehung $\sigma_1' = \sigma_1/ff$ in ein Diagramm gemäß Bild 75, läßt sich das Fließkriterium neu formulieren: Liegt die Kurve für f_c unter der Geraden für σ_1', ist keine Brückenbildung möglich. Aus dem kritischen Wert des Schnittpunkts $f_{c,\,\text{krit}}$ läßt sich auf die kritische Abmessung umrechnen, die Brückenbildung gerade ausschließt.

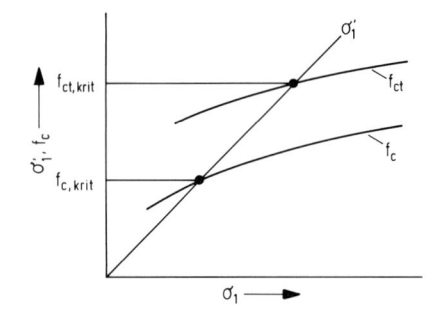

Bild 75. Druckfestigkeit f_c und Auflagerspannung σ_1'

Besteht ein Einfluß der Lagerzeit auf die Festigkeit f_c, erhöhen sich bei konstanten Werten σ_1 die Festigkeiten von f_c auf f_{ct}. Damit nehmen der kritische Wert des Schnittpunktes mit der σ_1'-Geraden, $f_{ct,\,\text{krit}}$, und die Mindestabmessung der Auslauföffnung zur Vermeidung einer Brückenbildung zu. Der Zeiteinfluß auf die Schüttgutfestigkeit wird in Schergeräten ermittelt.

8.2.3 Austraghilfen, Austragorgane

Die Auswertung der Versuche führt damit für einen Massenflußbunker neben der Angabe der Neigung des Auslauftrichters zu einer kritischen Größe der Auslauföffnung, die Brückenbildung ausschließt. Für die Fälle, in denen Massenfluß nicht nötig oder nicht möglich ist und ein Kernflußbunker gebaut wird, kann aufgrund der Scherversuche die Größe der Auslauföffnung angegeben werden, die Brücken- und Schachtbildung ausschließt. Sind die Werte, die sich errechnen lassen, so groß, daß sie konstruktiv nicht gerechtfertigt erscheinen, kann die Öffnung durchaus kleiner ausgeführt werden. Es ist dann aber dafür zu sorgen, daß bis in die Höhe des Trichters, in der der Trichterquerschnitt die errechneten Werte erreicht, Austraghilfen angebracht werden, die ein Gleiten des Schüttguts an der Wand erzwingen.

Mögliche Austraghilfen sind das Einblasen von feinverteilter Luft durch die Trichterwände, die Anwendung von lokal begrenzter Vibration oder der Einsatz mechanischer Rührwerke im Inneren des Trichters. Auch eine gezielte Änderung der Schüttguteigenschaften, z.B. durch Zugabe von Dispergiermitteln oder Herstellen von Mikrogranulaten im Wirbelschichtgranulator (vgl. Abschn. (6.3.1), stellt eine Austraghilfe dar, denn durch die Schüttgutbehandlung wird die Druckfestigkeit f_c reduziert.

Die schließlich festgelegten Auslaufquerschnitte sind meist so groß, daß sich bei freiem Austritt ein Auslaufmassenstrom einstellen würde, der weit über dem geforderten liegt. Es ist also nötig, ein Austragorgan anzuschließen, das die Schüttgutbewegung bremst und die gewünschten Massenströme dosiert austrägt. Bei der Konstruktion von Austragorganen und insbesondere seiner Anpassung an Bunker ist immer auf die Einheit von Bunker, Austragorgan und Austraghilfe zu achten. Ein richtig dimensionierter Massenflußbunker wird niemals zu Massenfluß führen, wenn das Austragorgan nicht über den gesamten Auslaufquerschnitt Schüttgut entnimmt. Dabei ist es unerheblich, ob überall die gleichen Geschwindigkeiten herrschen. Solange das Schüttgut überall in Bewegung ist, bilden sich keine toten Zonen, die wegen der Verringerung des effektiven Auslaufquerschnitts Ausgangspunkt für Brückenbildungen werden könnten. Ist das Austragorgan falsch ausgelegt, können Austraghilfen häufig keine Verbesserungen mehr bringen.

8.2.4 Bunkerauslegung aus statischer Sicht

Ab einer bestimmten Größe ist ein Bunker (oder Silo) ein Bauwerk, dessen Erbauung von der Bauaufsichtsbehörde genehmigt werden muß. Für die Genehmigung sind statische Berechnungen vorzulegen, für die die DIN 1055, Blatt 6 herangezogen wird. Dieses Normblatt basiert auf einer Gleichung von *Janssen* aus dem Jahre 1896. Es werden die am Scheibenelement des Bildes 76 in

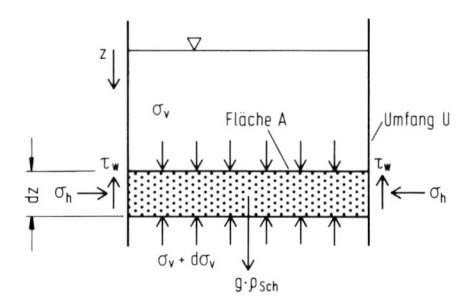

Bild 76. Scheibenelement nach Janssen

der Tiefe z eines Silos angreifenden Kräfte betrachtet. Dabei seien die Drücke gleichmäßig über den Querschnitt verteilt. Zur Verknüpfung von σ_v und τ_w werden das Horizontallastverhältnis λ und der Wandreibungskoeffizient $\tan \varphi_w$ eingeführt:

$$\lambda = \sigma_h / \sigma_v \tag{94}$$

$$\tan \varphi_w = \tau_w / \sigma_h \tag{95}$$

Aus dem Kräftegleichgewicht am Scheibenelement ergibt sich:

$$\sigma_v = \frac{g \cdot \varrho_{Sch} \cdot A}{\lambda \cdot \tan \varphi_w \cdot U} \left(1 - e^{-\frac{\lambda \tan \varphi_w \cdot U}{A} z}\right) \tag{96}$$

σ_h und τ_w folgen aus einer Verknüpfung der Gleichungen (94) bis (96). Bei großen Tiefen geht der Klammerausdruck gegen 1, womit der anfangs genannte Maximalwert des Vertikaldruckes σ_v erreicht ist. Bei einem kreisförmigen Silo des Durchmessers D folgt:

$$\sigma_{v,max} = \frac{g \cdot \varrho_{Sch} \cdot D}{4 \cdot \lambda \cdot \tan \varphi_w}, \tag{97}$$

d.h. der maximale Druck ist unabhängig von der Höhe, dem Durchmesser direkt proportional und dem Wandreibungskoeffizienten umgekehrt proportional. Letzteres ist für die statische Auslegung wichtig, da kleine Wandreibungskoeffizienten große Werte des Horizontaldrucks σ_h und damit dicke Silowände nach sich ziehen.

Da lange bekannt ist, daß die Drücke beim Befüllen und Entleeren verschieden sind, wird auch für die Druckberechnung zwischen beiden Zuständen unterschieden. Da man aber an der *Janssen*-Gleichung, die nur für die Fülldrücke eine gewisse, zumindest praktikable Berechtigung hat, festhalten will, sollen durch entsprechende Anpassung die unterschiedlichen Ergebnisse erhalten werden. In der Fassung der DIN 1055, Blatt 6 von 1964 wurden für $\tan\varphi_w$ und λ unterschiedliche Werte für das Füllen und Entleeren festgelegt, was physikalisch unsinnig ist.

In der Neufassung des Normblattes wird es keine getrennten Parameter für das Füllen und Entleeren geben. Stattdessen werden in einer Tabelle für einzelne Schüttgüter Entleerungsfaktoren angegeben, mit denen die Fülldrücke zu multiplizieren sind, um die Entleerungsdrücke zu erhalten. Das neue Normblatt wird einen akzeptablen Kompromiß darstellen. Silowände können für solche Schüttgüter berechnet werden, die bekannt sind. Bei neuen, nicht in der Tabelle enthaltenen Schüttgütern muß sich der planende Ingenieur bezüglich aller Parameter Gedanken machen.

In Bild 74 sind am Übergang Vertikalteil/Auslauftrichter gestrichelt Spannungsspitzen eingezeichnet. Bei Kernflußbunkern können entsprechende Spitzen auch auftreten, aber nicht am geometrischen Übergang Vertikalteil/Trichter, sondern an der Stelle, an der die Grenzlinie zwischen bewegtem und ruhendem Schüttgut auf die Bunkerwand trifft (s. Bild 72). Da diese Stelle noch nicht vorherberechnet werden kann, mußte das Normblatt so konzipiert werden, daß alle Möglichkeiten abgedeckt werden. Für Massenflußbunker lassen sich die Spannungsspitzen bereits berechnen.

9 Hydraulischer und pneumatischer Transport

9.1 Hydraulischer Transport

Die Rohrströmung von Suspensionen ist nicht nur für reine Transportaufgaben [185, 186] von Bedeutung, sondern auch in der chemischen Technik, so z. B. für den Rohrreaktor zum Lösen von Bauxit bei der Aluminiumerzeugung [187] und in Zukunft wohl insbesondere im Zusammenhang mit der Weiterentwicklung der Kohletechnologie, insbesondere der Kohleverflüssigung [188].

Die hauptsächlich für hydraulische Förderung über längere Distanzen in Frage kommenden Schüttgüter sind [189]: Kohle, Eisenerzkonzentrate, Phosphate, Schwefel, Rohstoffe für die Zementherstellung, Nichteisenerze und deren Konzentrate sowie Abfallprodukte bei der Aufbereitung mineralischer Rohstoffe. Das übliche Förderfluid ist Wasser; über die Verbundförderung von Feststoff (Kohle) und Kohlenwasserstoffen (Methanol) wird derzeit spekuliert.

Übliche Probleme bei der Förderung über lange Distanzen sind:
– Verschleiß der Rohrwand, mehr noch bei den Trennapparaten (Zentrifugen) zur Abtrennung von Feststoff und Fluid: daher sollen die Partikeln nicht zu grobkörnig sein (geringe Fördergeschwindigkeiten);
– je nach Klimazone evtl. frostsichere Verlegung nötig, d.h. Eingraben in das Erdreich;
– Probleme beim An- und Abfahren;
– Wasserentzug von einer Region in eine andere, Verschmutzung des Transportwassers, evtl. Rückführung des Transportwassers an den Ausgangsort nötig.

Vorteile im Vergleich zu anderen Fördersystemen sind:
– vergleichsweise steile Trassen im hügeligen Gelände (bis 16% Steigung) möglich, dabei Energierückgewinnung beim Abwärtsströmen;
– kontinuierlicher Betrieb mit wenig Personal bei jedem Wetter.

Tab. 14. Typische Daten hydraulischer Förderanlagen

System	Länge (km)	Rohrdurchmesser (mm)	Kapazität (10^6 t/a)	Inbetriebnahme
Kohle				
Ohio (USA)	173	254	1,3	1957
Black Mesa (USA)	437	457	4,8	1970
Eisenerzkonzentrat				
Savage River (USA)	85	229	2,5	1967
Peña Colorado (Mexiko)	48	203	1,8	1974
Sierra Grande (Argentinien)	32	203	2,1	1974
Las Truckas (Mexiko)	27	203	1,5	1975
Kupferkonzentrat				
Bougainville	27	152	1,0	1972
West Irian	110	102	0,3	1972
Pinto Valley (USA)	18	102	0,4	1974
Kalkstein				
Trinidad	10	203	0,6	1959
Rugby (England)	91	254	1,7	1964
Calaveras (USA)	27	178	1,5	1971
Australien	70	203	0,9	1975

Zur Beurteilung der apparativen Ausrüstung hydraulischer Förderanlagen sei auf die Spezialliteratur, z. B. [185] verwiesen. Zur Vorausberechnung des Druckverlustes bei stationärer Förderung im geraden Rohr siehe [55].
Typische Daten hydraulischer Förderleitungen sind in Tab. 14 aufgelistet [190].

9.2 Pneumatischer Transport

9.2.1 Vor- und Nachteile der pneumatischen Förderung

Der pneumatische Feststofftransport konnte Eingang in Mühlenbetriebe, in Kraftwerke für die Staubfeuerung und Entaschung, in die chemische Industrie und in die Verladeanlagen des Straßen-, Schienen- und Schiffsverkehrs finden [191, 192].
Gründe für die weite Verbreitung der pneumatischen Förderung liegen
– in der hohen Anpassungsfähigkeit der Förderstrecken an die örtlichen Gegebenheiten,
– in der umweltfreundlichen Gestaltung (staubfreie Förderung),
– in der Vielfalt an Schaltungsmöglichkeiten durch Rohrweichen,
– im geringen Wartungsaufwand für die Förderleitung,
– in der Möglichkeit, während des Fördervorgangs chemische oder physikalische Prozesse durchzuführen,
– in der Möglichkeit, luftempfindliche Feststoffe mit Schutzgas zu fördern.
Die Vorteile überwiegen häufig gegenüber den Nachteilen der pneumatischen Förderung. Diese sind im wesentlichen im relativ hohen Energieverbrauch gegenüber sonstigen Fördereinrichtungen, wie Bändern, Becherwerken usw., im Verschleiß der Rohrleitungen, besonders der Krümmer, im Produktabrieb und in der gegebenenfalls aufwendigen Fördergasreinigung am Ende der Förderstrecke zu sehen.

9.2.2 Förderzustände

Die horizontale pneumatische Förderung kann bei verschiedenen Förderzuständen erfolgen. Senkt man bei konstantem Feststoffmassenstrom die Luftgeschwindigkeit, so kann man die in Bild 77 dargestellten Förderzustände beobachten [192].

	v (m/s)	w/v	μ	$\Delta p/l$ (bar/100m)
Flugförderung	20–40	0,5–0,8	1–10	0,1–1
Strähnenförderung	15–30	0,3–0,6	5–50	1–2
Strähnen- und Ballenförderung	10–30	0,4–0,8	20–50	1–2,5
Pfropfenförderung	5–15	0,6–0,9	30–100	1–2,5

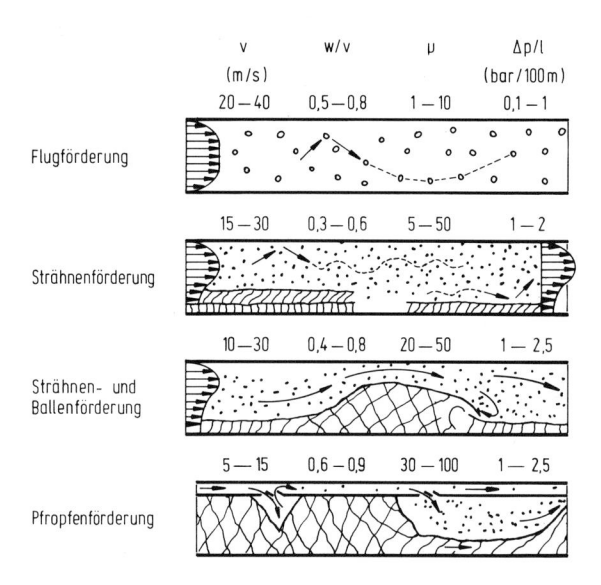

Bild 77. Förderzustände bei horizontaler pneumatischer Förderung (Die Zahlen beziehen sich auf DN 100) [192]

Bei großer Gasgeschwindigkeit v bewegen sich die Partikeln homogen über den Rohrquerschnitt verteilt durch das Förderrohr. Dieser Förderzustand wird als Flugförderung bezeichnet (Bild 77). Die Flugförderung wird im allgemeinen bei der Förderung von grobem Gut mit Korngrößen $d > 1$ mm und bei Gasgeschwindigkeiten $v > 20$ m/s angewandt. Das Verhältnis w/v von Partikelgeschwindigkeit zu Gasgeschwindigkeit beträgt dabei $w/v \simeq 0{,}5$–$0{,}8$. Bei Verringerung der Gasgeschwindigkeit tritt eine Entmischung der Zweiphasenströmung ein, die sogenannte Strähnenförderung wird erreicht. Ein Teil des Feststoffs gleitet als Strähne am Rohrboden, während der andere Teil fliegend über der Strähne transportiert wird. Wird die Gasgeschwindigkeit weiter abgesenkt, bilden sich streckenweise Feststoffballen am Rohrboden aus, und es kommt zur Ballenförderung. Bei noch weiterer Verkleinerung der Gasgeschwindigkeit können sich einzelne Ballen zu Pfropfen zusammenlagern. Bei kleinen Beladungen stellt sich beim Übergang von der Ballen- zur Pfropfenförderung eine Förderung über einer am Boden liegenden Strähne ein. Ballenförderung und Pfropfenförderung sind instationäre Förderzustände, bei denen bei Förderung feinkörniger Güter die Gefahr der Anlagenverstopfung besteht. Bei Förderung in diesen Förderzuständen ist deshalb eine sichere pneumatische Förderung vielfach nur mit zusätzlichen Hilfseinrichtungen, wie z. B. einer innenliegenden Belüftungsleitung zu erreichen (Bild 77) [193, 194]. Bei grobkörnigen Gütern ist dagegen auch mit der Ballen- und Pfropfenförderung eine problemlose Förderung zu erreichen.

Bei der vertikal-aufwärts gerichteten pneumatischen Förderung treten der horizontalen Förderung analoge Förderzustände auf (Bild 78). Bei großen Gasgeschwindigkeiten wird das Fördermaterial homogen über den Rohrquerschnitt verteilt durch die Förderleitung transportiert. Bei kleineren Gasgeschwindigkeiten geht die Flugförderung in die Ballenförderung über. Bei einer weiteren Verkleinerung der Gasgeschwindigkeit wird der Feststoff in Form von Strähnen gefördert. Eine Verkleinerung der Gasgeschwindigkeit unterhalb der Sinkgeschwindigkeit der Einzelpartikel führt schließlich zur Pfropfenförderung.

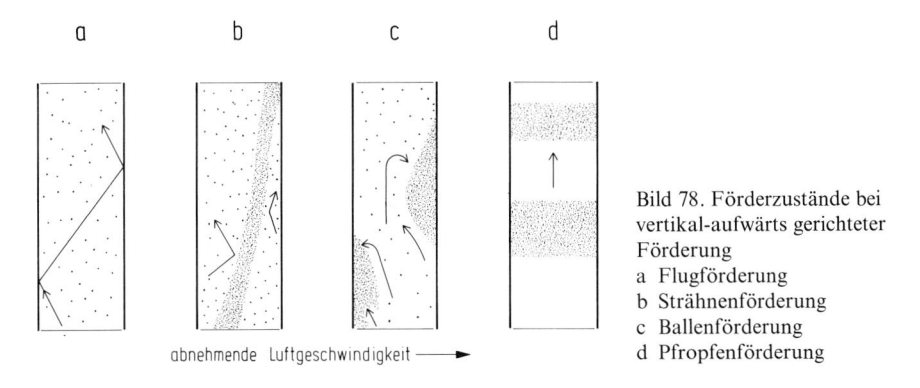

Bild 78. Förderzustände bei vertikal-aufwärts gerichteter Förderung
a Flugförderung
b Strähnenförderung
c Ballenförderung
d Pfropfenförderung

9.2.3 Auslegung von pneumatischen Förderanlagen

Die für die Förderung aufzubringende Leistung ist im wesentlichen durch den erforderlichen Massenstrom des Fördergases und die Druckabfälle in gegebenenfalls horizontalen und vertikalen Förderstrecken, Krümmerdruckverluste, Druckabfall in der Beschleunigungsstrecke sowie gegebenenfalls in den Vorrichtungen zum Abtrennen der Partikeln vom Fördergas festgelegt. Die zu installierende Gebläsekapazität kann unter Umständen auch durch die Forderung festgelegt sein, daß nach Beendigung der Förderung die Förderleitung völlig frei von Fördergut geblasen werden muß [192].

Bei der pneumatischen Förderung geht man von der Annahme aus, daß sich der an einer Förderanlage einstellende Gesamtdruckverlust Δp additiv aus dem Druckverlust der Gasströmung Δp_G, hervorgerufen durch die Wandreibung des Fluids, und dem durch den Feststofftransport hervorgerufenen Zusatzdruckverlust Δp_Z zusammensetzt [185, 192].

Da nach dieser Vorstellung die im Förderrohr befindlichen Feststoffpartikeln die Luftströmung nicht beeinflussen, kann der Gasdruckverlust Δp_G längs des Rohrstücks der Länge Δl für ein Fluid mit der Dichte ϱ_f in einem Rohr vom Durchmesser D mit den bekannten Formeln der Einphasenrohrströmung berechnet werden:

$$\Delta p_G = \frac{1}{2} \varrho_f v^2 \frac{\Delta l}{D} \lambda_G . \tag{98}$$

Flugförderung

Für den Bereich der Flugförderung konnte ein Zustandsdiagramm entwickelt werden (Bild 79). Für diesen Strömungszustand erhält man aus der Kräfte- und Momentenbilanz an den Feststoffpartikeln einen Zusammenhang zwischen drei dimensionslosen Kennzahlen [55].

$$F\left\{\sqrt{\frac{\varrho_f}{\varrho_s}} \cdot \frac{v_{rel}}{v} ; \sqrt{\frac{\varrho_s}{\varrho_f}} \cdot \frac{v}{\sqrt{(\varrho_s/\varrho_f - 1)dg}} ; \frac{w_g}{\sqrt{(\varrho_s/\varrho_f - 1)Dg}}\right\} = 0 \tag{99}$$

mit denen Druckverlustmeßwerte eindeutig wiedergegeben werden können. In Gl. (99) bezeichnen v_{rel} die mittlere Relativgeschwindigkeit zwischen Fluid und Partikeln bzw. ϱ_s die Feststoffdichte, w_g die Partikelsinkgeschwindigkeit. Im Zustandsdiagramm der horizontalen Flugförderung (Bild 79) ist der durch die Förderung verursachte Zusatzdruckverlust und gleichzeitig der Förderzustand dimensionslos durch die Kennzahl $\sqrt{\varrho_f/\varrho_s} \cdot v_{rel}/v$ darstellt.

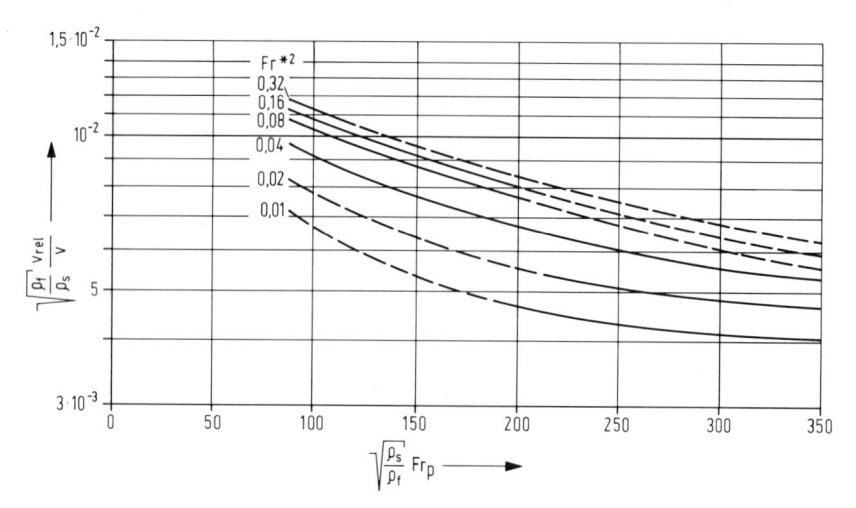

Bild 79. Zustandsdiagramm für die horizontale pneumatische Flugförderung [55]

Den rechnerischen Partikelschlupf erhält man aus der Leistungsbilanz an den Partikeln:

$$\frac{\Delta p_z}{\varrho_f \mu g \Delta l}\left(\frac{w_g}{v}\right)^2 = \frac{(v_{rel}/v)^2}{1 - v_{rel}/v} \tag{100}$$

Auf der Abszisse ist die Leerrohrgeschwindigkeit als eine dimensionslose Froude-Zahl

$$\sqrt{\frac{\varrho_s}{\varrho_f}} Fr_p = \sqrt{\frac{\varrho_s}{\varrho_f}} \frac{v}{\sqrt{(\varrho_s/\varrho_f - 1)dg}} \tag{101}$$

wiedergegeben. Eine bestimmte Kombination von Partikeln, Fördergas und Rohrdurchmesser ist durch eine Parameterlinie

$$\frac{w_g^2}{(\varrho_s/\varrho_f - 1)Dg} = Fr^{*2} = \text{const.} \tag{102}$$

festgelegt. Die ausgezogenen Kurven sind durch Messungen abgedeckt, während die gestrichelt gezeichneten Kurven durch Extrapolation anhand benachbarter Kurvenverläufe gewonnen wurden [55].

Für eine vorgegebene Förderaufgabe, festgelegt durch die Kennzahlen Fr^{*2} und $\sqrt{\varrho_s/\varrho_f} \cdot Fr_p$ berechnet man mit dem auf der Ordinate abgelesenen Partikelschlupf mit der Druckverlustgleichung (100) den dimensionslosen Zusatzdruckverlust und aus dieser Kennzahl schließlich den zu erwartenden Zusatzdruckverlust.

Strähnenförderung

Auch für den Bereich der Strähnenförderung in der Nähe der Stopfgrenze konnte ein Zustandsdiagramm entwickelt werden (Bild 80) [195].
Über der durch

$$Fri = \frac{v}{\sqrt{(\varrho_s/\varrho_f - 1)(1 - \varepsilon)Dgf_r}} \tag{103}$$

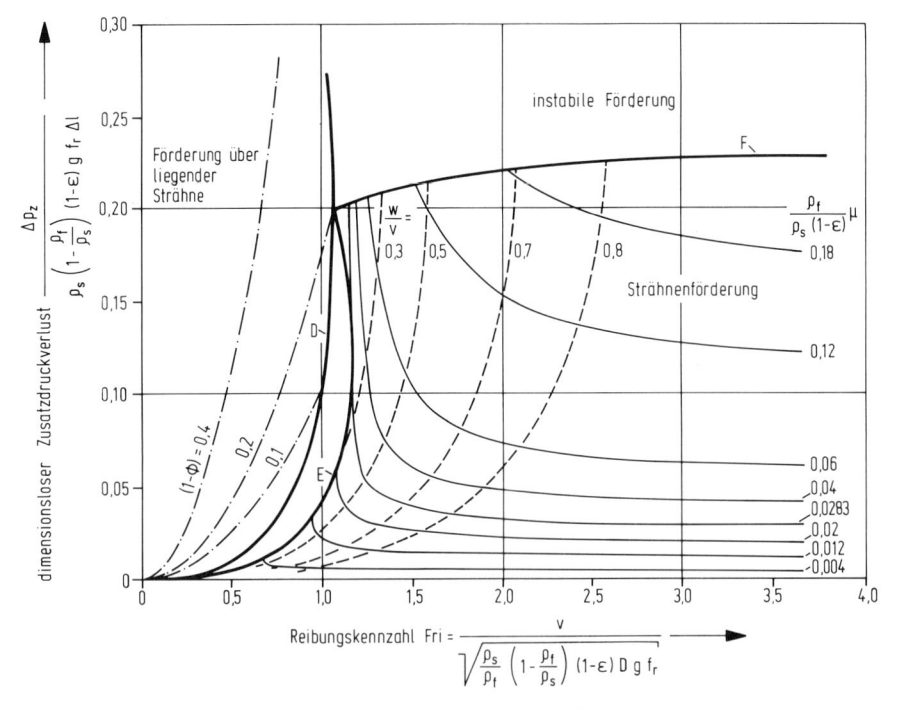

Bild 80. Zustands- und Zusatzdruckverlustdiagramm der stabilen horizontalen pneumatischen Strähnenförderung ($\varepsilon = 0{,}4$) [195]

definierten dimensionslosen Geschwindigkeitskennzahl (Reibungskennzahl) ist der Zusatzdruckverlust dimensionslos in Form der Kennzahl

$$\frac{\Delta p_z}{(\varrho_s - \varrho_f)(1 - \varepsilon) g f_r \Delta l}$$

aufgetragen. In beiden Kennzahlen bezeichnet f_r den für die jeweilige Kombination von Fördergut und Wandmaterial gültigen Reibwert f_r. Das Volumenstromverhältnis von Fördergut zu Förderluft $\varrho_f \mu / \varrho_s (1 - \varepsilon)$ tritt in dem Zustandsdiagramm (Bild 80) als Parameter auf. Alle drei Kennzahlen enthalten die Strähnenporosität ε. Die gestrichelten Linien im Bereich der Strähnenförderung $w/v = $ const. stellen das Verhältnis von Strähnengeschwindigkeit w zu Geschwindigkeit v oberhalb der Strähne dar. Die theoretisch gewonnenen Grenzkurven E und F begrenzen das Gebiet der stabilen Förderung und entsprechen somit der Stopfgrenze.

Der zur Förderung notwendige Zusatzdruckverlust im Bereich der Strähnenförderung kann damit wie folgt berechnet werden: Die Reibungskennzahl und das Volumenstromverhältnis sind für eine bestimmte Förderaufgabe festgelegt. Damit ist ein Punkt im Zustandsdiagramm der Strähnenförderung (Bild 80) eindeutig bestimmt. Der zur Förderung notwendige dimensionslose Zusatzdruckverlust kann auf der Ordinate abgelesen werden.

Stopfgrenze

Trägt man für die das Gebiet der stabilen Förderung begrenzenden Kurven E und F das Volumenstromverhältnis über der Reibungskennzahl auf, so erhält man die in Bild 81 dargestellte Stopfgrenze der horizontalen Förderung, die für eine Vielzahl grobkörniger Stoffe überprüft wurde [196].

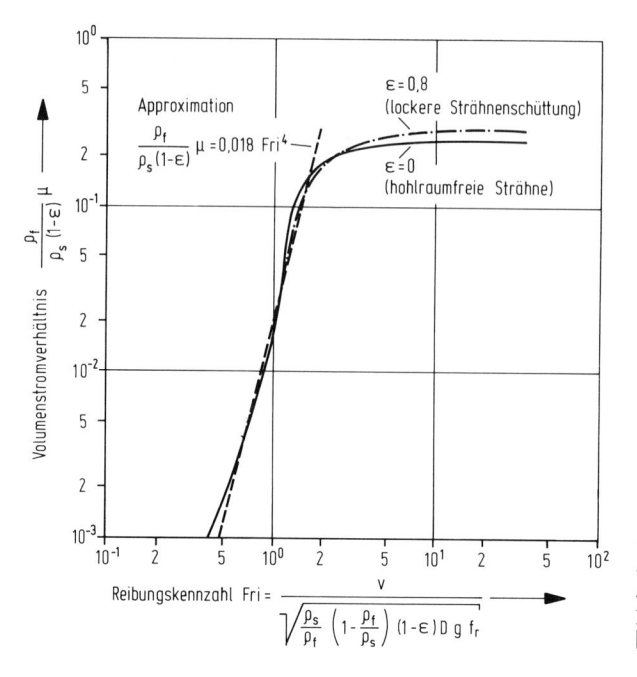

Bild 81. Berechnete Stopfgrenze und Näherungsgleichung bei horizontaler pneumatischer Förderung [197]

Wie aus Bild 81 ersichtlich, erhält man mit der eingezeichneten Näherungsgleichung

$$\frac{\varrho_f}{\varrho_s(1-\varepsilon)}\mu = 0{,}018\, Fri^4 \tag{104}$$

eine für die Praxis genügend genaue Beschreibung der theoretisch für eine unendlich steile Verdichtercharakteristik abgeleiteten Stopfgrenze [197].
Mit Hilfe der Bilder 79 und 80 kann für die stabile horizontale Förderung der Zusatzdruckverlust im gesamten Geschwindigkeitsbereich berechnet werden. Beim Zustandsdiagramm der Strähnenförderung (Bild 80) wird vorausgesetzt, daß praktisch das gesamte Fördergut in Form einer Strähne transportiert wird, während beim Zustandsdiagramm der Flugförderung (Bild 79) vorausgesetzt wird, daß das gesamte Fördergut fliegend gefördert wird. Es bietet sich daher für die Zusatzdruckverlustberechnung an, den Druckverlust der Flugförderung von dem Punkt an zu berücksichtigen, ab dem dieser oberhalb des Druckverlustes der Strähnenförderung liegt. Ent-

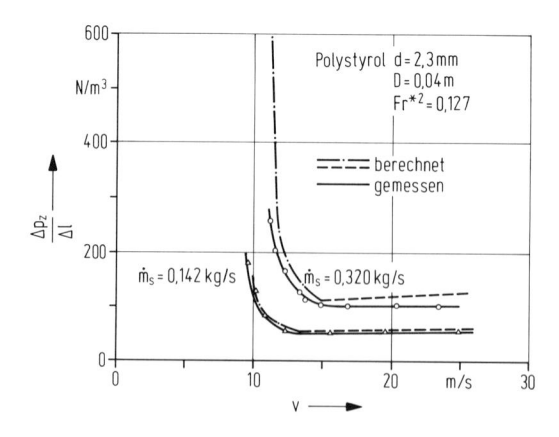

Bild 82. Vergleich von gemessenen und berechneten Druckverlusten bei der stabilen horizontalen pneumatischen Förderung

sprechend dieser Vorgehensweise sind Messungen mit den theoretischen Vorhersagen in Bild 82 verglichen.

9.2.4 Anlagen zur pneumatischen Förderung

In Saugförderanlagen kann anlagenbedingt ein maximales Druckgefälle $\Delta p = 1$ bar realisiert werden. In der Praxis beträgt das für die Förderung selbst zur Verfügung stehende Druckgefälle meist nur $\Delta p \simeq 0{,}6$ bar. Dies bedeutet, daß Saugförderanlagen in aller Regel nur für kurze Förderstrecken zum Einsatz kommen. Die dabei zu erreichenden Beladungen sind meist $\mu < 10$, d.h., daß mit diesen Anlagen meist weniger als 10 kg Feststoff mit 1 kg Gas gefördert werden können.

Bei Druckförderanlagen unterscheidet man zwischen
- Niederdruck-Anlagen mit einem Druckgefälle $< 0{,}2$ bar,
- Mitteldruck-Anlagen mit einem Druckgefälle von $0{,}2$–$0{,}7$ bar,
- Hochdruck-Anlagen mit einem Druckgefälle $> 0{,}7$ bar.

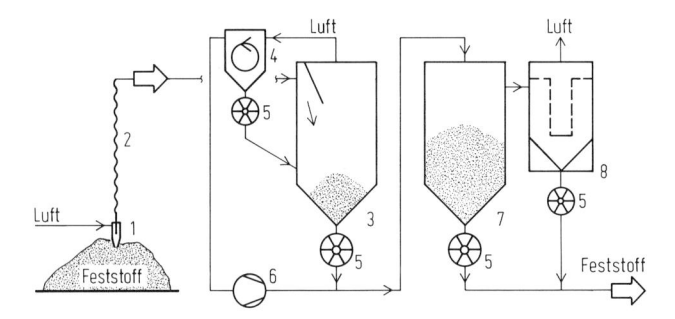

Bild 83. Pneumatische Saug-Druck-Förderanlage [179]
1 Saugdüse, 2 Saugförderleitung, 3 Schwerkraftabscheider, 4 Zyklonabscheider, 5 Zellenradschleusen, 6 Gebläse, 7 Silo, 8 Filter

Es sind auch kombinierte Saug-Druck-Förderanlagen (Bild 83) im Einsatz, bei denen die Ansaugseite des Gebläses direkt mit der Saugförderanlage und die Druckseite des Gebläses mit der Druckförderanlage gekoppelt ist. Bild 84 gibt einen schematischen Überblick über die Einsatzgebiete pneumatischer Förderanlagen.

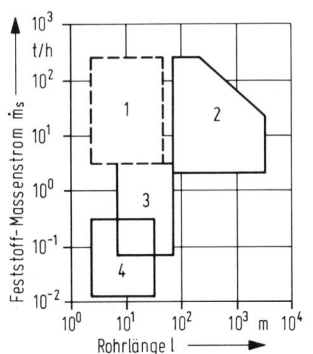

Bild 84. Einsatzgebiete pneumatischer Förderanlagen [192]
1 Fließrinnen vom Silo zum Schiff, von Silos zu den Druckförderern, Entaschungen;
2 Hochdruck-, Mitteldruckförderung, Schiffsentladung, Abbrandförderung, Grundstoffe und Zwischenprodukte in der Chemie, landwirtschaftliche Produkte, Nahrungsmittel;
3 Mitteldruckförderung von Apparat zu Apparat, Stromtrockner, Kühlstrecken;
4 Niederdruckförderung, Absaugung, Maschinenbeschickung und Abnahme

Die in Bild 84 mit aufgenommenen Fließrinnen sind eine Modifikation der pneumatischen Förderung. Bei Fließrinnen wird das Gut auf einer geneigten porösen Platte von unten mit Luft angeströmt und in Form eines Fließbettes transportiert.

Literaturverzeichnis

1. *Rumpf, H.:* Mechanische Verfahrenstechnik. München–Wien: Carl Hanser 1975.
2. *Brauer, H.:* Grundlagen der Einphasen- und Mehrphasenströmungen. Aarau–Frankfurt/Main: Sauerländer 1971.
3. *Grassmann, P.:* Physikalische Grundlagen der Verfahrenstechnik. 3. Aufl. Aarau–Frankfurt/Main: Salle, Sauerländer 1983.
4. *Schubert, H.:* Aufbereitung fester mineralischer Rohstoffe. 3. Aufl. Bd. 1. Leipzig: Deutscher Verlag für Grundstoffindustrie 1975.
5. *Schubert, H.:* Aufbereitung fester mineralischer Rohstoffe. 2. Aufl. Bd. 2. Leipzig: Deutscher Verlag für Grundstoffindustrie 1972.
6. *Ullrich, H.:* Mechanische Verfahrenstechnik. Berlin–Heidelberg–New York: Springer 1967.
7. *Rumpf, H.:* Chem.-Ing.-Tech. 33 (1961), 502.
8. *Leschonski, K.*, in Ullmanns Encyclopädie der technischen Chemie. 4. Aufl. Bd. 2, S. 24. Weinheim: Verlag Chemie 1972.
9. *Leschonski, K.:* Chem.-Ing.-Tech. 49 (1977), 708.
10. *Cauchy, A.:* Comptes Rendus 13 (1841), 1060.
11. *Wadell, H.:* J. Geol. 40 (1932), 443; 41 (1933), 310.
12. *Rumpf, H.:* Staub-Reinhalt. Luft 27 (1967), 3.
13. *Rumpf, H., Ebert, K. F.:* Chem.-Ing.-Tech. 36 (1964), 523.
14. *Leschonski, K., Alex, W., Koglin, B.:* Chem.-Ing.-Tech. 46 (1974), 23, 101.
15. *Gaudin, A. M.:* Trans. Am. Inst. Min., Metall. Pet. Eng. 73 (1926), 253.
16. *Schuhmann, R.:* Am. Inst. Mining Met. Engrs., Tech. Pub. 1940, Nr. 1189.
17. *Rosin, P., Rammler, E., Sperling, K.:* Berichte des Reichskohlenrates C52. Berlin: VDI-Verlag 1933. Wärme 56 (1933), 783.
18. *Rammler, E.:* VDI Z. Beih. Verfahrenstechnik 1937, Nr. 5, 161.
19. *Bennett, I. G.:* J. Inst. Fuel 10 (1936), 22.
20. *Hamielec, A. E., Hoffmann, T. W., Ross, L. L.:* AIChE J. 13 (1967), 212.
21. *Dennis, S. C. R., Walker, J. D. A.:* J. Fluid Mech. 48 (1971), 771.
22. *Ihme, F., Schmidt-Traub, H., Brauer, H.:* Chem.-Ing.-Tech. 44 (1972), 306.
23. *Schlichting, H.:* Grenzschicht-Theorie. 8. Aufl. Karlsruhe: Braun 1982.
24. *Tchen, C. M.:* Mean Value and Correlation Problems Connected with the Motion of Small Particles Suspended in a Turbulent Fluid. Diss., Univ. Delft 1947.
25. *Brush, L. M., Ho, H. W., Yen, B. C.:* Proc. Am. Soc. Civ. Eng. 90 (1964), HY1, 149.
26. *Torobin, L. B., Gauvin, W. H.:* Can. J. Chem. Eng. 37 (1959), 224.
27. *Sawatzki, O.:* Über den Einfluß der Rotation und der Wandstöße auf die Flugbahnen kugeliger Teilchen im Luftstrom. Diss., Univ. Karlsruhe 1960.
28. *Brenner, H.:* Chem. Eng. Sci. 18 (1963), 1; 19 (1964), 599.
29. *Bernotat, S.:* Untersuchung eines Querstromsichtverfahrens. Diss., Univ. Karlsruhe 1974.
30. *Watzel, G.:* VDI-Forschungsh. 36 (1970) Nr. 541.
31. *Mühle, J.:* Chem.-Ing.-Tech. 43 (1971), 1158; 44 (1972), 889.
32. *Maly, K.:* Untersuchung der Partikel-Strömungsmittel-Wechselwirkung im Strahlumlenkwindsichter. Diss., Univ. Karlsruhe 1978.
33. *Wolf, K., Rumpf, H.:* VDI Z. Beih. Verfahrenstechnik 1941, Nr. 2, 29.
34. *Dobbins, R. A., Konti, K. A., Yeo, D.:* 2nd World Filtration Congress. London, Sept. 1979. Bericht, S. 145.
35. *Stenhouse, J. I. T., Trow, M., Chard, N. T. J.:* Gas Borne Particles, 7th Thermodynamics and Fluid Mechanics Conference. Oxford, Juni 1981. Bericht, S. 31.
36. *Mothes, H.:* Bewegung und Abscheidung der Partikeln im Zyklon. Diss., Univ. Karlsruhe 1982.
37. *Lang, P., Lenze, B.:* Gas Wärme Int. 30 (1981), 133.
38. *Herne, H.:* Int. J. Air Pollut. 3 (1960), 26.
39. *Leschonski, K., de Silva, S.:* Chem.-Ing.-Tech. 50 (1978), 556.
40. *Schuch, G., Löffler, F.:* Verfahrenstechnik (Mainz) 12 (1978), 302.
41. *Löffler, F., Muhr, W.:* Chem.-Ing.-Tech. 44 (1972), 510.
42. *Pich, J.*, in *Orr, C.* (Herausgeber): Filtration, Principles and Practices. Bd. 1, S. 2. New York–Basel: Marcel Dekker 1977.

43. *Kirsch, A. A., Stechkina, J. B.:* The Theory of Aerosol Filtration with Fibrous Filters. In *Shaw, D. T.* (Herausgeber): Fundamentals of Aerosol Science. New York: Wiley-Interscience 1978.
44. *Suneja, S. K., Lee, C. H.:* Atmos. Environ. 8 (1974), 1081.
45. *Lorentz, H. A.:* Abhandlungen über theoretische Physik. S. 23. Leipzig: Teubner 1906–1907.
46. *Ladenburg, R.:* Annalen der Physik, 4. Folge, 23 (1907), 447.
47. *Brenner, H., Happel, J.:* J. Fluid Mech. 4 (1958), 195.
48. *Rubin, G.:* Widerstands- und Auftriebsbeiwerte von ruhenden, kugelförmigen Partikeln in stationären, wandnahen, laminaren Grenzschichten. Diss., Univ. Karlsruhe 1977.
49. *Bauckhage, K.:* Zur Entmischung nicht sedimentierender Suspensionen bei laminarer Rohrströmung. Diss., Techn. Univ. Clausthal 1973.
50. *Goldman, A. J., Cox, R. G., Brenner, H.:* Chem. Eng. Sci. 21 (1966), 1151.
51. *Koglin, B.:* Chem.-Ing.-Tech. 43 (1971), 761.
52. *Ergun, S.:* Chem. Eng. Prog. 48 (1952), 89.
53. *Geldart, D.:* Chem. Ind. (London) 1967, 1474.
54. *Werther, J.:* Chem.-Ing.-Tech. 49 (1977), 193.
55. *Molerus, O.:* Fluid-Feststoff-Strömungen. Berlin–Heidelberg–New York: Springer 1982.
56. *Reh, L.:* Chem.-Ing.-Tech. 40 (1968), 509.
57. *Geldart, D.:* Powder Technol. 7 (1973), 285.
58. *Mathur, K. B.,* in *Davidson, J. F., Harrison, D.* (Herausgeber): Fluidization. S. 711. London–New York: Academic Press 1971.
59. *Jackson, R.,* in *Davidson, J. F., Harrison, D.* (Herausgeber): Fluidization. S. 65. London–New York: Academic Press 1971.
60. *Rowe, P. N.,* in *Davidson, J. F., Harrison, D.* (Herausgeber): Fluidization. S. 121. London–New York: Academic Press 1971.
61. *Werther, J.:* Chem.-Ing.-Tech. 48 (1976), 339.
62. *Werther, J.:* GVC/AIChE-Joint Meeting und Jahrestreffen. München, Sept. 1974. Preprints, Bd. 3 (1974), E2-2/1.
63. *Beranek, J., Rose, K., Winterstein, G.:* Grundlagen der Wirbelschichttechnik. Mainz: Krausskopf 1975.
64. *Kunii, D., Levenspiel, O.:* Fluidization Engineering. New York: Wiley 1969.
65. *Gupte, A. R.:* Pharm. Ind. 35 (1973), 17.
66. *Kaiser, F.:* Chem.-Ing.-Tech. 45 (1973), 676.
67. *Elmas, M.:* Fluidised Bed Powder Coating. London: Powder Advisory Centre 1973.
68. *Leschonski, K.:* Chem.-Ing.-Tech. 50 (1978), 194.
69. *Koglin, B., Leschonski, K., Alex, W.:* Chem.-Ing.-Tech. 46 (1974), 289.
70. *Leschonski, K.,* in Ullmanns Encyklopädie der technischen Chemie. 4. Aufl. Bd. 5, S. 725. Weinheim: Verlag Chemie 1980.
71. *Fernandez, E., Suter, P.:* Brennst.–Wärme–Kraft 26 (1974), 502.
72. *Röthele, S., Leschonski, K.:* Proc. 5th Int. Powder Technol. Bulk Solids Conf. 1978, S. 71. Basel, März 1978.
73. *Koglin, B.:* Chem.-Ing.-Tech. 46 (1974), 720.
74. *Leschonski, K., Alex, W., Koglin, B.:* Chem.-Ing.-Tech. 46 (1974), 563, 641, 729.
75. *Rumpf, H., Alex, W., Johne, R., Leschonski, K.:* Ber. Bunsenges. Phys. Chem. 71 (1967), 253.
76. *Alex, W.:* Aufbereitungstechnik 13 (1972), 105, 168, 639.
77. *Alex, W., Koglin, B., Leschonski, K.:* Chem.-Ing.-Tech. 46 (1974), 387, 477.
78. *May, K. R.:* J. Sci. Instrum. 42 (1965), 500.
79. *Gardiner, J. A.:* Instrum. Pract. 22 (1968), 50.
80. *Endter, F., Gebauer, H.:* Optik 13 (1956), 97.
81. *Hermes, K., Kesten, U.:* Chem.-Ing.-Tech. 53 (1981), 780.
82. *Broßmann, R.:* Die Lichtstreuung an kleinen Teilchen als Grundlage einer Teilchengrößenbestimmung. Diss., Techn. Hochschule Karlsruhe 1966.
83. *van de Hulst, H. C.:* Light Scattering by Small Particles. New York: Wiley 1957.
84. *Cornillaut, J.:* Appl. Opt. 11 (1972), 265.
85. *Leschonski, K., Alex, W., Koglin, B.:* Chem.-Ing.-Tech. 46 (1974), 821.
86. *Leschonski, K.:* Powder Technol. 24 (1979), 115.
87. *Leschonski, K.,* in Ullmanns Encyklopädie der technischen Chemie. 4. Aufl. Bd. 2, S. 35. Weinheim: Verlag Chemie 1972.
88. *Batel, W.:* Entstaubungstechnik. Berlin: Springer 1972.

89. *Ebert, F.:* Chem.-Ing.-Tech. 50 (1978), 181.
90. *Soo, S.L.:* The Fluid Dynamics of Multiphase Systems. Waltham/Mass.: Blaisdell Publishing 1967.
91. VDI-Richtlinie 3676: Massenkraftabscheider. Düsseldorf: VDI-Verlag 1980.
92. *Bohnet, M.:* Chem.-Ing.-Tech. 54 (1982), 621.
93. *Muschelknautz, E.*, in VDI-Berichte 363 (1980), 49.
94. *Barth, W.:* Brennst.–Wärme–Kraft 8 (1956), 1.
95. *Dietz, P.:* AIChE J. 27 (1981), 888.
96. *Holzer, K.:* Technik der Gas-Feststoffströmung, Sichten, Abscheiden, Fördern, Wirbelschichten. Tagung Düsseldorf, Dez. 1981. Preprints, S. 99. Düsseldorf: VDI-Gesellschaft Verfahrenstechnik und Chemieingenieurwesen (GVC) 1981.
97. VDI-Richtlinie 3679: Naßarbeitende Abscheider. Düsseldorf: VDI-Verlag 1980.
98. *Weber, E., Brocke, W.:* Apparate und Verfahren der industriellen Gasreinigung. Bd. 1: Feststoffabscheidung. München: Oldenbourg 1973.
99. *Löffler, F., Schuch, G.:* Filtration & Separation 18 (1981) Nr. 1, 70.
100. *Löffler, F.:* Technik der Gas-Feststoffströmung, Sichten, Abscheiden, Fördern, Wirbelschichten. Tagung Düsseldorf, Dez. 1981. Preprints, S. 77. Düsseldorf: VDI-Gesellschaft Verfahrenstechnik und Chemieingenieurwesen (GVC) 1981.
101. *Löffler, F.:* Chem.-Ing.-Tech. 52 (1980), 312.
102. *Davies, C.N.:* Air Filtration. London: Academic Press 1973.
103. *Dietrich, H.:* Staub-Reinhalt. Luft 39 (1979), 314.
104. VDI-Richtlinie 3677: Filternde Abscheider. Düsseldorf: VDI-Verlag 1980.
105. *Klingel, R.:* Untersuchung der Partikelabscheidung aus Gasen an einem Schlauchfilter mit Druckstoßabreinigung. Diss., Univ. Karlsruhe 1982. Fortschr.-Ber. VDI Z., Reihe 3: 1983, Nr. 76.
106. *Mayer-Schwinning, G., Rennhack, R.:* Chem.-Ing.-Tech. 52 (1980), 375.
107. VDI-Richtlinie 3678: Elektrische Abscheider. Düsseldorf: VDI-Verlag 1980.
108. *Robinson, M.*, in *Strauss, W.* (Herausgeber): Air Pollution Control. Bd. 1, S. 227. New York: Wiley 1971.
109. *Purchas, D.B.:* Industrial Filtration of Liquids. London: Leonard Hill 1967.
110. *Svarovsky, L.:* Solid-Liquid Separation. London: Butterworth 1977.
111. *Schubert, H.:* Kapillarität in porösen Feststoffsystemen, S. 229. Berlin–Heidelberg–New York: Springer 1982
112. *Leschonski, K.:* Aufbereitungstechnik 13 (1972), 751.
113. *Wessel, J.:* Aufbereitungstechnik 3 (1962), 222.
114. US-PS 1861248 (1920) A.H. Stebbins.
115. *Kaiser, F.:* Chem.-Ing.-Tech. 35 (1963), 273.
116. *Rumpf, H.:* Über die bei der Bewegung von Pulvern in spiraligen Luftströmungen auftretende Sichtwirkung. Diss., Techn. Hochschule Karlsruhe 1939.
117. *Wolf, K., Rumpf, H.:* VDI Z. Beih. Verfahrenstechnik 1941, Nr. 2, 29.
118. *Rumpf, H., Kaiser, F.:* Chem.-Ing.-Tech. 24 (1952), 129.
119. *Lange, K.:* Aufbereitungstechnik 21 (1980), 15.
120. *Fritsch, R.:* Chem.-Tech. (Heidelberg) 6 (1977), 473.
121. *Rumpf, H.:* DECHEMA-Monogr. 79 (1976), 19.
122. VDI-Gesellschaft Kunststofftechnik (Herausgeber): Feinmahlen und Sichten von Kunststoffen. Düsseldorf: VDI-Verlag 1975.
123. *Beke, B.:* Principles of Comminution. Budapest: Akademiai Kiado 1964.
124. *Lynch, A.J.:* Mineral Crushing and Grinding Circuits. Amsterdam–Oxford–New York: Elsevier 1977.
125. *Weichert, R., Schönert, K.:* J. Mech. Phys. Solids 26 (1978), 151.
126. *Hoffmann, N., Flügel, F., Schönert, K.:* Chem.-Ing.-Tech. 46 (1974), 263.
127. *Reid, K.J.:* Chem. Eng. Sci. 20 (1965), 953.
128. *Stairmand, C.J.:* DECHEMA-Monogr. 79 (1976), 1.
129. *Rumpf, H.:* Aufbereitungstechnik 14 (1973), 59.
130. *Bond, F.C.:* Aufbereitungstechnik 5 (1964), 211.
131. *Schönert, K.:* Chem.-Ing.-Tech. 43 (1971), 361.
132. *Herbst, J.A., Fuerstenau, D.W.:* Trans. ASME 241 (1968), 538.
133. *Austin, L.G., Luckie, P.T.:* Powder Technol. 5 (1971), 215.
134. *Rose, H.E., Sullivan, R.M.E.:* Treatise on the Internal Mechanics of Ball, Tube and Rod Mills. London: Constable 1958.

135. *Stehr, N.:* Zerkleinerung und Materialtransport in einer Rührwerkskugelmühle. Diss., Techn. Univ. Braunschweig 1982.
136. *Rumpf, H.:* Chem.-Ing.-Tech. 30 (1958), 144, 329.
137. *Rumpf, H.:* Chem.-Ing.-Tech. 46 (1974), 1.
138. *Charé, I.:* Trocknung von Agglomeraten bei Anwesenheit auskristallisierender Stoffe: Festigkeit und Struktur der durch die auskristallisierenden Stoffe verfestigten Granulate. Diss., Univ. Karlsruhe 1976.
139. *Schubert, H.:* Kapillarität in porösen Feststoffsystemen. Berlin–Heidelberg–New York: Springer 1982.
140. *Schütz, W., Schubert, H.:* Chem.-Ing.-Tech. 48 (1976), 567.
141. Nürnberger Messe- und Ausstellungsgesellschaft (Herausgeber): 3. Int. Symp. Agglomeration. Nürnberg, Mai 1981. Preprints, Bd. 1 und 2 (1981).
142. *Polke, R., Herrmann, W., Sommer, K.:* Chem.-Ing.-Tech. 51 (1979), 283.
143. Powder Technol. Sonderhefte 9 (1974), Nr. 4.
144. *Brunauer, S., Mikall, R. Sh., Bodor, E. E.:* J. Colloid Interface Sci. 25 (1967), 353.
145. *Mikhail, R. S., Shebl, F. A.:* J. Colloid Interface Sci. 32 (1970), 505.
146. *Rumpf, H.:* Chem.-Ing.-Tech. 42 (1970), 538.
147. *Schubert, H.,* in *Linko, P., Larinkari, J.* (Herausgeber): Food Process Engineering. Bd. 2, S. 675. London: Applied Science Publishers 1980.
148. *Herrmann, W.:* Chem.-Ing.-Tech. 51 (1979), 277.
149. *Sastry, K. V. S.,* in [141], Bd. 1, S. A122.
150. *Sommer, K.:* in [141], Bd. 1, S. A26.
151. *Leuenberger, H.,* in [141], Bd. 1, S. C2.
152. *Carslaw, H. S., Jaeger, J. C.:* Conduction of Heat in Solids. 2. Aufl. Oxford: Clarendon Press 1959.
153. *van der Laan, E. Th.:* Chem. Eng. Sci. 7 (1958), 187.
154. *Graf, U., Henning, H.-J., Stange, K.:* Formeln und Tabellen der mathematischen Statistik. 2. Aufl. Berlin–Heidelberg–New York: Springer 1966.
155. *Stange, K.:* Chem.-Ing.-Tech. 26 (1954), 331.
156. *Zlokarnik, M.:* Chem.-Ing.-Tech. 39 (1967), 539.
157. *Henzler, H.-J.:* VDI-Forschungsh. 44 (1978) Nr. 587.
158. *Opara, M.:* Verfahrenstechnik (Mainz) 9 (1975), 446.
159. *Kipke, K., Todtenhaupt, E.:* Verfahrenstechnik (Mainz) 16 (1982), 497.
160. *Kipke, K.:* Chem.-Ing.-Tech. 54 (1982), 416.
161. *Büche, W.:* VDI Z. 81 (1937), 1065.
162. *Schubert, H.,* et al.: Mechanische Verfahrenstechnik. Bd. 1. Leipzig: Deutscher Verlag für Grundstoffindustrie 1977.
163. *Nagata, S.:* Mixing, Principles and Applications. Tokyo, New York–London–Sydney–Toronto: Kodansha, Wiley 1975.
164. *Kipke, K.:* 2nd European Congress of Biotechnology. Eastbourne, April 1981.
165. *Einenkel, W. D., Mersmann, A.:* Verfahrenstechnik (Mainz) 11 (1977), 90.
166. *Langner, F., Moritz, H. M., Reichert, K.-H.:* Chem.-Ing.-Tech. 51 (1979), 746.
167. *Hartung, K.-H., Hiby, J. W.:* Chem.-Ing.-Tech. 44 (1972), 1051.
168. *Tauscher, W., Streiff, F., Bürgi, R.:* VGB Kraftwerkstechnik 60 (1980), 290.
169. *Schneider, G.:* Chem. Rundschau (Solothurn) 33 (1980) Nr. 33, 1.
170. *Chen, S. J.:* KTEK-Blätter Nr. 1–8. Danvers/Mass.: Kenics Corp. 1972.
171. *Müller, W.:* Verfahrenstechnik (Mainz) 15 (1981), 104.
172. *Pahl, M. H., Muschelknautz, E.:* Chem.-Ing.-Tech. 51 (1979), 347.
173. *Herrmann, H.:* Schneckenmaschinen in der Verfahrenstechnik. Berlin–Heidelberg–New York: Springer 1972.
174. *Herrmann, H.:* Chem.-Ing.-Tech. 52 (1980), 272.
175. *Müller, W.:* Chem.-Ing.-Tech. 53 (1981), 831.
176. *Krambrock, W.:* Verfahrenstechnik (Mainz) 8 (1974), 48.
177. *Entrop, W.:* C.R.-Int. Symp. Mixing. Mons, Febr. 1978. Bericht D1, S. 1.
178. *Müller, W., Rumpf, H.:* Chem.-Ing.-Tech. 39 (1967), 365.
179. *Merz, A., Holzmüller, R.,* in: Mixing of Particulate Solids, 2nd European Symposium. Inst. Chem. Eng. Symp. Ser. 1981, Nr. 65, S1/D/1/7.
180. *Jenike, A. W.:* Storage and Flow of Solids. Bull. 123 Utah Eng. Exp. Stn. Salt Lake City: University of Utah 1964.

181. *Schwedes, J.:* Fließverhalten von Schüttgütern in Bunkern. Weinheim: Verlag Chemie 1968.
182. *Schwedes, J., ter Borg, L., Wilms, H.:* Fortschr. Verfahrenstech. 10 (1970/71, veröff. 1972/73), 868; 11 (1972/73, veröff. 1973/74), 228; 12 (1973/74, veröff. 1974), 196; 13 (1975), 213; 14 (1976), 207; 16 (1978), 157; 18 (1980), 189; 20 (1982), 163.
183. *Schwedes, J.:* 2.Europ. Sympos. Partikelmeßtechnik, Nürnberg, Sept. 1979. Bericht, S. 278.
184. *ter Borg, L.:* Chem.-Ing.-Tech. 53 (1981), 662.
185. *Weber, M.:* Strömungs-Fördertechnik. Mainz: Krausskopf 1974.
186. *Wasp, E.J.:* Slurry Pipeline Economics and Applications. Proc. Hydrotransp. 1 (1970, veröff. 1971) Bericht K3, 39. 1st Int. Conf. on the Hydraulic Transport of Solids in Pipes. Coventry, Sept. 1970.
187. *Bielfeldt, W., Arnswald, W.:* Aluminium (Düsseldorf) 43 (1967), 335.
188. *Hoffmann, E.J.:* Coal Conversion. Laramie/Wyo.: Energon 1978.
189. *Constantini, R.:* The Economic and Environmental Impact of Long Distance Slurry Pipelines. Proc. Hydrotransp. 3 (1974), Bericht K1.
190. *Aude, T.C., Thompson, T.L., Wasp, E.J.:* Economics of Slurry Pipeline Systems. Proc. Hydrotransp. 3 (1974), Bericht K2.
191. *Stoess, H.A.:* Pneumatic Conveying. New York–London–Sydney–Toronto: Wiley Interscience 1970.
192. *Muschelknautz, E., Wojahn, H.:* Chem.-Ing.-Tech. 46 (1974), 223.
193. *Krambrock, W.:* Verfahrenstechnik (Mainz) 12 (1978), 190.
194. *Flatt, W., Allenspach, W.:* Chem.-Ing.-Tech. 41 (1969), 1123.
195. *Wirth, K.-E.:* Theoretische und experimentelle Bestimmungen von Zusatzdruckverlust und Stopfgrenze bei pneumatischer Strähnenförderung. Diss., Univ. Erlangen-Nürnberg 1980.
196. *Wirth, K.-E.:* Chem.-Ing.-Tech. 54 (1982), 392.
197. *Wirth, K.-E.:* Verfahrenstechnik (Mainz) 15 (1981), 641.

Grundzüge der thermischen Verfahrenstechnik

Prof. Dr. Ulfert Onken, Dortmund
unter Mitwirkung von
Dr. Peter Weiland, Braunschweig

Gegenstand der thermischen Verfahrenstechnik sind die verfahrenstechnischen Grundoperationen, deren wesentliche Grundlagen in den Gesetzmäßigkeiten von Wärme- und Stofftransport und den entsprechenden Gleichgewichten zu finden sind. Das Gebiet umfaßt daher außer der technischen Wärmeübertragung die verschiedenartigen thermischen Trennverfahren, angefangen mit den klassischen Prozessen der Destillation und Rektifikation bis hin zu den modernen Methoden der Stofftrennung mittels Membranen. Voraussetzung für das Verständnis der einzelnen Grundoperationen und ihrer Anwendungsmöglichkeiten ist die Kenntnis der ihnen zugrunde liegenden physikalischen und physikalisch-chemischen Gesetze.

1 Wärmeübertragung

1.1 Grundlagen des Wärmetransports

Mit dem Transport von Wärme – von einer Stelle eines Körpers zu einer anderen oder von einem Stoff bzw. Körper zu einem anderen – ist im einfachsten Fall keine stoffliche Veränderung, z.B. Phasenänderung, verbunden. Allgemein bezeichnet man derartige Transportvorgänge auch als Ausgleichsvorgänge, d.h. es findet ein Ausgleich von Differenzen einer Intensitätsgröße durch Ausbildung eines entsprechenden Ausgleichsstroms statt. Im Falle des Wärmetransports wird durch einen Wärmestrom der Ausgleich von Temperaturdifferenzen bewirkt.
Die rechnerische Erfassung der unter dem Einfluß eines Temperaturgefälles fließenden Wärmemengen ist eine recht komplexe Aufgabe. Dies hat seinen Grund einerseits darin, daß verschiedene Transportmechanismen existieren, die gleichzeitig nebeneinander wirken und sich gegenseitig beeinflussen können, und andererseits darin, daß eine vollständige theoretische Behandlung bisher nur in wenigen einfachen Fällen gelungen ist. Daher ist häufig die Anwendung der Ähnlichkeitstheorie erforderlich, mit deren Hilfe aus experimentellen Ergebnissen allgemeingültige Beziehungen abgeleitet werden können. Bei den verschiedenen Mechanismen für den Wärmetransport hat man in der Regel drei Arten zu unterscheiden, die entweder einzeln oder kombiniert auftreten: Wärmeübertragung durch Leitung, durch Konvektion und durch Strahlung.
Die Wärmeübertragung durch Leitung hat besondere Bedeutung für den Transport von Wärme in Festkörpern sowie in ruhenden Flüssigkeiten oder Gasen. In Feststoffen ist dies der vorherrschende Transportmechanismus, da die Strömung des Wärmeträgers ausscheidet und diese Stoffe mit wenigen Ausnahmen für Wärmestrahlung undurchlässig sind. Für den praktischen Gebrauch gilt letzteres auch bei Flüssigkeiten, lediglich Gase haben eine hohe Durchlässigkeit für Wärmestrahlung, so daß hier wegen der geringen Wärmeleitfähigkeit von Gasen häufig sogar die Wärmeübertragung durch Strahlung überwiegt. Beim konvektiven Wärmetransport erfolgt die Wärme-

übertragung durch die Strömung eines fluiden Wärmeträgers, also einer Flüssigkeit oder eines Gases. Man hat in diesem Fall je nach der Ursache der Strömung in der Regel zwischen zwei Arten zu unterscheiden: der freien Konvektion (oder Eigenkonvektion) und der erzwungenen Konvektion. Bei der freien Konvektion entsteht die Strömung durch Temperaturunterschiede innerhalb des Fluids aufgrund der dadurch bedingten Dichteunterschiede. Bei der erzwungenen Konvektion wird die Strömung dem Fluid von außen, z.B. durch eine Pumpe, aufgezwungen.

Die Wärmestrahlung hat besonders im Bereich hoher Temperaturen Bedeutung, und zwar bei Gasen, Flüssigkeiten und an der Oberfläche von festen Körpern.

Beim Wärmetransport durch eine Phasengrenzfläche, z.B. von einem fluiden Medium an einen festen Körper, spricht man vom Wärmeübergang; erfolgt der Wärmetransport von einem Fluid durch eine feste Trennwand an ein anderes Fluid, so bezeichnet man dies als Wärmedurchgang. Ausführliche Darstellungen der Grundlagen des Wärmetransports finden sich in verschiedenen Monographien, Lehrbüchern und Sammelwerken [1–7, 8 (Bd. 1)].

1.1.1 Wärmetransport durch Leitung

Transport von Wärme durch Leitung liegt dann vor, wenn der Temperaturausgleich durch Energietransport auf molekularer Ebene erfolgt, und zwar entweder aufgrund der statistischen Bewegung der Moleküle (z.B. in Gasen), durch Schwingungen der Gitterbausteine (z.B. in elektrisch nichtleitenden Feststoffen) oder über die Beweglichkeit von Elektronen (z.B. in metallischen Leitern). In Gasen und Flüssigkeiten tritt reine Wärmeleitung in der Regel nur in kleinen Volumina, wie Spalten und Kanälen, auf, in denen sich keine freie Konvektion ausbilden kann. Für eine ebene Platte aus homogenem Material mit der Schichtdicke δ wird der sich bei einer bestimmten Temperaturdifferenz einstellende Wärmestrom $\dot{Q}$ durch das *Fouriersche Gesetz* beschrieben:

$$\dot{Q} = \lambda A \frac{\Delta T}{\delta}. \tag{1}$$

Die je Zeiteinheit transportierte Wärmemenge $\dot{Q}$ ist proportional der Temperaturdifferenz ΔT und der Fläche A sowie umgekehrt proportional der Länge des Transportweges δ. Der Proportionalitätsfaktor λ ist eine für den betrachteten Stoff charakteristische Transportgröße, die als Wärmeleitfähigkeit bezeichnet wird (s. Tab. 1).

Die höchsten Wärmeleitfähigkeiten haben Metalle, die niedrigsten Werte treten bei Gasen auf. Bei Normalbedingungen ist die Wärmeleitfähigkeit von Gasen nur schwach vom Druck abhängig, während sie mit wachsender Temperatur zunimmt [5]. Ähnlich verhalten sich die Werte bei Flüssigkeiten. In der

Tab. 1. Wärmeleitfähigkeit einiger Feststoffe, Flüssigkeiten und Gase (20 °C)

Feststoffe	λ (W/m K)	*Flüssigkeiten und Gase*	λ (W/m K)
Silber	458	Wasser	0,59
Kupfer	393	Ammoniak	0,52
Aluminium	221	organische Flüssigkeiten	0,1–0,3
Eisen	67		
Nickel	58	Wasserstoff	0,17
Blei	35	Luft	0,025
Chromnickelstähle	15–21	Wasserdampf (100 °C)	0,023
Graphit	12–175	Kohlendioxid	0,017
Eis (0 °C)	2,2	Chlor	0,007
Ziegelmauerwerk	0,4–1,2		
Glas	0,75		
Isolierstoffe	0,03–0,1		

Nähe des kritischen Punktes tritt jedoch ein starker Einfluß des Druckes auf, und λ nimmt mit wachsender Temperatur ab.

Die Wärmeleitfähigkeit von Feststoffen ist stark von der Porosität abhängig, wobei die Wärmeleitfähigkeit in der Regel um so kleiner wird, je geringer der Feststoffanteil ist. Von entscheidendem Einfluß auf die Wärmeleitfähigkeit eines porösen Feststoffes ist die Feuchtigkeit. Mit steigendem Feuchtigkeitsgehalt nimmt die Wärmeleitfähigkeit zu. Von besonderer technischer Bedeutung sind die Wärmeeigenschaften von Isolierstoffen. Isolierstoffe sind in der Regel um so wirksamer, je kleiner ihre scheinbare Dichte ist. Sie müssen wegen ihrer meist niedrigen Festigkeit gegen äußere mechanische Beschädigungen sowie gegen das Eindringen von Feuchtigkeit geschützt werden, da Durchfeuchtungen die Isolierwirkung stark verringern.

Gl. (1) beschreibt den einfachsten Fall des stationären Wärmetransports durch Leitung. Eine allgemeine Beziehung erhält man, wenn man den Quotienten aus Temperaturdifferenz ΔT und Schichtdicke δ durch den entsprechenden Differentialquotienten ersetzt:

$$\dot{Q} = -\lambda A \frac{\partial T}{\partial \xi} \tag{2}$$

Dieser ist ein Temperaturgradient; er stellt die treibende Kraft für den Wärmestrom $\dot{Q}$ senkrecht durch die Fläche A in der Richtung ξ dar. Mittels Gl. (2) ist es möglich, auch nichtebene Probleme zu behandeln, wie den stationären Wärmestrom durch eine Rohrwand. Hierbei ergibt sich im Unterschied zum linearen Temperaturverlauf beim ebenen Problem (Platte) eine nichtlineare Änderung der Temperatur über der Ortskoordinate (vgl. Bild 1).

Der Temperaturverlauf innerhalb einer jeden Schicht läßt sich nach Gl. (1) bzw. (2) bestimmen. Durch Gleichsetzen des Wärmestroms in jeder Schicht erhält man eine Beziehung für den Wärmestrom in einer mehrlagigen Anordnung. Für eine aus n Schichten bestehende ebene Platte lautet diese Beziehung:

$$\dot{Q} = \frac{A(T_{10} - T_{n0})}{\frac{\delta_1}{\lambda_1} + \frac{\delta_2}{\lambda_2} + \cdots \frac{\delta_n}{\lambda_n}} \tag{3}$$

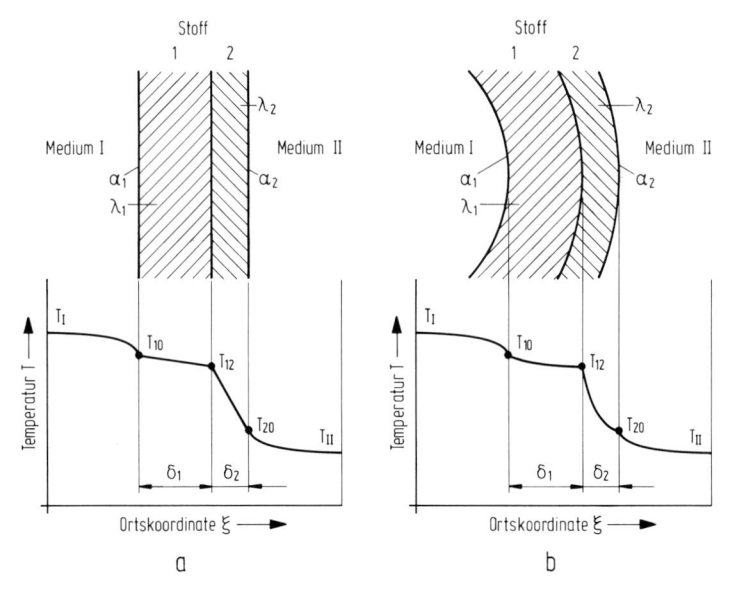

Bild 1. Temperaturverlauf beim Wärmetransport durch eine zweischichtige ebene (a) und zylindrische (b) Wand und in zwei angrenzenden strömenden Medien, $\lambda_1 > \lambda_2$

Für den zylindrischen Fall (l = Länge des Zylinders, d = Durchmesser) läßt sich der Wärmestrom $\dot{Q}$ bei n Schichten nach folgender Gleichung berechnen:

$$\dot{Q} = \frac{2\pi l(T_{10} - T_{n0})}{\frac{1}{\lambda_1}\ln\left(\frac{d_{12}}{d_{10}}\right) + \frac{1}{\lambda_2}\ln\left(\frac{d_{23}}{d_{12}}\right) + \cdots \frac{1}{\lambda_n}\ln\left(\frac{d_{n0}}{d_{n-1,n}}\right)} \tag{4}$$

Für unregelmäßig geformte Körper können die Temperaturverläufe experimentell mit Hilfe analoger Anordnungen ermittelt werden, z. B. mit Hilfe der Elektroanalogie [1]. Für häufig vorkommende Gebilde sind die Zusammenhänge in Form von Berechnungsgleichungen [3, 5] angegeben.

Die bisher diskutierten Fälle umfassen ausschließlich stationäre Vorgänge. Bei allen Chargenprozessen, z. B. bei absatzweise betriebenen Rührkesselreaktoren, ist jedoch der instationäre Wärmetransport von wesentlicher Bedeutung. Für die instationäre Wärmeleitung gilt im eindimensionalen Fall die folgende partielle Differentialgleichung:

$$\frac{\partial T}{\partial t} = \frac{\lambda}{\varrho c} \frac{\partial^2 T}{\partial \xi^2} = a \frac{\partial^2 T}{\partial \xi^2} \tag{5}$$

mit t als Zeit, ξ als Ortskoordinate, ϱ als Dichte, c als spezifischer Wärmekapazität und a als Temperaturleitfähigkeit.

Für geometrisch einfache Körper (Platte, Zylinder, Kugel usw.) sind die Lösungen der entsprechenden Differentialgleichungen in normierter graphischer Darstellung in [5] zusammengestellt. Für kompliziertere Fälle werden hauptsächlich numerische Methoden angewendet [9].

1.1.2 Konvektiver Wärmetransport

Der konvektive Wärmetransport beruht auf der Bewegung eines flüssigen oder gasförmigen Wärmeträgers. Hierzu ist die Be- bzw. Entladung des Fluids mit der transportierten Wärmemenge von entscheidender Bedeutung, sie stellt den geschwindigkeitsbestimmenden Schritt dar.

1.1.2.1 Wärmeübergang

Der Wärmeübergang von einer festen Oberfläche an ein vorbeiströmendes Fluid ist ein komplizierter Vorgang, da sich hierbei verschiedene Effekte (Wärmeleitung und Strömungsvorgänge) überlagern und gegenseitig beeinflussen. Kennzeichnender Effekt ist z. B. im Falle einer beheizten Wandung, die einen Strom eines im Mittel kälteren Fluids begrenzt, daß an der Wandung erwärmte Flüssigkeitsteilchen in den Kern der Strömung wandern und sich dort mit anderen, kälteren Teilchen mischen, während gleichzeitig kältere Teilchen zur Wand gelangen, dort Wärme aufnehmen usw. (turbulente Strömung). Bei laminarer Strömung mischen sich die einzelnen Stromfäden definitionsgemäß nicht, und der Wärmetransport geschieht aufgrund der besprochenen Wärmeleitungsvorgänge. Da immer – auch bei Turbulenz – an der Wandung Grenzschichten mit laminaren Eigenschaften auftreten, sind die dadurch bedingten Effekte für den Wärmeübergang Wand/Fluid von entscheidender Bedeutung.

Im wandnahen Teil der Strömung, der Grenzschicht, herrscht quer zur Strömungsrichtung ein steiles Geschwindigkeitsgefälle, das zum Strömungskern hin abnimmt. In der Anlaufzone der Strömung längs einer Wandung bildet sich zunächst eine rein laminare Grenzschicht aus. Von einer gewissen Stelle an beginnt sich auf der nun dünner werdenden laminaren Unterschicht eine an Dicke zunehmende turbulente Grenzschicht aufzubauen (Bild 2). Gekennzeichnet ist der Umschlag von laminarem zu turbulentem Verhalten durch einen kritischen Wert der *Reynolds*-Zahl Re; sie ist definiert als Verhältnis von Trägheitskraft zu innerer Reibungskraft:

$$Re = \frac{wl}{v} \tag{6}$$

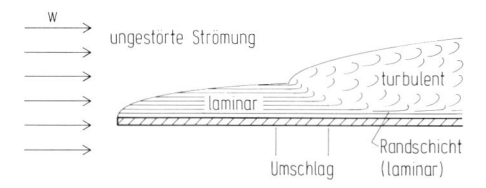

Bild 2. Schematische Darstellung des Grenzschichtaufbaus an der längs angeströmten Platte

mit w als Strömungsgeschwindigkeit, l als charakteristischer Länge und ν als kinematischer Zähigkeit. Der Umschlag von laminar nach turbulent ist stark von äußeren Gegebenheiten, z. B. von der Formgebung der Anlaufkante, der Rauhigkeit der Oberfläche u. a., abhängig. Es ist also richtiger, von einem Übergangsbereich zu sprechen als von einem Umschlagpunkt. Für Rohrströmung liegt beispielsweise bei starker Störung der Einlaufströmung die kritische *Reynolds*-Zahl bei etwa 2300. Sie kann aber bei sorgfältigster Ausbildung des Einlaufs bis über 10^5 anwachsen. Für technische Rechnungen ist die kritische *Reynolds*-Zahl etwa mit 3000 anzusetzen. Die schlechte Erfaßbarkeit des Umschlagpunktes erschwert die mathematische Erfassung des konvektiven Wärmetransports.

Aus einer Kräftebilanz von Massenkräften, Druckkräften und Reibungskräften im strömenden Medium folgt für das Modell der inkompressiblen, stationären Strömung die bekannte *Navier-Stokes*sche Beziehung:

$$\varrho \left(w_x \frac{\partial w_x}{\partial x} + w_y \frac{\partial w_y}{\partial y} + w_z \frac{\partial w_z}{\partial z} \right) = \varrho g_x - \frac{\partial p}{\partial x} + \eta \left(\frac{\partial^2 w_x}{\partial x^2} + \frac{\partial^2 w_y}{\partial y^2} + \frac{\partial^2 w_z}{\partial z^2} \right) \qquad (7)$$

Darin bedeuten w_x, w_y, w_z die Komponenten des Geschwindigkeitsvektors in x, y und z-Richtung, g_x die x-Komponente der Erdbeschleunigung, p den Druck und η die dynamische Viskosität. Aus einer Wärmebilanz folgt die Beziehung:

$$c\varrho \left(w_x \frac{\partial T}{\partial x} + w_y \frac{\partial T}{dy} + w_z \frac{\partial T}{\partial z} \right) = \lambda \left(\frac{\partial^2 T}{\partial x^2} + \frac{\partial^2 T}{\partial y^2} + \frac{\partial^2 T}{\partial z^2} \right) \qquad (8)$$

Für Wandnähe (Index W) gilt der *Fourier*sche Ansatz:

$$\dot{Q} = -\lambda A \left(\frac{\partial T}{\partial \xi} \right)_W \qquad (9)$$

mit ξ als Ortskoordinate senkrecht zur Strömungsrichtung. Der Wärmeübergang zwischen einer begrenzenden Wand und einem strömenden Medium kann aber auch durch einen Ansatz beschrieben werden, in dem die je Zeiteinheit übergehende Wärmemenge $\dot{Q}$ mittels eines Wärmeübergangskoeffizienten α proportional der Temperaturdifferenz ΔT zwischen Fluid (Index F) und Wandung sowie der wärmeübertragenden Grenzfläche A gesetzt wird:

$$\dot{Q} = \alpha A \Delta T \qquad (10)$$

Aus dem Vergleich des Wärmestroms nach Gl. (9) und (10) folgt die Definitionsgleichung für α:

$$\alpha = -\lambda \frac{\left(\frac{\partial T}{\partial \xi} \right)_W}{T_W - T_F} \qquad (11)$$

Durch Zusammenfassen der die Strömungsvorgänge, die Wärmebilanz und den Wärmetransport in der Grenzschicht beschreibenden Gleichungen erhält man ein Gleichungssystem, mit dem der konvektive Wärmeübergang beschrieben wird. In der Regel ist dieses System nicht geschlossen lösbar.
Schreibt man diese Gleichungen in dimensionsloser Form und faßt die einzelnen dimensionsbehafteten Größen in bestimmten üblichen Gruppen zusammen [2, 10, 11], so ergibt sich mit Hilfe der Ähnlichkeitstheorie die Kennzahlbeziehung:

$$\mathrm{Nu} = f(\mathrm{Re}, \mathrm{Pr}, \mathrm{Gr}, \mathrm{Kn}) \qquad (12)$$

Hierin bedeuten:

$$\text{Nu} = \frac{\alpha l}{\lambda} \qquad \text{\textit{Nußelt}-Zahl}$$

$$\text{Pr} = \frac{\nu}{a} \qquad \text{\textit{Prandtl}-Zahl}$$

$$\text{Gr} = \frac{|\Delta\varrho| g l^3}{\varrho \nu^2} = \frac{g l^3 \gamma \Delta T}{\nu^2} \qquad \text{\textit{Grashof}-Zahl}$$

Kn = Systemkennzahl (z. B. Rohrdurchmesser/Länge)

mit

α = Wärmeübergangskoeffizient (W/m² K)
l = charakteristische Länge (m)
λ = Wärmeleitfähigkeit des strömenden Fluids (W/m K)
ν = kinematische Zähigkeit (m²/s)
a = Temperaturleitfähigkeit (m²/s)
ϱ = Dichte (kg/m³)
g = Erdbeschleunigung (m/s²)
γ = thermischer Volumenausdehnungskoeffizient (K^{-1})

Man erhält auf diese Weise dimensionslose Beziehungen für die Beschreibung der betrachteten Wärmetransportvorgänge, und zwar für die aufgezwungene Strömung:

$$\text{Nu} = f(\text{Re}, \text{Pr}) \tag{13}$$

und für die reine freie Konvektion:

$$\text{Nu} = f(\text{Pr}, \text{Gr}) \tag{14}$$

Die *Nußelt*-Zahl kann als das Verhältnis von nach außen abgegebener oder nach innen aufgenommener Wärmemenge zu der durch Wärmeleitung übertragenen Wärmemenge betrachtet werden.

1.1.2.2 Kennzahlbeziehungen

Nach *Nußelt* können die gesuchten Zusammenhänge für bestimmte Bereiche in guter Näherung in Form von Potenzprodukten der Kennzahlen beschrieben werden (Bild 3). So läßt sich beispielsweise Gl. (13) schreiben als:

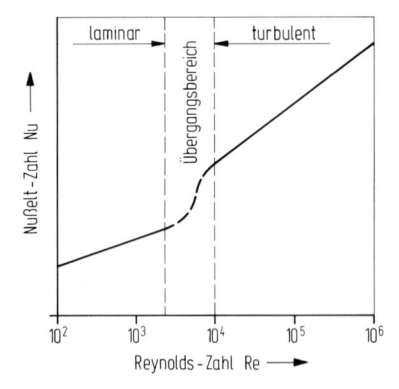

$$\text{Nu} = b \text{Re}^m \text{Pr}^n \tag{15}$$

Bild 3. Schematische Darstellung (doppelt-logarithmisch) der Abhängigkeit der Nußelt-Zahl von der Reynolds-Zahl für erzwungene Strömung im Rohr

Solche Ansätze gelten recht gut für den laminaren und den turbulenten Bereich. Eine geschlossene Lösung der Gleichungen, d. h. eine Vorausberechnung der Koeffizienten und Exponenten, ist in der Regel aber nicht möglich. Sie lassen sich jedoch für den jeweiligen Fall relativ einfach aus Experimenten gewinnen.

So gilt z. B. für die erzwungene turbulente Strömung längs einer ebenen Wand [5]:

$$Nu = 0{,}05 \, Re^{0{,}78} \, Pr^{0{,}42} \qquad (16)$$

Bei der erzwungenen turbulenten Strömung in Rohren gelten prinzipiell ähnlich aufgebaute Beziehungen [12]. Neben der Abhängigkeit der *Nußelt*-Zahl von Re und Pr treten noch andere Parameter, wie Verhältnisse verschiedener charakteristischer Längen (z. B. Länge zu Durchmesser) oder von Stoffwerten bei verschiedenen Bezugstemperaturen, auf. Diese dimensionslosen Beziehungen lassen sich in Nomogrammform darstellen und sind für die meisten technisch interessierenden Fälle in [5] zusammengestellt.
Der für die technische Auslegung eines Apparates benötigte Wärmeübergangskoeffizient läßt sich aus der ermittelten *Nußelt*-Zahl über deren Definitionsgleichung berechnen.
Oft ist die Festlegung einer charakteristischen Länge aufgrund der vorliegenden Geometrie nicht einfach zu entscheiden, wie z. B. bei nicht kreisrunden Rohren, bei Kanälen oder bei Ringspalten. Anhand der Grenzschichttheorie kann gezeigt werden, daß es einen sogenannten „hydraulischen Durchmesser" d_h gibt, der ein kreisrundes Rohr kennzeichnet, das die gleichen Wärmeübertragungseigenschaften hat wie die betrachtete Geometrie. Es gilt

$$d_h = \frac{4S}{U} \qquad (17)$$

mit S = Strömungsquerschnitt und U = von der Strömung bespülter Umfang des Querschnittes. Man kann auf diesem Wege für alle Problemstellungen, für die eine Kenngrößenbezeichnung bekannt ist – und das sind heute praktisch alle technisch interessierenden Fälle – die kennzeichnende *Nußelt*-Zahl errechnen oder aus Nomogrammen entnehmen.

1.1.2.3 Wärmeübergang bei Änderung des Aggregatzustands

Tritt während eines Wärmeaustauschvorgangs in einem Fluid ein Wechsel des Aggregatzustands – Verdampfung oder Kondensation – auf, so ergeben sich an der Grenzfläche Diskontinuitäten, die den Wärmetransport stark beeinflussen. Einerseits werden die Strömungsvorgänge in unmittelbarer Wandnähe verändert, andererseits muß neben der fühlbaren Wärme auch noch die Verdampfungs- oder Kondensationswärme transportiert werden.
Ist z. B. bei der Kühlung eines Gasstromes, der ganz oder z. T. aus kondensierbaren Stoffen besteht, die Wandtemperatur des Kühlapparates niedriger als die dem Dampfdruck entsprechende Sättigungstemperatur, so setzt eine *Kondensation* an der Oberfläche ein. Bei guter Benetzung der Wand durch die Flüssigkeit bildet sich ein Flüssigkeitsfilm aus *(Filmkondensation)*. Wird die Wand von der Flüssigkeit nur schlecht benetzt, so bilden sich kleine Flüssigkeitströpfchen, die an der Wand hängen und so lange anwachsen, bis sie infolge ihres zunehmenden Gewichts abfließen *(Tropfenkondensation)*. Im Vergleich zur Filmkondensation ist der Wärmeübergang bei der Tropfenkondensation wesentlich intensiver, weil der Dampf zwischen den Tropfen mit der Wand direkt in Kontakt kommt und wegen der störenden Wirkung der Tropfen in Wandnähe Wirbelströmungen auftreten, wodurch die Ausbildung hemmender Grenzschichten verhindert wird.
Eine Vorhersage des Eintretens stabiler Tropfenkondensation ist nicht möglich, da geringste Spuren von Verunreinigungen die Benetzungseigenschaften des Kondensats völlig verändern können; auch sind spezielle Oberflächenbehandlungen zur Verhinderung von Filmkondensation durch Herabsetzung der Benetzbarkeit nur eine begrenzte Zeit wirksam [13].
Die Wärmeübergangskoeffizienten bei Tropfenkondensation hängen stark von äußeren Bedingungen ab. Für die Tropfenkondensation von gesättigtem Wasserdampf an senkrechten Wänden werden z. B. je nach Strömungsgeschwindigkeit des Dampfes und nach Kühlflächenbelastung

α-Werte von 12000–50000 W/m² K angegeben [1]. Wegen der Unsicherheit des Eintretens von Tropfenkondensation sollte jedoch in den meisten Fällen die Auslegung von Kondensatoren unter der Annahme von Filmkondensation erfolgen, sofern nicht aufgrund von Versuchen die Tropfenkondensation sichergestellt ist.

Bei der Filmkondensation fließt über die Oberfläche der wärmeabführenden Wand ein Flüssigkeitsfilm von zunehmender Dicke ab. Für nicht zu hohe Kühlflächen stellt sich eine laminare Strömung dieses Kondensatfilms ein.

Nußelt hat für diesen Fall eine einfache Berechnungsmethode vorgeschlagen [14]. Mit mehreren plausiblen Annahmen (u.a. Wärmetransportwiderstand allein im Kondensatfilm, konstantes ΔT des Films zwischen Sattdampf- und Wandtemperatur) liefert diese *Nußelt*sche Wasserhauttheorie die Abhängigkeit der Filmdicke vom Laufweg des Kondensats und damit den lokalen Wärmeübergangskoeffizienten. Daraus ergibt sich eine für die Praxis wichtige Beziehung zur Abschätzung des mittleren Wärmeübergangskoeffizienten $\bar{\alpha}$:

$$\bar{\alpha} \sim (h\,\Delta T)^{-1/4} \tag{18}$$

(h = Höhe der Kühlfläche, ΔT = Differenz zwischen Sattdampf- und Wandtemperatur).

Die *Nußelt*sche Theorie läßt sich auch auf die Kondensation an waagerechten Rohren und Rohrbündeln sowie im Innern waagerechter Rohre übertragen [2, 15].

Wesentliche Voraussetzung für die *Nußelt*sche Wasserhauttheorie ist die laminare Strömung des Kondensatfilms. Ab einer bestimmten Filmdicke macht sich die Turbulenz bemerkbar, und zwar oberhalb einer kritischen *Reynolds*-Zahl für den Film von etwa 350. Wenn ein solcher Umschlag des Kondensatfilms von laminar in turbulent auftritt, gilt für den gesamten Film näherungsweise folgender experimentell ermittelter Zusammenhang [2]:

$$\bar{\alpha} \sim (h\,\Delta T)^{1/2} \tag{19}$$

Betrachtet man den mittleren Wärmeübergangskoeffizienten in Abhängigkeit vom Laufweg des Kondensatfilms, so liegen bei Filmkondensation von gesättigtem Wasserdampf die Anfangswerte je nach den Betriebstemperaturen zwischen 7000 und 13000 W/m² K und fallen mit zunehmendem Laufweg bis auf Werte zwischen 4000 und 7000 W/m² K ab. Danach erfolgt der Umschlag zu turbulenter Filmströmung, und $\bar{\alpha}$ steigt mit noch länger werdendem Laufweg wieder an.

Dimensionslose Beziehungen zur Ermittlung des Wärmeübergangskoeffizienten bei Filmkondensation finden sich in [5]. Generell ist zu beachten, daß der Wärmeübergang bei der Kondensation erheblich verschlechtert wird, wenn die Dämpfe nichtkondensierbare Gase enthalten, zumal diese sich im Dampfraum anreichern. Um dem entgegenzuwirken, muß man für die Abführung der Gase durch Entlüftungsleitungen sorgen.

Die *Verdampfung* ist eine der ältesten verfahrenstechnischen Operationen. Trotzdem ist ihre wärmetechnische Berechnung im Vergleich zu anderen Wärmeübergangsverfahren wohl am wenigsten gesichert. Ein Grund hierfür ist der starke Einfluß der Oberflächenbeschaffenheit der Heizfläche auf den Siedevorgang. Die Verdampfung einer Flüssigkeit erfolgt an der Phasengrenzfläche. Die Verdampfungswärme wird an dieser Stelle verbraucht und muß aus der Umgebung nachgeliefert werden. Es müssen also in einer Dampfblase und in deren Umgebung von vornherein verschiedene Temperaturen herrschen. Im üblichen technischen Fall wird dem System die Wärme durch eine im fluiden Medium angeordnete Heizfläche zugeführt. An den Keimstellen bilden sich kleine Dampfbläschen, wachsen an, lösen sich bei Erreichen einer bestimmten Größe – ca. 1 mm bei Wasser unter Normaldruck – ab und steigen in der Flüssigkeit auf. Dabei wachsen die Blasen schnell weiter an, d.h. der Verdampfungsvorgang wird auch in nicht unmittelbarer Nähe zur Wand mit hoher Intensität fortgesetzt. Die erforderliche Wärme wird aus der Flüssigkeit nachgeliefert, die die Blase umgibt. Die hierbei auftretenden Temperaturen sind in Bild 4 für ein bestimmtes Beispiel dargestellt [2].

Ist die Anzahl der Keimstellen an einer überfluteten Heizfläche relativ klein, so daß einzelne Blasen gebildet werden, spricht man von *Blasenverdampfung*. Wird die Heizflächenüberhitzung gesteigert, nimmt die Frequenz der Blasenbildung und die Zahl der Keimstellen zu. Die durch

[Literatur S. 238]   1 Wärmeübertragung   147

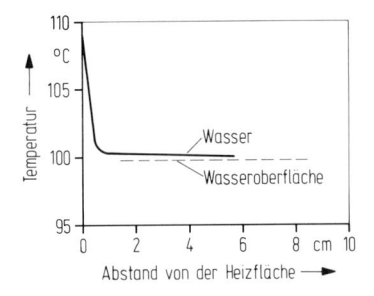

Bild 4. Temperaturverlauf über einer waagerechten Heizfläche bei Blasenverdampfung

die aufsteigenden Blasen hervorgerufene Rührwirkung wird verstärkt, und der sich ergebende Wärmeübergangskoeffizient wird erhöht (s. Bild 5) [11].

Bei niedriger Heizflächenüberhitzung wird der Wärmetransport zwischen Heizfläche und Flüssigkeit überwiegend durch die freie Konvektion bewirkt. Bei erhöhter Übertemperatur der Fläche wird der freien Konvektion die Rührwirkung einer immer stärkeren Blasenbildung überlagert, so daß der Wärmeübergangskoeffizient hier wesentlich stärker ansteigt (s. mittleren Teil von Bild 5). Bei weiterer Steigerung der Heizflächenüberhitzung wird die Blasenbildung jedoch so beschleunigt, daß die Blasen nicht mehr schnell genug aufsteigen können und zu einem geschlossenen Dampffilm zusammenlaufen, der praktisch die gesamte Heizfläche bedeckt. Dadurch kommt es zu einer drastischen Reduzierung des Wärmeübergangskoeffizienten. Man nennt diese Art der Verdampfung *Filmverdampfung*.

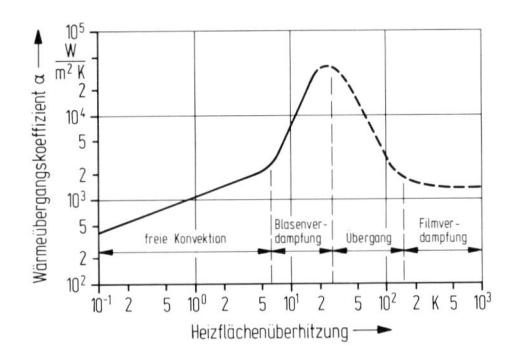

Bild 5. Wärmeübergangskoeffizient α in Abhängigkeit von der Heizflächenüberhitzung beim Sieden von Wasser

Die bisherigen Betrachtungen bezogen sich auf Anordnungen, bei denen in einem geschlossenen Behältnis eine Heizfläche in der Flüssigkeit untergetaucht ist. In der Praxis erfolgt der Verdampfungsvorgang häufig in durchströmten Rohren. Dabei kann es durchaus vorkommen, daß die Temperatur im Kern der Strömung unter der Siedetemperatur der Flüssigkeit liegt, während an der Wandung bereits Überhitzung und Blasenbildung vorliegen. Gelangen die Blasen in den kälteren Kern der Strömung, so werden sie an Größe abnehmen und gegebenenfalls ganz verschwinden. Man spricht dann von Siedekondensation. Eine umfangreiche Zusammenstellung von Meßergebnissen für verschiedene Flüssigkeiten findet sich in [5, 16].

1.1.2.4 Wärmedurchgang

Nach Kenntnis des Wärmeübergangskoeffizienten α kann die von einer Wandung an ein Fluid oder umgekehrt übertragbare Wärmemenge bestimmt werden. Nur selten entstammt die Wärme direkt der Wandung oder wird in ihr verbraucht. Ausnahmen sind z.B. die Brennstäbe eines Kernreaktors oder die elektrischen Heizstäbe eines Heizregisters. In der Regel wird der Wandung die an sie abgegebene Wärme auf der anderen Seite von einem weiteren Fluid wieder entzogen, d.h. die Problemstellung lautet eigentlich: Übertragung von Wärme von einem Fluidstrom auf einen anderen, die durch eine Wandung voneinander getrennt sind. Es werden hier also verschiedene Vorgänge – nämlich Wärmeübergang von Fluid I an die Wandung, Wärmeleitung durch die Wand (evtl. mehrschichtig) und Wärmeübergang von der anderen Seite der Wandung an Fluid II – in Reihenschaltung gekoppelt (s. Bild 1). Man nennt dies Wärmedurchgang und führt zur Kennzeichnung den sog. Wärmedurchgangskoeffizient k ein.

Damit ergibt sich für die pro Zeiteinheit vom Fluid I in das Fluid II transportierte Wärmemenge $\dot{Q}$ der folgende Ansatz:

$$\dot{Q} = k A (T_I - T_{II}) \tag{20}$$

Für die einzelnen nacheinandergeschalteten Schritte gelten folgende Beziehungen:
Wärmeübergang Fluid I/Oberfläche Schicht 1:

$$\dot{Q} = \alpha_I A (T_I - T_{10}) \tag{21}$$

Wärmeleitung durch Schicht 1:

$$\dot{Q} = \lambda_1 A \frac{T_{10} - T_{12}}{\delta_1} \tag{22}$$

Wärmeleitung durch Schicht 2:

$$\dot{Q} = \lambda_2 A \frac{T_{12} - T_{20}}{\delta_2} \tag{23}$$

Wärmeübergang Oberfläche Schicht 2/Fluid II:

$$\dot{Q} = \alpha_{II} A (T_{20} - T_{II}) \tag{24}$$

Durch Gleichsetzen der Gl. (20)–(24) und Auflösen nach k erhält man die Definitionsgleichung für den Wärmedurchgangskoeffizienten k

$$k = \frac{1}{\frac{1}{\alpha_I} + \frac{\delta_1}{\lambda_1} + \frac{\delta_2}{\lambda_2} + \frac{1}{\alpha_{II}}} \tag{25}$$

bzw. für den reziproken Wert, den Wärmedurchgangswiderstand:

$$\frac{1}{k} = \frac{1}{\alpha_I} + \frac{\delta_1}{\lambda_1} + \frac{\delta_2}{\lambda_2} + \frac{1}{\alpha_{II}} \tag{26}$$

Bei nichtebenen Anordnungen erhält man durch einen entsprechenden differentiellen Ansatz ähnliche Ergebnisse, z. B. für das kreisrunde Rohr:

$$\dot{Q} = \frac{2\pi l (T_I - T_{II})}{\frac{1}{\alpha_I r_1} + \frac{1}{\lambda} \ln \frac{r_2}{r_1} + \frac{1}{\alpha_{II} r_2}} \tag{27}$$

In der Praxis ist häufig der Wärmeleitwiderstand in der Rohrwand infolge des hohen Werts von λ und der geringen Wandstärke vernachlässigbar gegenüber dem Wärmeübergangswiderstand an den Oberflächen. Die Wärmedurchgangswiderstände sind bei Phasenwechsel am geringsten, bei strömenden Flüssigkeiten höher und bei Aufheizung oder Kühlung von Gasen beträchtlich.

1.1.3 Wärmetransport durch Strahlung

Während bei den beiden bisher besprochenen Transportmechanismen die Wärme immer über den Energieinhalt der Moleküle weitergeleitet wurde, wird sie hier in Form von elektromagnetischen Wellen transportiert. Der direkte Kontakt der wärmeaustauschenden Körper ist bei der Strahlung nicht mehr erforderlich.

In der Regel wird von einer auf eine Oberfläche auftreffenden Wärmestrahlung ein Teil f_r reflektiert, ein Teil f_a absorbiert und ein Anteil f_d durchgelassen; dafür gilt:

$$f_r + f_a + f_d = 1 \tag{28}$$

Die meisten festen Körper absorbieren die eingedrungene Wärmestrahlung bereits bei geringer Tiefe fast vollkommen, so daß die Oberflächen der meisten technischen Apparate als strahlungsundurchlässig ($f_d = 0$) bezeichnet werden können. Reflektiert ein Körper darüber hinaus Strahlung nicht, so handelt es sich um einen sog. schwarzen Körper. Die Weitergabe von eingestrahlter Energie kann bei einem solchen Körper nur durch Aussendung einer eigenen Strahlung erfolgen. In diesem idealen Fall wäre also $f_a = 1$ und die ausgestrahlte Energie gleich der eingestrahlten.
Reale Körper haben immer eine Absorptionszahl $f_a < 1$, d.h. die Strahlung E einer realen Wand ist im stationären Zustand bei gleicher Temperatur kleiner als die Strahlung E_s einer schwarzen Wand. Das Verhältnis

$$\varepsilon = \frac{E}{E_s} \tag{29}$$

heißt Emissionskoeffizient bzw. Emissionsverhältnis der wirklichen Wand oder „Schwärzegrad". Obgleich die Strahlung eines realen Körpers in der Regel eine andere Verteilung über der Wellenlänge hat als der schwarze Körper, genügt es für technische Zwecke meist, den Körper als „grau" zu betrachten, d.h. mit von der Wellenlänge unabhängigem, konstantem Emissionsverhältnis zu rechnen.
Nach dem *Stefan-Boltzmann*schen Gesetz ist die von einer Oberfläche abgestrahlte Wärmestromdichte $\dot{q}$ proportional der 4. Potenz der absoluten Temperatur T und der Strahlungszahl C des wirklichen Körpers, die sich aus dem Produkt von Strahlungszahl C_s des schwarzen Körpers und Emissionskoeffizient ε ermitteln läßt:

$$\dot{q} = C\left(\frac{T}{100}\right)^4 = \varepsilon C_s \left(\frac{T}{100}\right)^4 \tag{30}$$

Hierin ist $C_s = 5{,}67 \text{ W/m}^2\text{K}^4$ (Strahlungszahl des schwarzen Körpers).
Für die Emissionskoeffizienten ε liegen in der Literatur [1, 5] hinreichend Daten vor. Für die Größe von ε spielt der Oberflächenzustand des Körpers eine wesentliche Rolle (vgl. Tab. 2).

Tab. 2. Emissionskoeffizient ε (senkrecht zur Oberfläche) für verschiedene Materialien bei 20°C

Oberflächenmaterial	ε
Silber	0,020
Kupfer, poliert	0,030
Kupfer, geschabt	0,070
Kupfer, oxidiert	0,78
Eisen, blank geschmirgelt	0,24
Eisen, rot angerostet	0,61
Eisen, stark verrostet	0,85
Ziegelstein, Mörtel, Putz	0,93
Glas, glatt	0,94
Schwarzer Lack, matt (80°C)	0,97
Eis (0°C)	0,97

Die Intensität der Strahlung ist von ihrer Richtung im Verhältnis zur Lage der Oberfläche abhängig. Nach dem sogenannten *Lambert*schen Gesetz ist die Strahlung unter einem Winkel β zur Flächennormalen gleich dem Produkt aus Strahlung in Normalrichtung und dem Kosinus des Winkels β. In der Praxis weichen jedoch die experimentell ermittelten Werte – besonders bei β > 50° – z.T. stark vom *Lambert*schen Kosinusgesetz ab.

Die von einem heißen Körper (Index 1) an einen kälteren Körper (Index 2) durch Strahlung übertragene Wärmemenge ergibt sich aus dem *Stefan-Boltzmann*schen Ansatz zu:

$$\dot{Q}_{12} = C_{12} A \left[\left(\frac{T_1}{100}\right)^4 - \left(\frac{T_2}{100}\right)^4 \right] \tag{31}$$

Darin ist $C_{12} = \varepsilon_{12} C_s$ die Strahlungsaustauschzahl für das betrachtete Körperpaar. Für C_{12} bzw. ε_{12} gilt bei paralleler Oberflächenanordnung:

$$C_{12} = \varepsilon_{12} C_s = \frac{C_s}{\frac{1}{\varepsilon_1} + \frac{1}{\varepsilon_2} - 1} \tag{32}$$

und bei umhüllender Fläche (z. B. Innenrohr und Mantel):

$$C_{12} = \varepsilon_{12} C_s = \frac{C_s}{\frac{1}{\varepsilon_1} + \frac{A_1}{A_2}\left(\frac{1}{\varepsilon_2} - 1\right)} \tag{33}$$

Im Gegensatz zu festen Körpern strahlen Gase, wenn überhaupt, meist nur innerhalb enger Wellenbereiche. Die meisten elementaren Gase, z. B. N_2, O_2, H_2 und Edelgase, sind für Wärmestrahlen praktisch vollkommen durchlässig und strahlen damit auch nicht. Dagegen sind andere Gase und Dämpfe, wie H_2O, CO_2, CO, SO_2 und Kohlenwasserstoffe, wirksame Strahler.

In erster Linie ist das Emissionsverhältnis eines Gases ε_G von dem Produkt aus Teildruck und Schichtstärke abhängig (*Beer*sches Gesetz). Für eine Reihe von technisch interessierenden Gasen und Gasgemischen liegen Meßergebnisse in der Literatur vor [5, 17].

Für den Wärmeaustausch zwischen einem Gasraum und einer Wandung wird – ähnlich dem ε_{12} für den Austausch zwischen zwei Körpern 1 und 2 – ein ε_{GW} aus dem ε der Wand und ε_G gebildet. Die übertragene Wärmemenge läßt sich dann nach dem gleichen Ansatz wie beim Austausch zwischen festen Körpern ermitteln.

1.2 Technischer Wärmetransport

Apparate, in denen Wärme von einem Medium auf ein anderes übertragen wird, werden allgemein als Wärmeaustauscher, Verdampfer und Kondensatoren bezeichnet. Die zu übertragende Wärmemenge ist meist durch die verfahrenstechnische Aufgabenstellung von vornherein festgelegt, ebenso die Eintritts- und Austrittstemperaturen der wärmeaustauschenden Ströme. Damit müssen für die Dimensionierung derartiger Apparate der Wärmedurchgangskoeffizient und die daraus resultierende Austauschfläche bestimmt werden.

1.2.1 Einteilung der Wärmeaustauscher

Ausgehend von der apparativen und konstruktiven Konzeption werden folgende Bauarten unterschieden:
– Wärmeaustauscher, bei denen die Medien durch eine Wandung getrennt geführt werden,
– Apparate, bei denen sich die wärmeaustauschenden Ströme direkt berühren,
– Apparate, bei denen ein Stoff Wärme an einen Speicher abgibt und von dem aus die Wärme später an einen anderen Stoff wieder abgegeben wird,
– Sonderbauarten.

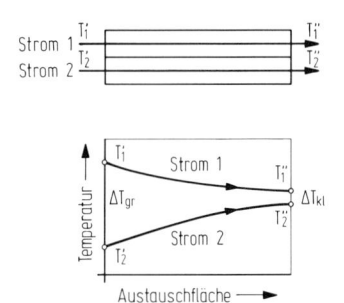

Bild 6. Temperaturverlauf beim Gleichstrom-Wärmeaustausch

Ein weiteres wesentliches Unterscheidungsmerkmal ist die Stromführung. Die am meisten angewendeten Stromführungen sind *Gleichstrom* und *Gegenstrom*. In Bild 6 und 7 sind neben dem Strömungsschema der Apparate die Temperaturen der beteiligten Ströme über der Austauschfläche (oder Apparatelänge) aufgetragen. Man ersieht daraus, daß bei Gegenstromführung das aufzuheizende Medium auch über die Endtemperatur des wärmeabgebenden Mediums aufgeheizt werden kann, was bei Gleichstromführung nicht der Fall ist. Die Gegenstromfahrweise empfiehlt sich daher überall dort, wo mit kleinen Temperaturdifferenzen gearbeitet werden muß.

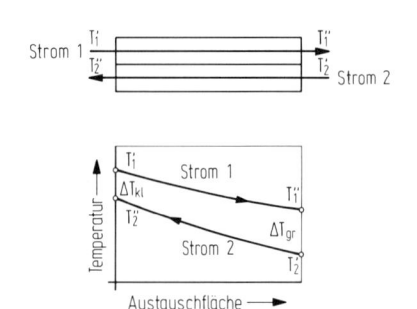

Bild 7. Temperaturverlauf beim Gegenstrom-Wärmeaustausch

In den Bildern sind ferner die Temperaturdifferenzen am Anfang und am Ende des Wärmeaustauschers – bezeichnet mit ΔT_{gr} und ΔT_{kl} – angegeben, die für die Ermittlung der mittleren Temperaturdifferenz $\overline{\Delta T}$ entsprechend

$$\dot{Q} = k\,A\,\overline{\Delta T} \tag{34}$$

von Bedeutung sind. Da sich die treibende Temperaturdifferenz von Ort zu Ort innerhalb des Apparates verändert, läßt sich durch integrale Mittelwertbildung eine mittlere logarithmische Temperaturdifferenz $\overline{\Delta T}_{log}$ ableiten. Sowohl für Gleich- als auch für Gegenstrom gilt:

$$\overline{\Delta T}_{log} = \frac{\Delta T_{gr} - \Delta T_{kl}}{\ln\left(\dfrac{\Delta T_{gr}}{\Delta T_{kl}}\right)} \tag{35}$$

Neben diesen beiden häufigsten Arten der Stromführung muß noch der sog. *Kreuzstrom* und *Kreuzgegenstrom* (z. B. bei Apparaturen für die Tieftemperaturtechnik) erwähnt werden. In Bild 8 sind schematisch der einfache Kreuzstrom und dreifache Kreuzgegenstrom dargestellt.
Bei Kreuzstrom ist die Berechnung der mittleren Temperaturdifferenz aufwendig und häufig nur mit Hilfe eines Rechners möglich. Für die wichtigsten Stromführungen sind in [5] Diagramme angegeben, mit deren Hilfe die mittlere Temperaturdifferenz ermittelt werden kann.

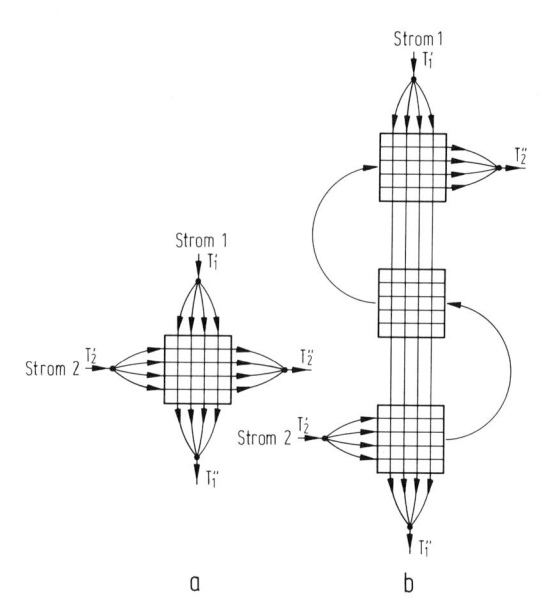

Bild 8. Schematische Darstellung von a) Kreuzstrom- und b) Kreuzgegenstrom-Wärmeaustausch (Kreuzgegenstrom dreifach)

1.2.2 Wärmedurchgangskoeffizienten üblicher Wärmeaustauschertypen

Bei der Dimensionierung oder Auswahl eines Wärmeaustauschers bestimmt man üblicherweise zunächst anhand von Erfahrungswerten überschlägig die Austauschfläche und stellt anschließend genauere Rechnungen an.

Die in den folgenden Tabellen zusammengestellten praktischen Wärmedurchgangskoeffizienten haben große Schwankungsbreiten. Die unteren Werte gelten dabei für ungünstige Bedingungen, z. B. hohe Viskositäten, niedrige Strömungsgeschwindigkeiten, große Verschmutzung, während die oberen Werte Maximalwerte sind. Ausführliche Darstellungen finden sich in [5, 12, 18, 19, 20].

1.2.2.1 Doppelrohr- und Rohrbündelwärmeaustauscher

Hierzu zählen alle diejenigen Apparate, bei denen ein Medium im Inneren eines Rohres fließt, während außen im Mantelraum der zweite Strom geführt wird (Bild 9). Zur Intensivierung des Wärmeübergangs auf der Mantelseite können in diese Schikanebleche eingebaut sein. Diese

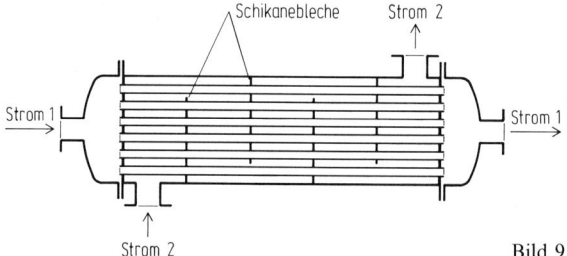

Bild 9. Rohrbündelwärmeaustauscher

Wärmeaustauscher werden sowohl liegend als auch stehend angeordnet. Je nachdem, um welche Medien es sich handelt, gelten die in Tab. 3 aufgeführten Erfahrungswerte.

Als Verdampfer eingesetzte Rohrbündelapparate werden zweckmäßigerweise senkrechtstehend oder schräg angeordnet (Bild 10). Je nach Konstruktionsprinzip unterscheidet man Verdampfer mit und ohne Umlauf, wobei man noch zwischen freiem und erzwungenem Umlauf unterscheidet.

Tab. 3. *Wärmedurchgangskoeffizienten für Rohrbündelwärmeaustauscher*

Anwendungsfall Medium I/Medium II	Wärmedurchgangskoeffizient k (W/m² K)
Gas/Gas (Normaldruck)	5– 30
Gas/Gas (Normaldruck, Doppelrohr)	20– 60
Gas/Gas (Hochdruck)	150– 500
Flüssigkeit/Gas (Normaldruck)	15– 70
Flüssigkeit/Flüssigkeit	150–1200
Flüssigkeit/Flüssigkeit (Doppelrohr)	300–1400
Kondensierender Dampf/Flüssigkeit	300–3000

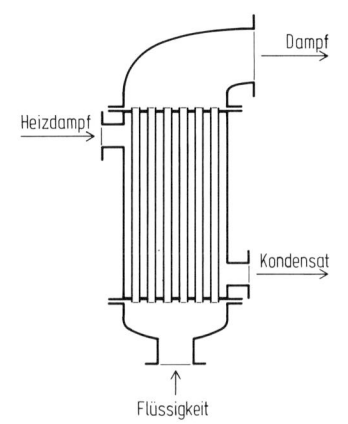

Bild 10. Verdampfer mit senkrechtem Rohrbündel

Der freie oder Naturumlauf erfolgt nach dem Prinzip der Mammutpumpe, während beim Zwangsumlauf im Kreislauf eine mechanische Pumpe eingebaut ist. Bei Verdampfern mit Naturumlauf wählt man zweckmäßigerweise eine gedrungene Bauform und ordnet ein dickeres Rohr als Rücklaufrohr an (z.B. *Robert*-Verdampfer, Bild 11), während sonst schlanke Bauformen bevorzugt

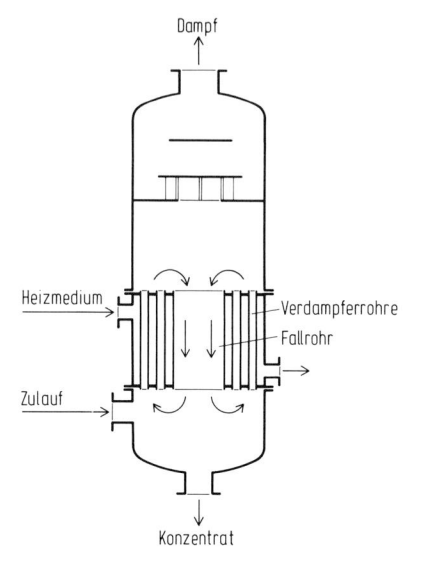

Bild 11. Robert-Verdampfer mit zentralem Fallrohr

werden. Das Heizregister wird stets von unten nach oben durchströmt. Überschlägige Werte für die Wärmedurchgangskoeffizienten in Rohrbündelverdampfern sind in Tab. 4 zusammengestellt.

Tab. 4. Wärmedurchgangskoeffizienten für Rohrbündelverdampfer

Anwendungsfall Heizmedium/zu verdampfendes Medium	Wärmedurchgangskoeffizient k (W/m² K)
Heizdampf um die Rohre/zäh, innen natürlicher Umlauf	300– 900
Heizdampf um die Rohre/dünnflüssig, innen natürlicher Umlauf	600–1700
Heizdampf um die Rohre/mit Zwangsumlauf, Pumpe oder Propeller im Fallrohr	900–3000

Beim Einsatz von Rohrbündelapparaten als Kondensatoren wird eine liegende oder schräge Anordnung gewählt (Bild 12). Durch entsprechende Wahl der Anschlüsse von Dampf-, Kondensat- oder Entlüftungsleitung muß dafür gesorgt werden, daß sich keine nichtkondensierbaren Gase im Dampfraum anreichern können.

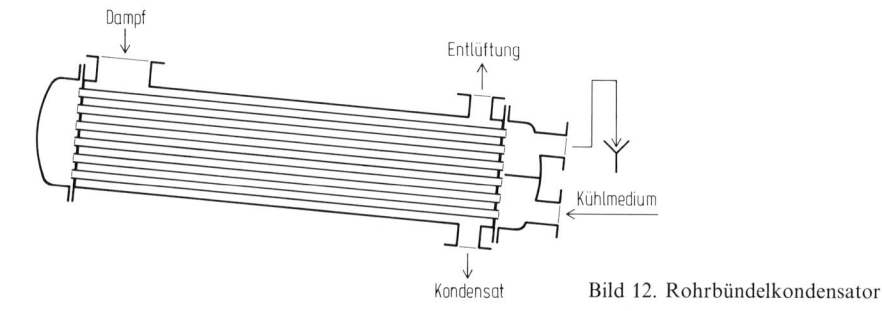

Bild 12. Rohrbündelkondensator

Für die Kondensation von organischen Dämpfen im Mantelraum beim Einsatz von Kühlwasser in den Rohren kann mit Wärmedurchgangskoeffizienten von ca. 300–1200 W/m² K gerechnet werden. Bei hohem Inertgasanteil geht der Wärmedurchgangskoeffizient zurück. Durch Verwendung von gewellten Rohren kann der Wärmeübergang bei der Kondensation erheblich verbessert werden [21].

Wird ein Rohrbündelapparat durch Wärmespannungen stark belastet (z. B. große Temperaturdifferenzen Mantel/Innenrohr, häufiger Wechsel Stillstand/Anfahren), werden konstruktiv besondere Maßnahmen getroffen. Man setzt dann in den Mantel ein Ausdehnungselement in Form eines Wellrohres bzw. einer Stopfbuchse ein oder wählt geradzahligen mehrfachen Durchgang, lagert einen Rohrboden frei und deckt ihn durch eine zusätzliche innere Haube ab (Rohrbündelwärmeaustauscher mit „schwimmendem Kopf").

1.2.2.2 Wärmeaustauscher mit berippten Oberflächen

Häufig ist der Wärmeübergang auf einer Seite der Trennwand besonders schlecht, z. B. bei Gasen. Eine entscheidende Verbesserung wird durch das Aufbringen von Rippen erreicht, wodurch die für den Wärmeübergang zur Verfügung stehende Fläche vergrößert wird. Rippenrohrwärmeaustauscher gibt es in mannigfaltiger konstruktiver Form, z. B. gewickelte Rippenrohrwärmeaustauscher für kleine ΔT-Werte in der Kältetechnik. Ist die Austauschwand in Strömungsrichtung sehr lang, so empfiehlt es sich, die Rippen nicht über die ganze Länge durchlaufend zu gestalten, sondern zu unterbrechen und möglichst versetzt anzuordnen, da sich hierdurch immer neue Anlaufströmungen mit relativ hohem α-Wert ausbilden.

1.2.2.3 Platten- und Spiralwärmeaustauscher

Besonders hohe Wärmeübertragungsleistungen lassen sich in Plattenwärmeaustauschern erzielen. Sie bestehen aus einer Reihe von gerieften Platten, die an den Rändern gegenseitig abgedichtet sind und durch eine Presse zusammengehalten werden. An jeder Ecke einer Platte befindet sich eine Öffnung für den Flüssigkeitsdurchtritt. Je nach Anordnung der Dichtungen ergeben sich unterschiedliche Schaltungsmöglichkeiten (s. Bild 13). Es lassen sich damit in relativ kleinen Volumina große Wärmeaustauschflächen unterbringen. Außerdem können solche Wärmeaustauscher durch Hinzufügen weiterer Platten vergrößert werden, und sie sind leicht zu reinigen. In Plattenwärmeaustauschern lassen sich besonders hohe Wärmedurchgangskoeffizienten erreichen, z. B. Werte von über 2500 W/m² K beim Austausch zwischen zwei flüssigen Medien.

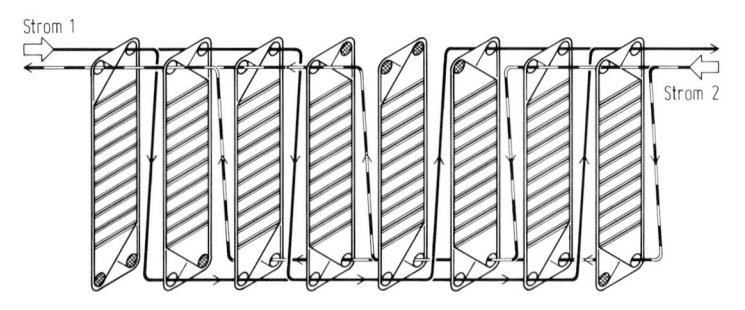

Bild 13. Schaltung eines Plattenwärmeaustauschers

Eine ebenfalls sehr raumsparende und wirksame Form von Wärmeaustauschern stellen Spiralwärmeaustauscher dar. Sie bestehen aus zwei spiralförmig gebogenen Blechen mit sehr kleinem Abstand, die eine Doppelspirale aus rechteckigen Kanälen bilden. Spiralwärmeaustauscher zeichnen sich ebenfalls durch hohe Wärmeübertragungsleistungen aus.

1.2.2.4 Wärmeaustausch in Rührkesseln

Rührkessel gehören zu den wichtigsten Reaktionsapparaten in der chemischen Technik. Dementsprechend muß bei einer Vielzahl von in Rührkesseln durchzuführenden Reaktionen Wärme ab- oder zugeführt werden. Dies geschieht in den meisten Fällen durch indirekten Wärmeaustausch, d. h. über eine trennende Wand zwischen Rührkesselinhalt und Wärmeträger (Heiz- oder Kühlmedium). Verschiedene apparative Möglichkeiten dazu zeigt Bild 14, nämlich über die Rührkesselwand (Bild 14a–c) oder über eine in den Rührkessel eingebaute Rohrschlange (Bild 14d). Im letzteren Fall steht eine erheblich größere Wärmeübertragungsfläche zur Verfügung als bei der Wärmeübertragung über die Kesselwand. Falls erforderlich, kombiniert man auch beide

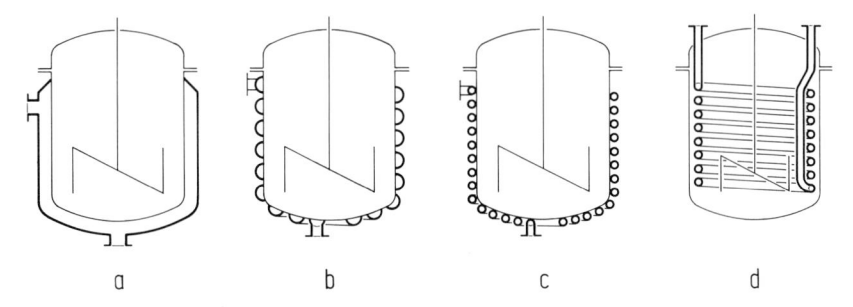

Bild 14. Rührbehälter mit Wärmeaustauschvorrichtungen
a Doppelmantel, b aufgeschweißtes Halbrohr, c aufgeschweißtes Vollrohr, d Innenschlange

Möglichkeiten miteinander. Überschlägige Werte für die in verschiedenen Anordnungen zu erwartenden Wärmedurchgangskoeffizienten sind in Tab. 5 zusammengestellt.

Tab. 5. Wärmedurchgangskoeffizienten in Rührbehältern

Anordnung Wärmeträger/Medium im Rührkessel	Wärmedurchgangskoeffizient k (W/m² K)
Außenmantel:	
Flüssigkeit/Flüssigkeit	150– 350
Dampf/Flüssigkeit	500–1500
Dampf/siedende Flüssigkeit	700–1700
Aufgeschweißtes Halb- oder Vollrohr:	
Flüssigkeit/Flüssigkeit	350– 900
Dampf/Flüssigkeit	500–1700
Dampf/siedende Flüssigkeit	700–2300
Innenschlange:	
Flüssigkeit/Flüssigkeit	500–1200
Dampf/Flüssigkeit	700–2500
Dampf/siedende Flüssigkeit	1200–3500

Die Wärmeübertragung in Rührbehältern hängt auch stark von den Rührbedingungen ab (z. B. Art des Rührers, Strömungszustand) [22]. Zur Ermittlung der entsprechenden Wärmedurchgangskoeffizienten sind in [5] dimensionslose Beziehungen angegeben.
Bei Rührkesseln findet man neben den genannten Wärmeaustauschern auch das Prinzip des *direkten Wärmeaustauschs*. Bei verschiedenen Verfahren verwendet man das Lösemittel, in dem gearbeitet wird, selbst als Kühlmittel bzw. setzt – wenn es das Verfahren erlaubt – ein Kühlmittel direkt zu. Durch entsprechende Druckführung läßt man das Löse- oder Kühlmittel verdampfen, entfernt den Dampf aus dem Kessel und entzieht dem Apparat damit die gewünschte Wärme *(Verdampfungskühlung)*.

1.2.2.5 Wärmeaustausch in Dünnschichtverdampfern

Speziell für die Verdampfung temperaturempfindlicher Produkte, die nur kurzzeitig thermisch belastet werden dürfen, sind Dünnschichtverdampfer gut geeignet. Den schematischen Aufbau eines solchen Apparates zeigt Bild 15. In dem über einen Mantel beheizten Rohr rotiert eine mit feststehenden oder pendelnd aufgehängten Wischern versehene Welle. Die zu verdampfende Flüssigkeit oder einzudampfende Lösung wird am oberen Ende aufgegeben. Durch die Wischer wird eine konstante Filmdicke eingehalten. Die Wärmedurchgangszahlen liegen je nach den Eigenschaften der eingesetzten Stoffe im Bereich von 300–12000 W/m² K. Unter Umständen kann in solchen Apparaten eine Eindampfung bis zum trockenen Produkt erfolgen. Die Wärmeaustauschfläche handelsüblicher technischer Ausführungen liegt zwischen 0,1 und 20 m².

1.2.2.6 Apparate mit direktem Wärmeaustausch

Zu den Apparaten mit direktem Wärmeaustausch zählen vor allem die Einspritzkühler und die Rückkühlwerke. Bei ersteren wird in einen heißen Gasstrom ein flüssiges Kühlmittel eingespritzt, das teilweise oder vollkommen verdampft und hierdurch die Gastemperatur herabsetzt. Bei den Rückkühlwerken für Kühlwasser regnet oder rieselt dieses in der Regel im Gegenstrom zu einem durch ein Gebläse oder natürlichen Auftrieb erzeugten Luftstrom herab; dabei verdunstet ein Teil des Wassers, wodurch sich die restliche Flüssigkeit abkühlt [23].
Ebenfalls mit dem direkten Wärmeaustausch zwischen fallenden Tropfen und umgebendem Gas arbeiten die Zerstäubungstrockner (s. Abschn. 4.2.3.1) und Sprüh-Erstarrungs-Anlagen (s. Ab-

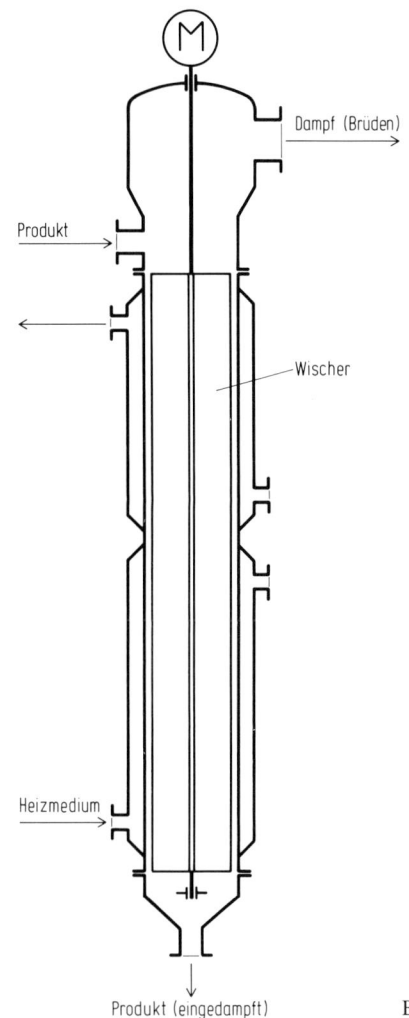

Bild 15. Dünnschichtverdampfer

schn. 4.1.2.1). In allen diesen Fällen kann mit Wärmeübergangszahlen zwischen Tröpfchen und umgebendem Gas von 100–1200 W/m² K, bezogen auf die Tropfenoberfläche, gerechnet werden.

1.2.2.7 Wärmeaustauscher mit Wärmespeichern (Regeneratoren)

Zu dieser Gruppe sind alle Wärmeaustauscher zu zählen, die Wärmespeichermassen (z. B. Schüttgut aus Keramik oder Metall, Formsteine, gewellte Bleche, Drahtgewebe) besitzen, durch welche heißes und kaltes Fluid (in der Regel Gas) im zeitlichen Wechsel strömen. Werden – wie bei allen klassischen sog. Regeneratoren – die Gasströme umgeschaltet, so sind jeweils Paare von Apparaten erforderlich, von denen einer aufgeheizt wird, während der andere seine Wärme abgibt. Es handelt sich hierbei um einen quasi-kontinuierlichen, in Wirklichkeit absatzweisen Betrieb.

Die mit dem Umschaltvorgang verbundenen Temperaturstöße und Durchsatzschwankungen können vermieden werden, wenn die Speichermasse quer zur Strömungsrichtung von Heiß- und Kaltgas bewegt wird, wie es im sog. Scheibenregenerator geschieht. Dort ist die Speichermasse in Form einer langsam rotierenden Scheibe angeordnet, die etwa je zur Hälfte von Heiß- und Kaltgas durchströmt wird. Ein Beispiel für diese Bauweise ist der *Ljungström*-Regenerator, der häufig in Dampfkesselanlagen und Feuerungen zur Vorwärmung der Verbrennungsluft durch die Rauchgase eingesetzt wird. Ein weiterer Anwendungsbereich für Regeneratoren ist die Tieftemperaturtechnik (z. B. die Luftzerlegung).

Übliche Wärmeübergangszahlen für den Austausch zwischen Gas und Speichermasse liegen bei 20–50 W/m² K. Hieraus ergeben sich k-Werte, die im Bereich von 5–10 W/m² K liegen [12].

1.2.3 Wirtschaftlichkeitsüberlegungen

Die Wärmeaustauschfläche, die für eine bestimmte Aufgabe benötigt wird, ist gemäß Gl. (34) dem Wärmedurchgangskoeffizienten umgekehrt proportional. Dementsprechend läßt sich Austauschfläche einsparen, wenn es gelingt, den Wärmetransport durch Erhöhung der Wärmeübergangskoeffizienten zu verbessern. Das kann z. B. durch konstruktive Maßnahmen, wie die Verwendung von Rippenrohren, oder durch Erhöhung der Strömungsgeschwindigkeiten geschehen. Diesen Vorteil muß man sich allerdings mit größeren Strömungsdruckverlusten und demzufolge höherem Energieaufwand erkaufen. Der Einsparung an Wärmeaustauschfläche, also an Investitionskosten, stehen daher höhere Betriebskosten gegenüber, so daß im Einzelfall abzuwägen ist, bei welcher technischen Lösung die Summe aus investitionsabhängigen und laufenden Kosten minimal ist.

2 Grundlagen der thermischen Trennverfahren

Von einigen Sonderfällen abgesehen, beruhen die thermischen Trennverfahren auf der Tatsache, daß nebeneinander bestehende („koexistierende") Phasen von Stoffmischungen im allgemeinen von unterschiedlicher Zusammensetzung sind. Neben der Lage der Gleichgewichte spielt die Geschwindigkeit der Gleichgewichtseinstellung eine wichtige Rolle. Dabei ist sowohl der Stofftransport innerhalb einer Phase als auch der Stoffübergang zwischen zwei Phasen von Interesse.

2.1 Phasengleichgewichte

2.1.1 Gleichgewichte zwischen gasförmigen und kondensierten Phasen

Die am häufigsten angewandten thermischen Trennverfahren Rektifikation und Absorption basieren auf Dampf-Flüssigkeits-Gleichgewichten. Bei Extraktionsprozessen spielen Flüssig-flüssig- und Flüssig-fest-Gleichgewichte eine wichtige Rolle, letztere auch bei der Kristallisation. Gas-Feststoff-Gleichgewichte sind für Trennverfahren hingegen von untergeordneter Bedeutung.

2.1.1.1 Gleichgewichtsbeziehungen

Für ideale flüssige Mischungen gilt das *Raoult*sche Gesetz, das besagt, daß die Partialdrücke p_i der einzelnen Komponenten i im gesamten Konzentrationsbereich direkt proportional dem Molenbruch x_i der Komponente i in der Flüssigkeit sind:

$$p_i = x_i p_{oi} \tag{36a}$$

p_{oi} ist der Dampfdruck der reinen Komponente i. Ist die gasförmige Phase ebenfalls ideal, gilt außerdem das *Dalton*sche Gesetz der Additivität der Partialdrücke:

$$\Sigma p_i = p \tag{37a}$$

mit $\quad p_i = y_i p \tag{37b}$

Aus (36a) und (37b) ergibt sich für das Gleichgewichtsverhältnis der Molenbrüche der Komponente i in der Flüssigkeit und in der Gasphase:

$$\frac{y_i}{x_i} = \frac{p_{oi}}{p} \qquad (38\,a)$$

Zur Beschreibung der Trennbarkeit von zwei Komponenten über ein Phasengleichgewicht verwendet man den Trennfaktor α; er ist definiert als der Quotient der Gleichgewichtsverhältnisse der beiden Komponenten (1 und 2):

$$\alpha = \frac{y_1}{x_1}\frac{x_2}{y_2} \qquad (39)$$

oder für binäre Systeme mit $y_1 = y$ und $y_2 = (1-y)$ sowie $x_1 = x$ und $x_2 = (1-x)$:

$$\alpha = \frac{y(1-x)}{x(1-y)} \qquad (40)$$

Da bei *Dampf-Flüssigkeits-Gleichgewichten* die Komponenten im allgemeinen in der Reihenfolge ihrer Flüchtigkeiten numeriert werden (also die leichtest siedende Komponente mit 1), ist hier der Trennfaktor in der Regel größer als 1. Der Trennfaktor α_o für eine ideale Mischung ist gleich dem Verhältnis der Dampfdrücke der reinen Stoffe, wie sich durch Einsetzen von Gl. (38a) für die Komponenten 1 und 2 in Gl. (39) ergibt:

$$\alpha_o = \frac{p_{o1}}{p_{o2}} \qquad (41\,a)$$

In Wirklichkeit verhalten sich aber nur sehr wenige Stoffsysteme ideal; die meisten Mischungen weichen davon mehr oder weniger stark ab. Diese Abweichungen lassen sich vorwiegend auf die flüssige Phase zurückführen, da dort die Wechselwirkungen zwischen verschiedenartigen Molekülen einer Mischung erheblich größer sind als in der Gasphase. Daher genügt es bis zu Gesamtdrücken von einigen bar meist, wenn man nur die Nichtidealität der flüssigen Phase berücksichtigt. Man verwendet dazu den Aktivitätskoeffizienten γ_i. Die sich damit ergebenden Gleichungen sind in Tabelle 6 zusammengestellt.

Tab. 6. Gleichungen für Dampf-Flüssigkeits-Gleichgewichte

Gasphase	ideal		ideal	
Flüssigphase	ideal		real	
Partialdruck	$p_i = y_i p = x_i p_{oi}$	(36a)	$p_i = y_i p = \gamma_i x_i p_{oi}$	(36b)
Gleichgewichtsverhältnis	$\dfrac{y_i}{x_i} = \dfrac{p_{oi}}{p}$	(38a)	$\dfrac{y_i}{x_i} = \dfrac{\gamma_i p_{oi}}{p}$	(38b)
Trennfaktor	$\alpha_o = \dfrac{p_{o1}}{p_{o2}}$	(41a)	$\alpha = \dfrac{\gamma_1}{\gamma_2}\dfrac{p_{o1}}{p_{o2}} = \dfrac{\gamma_1}{\gamma_2}\alpha_o$	(41b)

Am besten läßt sich der Einfluß von realen flüssigen Phasen auf das Phasengleichgewicht anhand des *Raoult*schen Gesetzes diskutieren. Dazu ist in Bild 16 der Partialdruck einer Komponente (1) in drei verschiedenen binären Mischungen gegen den Molenbruch aufgetragen. Für die ideale Mischung ergibt sich eine Gerade. Abweichungen von dieser *Raoult*schen Geraden in realen Mischungen sind bei kleinen Konzentrationen des Stoffes 1 naturgemäß am größten, da dann relativ wenige Moleküle 1 von vielen Molekülen 2 umgeben sind. Bei hohen Konzentrationen des Stoffes 1 werden dagegen dessen Eigenschaften durch die kleinen Mengen von 2 nur wenig beeinflußt, daher nähert sich hier die Partialdruckkurve der

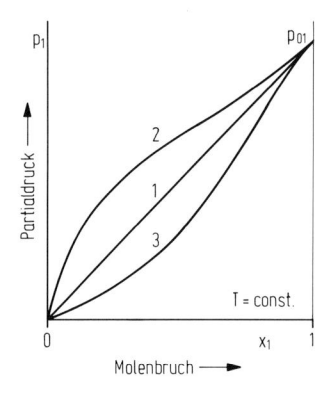

Bild 16. Raoultsches Gesetz
1 ideal
2 positive Abweichung vom Raoultschen-Gesetz
3 negative Abweichung vom Raoultschen-Gesetz

Raoultschen Geraden an. Bei realen Systemen sind positive Abweichungen vom Raoultschen Gesetz am häufigsten. Das läßt sich dadurch erklären, daß meistens die abstoßenden Kräfte zwischen verschiedenartigen Molekülen stärker sind als zwischen gleichartigen und umgekehrt die Anziehungskräfte in Mischungen kleiner sind als in reinen Stoffen. Dementsprechend ist die Tendenz der Moleküle, aus der flüssigen in die dampfförmige Phase überzugehen, in einer Mischung im allgemeinen größer als im reinen Stoff. Der Aktivitätskoeffizient ist dann größer als 1. Der seltenere Fall ist der, daß die intermolekularen Wechselwirkungskräfte in der Mischung größer sind als im reinen Stoff (z. B. Wasser/HCl). Das führt zu negativen Abweichungen vom Raoultschen Gesetz und damit zu Aktivitätskoeffizienten, kleiner als 1.

Die Aktivitätskoeffizienten sind im allgemeinen Funktionen der Konzentration und der Temperatur. Das gilt folglich auch für den Trennfaktor. Allein bei idealen Gemischen ist er konzentrationsunabhängig, und auch nur bei konstanter Temperatur. Er kann hier aber außerdem bei konstantem Druck näherungsweise als konstant angesehen werden. Da sich der Trennfaktor generell wesentlich weniger mit der Temperatur ändert als die Dampfdrücke, wird er vor allem zur Berechnung von Zweistofftrennungen häufig verwendet.

Wenn auch das reale Verhalten der Gasphase berücksichtigt werden soll, greift man auf Zustandsgleichungen zurück [24–30]. Bei mäßig erhöhten Drücken (etwa bis zu einem reduzierten Druck von 0,5) benutzt man häufig den Virialansatz mit dem zweiten und evtl. dem dritten Virialkoeffizienten. Für noch höhere Drücke (reduzierter Druck bis 0,8) hat sich vor allem der Ansatz von Redlich und Kwong [31] bewährt.

Zur Beschreibung von *Gas-Flüssigkeits-Gleichgewichten* verwendet man das *Henry*sche Gesetz:

$$p_i = K_{Hi} x_i \qquad (42)$$

K_{Hi} ist die *Henry*sche Konstante; unterhalb der kritischen Temperatur des Gases i ergibt sich dafür mit Gl. 36b (ideale Gasphase):

$$K_{Hi} = \gamma_i p_{oi} \qquad (43)$$

Abgesehen von idealen Mischungen ($\gamma_i = 1$), wo die lineare Abhängigkeit der Flüssigphase-Konzentration vom Partialdruck über den gesamten Konzentrationsbereich gilt und Gl. (42) in das *Raoult*sche Gesetz übergeht, ist das *Henry*sche Gesetz streng genommen nur ein Grenzgesetz für ideal verdünnte Lösungen. Es kann jedoch meist mit einer für praktische Fälle ausreichenden Genauigkeit bis zu Konzentrationen von einigen Mol% in der Flüssigkeit verwendet werden. Da bei Gasabsorptionen selten höhere Konzentrationen an absorbiertem Gas in der Flüssigkeit auftreten, wird dort bei der Berechnung im allgemeinen das *Henry*sche Gesetz zugrunde gelegt.

Das trifft nicht für die sogenannte chemische Absorption zu, bei der die gelöste Komponente mit der Absorptionsflüssigkeit reagiert, wie z. B. CO_2 in Wasser. In solchen Fällen muß für die Beschreibung des

Löslichkeitsgleichgewichts das chemische Gleichgewicht in der Lösung angesetzt werden. Für das Beispiel der Absorption von CO_2 in Wasser gilt also:

$$K = \frac{c_{H^+} \cdot c_{HCO_3^-}}{c_{CO_2}} \qquad (44)$$

In Gl. (42) wird dann nur der nicht reagierende Anteil des gelösten Gases berücksichtigt.

2.1.1.2 Phasendiagramme

Für die graphische Darstellung binärer Dampf-Flüssigkeits-Gleichgewichte gibt es mehrere Möglichkeiten, wie Bild 17 zeigt, in dem fünf wichtige Typen von binären Systemen in dreierlei Weise (Spalten 1 bis 3) dargestellt sind; außerdem ist in den Diagrammen in der vierten Spalte für die einzelnen Systeme die Konzentrationsabhängigkeit der Aktivitätskoeffizienten aufgetragen. Die T-x,y-Diagramme (Spalte 2) werden auch als Siedediagramme bezeichnet; die durchgezogene Linie nennt man dabei Siedelinie, die gestrichelte Linie Taulinie, der Bereich zwischen diesen beiden Linien ist das Zweiphasengebiet (Dampf und Flüssigkeit). Für die graphische Behandlung von Destillationsproblemen benutzt man meist das x-y-Diagramm (Gleichgewichtsdiagramm).

Bei den in den drei unteren Reihen von Bild 17 dargestellten Mischungstypen (c, d und e) handelt es sich um Stoffsysteme mit einem azeotropen Punkt, d.h. einem Extremwert im p-x- und im T-x-Diagramm. An diesem Punkt sind die Gleichgewichtskonzentrationen in beiden Phasen gleich groß. Ein azeotropes Gemisch kann daher nicht durch einfache Destillation oder durch Teilkondensation in zwei Fraktionen verschiedener Zusammensetzung zerlegt werden, das ist nur mittels besonderer Maßnahmen möglich (vgl. Abschn. 3.1.5).

Die Bedingungen für das Auftreten eines Azeotrops werden durch einen Vergleich der Systeme b und c aus Bild 17 ersichtlich: System c weist bei gleichen Differenzen in den Dampfdrücken und Siedepunkten der reinen Stoffe wesentlich größere Abweichungen vom *Raoult*schen Gesetz auf als System b; ein System mit gleichgroßen Nichtidealitäten wie System b würde bei niedrigeren Dampfdruck- und Siedepunktunterschieden jedoch ebenfalls ein Azeotrop bilden. Für das Auftreten von Azeotropen sind also um so größere Abweichungen vom idealen Verhalten erforderlich, je weiter die Siedepunkte der Komponenten auseinanderliegen. Dabei bilden Systeme mit positiven Abweichungen vom *Raoult*schen Gesetz (Aktivitätskoeffizienten > 1) Azeotrope mit einem Dampfdruckmaximum und Siedepunktminimum (Minimumazeotrop, Bild 17c), solche mit negativen Abweichungen (Aktivitätskoeffizienten < 1) Azeotrope mit einem Dampfdruckminimum und Siedepunktmaximum (Maximumazeotrop, Bild 17d).

Bei sehr großen positiven Abweichungen vom *Raoult*schen Gesetz tritt ein zusätzliches Phänomen auf: die Bildung von zwei flüssigen Phasen. Wenn die Abstoßungskräfte zwischen den Molekülen der zwei Komponenten eines binären Systems besonders groß sind, also bei chemisch sehr unähnlichen Stoffen, ist eine vollständige Mischbarkeit nicht mehr möglich. Viele solcher Systeme mit *Mischungslücke* bilden gleichzeitig Azeotrope. Wenn, wie es häufig der Fall ist (vgl. Bild 17e), die Azeotropkonzentration im Bereich der Mischungslücke liegt, werden bei der Kondensation von Dampf azeotroper Zusammensetzung zwei flüssige Phasen gebildet; man spricht von einem *Heteroazeotrop*. Ein solches dreiphasiges Gleichgewicht hat eine Besonderheit, die für die azeotrope Destillation von Bedeutung ist: die Dampfzusammensetzung, die hier gleich der Azeotropkonzentration ist, ändert sich im Bereich der Mischungslücke nicht; sie ist unabhängig vom Mengenverhältnis der beiden gesättigten flüssigen Phasen und damit von der Bruttozusammensetzung der Flüssigkeit. Im Extremfall dehnt sich die Mischungslücke auf den gesamten Konzentrationsbereich aus, dann sind beide Komponenten praktisch ineinander unlöslich, wie es bei vielen Systemen aus Wasser und einer organischen Verbindung der Fall ist.

Literatur über Gleichgewichtsdaten:
- Dampfdrücke reiner Stoffe: [32 (Bd. II 2a), 33–38],
- Dampf-Flüssigkeits-Gleichgewichte: [32 (Bd. II 2a), 33, 34, 39–42],
- Gaslöslichkeiten: [32 (Bd. II 2b), 33, 43, 44].

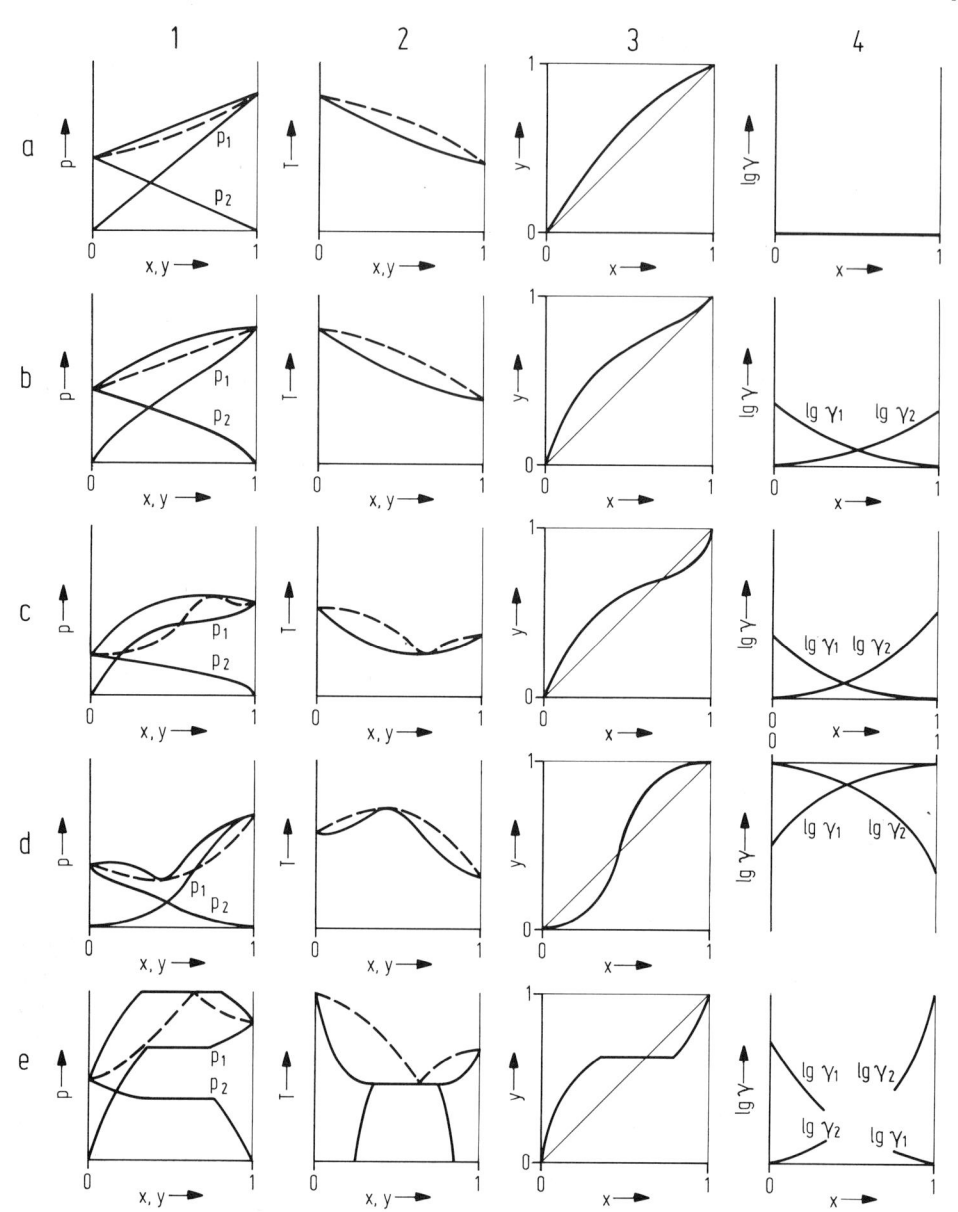

Bild 17. Phasendiagramme für Dampf-Flüssigkeits-Gleichgewichte
Spalte 1 p-x, y-Diagramme mit den Partialdrücken p_1 und p_2 bei T = const. Durchgezogene Linie: p als f(x), Unterbrochene Linie: p als f(y)
Spalte 2 T-x, y-Diagramme bei p = const. Durchgezogene Linie: T als f(x), Unterbrochene Linie: T als f(y)
Spalte 3 x-y-Diagramme bei p = const.
Spalte 4 Aktivitätskoeffizienten (logarithmisch)
  Reihe a Ideales System
  Reihe b Reales System mit positiver Abweichung vom Raoultschen Gesetz
  Reihe c Reales System mit tiefsiedendem Azeotrop
  Reihe d Reales System mit hochsiedendem Azeotrop
  Reihe e Reales System mit Heteroazeotrop

[Literatur S. 238]

2.1.1.3 Aktivitätskoeffizienten flüssiger Mehrkomponentensysteme

Bei der Bedeutung der Flüssigphase-Aktivitätskoeffizienten für die Beschreibung realer Dampf-Flüssigkeits-Gleichgewichte liegt es nahe, die Konzentrationsabhängigkeit dieser Größen mathematisch auszudrücken.

Man geht dabei zweckmäßigerweise von thermodynamischen Funktionen aus. Bei der Herstellung einer Mischung aus den reinen Komponenten ergibt sich eine Änderung der freien Enthalpie. Für diese sogenannte freie Mischungsenthalpie ΔG gilt:

$$\Delta G = RT \sum_i n_i \ln \gamma_i x_i \tag{45}$$

mit R = allgemeine Gaskonstante und n_i = Molzahl der Komponente i.
Für ideale Mischungen (alle $\gamma_i = 1$) folgt:

$$\Delta G^{id} = RT \sum_i n_i \ln x_i \tag{46}$$

Damit läßt sich die freie Mischungsenthalpie aufspalten in einen idealen und einen zusätzlichen Anteil, der das Realverhalten berücksichtigt:

$$\Delta G = \Delta G^{id} + \Delta G^E \tag{47}$$

$$\Delta G^E = RT \sum_i n_i \ln \gamma_i \tag{48}$$

Die Größe ΔG^E ist die freie Exzeßenthalpie der Mischung. Die Aktivitätskoeffizienten γ_i der einzelnen Komponenten können daraus durch partielles Differenzieren nach der Molzahl erhalten werden, z. B. γ_j der Komponente j:

$$\left(\frac{\partial \Delta G^E}{\partial n_j}\right)_{T, p, n_i \neq n_j} = RT \ln \gamma_j \tag{49}$$

Wenn ΔG^E bzw. die entsprechende molare Größe ΔG_m^E als Funktion der Zusammensetzung der Mischung bekannt ist, lassen sich auf diese Weise analytische Ausdrücke für die Konzentrationsabhängigkeit der Aktivitätskoeffizienten erhalten (vgl. Tab. 7) [24, 29, 45].
Für viele binäre Systeme lassen sich die experimentellen Daten schon mit Ausdrücken darstellen, die nur zwei anzupassende Konstanten enthalten, z. B. durch die Gleichungen von *Margules* [46] oder *van Laar* [47]. Den *Margules*-Gleichungen äquivalent ist der Ansatz von *Redlich* und *Kister* [48]; er und seine Erweiterungen werden oft benutzt, wenn für die Darstellung eines binären Systems drei oder mehr Konstanten erforderlich sind, wie für manche stark nichtideale Systeme.
Eine andere Gruppe von Ansätzen für ΔG_m^E beruht auf dem Konzept der sog. „lokalen Zusammensetzung" von *Wilson* [49]. Dieses Konzept geht von der Vorstellung aus, daß die mikroskopische Zusammensetzung von der makroskopischen abweicht, und zwar müssen sich je nach der Stärke der Anziehungskräfte zwischen gleichartigen und verschiedenartigen Molekülen lokale Vorzugsorientierungen ergeben, die sich von der statistischen Zufallsverteilung der Moleküle unterscheiden. Da in dieser Modellvorstellung nur Wechselwirkungen zwischen jeweils zwei Molekülen berücksichtigt werden, enthalten die daraus entwickelten Ansätze auch im Fall von Mehrstoffsystemen nur Zweistoffparameter. Das bietet den großen Vorteil, daß für die Darstellung von Mehrkomponentensystemen mittels dieser Gleichungen nur die Daten der binären Gleichgewichte benötigt werden. Allerdings sind die mathematischen Ausdrücke für die auf diesem Konzept beruhenden Ansätze recht kompliziert. Bei der Verwendung dieser Gleichungen greift man deshalb zweckmäßigerweise auf Computerprogramme zurück [50, 51].
Trotz ihrer weiten Anwendbarkeit hat die *Wilson*-Gleichung einen Nachteil: sie kann keine Mischungslücken beschreiben, also keine Systeme, in denen zwei flüssige Phasen auftreten. Diese Beschränkung gilt nicht für die NRTL-Gleichung [52] und die UNIQUAC-Gleichung [53], die ebenfalls auf dem Prinzip der lokalen Zusammensetzung beruhen. Die NRTL-Gleichung („Non-Random-Two-Liquid") benutzt drei Konstanten, die UNIQUAC-Gleichung („UNIversal QUAsi-Chemical") zwei anpaßbare Konstanten pro binäres System.

Tab. 7. Beziehungen für die Konzentrationsabhängigkeit der Aktivitätskoeffizienten

System	Ansatz	Anzahl d. Konstanten	$\dfrac{\Delta G_m^E}{RT}$		$\ln \gamma$	
Binäre Systeme	Margules [46]	2	$x_1 x_2 [Bx_1 + Ax_2]$	(50)	$\ln \gamma_1 = x_2^2 [A + 2(B-A)x_1]$ $\ln \gamma_2 = x_1^2 [B + 2(A-B)x_2]$	(51a) (51b)
	Margules [46]	3	$x_1 x_2 [Bx_1 + Ax_2 - Dx_1 x_2]$	(52)	$\ln \gamma_1 = x_2^2 [A + 2(B-A-D)x_1 + 3Dx_1^2]$ $\ln \gamma_2 = x_1^2 [B + 2(A-B-D)x_2 + 3Dx_2^2]$	(53a) (53b)
	Redlich-Kister [48]	3	$x_1 x_2 [A + B(x_1 - x_2) + C(x_1 - x_2)^2]$	(54)	$\ln \gamma_1 = x_2^2 [A + B(3x_1 - x_2) + C(x_1 - x_2)(5x_1 - x_2)]$ $\ln \gamma_2 = x_1^2 [A + B(x_1 - 3x_2) + C(x_1 - x_2)(x_1 - 5x_2)]$	(55a) (55b)
	van Laar [47]	2	$x_1 x_2 \dfrac{AB}{Ax_1 + Bx_2}$	(56)	$\ln \gamma_1 = x_2^2 A \left(\dfrac{B}{Ax_1 + Bx_2} \right)^2$ $\ln \gamma_2 = x_1^2 B \left(\dfrac{A}{Ax_1 + Bx_2} \right)^2$	(57a) (57b)
	Wilson [49]	2	$-[x_1 \ln(x_1 + A_{12} x_2) + x_2 \ln(x_2 + A_{21} x_1)]$	(58)	$\ln \gamma_1 = 1 - \ln(x_1 + A_{12} x_2) - \dfrac{x_1}{x_1 + A_{12} x_2} - \dfrac{A_{21} x_2}{x_2 + A_{21} x_1}$ $\ln \gamma_2 = 1 - \ln(x_2 + A_{21} x_1) - \dfrac{x_2}{x_2 + A_{21} x_1} - \dfrac{A_{12} x_1}{x_1 + A_{12} x_2}$	(59a) (59b)
Mehrkomponentensysteme	Wilson [49]	2n	$-\sum_{i=1}^{n} x_i \ln \left(\sum_{j=1}^{n} A_{ij} x_j \right)$	(60)	$\ln \gamma_i = 1 - \ln \left(\sum_{j=1}^{n} A_{ij} x_j \right) - \sum_{k=1}^{n} \dfrac{A_{ki} x_k}{\sum_{j=1}^{n} A_{kj} x_j}$	(61)

2.1.1.4 Vorausberechnung von Aktivitätskoeffizienten

Bei den in der chemischen Technik auftretenden Problemen der Stofftrennung liegen in der Regel Mehrkomponentensysteme vor. Die Phasengleichgewichte dieser Systeme lassen sich mit den auf dem Prinzip der lokalen Zusammensetzung beruhenden Ansätzen (*Wilson*, NRTL, UNIQUAC) recht gut aus den Daten der binären Systeme berechnen. Trotz der großen Zahl von binären Dampf-Flüssigkeits-Gleichgewichten, für die in der Literatur Daten zu finden sind, kommt es oft vor, daß in einem bestimmten Mehrstoffsystem für einige Stoffpaare keine experimentellen Daten vorliegen. Hier ist es seit einigen Jahren möglich, die Aktivitätskoeffizienten fehlender Systeme mit guter Genauigkeit vorauszuberechnen. Das ist vor allem für die Verfahrensentwicklung und für die Vorplanung von Interesse, wenn z. B. verschiedene Verfahrensvarianten miteinander zu vergleichen sind. Vor der endgültigen Auslegung wird man natürlich die entscheidenden Stellen der Stofftrennung durch gezielte Messungen absichern [54].

In den dafür entwickelten Inkrementenmethoden werden die betreffenden binären Systeme als Mischungen aus den Strukturgruppen der beteiligten Moleküle behandelt. Da die große Zahl organischer Verbindungen aus einer viel kleineren Anzahl von Strukturgruppen zusammengesetzt ist, wird die Zahl der möglichen Kombinationen zwischen Paaren von Strukturgruppen und die der entsprechenden Wechselwirkungsparameter überschaubar. Die erste dieser Inkrementenmethoden war die ASOG-Methode (*A*nalytical *S*olution *O*f *G*roups) [55]; sie benutzt einen Ansatz, in dem die *Wilson*-Gleichung enthalten ist. Schnelle und breite Anwendung gefunden hat die etwas später entwickelte UNIFAC-Methode (*UN*IQUAC *F*unctional-group *A*citivity *C*oefficients) [56], die auf dem UNIQUAC-Ansatz beruht. Der besondere Vorteil der UNIFAC-Methode ist das Vorliegen einer umfangreichen Parametertabelle [57], die laufend ergänzt wird [58], wohingegen die für die ASOG-Methode veröffentlichte Parametertabelle weniger breit angelegt ist [59]. Die UNIFAC-Methode eignet sich auch zur Abschätzung von Flüssigphase-Aktivitätskoeffizienten für andere Arten von Phasengleichgewichten (flüssig-fest [60], flüssig-flüssig [61] und gasförmig-flüssig [62]).

2.1.2 Gleichgewichte zwischen flüssigen Phasen

2.1.2.1 Gleichgewichtsbeziehungen

Der einfachste Fall für das Auftreten von zwei flüssigen Phasen ist die vollständige oder teilweise Nichtmischbarkeit zweier Flüssigkeiten. Die beiden Komponenten eines solchen Systems mit Mischungslücke müssen untereinander ein stark nichtideales Verhalten aufweisen, und zwar im Sinne einer positiven Abweichung vom *Raoult*schen Gesetz (Aktivitätskoeffizienten >1). Das trifft analog auch für Mehrstoffsysteme zu.

Allgemein gilt bei der Bildung von zwei Phasen, also auch für zwei flüssige Phasen, die Gleichgewichtsbedingung, daß für jede einzelne Komponente i die Aktivität (Produkt aus Aktivitätskoeffizient γ_i und Molenbruch x_i) in der einen Phase (') gleich der Aktivität in der anderen Phase (") ist:

$$\gamma_i' x_i' = \gamma_i'' x_i'' \tag{62}$$

Für kleine Konzentrationen der Komponente i in beiden Phasen ergibt sich daraus der *Nernst*sche Verteilungssatz, der ebenso wie das *Henry*sche Gesetz streng genommen nur ein Grenzgesetz für ideale Verdünnung ist:

$$\frac{x_i'}{x_i''} = \frac{\gamma_i''}{\gamma_i'} = K_N \tag{63}$$

K_N ist dabei die Verteilungskonstante.

2.1.2.2 Phasendiagramme

Da der Einfluß des Drucks auf die Mischbarkeit praktisch vernachlässigt werden kann, benutzt man für die Darstellung des Löslichkeitsverhaltens binärer flüssiger Systeme Temperatur-Konzentrations-Diagramme. In den meisten Fällen nimmt die gegenseitige Löslichkeit mit der Temperatur zu, bis oberhalb einer bestimmten Temperatur, der sogenannten *kritischen Mischungstemperatur*, nur noch eine flüssige Phase vorliegt (Bild 18a). Es gibt jedoch auch Systeme, bei denen bei niedrigeren Temperaturen vollständige Mischbarkeit besteht und bei Temperaturerhöhung Entmischung auftritt. Solche Systeme mit einer unteren kritischen Mischungstemperatur haben meist eine geschlossene Mischungslücke mit einem zweiten, nämlich dem oberen kritischen Mischungspunkt (Bild 18b).

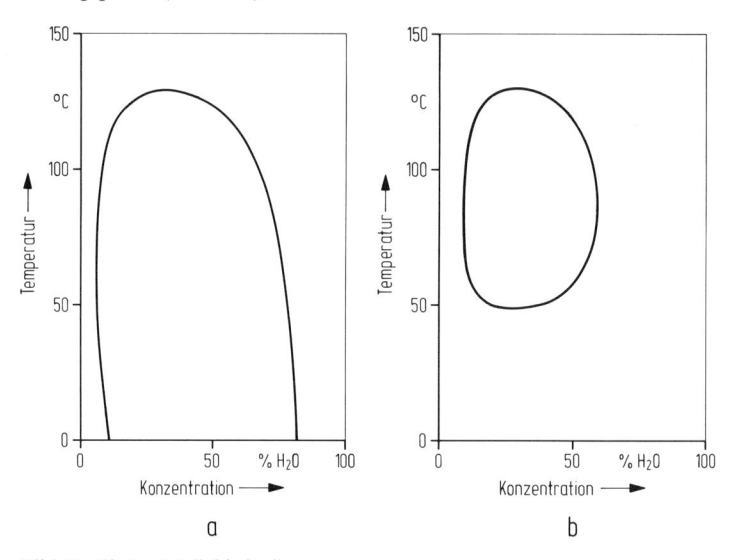

Bild 18. Binäre Löslichkeitsdiagramme
a System Wasser/n-Butanol, b System Wasser/n-Butylglykol

Zur Darstellung des Löslichkeitsverhaltens ternärer flüssiger Systeme benutzt man zweckmäßigerweise Dreiecksdiagramme (vgl. Bild 19). Die Eckpunkte des Dreiecks entsprechen den reinen Komponenten, die Dreiecksseiten den binären Systemen und jeder Punkt innerhalb des Dreiecks einer bestimmten Zusammensetzung des Dreistoffsystems.

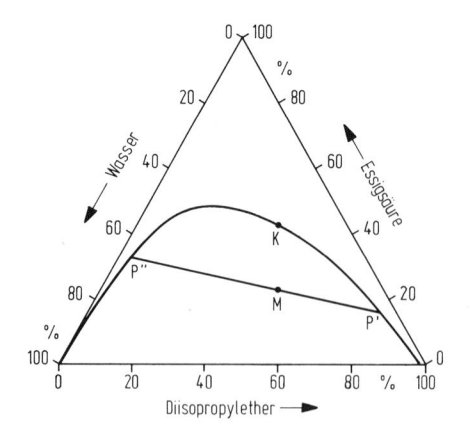

Bild 19. Ternäres Löslichkeitsdiagramm mit einer binären Mischungslücke, System Wasser/Essigsäure/Diisopropylether ($T = 23°C$)

In einem solchen Zustandsdiagramm für flüssige Systeme werden die Löslichkeitskurven für konstante Temperatur aufgetragen. Bei dem im Bild 19 gezeigten System hat nur eines der drei binären Systeme (Wasser/Diisopropylether) eine Mischungslücke. Die jeweilige Zusammensetzung der im Verteilungsgleichgewicht stehenden Dreistoffgemische ist durch die sog. *Binodalkurve* gegeben. Sie trennt das homogene Einphasengebiet vom Zweiphasengebiet. Durch den kritischen Punkt K wird die Binodalkurve in zwei Äste geteilt; jedem Punkt auf dem einen Ast ist ein zweiter, durch das Phasengleichgewicht festgelegter Punkt auf dem anderen Ast zugeordnet. Eine Mischung mit einer durch M gegebenen mittleren pauschalen Zusammensetzung führt zu einer Aufspaltung in zwei Phasen mit den Zustandspunkten P' und P''. Entsprechend der Massenbilanz müssen die Punkte M, P' und P'' auf einer Geraden liegen. Eine solche Verbindungslinie zwischen zwei Gleichgewichtszusammensetzungen heißt *Konode*.

Ein Beispiel für einen anderen Typ ternärer Löslichkeitsdiagramme zeigt Bild 20. Hier weisen zwei der beteiligten binären Systeme eine Mischungslücke auf, wobei im ternären System ein einziger

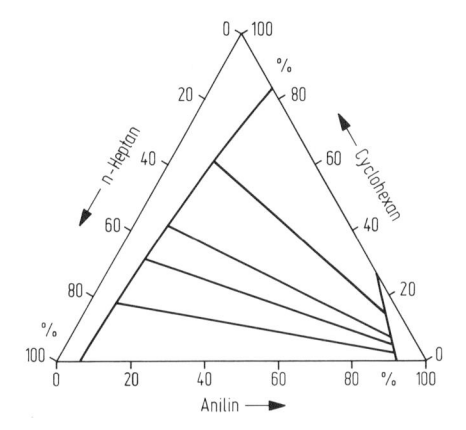

Bild 20. Ternäres Löslichkeitsdiagramm mit zwei binären Mischungslücken (durchgehende Mischungslücke), System n-Heptan/Cyclohexan/Anilin

Entmischungsbereich vorliegt. Diagramme dieser und der in Bild 19 gezeigten Art sind bei Dreistoffsystemen am häufigsten und gleichzeitig für die Stofftrennung durch Extraktion am wichtigsten. Daneben gibt es eine Reihe anderer Typen von ternären Löslichkeitsdiagrammen, z. B. solche mit zwei getrennten, von binären Mischungslücken ausgehenden Entmischungsbereichen [24, 29, 63, 64].

Gleichgewichtsdaten von Flüssig-flüssig-Systemen finden sich in [32 (Bd. II 2 b), 33, 43, 44, 63, 65, 66].

2.1.3 Gleichgewichte zwischen flüssigen und festen Phasen

2.1.3.1 Gleichgewichtsbeziehungen

Wie für alle Phasengleichgewichte gilt auch hier, daß die Aktivitäten der einzelnen Komponenten in den miteinander im Gleichgewicht stehenden Phasen gleich groß sein müssen. Bei Flüssig-fest-Gleichgewichten muß davon ausgegangen werden, daß in beiden Phasen große Abweichungen vom idealen Verhalten auftreten. Außerdem ist die Gleichgewichtseinstellung in festen Phasen um Größenordnungen langsamer als in fluiden Phasen, da sie innerhalb einer festen Phase allein durch reine Diffusion erfolgt. Auch ist die Abtrennung der flüssigen von der festen Phase häufig dadurch erschwert, daß Feststoffe Flüssigkeitsreste in Form von Einschlüssen sowie adsorptiv in Poren und an der Oberfläche enthalten. Aus allen diesen Gründen ist die Ermittlung von Aktivitätskoeffizienten bei Flüssig-fest-Gleichgewichten wesentlich schwieriger als bei Gas-Flüssigkeits-Gleichgewichten. Daher stehen nur in bestimmten Fällen quantitative Beziehungen zur Beschreibung von Flüssig-fest-Gleichgewichten zur Verfügung, obwohl bei der zunehmenden

Bedeutung der Kristallisation als Stofftrennverfahren ein immer größeres Interesse dafür besteht.

Der klassische Fall des Flüssig-fest-Gleichgewichts, für den eine quantitative Beziehung existiert, ist die binäre flüssige Mischung (Schmelze), aus der die in großem Überschuß vorhandene Komponente 1 als reiner Feststoff auskristallisiert. Bei Idealität der flüssigen Phase gilt zwischen dem Molenbruch x_1 der Komponente 1 in der flüssigen Phase und der Gleichgewichtstemperatur T folgende Beziehung:

$$\ln x_1 = (T - T_{S1}) \frac{\Delta H_m}{RT_{S1}^2} \tag{64}$$

mit T_{S1} als Schmelzpunkt der reinen Komponente 1 und ΔH_m als molarer Enthalpiedifferenz zwischen Schmelze und fester Phase.

Bei kleinen Konzentrationen an Komponente 2 vereinfacht sich Gl. (64) zu der bekannten *Raoult*-schen Beziehung für die Gefrierpunktserniedrigung ΔT_S:

$$\Delta T_S = T_{S1} - T = \frac{RT_{S1}^2}{\Delta H_{m,S}} x_2 \tag{65}$$

mit $\Delta H_{m,S}$ als molarer Schmelzwärme der Komponente 1.

2.1.3.2 Phasendiagramme

Bei vollständiger Mischbarkeit der Komponenten in der festen und der flüssigen Phase ergeben sich Schmelzdiagramme gemäß Bild 21a. Die obere Kurve, die sogenannte *Liquiduslinie*, begrenzt nach tieferen Temperaturen hin das Gebiet der Schmelze, die untere Kurve *(Soliduslinie)* den Bereich der homogenen festen Phase; zwischen den beiden Kurven liegt das Zweiphasengebiet.

Der Extremfall vollständiger Nichtmischbarkeit im festen Zustand ist in Bild 21b dargestellt. Bei idealem Verhalten der Schmelze gilt für die beiden von den Schmelzpunkten der reinen Stoffe ausgehenden Kurven (Liquiduslinien) Gl. (64), wobei für die linke, vom Schmelzpunkt der Komponente 2 ausgehende Kurve jeweils der Index 2 anstelle von 1 zu setzen ist. Der Schnittpunkt beider Kurven gibt die niedrigste Temperatur an, bei der die Schmelze beständig ist; man bezeichnet ihn als eutektischen Punkt, das Gemisch mit der entsprechenden Zusammensetzung als *Eutektikum*.

Bei teilweiser Mischbarkeit im festen Zustand ergibt sich das in Bild 21c dargestellte Zustandsdiagramm: Es unterscheidet sich von dem Verhalten bei vollständiger Nichtmischbarkeit da-

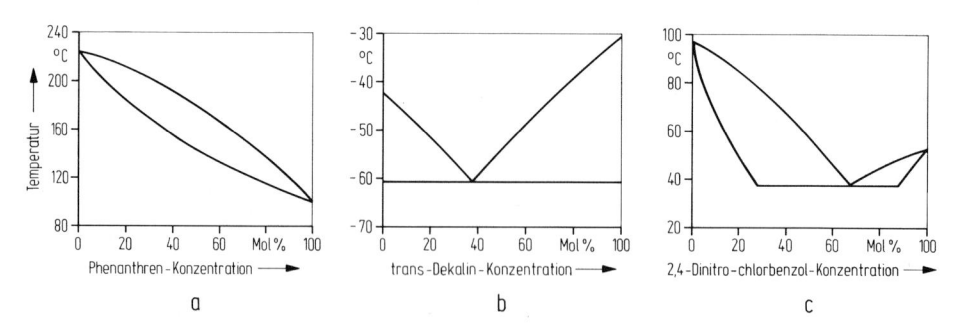

Bild 21. Schmelzdiagramme binärer Systeme
a vollständige Mischbarkeit (Phenanthren/Anthracen), b vollständige Nichtmischbarkeit im festen Zustand (trans-Dekalin/cis-Dekalin), c teilweise Mischbarkeit im festen Zustand (2,4-Dinitrochlorbenzol/2,4-Dinitro-anisol)

[Literatur S. 238]   2 Grundlagen der thermischen Trennverfahren

durch, daß die Zweiphasenbereiche mit einer flüssigen und einer festen Phase sich nur an den Schmelzpunkten der zwei reinen Stoffe bis an die Seitenlinien des Diagramms erstrecken.

Die Darstellung von Flüssig-fest-Gleichgewichten ternärer Systeme kann wie bei ternären Flüssig-flüssig-Gleichgewichten im Dreiecksdiagramm erfolgen, und zwar in der Weise, daß man die Liquiduszusammensetzung als Isothermen einzeichnet. Diese Art der Darstellung ist besonders für die Behandlung von Kristallisationsproblemen geeignet.

Systeme mit vollständiger oder praktisch vollständiger Nichtmischbarkeit im festen Zustand sind weitaus am häufigsten anzutreffen. Dies hat seinen Grund darin, daß für die Bildung von Mischkristallen die Moleküle zweier Stoffe einander viel ähnlicher sein müssen als für die Mischbarkeit im flüssigen Zustand, da sie im ersten Fall relativ fest in ein Kristallgitter eingebaut werden, während sie im flüssigen Zustand doch eine erheblich größere Beweglichkeit besitzen. Darüber hinaus gilt auch für den festen Zustand, daß im allgemeinen die Mischbarkeit mit steigender Temperatur zunimmt.

Gleichgewichtsdaten von Flüssig-fest-Systemen finden sich in [32 (Bd. II 2 b, 2 c u. 3), 33, 43, 44].

2.2 Stofftransport

Maßgebend für die Auslegung thermischer Trennprozesse ist neben der Lage der Phasengleichgewichte die Geschwindigkeit der Gleichgewichtseinstellung. Sie hängt ab vom Stofftransport innerhalb der Phasen und durch die Phasengrenzflächen. Es besteht hierbei eine Analogie mit dem Wärmetransport. So entsprechen in homogenen Medien den Wärmetransportmechanismen Leitung und Konvektion die Stofftransportmechanismen Diffusion und Konvektion, während der dem Wärmeübergang an Phasengrenzflächen analoge Vorgang beim Stofftransport der Stoffübergang ist. Ebenso wie die Wärmeübertragung läuft auch die Stoffübertragung zwischen zwei Phasen in mehreren hintereinandergeschalteten Schritten ab, von denen der langsamste für die Dimensionierung der technischen Apparatur bestimmend ist. Hier werden nur solche Modelle und Ansätze zur Beschreibung des Stofftransports behandelt, die bei der Auslegung thermischer Trennverfahren eine breitere Anwendung finden. Für eine weitergehende Unterrichtung sei auf Spezialwerke verwiesen [67–71].

2.2.1 Stofftransport durch Diffusion

In Feststoffen und in ruhenden Phasen ist die Diffusion der alleinige Mechanismus für den Stofftransport. Für den Diffusionsstrom $\dot{n}_i$ senkrecht durch die Fläche A gilt das 1. Ficksche Gesetz

$$\dot{n}_i = -D_i A \frac{\partial c_i}{\partial \xi} \tag{66}$$

mit $\dot{n}_i$ als molarem Strom der Komponente i, D_i als Diffusionskoeffizient der Komponente i und $\partial c_i / \partial \xi$ als Konzentrationsgradient in Richtung des Diffusionsstromes.

Die Diffusionskoeffizienten liegen für Gase unter Normalbedingungen zwischen etwa 0,1–1 cm²/s und für Flüssigkeiten bei Zimmertemperatur häufig im Bereich von 10^{-6}–10^{-5} cm²/s. Bei Festkörpern erstrecken sich die gemessenen Werte über mehr als zehn Zehnerpotenzen, wobei sie in Schmelzpunktnähe bis in die Größenordnung der Werte für den flüssigen Zustand kommen.

Gl. (66) ist der Wärmeleitungsgleichung (2) analog; der Konzentrationsgradient bzw. der Temperaturgradient sind die jeweiligen Triebkräfte. Sie sind im stationären Zustand zeitlich und für einen Strom durch eine ebene Schicht auch räumlich konstant. Gl. (66) vereinfacht sich dann zu:

$$\dot{n}_i = D_i A \frac{\Delta c_i}{\delta} \tag{67}$$

mit Δc_i als Konzentrationsdifferenz zwischen den beiden Seiten der Schicht und δ als Schichtdicke.

Auch für die instationäre Diffusion gibt es eine den Gesetzen der Wärmeleitung (Gl. (5)) entsprechende Beziehung, nämlich das 2. *Fick*sche Gesetz:

$$\frac{\partial c_i}{\partial t} = D \frac{\partial^2 c_i}{\partial \xi^2} \tag{68}$$

Hinsichtlich der Lösung dieser Gleichung für Probleme der Trenntechnik sei auf die Spezialliteratur verwiesen (Trocknung [72], Kristallisation [73], Ionenaustausch [74]). Gl. (68) ist auch von Bedeutung als Grundlage für die Behandlung des konvektiven Stofftransports beim Stoffübergang an der Grenzfläche fluider Phasen.

2.2.2 Stofftransport durch Konvektion

In Flüssigkeiten und Gasen erfolgt, jedenfalls unter den Bedingungen thermischer Trennprozesse, der Konzentrationsausgleich innerhalb der Phasen praktisch nur durch Konvektion, da hier die Medien strömen oder auf andere Weise, z. B. durch Rühren, in Bewegung gehalten werden. Dies bedeutet, daß die Konzentration im Innern der fluiden Phase praktisch überall gleich groß ist. Nur in der Grenzschicht zur festen Phase ändert sich die Konzentration, und zwar ist sie unmittelbar an der Phasengrenze gleich der Sättigungskonzentration c_{Gi}. Der wesentliche Widerstand für den Stofftransport liegt also in der dem Feststoff unmittelbar benachbarten Flüssigkeitsgrenzschicht. Ohne daß über die Art und Dicke dieser Grenzschicht besondere Voraussetzungen gemacht werden, kann für die pro Zeiteinheit gelöste Menge an Feststoff $\dot{n}_i$ die folgende der Gl. (10) für den Wärmeübergang analoge Beziehung angesetzt werden:

$$\dot{n}_i = \beta_i A (c_{Gi} - c_i) = \beta_i A \Delta c_i \tag{69}$$

Hierin bedeuten A die Phasengrenzfläche, also hier die Oberfläche des Feststoffs, und c_i die Konzentration im Innern der Lösung. β_i ist ein Proportionalitätsfaktor, der analog zum Wärmeübergangskoeffizienten als Stoffübergangskoeffizient bezeichnet wird. Gl. (69) kann ganz allgemein für jede Art von Stoffübergang aus einer Phasengrenzfläche in eine fluide Phase hinein oder in umgekehrter Richtung formuliert werden. Das gilt auch für den Stofftransport aus einer fluiden Phase in eine andere, wie z. B. aus der Gasphase in die flüssige Phase bei der Absorption, wobei für jede der zwei Phasen eine eigene Gleichung einzusetzen ist. β_i hängt dabei außer von den stofflichen Eigenschaften der betreffenden Phase auch vom Strömungszustand und von der Geometrie des betrachteten Systems ab. Wenn man bei vereinfachter Betrachtung des Stofftransports in fluiden Phasen weiterhin die Annahme trifft, daß in der Grenzschicht laminare Strömung vorliegt und der Stofftransport hier allein durch Diffusion erfolgen kann, dann gelten für den Stoffstrom $\dot{n}_i$ im stationären Zustand im ebenen Fall die Gl. (67) und (69):

$$\dot{n}_i = D_i A \frac{\Delta c_i}{\delta} = \beta_i A \Delta c_i \tag{70}$$

Damit ergibt sich der Stoffübergangskoeffizient β_i zu

$$\beta_i = \frac{D_i}{\delta} \tag{71}$$

Die hierbei auftretende Schichtdicke δ hat natürlich nur orientierenden Charakter, da zwischen laminarer Grenzschicht und turbulentem Phaseninnern keine scharfe Trennung besteht, sondern beide Bereiche kontinuierlich ineinander übergehen (vgl. Bild 22). Die vereinfachte Betrachtung

[Literatur S. 238] *2 Grundlagen der thermischen Trennverfahren* 171

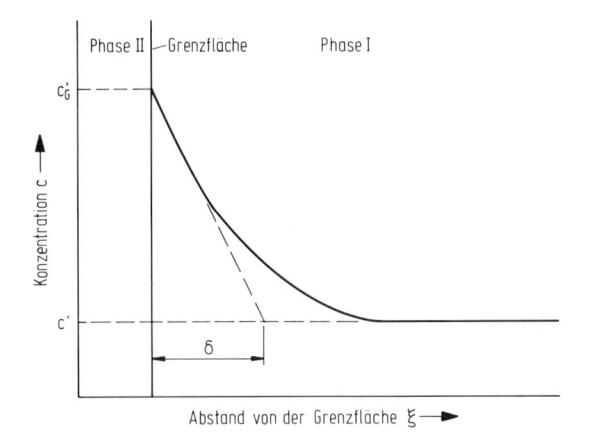

Bild 22. Konzentrationsverlauf beim Stofftransport in einer turbulenten Phase (I)
ξ Ortskoordinate, senkrecht zur Grenzfläche

führt auch zu einer Unstetigkeit im Konzentrationsgradienten am Ende der Grenzschicht, was sicher nicht der Wirklichkeit entspricht. Die grundsätzliche Bedeutung von Gl. (71) besteht jedoch darin, daß sie eine Abhängigkeit des Stoffübergangskoeffizienten β_i vom Diffusionskoeffizienten D_i und vom Strömungszustand des Systems aufzeigt, durch den ja die Grenzschichtdicke δ bestimmt wird.

Eine Berechnung von β_i aus Stoffwerten und der Geometrie der jeweiligen Anordnung ist nur in wenigen Fällen möglich; daher muß β_i im allgemeinen aus Messungen ermittelt werden. Zur Darstellung der Meßergebnisse benutzt man wie beim Wärmeübergang Beziehungen zwischen dimensionslosen Kennzahlen, die sich aus der Ähnlichkeitstheorie herleiten lassen [1, 10, 11, 71]. Diese Kennzahlbeziehungen erlauben eine Darstellung der gemessenen Werte in allgemeinerer Form, aus der eine Übertragung auf andere „ähnliche" Verhältnisse möglich ist. Zur Kennzeichnung des Strömungszustandes der aufgezwungenen Strömung verwendet man wie beim Wärmeübergang die *Reynolds*-Zahl Re. Der Stoffübergang wird durch die *Sherwood*-Zahl Sh charakterisiert, die analog der *Nußelt*-Zahl für den Wärmeübergang definiert ist:

$$\mathrm{Sh} = \frac{\beta l}{D} \qquad (72)$$

Hierin ist l eine charakteristische Länge der jeweiligen Anordnung, z.B. der Durchmesser einer umströmten Kugel oder bei der Strömung durch Rohre der innere Rohrdurchmesser. Sh kann als das Verhältnis von effektiv transportierter Stoffmenge zu der Menge aufgefaßt werden, die ohne Konvektion durch reine Diffusion transportiert wird. Als weitere Kennzahl geht in die Beziehungen die *Schmidt*-Zahl Sc als das Verhältnis von kinematischer Viskosität ν zum Diffusionskoeffizienten ein (analog der *Prandtl*-Zahl für den Wärmetransport):

$$\mathrm{Sc} = \frac{\nu}{D} \qquad (73)$$

Mit diesen Kennzahlen bildet man Ansätze der Form

$$\mathrm{Sh} = C \mathrm{Re}^m \mathrm{Sc}^n \qquad (74)$$

C, m und n sind Konstanten, die aus Meßergebnissen durch Anpassung zu ermitteln sind. Beispielsweise ergibt sich für den gasseitigen Stoffübergang bei Absorption und Verdunstung an Rieselfilmen in senkrechten Rohren

$$\mathrm{Sh} = 0{,}027\, \mathrm{Re}^{0.8}\, \mathrm{Sc}^{0.33} \qquad (75)$$
$(100 < \mathrm{Re} < 10\,000)$

Insgesamt sind jedoch die Verhältnisse beim Stoffübergang aus einer Reihe von Gründen (Vielfalt der Stoffsysteme, Problem der Konzentrationsbestimmung beim Stofftransport durch zwei fluide Phasen, Turbulenzen in der Grenzschicht, Grenzflächenreaktionen) erheblich komplizierter als beim Wärmeübergang, so daß es hier nicht möglich ist, Kennzahlbeziehungen für die Mehrzahl der praktisch interessierenden Fälle anzugeben.

2.2.3 Stofftransport durch Grenzflächen (Stoffdurchgang)

Beim Stoffdurchgang, wie man den Stofftransport von einer fluiden Phase in eine andere bezeichnet, z. B. von der Gasphase in die flüssige Phase bei der Absorption, stellt die Grenzfläche zwischen den Phasen ein besonderes Problem dar. Im Unterschied zum Wärmedurchgang, wo im allgemeinen die fluiden Medien durch eine Wand voneinander getrennt sind, grenzen beim Stoffdurchgang beide Phasen unmittelbar aneinander. Während der Wärmedurchgang in jeder Phase für sich untersucht werden kann, ist das beim Stoffübergang nur in Sonderfällen möglich, z. B. wenn die eine Phase ein reiner Stoff ist, wie bei der Verdunstung von Wasser. Auch kann man bei Wärmedurchgangsexperimenten die Aufteilung des als Triebkraft wirkenden Temperaturgradienten auf die zwei Phasen durch Messung der Temperatur in der Wand bestimmen; Konzentrationsmessungen an Phasengrenzflächen sind dagegen kaum möglich. Außerdem ändern sich die Konzentrationen an der Grenzfläche sprungartig, wobei offen ist, ob die Grenzflächenkonzentrationen beider Phasen miteinander im Gleichgewicht stehen, wie es die im folgenden zu besprechende Zweifilmtheorie annimmt. Sicher ist, daß beim Stofftransport durch Grenzflächen in vielen Fällen Hemmungen auftreten, z. B. wenn sich in der Grenzfläche Stoffe anreichern, die nicht weiterwandern (grenzflächenaktive Substanzen), oder wenn der Durchtritt eines Stoffs durch die Grenzfläche mit einer Reaktion verbunden ist [75]. Effekte dieser Art sind in den allgemeinen Modellen zur Behandlung des Stoffdurchgangs, der Zweifilmtheorie und den Oberflächenerneuerungstheorien, nicht berücksichtigt.

2.2.3.1 Zweifilmtheorie

Die Zweifilmtheorie [76, 77] wurde in Anlehnung an den Wärmetransport [10, 11] entwickelt, wobei folgende Annahmen gemacht werden:
- der Stofftransport in den beiden fluiden Phasen wird durch die Diffusion in den Grenzschichten bestimmt,
- an der Grenzfläche herrscht Phasengleichgewicht.

Damit ergibt sich für eine transportierte Komponente der in Bild 23 dargestellte Konzentrationsverlauf über die Ortskoordinate ξ in Richtung des Stofftransports, also senkrecht zur Grenzfläche.

Es kann sich dabei um einen beliebigen Stofftransport handeln, z. B. um eine Absorption; die Phase I ist dann die flüssige Phase, Phase II die Gasphase. Für das Phasengleichgewicht wird i. a. eine einfache Verteilungsbeziehung angesetzt, bei der Absorption also das *Henry*sche Gesetz, wobei die Konstante K_H so definiert wird, daß in beiden Phasen dasselbe Konzentrationsmaß Anwendung findet:

$$c_G'' = K_H c_G' \tag{76}$$

Im stationären Zustand müssen die pro Zeiteinheit transportierten Stoffmengen in den zwei Phasen gleich groß sein, also

$$\dot{n}' = \dot{n}'' = \dot{n} \tag{77}$$

Damit und mit Gl. (70) erhält man für die Konzentrationsdifferenz in der Gasphase (II)

$$c'' - c_G'' = \frac{\dot{n}}{\beta'' A} \tag{78}$$

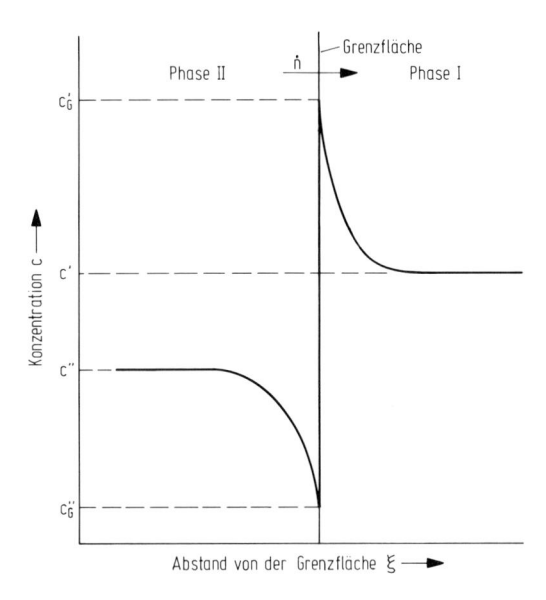

Bild 23. Konzentrationsverlauf beim Stofftransport durch eine Grenzfläche

und in der flüssige Phase (I)

$$c'_G - c' = \frac{\dot{n}}{\beta' A} \tag{79}$$

Drückt man in Gl. (78) die Konzentrationen c'' und c''_G mit Hilfe der Gleichgewichtsbeziehung (76) aus, also

$$c'' = K_H c'^* \tag{80}$$

mit c'^* als der zu c'' gehörenden Gleichgewichtskonzentration, dann kann Gl. (78) wie folgt geschrieben werden:

$$c'^* - c'_G = \frac{\dot{n}}{K_H \beta'' A} \tag{81}$$

Die Addition von Gl. (79) und (81) ergibt

$$c'^* - c' = \left(\frac{1}{K_H \beta''} + \frac{1}{\beta'}\right) \frac{\dot{n}}{A} \tag{82}$$

Durch Einführen eines *Stoffdurchgangskoeffizienten* k'_C gemäß

$$\frac{1}{k'_C} = \frac{1}{\beta'} + \frac{1}{K_H \beta''} \tag{83}$$

erhält man für den Stoffmengenstrom $\dot{n}$

$$\dot{n} = k'_C A (c'^* - c') \tag{84}$$

In dieser Beziehung werden die Konzentrationsangaben ebenso wie der Stoffdurchgangskoeffizient auf die flüssige Phase (I) bezogen. In gleicher Weise läßt sich mit der Gasphase (II) als Bezugsphase die folgende Gleichung ableiten:

$$\dot{n} = k''_C A (c'' - c''^*) \tag{85}$$

Darin sind c″* die der Konzentration c′ entsprechende Gleichgewichtskonzentration in der Gasphase und k_C'' der auf die Gasphase (II) bezogene Stoffdurchgangskoeffizient gemäß

$$\frac{1}{k_C''} = \frac{K_H}{\beta'} + \frac{1}{\beta''} \tag{86}$$

Der Reziprokwert des Stoffdurchgangskoeffizienten ist ein Maß für den Widerstand beim Stofftransport: Die Glieder auf der rechten Seite der Gl. (82) und (85) geben an, wie sich dieser Widerstand auf die zwei Phasen aufteilt.

Die Zweifilmtheorie stellt sicher eine starke Vereinfachung der wirklichen Verhältnisse dar. Trotzdem wird sie in vielen Fällen bei der Berechnung von Stoffaustauschapparaten, vor allem für Absorption und Extraktion, angewendet. Sie dient dabei insbesondere zur Übertragung von Meßergebnissen an dem zu trennenden Stoffsystem auf andere apparative Anordnungen und größere Einheiten. Häufig läßt sich auch anhand des Zweifilmmodells zeigen, daß der Teilwiderstand in einer der beiden Phasen vernachlässigbar klein ist; demzufolge kommt es dann darauf an, den Stofftransport in der anderen Phase zu untersuchen und zu verbessern.

2.2.3.2 Oberflächenerneuerungstheorien

Das Zweifilmmodell setzt definierte Phasengrenzflächen voraus, die unverändert erhalten bleiben. Für Stoffaustauschvorgänge, wie sie bei thermischen Trennprozessen zwischen fluiden Phasen auftreten, trifft das jedoch meist nicht zu. Hier werden vielmehr die Oberflächen der Phasen dauernd erneuert, z. B. beim Aufsteigen von Gasblasen in einer Flüssigkeit oder beim Herabrieseln einer Flüssigkeit über eine Füllkörperschüttung. Daneben wurden beim Stofftransport in den Grenzschichten flüssiger Phasen Zirkulationsströmungen, bei Flüssig-flüssig-Systemen auch Eruptionen beobachtet. Den Einfluß dieser Strömungen und Turbulenzen auf den Stofftransport hat als erster *Higbie* [78] in seiner Penetrationstheorie berücksichtigt. Darin wird für alle Oberflächenelemente eine gleich große Kontaktzeit bis zu ihrer Erneuerung angenommen, während die Theorie von *Danckwerts* [79] eine Wahrscheinlichkeitsverteilung für die Kontaktdauer enthält. Mit beiden Oberflächenerneuerungstheorien ergibt sich, daß der Stoffübergangskoeffizient dem Diffusionskoeffizienten nicht direkt proportional ist, wie es die einfache Theorie der Diffusionsgrenzschicht fordert (Gl. (71)), sondern dessen Wurzel:

$$\beta \sim \sqrt{D} \tag{87}$$

Die Oberflächenerneuerungstheorien werden vor allem für die Beschreibung des flüssigkeitsseitigen Stoffübergangs bei der Absorption verwendet.

2.3 Gegenstromtrennprozesse

2.3.1 Vervielfachung des Einzeltrenneffekts

Der durch einen Gleichgewichtsschritt gegebene Trenneffekt reicht bei den thermischen Trennprozessen, die auf einem Stoffaustausch zwischen zwei fluiden Phasen beruhen, für die Gewinnung reiner Stoffe meist nicht aus. Daher ergibt sich die Notwendigkeit, den Trenneffekt bei solchen einfachen Trennprozessen wie der Destillation oder der Extraktion zu vervielfachen.
Eine Möglichkeit dazu ist die wiederholte Fraktionierung. Durch eine einfache Trennoperation, die einem Gleichgewichtsschritt entspricht, erhält man in einer ersten Stufe des Verfahrens zwei Fraktionen verschiedener Zusammensetzung. Diese Fraktionen werden in einer zweiten Stufe in neue Fraktionen aufgetrennt, wie es Bild 24a schematisch zeigt; in jeder einzelnen Operation werden also zwei neue Fraktionen erzeugt. Dieses dargestellte Schema kann jedem beliebigen

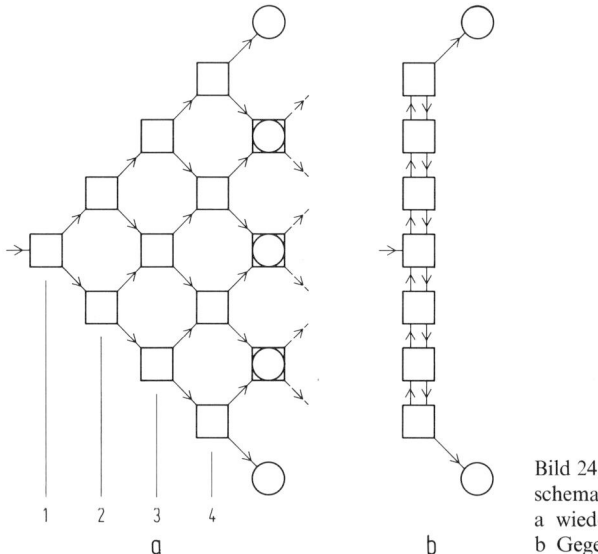

[Literatur S. 238]   *2 Grundlagen der thermischen Trennverfahren*   175

Bild 24. Fraktionierprozeß, schematisch
a wiederholte Fraktionierung
b Gegenstromkaskade

Fraktionierprozeß zugrunde gelegt werden, z. B. einer Destillation, einer Extraktion oder einer Kristallisation. Im ersteren Fall deutet jeder nach oben gerichtete Pfeil den aus einer Trennstufe kommenden Dampfstrom, jeder nach unten gerichtete Pfeil den entsprechenden Flüssigkeitsstrom an. Je nach der Anzahl der aufeinanderfolgenden Stufen läßt sich eine bestimmte Auftrennung des Anfangsgemisches erzielen; je größer die Stufenzahl ist, desto unterschiedlicher sind die dem oberen und unteren Ende des Schemas entsprechenden Fraktionen, und um so besser ist die Trennung.

Bei der praktischen Durchführung einer Zweistofftrennung ist man aber meist nicht an Zwischenfraktionen interessiert, sondern nur an den zwei am weitesten voneinander getrennten Fraktionen. Dies führt zu dem in Bild 24b skizzierten Schema. Die beiden Phasen durchströmen das Trennsystem in entgegengesetzter Richtung, d.h. im Gegenstrom. Man erzielt mit einer solchen Arbeitsweise den gleichen Trenneffekt wie bei der wiederholten Fraktionierung, jedoch ist das Arbeiten in einer Gegenstromkaskade wesentlich einfacher als das wiederholte Fraktionieren. Man führt daher heute praktisch alle thermischen Trennprozesse, bei denen der Einzeltrenneffekt vervielfacht wird, in Gegenstromeinheiten aus. Dies gilt vor allem für die Trennprozesse mit zwei fluiden Phasen, nämlich Rektifikation (Gegenstromdestillation), Absorption und Extraktion. Dabei ist es nicht erforderlich, daß der Stoffaustausch zwischen den Phasen wirklich stufenweise abläuft, wie es in Bodenkolonnen der Fall ist; er kann vielmehr auch zwischen den kontinuierlich in entgegengesetzter Richtung strömenden Phasen erfolgen, wie in Kolonnen mit Füllkörperschüttungen.

Für die theoretische Behandlung von Gegenstromtrennprozessen gibt es grundsätzlich zwei Wege. Bei dem einen geht man vom Phasengleichgewicht aus und fragt nach der Anzahl der Einzelschritte (Trennstufen), die für die Erfüllung einer bestimmten Trennaufgabe erforderlich sind. Für den Einzelschritt wird dabei vollständige Einstellung des Phasengleichgewichts angenommen. Abweichungen davon aufgrund von Stofftransport- und Strömungsvorgängen werden nachträglich berücksichtigt. Beim zweiten Weg wird nach der Größe der Phasengrenzfläche für die Übertragung der durch die Trennaufgabe festgelegten Stoffmenge gefragt; das Phasengleichgewicht wird hier vor allem zur Ermittlung der Triebkraft für den Stofftransport benötigt. Die Bedeutung dieser beiden Theorien, nämlich der auf Gleichgewichten aufbauenden Trennstufentheorie und der kinetischen Theorie des Stofftransports, ist nicht auf Trennprozesse mit fluiden Phasen beschränkt. In modifizierter Form lassen sie sich auf alle Arten von Stoffaustauschverfahren anwen-

176 *Grundzüge der thermischen Verfahrenstechnik* [Literatur S. 238]

den, bei denen wenigstens eine Phase strömt, so z. B. auf bestimmte Kristallisationsverfahren, auf die verschiedenen chromatographischen Verfahren [80], wie Gaschromatographie, Flüssig-flüssig-Chromatographie und Gelpermeationschromatographie, sowie auf die Adsorption und den Ionenaustausch, die auch in ihrer technischen Durchführung prinzipiell als chromatographische Verfahren betrachtet werden können.

2.3.2 Theorie der Trennstufen

Für eine beliebige Gegenstromtrennanlage, in der die Volumenströme $\dot{L}$ und $\dot{G}$ der zwei Phasen I und II miteinander in Austausch treten (Bild 25), können – gleichgültig, ob es sich um eine Einheit mit einzelnen Trennstufen handelt (Bild 25a) oder um eine stufenlose Kolonne (Bild 25b) – Materialbilanzen formuliert werden. Am oberen Ende der Einheit wird die nach unten strömende Phase I aufgegeben, und zwar entweder als frischer Zulauf von außen, wie bei der Absorption oder der Extraktion (punktierte Linie in Bild 25), oder als Rücklauf eines Teils des Volumenstroms $\dot{G}$ nach Phasenumkehr, wie bei der Rektifikation (gestrichelte Linie in Bild 25); gleichzeitig wird der Produktstrom $\dot{E}$ abgenommen.

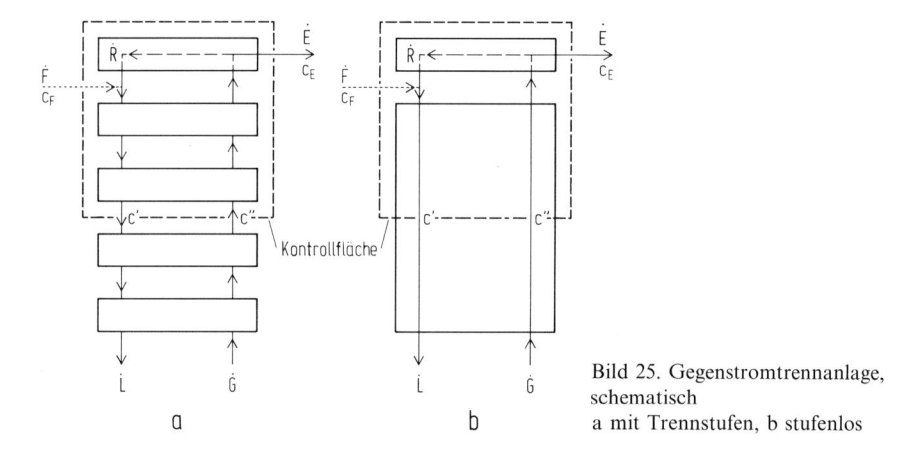

Bild 25. Gegenstromtrennanlage, schematisch
a mit Trennstufen, b stufenlos

Für den oberen Teil der Anlage, der durch die in Bild 25 eingezeichnete Kontrollfläche begrenzt wird, gilt für eine bestimmte Komponente folgende Stoffmengenbilanz:

$$\dot{G}c'' + \dot{F}c_F = \dot{L}c' + \dot{E}c_E \tag{88}$$

Wenn die Volumenströme $\dot{G}$ und $\dot{L}$ sich beim Durchgang durch die Anlage nicht ändern, was oft näherungsweise erfüllt ist, dann besteht zwischen den Konzentrationen c'' und c' an jeder beliebigen Stelle der Kaskade ein linearer Zusammenhang, den wir für zwei wichtige Fälle nach Umformung von Gl. (88) explizit erhalten können.

Im ersten Fall soll der Volumenstrom $\dot{L}$ nur durch Einspeisung von frischer Phase I, also ohne Phasenumkehr, erzeugt werden, wie bei der Absorption und der Extraktion. Dann sind

$$\dot{F} = \dot{L}, \quad \dot{E} = \dot{G} \quad \text{und} \quad \dot{R} = 0 \tag{89 a, b, c}$$

Damit ergibt sich

$$c'' = \frac{\dot{L}}{\dot{G}} c' - \frac{\dot{L}}{\dot{G}} c_F + c_E \tag{90}$$

Im zweiten Fall soll der Volumenstrom $\dot{L}$ nur durch Phasenumkehr erzeugt werden, wie es am Kopf einer Rektifiziersäule geschieht. Dann werden

$$\dot{F} = 0, \quad \dot{E} = \dot{G} - \dot{R} \quad \text{und} \quad \dot{R} = \dot{L} \qquad (91\,a, b, c)$$

Aus Gl. (88) erhält man

$$c'' = \frac{\dot{L}}{\dot{G}} c' + \frac{\dot{E}}{\dot{G}} c_E = \frac{\dot{L}}{\dot{G}} c' + \left(1 - \frac{\dot{L}}{\dot{G}}\right) c_E \qquad (92)$$

Anstelle des Quotienten aus den beiden Volumenströmen $\dot{L}$ und $\dot{G}$ verwendet man bei der Rektifikation meist das Rücklaufverhältnis v, das als das Verhältnis von Rücklaufstrom zum Produktstrom am Kolonnenkopf definiert ist:

$$v = \frac{\dot{R}}{\dot{E}} \qquad (93)$$

Damit wird mit Gl. (91c) aus Gl. (92)

$$c'' = \frac{v}{v+1} c' + \frac{c_E}{v+1} \qquad (94)$$

Gl. (88) und die von ihr abgeleiteten Gl. (90), (92) und (94) sind Bilanzbeziehungen; sie legen für eine Trennaufgabe mit bestimmten Arbeitsbedingungen den Zusammenhang zwischen den Konzentrationen an Schnittflächen innerhalb der Anlage fest. Die Darstellung dieser Gleichungen im Gleichgewichtsdiagramm ergibt die sog. *Arbeitslinie* (Bilanzlinie); sie ist bei konstantem Verhältnis der Stoffströme $\dot{L}$ zu $\dot{G}$ eine Gerade mit dem Anstieg $\dot{L}/\dot{G}$ (Arbeits- oder Bilanzgerade). Zweckmäßigerweise verwendet man ein Konzentrationsmaß, mit dem sich die Beschreibung des betreffenden Trennprozesses möglichst einfach gestaltet. Bei der Rektifikation sind das die Molenbrüche; damit wird Gl. (92) für die Zweistoffrektifikation zu:

$$y = \frac{\dot{L}}{\dot{G}} x + \left(1 - \frac{\dot{L}}{\dot{G}}\right) x_E \qquad (95\,a)$$

Bild 26 (rechts) ist die graphische Darstellung dieses Zusammenhangs im Gleichgewichtsdiagramm, das in dieser Form als *McCabe-Thiele*-Diagramm bezeichnet wird.

Bei der Theorie der Trennstufen wird nun angenommen, daß sich in jeder Stufe das Phasengleichgewicht zwischen der aufströmenden und abströmenden Phase vollständig einstellt, zwischen den Stufen aber kein Gleichgewicht herrscht. Man benutzt für eine solche theoretische Trennstufe auch die aus der Rektifiziertechnik stammende Bezeichnung *theoretischer Boden*. Die dort häufig verwendeten Bodenkolonnen sind stufenartig arbeitende Stoffaustauschapparate, wobei sich aber auf den wirklichen Böden das Phasengleichgewicht im allgemeinen nicht vollständig einstellt. In Bild 26 (links) sind die drei obersten Böden einer Rektifikationskolonne dargestellt; die Numerierung erfolgt in der Regel von unten nach oben. Bei den Konzentrationen erfolgt die Indizierung durch die Nummer des Bodens, aus dem der betreffende Stoffmengenstrom austritt; Konzentrationen mit gleichen Indizes sind also miteinander im Gleichgewicht. Die Konzentrationen zwischen zwei Böden, z.B. x_N und y_{N-1} zwischen den Böden N und $(N-1)$, hängen über Gl. (95a) voneinander ab, die mit dem Index N für die laufende Bodenzahl lautet:

$$y_{N-1} = \frac{\dot{L}}{\dot{G}} x_N + \left(1 - \frac{\dot{L}}{\dot{G}}\right) x_E \qquad (95\,b)$$

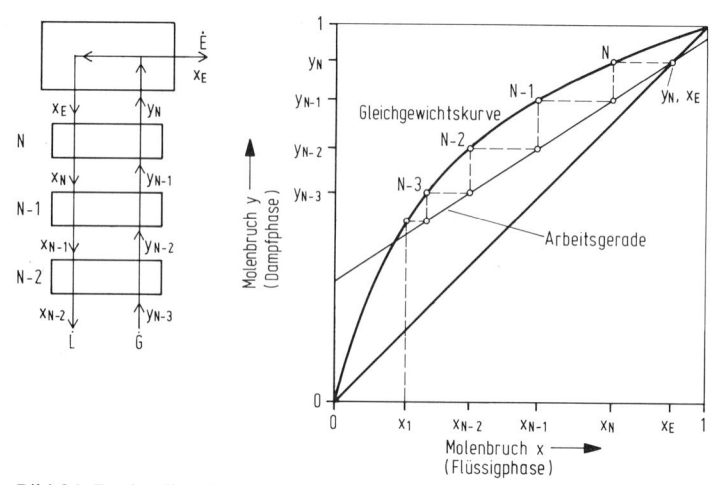

Grundzüge der thermischen Verfahrenstechnik [Literatur S. 238]

Bild 26. Zweistoffrektifikation
links: Trennkolonne (schematisch), rechts: McCabe-Thiele-Diagramm

Das *McCabe-Thiele*-Diagramm kann übrigens zur Ermittlung der Gesamtzahl der theoretischen Trennstufen N_{th} einer Zweistoffrektifikation mittels der in Bild 26 dargestellten Treppenzugkonstruktion benutzt werden. Mit der Zahl der theoretischen Trennstufen ist die Frage nach dem Trennaufwand jedoch nur teilweise beantwortet, da praktische Trennstufen, z. B. Destillationsböden, im allgemeinen eine schlechtere Anreicherung als theoretische Stufen erzielen. Daher hat man zur Kennzeichnung der Leistung von praktischen Stufen einen Wirkungsgrad für den Stoffaustausch eingeführt. Er bezieht die wirklich erzielte Anreicherung in einer Trennstufe auf die theoretisch aufgrund des Gleichgewichts mögliche und ist folgendermaßen definiert:

$$s = \frac{c_N'' - c_{N-1}''}{c_N''^* - c_{N-1}''} \tag{96a}$$

mit c_N'', c_{N-1}'' als Konzentrationen in Phase II auf Stufe N bzw. (N − 1) und $c_N''^*$ als zu c_N' in Phase I auf Stufe N gehörende Gleichgewichtskonzentration in Phase II. Der Wert s wird als *Bodenwirkungsgrad (Verstärkungsverhältnis)* bezeichnet. Er hängt wesentlich von der Bauart des Bodens oder sonstiger Trenneinheiten ab, wird aber auch sehr von den Eigenschaften des Stoffsystems und den Betriebsbedingungen beeinflußt.

2.3.3 Kinetische Theorie der Gegenstromtrennung

Ausgangspunkt ist hier der allgemeine Ansatz für den Stoffstrom durch die Phasengrenzfläche:

$$\dot{n} = k_c'' A (c'' - c''^*) \tag{85}$$

mit k_c'' als Stoffdurchgangskoeffizient und A als Stoffdurchgangsfläche; c'' bezeichnet die Konzentration in Phase II und c''^* die zu c' in Phase I gehörende Gleichgewichtskonzentration in Phase II.
Für einen Abschnitt eines kontinuierlich arbeitenden Trennapparats (vgl. Bild 27) kann diese Gleichung für jede beliebige Komponente in differentieller Form geschrieben werden:

$$d\dot{n} = k_c'' dA (c'' - c''^*) \tag{97}$$

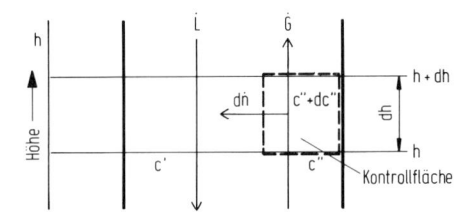

[Literatur S. 238]   *2 Grundlagen der thermischen Trennverfahren*   179

Bild 27. Stoffaustausch zwischen zwei Phasen im Gegenstrom

Das Flächenelement dA beziehe sich dabei auf den Abschnitt dh des Apparats; bei dem als konstand angenommenen Querschnitt S der Trennanlage ist dA dann die im Volumenelement S dh vorhandene Phasengrenzfläche. Mit der spezifischen Phasengrenzfläche a der Anordnung, also der Phasengrenzfläche pro Volumeneinheit, wird

$$dA = a\,S\,dh \tag{98}$$

Die auf dem Abschnitt dh pro Zeiteinheit übertragene Menge an einer beliebigen Komponente ($d\dot{n}$) führt zu einer Konzentrationsänderung dc'' im Volumenstrom $\dot{G}$. Damit läßt sich unter gleichzeitiger Berücksichtigung der Gl. (97) für die Phase II im Abschnitt dh die folgende Stoffmengenbilanz angeben (s. Kontrollfläche in Bild 27; eingehender Volumenstrom positiv, austretende Volumenströme negativ):

$$\dot{G}c'' - \dot{G}(c'' + dc'') - k_c'' dA(c'' - c''^*) = 0 \tag{99}$$

Einsetzen von Gl. (98) und Umformen ergibt

$$-\frac{dc''}{c'' - c''^*} = k_c''\, a\, \frac{S}{\dot{G}}\, dh \tag{100}$$

Die Gleichung läßt sich unter bestimmten Voraussetzungen, die aber häufig erfüllt sind, integrieren. Die auf der rechten Seite der Gleichung (100) vor dem Differential dh stehenden Größen können in vielen Fällen als konstant angenommen werden; bei größeren Änderungen innerhalb einer Anlage, z.B. einer Kolonne, unterteilt man in einzelne Abschnitte. c''^* ist die zu c' an der Stelle h gehörende Gleichgewichtskonzentration; der Zusammenhang zwischen c' und c'' ist durch die Bilanzbeziehung (88) und die entsprechende Arbeitslinie festgelegt. Die Integration von Gl. (100) zwischen unterem (A) und oberem (E) Ende des Trennapparats führt zu folgender Beziehung zwischen der Konzentrationsänderung im Volumenstrom $\dot{G}$ der Phase II beim Durchgang durch den Apparat und der Höhe H des Trennapparats (Kolonne):

$$\frac{1}{k_c''\, a}\, \frac{\dot{G}}{S} \int_{c_E''}^{c_A''} \frac{dc''}{c'' - c''^*} = H \tag{101a}$$

mit $\quad \int_A^E dh = H$

und c_A'' und c_E'' als den Konzentrationen in Phase II am unteren (A) bzw. oberen (E) Ende der Stoffaustauscheinheit. Bei einer Austauschkolonne mit einer Schüttung oder Packung entspricht H der wirksamen Höhe der Kolonne. Das Integral

$$\int \frac{dc''}{c'' - c''^*}$$

ist dimensionslos. Der vor dem Integral stehende Ausdruck ist einer Höhe äquivalent. Er hängt vom spezifischen Durchsatz $\dot{G}/S$ (Durchsatz pro Querschnitt), aber nicht von Absolutmengen ab. Man bezeichnet ihn als die *Höhe einer Übertragungseinheit* (HTU = height of a transfer unit [81]):

$$\mathrm{HTU_{OG}} = \frac{1}{k_c'' a} \frac{\dot{G}}{S} \qquad (102\,\mathrm{a})$$

Das O im Index bedeutet, daß für den Stoffdurchgang der gesamte (overall) Transportwiderstand in beiden Phasen zugrunde gelegt wird; das G besagt, daß alle den Stofftransport betreffenden Größen (k_c'' und c'') auf die G-Phase (II) bezogen werden. Damit ist die Zahl der Übertragungseinheiten $\mathrm{NTU_{OG}}$ gegeben durch

$$\mathrm{NTU_{OG}} = \frac{H}{\mathrm{HTU_{OG}}} = \int_{c_E''}^{c_A''} \frac{dc''}{c'' - c''^{*}} \qquad (103\,\mathrm{a})$$

In gleicher Weise lassen sich mit Gl. (84) entsprechende Beziehungen ableiten für Größen, die sich auf die L-Phase (I) beziehen:

$$\frac{1}{k_c' a} \frac{\dot{L}}{S} \int_{c_E'}^{c_A'} \frac{dc'}{c'^{*} - c'} = H \qquad (101\,\mathrm{b})$$

$$\mathrm{HTU_{OL}} = \frac{1}{k_c' a} \frac{\dot{L}}{S} \qquad (102\,\mathrm{b})$$

$$\mathrm{NTU_{OL}} = \frac{H}{\mathrm{HTU_{OL}}} = \int_{c_E'}^{c_A'} \frac{dc'}{c'^{*} - c'} \qquad (103\,\mathrm{b})$$

Die Methode der Übertragungseinheiten (HTU-Methode) findet Anwendung in erster Linie bei der Berechnung von Stoffaustauschapparaten, die nicht stufenartig arbeiten, also von Füllkörperkolonnen, Sprühkolonnen und dergleichen, und zwar vor allem bei der Absorption und der Extraktion. Problematisch ist häufig die Ermittlung des Stoffdurchgangskoeffizienten k_c und der spezifischen Austauschfläche a. Oft ist es zweckmäßiger, aus Experimenten das Produkt $k_c a$ zu ermitteln, als zu versuchen, diese beiden Größen zu separieren. Insbesondere die Bestimmung der Austauschfläche ist experimentell ausgesprochen schwierig.

3 Trennverfahren für fluide Phasen

3.1 Destillation und Rektifikation

Das am häufigsten angewendete thermische Trennverfahren ist die Destillation in der Form der einstufigen und der Gegenstromdestillation (Rektifikation). Im Unterschied zu anderen Gegenstromtrennverfahren, wie Absorption und Extraktion, benutzt die Rektifikation zur Erzeugung der zweiten Phase keinen Hilfsstoff, sondern Wärmeenergie. An den beiden Enden einer Rektifizierapparatur wird aus den dort ankommenden Stoffströmen durch Wärmezu- bzw. -abfuhr die zweite Phase gebildet. Man bezeichnet diese Art der Erzeugung eines Gegenstroms als *Phasenumkehr*. Die Tatsache, daß die Rektifikation, abgesehen von den speziellen Varianten der Azeotrop- und Extraktivrektifikation, ohne Hilfsstoffe auskommt, bedingt, daß sie für viele Zwei- und Mehrstofftrennungen das wirtschaftlichste Verfahren darstellt.

[Literatur S. 238]

3.1.1 Einfache Destillation und Kondensation

Bei der einfachen Destillation wird aus einer siedenden flüssigen Mischung der Dampf abgeführt und als Destillat kondensiert. Die Flüssigkeit in der Destillierblase und der abgehende Dampf befinden sich annähernd miteinander im Gleichgewicht. Es handelt sich also um einen einstufigen Trennprozeß.

Angewendet wird die einstufige Destillation vor allem zum Eindampfen von Lösungen, bei denen der Dampfdruck der restlichen Komponenten im Vergleich zum Lösemittel vernachlässigbar klein ist. An Apparaten benutzt man dabei Verdampfer verschiedener Bauart (s. Abschn. 1.2.2.1) oder Destillierblasen mit Heizmantel oder Heizschlange. Die Betriebskosten werden im wesentlichen von der erforderlichen Heizmittelmenge bestimmt. Sie lassen sich beträchtlich reduzieren, wenn man die im abgehenden Brüdendampf enthaltene Wärmeenergie in der Verdampferanlage ausnutzt. Um das für die Verwendung der Brüden als Heizmedium erforderliche Temperaturgefälle zu erzeugen, gibt es zwei Wege: die mehrstufige Verdampfung und die Brüdenkompression.

Bei der *mehrstufigen Verdampfung* werden mehrere Einzelverdampfer hintereinander geschaltet. Ihre Arbeitsdrücke werden so abgestuft, daß die jeweilige Siedetemperatur mindestens einige Grad unter der Kondensationstemperatur der Brüden aus dem vorhergehenden Verdampfer liegt. Nur der erste, bei dem höchsten Druck arbeitende Verdampfer wird mit Fremddampf beheizt; bei den anderen Verdampfern erfolgt die Wärmezufuhr mittels der Brüden der vorhergehenden Stufe. Die Einsparung an Primärdampf nimmt mit der Zahl der Stufen zu, allerdings wird mit steigender Stufenzahl der dadurch erreichbare Vorteil im Vergleich zu dem apparativen Mehraufwand immer geringer. Das wirtschaftliche Optimum liegt meist bei etwa drei bis vier Stufen.

Hinsichtlich der Flüssigkeitsführung ist zwischen Gleichstrom und Gegenstrom zu unterscheiden. Beim Gleichstrom wird die einzudampfende frische Lösung in den Verdampfer mit dem höchsten Arbeitsdruck eingespeist und durchläuft von dort in gleicher Richtung wie die Brüden die einzelnen Verdampferstufen. Wegen des von Stufe zu Stufe fallenden Drucks werden dabei keine Flüssigkeitspumpen zur Förderung zwischen den Stufen benötigt. Beim Gegenstrom wird die einzudampfende Lösung entgegen der Durchlaufrichtung der Brüden durch die Anlage gepumpt. Wärmetechnisch sind Gegenstromanlagen günstiger, da die eingespeiste Lösung weniger vorerwärmt werden muß. Wegen der höheren Betriebssicherheit (keine Flüssigkeitspumpen) bevorzugt man jedoch Gleichstromanlagen.

Die *Brüdenkompression* ermöglicht die Ausnutzung des Wärmeinhalts der Brüden in einstufigen Verdampferanlagen. Nach dem Prinzip der Wärmepumpe werden die Brüden so weit komprimiert, daß die Kondensationstemperatur der Brüden genügend oberhalb der Siedetemperatur der Lösung liegt. Die Brüdenkompression ist nur wirtschaftlich, wenn die spezifische Kompressionsarbeit relativ klein bleibt, entsprechend einer Erhöhung der Kondensationstemperatur der Brüden um 20–30 °C.

Destillationen temperaturempfindlicher Substanzen werden bei stark vermindertem Druck und entsprechend erniedrigter Destillationstemperatur durchgeführt, und zwar in Verdampfern spezieller Bauart, z. B. in Dünnschichtverdampfern (s. Abschn. 1.2.2.5). Bei Anwendung extrem niedriger Arbeitsdrücke von unter ca. 0,1 mbar bis zu 10^{-4} mbar gelangt man in einen Bereich, in dem die mittlere freie Weglänge der Moleküle im Dampfraum in die Größenordnung des Abstandes zwischen Verdampfer- und Kondensatorfläche kommt. Die Destillation unter diesen Bedingungen bezeichnet man als *Molekulardestillation*.

Auch die *Wasserdampfdestillation* ist eine Möglichkeit zur Erniedrigung der Destillationstemperatur. Voraussetzung für ihre Anwendung ist die Nichtmischbarkeit der zu destillierenden Stoffe mit Wasser. Der über einem zweiphasigen Flüssigkeitsgemisch herrschende Dampfdruck setzt sich additiv aus den Dampfdrücken der beiden Phasen zusammen. Daher wird bei einer Wasserdampfdestillation unter Normaldruck die Siedetemperatur immer unter 100°C liegen. Die Durchführung einer Wasserdampfdestillation geschieht meist in der Weise, daß man den Dampf durch gelochte Rohre oder durch Düsen in die Destillierblase einleitet, und zwar unterhalb des Flüssigkeitsspiegels, damit der Blaseninhalt gut durchmischt und der Wasserdampf mit den abzutreibenden Produkten möglichst weit gesättigt wird. Die Trennung des Destillats in die organische und die wäßrige Phase erfolgt nach der Kondensation in einem Abscheider. Zur Berechnung siehe [82].

Der umgekehrte Vorgang zur einfachen Destillation ist die *partielle Kondensation*, bei flüssigen Kondensaten auch Dephlegmation genannt. Man erzeugt dabei aus einem dampfförmigen Gemisch durch Wärmeentzug ein Kondensat, in dem die schwer flüchtigen Anteile angereichert sind. Im Prinzip handelt es sich hierbei um einen Gleichgewichtsschritt im Phasendiagramm; doch läßt sich eine zusätzliche Anreicherung erzielen, wenn man Dampf und Kondensat im Gegenstrom führt.

Anwendung findet die Teilkondensation bei der Rektifikation, wo sie in einigen Fällen zur Erzeugung des flüssigen Rücklaufs dient, und zwar vornehmlich bei der Tieftemperaturrektifikation. Eine weitere Anwendung ist die Entfernung von kondensierbaren Komponenten aus Gasen, z. B. als Vorstufe bei der Rückgewinnung von Lösemitteldämpfen aus Luft durch Adsorption. Zur Berechnung siehe [83].

3.1.2 Kontinuierliche Rektifikation von Zweistoffgemischen

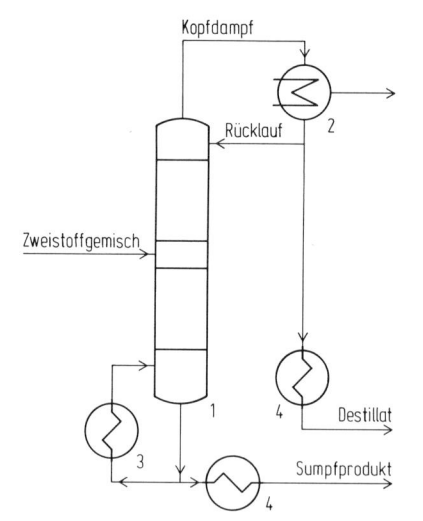

Die kontinuierliche Zweistoffrektifikation ist theoretisch am einfachsten zu behandeln; die dabei gewonnenen Erkenntnisse lassen sich auch auf die komplizierten Problemstellungen der Trennungen von Mehrstoffgemischen und der diskontinuierlichen Rektifikation übertragen.

Die Arbeitsweise einer kontinuierlichen Zweistoffrektifikation ist in Bild 28 schematisch dargestellt. Das Zweistoffgemisch wird über den Zulauf kontinuierlich in die Rektifiziersäule eingespeist. Am unteren Ende der Kolonne (Sumpf) wird die Phasenumkehr durch einen Verdampfer, am Kolonnenkopf durch einen Kondensator bewirkt. Ein Teil des Kondensats wird als Destillat (Kopfprodukt) abgenommen; der Rest geht am Kopf als Rücklauf in die Kolonne zurück. Am Fuß der Kolonne wird das Sumpfprodukt abgenommen, und zwar entweder flüssig aus dem Ablauf des untersten Bodens oder flüssig oder dampfförmig aus dem Verdampfer. Der Kolonnenabschnitt oberhalb des Zulaufs bis zum Kopf heißt Verstärkungsteil, der Abschnitt darunter bis zum Verdampfer Abtriebsteil.

Bild 28. Kontinuierliche Zweistoffrektifikation
1 Rektifizierkolonne
2 Kondensator
3 Verdampfer
4 Produktkühler für Destillat bzw. Sumpfprodukt

Die Trennaufgabe besteht im allgemeinen darin, die beiden Komponenten des Zweistoffgemischs als Kopf- und als Sumpffraktion mit vorgegebenen Reinheitsgraden zu gewinnen. Gesucht sind dazu die Größe des Trennapparats und die Betriebsbedingungen, d. h. als dafür entscheidende

Größen die Zahl der theoretischen Böden und die erforderlichen Mengen an Dampf und Rücklauf.

3.1.2.1 Vereinfachte Berechnung

Für eine vereinfachte Behandlung des Problems soll gelten, daß die Stoffmengenströme an Dampf und an Flüssigkeit innerhalb der Verstärkungssäule und der Abtriebssäule konstant sind. Diese Annahme ist erfüllt, wenn keine Wärmeverluste auftreten, die molaren Verdampfungswärmen der beteiligten Komponenten gleich groß sind und sonstige Wärmeeffekte, wie Mischungswärmen oder Unterschiede in den spezifischen Wärmekapazitäten der Komponenten, vernachlässigt werden können. Die Bilanzbeziehung kann dann sowohl für die Verstärkungssäule als auch für die Abtriebssäule in der Form von Gl. (95b) mit konstantem $\dot{L}/\dot{G}$ verwendet werden, dessen Wert wegen der durch den Zulauf bedingten Änderungen in den Stoffmengenströmen für die beiden Kolonnenabschnitte verschieden groß ist. Zur Unterscheidung werden im folgenden die Stoffmengenströme im Verstärkungsteil mit $\dot{G}$ und $\dot{L}$ und im Abtriebsteil mit $\dot{G}'$ und $\dot{L}'$ bezeichnet. Die Bilanzgleichung für den Abtriebsteil lautet dann:

$$y_{N-1} = \frac{\dot{L}'}{\dot{G}'} x_N + \left(1 - \frac{\dot{L}'}{\dot{G}'}\right) x_B \qquad (95\,\text{c})$$

mit x_B als Molenbruch an leichtersiedender Komponente im Sumpfprodukt.

Die im folgenden geschilderte graphische Lösung des Problems ist nur eine von verschiedenen Möglichkeiten; sie ist jedoch für das Verständnis der Zusammenhänge besser geeignet als analytische oder numerische Methoden. Einzelheiten dazu s. [6, 7, 82–88].

Die durch Gl. (95c) festgelegte Gerade im x-y-Diagramm heißt Abtriebsgerade; ihr Anstieg $\dot{L}'/\dot{G}'$ ist bei Entnahme von Sumpfprodukt ($\dot{B} = \dot{L}' - \dot{G}'$) größer als 1. Die entsprechende Arbeitsgerade für die Verstärkungssäule wird Verstärkungsgerade genannt; ihr Anstieg $\dot{L}/\dot{G}$ ist immer kleiner als 1. Die Zahl der theoretischen Böden wird mittels einer Stufenkonstruktion im *McCabe-Thiele*-Diagramm ermittelt [89] (vgl. Bild 29). Dabei muß für eine optimale Auslegung der Schnittpunkt S der beiden Arbeitsgeraden mit dem Zulaufboden zusammenfallen. Die Lage dieses Schnittpunkts hängt von den Zulaufbedingungen (Konzentration und thermischer Zustand) ab. Sie ist nach Festlegung einer der zwei Arbeitsgeraden durch Vorgabe des Rücklaufverhältnisses eindeutig definiert, d.h. die zweite Arbeitsgerade ist dann nicht mehr frei wählbar. Zur Bestimmung des Schnittpunkts S muß der Zusammenhang zwischen der Änderung der Phasen-

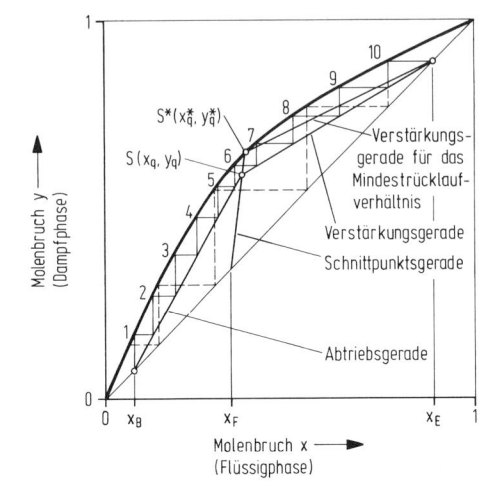

Bild 29. McCabe-Thiele-Diagramm einer Rektifizierkolonne mit Abtriebs- und Verstärkungsteil

ströme am Zulauf und dem thermischen Zustand des Zulaufgemisches $\dot{F}$ gefunden werden. Dazu wird zweckmäßigerweise ein Parameter q eingeführt, der durch folgende Beziehung definiert ist:

$$q\dot{F} = \dot{L}' - \dot{L} \tag{104}$$

Danach kennzeichnet q den thermischen Zustand des Zulaufs; es gibt an, um wieviel Mole der Rücklauf durch ein Mol Zulaufmischung erhöht wird.

Für die Koordinaten y_q und x_q des Schnittpunkts S von Verstärkungs- und Abtriebsgerade läßt sich aus den Gleichungen (95 b) und (95 c) und aus der Definitionsgleichung (104) für q folgender Zusammenhang ableiten (vgl. [7, 82–84, 86, 88]):

$$y_q = \frac{q x_q - x_F}{q - 1} \tag{105}$$

Das ist die Gleichung für die sogenannte Schnittpunktsgerade (s. Bild 29), auf der S liegen muß. Sie hat die Steigung $q/(q-1)$ und schneidet im x-y-Diagramm die Diagonale $y = x$ bei $x = x_F$. Welche Werte der Parameter q annehmen kann und wie sich das auf die Lage der Schnittpunktsgeraden auswirkt, zeigt Tab. 8.

Tab. 8. Einfluß des thermischen Zustands des Zulaufs auf die Lage der Schnittpunktsgeraden

Thermischer Zustand	q	Steigung $\frac{q}{q-1}$
Flüssigkeit unter Siedetemperatur	> 1	> 0
Flüssigkeit bei Siedetemperatur	1	∞
Dampf-Flüssigkeits-Gemisch	0 < q < 1	< 0
Gesättigter Dampf	0	0
Überhitzter Dampf	< 0	> 0

Als Zulaufboden wird der Boden gewählt, dessen Punkt auf der Gleichgewichtskurve dem Schnittpunkt S* der q-Geraden mit der Gleichgewichtskurve am nächsten liegt; im Beispiel von Bild 29 ist es der fünfte Boden von unten, wobei der Verdampfer als Boden mitgezählt wird. Ebenfalls durch S* wird das Mindestrücklaufverhältnis festgelegt, und zwar über den Anstieg der Verstärkungsgeraden, die in S* auf die Gleichgewichtskurve trifft (vgl. Bild 29). Aus den Koordinaten des Schnittpunkts S* (y_q^* und x_q^*) ergibt sich für das *Mindestrücklaufverhältnis* v_{min}:

$$\frac{v_{min}}{v_{min} + 1} = \frac{x_E - y_q^*}{x_E - x_q^*} \tag{106}$$

Für eine Rektifikation bei diesem Wert wäre eine Kolonne mit unendlich vielen Böden erforderlich; das praktische Rücklaufverhältnis muß also immer höher sein als v_{min}.

Ebenso wie für das Rücklaufverhältnis gibt es auch für die Zahl der theoretischen Trennstufen einen unteren Grenzwert. Er wird erreicht, wenn der Kolonne kein Produkt entnommen und kein Zulauf zugespeist wird. Das bedeutet, daß der gesamte am Kopf ankommende Dampf als Rücklauf aufgegeben wird. Rücklaufverhältnis und Rückverdampfungsverhältnis sind unendlich groß. Für diese Bedingung des totalen Rücklaufs ist der Quotient $\dot{L}/\dot{G}$ für die zwei Arbeitsgeraden gleich 1, beide sind mit der Diagonalen $y = x$ identisch (vgl. Bild 29). Die Zahl der theoretischen Böden hat bei diesen Bedingungen für eine bestimmte Trennaufgabe ihren Minimalwert, die sogenannte Mindestbodenzahl $N_{th,min}$. Bei konstantem Trennfaktor α_{12} zwischen zwei Komponenten läßt sich die Mindestbodenzahl leicht berechnen.

Angefangen mit der ersten (untersten) Trennstufe gilt für jeden Boden nach Gl. (39):

$$\left(\frac{y_1}{y_2}\right)_1 = \alpha_{12}\left(\frac{x_1}{x_2}\right)_1, \quad \left(\frac{y_1}{y_2}\right)_2 = \alpha_{12}\left(\frac{x_1}{x_2}\right)_2 \cdots \left(\frac{y_1}{y_2}\right)_N = \alpha_{12}\left(\frac{x_1}{x_2}\right)_N \tag{39a}$$

Die ersten Indizes bezeichnen die Komponenten (1 und 2), der zweite Index (außerhalb der Klammer) den Boden. Bei totalem Rücklauf sind die Konzentrationen in den sich begegnenden Strömen gleich:

$$\left(\frac{y_1}{y_2}\right)_1 = \left(\frac{x_1}{x_2}\right)_2, \quad \left(\frac{y_1}{y_2}\right)_2 = \left(\frac{x_1}{x_2}\right)_3 \cdots \left(\frac{y_1}{y_2}\right)_N = \left(\frac{x_1}{x_2}\right)_{N+1} \tag{107}$$

Einsetzen von Gl. (107) in Gl. (39a) ergibt bei der Gesamtbodenzahl $N_{th} = N_{th,min}$ am oberen (E) und unteren (B) Ende der Kolonne

$$\left(\frac{x_1}{x_2}\right)_E = \alpha_{12}^{N_{th,min}} \left(\frac{x_1}{x_2}\right)_B \tag{108a}$$

oder mit $x_1 = x$ und $x_2 = 1 - x$

$$\left(\frac{x}{1-x}\right)_E = \alpha^{N_{th,min}} \left(\frac{x}{1-x}\right)_B \tag{108b}$$

Durch Logarithmieren erhält man für die Mindestbodenzahl

$$N_{th,min} = \frac{\log\left(\frac{x_1}{x_2}\right)_E / \left(\frac{x_1}{x_2}\right)_B}{\log \alpha_{12}} \tag{109a}$$

oder

$$N_{th,min} = \frac{\log \frac{x_E(1-x_B)}{x_B(1-x_E)}}{\log \alpha} \tag{109b}$$

Dabei wird der Verdampfer als Stufe mitgerechnet. Gl. (109) ist als *Fenske-Underwood*-Beziehung [90, 91] bekannt. Wenn α_{12} nicht konstant ist, kann man bei nicht zu großen Unterschieden zwischen den α-Werten bei $x_B(\alpha_B)$ und $x_E(\alpha_E)$ mit dem geometrischen Mittel dieser beiden Werte ($\bar{\alpha} = \sqrt{\alpha_B \alpha_E}$) rechnen.

3.1.2.2 Berechnung unter Berücksichtigung der Wärmebilanzen

Die Annahme konstanter Stoffmengenströme bei der Berechnung von Rektifizierkolonnen ist oft, vor allem bei vielen Gemischen organischer Verbindungen mit nicht zu großem Siedepunktsunterschied, keine sehr einschneidende Vereinfachung. Für genauere Berechnungen ist es jedoch häufig erforderlich, neben den Stoffmengenbilanzen auch die Wärmebilanzen zu berücksichtigen. Das trifft auf jeden Fall für Gemische mit Wasser wegen dessen hoher Verdampfungswärme zu. Wenn dazu noch hohe Mischungswärmen zwischen den beteiligten Stoffen auftreten, ist eine Berücksichtigung der Wärmebilanzen bei der Kolonnenberechnung unerläßlich.

Für jeden Boden lassen sich drei Bilanzgleichungen aufstellen, beispielsweise für den Boden N im Verstärkungsteil der Kolonne:
1. die Stoffmengenbilanz für die Gesamtstoffmengenströme

$$\dot{G}_{N-1} = \dot{L}_N + \dot{E} \tag{110}$$

(die Indizes bezeichnen den Boden, aus dem der Strom kommt)
2. die Stoffmengenbilanz für eine der zwei Komponenten (hier die leichtsiedende)

$$\dot{G}_{N-1} y_{N-1} = \dot{L}_N x_N + \dot{E} x_E \tag{111}$$

186 *Grundzüge der thermischen Verfahrenstechnik* [Literatur S. 238]

3. die Enthalpiebilanz

$$\dot{G}_{N-1} H^G_{m,N-1} = \dot{L}_N H^L_{m,N} + \dot{E} H^L_{m,E} + \dot{Q}_E \tag{112}$$

$H^G_{m,N-1}$ = molare Enthalpie des Dampfes von Boden (N − 1)
$H^L_{m,N}$ = molare Enthalpie der Flüssigkeit von Boden N
$H^L_{m,E}$ = molare Enthalpie des flüssigen Kopfprodukts
$\dot{Q}_E$ = im Rücklaufkondensator pro Zeiteinheit abgeführte Wärmemenge.

Entsprechende Bilanzen lassen sich für die Böden im Abtriebsteil aufstellen. Mit diesen Gleichungen wird die Kolonne in einer Richtung von Boden zu Boden, entweder vom Kopf zum Sumpf oder umgekehrt, durchgerechnet. Am Zulaufboden gehen Mengen und Wärmeinhalt des Zulaufs zusätzlich in die Bilanzen ein. Die Berechnung für jeden einzelnen Boden erfolgt durch eine schrittweise Näherung, wobei die Temperatur auf dem Boden und die davon abhängigen Gleichgewichtskonzentrationen so lange variiert werden müssen, bis die Bilanzgleichungen erfüllt sind [82, 84–86]. Diese umfangreichen numerischen Rechnungen werden zweckmäßigerweise mit einem Computer durchgeführt.

3.1.2.3 Wirtschaftliche Gesichtspunkte

Entscheidend für die Wirtschaftlichkeit einer Rektifikation ist die Wahl von Rücklaufverhältnis und Bodenzahl. Das Rücklaufverhältnis beeinflußt direkt den Energieverbrauch (im Regelfall Dampf und Kühlwasser), die Bodenzahl geht in die Apparategröße und damit in den Kapitalbedarf ein. Rücklaufverhältnisse nur wenig über dem Mindestwert bedingen große Bodenzahlen; Erhöhung des Rücklaufs erniedrigt die erforderliche Bodenzahl bis zu einem Minimalwert bei totalem Rücklauf. Die gegenseitige Abhängigkeit läßt sich jedoch nicht explizit angeben, da hierbei eine Reihe von Parametern, z. B. die vorgegebenen Konzentrationen und die Lage der Gleichgewichtskurve, eingehen.

Einen Eindruck von dem Zusammenhang zwischen Rücklaufverhältnis und der Zahl der erforderlichen theoretischen Trennstufen gibt eine Korrelation, die von *Gilliland* [92] aufgrund einer Auswertung von 58 Mehrstoffrektifikationen in Form einer graphischen Darstellung (Bild 30) aufgestellt wurde. Sie zeigt eine Kurve asymptotischen Charakters. Die Korrelation ist für orientierende Abschätzungen geeignet; die erforderlichen Werte für $N_{th,min}$ und v_{min} lassen sich relativ einfach ermitteln (bei Zweistofftrennungen mit den Gleichungen (106) und (109b)).

Für die Wahl des optimalen Rücklaufverhältnisses bei der Auslegung einer Kolonne ist es erforderlich, mehrere Varianten mit verschiedenen Rücklaufverhältnissen und Bodenzahlen durchzurechnen und daraus Energiebedarf und Investitionsaufwand zu ermitteln. Ein niedriges Rück-

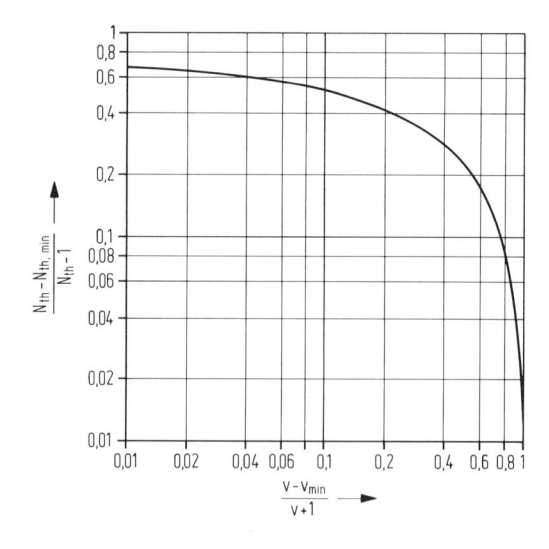

Bild 30. Korrelation zwischen Rücklaufverhältnis v und der Zahl der theoretischen Trennstufen N_{th} nach Gilliland

laufverhältnis bedeutet geringere Energiekosten, dafür aber höheren Kapitalaufwand; Erhöhung des Rücklaufverhältnisses bringt zunächst eine Verringerung des Apparatevolumens wegen der niedrigeren Bodenzahl, ab einer bestimmten Grenze wird die Verringerung der Bodenzahl jedoch kompensiert durch den größeren Kolonnendurchmesser, der wegen der vermehrten Dampf- und Rücklaufmengen erforderlich wird. Die Variante, die zu den niedrigsten Gesamtkosten führt, ist dann der Auslegung zugrunde zu legen. Die sich aus einer solchen Optimierung ergebenden praktischen Rücklaufverhältnisse lagen bisher meist um 10 bis 50% über dem Mindestrücklaufverhältnis; für erste Abschätzungen ging man häufig von $v = 1,3 \, v_{min}$ aus. Wegen der in den letzten Jahren stark gestiegenen Energiepreise haben sich die optimalen Rücklaufverhältnisse für neu ausgelegte Rektifizierkolonnen zu niedrigeren Werten hin verschoben, z. T. deutlich unter $1,1 \, v_{min}$. Bei so wenig über dem Mindestrücklaufverhältnis liegenden Werten besteht allerdings die Gefahr, daß die Kolonne bei betrieblichen Schwankungen, z. B. in der Zulaufmenge oder deren Zusammensetzung oder Temperatur, leicht in einen Arbeitsbereich kommen kann, in dem die geforderte Trennung nicht mehr erreicht wird. Für solche Kolonnenauslegungen müssen daher genaue Angaben über die betrieblichen Eingangsgrößen vorliegen. Außerdem sind zuverlässige Daten für das Dampf-Flüssigkeits-Gleichgewicht erforderlich, da die Gleichgewichtskonzentrationen gemäß Gl. (106) unmittelbar in das Mindestrücklaufverhältnis eingehen.

Die hohen Energiepreise haben auch verstärkt zu Überlegungen geführt, wie man den Wärmebedarf bei Rektifikationen weiter senken kann. Von den verschiedenen möglichen Maßnahmen hierzu, z. B. spezielle Schaltungen von gekoppelten Rektifizierkolonnen (vgl. [83, 85]), sei hier die *Brüdenkompression* erwähnt. Sie ist für Trennungen von eng beieinander siedenden Produkten interessant, da dann das Rücklaufverhältnis und dementsprechend der Dampfbedarf hoch ist. Die Brüdenkompression, d. h. die Verdichtung des Kopfdampfes zwecks Beheizung des Sumpfes, ist allerdings nur wirtschaftlich, wenn die Temperaturdifferenz zwischen Sumpf und Kopf nicht zu groß ist (max. ca. 30 °C). Daher muß außer dem Siedepunktsunterschied der Komponenten auch der Druckverlust in der Kolonne niedrig sein. Zur Kompression des Kopfdampfes verwendet man Turbokompressoren [93]; das im Sumpfverdampfer gebildete Kondensat wird entsprechend dem Rücklaufverhältnis teilweise in den Kolonnenkopf zurückgeführt und teilweise als Produkt entnommen.

3.1.3 Kontinuierliche Rektifikation von Mehrstoffgemischen

Zur Trennung von Mehrstoffgemischen in die reinen Stoffe durch kontinuierliche Rektifikation muß man in der Regel mehrere Kolonnen hintereinanderschalten (Bild 31). Die Entnahme von Seitenströmen aus kontinuierlich arbeitenden Rektifizierkolonnen liefert keine reinen Produkte; sie wird vor allem in der Erdölindustrie angewendet, wenn als Endprodukte Fraktionen mit einem bestimmten Siedebereich erhalten werden sollen. Außerdem können Seitenabzüge dazu dienen,

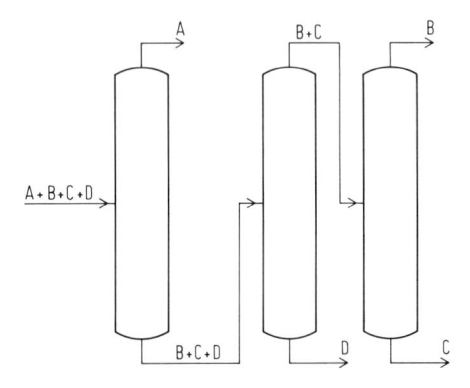

Bild 31. Beispiel einer Hintereinanderschaltung von Rektifizierkolonnen zur Trennung eines Vierstoffgemisches

Nebenbestandteile mit Siedepunkten zwischen Kopf- und Sumpfprodukt an der Stelle ihrer größten Anreicherung aus der Kolonne zu entfernen.

Die Behandlung der Mehrstoffrektifikationen basiert auf denselben Grundlagen wie die Berechnung von Zweistoffrektifikationen; die praktische Lösung des Problems ist jedoch erheblich schwieriger. Es gibt hier eine Vielzahl von Methoden, sowohl zum Zweck der Abschätzung als auch für genauere Berechnungen [82, 84–86, 94]. Für eine vereinfachte Behandlung versucht man, das Problem auf eine Trennung eines Zweistoffgemisches zu reduzieren. Man muß dazu aus dem Mehrstoffgemisch zwei Komponenten als sogenannte *Schlüsselkomponenten* festlegen, die für die Trennaufgabe und die Reinheit der Produkte charakteristisch sind. Man unterscheidet nach dem Siedepunkt zwischen leichter und schwerer Schlüsselkomponente; die leichte ist in der Kopffraktion, die schwere in der Sumpffraktion angereichert. Die Bestimmung der Mindesttrennstufenzahl erfolgt mit der *Fenske-Underwood*-Gleichung (109a), wobei der Index 1 für die leichte und 2 für die schwere Schlüsselkomponente gilt.

Die Ermittlung des Mindestrücklaufverhältnisses ist erheblich komplizierter als bei der Zweistoffrektifikation. Es gibt hierfür mehrere Näherungsverfahren, von denen die graphische Methode von *Hengstebeck* [84] zwar mit mehreren Vereinfachungen arbeitet, dafür aber auch am leichtesten zu handhaben ist. Daneben gibt es rechnerische Methoden [85, 86], bei deren Anwendung man sich zweckmäßigerweise eines Rechners bedient.

Bei diesen Methoden geht man wie bei der Zweistoffrektifikation von den Bilanzgleichungen (110), (111) und (112) für die einzelnen theoretischen Böden aus, wobei für jede zusätzliche Komponente entsprechende Gleichungen hinzukommen. Außerdem ist für jede Komponente auf jedem Boden je eine Beziehung für das Phasengleichgewicht zu berücksichtigen. Man erhält so ein umfangreiches nichtlineares Gleichungssystem (z. B. aus 230 Gleichungen bei 10 Böden und 10 Komponenten). Die Lösung erfolgt iterativ, nachdem für die unbekannten Größen Startwerte vorgegeben worden sind. Man verwendet vorzugsweise Matrizenmethoden [95], wie das Verfahren von *Naphtali und Sandholm* [96] (Rechenprogramm dazu in [57]). Bei komplizierteren Problemen, z. B. wenn stark nichtideale Stoffsysteme vorliegen, können allerdings auch mit diesen Methoden sehr viele Iterationsschritte und damit lange Rechenzeiten notwendig werden, um zu einer konvergenten Lösung zu gelangen; gelegentlich kommt es sogar vor, daß die Rechnung nicht konvergiert. Daher wurden verschiedene Algorithmen zur Konvergenzverbesserung und -beschleunigung entwickelt [94, 97]. Eine andere Möglichkeit des Vorgehens bei Problemstellungen mit schwierigem Konvergenzverhalten besteht in der Verwendung von Berechnungsverfahren, die entsprechend dem Lösungsfortschritt unterschiedliche Konvergenzmethoden benutzen [98, 99].

3.1.4 Absatzweise Rektifikation

Die chargenweise Rektifikation ist apparativ einfacher als die kontinuierliche Arbeitsweise – auch zur Trennung von Mehrstoffgemischen benötigt man nur eine Kolonne. Eine genaue theoretische Behandlung ist jedoch komplizierter, da sich die Konzentrationen im Verlauf einer Chargenrektifikation dauernd ändern. Für die betriebliche Durchführung in vorhandenen Kolonnen ist jedoch normalerweise eine exakte Durchrechnung nicht erforderlich; im allgemeinen genügen einige vereinfachte Rechnungen für verschiedene Betriebszustände. Für die Auslegung von Mehrzweckkolonnen muß zwar eine ganze Reihe von Fällen genau durchgerechnet werden, eine Bestimmung des genauen zeitlichen Rektifikationsverlaufs ist aber auch hier nicht erforderlich.

Da bei einer Chargenrektifikation das Ausgangsprodukt in der Destillierblase vorgelegt und nicht während der Trennung in die Kolonne eingespeist wird, arbeitet die gesamte Kolonne als Verstärkungssäule. Durch die Abnahme von Kopfprodukt ändert sich auch laufend die Zusammensetzung im Kolonnensumpf und auf den Böden. Wenn dabei das Rücklaufverhältnis konstant gehalten wird, muß sich auch die Zusammensetzung des Kopfprodukts ändern, wie aus dem *McCabe-Thiele*-Diagramm einer Zweistoffrektifikation (Bild 32 links) zu ersehen ist. Will man ein Kopfprodukt konstanter Zusammensetzung erhalten, muß man im Verlaufe der Rektifikation das Rücklaufverhältnis erhöhen, und zwar so, daß die größer gewordene Konzentrationsdifferenz zwischen Kopf und Sumpf durch die vorhandene Bodenzahl überbrückt werden kann (Bild 32

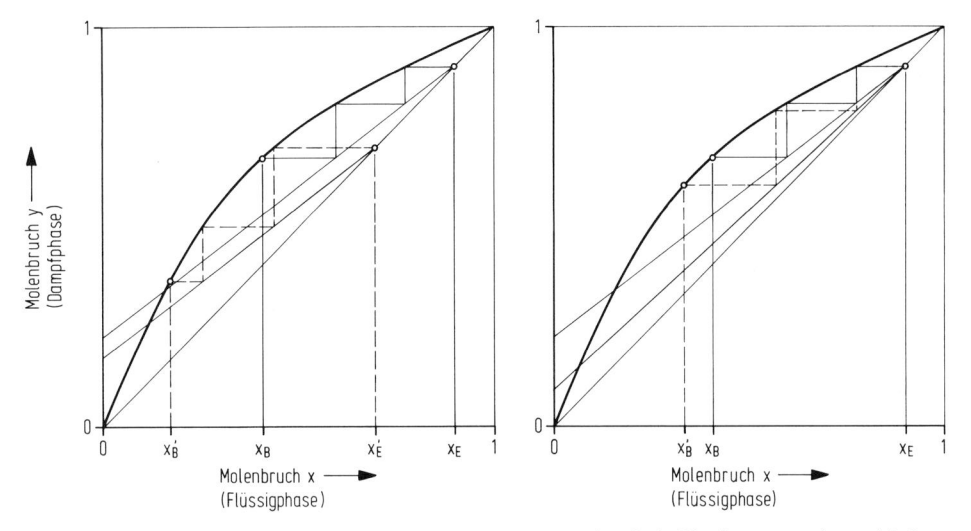

Bild 32. McCabe-Thiele-Diagramme für eine absatzweise Zweistoffrektifikation zu zwei verschiedenen Zeitpunkten
links: konstantes Rücklaufverhältnis, rechts: konstante Destillatkonzentration

rechts). Der maximal mögliche Konzentrationsunterschied bei totalem Rücklauf bestimmt die untere Grenze für die Sumpfkonzentration und damit die maximale Ausbeute an leichtsiedender Komponente im Kopfprodukt. Wie sehr sich die Sumpfkonzentration auf den Trennaufwand auswirkt, zeigt Tabelle 9 am Beispiel einer Trennung von Chloroform und Tetrachlorkohlenstoff.

Tab. 9. *Mindestrücklaufverhältnis und Mindesttrennstufenzahl bei der absatzweisen Rektifikation von Chloroform-Tetrachlorkohlenstoff. Mittlerer Trennfaktor $\bar{\alpha} = 1,65$; Konzentration des Kopfproduktes: 99 Mol%* $CHCl_3$

Sumpf-Konzentration (Mol% $CHCl_3$)	80	50	25	10	5	2	1
Mindestrücklaufverhältnis v_{min}	1,8	3,0	6,0	15	30	76	153
Zahl der theoretischen Trennstufen bei totalem Rücklauf $N_{th,min}$	6,4	9,2	11,4	13,6	15	17	18,4

Wie für die Werte in Tab. 9 gilt bei den meisten Berechnungsmethoden von Chargendestillationen [83–85, 87, 88, 100, 101] die Voraussetzung, daß der Betriebsinhalt von Kolonne und Kondensator vernachlässigt werden kann und zwischen den Böden stationäre Bedingungen eingestellt sind, wie sie der Verstärkungslinie entsprechen. Demgegenüber bedingt der tatsächliche Betriebsinhalt eine zeitliche Verzögerung der Konzentrationseinstellung und eine Verminderung der Trennschärfe.

Diese Überlegungen treffen auch für die absatzweise Rektifikation von Mehrstoffgemischen zu. Die Abschätzung des Aufwands für die Trennung zweier benachbart siedender Komponenten kann wie bei der kontinuierlichen Rektifikation erfolgen. Bei Gemischen, deren Siedeverhalten nur teilweise oder gar nicht bekannt ist, empfiehlt es sich, eine Probedestillation in einer Laborkolonne durchzuführen [100–103].

Zur Erzielung einer guten Wirtschaftlichkeit von Chargendestillationen setzt man mit dem beginnenden Übergehen einer Reinfraktion das Rücklaufverhältnis herab und erhöht es gegen Ende der Abnahme. Ein sehr zweckmäßiger Weg dafür ist die Steuerung des Rücklaufverhältnisses über die Kopftemperatur. Man

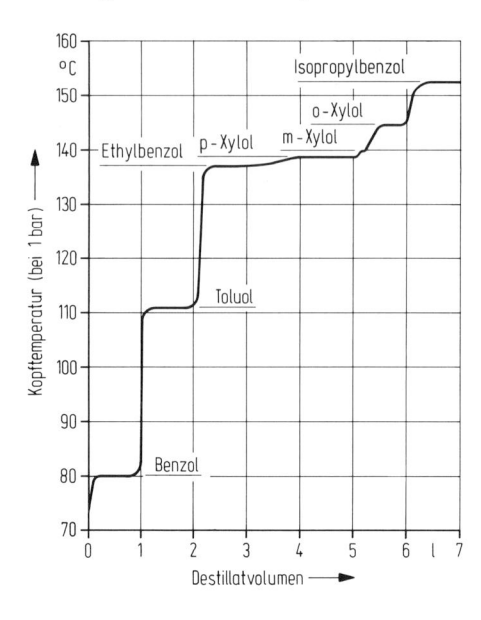

Bild 33. Kopftemperatur einer absatzweisen Destillation eines Mehrstoffgemisches aus aromatischen Kohlenwasserstoffen

gibt dabei die Siedetemperatur der jeweiligen Fraktion vor; bei Überschreiten dieser Temperatur am Kopf wird das Rücklaufverhältnis erhöht, und zwar so lange, bis praktisch kein Produkt mehr übergeht, worauf bei hohem Rücklaufverhältnis eine Zwischenfraktion entnommen wird. Nach Erreichen der Siedetemperatur der nächsten Fraktion wird das Rücklaufverhältnis wieder herabgesetzt, und die Steuerung kann von neuem einsetzen. Einen für Chargenrektifikationen typischen Temperaturverlauf zeigt Bild 33 [104].

3.1.5 Rektifikation mit Hilfsstoffen

Die Trennbarkeit zweier Stoffe durch Destillation wird durch ihren Trennfaktor

$$\alpha = \frac{\gamma_1}{\gamma_2} \frac{p_{01}}{p_{02}} \tag{41 b}$$

festgelegt, je weniger er von Eins verschieden ist, um so schwieriger ist die Trennung, mit $\alpha = 1$ ist eine Trennung unmöglich. Man kann in solchen Fällen den Arbeitsdruck und damit die Temperatur variieren, um eine bessere Trennbarkeit zu erzielen; der Effekt dieser Maßnahme ist jedoch wegen der relativ geringen Temperaturabhängigkeit des Trennfaktors meist nicht sehr groß. Eine andere Möglichkeit, den Trennfaktor zu beeinflussen, besteht darin, die Aktivitätskoeffizienten γ_1 und γ_2, d.h. deren Verhältnis γ_1/γ_2, zu ändern, und zwar durch Zugabe geeigneter Hilfsstoffe. Da die Aktivitätskoeffizienten stark von der Zusammensetzung der Flüssigkeit abhängen, dürfen solche Hilfsstoffe nicht in zu geringer Konzentration in der flüssigen Phase vorliegen und auch nicht wesentlich leichter sieden als das zu trennende Gemisch. Vor allem müssen sie die Aktivitätskoeffizienten der zu trennenden Komponenten unterschiedlich beeinflussen und demzufolge mit diesen Stoffen mehr oder weniger stark nichtideale Systeme bilden. Wenn sie in demselben Temperaturbereich wie die zu trennenden Komponenten sieden, führen diese Nichtidealitäten zur Azeotropbildung. Rektifizierprozesse mit solchen Zusatzstoffen (Schleppmittel) werden als *Azeotroprektifikation* bezeichnet. Beim Zusatz von Hilfsstoffen mit höherem Siedepunkt als die zu trennenden Komponenten treten trotz starker Nichtidealitäten wegen der großen Siedepunktsunterschiede meist keine Azeotrope auf. Rektifizierprozesse, bei denen mit Zusätzen solcher schwer siedender Hilfsstoffe (Lösemittel) gearbeitet wird, bezeichnet man als *Extraktivrektifikation*. Der Ausdruck ist jedoch irreführend, da es sich hier keineswegs um eine Kombination von Rektifikation und Extraktion handelt; auch bei der Extraktivrektifikation gibt es normalerweise nur eine flüssige Phase.

Das Hauptproblem bei der Ausarbeitung solcher Rektifizierprozesse ist das Auffinden geeigneter Hilfsstoffe, welche die Aktivitätskoeffizienten der zu trennenden Komponenten verschieden stark beeinflussen. Hinweise darauf, welche Substanzen für eine bestimmte Trennaufgabe als Zusatzstoff in Frage kommen, kann man mit empirischen Regeln und halbquantitativen Methoden erhalten, z. B. aufgrund von Unterschieden in der Polarität der Moleküle oder ihrer Fähigkeit, Wasserstoffbrücken zu bilden [29, 102, 105]. Darüber hinaus lassen sich mit den in letzter Zeit entwickelten Methoden (UNIFAC, ASOG; vgl. Abschn. 2.1.1.4) die Aktivitätskoeffizienten für Mischungen mit möglichen Zusatzstoffen in vielen Fällen vorausberechnen [106]. Durch eine solche Vorauswahl wird der Umfang der notwendigen experimentellen Untersuchungen stark eingegrenzt. Bei der Auswahl von Zusatzstoffen sind jedoch neben den thermodynamischen Eigenschaften zwei praktische Gesichtspunkte mindestens ebenso wichtig: die Substanzen sollen zu relativ niedrigen Preisen in ausreichender Menge zur Verfügung stehen, und sie müssen thermisch stabil sein.

3.1.5.1 Azeotroprektifikation

Das klassische Beispiel einer Azeotroprektifikation ist die Entwässerung von Ethanol mit Benzol als Hilfsstoff. Ethanol (Kp. 78,4 °C) und Wasser bilden ein tiefsiedendes Azeotrop (Tab. 10). Bei Zusatz von Benzol zu wasserhaltigem Ethanol destilliert bei absatzweiser Rektifikation zuerst bei 64,9 °C das ternäre Azeotrop ab, bis praktisch das gesamte Wasser entfernt ist. Dabei gibt man von dem zweiphasigen Kondensat am Kolonnenkopf die spezifisch leichtere, wasserarme Phase als Rücklauf auf die Kolonne. Als nächste Fraktion erhält man das Benzol-Ethanol-Azeotrop (68,2 °C), mit dem das überschüssige Benzol abdestilliert wird; es kann beim nächsten Ansatz wieder verwendet werden. Die folgende Fraktion ist reines wasserfreies Ethanol. Der Prozeß kann selbstverständlich auch kontinuierlich durchgeführt werden.

Tab. 10. Siedepunkte und Zusammensetzung der Azeotrope aus Ethanol, Wasser und Benzol

Azeotrop	Siedepunkt (°C)	Zusammensetzung (%)		
		Ethanol	Wasser	Benzol
Ethanol/Wasser	78,15	95,6	4,4	—
Benzol/Ethanol	68,2	32,4	—	67,6
Benzol/Wasser[1]	99,3	—	9	91
Benzol/Ethanol/Wasser[1]	64,9	18,5	7,4	74,1

[1]) Heteroazeotrope

Daß die Azeotroprektifikaion nicht an das Auftreten ternärer Azeotrope gebunden ist, zeigt das Beispiel der Essigsäureentwässerung. Wasser und Essigsäure bilden zwar kein Azeotrop, doch erfordert die binäre Rektifikation ein sehr hohes Rücklaufverhältnis, wenn das als Kopfprodukt übergehende Wasser zur Vermeidung von Essigsäureverlusten möglichst wenig Essigsäure enthalten soll, da der Trennfaktor für die wasserreiche Seite des Zweistoffsystems mit ca. 1,4 ausgesprochen niedrig liegt. Bei einer Abtrennung des Wassers durch Azeotroprektifikation mit einem geeigneten Schleppmittel (z. B. Ethylendichlorid, n-Propylacetat, n-Butylacetat) ist der Energieverbrauch wesentlich kleiner, wenn auch die Verwendung eines Hilfsstoffs eine zweite Kolonne erforderlich macht [107] (vgl. Bild 34, A = Essigsäure, B = Wasser).

Verbindungen, die mit Wasser ein Heteroazeotrop bilden, lassen sich nach dem in Bild 34 angegebenen Schema ohne Zusatzstoff entwässern, wie z. B. n-Butanol (Kp. 117,5 °C). Das Heteroazeotrop Wasser/n-Butanol mit einer Siedetemperatur von 92,7 °C und einem Wassergehalt von 42,5 % wird am Kopf der Kolonne *1* abdestilliert. Nach Kondensation in *2* wird aus dem Abscheider *3* die wäßrige Phase mit 7 % n-Butanol auf den Kopf der Kolonne *4* aufgegeben, aus

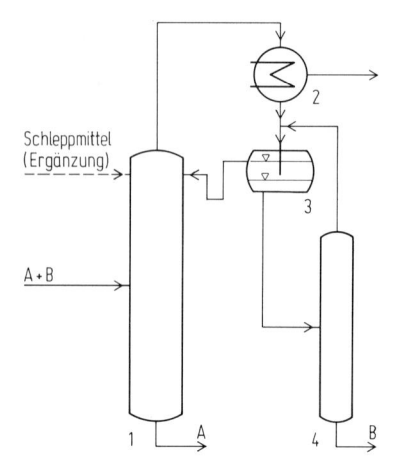

Bild 34. Kontinuierliche Azeotroprektifikation mit Heteroazeotrop
1 Azeotropkolonne
2 Kondensator
3 Absetzgefäß
4 Kolonne zur Rückgewinnung des Schleppmittels

deren Sumpf butanolfreies Wasser (B) abgezogen wird. Der Kopfdampf dieser Kolonne wird ebenfalls in 2 kondensiert, und die beiden flüssigen Phasen werden in 3 getrennt. Das Sumpfprodukt von Kolonne *1* ist wasserfreies n-Butanol (A).

Azeotroprektifikationen mit Schleppmitteln, die homogene Azeotrope bilden (z. B. Methanol und Ethanol als Hilfsstoffe zur Trennung von aromatischen und Paraffinkohlenwasserstoffen gleicher Siedelage), werden in der Technik kaum durchgeführt, da die Trennung der Azeotropfraktionen nicht mehr destillativ erfolgen kann. Die dafür in Frage kommenden Methoden (z. B. Extraktion mit einem weiteren Hilfsstoff, wie Wasser für Methanol oder Ethanol) sind meist zu umständlich.

3.1.5.2 Extraktivrektifikation

Durch eine Extraktivrektifikation lassen sich z. B. Aromaten von Nichtaromaten gut trennen. Es existieren dafür mehrere Verfahrensvarianten, die sich im wesentlichen in der Art des Lösemittels (Anilin, Phenol, N-Methylpyrrolidon, Furfural u. a.) unterscheiden. Als Beispiel für den Einfluß der zugesetzten Lösemittelmenge auf den Trennfaktor zwischen Nichtaromaten und Aromaten sind in Tab. 11 einige Werte für das System Methylcyclohexan/Toluol bei Zusatz von Anilin und Phenol zusammengestellt [108]. Der Trennfaktor dieses Systems beträgt ohne Zusätze im Mittel 1,3, bei hohen Konzentrationen von Methylcyclohexan liegt er sogar unter 1,1.

Tab. 11. Trennfaktor des Systems Methylcyclohexan/Toluol (je 50 Mol%) mit Anilin bzw. Phenol als Zusatzkomponente

Molenbruch der Zusatzkomponente in der Flüssigkeit	Trennfaktor	
	mit Anilin	mit Phenol
0,0	1,3	1,3
0,40	1,9	1,8
0,55	2,2	2,0
0,70	2,4	2,2

Für die Extraktivrektifikation ist die kontinuierliche Arbeitsweise (Bild 35) besonders geeignet. Bei absatzweisem Betrieb darf die Destillierblase am Anfang nur zu einem Bruchteil ihres Volumens gefüllt werden, da sich ihr Inhalt durch die dauernde Zugabe des Zusatzstoffes laufend vergrößert. Um das Kopfprodukt (A, im Beispiel von Tab. 11 Methylcyclohexan) einer Extraktiv-

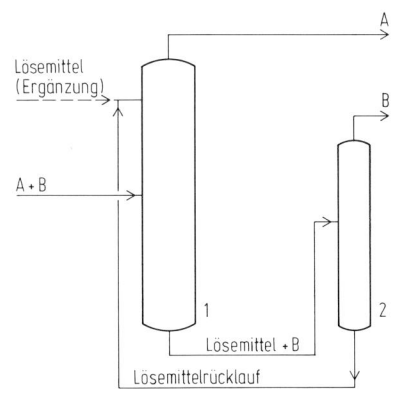

Bild 35. Kontinuierliche Extraktivrektifikation
1 Extraktivrektifikationskolonne
2 Rektifizierkolonne zur Abtrennung des Lösemittels

rektifikation lösemittelfrei zu erhalten, legt man die Einspeisung des Lösemittels (Anilin) einige Böden unter den Kopf der Kolonne (*1*). Das Sumpfprodukt aus der Extraktivrektifikation muß in einer zweiten Kolonne (*2*) rektifiziert werden. Das hierbei als Sumpfprodukt wiedergewonnene Lösemittel muß möglichst frei von schwer flüchtigen Bestandteilen (B, Toluol) aus dem Rohprodukt sein, damit die Trennung in der Extraktivrektifikation nicht verschlechtert wird. Weitere Beispiele enthält Tab. 12.

Tab. 12. Beispiele für Extraktivrektifikationen

Gemisch	Lösemittel	Produkte	
		Kopf	Sumpf
C_4-Fraktionen	Furfural, Acetonitril, Dimethylformamid, N-Methylpyrrolidon	Butane, n-Butene	Butadien
HCl/H_2O-Azeotrop	konz. Schwefelsäure [109]	HCl	Wasser
HNO_3/H_2O-Azeotrop	konz. Schwefelsäure	HNO_3	Wasser
Ethanol-Wasser-Azeotrop	Glykol	Ethanol	Wasser
Methylacetat-Methanol-Azeotrop	Wasser, Glykol	Methylacetat	Methanol
Methanol-Vinylacetat-Azeotrop	a) Wasser b) 1,2,4-Trimethylbenzol [110]	a) Vinylacetat b) Methanol	a) Methanol b) Vinylacetat

Ebenso wie Ethanol-Wasser lassen sich viele andere Gemische sowohl durch Azeotrop- als auch durch Extraktivrektifikation trennen. Dabei hat letztere den Vorteil eines niedrigeren Energiebedarfs, da im Gegensatz zur Azeotroprektifikation der Hilfsstoff nicht verdampft wird. Man bevorzugt daher im allgemeinen die Extraktivrektifikation, soweit nicht besondere Gründe, z. B. Zersetzungs- und Nebenreaktionen bei den höheren Arbeitstemperaturen, dagegen sprechen.

Besonders interessant ist die Trennung des Methylacetat-Methanol-Azeotrops (Kp. 54°C, 83,3% Methylacetat) mit Wasser als Zusatzstoff. Reines Methylacetat siedet bei 57,1°C; es bildet jedoch mit Wasser ein Heteroazeotrop (Kp. 56,1°C, 4% Wasser), das bei der Trennung als Kopfprodukt erhalten wird, so daß man hier von einem Übergang zwischen Extraktiv- und Azeotroprektifikation sprechen kann, wenn auch die Hauptmenge des Lösemittels Wasser wie bei einer reinen Extraktivrektifikation mit dem Sumpfprodukt abgezogen wird. Wie sich die Lösemittelkonzentration auf die Gleichgewichtskurve auswirkt, ist aus Bild 36 zu ersehen, in dem die Konzentrationen auf lösemittelfreier Basis aufgetragen sind. Ein solches x-y-Diagramm kann wie bei rein binären Trennungen zur Bestimmung von Rücklaufverhältnis und theore-

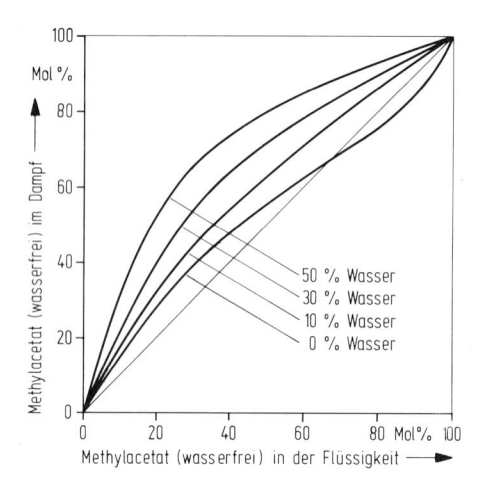

Bild 36. Gleichgewichtskurve für das System Methylacetat/Methanol (1 bar) bei verschiedenen Wasserzusätzen

tischer Bodenzahl benutzt werden. Bei der Ermittlung des wirtschaftlichen Optimums wird auch die Lösemittelkonzentration variiert; sie liegt in der Regel zwischen 40 und 70%.

3.1.6 Rektifizierapparate

Zu einem Rektifizierapparat gehören außer der eigentlichen Trennkolonne ein Verdampfer und ein Kondensator für die Phasenumkehr sowie Wärmeaustauscher zum Aufheizen und Abkühlen der Produktströme. Der eigentliche Rektifiziervorgang findet in der Gegenstromkolonne statt. Je nach Art der Vorrichtungen, mit denen der Stoffaustausch bewirkt wird, unterscheidet man zwischen Bodenkolonnen und Kolonnen mit Packungen (regellose Füllkörperschüttungen oder geordnete Packungen); daneben gibt es noch Sonderbauarten, vor allem solche mit rotierenden Einbauten. Am häufigsten verwendet man in der Technik Bodenkolonnen; es werden aber auch, vor allem bei niedrigen Drücken, Kolonnen mit Packungen eingesetzt. Ausführliche Darstellungen finden sich in [82, 83, 88, 111, 112].

3.1.6.1 Bodenkolonnen

In Bodenkolonnen geht der Stoffaustausch stufenweise vor sich. Die Austauschböden sind waagerechte Einbauten, auf denen die in der Kolonne von oben nach unten strömende flüssige Phase gestaut wird; damit der aufsteigende Dampf durch diese Flüssigkeitsschicht hindurchdringen kann, ist der Boden mit Öffnungen unterschiedlicher Konstruktion versehen. Die vielen Arten von Bodenkonstruktionen lassen sich auf zwei Grundtypen zurückführen: den *Glockenboden* und den *Siebboden* (Bild 37). Bei beiden wird die Flüssigkeit durch ein Ablaufwehr gestaut. Während aber auf dem Glockenboden die Flüssigkeit durch die Kamine daran gehindert wird, durch die Öffnungen für den Dampf nach unten durchzuregnen, darf beim Siebboden die Dampfgeschwindigkeit einen bestimmten Mindestwert nicht unterschreiten, um die Flüssigkeit auf dem Boden zu halten; bei zu niedrigen Dampfgeschwindigkeiten läuft die Flüssigkeit nicht mehr über das Wehr, sondern durch die Löcher in der Bodenplatte nach unten. Daher ist der Belastungsbereich des Siebbodens kleiner als der des Glockenbodens. Der Siebboden hat jedoch den Vorteil, daß bei ihm Flüssigkeitshöhe und Betriebsinhalt niedriger sind, und daß er, was für Vakuumrektifikationen besonders wichtig ist, einen geringeren Druckverlust aufweist.
Den Nachteil des höheren Druckverlusts beim konventionellen Glockenboden versucht man durch die Verwendung von Flachglocken (Bild 38a) zu beheben. Ebenfalls niedrige Druckverluste haben die sog. *Ventilböden*, von denen es verschiedene Konstruktionen gibt (z.B. Ballastböden der Fa. *Glitsch*, Ventiltellerböden der Fa. *Koch*, Varioflex-Ventil der Fa. *Stahl*). Ihnen ist ge-

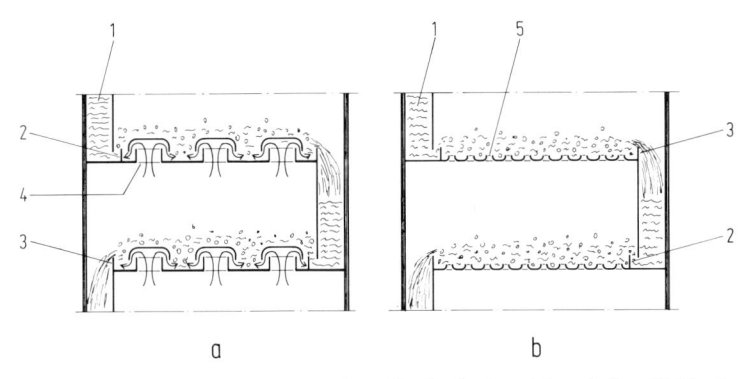

[Literatur S. 238]   3 Trennverfahren für fluide Phasen   195

Bild 37. Schematische Darstellung eines Glockenbodens (a) und eines Siebbodens (b)
1 Zulauf, 2 Zulaufwehr, 3 Ablaufwehr, 4 Glocke mit Kamin, 5 Löcher

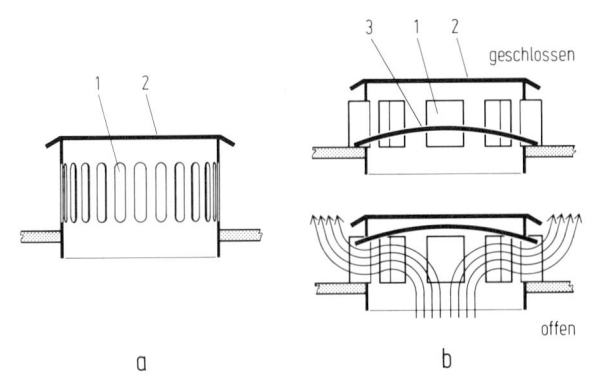

Bild 38. a Flachglocke (Bauart Stahl), b Ventilteller (Bauart Stahl, VarioFlex VV 12)
1 Dampfaustrittsschlitze, 2 Deckel, 3 Ventilteller

meinsam, daß die Dampfdurchtrittsöffnungen im Boden durch bewegliche Teller abgedeckt werden (Bild 38b), deren Stellung sich der jeweiligen Dampfbelastung anpaßt. Dadurch wird ein Herabregnen von Flüssigkeit bei niedrigen Dampfbelastungen verhindert. Ventilböden vereinigen in sich den großen Belastungsspielraum des Glockenbodens mit dem niedrigen Druckverlust des Siebbodens.

Der *Tunnelboden* ist eine besondere Art von Glockenboden, bei der die Glocken einer Reihe durch ein Bauelement, den sog. Tunnel, ersetzt sind. Dadurch ist die Fertigung einfacher und billiger. Bei einem Typ, dem *Thormann*-Boden (Fa. *Montz*) (vgl. [83]), wird durch die Strömungsführung der Flüssigkeit außerdem eine Erhöhung des Bodenwirkungsgrades erreicht. Der Boden eignet sich besonders für hohe Dampf-Flüssigkeits-Verhältnisse.

Überhaupt ist die Flüssigkeitsführung einschließlich Zulauf und Ablauf bei größeren Kolonnendurchmessern immer schwieriger zu lösen. Da der Durchsatz mit dem Quadrat des Kolonnendurchmessers, die Länge des Ablaufwehrs aber nur etwa linear mit dem Durchmesser zunimmt, baut man bei größeren Kolonnendurchmessern (> 2 m) häufig mehrere Ablaufwehre auf einem Boden ein (Bild 39). Man bezeichnet diese Böden im Unterschied zu den einflutigen Böden mit einem Zulaufwehr als mehrflutig. Bei einer solchen Konstruktion wird vermieden, daß der Unterschied der Flüssigkeitshöhe zwischen Bodeneinlauf und -ablauf zu groß wird. Das ist vor allem für Siebböden mit ihrer relativ niedrigen Flüssigkeitshöhe von Wichtigkeit. Wenn auf einem solchen Boden große Differenzen im Druckverlust über den Bodenquerschnitt auftreten, wird im Extremfall die Seite des Bodens mit der niedrigen Flüssigkeitshöhe leer geblasen, während auf der anderen Seite die Flüssigkeit durchregnet. Bei den Siebböden gibt es eine ganze Reihe von Sonderkonstruktionen, z.B. den Sieb-Schlitzboden von *Union Carbide* [113], der auf Erfahrungen

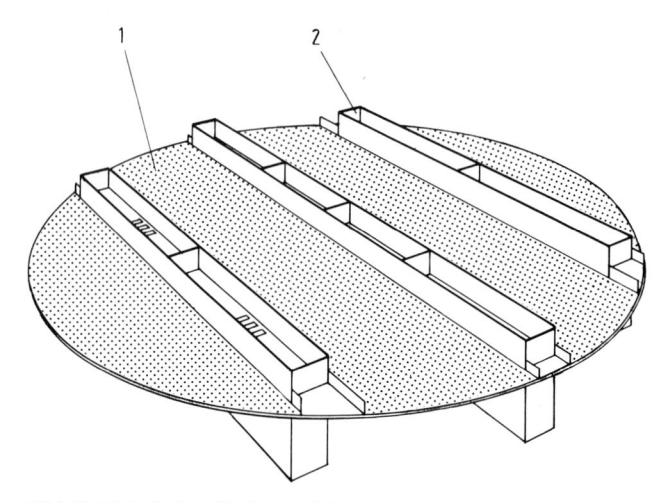

Bild 39. Mehrflutiger Boden, 1 Siebboden, 2 Ablaufschacht

aus der Lufttrennung basiert und bei hohem Bodenwirkungsgrad, niedrigem Druckverlust und kleinem Bodenabstand für hohe Trennanforderungen vor allem auch im Vakuum geeignet ist.

Der Einfluß der Dampfbelastung auf den Bodenwirkungsgrad und den Druckverlust ist am Beispiel eines Glockenbodens in Bild 40 dargestellt. Für Vergleichszwecke ist dabei die Dampfbelastung in Form des Produkts $w_G\sqrt{\varrho_G}$ aufgetragen mit der auf den Volumenquerschnitt bezogenen Dampfgeschwindigkeit w_G und der Dampfdichte ϱ_G [114]. Die Wirkung eines normal

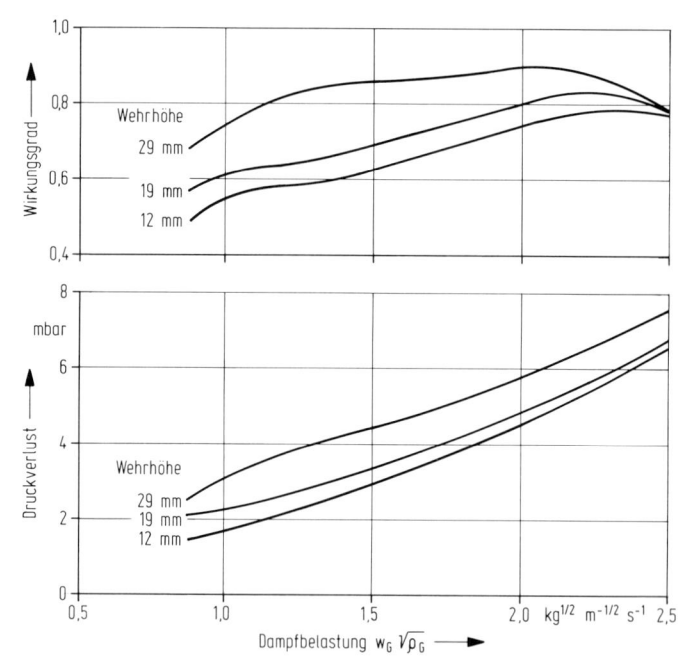

Bild 40. Wirkungsgrad und Druckverlust eines Flachglockenbodens in Abhängigkeit von der Dampfbelastung bei unterschiedlichen Wehrhöhen für das System Chlorbenzol/Ethylbenzol bei 1 bar

arbeitenden Bodens beruht darauf, daß zwischen Flüssigkeit und Dampf eine möglichst große Grenzfläche erzeugt wird. Dies geschieht durch Zerteilung des Dampfes in viele Blasen. Dadurch bildet sich auf dem Boden eine Sprudelschicht aus, in welcher sich der Stoffaustausch zum überwiegenden Teil abspielt. Darüber befindet sich eine weitere, mit Tröpfchen oder Schaum erfüllte Zone, in der ebenfalls Stoffaustausch stattfindet. Ein Mitreißen von Flüssigkeit aus dieser Zone auf den nächstoberen Boden durch den aufsteigenden Dampf führt zu einer Verschlechterung der Trennwirkung. Im Bild 40 zeigt der Abfall des Bodenwirkungsgrads bei hohen Dampfbelastungen an, daß die *Flutgrenze* erreicht wird. Die Dampfgeschwindigkeit ist dann so groß, daß nicht mehr nur einzelne Flüssigkeitstropfen, sondern große Anteile der Bodenflüssigkeit nach oben mitgerissen werden, bis schließlich bei sehr hohen Dampf- und Flüssigkeitsbelastungen der Raum zwischen den Böden von Flüssigkeit überflutet wird.

Der Wirkungsgrad eines Bodens hängt von vielen Größen ab. Neben den konstruktiven Daten (z. B. Höhe und Anordnung der Wehre, Größe und Anordnung der Dampfdurchtrittsöffnungen, Bodenabstand) gehen die Eigenschaften des Stoffsystems ein. Für eine Vorausberechnung des Wirkungsgrads ist vor allem eine Kenntnis des hydrodynamischen Verhaltens des Bodens erforderlich, die man sich durch Testung eines einzelnen Bodens mit Wasser und Luft verschaffen kann.

3.1.6.2 Kolonnen mit Packungen

Es wird unterschieden zwischen Kolonnen mit regellosen Schüttungen und solchen mit geordneten Packungen. Die regellosen Schüttungen bestehen aus Füllkörpern, von denen es eine Vielzahl von Typen gibt. Einige häufig verwendete Füllkörperarten sind in Bild 41 dargestellt. Die Funktion von Füllkörperschüttungen besteht ebenso wie die von anderen Kolonnenpackungen darin, daß sie die von oben aufgegebene Flüssigkeit verteilen, so daß eine möglichst große Grenzfläche zum Dampf gebildet wird. Die Flüssigkeit rieselt dabei über die Packungen dem Dampfstrom entgegen nach unten; daher bezeichnet man diese Art von Kolonnen auch als Rieselkolonnen. Füllkörperschüttungen ruhen auf Rosten. Größere Schütthöhen unterteilt man in einzelne Abschnitte, zwischen denen die Flüssigkeit über Verteilerböden wieder gleichmäßig auf den Kolonnenquerschnitt verteilt wird; dadurch wird der Bachbildung (Zusammenlaufen der Flüssigkeit innerhalb der Schüttung) und der Randgängigkeit (vermehrter Flüssigkeitsstrom an der Kolonnenwand) entgegengewirkt.

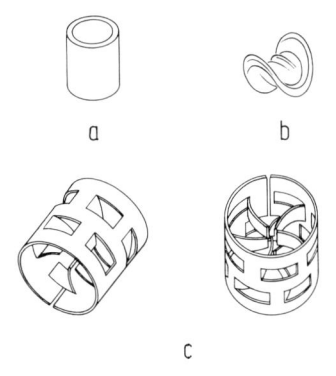

Bild 41. Füllkörperarten
a Raschig-Ring
b Berl-Sattel
c Pall-Ring

Die Trennwirkung von Packungen wird in der Regel auf die theoretische Trennstufe bezogen. Man gibt entweder die Schichthöhe an, die einer theoretischen Trennstufe äquivalent ist (= HETP, Height Equivalent to a Theoretical Plate), oder die Zahl der theoretischen Trennstufen pro m Schütthöhe. In Bild 42 sind für *Pall*-Ringe verschiedener Größe sowie für *Raschig*-Ringe Trennwirkung und spezifischer Druckverlust gegen die Dampfbelastung aufgetragen [115]. Auch hier gibt es wie bei Bodenkolonnen eine obere Belastungsgrenze, bei der die Kolonne zum Fluten

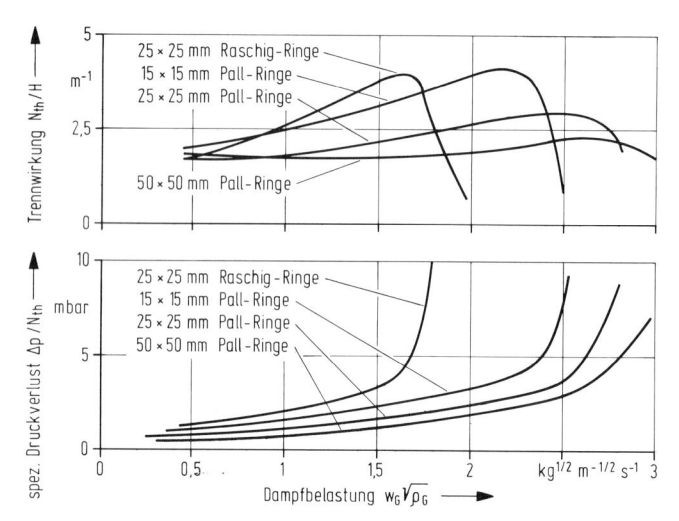

Bild 42. Trennwirkung N_{th}/H (Anzahl der theoretischen Böden pro m Schütthöhe) und spezifischer Druckverlust $\Delta p/N_{th}$ für verschiedene Füllkörperschüttungen in Abhängigkeit von der Dampfbelastung für das System Ethylbenzol/Styrol bei 133 mbar

kommt, d. h. die Dampfgeschwindigkeit ist dann so hoch, daß die Flüssigkeit gestaut wird und nicht mehr nach unten fließen kann. Aus Bild 42 geht auch hervor, daß die Trennleistung einer Schüttung sowohl von der Art als auch von der Größe der Füllkörper stark abhängt. Ferner gehen die Eigenschaften des Stoffsystems in die Trennleistung ein. Dabei ist es wesentlich, daß die Füllkörper gut von Flüssigkeit benetzt werden; da es sich hierbei um Grenzflächeneffekte handelt, spielt auch die Oberflächenbeschaffenheit der Füllkörper eine Rolle.

Bei der Auswahl von Füllkörpern ist eine ganze Reihe von Gesichtspunkten zu berücksichtigen. Entscheidend sind dabei die Kosten pro theoretischen Boden und durchgesetzte Menge. Daher sind die komplizierteren und aufwendigeren *Pall*-Ringe häufig wirtschaftlicher als einfache *Raschig*-Ringe [115]. Ähnlich leistungsfähig wie *Pall*-Ringe sind Sattelkörper vom Typ Intalox und Novalox. Neben der Trennleistung sind bestimmte Grenzbedingungen zu beachten. So ist bei Vakuumrektifikationen im allgemeinen ein maximaler Druckverlust vorgeschrieben, um im Kolonnensumpf eine bestimmte Temperatur, z. B. wegen Produktzersetzung, nicht zu überschreiten. Größere Füllkörper haben zwar einen niedrigeren Druckverlust (auch bezogen auf einen theoretischen Boden) als kleine; sie erfordern aber auf jeden Fall eine größere Schütthöhe, so daß sich erhöhte bauliche Aufwendungen ergeben können. Außerdem soll das Verhältnis von Kolonnendurchmesser zu Füllkörpergröße einen bestimmten Wert (8, besser noch 12) nicht unterschreiten, damit am Rand der Schüttung keine Hohlräume entstehen, welche die Trennwirkung (z. B. durch vermehrte Randgängigkeit) verschlechtern. Auch die Änderung der Trennwirkung von Schüttungen mit der Belastung muß beachtet werden; sie ist in der Regel größer als bei Bodenkolonnen. Bei sehr niedrigen Flüssigkeitsbelastungen ist wegen der zu geringen Flüssigkeitsmenge in Füllkörperschüttungen meist keine gleichmäßige Berieselung zu erzielen.

Überhaupt haben Füllkörperkolonnen einen erheblich kleineren Betriebsinhalt als die meisten Bodenkolonnen, sie sind dadurch empfindlicher gegen Durchsatzstörungen. Ein besonderes Problem ist die Abhängigkeit der Trennwirkung vom Kolonnendurchmesser. Unter gleichen Bedingungen, vor allem bei gleichmäßiger Verteilung der Flüssigkeit über den Kolonnenquerschnitt, sollte die Trennwirkung unabhängig vom Kolonnendurchmesser sein; in der Praxis muß man jedoch mit einer Verminderung rechnen, die schlecht vorauszuberechnen ist. Auch aus diesem Grund verwendet man Füllkörperschüttungen nur selten in Kolonnen mit sehr großen Durchmessern (mehr als etwa 1,5 m). Für präparative Labordestillationen benutzt man dagegen fast ausschließlich Füllkörper, und zwar vorwiegend spezielle Hochleistungsfüllkörper, wie Maschendrahtringe oder Drahtwendelringe. Im Gegensatz zu Austauschböden sind

Füllkörper auch leicht aus keramischen Werkstoffen, Glas oder Kunststoffen zu fertigen; sie werden unter anderem vorteilhaft bei Trennungen korrosiver Stoffe eingesetzt.

Neben diesen regellosen Schüttungen gibt es auch geordnete Packungen mit symmetrischer Struktur, zum Teil gitterartig, von denen besonders die von *Sulzer* entwickelten Packungen (Metallpack, Gewebepackung BX; s. Bild 43) zu nennen sind [83, 116, 117]. Packungen dieser Art füllen das Innere einer Kolonne gleichmäßig aus. Die Flüssigkeit strömt als dünner Film über die gesamte Packung. Dadurch verteilen sich Flüssigkeit und Dampf überall gleichmäßig über den Kolonnenquerschnitt; die sog. Maldistribution und die damit verbundene Verschlechterung der Trennleistung, wie sie in regellosen Schüttungen auftreten, werden also verhindert. Man erzielt auf diese Weise Trennstufenzahlen von 4–7 pro Meter bei 0,1–1 mbar Druckverlust pro theoretische Trennstufe für die *Sulzer*-Packung BX und 2–3 Trennstufen pro Meter für die Metallpack mit einem Druckabfall pro Meter von 0,2–2 mbar. Daher eignen sich solche Packungen vor allem für Vakuumrektifikationen mit hohen Trennanforderungen.

Bild 43. Gewebepackung (Fa. Sulzer)

Hohe Trennleistungen bei niedrigen Druckverlusten können prinzipiell auch mit sog. *Rotationskolonnen* [8 (Bd. 2), 83] erzielt werden. In diesen Kolonnen sind konzentrische Einbauten angeordnet, z.B. ein Innenzylinder oder eine Welle mit Leitblechen, die man schnell rotieren läßt. Durch die Zentrifugalkraft wird die Flüssigkeit an die Säulenwand geschleudert, wo sie als dünner Film herabfließt. Abgesehen von der für die Labordestillation entwickelten Drehbandkolonne haben sich Rotationskolonnen in der Praxis nicht durchgesetzt, da sie keine Vorteile gegenüber Kolonnen mit geordneten Packungen bieten, gleichzeitig aber wegen der rotierenden Einbauten im Dauerbetrieb relativ störanfällig sind.

Die Berechnung von Rektifizierkolonnen mit Packungen kann sowohl über die theoretischen Trennstufen (Bodenzahlmethode) als auch durch Ermittlung der Zahl der Übertragungseinheiten (HTU-Methode) erfolgen. Man benutzt meist den ersten Weg, da für die meisten Packungen Erfahrungswerte für die Trennstufenzahl unter den Bedingungen üblicher Rektifikationen vorliegen. Im Unterschied dazu benutzt man bei der Berechnung von Füllkörperkolonnen für Absorption und Extraktion häufig die HTU-Methode.

3.2 Absorption

Unter Absorption versteht man die Abtrennung einer oder mehrerer Komponenten aus Gasgemischen durch Waschen mit einem Lösemittel [87, 118–120]. Grundlage der Absorption ist daher das Gaslöslichkeitsgleichgewicht. Zur Vervielfachung des Gleichgewichtseffekts verwendet man auch hier das Gegenstromprinzip. Da in der Regel das beladene Lösemittel wieder eingesetzt und oft auch die absorbierten Gase gewonnen werden sollen, gehört zu einer Absorptionsanlage meist eine zweite Kolonne, in welcher der entgegengesetzte Prozeß, nämlich eine Desorption (Strippung), stattfindet (Bild 44). Außer durch Ausdampfen kann die Regeneration des Lösemittels auch durch Einblasen von Dampf oder Inertgas erfolgen, häufig unter Anwendung höherer Temperaturen oder niedrigerer Drücke (letzteres vor allem in Kombination mit Druckabsorptionen).

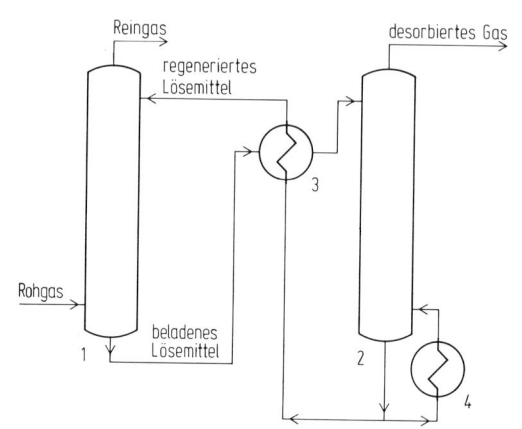

Bild 44. Absorptionsanlage mit Regenerierung des Lösemittels
1 Absorptionskolonne
2 Desorptionskolonne
3 Wärmeaustauscher
4 Verdampfer

Die allein auf der Gaslöslichkeit beruhende Absorption bezeichnet man als physikalische Absorption im Unterschied zur chemischen Absorption, bei der die Auflösung der zu absorbierenden Komponente mit einer chemischen Reaktion verknüpft ist (z. B. CO_2 mit NaOH zu Na_2CO_3). Die betreffende Komponente wird dadurch bevorzugt gelöst.

3.2.1 Trennaufwand

Zur Bestimmung des Trennaufwands bei der Absorption verwendet man sowohl die Trennstufenmethode als auch die Methode der Übertragungseinheiten (HTU-Methode); die letztere deswegen, weil bei der Absorption der Mechanismus der Stoffübertragung sehr viel stärker vom jeweiligen Stoffsystem abhängt als bei der Rektifikation (das gilt ganz besonders für die chemische Absorption), und weil außer Bodenkolonnen häufig Apparate mit kontinuierlichem Stoffaustausch (z. B. Füllkörperkolonnen, Sprühapparate) eingesetzt werden.

Im einfachsten Fall wird bei einem Absorptionsverfahren (vgl. Bild 45) eine einzige Komponente

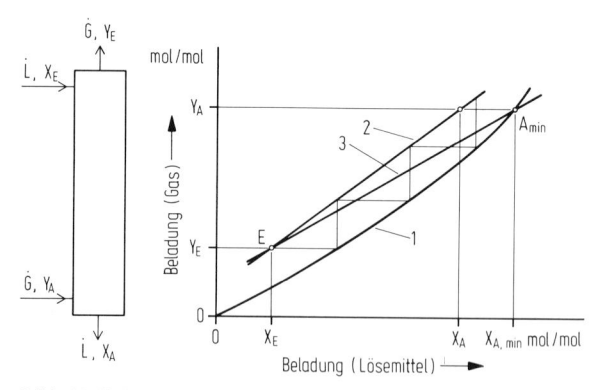

Bild 45. links: Absorptionskolonne (schematisch), rechts: Beladungsdiagramm mit Gleichgewichtskurve (1) und Bilanzgeraden für praktisches (2) und für Mindestlösemittelverhältnis (3)

aus einem Gasstrom vom Lösemittel absorbiert; alle anderen gasförmigen Komponenten sind praktisch unlöslich und können zu einer Komponente, dem Trägergas, zusammengefaßt werden. Beispiele dafür sind die Absorption von CO_2 aus Ammoniaksynthesegas ($N_2 + H_2$) durch Wasser und von Acetylen aus Pyrolysegasen (H_2, CH_4, C_2H_4) durch Aceton. Durch den Absorptionsvorgang ändern sich die Mengen der beiden Phasen, die Gasphase nimmt ab, die flüssige Phase zu. Dagegen bleiben die Mengen an Trägergas (G) und an Lösemittel (L) näherungsweise konstant, wenn Lösemitteldampfdruck und Trägergaslöslichkeit klein sind. In der Bilanzgleichung (vgl. Gl. (90)) für den Prozeß bleibt dann auch das Verhältnis der beiden Phasenströme $\dot{L}/\dot{G}$, das sogenannte *Lösemittelverhältnis*, konstant, wenn man als Konzentrationsmaß die Beladung verwendet. Gl. (90) wird dann geschrieben als:

$$Y = \frac{\dot{L}}{\dot{G}} X - \frac{\dot{L}}{\dot{G}} X_E + Y_E \tag{113}$$

mit Y, X als Beladung der Gas- bzw. Flüssigphase in mol (oder kg) absorbierbarer Komponente pro mol (oder kg) Trägergas bzw. Lösemittel, X_E als Beladung des frischen Lösemittels und Y_E als Beladung des gereinigten Gases.

Den Konzentrationsangaben entsprechend sind die Gas- und Lösemittelmengen entweder in mol oder in kg anzugeben. Die graphische Darstellung von Bilanzbeziehung (113) und Löslichkeitsgleichgewicht erfolgt im Beladungsdiagramm (Bild 45 rechts). Darin ist die Bilanzlinie bei konstantem Lösemittelverhältnis $\dot{L}/\dot{G}$ eine Gerade. Für eine bestimmte Trennaufgabe darf dieser Anstieg einen Mindestwert nicht unterschreiten (Gerade 3 durch E und A_{min} im Beladungsdiagramm, Bild 45 rechts); man bezeichnet ihn als das *Mindestlösemittelverhältnis*, das ebenso wie das Mindestrücklaufverhältnis bei der Rektifikation eine unendlich große Zahl von Trennstufen erfordern würde. Rechnerisch ergibt sich das Mindestlösemittelverhältnis als

$$\left(\frac{\dot{L}}{\dot{G}}\right)_{min} = \frac{Y_A - Y_E}{X_{A,min} - X_E} \tag{114}$$

mit Y_A als Beladung des Rohgases und $X_{A,min}$ als Beladung des Lösemittels im Gleichgewicht mit Y_A.

Die praktischen Lösemittelverhältnisse liegen etwa beim 1,3- bis 1,6fachen des Mindestwertes. Die Zahl der theoretischen Trennstufen kann in gleicher Weise wie bei der Rektifikation durch eine Stufenkonstruktion ermittelt werden; im Beispiel von Bild 45 ergeben sich knapp 3 theoretische Trennstufen.

In den bisherigen Überlegungen sind noch keine Wärmeeffekte berücksichtigt. Bei allen Absorptionen wird Wärme frei, und nur in wenigen Fällen wird diese Wärmemenge durch Verdampfen von Lösemittel in den Trägergasstrom kompensiert. Die Erwärmung des Lösemittels beim Durchgang durch den Absorptionsapparat bedingt eine Verringerung des Lösevermögens (Abnahme der Löslichkeit mit der Temperatur); daher führt man bei höheren Absorptionskolonnen die Absorptionswärme häufig über Zwischenkühler ab. Zur einfachen Ermittlung des Trennaufwandes bei nichtisothermer Absorption ohne Zwischenkühlung bestimmt man zunächst die Erhöhung der Lösemitteltemperatur durch die Absorption über eine Wärmebilanz. Dann zeichnet man in das Beladungsdiagramm die Gleichgewichtskurven für die Anfangs- und die Endtemperatur des Lösemittels (vgl. Bild 46); die dazwischen liegende Gleichgewichtskurve für die nichtisotherme Absorption wird durch Interpolation erhalten.

Die Desorption mit einem Strippgas kann in analoger Weise behandelt werden. Der einzige Unterschied zur Absorption besteht darin, daß die Bilanzlinie unterhalb der Gleichgewichtskurve liegt, da hier der Stofftransport aus dem Lösemittel in das Gas erfolgt. Genauere Bodenzahlberechnungen unter Berücksichtigung der Wärmebilanzen, z. B. für die Absorption von mehreren Komponenten, führt man mit Computern durch, wobei auch viele Rechenprogramme für Rektifikationskolonnen, z.T. mit kleinen Änderungen, benutzt werden können.

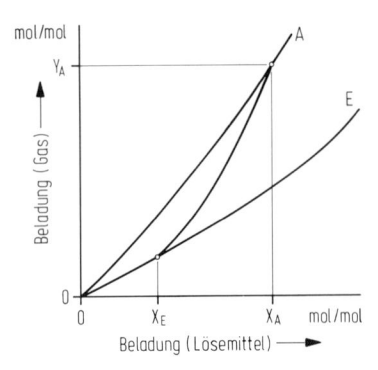

202 *Grundzüge der thermischen Verfahrenstechnik* [Literatur S. 238]

Bild 46. Beladungsdiagramm für nichtisotherme Absorption; A, E Gleichgewichtskurven bei Anfangs- und Endtemperatur des Lösemittels

Für die Ermittlung des Trennaufwandes aus der Zahl der Übertragungseinheiten (HTU-Methode) ersetzt man in den Gleichungen (101–103) die Konzentrationen c'' und c' zweckmäßigerweise durch die Molenbrüche y und x oder die Beladungen Y und X gemäß:

$$c'' = y \frac{\varrho_G}{M_G} = \frac{Y}{(1+Y)} \frac{\varrho_G}{M_G} \tag{115a}$$

$$c' = x \frac{\varrho_L}{M_L} = \frac{X}{(1+X)} \frac{\varrho_L}{M_L} \tag{115b}$$

wobei ϱ_G, ϱ_L die Dichten und M_G, M_L die Molmassen der beiden Phasen angeben.
Die Faktoren ϱ_G/M_G und ϱ_L/M_L faßt man mit den Koeffizienten k_c'' und k_c' zu den neuen Stofftransportkoeffizienten k_G und k_L zusammen. Dann erhalten die Gleichungen (101a) und (101b) mit Molenbrüchen als Konzentrationsmaß folgende Form:

$$\frac{1}{k_G a} \frac{\dot{G}}{S} \int_{y_E}^{y_A} \frac{dy}{y - y^*} = H \tag{116a}$$

$$\frac{1}{k_L a} \frac{\dot{L}}{S} \int_{x_E}^{x_A} \frac{dx}{x^* - x} = H \tag{116b}$$

Mit der Beladung als Konzentrationsmaß und $\dot{G}$ bzw. $\dot{L}$ als Trägergas- bzw. Lösemittelstrom werden die Integrale, deren Wert gleich der Zahl der Übertragungseinheiten (NTU) ist, (vgl. Gl. (103a) und (103b), etwas komplizierter, z. B.:

$$NTU_{OG} = \int_{Y_E}^{Y_A} \frac{(1+Y)(1+Y^*)}{Y - Y^*} dY \tag{117}$$

Bei kleinen Beladungen kann jedoch der Zähler unter dem Integral näherungsweise gleich 1 gesetzt werden:

$$NTU_{OG} = \int_{Y_E}^{Y_A} \frac{dY}{Y - Y^*} \tag{118}$$

Der Wert des Integrals wird graphisch (z. B. durch Auftragen von $1/(Y - Y^*)$ gegen Y) oder rechnerisch ermittelt. Für den Fall einer linearen Gleichgewichtsbeziehung (*Henry*sches Gesetz) erhält man folgende einfache Lösung:

$$NTU_{OG} = \frac{Y_A - Y_E}{\Delta \bar{Y}_{log}} \tag{119}$$

Darin ist der Nenner $\Delta \bar{Y}_{\log}$ das logarithmische Mittel der Konzentrationsgradienten für den Stoffdurchgang über die Gesamtlänge H der Kolonne:

$$\Delta \bar{Y}_{\log} = \frac{(Y-Y^*)_A - (Y-Y^*)_E}{\ln \frac{(Y-Y^*)_A}{(Y-Y^*)_E}} \tag{120}$$

Dieser Mittelwert hat als mittlere Triebkraft für den Stofftransport eine ähnliche Bedeutung wie die mittlere Temperaturdifferenz für den Wärmetransport (vgl. Gl. (35)).

Von großer Bedeutung für den Trennaufwand und die Wirtschaftlichkeit einer Absorption ist die Auswahl des Lösemittels. Selbstverständlich soll es eine hohe Selektivität und ein gutes Lösevermögen für die auszuwaschende Komponente besitzen. Eine hohe Löslichkeit bedingt kleine Flüssigkeitsmengen für Absorption und Desorption und dementsprechend kleine Apparate und niedrigen Energieaufwand. Weitere Anforderungen, die man an ein Absorptionsmittel stellt, sind niedriger Dampfdruck, geringe Korrosivität, thermische Stabilität und nicht zuletzt niedriger Preis. Hinsichtlich der Auswahl von Absorptionsmitteln aufgrund ihrer thermodynamischen Mischungseigenschaften gelten ähnliche Überlegungen wie bei der Auswahl von Hilfsstoffen für die Extraktiv- und Azeotroprektifikation.

3.2.2 Chemische Absorption

Neben der rein physikalischen Absorption durch Lösen bestimmter Komponenten aus Gasgemischen spielt die chemische Absorption [70] eine wichtige Rolle, und zwar einerseits bei der Gasreinigung (z. B. die Absorption von CO_2 durch Alkalicarbonatlösungen oder Natronlauge) und andererseits im Zusammenhang mit chemischen Umsetzungen (wie die Absorption von SO_3 bei der Schwefelsäureherstellung oder von NO und NO_2 bei der Salpetersäureerzeugung). Letzten Endes könnte man jede Reaktion zwischen einer gasförmigen Verbindung und einer Flüssigkeit als chemische Absorption bezeichnen; man versteht unter diesem Begriff jedoch in der Regel nur solche Umsetzungen, die eine Stofftrennung zum Ziel haben.

Die chemische Umsetzung des gelösten Gases in der Absorptionsflüssigkeit erhöht in jedem Fall sowohl das Absorptionsvermögen des Lösemittels als auch die Absorptionsgeschwindigkeit. Bei irreversibler Reaktion ist der Gleichgewichtspartialdruck des absorbierten Gases über der Flüssichkeit sogar gleich Null, solange der flüssige Reaktant im Überschuß vorhanden ist; für den Trennprozeß ist somit nur eine theoretische Trennstufe erforderlich. Entscheidend für das Apparatevolumen ist dann die Geschwindigkeit der Stoffübertragung. Beispiele für chemische Absorptionen mit irreversibler Reaktion sind die Natronlaugewäschen zur Entfernung von Spuren saurer Gase (z. B. HCl, SO_2, H_2S, CO_2). Eine Regenerierung der Absorptionslösung ist bei irreversibler Reaktion natürlich nicht möglich. Ein Beispiel für Absorption mit reversibler Reaktion ist die Absorption durch wäßrige Mono- oder Diethanolaminlösung. Zur Regenerierung nutzt man hier wie auch in anderen Fällen die Temperaturabhängigkeit der Gleichgewichtsreaktion aus; die Desorption erfolgt bei höherer Temperatur.

Die Reaktion der gelösten Komponente in der Absorptionsflüssigkeit hat eine weitere Auswirkung; die Konzentration der gelösten Komponente wird erniedrigt. Dadurch erhöht sich der Konzentrationsgradient und dementsprechend die Geschwindigkeit des Stofftransports. Der Stoffdurchgangswiderstand verlagert sich in die Gasgrenzschicht, und bei sehr schnell ablaufenden Reaktionen (z. B. Natronlaugewäschen, jedoch nicht von CO_2) wird der Stofftransport praktisch allein durch die gasseitige Grenzschicht bestimmt. Als apparative Lösung empfiehlt sich in einem solchen Fall eine Anordnung mit möglichst turbulenter Gasströmung, also keine Bodenkolonne, sondern eine Füllkörpersäule oder ein *Venturi*-Wäscher (Bild 47).

Zu den Absorptionen niedriger Reaktionsgeschwindigkeit gehört die Absorption von CO_2 durch Alkalicarbonatlösungen. Geschwindigkeitsbestimmender Teilschritt ist die Reaktion des gelösten CO_2 zu

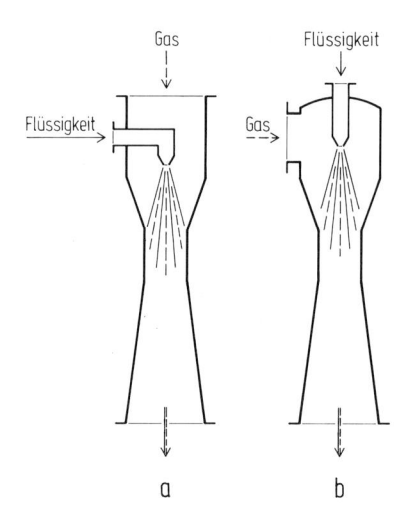

Bild 47. Strahlwäscher (Bauart Körting)
a Für niedrige Gas/Flüssigkeits-Verhältnisse
b Für hohe Gas/Flüssigkeits-Verhältnisse

HCO_3^-. Unter den gleichen Bedingungen verläuft die Reaktion des häufig in CO_2-haltigen Gasgemischen vorkommenden H_2S deutlich schneller. Die daraus resultierende Absorptionsgeschwindigkeit von H_2S gegenüber CO_2 nutzt man zur selektiven Absorption von H_2S in wäßriger Kaliumcarbonatlösung aus.

3.2.3 Absorptionsapparate

Absorptionen führt man meist in Gegenstromkolonnen durch; daneben verwendet man bei chemischen Absorptionen auch einstufige Absorptionsapparate.

Bei den Kolonnen handelt es sich im wesentlichen um die gleichen Typen wie bei der Rektifikation, für Absorptionen werden jedoch vergleichsweise häufiger Füllkörperkolonnen eingesetzt, weil man öfters mit Verschmutzungen rechnen muß, die unter anderem von Ablagerungen fester Verunreinigungen aus dem Gasstrom herrühren können. Zu den Bodenkolonnen ist zu bemerken, daß dort bei Absorptionen die Bodenwirkungsgrade im allgemeinen niedriger liegen als bei Rektifikationen.

Eine Anordnung zur einstufigen Absorption mit besonders günstigen Bedingungen für den Stoffdurchgang ist die nach dem *Venturi*-Prinzip arbeitende Strahl- oder *Venturi*-Wäscher (Bild 47). Der mengenmäßig überwiegende Strom (Flüssigkeit oder Gas) dient als Treibmittel. Durch das Verdüsen der Flüssigkeit in den turbulenten Gasstrom kommt es zu einem intensiven Stoffaustauch mit entsprechend hoher Raum-Zeit-Leistung. Der Wäscher kann auch zur Entstaubung von Gasen eingesetzt werden, gegebenenfalls bei gleichzeitiger Absorption. Er ist besonders für chemische Absorptionen geeignet. Falls mehr als eine theoretische Trennstufe erforderlich ist, schaltet man mehrere Wäscher hintereinander.

3.3 Flüssigkeitsextraktion

Ebenso wie bei der Absorption wird bei der Extraktion ein Lösemittel zur Abtrennung einer oder mehrerer Komponenten aus einem Stoffgemisch benutzt. Dabei versteht man unter Extraktion im engeren Sinne die Anreicherung oder Gewinnung von Stoffen aus Flüssigkeitsgemischen mit Hilfe von selektiv wirkenden nichtmischbaren Lösemitteln. Diese Trennoperation soll hier als Flüssigkeitsextraktion [8 (Bd. 2), 64, 119, 121] bezeichnet werden im Unterschied zur Feststoffextraktion (vgl. Abschn. 4.3), bei der mit einem Lösemittel aus einem Feststoffgemisch einzelne Komponenten herausgelöst werden.

Die Extraktion wird zur Trennung der verschiedenartigsten Flüssigkeitsgemische benutzt, angefangen mit der Aromatenextraktion aus Erdölfraktionen durch SO_2 (*Edeleanu*-Verfahren) – heute durch Glykol-Wasser oder N-Methylpyrrolidon – bis hin zur Gewinnung von Antibiotika (z. B. Penicillin, Streptomycin) aus Fermentationslösungen. Immer wenn eine Trennung durch Rektifikation wegen der thermischen Empfindlichkeit der Produkte oder wegen zu geringer Selektivität nicht möglich ist, wird man die Flüssigkeitsextraktion erwägen. Gerade die hohe Selektivität des Verfahrens bei geeigneter Lösemittelwahl ist der Grund für neuere Anwendungen auf dem Gebiet der Metallgewinnung (z. B. Extraktion von Kupfer, Nickel und Kobalt aus wäßrigen Salzlösungen durch Extraktion mit in Kerosin gelösten Hydroxyoximen).

Als weitere wichtige Anwendungen sind zu nennen die Reinigung von Naßphosphorsäure durch Extraktion mit organischen Lösemitteln (z. B. n-Butanol oder Amylalkohol) sowie die Extraktion von Uran-, Plutonium- und Thoriumsalzen durch Tributylphosphat bei der Gewinnung und Aufarbeitung von Kernbrennstoffen.

Die Flüssigkeitsextraktion basiert auf dem Verteilungsgleichgewicht der zu extrahierenden Stoffe zwischen zwei nicht miteinander mischbaren Flüssigkeiten. Im einfachsten Fall hat man es also mit einem Dreistoffsystem zu tun. Die zu extrahierende Komponente, auch als Extraktstoff bezeichnet, liegt am Anfang in Form einer Mischung mit einer Trägerflüssigkeit vor. Das damit nicht mischbare Lösemittel, auch Extraktionsmittel genannt, soll eine möglichst hohe Selektivität für den Extraktstoff besitzen. Trägerflüssigkeit und Lösemittel werden auch als Abgeber bzw. Aufnehmer, die entsprechenden Produktströme am Ende der Extraktion als *Raffinat* bzw. *Extrakt* bezeichnet. Ein einzelner Gleichgewichtsschritt zwischen Abgeber bzw. Aufnehmer reicht für die geforderte Anreicherung im allgemeinen nicht aus; man muß daher meist in mehreren hintereinandergeschalteten Trennstufen arbeiten (also z. B. in einer Gegenstromkolonne in einer Kaskade), wie dies in Bild 48 (links) schematisch dargestellt ist. Das Rohgemisch, bestehend aus Übergangskomponente und Trägerflüssigkeit, und frisches Lösemittel werden an entgegengesetzten Enden in die Extraktionsanlage eingespeist und im Gegenstrom geführt; angereicherter Extrakt und abgereichertes Raffinat verlassen als Produktionsströme die Anlage. Die spezifisch leichtere Phase muß der Apparatur von unten, die spezifisch schwerere Phase von oben zugeführt werden; wenn also das Lösemittel spezifisch schwerer als das Rohgemisch ist, dann wird im Unterschied zu Bild 48 ersteres oben und letzteres unten eingeleitet.

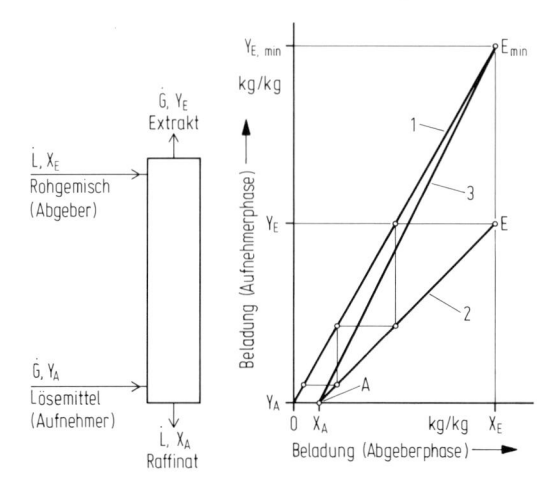

Bild 48. links: Extraktionsapparat (schematisch), Lösemittel spezifisch leichter als Rohgemisch, rechts: Beladungsdiagramm mit Gleichgewichtslinie (1) und Bilanzlinien für praktisches (2) und für Mindestlösemittelverhältnis (3)

Um einen Stoffaustausch zwischen den zwei flüssigen Phasen herbeizuführen, muß eine möglichst große Phasengrenze geschaffen werden. Zu diesem Zweck wird in der Extraktionsapparatur eine der zwei Phasen in Tropfen zerteilt. Man bezeichnet diese Phase als *verteilte* oder *disperse Phase*, die andere als *unverteilte* oder *kontinuierliche Phase*. Welche der beiden Phasen verteilt wird, hängt von mehreren Faktoren ab, z. B. Stoffeigenschaften, Mengen der Phasen und Bauart der

Extraktionsapparatur. Im allgemeinen wird die Phase dispergiert, welche die größere Oberfläche liefert; das ist meist die Phase mit dem größeren Mengenstrom. Bei Füllkörperkolonnen soll hingegen immer die benetzende Phase unverteilt bleiben.

3.3.1 Auswahl des Lösemittels

Primär soll das Lösemittel eine möglichst hohe Selektivität für den Extraktstoff haben; diese Stoffeigenschaft wird durch den Verteilungskoeffizienten festgelegt und bestimmt den Trennaufwand entscheidend. Neben dieser Relativlöslichkeit soll das Lösemittel auch ein möglichst hohes absolutes Lösevermögen für den Extraktstoff aufweisen, damit der Lösemittelbedarf möglichst niedrig ist; dadurch wird gleichzeitig das Apparatevolumen reduziert. Weiterhin soll die gegenseitige Mischbarkeit von Lösemittel und Trägerflüssigkeit möglichst niedrig sein. Zur Vorauswahl von Lösemitteln kann man versuchen, die Daten der entsprechenden Flüssig-flüssig-Gleichgewichte durch eine Vorausberechnung der Aktivitätskoeffizienten abzuschätzen [61]. Allerdings sind die so ermittelten Gleichgewichtswerte mit erheblich größeren Unsicherheiten behaftet als vorausberechnete Dampf-Flüssigkeits-Gleichgewichte, andererseits lassen sich Flüssig-flüssig-Gleichgewichte experimentell recht einfach bestimmen.

Eine andere, sehr wichtige Forderung an das Trennverhalten besteht darin, daß Lösemittel und Extraktstoff nach der Extraktion leicht voneinander zu trennen sind. Zum einen soll in der Regel der Extraktstoff in reiner Form gewonnen werden, zum anderen soll das Lösemittel wiederverwendet werden. Meistens erfolgt die Trennung von Extraktstoff und Lösemittel durch Rektifikation; dazu dürfen die zwei Stoffe nicht zu nahe beieinander sieden, vor allem dürfen sie kein Azeotrop bilden.

Neben diesen durch die Thermodynamik der Stofftrennung bestimmten Gesichtspunkten sind bei der Auswahl von Lösemitteln noch einige besondere Faktoren zu berücksichtigen. Einer davon ist der Dichteunterschied zwischen den Phasen, der so groß sein soll, daß sich die beiden Phasen aufgrund der Schwerkraft leicht voneinander trennen. In bestimmten Fällen, z. B. bei einem Lösemittel von außergewöhnlicher Selektivität, aber kleinem Dichteunterschied, kann es zweckmäßig sein, zur Phasentrennung die Zentrifugalkraft durch Einsatz der relativ aufwendigen Zentrifugalextraktoren auszunutzen. Ein hoher Dichteunterschied wirkt ebenso wie eine hohe Grenzflächenspannung auch der Bildung von schwer entmischenden Emulsionen entgegen. Andererseits erschwert hohe Grenzflächenspannung die Verteilung der Phasen ineinander, doch ist dieses Problem im allgemeinen leichter zu lösen (durch Verwendung geeigneter Extraktionsapparate) als das Entmischen („Brechen") von Emulsionen.

Selbstverständlich sind bei der Lösemittelauswahl immer auch die rein praktischen Gesichtspunkte zu beachten, wie niedriger Preis, nicht zu hoher Dampfdruck (damit die Verdunstungsverluste klein bleiben), chemische und, bei destillativer Regenerierung, thermische Stabilität, niedrige Viskosität (dadurch niedrige Pumpleistung erforderlich, außerdem günstig für den Stoffaustausch), schlechte Brennbarkeit und geringe Toxizität.

3.3.2 Trennaufwand

Die Methoden zur Ermittlung des Trennaufwands sind prinzipiell die gleichen wie bei der Rektifikation und der Absorption, nämlich die Trennstufenmethode und die HTU-Methode. Besonders einfach liegen die Verhältnisse, wenn Löse- und Trägerflüssigkeit ineinander praktisch vollständig unlöslich sind, oder auch wenn die gegenseitige Löslichkeit in dem Arbeitsbereich des Prozesses praktisch konstant ist. Man kann dann wie bei der vereinfachten Behandlung der Absorption die Beladung als Konzentrationsmaß benutzen, und zwar meist in kg/kg, da es bei Extraktionen im allgemeinen zweckmäßig ist, mit Massen- anstelle von Molverhältnissen zu rechnen. Zur graphischen Darstellung dient das Beladungsdiagramm, in dem die Beladung Y der Extraktbzw. Aufnehmerphase (kg Extraktstoff/kg Lösemittel) gegen die Beladung X der Raffinat- bzw.

Abgeberphase (kg Extraktstoff/kg Trägerflüssigkeit) aufgetragen wird (Bild 48, rechts). Die Gleichgewichtslinie ist bei konstantem Verteilungskoeffizienten eine Gerade. Wird der Massenstrom der Aufnehmerphase mit $\dot{G}$ und der Abgeberphase mit $\dot{L}$ bezeichnet, gilt eine Gl. (113) entsprechende Bilanzbeziehung:

$$Y = \frac{\dot{L}}{\dot{G}} X - \frac{\dot{L}}{\dot{G}} X_A + Y_A \tag{121}$$

mit Y_A als Beladung des frischen Lösemittels und X_A als Beladung des Raffinats.
In Beladungsdiagrammen (Bild 48, rechts) entspricht dieser Gleichung die Bilanzlinie 2; bei konstantem $\dot{L}/\dot{G}$ ist sie eine Gerade, die unterhalb der Gleichgewichtslinie liegt. Durch eine Treppenstufenkonstruktion erhält man die Zahl der theoretischen Trennstufen; im Beispiel von Bild 48 beträgt sie etwa 2,5. Die Mindestmenge an Lösemittel, die für die Trennaufgabe benötigt wird, ergibt sich aus der Geraden 3, die bei X_E, der Beladung des Rohgemisches, die Gleichgewichtslinie schneidet, und zwar ist das *Mindestlösemittelverhältnis* $(\dot{G}/\dot{L})_{min}$ gleich dem Reziprokwert des Anstiegs von Gerade 3:

$$\left(\frac{\dot{G}}{\dot{L}}\right)_{min} = \frac{X_E - X_A}{Y_{E,min} - Y_A} \tag{122}$$

wobei $Y_{E,min}$ die Gleichgewichtsbeladung zu X_E angibt.
Häufig ist die Beladung Y_A des frischen Lösemittels, wie im Beispiel von Bild 48, gleich Null. Die praktische Lösemittelmenge liegt in der Regel 50 % und mehr über dem Mindestwert. Bei der Ermittlung des wirtschaftlichen Optimums muß auch der Aufwand für die Rückgewinnung des Lösemittels und die Aufarbeitung des Raffinats berücksichtigt werden.

Wenn sich die gegenseitige Löslichkeit von Aufnehmer und Abgeber zwischen Eintritt und Austritt der Ströme ändert, muß man für die graphische Ermittlung der Trennstufenzahl andere Arten von Gleichgewichtsdiagrammen [6, 7, 24, 64, 119, 122] heranziehen, wie das Dreiecksdiagramm, wobei ebenfalls mit Stufenkonstruktionen gearbeitet wird. Für kompliziertere Probleme, z. B. die Extraktion von Mehrstoffgemischen, empfiehlt es sich auf jeden Fall, die Trennstufenzahl mit Hilfe von Rechnern zu ermitteln; die Berechnungsmethoden sind im Prinzip dieselben wie bei der Rektifikation und Absorption. Das gilt auch für spezielle Arbeitsweisen, wie Extraktstoffrücklauf zwecks Erhöhung der Extraktstoffkonzentration im Extrakt (Bild 49) oder die Verwendung von zwei Lösemitteln zur Trennung zweier gelöster Komponenten (Bild 50); beide Verfahrensweisen ähneln in ihrer Schaltung der kontinuierlichen Rektifikation.

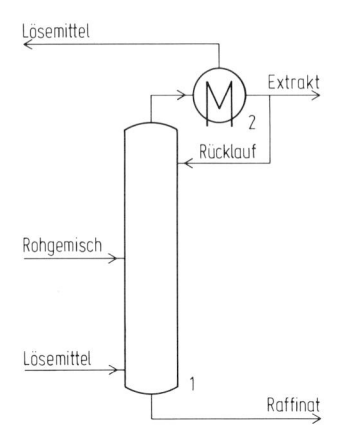

Bild 49. Kontinuierliche Extraktion mit Extraktstoffrücklauf
1 Gegenstromkaskade
2 Lösemittelrückgewinnung (z. B. durch Verdampfen)

Zur Zahl der theoretischen Trennstufen bei Extraktionen und zu ihrer praktischen Verwirklichung in Stoffaustauschapparaten ist zu bemerken, daß hier in besonderem Maße der Wirkungsgrad der Apparate, seien es nun Einzelaggregate oder Kolonnen, von den Eigenschaften des Stoff-

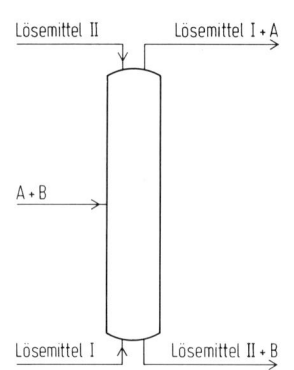

Bild 50. Kontinuierliche Extraktion mit zwei Lösemitteln (Gegenstromkaskade); A, B Komponenten

systems abhängt. Das für einzelne Apparatetypen vorliegende Erfahrungsmaterial erlaubt zwar eine grobe Vorabschätzung des Wirkungsgrades; für die Apparateauslegung ist man aber auf Versuche im Technikumsmaßstab angewiesen. Auch bei der Klärung anderer Fragen, wie Grenzflächen- und Benetzungseigenschaften des Stoffsystems, Emulsionsbildung sowie zulässige und optimale Strömungsgeschwindigkeiten (vor allem in Gegenstromkolonnen), stützt man sich auf Experimente oder Messungen von Systemeigenschaften (z. B. Tropfengröße unter bestimmten Strömungsbedingungen), um in der Großausführung keine Überraschungen zu erleben.

Der Trennaufwand wird im Fall von Gegenstromkolonnen häufig mittels der Methode der Übertragungseinheiten (HTU-Methode) ermittelt, und zwar in gleicher Weise wie bei der Absorption. Auch bei Verwendung der HTU-Methode gilt, daß die damit durchgeführte Auslegung von Trennapparaten bei der Extraktion mit größeren Unsicherheiten behaftet ist als bei der Absorption und bei der Rektifikation. Allerdings ist es in den letzten Jahren gelungen, die Dimensionierung von Extraktionskolonnen durch Berücksichtigung der Rückvermischung zuverlässiger zu machen [123, 124].

3.3.3 Extraktionsapparate

3.3.3.1 Einstufige Apparate

Unter einstufigen Extraktionsapparaten sollen hier Anordnungen verstanden werden, in denen etwa eine theoretische Trennstufe verwirklicht ist. Dabei muß man sich vergegenwärtigen, daß ein Extraktionsapparat zwei Funktionen erfüllen soll: einmal soll er die zwei flüssigen Phasen in engen Kontakt bringen, damit der Stoffaustausch ablaufen kann, zum anderen sollen sich die zwei Phasen nach einer bestimmten Kontaktzeit wieder voneinander trennen. Im Unterschied zur Extraktion ist bei den thermischen Trennverfahren, an denen eine gasförmige Phase beteiligt ist, diese zweite Funktion, nämlich die Trennung der Phasen, wegen des großen Dichteunterschiedes meist kein besonderes Problem. Das einfachste Konzept einer Extraktionsvorrichtung besteht darin, daß man für jede der beiden Funktionen, nämlich das Mischen und das Trennen der Phasen, je einen speziell dafür geeigneten Apparat benutzt. Man bezeichnet solche Anordnungen als Mischer-Scheider oder Mischer-Abscheider (engl. mixer-settler) und die Hintereinanderschaltung von mehreren solcher Anordnungen zu einer Gegenstromkaskade als Mischer-Scheider-Batterie (vgl. Bild 51) [125]. Der Mischer ist ein Gefäß mit einem Rührer, im einfachsten Fall ein Rührkessel; der Scheider ist eine Art von Absetzgefäß. Ein Mischer-Scheider entspricht in der Regel in etwa einer theoretischen Trennstufe. Mischer und Scheider werden so konstruiert und dimensioniert, daß sich in dem ersteren praktisch Gleichgewicht einstellt und im letzteren die Phasen sich möglichst vollständig trennen, um Rückvermischung zu vermeiden.

Eine wesentliche Vereinfachung im Aufbau von Mischer-Scheider-Batterien wird durch die Zusammenfassung mehrerer Mischer und Scheider zu einer apparativen Einheit erreicht. Eine be-

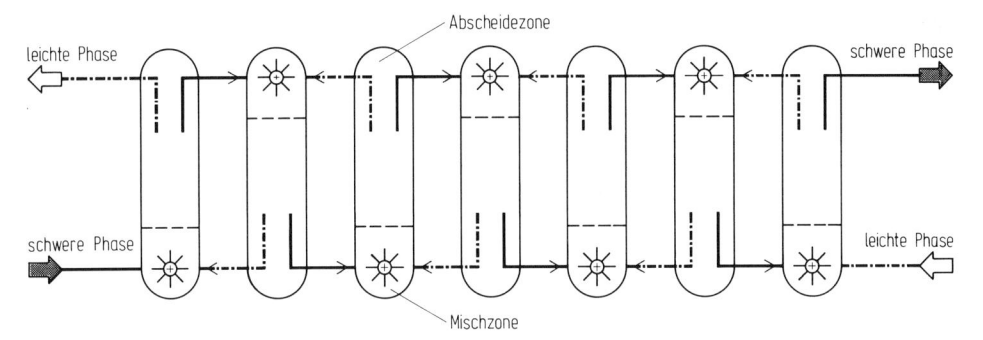

Bild 51. Mischer-Scheider-Batterie (Draufsicht)

sonders raumsparende Anordnung dieser Art für große Durchsätze ist der *Lurgi*-Turmextraktor (LTE) [126], in dem mehrere Mischer-Scheider-Stufen senkrecht übereinander angeordnet sind. Jede Stufe ist mit einer Pumpe zum Mischen und Fördern der Phasen ausgerüstet. Anlagen dieser Bauart sind nicht auf einige wenige Stufen beschränkt, die bisher größte Anlage enthält in einer Einheit 30 Stufen. Ein besonderer Vorteil des Mischer-Scheider-Prinzips besteht darin, daß die Maßstabsvergrößerung im Vergleich zu anderen Extraktionsapparaten weniger problematisch ist. Von Nachteil kann unter Umständen die große Zahl der Pumpen (für jede Stufe eine) sein, zumal ein Turmextraktor schon beim Ausfall einer einzigen Pumpe nicht mehr arbeitet.

3.3.3.2 Extraktionskolonnen

Von den aus der Rektifikation oder der Absorption bekannten Kolonnentypen werden in der Extraktion Kolonnen mit Siebböden und mit Füllkörpern sowie Sprühkolonnen eingesetzt [125]. Die dabei verwendeten *Siebböden* (Bild 52) mit Löchern von 3–6 mm Durchmesser haben kein Ablaufwehr. Die spezifisch schwerere Phase strömt durch ein Ablaufrohr auf den nächstunteren Boden; durch ihren größeren Flüssigkeitsdruck drückt sie die leichtere Phase, die sich unterhalb des Bodens ansammelt, durch die Löcher nach oben. Die leichte Phase wird also zerteilt, die schwere ist die kontinuierliche Phase. Wenn die schwere Phase dispergiert werden soll, müssen die Ablaufrohre für die kontinuierliche, leichte Phase nach oben gerichtet sein. Die Wirkungsgrade von Siebböden in Extraktionskolonnen liegen in der Regel zwischen 10 und 30%, oft sogar noch darunter [127].

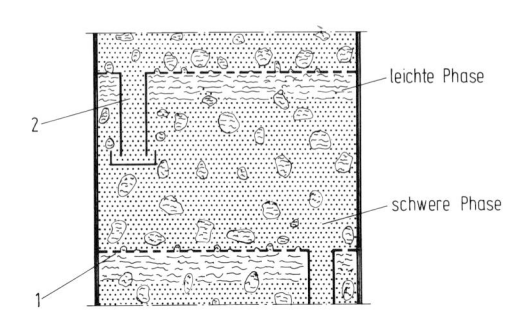

Bild 52. Extraktionskolonne mit Siebboden (Ausschnitt)
1 Siebboden
2 Ablaufwehr

In Füllkörperkolonnen verwendet man vorwiegend *Berl*-Sättel oder *Pall*-Ringe (Bild 41 b und c). Bei der Auswahl des Werkstoffs der Packung ist darauf zu achten, daß er von der kontinuierlichen Phase benetzt werden muß. Sprühkolonnen sind zwar besonders einfach gebaut, ihre Trennleistung ist jedoch, vor allem bei großen Durchmessern, wegen starker Rückvermischung nicht sehr hoch.

Eine deutliche Verbesserung der Trennleistung sowohl von Füllkörperkolonnen als auch von Siebbodenkolonnen läßt sich durch *Pulsation* erzielen. Sie wird dadurch bewirkt, daß der Flüssigkeitsgehalt der Kolonne in Schwingungen (ca. 50–150 min^{-1}) relativ kleiner Amplitude (einige mm) versetzt wird, z. B. über eine Kolbenpumpe. In pulsierten Siebbodenkolonnen (Bild 53) sind keine Ablaufrohre erforderlich; die Siebböden füllen den gesamten Kolonnenquerschnitt aus.

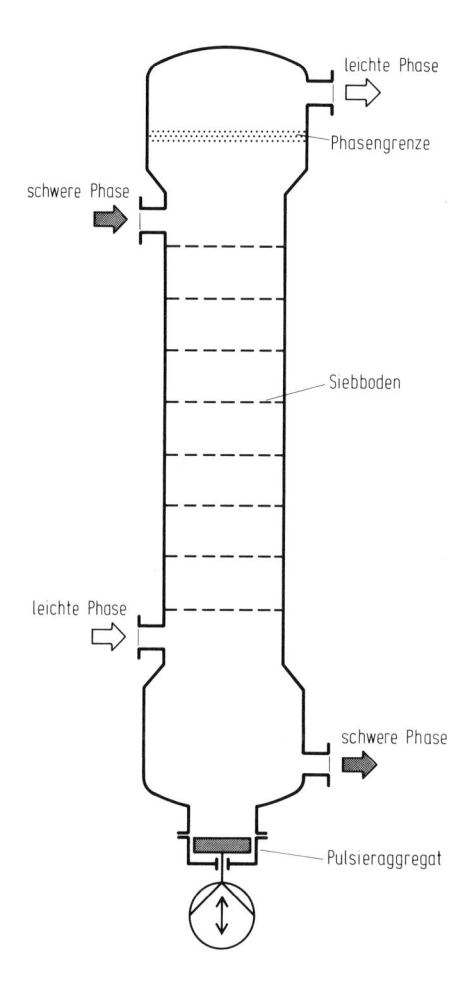

Bild 53. Pulsierte Siebbodenkolonne

Ebenfalls mit mechanischer Bewegung zur Förderung des Stoffaustauschs arbeiten die verschiedenen Typen von Rotationskolonnen für die Flüssigkeitsextraktion, von denen hier drei erwähnt werden sollen: die Drehscheibenkolonne (engl. rotating disc contactor, RDC; vgl. Bild 54 links), die asymmetrische Drehscheibenkolonne mit asymmetrisch angeordneter Drehscheibenwelle (engl. asymmetric rotating disc extractor, ARD) und der *Kühni*-Extraktor (vgl. Bild 54 rechts). Diese Kolonnen werden für große Durchsätze (ca. 100 m³/h) mit Durchmessern von einigen Metern gebaut. Die Höhe für eine theoretische Trennstufe (HETP) hängt sowohl vom Kolonnentyp und -durchmesser als auch vom Stoffsystem ab und liegt in der Größenordnung von 1 m. Der Vergrößerung dieser Kolonnen für sehr hohe Durchsätze ist dadurch eine gewisse Grenze gesetzt, daß ebenso wie bei Füllkörpersäulen auch hier mit der Vergrößerung des Durchmessers die Höhe für eine theoretische Trennstufe zunimmt. Bei Mischer-Scheider-Anlagen besteht dieses Problem nicht.

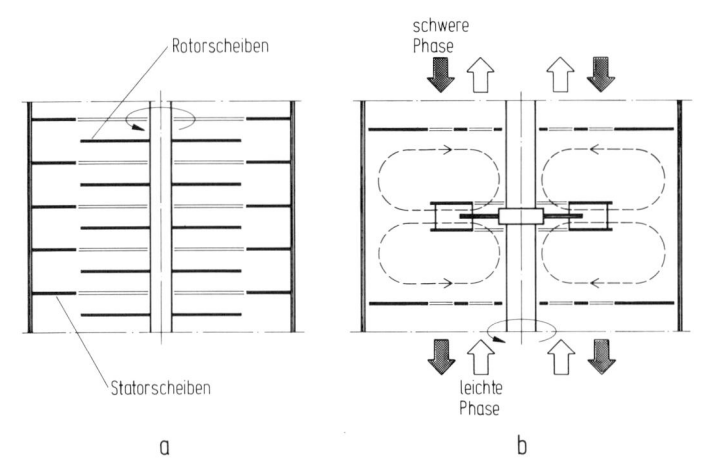

Bild 54. Kolonnen mit Rührern
a Drehscheibenkolonne (RDC, System Shell-Escher), b Kühni-Extraktor

3.3.3.3 Zentrifugalextraktoren

Dieser Apparatetyp benutzt die Zentrifugalkraft für die zwei Stufen des Extraktionsvorgangs, nämlich Mischen und Trennen der Phasen. Ein Beispiel dafür ist der in Bild 55 gezeigte Tellerseparator. Sowohl das Mischen als auch die Phasentrennung laufen in diesen Apparaten in wenigen Sekunden ab. Sie zeichnen sich daher durch hohe Durchsatzleistungen und kleinen Betriebsinhalt aus und kommen besonders für die Extraktion wertvoller Produkte, z. B. in der pharmazeutischen Industrie, sowie bei der Verwendung teurer Lösemittel in Frage. In einigen Bauarten

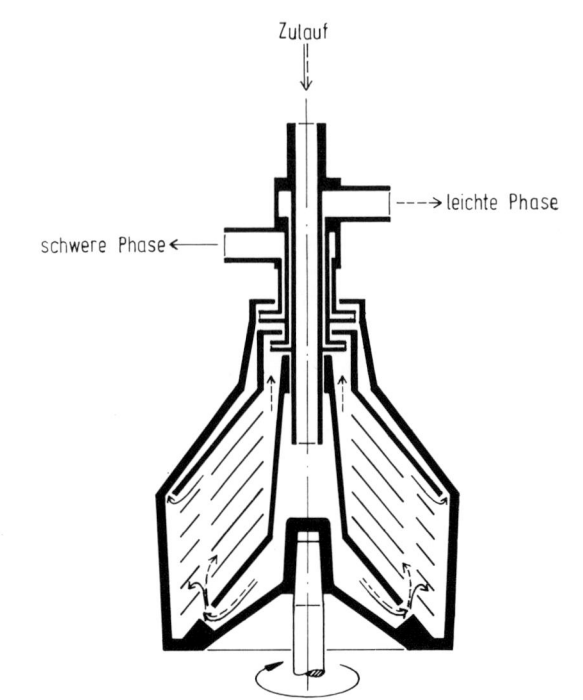

Bild 55. Einstufen-Zentrifugalextraktor (Bauart Westfalia)

von Zentrifugalextraktoren sind mehrere Trennstufen in einer Apparateeinheit vereinigt, z. B. bei dem Luwesta-Extraktor der Firmen *Lurgi* und *Westfalia* [8 (Bd. 2), 88]. Wegen ihrer komplizierten Konstruktion sind solche mehrstufige Extraktoren recht störanfällig, weshalb man es meist vorzieht, mehrere einstufige Apparate hintereinanderzuschalten.

4 Thermische Trennverfahren mit festen Phasen

Dieser Abschnitt beschäftigt sich mit thermischen Trennverfahren, bei denen die zu trennenden Stoffgemische wenigstens teilweise als Feststoffe vorliegen oder in den festen Zustand überführt werden. Es sind dies vor allem die Kristallisation, die Trocknung und die Feststoffextraktion. Die Mehrzahl der Feststofftrennverfahren gehört zur mechanischen Verfahrenstechnik, wie Filtrieren oder Zentrifugieren, Klassieren, Sedimentieren, Flotieren und die Entstaubung von Gasen. Auch thermische Trennverfahren mit festen Phasen sind häufig eng mit einem mechanischen Verfahrensschritt verbunden, sei es, daß dieser dem thermischen Schritt nach- oder vorgeschaltet ist, wie das Filtrieren nach einer Kristallisation oder vor einer Trocknung, sei es, daß die mechanische Grundoperation mit einer thermischen kombiniert ist, wie die Mahltrocknung.

Feste Phasen weisen im Vergleich zu fluiden Phasen eine wesentlich größere Verschiedenheit in ihren Eigenschaften auf. Jeder Stoff kommt im festen Zustand in mindestens einer für ihn spezifischen Modifikation vor, deren Eigenschaftsbild letztlich auf die Struktur des jeweiligen Kristallgitters zurückgeführt werden kann. Das daraus sich ergebende Spektrum in den Eigenschaften fester Stoffe wird noch erweitert durch die Variationsmöglichkeiten in den Parametern für die Makrostruktur, wie Teilchengröße und Kristallinität. Diese gegenüber fluiden Phasen große Verschiedenartigkeit bedingt auch eine größere Vielfalt von Apparaten zur Trennung fester Stoffe.

4.1 Kristallisation

Die Kristallisation [128–133] ist ein Trennverfahren, mit dem sehr hohe Reinheiten zu erzielen sind. Der wesentliche Grund dafür ist, daß für die meisten Mehrstoffsysteme praktisch vollständige Nichtmischbarkeit im festen Zustand besteht. Man wird also bei einer Stofftrennung durch Gleichgewichtskristallisation im allgemeinen kaum mehr als eine theoretische Trennstufe benötigen, um die auskristallisierende Komponente in Form reiner Kristalle zu erhalten. In der praktischen Durchführung ergeben sich jedoch folgende Schwierigkeiten:
– Bei endlicher Kristallisationsgeschwindigkeit werden in den Kristallen Verunreinigungen eingeschlossen.
– Eine vollständige Trennung der Phasen, also von Kristallen und Lösung („Mutterlauge"), ist praktisch nicht möglich; zumindest kann die anhaftende Flüssigkeit auf mechanischem Wege nicht völlig von den Kristallen entfernt werden.

Beide Probleme hängen eng mit der Bildung der Kristalle und der resultierenden mittleren Kristallgröße zusammen. Für eine wirkungsvolle Trennung von fester und flüssiger Phase durch Filtrieren oder Zentrifugieren sind möglichst große und gleichmäßige Kristalle erwünscht; sie sollen gleichzeitig nicht miteinander verwachsen und verfilzt sein, um zu verhindern, daß Flüssigkeit eingeschlossen wird. Wegen dieser Forderung sind Kristallwachstumsgeschwindigkeit und Kristallgröße nach oben begrenzt. Aus alledem geht hervor, daß bei der Kristallisation die Kinetik der Phasenbildung von besonderer Wichtigkeit ist.

4.1.1 Kinetik der Kristallisation

Die Bildung von Kristallen ist ein komplizierter Vorgang, bei dem grundsätzlich zwei Stufen zu unterscheiden sind, nämlich die Bildung von Kristallkeimen und das Wachsen der Kristalle. Da die meisten technischen Kristallisationen aus Lösungen erfolgen, wird nachfolgend im wesentlichen diese Art der Kristallisation behandelt.

4.1.1.1 Keimbildung

Kristallisation aus einer flüssigen Phase kann mittels Änderung der Temperatur oder der Zusammensetzung erfolgen. So läßt sich beispielsweise Rohrzucker aus wäßriger Lösung durch Abkühlen oder durch teilweises Verdampfen des Wassers auskristallisieren. Dabei beginnt das Kristallisieren jedoch nicht mit Erreichen der Sättigungskonzentration, wie sie durch das Löslichkeitsgleichgewicht gegeben ist; vielmehr muß die Löslichkeitsgrenze deutlich überschritten werden, die Lösung muß *übersättigt* sein. Man gelangt damit in einen Zustandsbereich, der thermodynamisch nicht stabil ist.

Auch aus einer übersättigten Lösung scheiden sich nicht ohne weiteres Kristalle ab; ebenso wie bei anderen Phasenänderungen (z. B. Verdampfung oder Kondensation) sind bei der Kristallisation für die Entstehung der neuen Phase Keime erforderlich. Die Bildungsgeschwindigkeit dieser Kristallkeime hängt in erster Linie vom Übersättigungsgrad der Lösung ab, daneben aber noch von einer Reihe weiterer Größen, von denen besonders wichtig für die technische Kristallisation der Gehalt an Verunreinigungen und der Strömungszustand sind.

Hinsichtlich der Art der Keimbildung ist zu unterscheiden zwischen *primärer* und *sekundärer* Keimbildung. Bei den sekundären Keimen handelt es sich um Kristalle und Kristallite der auskristallisierenden Komponente, die entweder durch Zerteilen vorhandener Kristalle im Kristallisator erzeugt werden (z. B. durch den Rührer) oder der übersättigten Lösung absichtlich als sogenannte Impfkristalle zugesetzt werden. In ähnlicher Weise wie die sekundären Keime wirken die sogenannten heterogenen Keime. Man versteht darunter die verschiedenen Arten fremder Feststoffe, von denen die Kristallbildung ausgehen kann, in erster Linie unlösliche Feststoffteilchen sowie Risse oder Kanten in der Gefäßwand. Dabei spielen auch die Art der Fremdpartikel und des Wandmaterials und die Zusammensetzung der Lösung eine Rolle.

Wenn in einer Lösung keinerlei Fremdkeime und keine Impfkristalle vorhanden sind, müssen sich die Kristallkeime aus der homogenen Lösung selbst bilden. Die Wahrscheinlichkeit für eine solche Keimbildung hängt vom Grad der Übersättigung ab. Man hat sich dabei ein dynamisches Gleichgewicht vorzustellen, in dem dauernd Kristallkeime entstehen und wieder verschwinden. Nur Keime von einer bestimmten Mindestgröße wachsen zu Kristallen weiter; Voraussetzung für das Vorhandensein solcher Keime ist ein Mindestwert für die Übersättigung der Lösung. Den Bereich im Zustandsdiagramm, in dem eine solche homogene (spontane) Keimbildung eintritt, bezeichnet man als labil, den darunter liegenden Bereich bis zur Gleichgewichtslinie als metastabil (Bild 56). Eine rein spontane Keimbildung muß in technischen Kristallisatoren vermieden werden. In der Regel wird sekundäre Keimbildung angestrebt, da diese wesentlich besser zu kontrollieren ist als die homogene Keimbildung.

Die Keimbildungsgeschwindigkeit als Zahl der pro Zeit- und Volumeneinheit gebildeten Kristallkeime hängt im wesentlichen von der Übersättigung (c − c*) ab. Die Geschwindigkeit der sekundären Keimbildung kann durch einen Ansatz der Form

$$\frac{dN}{dt} = k_K (c - c^*)^u \tag{123}$$

beschrieben werden. Dabei ist N die Zahl der Keime pro Volumeneinheit, k_K die Geschwindigkeitskonstante der Keimbildung und u die „Ordnung" des Keimbildungsvorgangs. Geschwindigkeitskonstante und Ordnung hängen vom Stoffsystem, vom Strömungszustand und von den Betriebsbedingungen ab und müssen experimentell bestimmt werden. Die Ordnung der Keimbildung liegt meist zwischen 2 und 6.

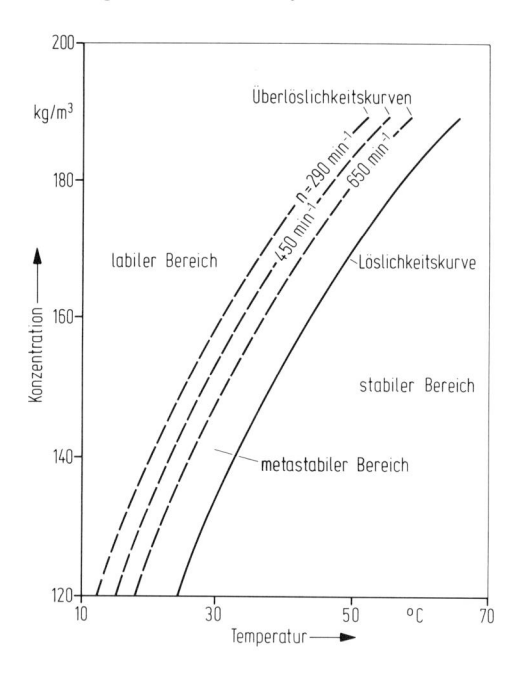

Bild 56. Stabiler, metastabiler und labiler Bereich bei der Kristallisation aus wäßriger Kaliumsulfatlösung bei unterschiedlichen Rührerdrehzahlen [134]

4.1.1.2 Kristallwachstum

Die mittlere Korngröße eines Kristallisats hängt nicht nur von der Zahl der vorhandenen Keime ab, sondern auch von der Geschwindigkeit des Kristallwachstums, das aus folgenden Teilschritten besteht:
- Dem Stofftransport in der Lösung oder Schmelze, d.h. dem Transport der Moleküle oder Ionen des kristallisierenden Stoffs an die Grenzfläche zwischen Flüssigkeit und Kristall, sowie daneben Abtransport der anderen, nicht kristallisierenden Komponenten von der Grenzfläche in die Flüssigkeit.
- Grenzflächenreaktionen, d.h. alle an der Grenzfläche ablaufenden Vorgänge. Dazu gehört neben dem Einbau der Moleküle bzw. Ionen in das Kristallgitter auch die Wanderung dieser Teilchen entlang der Grenzfläche, da der Einbau in den Kristall vorzugsweise an bestimmten Stellen erfolgt, wie an teilweise besetzten Schichten (Netzebenen) oder sonstigen Störungen des Kristallgitters (z.B. Versetzungen).

Zur Beschreibung der Transport- und Einbauvorgänge ist die Anwendung der Filmtheorie vorteilhaft. Gemäß dieser Theorie (s. Bild 57) ist der Kristall von zwei Grenzschichten umgeben. Im äußeren laminaren Grenzfilm erfolgt der Stofftransport allein durch Diffusion entsprechend

$$\frac{dm}{dt} = \beta A (c - c_E) \qquad (124)$$

In der unmittelbar die Kristallfläche einhüllenden Grenzschicht sind nach der *Volmer*schen Grenzschichttheorie die Moleküle bzw. Ionen noch frei beweglich, jedoch bereits schwach an den Kristall gebunden. Die Konzentrationsdifferenz ($c_E - c^*$) in dieser Schicht ist für die Geschwindigkeit der Einbaureaktion maßgebend:

$$\frac{dm}{dt} = k_R A (c_E - c^*)^r \qquad (125)$$

Die Symbole in den Gleichungen (124) und (125) haben folgende Bedeutung: dm/dt: zeitliche Zunahme der Kristallmasse, A: Phasengrenzfläche, β: Stoffübergangskoeffizient, k_R: Geschwin-

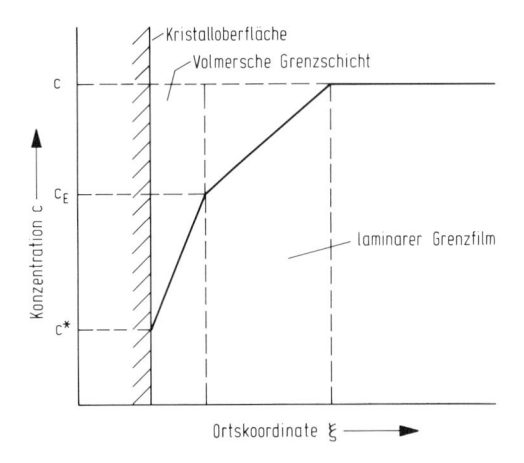

Bild 57. Konzentrationsverlauf in der Nähe der Kristalloberfläche

digkeitskonstante der Einbaureaktion, r: deren „Ordnung", c: Konzentration der übersättigten Lösung, c_E: Konzentration an der Grenze zwischen laminarem Film und *Volmer*scher Grenzschicht, c*: Konzentration der Flüssigkeit im Gleichgewicht (Sättigung).
Der Wert r ist systemspezifisch und liegt meist zwischen 1 und 2. Bei sehr schneller Grenzflächenreaktion (k_R groß) liegt c_E nahe der Sättigungskonzentration c*; dann ist die Kristallisationsgeschwindigkeit diffusionslimitiert und durch die Strömungsbedingungen im Kristallisator zu beeinflussen. Umgekehrt liegt bei langsamer Einbaureaktion (k_R klein) die Konzentration c_E nahe der Konzentration der übersättigten Lösung (c), so daß das Wachstum reaktionslimitiert ist. Da die Geschwindigkeitskonstante k_R wesentlich stärker mit der Temperatur ansteigt als der Stoffübergangskoeffizient β, wird das Kristallwachstum mit steigender Temperatur zunehmend diffusionsbestimmt. Da die Konzentration c_E experimentell nur schwer zu ermitteln ist, wird die Wachstumsgeschwindigkeit häufig durch einen empirischen Ansatz der folgenden Art beschrieben:

$$\frac{dm}{dt} = k_W A (c - c^*)^n \tag{126}$$

Der Exponent n liegt zwischen 1 und 2, bei der häufig auftretenden Grenzschichtdiffusion hat er den Wert 1. Die Kristallwachstumsgeschwindigkeit nimmt bei Temperaturerhöhung zu und fällt mit steigender Viskosität der Lösung.
Einen entscheidenden Einfluß auf den Ablauf einer Kristallisation hat die Zusammensetzung der flüssigen Phase, insbesondere die Art der Verunreinigungen. Wenn solche Nebenbestandteile an der Oberfläche der Kristalle adsorbiert werden, führt das zu einer Hemmung des Kristallwachstums. Dadurch wird zum einen die Kristallisationsgeschwindigkeit verringert, zum andern kann sich aber auch die Kristalltracht der entstehenden Kristalle ändern, und zwar dann, wenn der Nebenbestandteil vorzugsweise an bestimmte Kristallflächen adsorbiert wird. Die restlichen Begrenzungsflächen wachsen dann wesentlich schneller, so daß der Kristall nach einiger Zeit ein ganz anderes Aussehen (Tracht) besitzt.
Überhaupt stellt die Form der Kristallite einen wesentlichen Aspekt der technischen Kristallisation dar. So strebt man in der Regel Kristallisate von möglichst gleichmäßiger Korngröße an, da diese besser zu entfeuchten und leichter zu handhaben sind und vor allem weniger zum Zusammenbacken neigen als Kristallisate von stark unterschiedlicher Korngröße. Aus dem gleichen Grund sind nadelförmige Kristalle und Dendriten (Nadeln mit Verzweigungen) ungünstig. Die Möglichkeit ihrer Entstehung hängt in erster Linie von der Zusammensetzung der Lösung ab; daneben wird die Dendritenbildung durch sehr hohe Übersättigungen begünstigt, ein weiterer Grund dafür, bei technischen Kristallisationen den Übersättigungsgrad unter Kontrolle zu halten.

Neben diesen Stofftransportvorgängen findet gleichzeitig ein Wärmetransport statt, der die Kristallisationsgeschwindigkeit beeinflussen kann. Falls die an der Grenzfläche Kristall-Flüssigkeit freiwerdende Kristallisationsenthalpie nicht schnell genug abgeführt wird, steigt die Temperatur an der Kristalloberfläche an. Da in den meisten Fällen die Sättigungskonzentration der mit dem Kristall im Gleichgewicht stehenden Lösung mit der Temperatur zunimmt, wird mit einer solchen Temperaturerhöhung die Übersättigung herabgesetzt, was zu einer Erniedrigung der Kristallisationsgeschwindigkeit führt. Eine derartige Beeinflussung des Kristallisationsprozesses durch den Wärmetransport ist vor allem bei Kristallisationen aus der Schmelze zu erwarten, weniger dagegen beim Auskristallisieren aus Lösungen.

4.1.1.3 Auslegung von Kristallisatoren

In Kristallisatoren ist im Hinblick auf eine hohe Raum-Zeit-Leistung eine große Kristallwachstumsgeschwindigkeit erwünscht, während die sekundäre Keimbildung begrenzt werden muß, um ein zu feines Kristallisat zu vermeiden. Da Keimbildung und Wachstum konkurrierende Vorgänge sind, der Exponent u in Gl. (123) aber meist größer ist als der Exponent n in Gl. (126), ergibt sich für jede angestrebte Korngröße eine maximal zulässige Übersättigung innerhalb des metastabilen Bereichs. Bis zu dieser Übersättigungsgrenze nimmt die mittlere Korngröße mit der Übersättigung zu. Bei Überschreiten dieser Grenzkurve steigt hingegen die Keimbildung so stark an, daß die mittlere Korngröße rasch abfällt. Man bezeichnet diese Grenze zwischen metastabilem und labilem Bereich auch als Überlöslichkeitskurve (vgl. Bild 56). Sie läßt sich für Kühlungskristallisation durch relativ einfache Messungen bestimmen [135] und hängt von vielen Einflußgrößen ab, z. B. der Temperatur, der Abkühlgeschwindigkeit und dem Strömungszustand. Bei der experimentellen Ermittlung der Überlöslichkeitskurve zur Auslegung von Kristallisatoren müssen daher Bedingungen herrschen, die denen der technischen Apparatur nahekommen. Für die Auslegung müssen außerdem die Löslichkeitskurve, die Geschwindigkeitskonstante und die Ordnung für Keimbildung und Kristallwachstum bekannt sein [136, 137].

Die pro Zeiteinheit gewonnene Masse an Kristallisat (Kristallertrag) sowie die zu- oder abzuführende Wärme sind vom Übersättigungsgrad und von der benutzten Methode (vgl. Tab. 13) abhängig. In der Regel wird dazu entweder gekühlt oder Lösemittel verdampft. Wie in Bild 58 schematisch dargestellt ist, kann bei großer Temperaturabhängigkeit der Löslichkeit die Übersättigung durch Abkühlen der gesättigten Lösung erreicht werden (*Kühlungskristallisation*, Bild 58 a). Bei geringer Temperaturabhängigkeit der Löslichkeit gelangt man durch Abdampfen von Lösemittel zur Übersättigung (*Verdampfungskristallisation*, Bild 58 b). Eine Kombination dieser beiden Methoden ist die *Vakuumkristallisation* (Bild 58 c).

Für den allgemeinen Fall der kombinierten Kühlungs- und Verdampfungskristallisation läßt sich der Ertrag an Kristallisat $\dot{S}$ über eine Massenbilanz berechnen. Dabei muß berücksichtigt

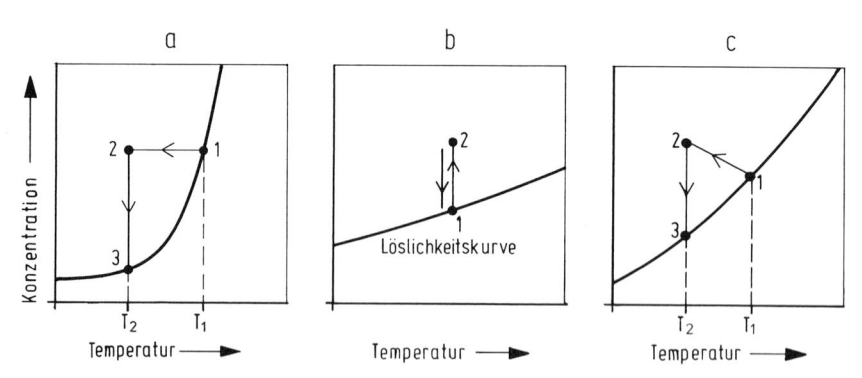

Bild 58. Möglichkeiten zur Übersättigung von Lösungen
a Kühlungskristallisation, b Verdampfungskristallisation, c Vakuumkristallisation

werden, daß insbesondere bei der Kristallisation aus wäßrigen Lösungen die Kristalle häufig eine bestimmte Menge Kristallwasser binden. Der Kristallertrag ergibt sich nach

$$\dot{S} = \frac{\dot{L}_1(Y_1 - Y_2) + \Delta\dot{L}\, Y_2}{\mu - Y_2(1 - \mu)} \tag{127}$$

mit $\quad \mu = \dfrac{M}{M_H}$

$\dot{L}$ entspricht dabei dem Massenstrom an reinem Lösemittel, $\Delta\dot{L}$ dem verdampften Lösemittelstrom und Y der Beladung des Lösemittels (kg Gelöstes/kg Lösemittel); μ gibt das Verhältnis der Molmasse des hydratfreien Kristallisats M zur Molmasse des Hydrats M_H an. Der Index 1 und 2 kennzeichnet jeweils den Zustand am Ein- bzw. Ausgang des Kristallisators. Gl. (127) vereinfacht sich für die Sonderfälle der reinen Kühlungskristallisation ($\Delta\dot{L} = 0$) und der reinen Verdampfungskristallisation ($Y_1 = Y_2$ bei der Verdampfungstemperatur). Die maximale Kristallisatmasse wird dann erzeugt, wenn die Mutterlauge mit der Gleichgewichtsbeladung $Y_2 = Y^*$ den Kristallisator verläßt. Die zu- oder abzuführende Wärmemenge $\dot{Q}$ ergibt sich aus einer Wärmebilanz um den Kristallisator.

Zusätzlich zu den Stoff- und Energieerhaltungssätzen muß zur Auslegung von Kristallisatoren der Erhaltungssatz der Kristallzahl berücksichtigt werden, da als Produkt meist ein Kristallisat einer bestimmten mittleren Korngröße bei enger Korngrößenverteilung gewünscht wird. Die dafür erforderliche Verweilzeit und der dazu notwendige Kristallinhalt des Kristallisators können bei Kenntnis der Keimbildungs- und Kristallwachstumskinetik und der Übersättigungsrate berechnet werden. *Nyvlt* [133] gibt für Kristallisatoren mit idealer Vermischung sowie mit klassierender Produktentnahme Berechnungsgleichungen an.

4.1.2 Kristallisationsverfahren

4.1.2.1 Anwendungen der Kristallisation

Die Kristallisation wird in der chemischen Technik in breitem Maße als Trennverfahren eingesetzt, und zwar nicht nur zur Gemischtrennung, sondern besonders auch zur Stoffreinigung. Ihre Anwendung erstreckt sich sowohl auf Spezialprodukte mit hohen Reinheitsanforderungen, wie Pharmaka und Feinchemikalien, als auch auf anorganische und petrochemische Großprodukte. So wird p-Xylol großtechnisch von seinen Isomeren durch Kristallisation aus der Schmelze getrennt. Auch zur Zerlegung anderer durch Destillation nicht oder schwer trennbarer Gemische, wie Azeotrope oder Isomere (z.B. aus aromatischen Zwischenprodukten), wird die Kristallisation herangezogen. Das Kristallisieren aus Lösungen, also aus Mischungen mit leicht siedenden Flüssigkeiten, wird häufig als Reinigungsverfahren benutzt, u.a. bei der Gewinnung anorganischer Salze (z.B. Düngemittel) mit Wasser als Lösemittel. Eine Methode zur Feinreinigung von Substanzen ist das *Umkristallisieren* mit einem Lösemittel (Auflösen und anschließendes Auskristallisieren).

Jede Stofftrennung durch Kristallisation ist gleichzeitig eine Formgebung. Über die Keimbildung und das Kristallwachstum hängen Modifikation sowie Korngröße und Form des Kristallits von der Kristallisationsmethode und den Arbeitsbedingungen ab und lassen sich in bestimmten Grenzen gezielt beeinflussen. Dies spielt u.a. bei der Kristallisation von Pigmentfarbstoffen eine wichtige Rolle, da Kristallmodifikation und Korngrößenverteilung für die Farbeigenschaften eines Pigments entscheidend sind. Beispiele dafür sind die Kupplungsreaktionen zwischen Diazoniumsalz und Kupplungskomponente bei der Herstellung von Azopigmenten und die Ausfällung von Bariumsulfat aus wäßriger $BaCl_2$-Lösung mit verdünnter Schwefelsäure oder Natriumsulfat. Beide Verfahren sind auch Beispiele für die Kombination von Kristallisation und chemischer Reaktion. Man benutzt diese Methode zur technischen Herstellung einer ganzen

Reihe von Stoffen; sie ist vor allem dann von Vorteil, wenn dabei Produkte erhalten werden, die nach der Abtrennung der Mutterlauge keiner besonderen Reinigung mehr bedürfen, wie es z. B. bei der Erzeugung von Ammoniumsulfat aus Ammoniak oder NH_3-haltigen Kokereigasen und Schwefelsäure der Fall ist. Bemerkenswert an diesem Verfahren ist auch, daß die Reaktion als chemische Absorption abläuft und die Reaktionswärme durch Verdampfung des Lösemittels Wasser abgeführt wird.

Neben den bisher behandelten Anwendungen als Trennverfahren (entweder zur Stofftrennung oder gekoppelt mit einer chemischen Reaktion) wird die Kristallisation auch als Verarbeitungsverfahren zum Zwecke der Formgebung benutzt. Man schmilzt dazu den betreffenden Feststoff auf und läßt ihn unter bestimmten Bedingungen vollständig erstarren. Beispiele dafür sind das Versprühen von Schmelzen in Sprühtürmen nach dem Prinzip der Zerstäubungstrocknung (vgl. Bild 67), wobei das Produkt als kugelförmiges Granulat erhalten wird, das Kristallisieren auf Kühlwalzen (Prinzip des Walzentrockners in Bild 68, jedoch mit Kühlung anstelle der Heizung) und das Erstarrenlassen von Metallen.

4.1.2.2 Kristallisiermethoden

Die Verfahrensweisen, die für Kristallisationen aus flüssiger Phase verwendet werden, unterteilt man zweckmäßigerweise hinsichtlich der Methode, mit der die Übersättigung herbeigeführt wird, sowie ferner danach, ob die Flüssigkeit, aus der kristallisiert wird, eine Schmelze oder eine Lösung ist (vgl. Tab. 13).

Tab. 13. Kristallisiermethoden

Übersättigung durch	Kristallisiermethode	Anwendung
Kühlung	Kühlungskristallisation	Schmelzen und Lösungen
Konzentrationsänderung a) durch teilweise Verdampfung des Lösemittels	Verdampfungskristallisation	Lösungen
b) durch Zugabe einer dritten Komponente	Aussalzen, Ausfällen (einschließlich Reaktionskristallisation)	Lösungen
gleichzeitige Kühlung und Konzentrationsänderung durch adiabatische Verdampfung von Lösemittel im Vakuum	Vakuumkristallisation	Lösungen

Von den verschiedenen Übersättigungsmethoden ist nur das Kühlen sowohl für Schmelzen als auch für Lösungen anwendbar. In den meisten Fällen kann sowohl chargenweise als auch kontinuierlich gearbeitet werden.

Eine besondere Variante der Kristallisation durch Kühlung ist das *Zonenschmelzen* [138, 139]. Dabei wird das vorgereinigte, feste Ausgangsmaterial in Form eines Stabes von einem Ende her im Bereich einer engen Zone aufgeschmolzen. Diese Schmelzzone läßt man langsam an das andere Ende des Stabes wandern. Die Verunreinigungen reichern sich überwiegend in der Schmelze und damit am Ende des Stabes an (evtl. Ausnahmen bei Mischkristallbildung). Das Durchlaufen der Schmelzzone wird meist mehrere Male wiederholt; auf diese Weise lassen sich extrem hohe Reinheiten erzielen. Man verwendet das Zonenschmelzen zur Hochreinigung kleiner Stoffmengen, vor allem von Metallen und Halbleitermaterialien (z. B. Germanium bis auf 10^{-10} Teile Verunreinigungen); der Durchführung in größerem Maßstab steht entgegen, daß die Schmelzzone möglichst gleichmäßig über den Querschnitt durchgeschmolzen sein muß.

Die Verdampfung von Lösemitteln aus Lösungen kann auf zweierlei Weise zur Übersättigung führen: einmal kann man durch Verdampfen bei konstantem Druck soviel Lösemittel entfernen, daß die Sättigungskonzentration überschritten wird, zum anderen kann man durch adiabatische

Entspannung ins Vakuum Lösemittel verdampfen, wodurch die Temperatur der Lösung erniedrigt und gleichzeitig ihre Zusammensetzung geändert wird (Tab. 13). Die erste dieser Methoden bezeichnet man als Verdampfungskristallisation, die zweite als Vakuumkristallisation; diese hat den Vorteil, daß keine Kühlflächen benötigt werden, die in Kristallisierapparaten besonders leicht verkrusten. Die Übersättigung durch Zugabe einer dritten Komponente kann ein rein physikalischer Effekt sein oder über eine chemische Umsetzung laufen. Im ersten Fall spricht man von Aussalzen. Es wird vor allem zur Abscheidung organischer Stoffe aus wäßrigen Lösungen durch Zugabe eines billigen Salzes, in erster Linie NaCl, benutzt; auf diese Weise werden z. B. manche Farbstoffe auskristallisiert und abgetrennt. Das Herbeiführen von Übersättigungen durch chemische Reaktionen wird ebenfalls zur Abtrennung gelöster Stoffe verwendet; man bezeichnet diesen Vorgang als Ausfällen. Dabei wird der ausfallende Stoff genau genommen erst durch die Zugabe der Zusatzkomponente gebildet, so daß man hier teilweise von Reaktionskristallisation spricht. Die Übersättigungen können bei Fällungen besonders rasch erfolgen und außerordentlich hoch sein, da die chemischen Umsetzungen in der Regel Ionenreaktionen (in wäßriger Phase) sind. Die Erzeugung grobkörniger Kristallisate ist daher hier besonders schwierig.

4.1.3 Kristallisatoren

Für die technische Kristallisation werden sehr verschiedenartige Apparate benutzt. Die Gründe dafür sind vor allem in der großen Mannigfaltigkeit der Anfangs- und Endprodukte und ihrer Eigenschaften zu suchen sowie darin, daß Kristallisationen in der Technik nicht nur als Stofftrennungen, sondern auch für andere Zwecke, nämlich chemische Umsetzungen und Formgebung, durchgeführt werden.

Die Einteilung von Kristallisatoren kann nach verschiedenen Prinzipien erfolgen, z.B. aufgrund der Kristallisiermethode oder apparativer Besonderheiten oder danach, ob aus Lösungen oder aus Schmelzen kristallisiert wird. So unterscheidet man zwischen Kühlungs-, Vakuum-, und Verdampfungskristallisatoren oder zwischen Lösungs- und Schmelzkristallisatoren. Ein recht einfacher, jedoch auch heute noch häufig benutzter Typ ist der *Rührkristallisator*, für den es mehrere Ausführungsformen gibt. Eine davon ist der Rührkessel, der vor allem als Kühlungskristallisator eingesetzt wird. Die Kühlung erfolgt durch den Gefäßmantel oder mittels Kühlschlangen. Damit solche Kühlflächen in Kristallisatoren möglichst wenig durch Kristallablagerungen verkrusten, sollen sie glatte, evtl. polierte Oberflächen besitzen. Wenn die Kristallschicht bis zu einer bestimmten Dicke aufgewachsen ist, muß sie abgeschmolzen oder aufgelöst werden, damit der Kristallisationsprozeß durch die Verschlechterung des Wärmeübergangs nicht zu sehr verlangsamt wird. Das Rühren in Kristallisatoren soll mehrere Funktionen erfüllen:
- Temperatur- und Konzentrationsausgleich infolge der Durchmischung,
- Aufwirbelung der Kristalle, die dadurch gleichmäßiger wachsen,
- Verbesserung des Wärmeübergangs (in Kühlungs- und Verdampfungskristallisatoren), wodurch die Kristallisiergeschwindigkeit erhöht wird.

Das Prinzip des Rührkristallisators wird auch für die Vakuumkristallisation benutzt. Hier dient das Rühren vor allem dazu, die tieferliegenden Flüssigkeitsschichten an die Oberfläche zu bringen, wo die Verdampfung stattfindet, um so das Auftreten von Siedeverzügen zu verhindern. Bild 59 zeigt einen *Vakuumkristallisator* mit Rührer, in dem durch Einbau eines Leitrohres eine gleichmäßige Durchmischung erreicht wird. Mit einer solchen Anordnung kann man durch Veränderung der Rührerdrehzahl die umgewälzte Menge beeinflussen und so über die Temperatursenkung an der siedenden Flüssigkeitsoberfläche die Übersättigung im Kristallisator steuern. Der in Bild 59 dargestellte Vakuumkristallisator kann kontinuierlich oder chargenweise betrieben werden.

Die Durchmischung und Umwälzung der Kristallsuspension im Kristallisierapparat kann auch mittels eines äußeren Umlaufs erfolgen. Bild 60 zeigt ein Beispiel für einen solchen *Umlaufkristallisator;* es handelt sich dabei um einen Verdampfungskristallisator spezieller Bauart. Wie

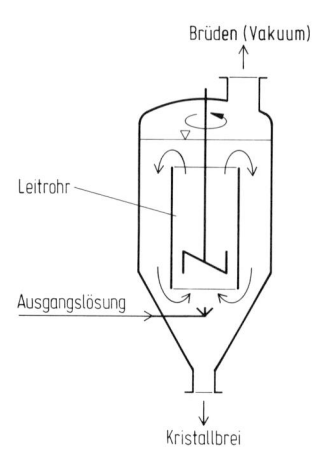

Bild 59. Vakuumkristallisator

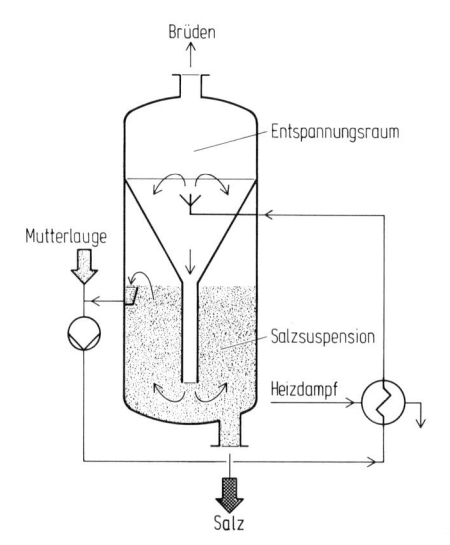

Bild 60. Klassierender Verdampfungskristallisator (Oslo-Kristaller)

hier ist für die meisten Umlaufkristallisatoren charakteristisch, daß die Übersättigung der Lösung im äußeren Umlauf stattfindet. Dazu wird die Flüssigkeit durch einen Wärmeaustauscher gepumpt. Sie gelangt in überhitztem Zustand in den Entspannungsraum, wo ein Teil des Lösemittels verdampft. Die Strömungsgeschwindigkeit der Lösung durch den Behälter wird so bemessen, daß Kristalle, welche die geforderte Korngröße erreicht haben, nach unten sinken und als Produkt abgezogen werden können, während die kleineren Kristalle durch die Flüssigkeitsströmung in der Schwebe gehalten werden und dabei weiter wachsen. In dem Kristallisierbehälter befindet sich demnach ein Fließbett mit Klassierwirkung; man bezeichnet diese Art von Kristallisatoren daher als klassierende Kristallisatoren. Dieses Verfahrensprinzip ermöglicht die Erzeugung von sehr grobkörnigen Kristallisaten mit enger Korngrößenverteilung. Entsprechende Apparate sind als *Oslo*-Kristaller bekannt; mit kleinen Änderungen werden sie auch für die Kühlungskristallisation und für die Vakuumkristallisation angewendet.

Als Verdampfungskristallisatoren werden auch verschiedene einfachere Eindampfapparate wie der *Robert*-Verdampfer (Bild 11), z.T. in etwas abgewandelter Bauweise, eingesetzt. Ebenfalls zur Verdampfungskristallisation zu rechnen ist die vollständige Verdampfung des Lösemittels bei gleichzeitigem Auskristallisieren der gelösten Komponente im Sprühturm (Bild 67); ein Bei-

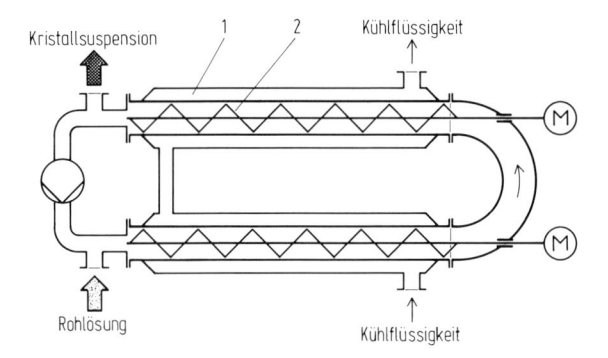

Bild 61. Kratzkühler mit Zwangsumlauf
1 Wärmeaustauschrohr
2 Kratzblätter

spiel dafür ist die Herstellung von Kalkammonsalpeter als Granulat durch Versprühen der wäßrigen Lösung.

Eine andere apparative Möglichkeit zur Wärmeabführung bei der Kristallisation stellt der sog. *Kratzkühler* dar (vgl. Bild 61). In ihm wird durch eine Wischervorrichtung (z. B. Kratzblätter, die mit Federn an die Innenwand des Kühlerrohrs angepreßt werden) die Kühlfläche von Kristallablagerungen freigehalten und damit für einen guten Wärmeübergang gesorgt. Bei der in Bild 61 gezeigten Kreislaufanordnung lassen sich über die Umwälzmenge sowie über Temperatur und Massenstrom des Kühlmediums definierte Kristallisationsbedingungen einstellen. Kratzkühler werden in der Regel für kleinere Durchsatzleistungen eingesetzt, und zwar zum Kristallisieren sowohl aus Schmelzen als auch aus Lösungen, u. a. zum Aufkonzentrieren wäßriger Lösungen (z. B. Pflanzen-, Kaffee- und Tee-Extrakte sowie Obst- und Gemüsesäfte) durch Ausfrieren von Wasser.

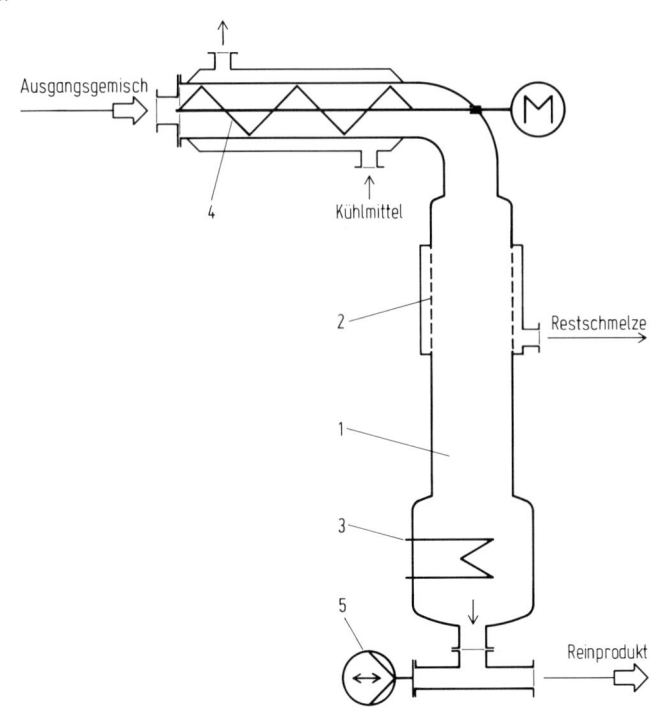

Bild 62. Kristallisierkolonne mit Rücklauf
1 Kolonne, 2 Filter, 3 Aufschmelzer, 4 Kratzkühler, 5 Pulsieraggregat

Die Verwendung des Gegenstromprinzips in der Kristallisation zwecks Verbesserung der Trennwirkung wurde 1950 von *J. Schmidt* vorgeschlagen [140]. Die von ihm erfundene Kristallisierkolonne wurde von der *Phillips Petroleum Co.* für den großtechnischen Einsatz zur Abtrennung und Reinigung von p-Xylol weiterentwickelt [141] (vgl. Bild 62). In die Kolonne wird unter Druck Kristallbrei gefördert, der im Kratzkühler aus dem Ausgangsgemisch erzeugt wurde. Die flüssige Phase wird zum größten Teil durch das Filter *2* aus der Kolonne gepreßt, während das Kristallbett nach unten wandert, wo es aufgeschmolzen wird. Ein Teil (> 50%) dieser Schmelze wird als Reinprodukt entnommen, der Rest strömt als Rücklauf dem Kristallbett entgegen nach oben. Die Reinigungswirkung dieses Rücklaufs besteht in seinem teilweisen Wiedererstarren (Rückfrieren) und dem Verdrängen der in die flüssige Phase übertretenden Verunreinigung. Durch Pulsation der flüssigen Phase mittels einer Pulsierpumpe wird der Stoffaustausch intensiviert.

Eine Schwierigkeit beim Betrieb von Gegenstromkristallisierkolonnen bilden die großen mechanischen Belastungen der Förderorgane, die mit der Apparategröße stark zunehmen. Das ist vermutlich der Grund dafür, daß von den verschiedenen Bauarten für Kristallisierkolonnen keine eine breitere Anwendung gefunden hat.

4.2 Trocknung

Unter Trocknung versteht man die thermische Abtrennung von Flüssigkeit (Feuchtigkeit) aus Feststoffen [6, 7, 72, 119, 122, 142–146]. Die Methoden zur Entfernung von Flüssigkeit aus Feststoffen durch mechanische Energie, wie Filtrieren, Zentrifugieren und Auspressen, gehören zur mechanischen Verfahrenstechnik und werden dort unter dem Begriff mechanische Flüssigkeitsabtrennung zusammengefaßt. Bei der Trocknung wird die dem Feststoff anhaftende oder an ihn gebundene Feuchtigkeit durch thermische Energie in die Gasphase überführt und zum Teil anschließend wieder kondensiert. Der Übergang der Feuchtigkeit in die Gasphase stellt dabei nur einen Teilschritt innerhalb des Trocknungsvorgangs dar; auch andere Schritte, nämlich der Stofftransport im Feststoff sowie der Wärmetransport, können dabei geschwindigkeitsbestimmend sein.

Eine Trocknung wird beispielsweise dann erforderlich, wenn ein aus einer Lösung auskristallisierter oder ausgefällter Feststoff isoliert werden soll. Die Methoden der mechanischen Flüssigkeitsabtrennung reichen in der Regel nicht aus, um aus einem solchen Feststoff die Feuchtigkeit, also Wasser oder ein organisches Lösemittel, vollständig zu entfernen. Die letzte Stufe der Feststoffentfeuchtung ist dann die thermische Trocknung. Beispiele für die technische Anwendung dieser Grundoperation sind die Endtrocknung von Pigmentfarbstoffen, Waschmitteln, Polymerisaten und zahlreichen Pharmaka, die Trocknung der verschiedensten Rohstoffe, z. B. von Holz, Erzen, Sand, Kalk, sowie die vielen Trocknungsprozesse bei der Lebensmittelverarbeitung (u. a. bei Milchprodukten, Getreide, Mehl und zur Herstellung von Pulverkonzentraten für Getränke wie Kaffee, Milch und Fruchtsäfte).

4.2.1 Trocknungsverlauf

Der zeitliche Ablauf des Trocknungsvorgangs ist maßgebend für Auswahl und Dimensionierung des Trocknungsapparates. Allgemein beobachtet man, daß die Trocknungsgeschwindigkeit, d. h. die Geschwindigkeit, mit der die Feuchtigkeit vom Feststoff abgegeben wird, am Anfang des Prozesses größer ist als am Ende, wenn der Feststoff nur noch einen geringen Feuchtigkeitsgehalt aufweist. Für ein bestimmtes Trockengut hängt der Trocknungsverlauf sowohl von der Art des Feststoffs als auch vom Trocknungsverfahren und von der Prozeßführung ab.

Den Feuchtigkeitsgehalt des Trockenguts, die sog. *Gutfeuchte*, gibt man im allgemeinen als Beladung X_S (in kg Feuchtigkeit/kg trockener Feststoff) an. Die Auftragung der Gutfeuchte gegen die Zeit ergibt den Trocknungsverlauf (Bild 63a). Er läßt sich auch durch die zeitliche Änderung der Gutfeuchte, der sog. *Trocknungsgeschwindigkeit* ($-dX_S/dt$), in Abhängigkeit von der Zeit (Bild 63b) oder von der Gutfeuchte (Bild 63c) darstellen. Da der Verlauf einer Trocknung

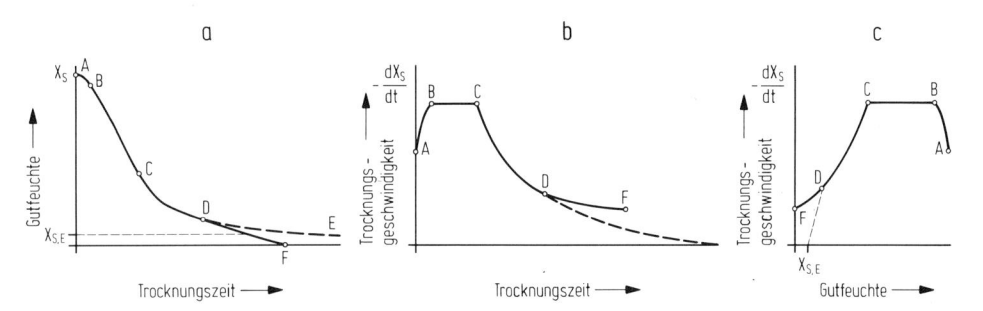

Bild 63. Möglichkeiten zur Darstellung des Trocknungsverlaufs (s. Text) bei nichthygroskopischem (—) bzw. hygroskopischem Trockengut (---)

wesentlich von den dabei herrschenden Bedingungen, wie Temperatur, Druck, Art und Menge des Trocknungsmittels, bestimmt wird, muß man diese Größen bei der experimentellen Ermittlung von Trocknungsverlaufskurven vorgeben, und zwar am besten so, daß man diese Bestimmungen so weit wie möglich bei konstanten Bedingungen durchführt. Solche Messungen dienen zur Beurteilung des Trocknungsverhaltens und zur Bestimmung der Trockenzeit; sie liefern damit die Ausgangsbasis für die Auslegung technischer Trockner. Dabei paßt man Versuchsanordnung und Bedingungen möglichst der technischen Apparatur an. Die Messung erfolgt an einer nicht zu kleinen Probe, die man z.B. einem Luftstrom konstanter Temperatur und Feuchte aussetzt; der Verlauf der Trocknung wird gravimetrisch verfolgt.

Wie eine so gewonnene Trocknungsverlaufskurve im einzelnen aussieht, hängt vor allem davon ab, in welcher Form die Feuchtigkeit im Trockengut enthalten ist. Man kann dabei zwischen *gebundener* und *nicht gebundener Feuchtigkeit* unterscheiden. Fast jeder Feststoff enthält nach der Entfernung der sog. *Abtropfflüssigkeit* (durch Abtropfen) und nach eventuellem Auspressen noch Flüssigkeitsanteile, die teils an der Oberfläche des Feststoffs haften, teils sich in Kapillaren und Hohlräumen befinden. Erstere bezeichnet man als *Haftflüssigkeit*, letztere als *Kapillarflüssigkeit*. Diese nicht gebundenen Flüssigkeitsanteile im Feststoff haben den gleichen Dampfdruck wie eine Flüssigkeit in reiner Form, wenn man von der in sehr engen Kapillaren (Durchmesser < 0,1 µm) enthaltenen Flüssigkeit absieht, deren Dampfdruck durch Kapillareffekte erniedrigt ist. Dieser Effekt, den man auch als *Kapillarkondensation* bezeichnet, ist schon der Beginn der Adsorption; daher rechnet man die in sehr engen Kapillaren enthaltene Flüssigkeit zur gebundenen Flüssigkeit. Dazu gehören weiterhin die durch Adsorption an der Oberfläche festgehaltene Flüssigkeit, die sogenannte *Quellflüssigkeit* in quellbaren Stoffen (Gele) und die chemisch gebundene Flüssigkeit (z. B. Kristallwasser). Im letzteren Fall ist die Trocknung im Prinzip eine chemische Reaktion; ihr geht häufig eine rein thermische Trocknung voraus, wenn möglich in ein und derselben Apparatur.

Ein besonderes Trocknungsverhalten weisen *hygroskopische* Trockengüter auf. Hygroskopie ist dadurch definiert, daß die im Trockengut enthaltene Feuchtigkeit einen niedrigeren Dampfdruck als die reine Flüssigkeit besitzt. Dies ist in der Regel bei gebundener Feuchtigkeit der Fall, also bei adsorptiv oder chemisch gebundener Flüssigkeit oder bei Quellflüssigkeit. Noch häufiger aber ist Hygroskopie darauf zurückzuführen, daß das Trockengut in der Flüssigkeit löslich ist. Die Feuchtigkeit liegt dann in Form einer Lösung des Feststoffs in der Flüssigkeit vor, deren Dampfdruck gegenüber der reinen Flüssigkeit erniedrigt ist. Generell ist bei hygroskopischen Gütern der Dampfdruck der Gutflüssigkeit eine Funktion des Feuchtigkeitsgehalts. Wenn im Verlauf einer Trocknung dieser Gleichgewichtsdampfdruck des Trockenguts mit der Abnahme der Gutfeuchte auf den gleichen Wert wie der Partialdruck im umgebenden Gasraum abgefallen ist, kann keine Feuchtigkeit mehr in die Gasphase übergehen. Das bedeutet, daß bei der Trocknung hygroskopischer Güter eine bestimmte Restfeuchte $X_{S,E}$ nicht unterschritten werden kann; sie ist über das Phasengleichgewicht durch den Feuchtigkeitsgehalt und die Temperatur des Trockengases festgelegt.

Der Unterschied im Trocknungsverhalten zwischen einem hygroskopischen und einem nichthygroskopischen Trockengut geht auch aus Bild 63 hervor. Es zeigt den Verlauf einer Trocknung bei Verdunstung der Flüssigkeit in eine Gasphase mit konstanter Feuchte. Nach einer kurzen Anlaufphase (von A bis B), in der das Trockengut die Arbeitstemperatur erreicht, bleibt die Trocknungsgeschwindigkeit zunächst konstant. In diesem ersten Trocknungsabschnitt (von B bis C) verdunstet die Flüssigkeit, im wesentlichen

Haftflüssigkeit, von der gesamten Gutoberfläche, die von einer zusammenhängenden Flüssigkeitsschicht bedeckt ist. Nach einer bestimmten Zeit (Punkt C in Bild 63) sind einige Teile der Gutoberfläche ausgetrocknet; an diesen Stellen muß die Flüssigkeit aus dem Gutinnern an die Oberfläche diffundieren, damit sie verdunsten kann. Dadurch wird der Stofftransport, d. h. die Trocknungsgeschwindigkeit, verlangsamt. Insgesamt wird die abgehende Feuchtigkeitsmenge zunächst noch durch die wesentlich schneller ablaufende Verdunstung an den feuchten Teilen der Gutoberfläche bestimmt; da jedoch ein immer größerer Teil der Oberfläche trocken wird, nimmt die Trocknungsgeschwindigkeit in diesem zweiten Trocknungsabschnitt laufend ab. Der Beginn des zweiten Trocknungsabschnitts ist durch einen Knickpunkt (C) in der Kurve für die Trocknungsgeschwindigkeit gekennzeichnet. Für die Ermittlung dieses Knickpunktes trägt man meistens die Trocknungsgeschwindigkeit gegen die Gutfeuchte auf (Bild 63c). Bei nichthygroskopischen Gütern endet der zweite Trocknungsabschnitt mit der vollständigen Trocknung des Trockenguts, also bei der Gutfeuchte $X_S = 0$ (Punkt F in Bild 63); dabei wird im zweiten Teil dieses Trocknungsabschnitts die Trocknungsgeschwindigkeit meist allein durch die Diffusion der noch im Innern der Feststoffpartikel enthaltenen Feuchtigkeit an die Oberfläche bestimmt.

Bei hygroskopischen Stoffen ist eine vollständige Trocknung nur möglich, wenn die umgebende Gasphase keine Feuchtigkeit enthält. Das ist aber in der Regel, wie bei der Trocknung wasserfeuchter Stoffe mit Luft als Trockengas, nicht der Fall; die minimale Restfeuchte $X_{S,E}$ wird nur asymptotisch erreicht. Bei der Darstellung in Bild 63 wurde angenommen, daß sich das hygroskopische Verhalten erst im zweiten Trocknungsabschnitt bemerkbar macht. Die Dampfdruckerniedrigung der Gutflüssigkeit bewirkt hier einen zusätzlichen Abfall in der Trocknungsgeschwindigkeit mit einem entsprechenden Knickpunkt (Punkt D in Bild 63). Häufig ist der feuchte Stoff von vornherein hygroskopisch; die Trocknung verläuft dann von Anfang an mit fallender Trocknungsgeschwindigkeit, ohne daß Knickpunkte auftreten und einzelne Trocknungsabschnitte abgegrenzt werden können.

Neben den Stofftransportvorgängen läuft bei einer Trocknung immer auch ein Wärmetransport ab, da durch die Verdunstung oder Verdampfung der Feuchtigkeit an der Gutoberfläche Wärme verbraucht wird. Diese Wärme kann entweder durch das Trockengas oder durch direkte Beheizung des Trockenguts nachgeliefert werden. Die erste Methode wird als *Konvektionstrocknung*, die zweite als *Kontakttrocknung* bezeichnet. In jedem Fall ist die Temperatur dort, wo die Feuchtigkeit in die Gasphase übergeht, also meistens an der Gutoberfläche, am niedrigsten. Für den ersten Trocknungsabschnitt, in dem an der gesamten Gutoberfläche im wesentlichen eine reine Oberflächenverdunstung der Haft- und Grobkapillarflüssigkeit abläuft, läßt sich der gekoppelte Stoff- und Wärmetransport in vielen Fällen, vor allem bei wasserfeuchten Stoffen, mit Hilfe von empirisch ermittelten Kennzahlbeziehungen berechnen. Hierbei kann die Analogie zwischen Wärme- und Stofftransport sogar dazu benutzt werden, Stoffübergangskoeffizienten aus Wärmeübergangskoeffizienten zu berechnen, da bei der Oberflächenverdunstung eine weitgehende Ähnlichkeit zwischen Temperaturfeld und Konzentrationsfeld besteht [72].

Der zweite Trocknungsabschnitt sowie generell die Trocknung hygroskopischer Stoffe sind theoretisch schwieriger zu behandeln. Zwar ist hier meist der Stofftransport entscheidend. Es sind jedoch verschiedene Mechanismen beteiligt, wie Kapillar- und Oberflächendiffusion in den Poren und zwischen den Kristalliten neben reiner Flüssigkeitsdiffusion; ferner ändert sich mit abnehmendem Flüssigkeitsgehalt häufig der spezifische Diffusionswiderstand des Feststoffs; außerdem vergrößert sich der Diffusionsweg. Daher ist zur Auslegung von Trocknern (besonders für die Endtrocknung und für niedrige Restfeuchten) eine experimentelle Bestimmung des Trocknungsverlaufs erforderlich, und zwar unter Bedingungen, die denen im technischen Trockner möglichst angenähert sind. Bei hygroskopischen Gütern muß außerdem die Sorptionsisotherme, d. h. die Abhängigkeit des Gleichgewichtsdampfdrucks von der Gutfeuchte, bekannt sein.

4.2.2 Auslegung von Trocknern

Grundlage für die Dimensionierung und Optimierung von Trocknern ist die Ermittlung der Trocknungszeit und des Wärmebedarfs. Die dabei angewendete Vorgehensweise soll in ihren Grundzügen am Beispiel der Konvektionstrocknung als der in der Technik am häufigsten benutzten Trocknungsmethode erläutert werden.

4.2.2.1 Trocknungszeit bei der Konvektionstrocknung

Ausgangspunkt der Berechnung ist die experimentell bestimmte Trocknungsverlaufskurve. Für den ersten Trocknungsabschnitt ist die Berechnung relativ einfach, da hier die Transportvorgänge im Innern des Trockenguts noch keine Rolle spielen. Die pro Zeiteinheit verdunstete Feuchtigkeitsmasse $\dot{m}_I$ ist konstant; sie ergibt sich aus einer Wärmebilanz zu

$$\dot{m}_I = \frac{\alpha A}{H_V} (T_G - T_O) \tag{128}$$

mit α als Wärmeübergangskoeffizient, A als Oberfläche des Trockenguts, H_V als spezifischer Verdampfungsenthalpie, T_G als Temperatur des Trockengases und T_O als Oberflächentemperatur des Trockenguts. α-Werte für die häufigsten geometrischen Formen von Trockengütern können aus Diagrammen ermittelt werden [72]. Zur Berechnung der Oberflächentemperatur T_O benutzt man den Zusammenhang zwischen Wärmestrom $\dot{Q}_I$ und Massenstrom $\dot{m}_I$:

$$\dot{Q}_I = \dot{m}_I H_V \tag{129}$$

Für $\dot{m}_I$ gilt außerdem die Stofftransportgleichung:

$$\dot{m}_I = \frac{\beta M}{R T_G} A (p^* - p_G) \tag{130}$$

mit β als Stoffübergangskoeffizient, M als Molmasse der Flüssigkeit, p^* als Sättigungsdampfdruck und p_G als Partialdruck im Trockengas. β läßt sich anhand der Analogie von Wärme- und Stofftransport ermitteln, die zu folgender Gleichung führt:

$$\frac{\alpha}{\beta} = \varrho c_P \left(\frac{a}{D}\right)^{2/3} \tag{131}$$

mit der Dichte ϱ, der spezifischen Wärmekapazität c_p und der Temperaturleitfähigkeit a des Trockengases sowie dem Diffusionskoeffizienten D.
Im zweiten Trocknungsabschnitt ist neben der Verdunstung der Stoff- und Wärmetransport durch die schon getrocknete Schicht des Guts zu berücksichtigen. Die in der Zeiteinheit verdunstete Feuchtigkeitsmasse $\dot{m}_{II}$ errechnet sich dann aus folgender Gleichung:

$$\dot{m}_{II} = \frac{M}{R T_G} \frac{A (p - p_G^*)}{(1/\beta + \delta/D_{eff})} \tag{132}$$

mit δ als Dicke der ausgetrockneten Schicht und D_{eff} als effektivem Diffusionskoeffizient (Zahlenwerte s. z. B. [8 (Bd. 2), 72].
Aus der Trocknungsgeschwindigkeit ermittelt man die Trocknungszeit, wobei im Fall einer zeitlich veränderlichen Trocknungsgeschwindigkeit über deren Reziprokwert integriert werden muß (s. z. B. [72]).

4.2.2.2 Wärmebedarf bei der Konvektionstrocknung

Eine weitere wichtige Vorbedingung für die Dimensionierung und Optimierung von Trocknungsanlagen ist die Ermittlung des Bedarfs an Wärme und an Trockenmittel. Die dafür notwendigen Bilanzierungsrechnungen werden im Falle der Konvektionstrocknung durch Benutzung von Enthalpie-Feuchte-Diagrammen (auch als H-X-Diagramm nach *Mollier* bekannt) erheblich erleichtert.

Bild 64 zeigt ein solches Diagramm für feuchte (wasserdampfhaltige) Luft; auch für andere Gase oder Gasmischungen (z. B. Rauchgase) lassen sich H-X-Diagramme aufstellen. Darin wird die spezifische Enthalpie des Gases, und zwar bezogen auf trockenes Gas, gegen die Beladung X aufgetragen. Um das für praktische Anwendungen interessante Gebiet zu spreizen, verwendet man eine schiefwinklige Darstellung, die Kurven für verschiedene relative Feuchten mit der Temperatur als weiterem Parameter enthält. Die Kurve für wasserdampfgesättigte Luft (relative Feuchte $\varphi = 1$) grenzt die Bereiche des Flüssigkeits- und Eisnebels gegen das Zustandsgebiet der homogenen feuchten Luft nach oben ab: nur oberhalb der Sättigungslinie kann getrocknet werden.

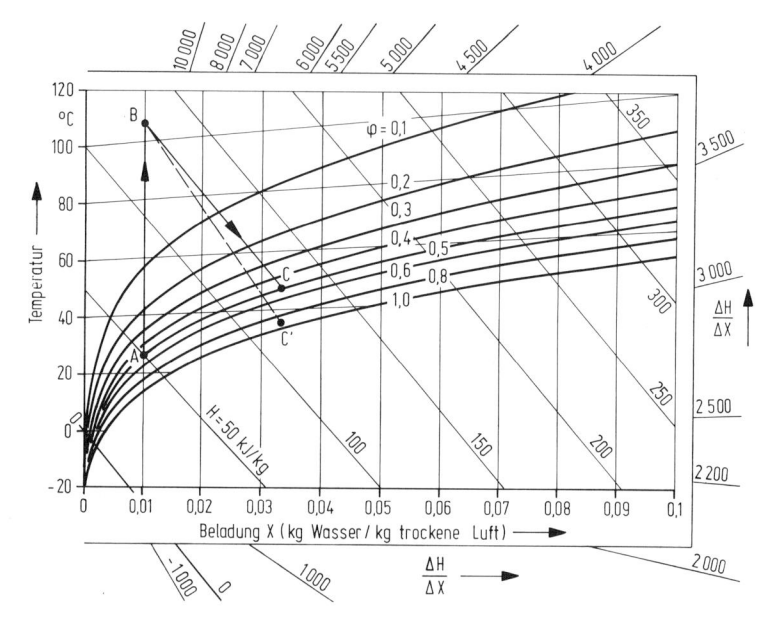

Bild 64. H-X-Diagramm für feuchte Luft bei Temperaturen von -20 bis $120°$ C und einem Druck von 1,0 bar. H: Enthalpie in kJ/kg trockene Luft, φ: relative Feuchte

In Bild 64 sind die Zustandspunkte für eine einstufige Trocknung bei einmaligem Durchgang der Trockenluft eingetragen. Die Punkte A und B bezeichnen den Zustand der Frischluft vor und nach dem Aufheizer, Punkt C den Zustand der Luft bei Verlassen des Trockners, wenn die Wärmeverluste vernachlässigt werden. Bei Berücksichtigung der Wärmeverluste und des Wärmebedarfs zur Erwärmung des Trockenguts ergibt sich für die Zustandsänderung der Trockenluft eine steilere Linie als die Isenthalpe; der Endzustand wird bei C' erreicht.

Der Bedarf an Trockengas m_G kann aus der Massenbilanz für die dem Gut entzogene Feuchte m und der aus dem H-X-Diagramm abzulesenden Änderung der Feuchtebeladung des Trockengases $(X_C - X_A)$ berechnet werden:

$$m_G = \frac{m}{X_C - X_A} \tag{133}$$

Die zur Erwärmung der Luft (vom Zustandspunkt A nach B in Bild 64) benötigte Wärmemenge Q ergibt sich aus dem H-X-Diagramm zu

$$Q = m_G(H_B - H_A) \tag{134}$$

4.2.3 Bauarten von Trocknern

Entsprechend der großen Verschiedenartigkeit des Trocknungsverhaltens von Feststoffen und der unterschiedlichen Aufgabenstellungen bei technischen Trocknungsprozessen gibt es eine Vielzahl von Trocknertypen [8, 88, 143]. Sie lassen sich nach verschiedenen Prinzipien in Gruppen einordnen, z.B. in kontinuierliche und diskontinuierliche Trockner oder nach der Stoffführung in Gleichstrom-, Gegenstrom-, Kreuzstrom-, Stufen- und Umlauftrockner. Hier soll die Unterteilung nach der Art der Wärmezufuhr vorgenommen werden. Danach gibt es Konvektionstrockner (Wärmezufuhr durch das Trockengas) und Kontakttrockner (Wärmezufuhr durch direkte Beheizung), ferner Strahlungstrockner (Wärmezufuhr durch die Strahlung eines beheizten Mantels oder durch Infrarotstrahler) und dielektrische Trockner (Wärmezufuhr durch elektrische Hochfrequenzheizung). Eine spezielle Trocknungsmethode ist die Gefrier- oder Sublimationstrocknung, bei der die Feuchtigkeit dem gefrorenen Trockengut durch Absublimieren unter stark vermindertem Druck (< 1 mbar) entzogen wird.

4.2.3.1 Konvektionstrockner

Die meisten technischen Trockner sind Konvektionstrockner. Ein einfacher Typ, der vor allem zur Trocknung kleiner Mengen eingesetzt wird, ist der *Kammertrockner*. Das Gut liegt in Horden auf gelochten Blechen oder Drahtgeflechten; die Horden sind auf fahrbaren Gestellen übereinander angeordnet, die vor Beginn der Trocknung in die Kammer eingefahren werden. Zur Erzielung einer hohen Luftgeschwindigkeit am Trockengut wird die Luft kräftig umgewälzt (Umlufttrockner) und nur ein Teilstrom abgeführt. Nach dem gleichen Prinzip, jedoch in kontinuierlichem Betrieb, arbeiten die *Kanal- oder Tunneltrockner*, bei denen die Wagen mit den Horden schrittweise oder stetig durch einen von Trockenluft durchströmten Kanal bewegt werden.

Ein anderer, häufig für größere Mengen verwendeter, kontinuierlicher Trockner ist der *Bandtrockner* (Bild 65); er kann je nach besonderen Erfordernissen mit Umluft, Gleich-, Gegen- oder Kreuzstrom betrieben werden. Während beim Einbandtrockner das Gut nur einmal durch den Trockner läuft, fällt es beim Mehrbandtrockner nach einem Durchlauf auf das nächstuntere Band, auf dem es in entgegengesetzter Richtung weitergeführt wird. Durch das Herunterfallen von Band zu Band wird das Gut umgelagert; dadurch wird es gleichmäßiger belüftet, was zu einer Verkürzung der Trockenzeit führt. Auch in den *Etagentrocknern* liegt das Gut auf übereinander angeordneten Auflageflächen; durch Abstreifer oder Krählwerke wird es von Etage zu Etage nach unten befördert. Die Trockenluft streicht über das Gut hinweg. Trockner dieser Bauart eignen sich vor allem zur kontinuierlichen Trocknung rieselfähiger Stoffe. Das gilt auch für *Drehrohrtrockner (Trommeltrockner)*, die nach dem Prinzip des Drehrohrofens arbeiten. Dabei kann das Trockengas, häufig Verbrennungsgas aus Gas-, Öl- oder Kohlenstaubfeuerung, im Gleich- oder im Gegenstrom geführt werden, je nachdem, ob das Gut thermisch empfindlich ist

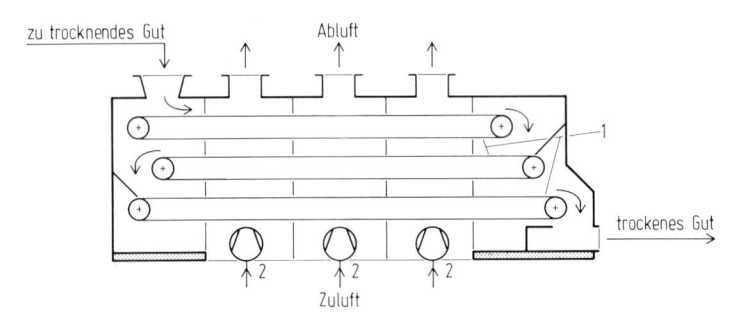

Bild 65. Schematische Darstellung eines Dreibandtrockners
1 Förderbänder, 2 Gebläse

oder nicht. Haupteinsatzgebiet des Drehrohrtrockners ist die Trocknung anorganischer Massengüter, z. B. von Mischdünger. Im Trommeltrockner bietet sich übrigens auch eine Möglichkeit zur gleichzeitigen Durchführung von Trocknung und Mahlung in einem Apparat, der *Mahltrocknung;* die Trommel ist dann als Rohrmühle gebaut, durch die man Heißluft leitet. Auf diese Weise werden u. a. Stein- und Braunkohle zerkleinert und getrocknet.

Eine noch intensivere Bewegung als in den Drehrohrtrocknern erfährt das Trockengut in den Stromtrocknern und den Wirbelbetttrocknern. Der *Stromtrockner* ist eine Kombination von pneumatischer Förderung und Trocknung. Das Naßgut wird dabei in einen aufwärts gerichteten Strom von heißem Trockengas eingetragen, von dem es mitgerissen wird. Durch den intensiven Kontakt wird es schnell getrocknet und am Ende der Trockenstrecke in einem Zyklon aus dem Gasstrom abgeschieden. Wegen der kurzen Kontaktzeit und der Gleichstromführung lassen sich im Stromtrockner auch temperaturempfindliche Stoffe gut trocknen; sie müssen sich natürlich pneumatisch fördern lassen und daher feinkristallin sein. Ebenfalls in einem Gasstrom erfolgt die Trocknung im *Wirbelbett* (vgl. Bild 66). Hier wird mit Hilfe des Trockengases ein Wirbelbett erzeugt; die Verweilzeit im Trockner kann dabei im Gegensatz zum Stromtrockner beliebig lange gewählt werden.

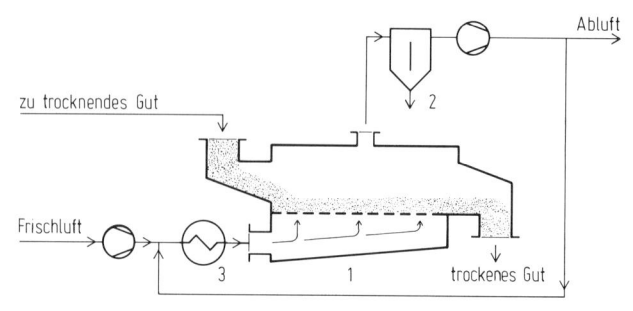

Bild 66. Schematische Darstellung eines Wirbelbett-Trockners
1 Wirbelbett-Trockner, 2 Staubabscheider, 3 Lufterhitzer

Zerstäubungstrockner, auch Sprühtrockner genannt (Bild 67), verwendet man zur Kurzzeittrocknung von flüssigen Lösungen, Suspensionen und pastenartigen Gemischen. Die Zerstäubung des Naßguts erfolgt durch Düsen oder mittels rotierender Scheiben, es muß sich deshalb mit Pumpen fördern lassen. Die im oberen Teil des Sprühturms erzeugten Flüssigkeitströpfchen werden durch

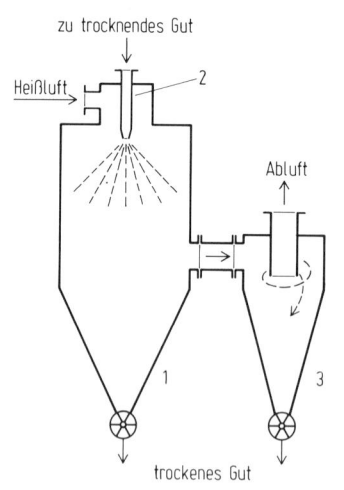

Bild 67. Schematische Darstellung eines Zerstäubungstrockners
1 Sprühturm
2 Zerstäubungsdüse bzw. rotierende Scheibe
3 Zyklon (Staubabscheider)

das im Gleich- oder Gegenstrom geführte Trockengas in kürzester Zeit (einige Sekunden) zu einem feinen Pulver getrocknet. Sprühtrockner werden zur Trocknung der verschiedenartigsten Produkte eingesetzt, wie Pigmentfarbstoffe, Waschmittel, Pflanzenschutzmittel, Düngemittel, Pharmaka und Nahrungsmittel.

4.2.3.2 Kontakttrockner

Auch bei den Kontakttrocknern gibt es Bauarten, bei denen das Gut auf einer Unterlage liegt, und solche, bei denen es dauernd bewegt wird. Zu den ersteren gehören bestimmte Arten von *Etagentrocknern*. Auch bei den verschiedenen Typen von *Walzentrocknern* (vgl. Bild 68) ruht das Produkt während der Trocknung auf einer beheizten Unterlage, der Walze. Walzentrockner werden vor allem zur Trocknung kleiner Mengen von pastenförmig oder breiartig vorliegenden Stoffen eingesetzt. Die Trocknung erfolgt schnell und schonend; die Trockenzeiten lassen sich gut dem jeweiligen Produkt anpassen. Walzentrockner werden häufig auch als Vakuumtrockner gebaut.

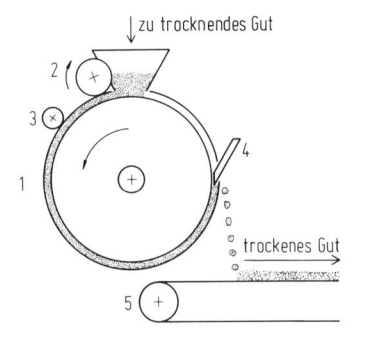

Bild 68. Schematische Darstellung eines Rillen-Walzentrockners
1 Trocknerwalze
2 Preßwalze
3 Glättwalze
4 Schabmesser
5 Förderband

Beim Trommeltrockner besteht ebenfalls die Möglichkeit, das Prinzip der Kontakttrocknung zu benutzen, z.T. in Kombination mit der Konvektionstrocknung. Nur als Kontakttrockner arbeitet hier u.a. der *Vakuumschaufeltrockner* mit seinen an der Innenwand der Trommel angebrachten Schaufeln, durch die bei der Drehung der beheizten Trommel das Gut in ständiger Bewegung gehalten wird. Dieser Trocknertyp wird sowohl für diskontinuierlichen als auch für kontinuierlichen Betrieb gebaut. Ebenfalls zu den Kontakttrocknern sind verschiedene auf dem Prinzip des *Dünnschichtverdampfers* (Bild 15) basierende Apparate zu zählen; sie arbeiten im Vakuum, die getrockneten Produkte fallen hier in Pulverform an.

4.2.3.3 Gefriertrocknung

Die Gefriertrocknung ist die schonendste Trocknungsmethode. Sie wird bevorzugt in der Lebensmittelindustrie (z.B. zur Herstellung von Kaffee-, Tee- und Eipulver) und in der pharmazeutischen Industrie verwendet. Gefriertrocknungsanlagen arbeiten in der Regel absatzweise (vgl. Bild 69). Das feuchte Gut wird zunächst tiefgefroren, so daß das Wasser als Eis auskristallisiert. Dann wird auf unter 1 mbar evakuiert, damit die Feuchtigkeit aus dem Gut sublimiert; sie wird an Kondensatoren als Eis abgeschieden. Die Wärmezufuhr erfolgt in der Regel durch Kontakt mit den beheizten Auflageflächen, die mehrfach, z.B. als Schalen oder Teller, übereinander angeordnet sind. Die Guttemperatur wird im Verlaufe der Trocknung langsam erhöht; bei hygroskopischen Gütern überschreitet sie gegen Ende der Trocknung, also bei hohen Entwässerungsgraden, den Schmelzpunkt.

Für größere Durchsätze vor allem in der Lebensmittelindustrie werden auch quasi-kontinuierlich arbeitende Gefriertrocknungsanlagen mit einem entsprechenden Schleusensystem für Ein- und Austrag eingesetzt. Für besonders hohe Anforderungen an die Sterilität der Produkte, z.B. für bestimmte Pharmaka, kommen kontinuierliche Anlagen allerdings nicht in Frage.

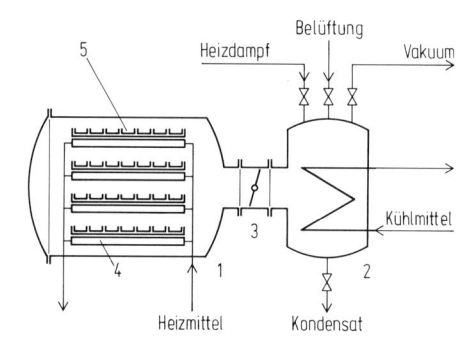

Bild 69. Schematische Darstellung einer Gefriertrocknungsanlage
1 Trocknungskammer
2 Kondensator
3 Absperrklappe
4 beheizte Platten
5 Trocknungsschalen

4.3 Feststoffextraktion

Die Feststoffextraktion [8 (Bd. 2), 119] hat mit der Flüssigkeitsextraktion gemeinsam, daß bei beiden Grundverfahren aus einem Stoffgemisch (Extraktionsgut) eine oder mehrere Komponenten (Extraktstoffe) durch ein selektiv wirkendes Lösemittel (Extraktionsmittel) herausgelöst werden. Da der Extraktstoff nach der Extraktion isoliert werden soll, verwendet man als Extraktionsmittel meist leicht siedende Lösemittel, die nach der Extraktion abdestilliert werden können. Im Vergleich zur Flüssigkeitsextraktion wird die Feststoffextraktion weniger häufig angewendet. Sie wird hauptsächlich zur Gewinnung von Naturstoffen und bei der Lebensmittelherstellung eingesetzt. Beispiele dafür sind die Extraktion von Ölen und Fetten aus Ölsaaten und Früchten und von ätherischen Ölen und Drogen aus Pflanzen mit organischen Lösemitteln sowie von Rohrzucker aus Rübenschnitzeln mit Wasser. Ein anderes Anwendungsgebiet der Feststoffextraktion ist das sogenannte Auslaugen von Erzen. Man gewinnt auf diese Weise Metallsalzkonzentrate, wie bei der Behandlung goldhaltiger Gesteine mit Natriumcyanidlösung (Cyanidlaugerei) und von kupferhaltigen Erzen und Abbränden (aus der Röstung sulfidischer Mineralien) mit verdünnter Schwefelsäure. Bei diesen zwei Beispielen ist die Feststoffextraktion mit einer chemischen Reaktion verbunden.

Für die praktische Durchführung von Feststoffextraktionen ist es wichtig, daß der Feststoff eine möglichst große Oberfläche besitzt. Daher müssen die Feststoffe in der Regel zerkleinert werden,

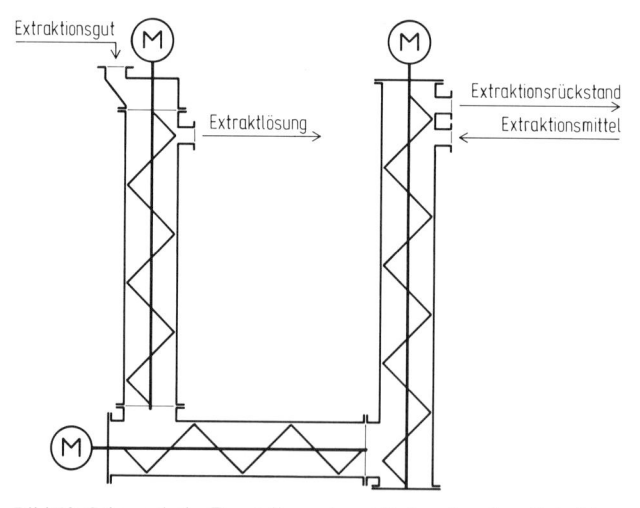

Bild 70. Schematische Darstellung eines Förderschnecken-Extraktors zur kontinuierlichen Feststoffextraktion

bevor sie der Extraktion unterworfen werden. Zur Verbesserung des Stofftransports während des Extraktionsvorgangs ist es zweckmäßig, den Feststoff in Bewegung zu halten. Das kann z. B. im Rührkessel, im Drehrohr oder auch mittels einer Förderschnecke geschehen; im letzteren Fall erfolgt die Extraktion kontinuierlich im Gegenstrom von Lösemittel und Feststoff (vgl. Bild 70). Absatzweise arbeitende Extraktionsapparate, z. B. Rührkessel, werden für kontinuierlichen Betrieb als Batterie hintereinandergeschaltet.

Um den Feststoff dauernd mit frischem Lösemittel in Berührung zu bringen, arbeitet man häufig nach dem *Soxhlet*-Prinzip. Dazu wird das zu extrahierende Gut auf einen im unteren Teil des Extraktionsbehälters eingebauten Siebboden gelagert, durch den die Extraktionsflüssigkeit in eine Destillierblase abläuft. Dort wird das Lösemittel abdestilliert und nach Kondensation dem Extraktor erneut zugeführt.

5 Thermische Trennverfahren an Grenzflächen

Die Grenzflächen vieler fester Phasen besitzen selektive Eigenschaften, die sich für die Trennung fluider Phasen ausnutzen lassen.

Bei der einen Gruppe von Trennverfahren dieser Art besteht die selektive Wirkung der Grenzflächen darin, daß sich dort bestimmte Komponenten anreichern. Die darauf basierenden Trennverfahren sind die Adsorption und der Ionenaustausch. Für die exakte thermodynamische Beschreibung der entsprechenden Gleichgewichte ist die Grenzfläche eine besondere Phase. Da es aber meßtechnisch schwierig ist, die Konzentrationen in der Grenzfläche (z. B. als Belegung pro Flächeneinheit) zu ermitteln, bezieht man in der Regel die an der Oberfläche des festen Hilfsstoffs gebundene Menge an Fremdkomponente auf die Menge an Hilfsstoff. Das ist vor allem im Zusammenhang mit Trennverfahren zweckmäßig, weil für die wirtschaftliche Beurteilung solcher Verfahren die erforderliche Menge an Hilfsstoff interessiert. Es folgt daraus auch, daß die Hilfsstoffe (Adsorptionsmittel, Ionenaustauscher) eine möglichst große spezifische Oberfläche aufweisen sollen.

Die zweite Gruppe von thermischen Trennverfahren an Grenzflächen benutzt als Hilfsstoffe Membranen. Hier beruht die Stofftrennung auf der verschieden großen Durchlässigkeit dieser Membranen für verschiedene Stoffe; in einzelnen Fällen, d.h. bei vollständiger Undurchlässigkeit für einzelne Gemischkomponenten, werden mit Hilfe von Membranen Selektivitäten wie bei keinem anderen Trennverfahren erreicht.

5.1 Adsorption

5.1.1 Grundlagen

Die Adsorption besteht in der selektiven Anreicherung bestimmter Stoffe aus gasförmigen oder flüssigen Mischungen an der Oberfläche fester Hilfsstoffe (7, 8 (Bd. 2), 119, 142]. Diese Hilfsstoffe, Adsorptionsmittel genannt, besitzen große Oberflächen, im wesentlichen in Form von Poren. Sie werden als Granulate oder auch als Pulver verwendet; die Korngrößen der Granulate liegen in der Regel im Bereich einiger mm.

Die wichtigsten technischen Adsorptionsmittel sind Aktivkohle, Aluminiumoxidgel, Silicagel sowie bestimmte Alumosilikate wie z. B. Zeolithe. Von diesen zeichnen sich die Zeolithe dadurch aus, daß sie einheitliche und besonders kleine Porendurchmesser aufweisen. Sie werden auch als Molekularsiebe bezeichnet, da sie bei der Adsorption aus Gemischen eine besonders hohe Selektivität hinsichtlich der Molekülgröße und der Polarität der adsorbierten Komponenten besitzen.

Man stellt sie synthetisch her, wobei man durch die Wahl der Zusammensetzung verschiedene Zeolithtypen mit Porendurchmessern bestimmter Größe (zwischen 0,3 und 1 nm) erhält. Die Porendurchmesser der anderen Adsorbentien sind größer; sie liegen zwischen 2 und 20 nm. Die durch diese Mikroporen gegebene innere Oberfläche technischer Adsorptionsmittel erreicht Werte von 200–1000 m²/g, bei einigen Aktivkohlen auch darüber.

Nach Art der Bindung, die der adsorbierte Stoff mit dem Adsorbens eingeht, unterscheidet man *physikalische* und *chemische Adsorption*. Für technische Stofftrennungen ist nur die physikalische Adsorption von Interesse. Sie ist reversibel, wohingegen die chemische Adsorption, auch Chemisorption genannt, häufig irreversibel ist; sie hat große Bedeutung für die Festkörperkatalyse. Physikalische und chemische Adsorption unterscheiden sich auch in der Wärmetönung. Während die Adsorptionsenthalpien chemischer Adsorptionen in der Größenordnung von Reaktionsenthalpien liegen, betragen die Adsorptionsenthalpien bei physikalischen Adsorptionen aus der Gasphase in der Regel das 1,5–3fache der Kondensationsenthalpie; sie nehmen mit steigender Beladung des Adsorptionsmittels ab bis nahe an die Kondensationsenthalpie. Die Adsorption geht dann in eine Kondensation über, die sog. Kapillarkondensation, bei der sich in den Poren und Hohlräumen des Adsorbens Kondensat bildet. Die reine Adsorption besteht dagegen in der Ausbildung monomolekularer, bei höheren Beladungen auch multimolekularer Schichten auf den aktiven Oberflächen. Entsprechend dem Auftreten einer Adsorptionsenthalpie nehmen die Gleichgewichtsbeladungen bei konstanter Zusammensetzung der fluiden Phase mit steigender Temperatur ab.

Adsorptionsgleichgewichte sind, vor allem, wenn man den gesamten Konzentrationsbereich bis zur Kapillarkondensation betrachtet, stark nichtlinear. Für die technische Anwendung interessieren jedoch meist Bereiche niedriger Beladungen des Adsorbens und niedriger Konzentrationen der adsorbierbaren Komponente in der Gas- oder Flüssigphase. Hier kann zur Darstellung der Gleichgewichte bei konstanter Temperatur folgende einfache Beziehung benutzt werden (*Freundlich*sche Adsorptionsisotherme):

$$X = K_A c^n \tag{135}$$

mit X als Beladung des Adsorbens (in g Adsorbat/g Adsorbens), c als Konzentration der adsorbierbaren Komponente in der Gas- oder Flüssigphase sowie K_A und n als empirische Konstanten. Die Werte für n liegen meist zwischen 0,2 und 1. Wegen weiterer, z.T. wesentlich komplizierterer Gleichungen vgl. [147–149].

Die *Adsorptionsgeschwindigkeit*, d.h. die Geschwindigkeit, mit der sich das Adsorptionsgleichgewicht einstellt, hängt im wesentlichen von der Diffusion des adsorbierten Stoffs im Adsorptionsmittel ab. Das bedeutet, daß vor allem die Eigenschaften des Adsorbens, nämlich Porosität und Korngröße, sowie die Molmasse des Adsorbats maßgebend sind; außerdem gehen als äußere Parameter Temperatur, Druck (bei Gasadsorption) und die Strömungsgeschwindigkeit der fluiden Phase ein. Die Zeiten für die Einstellung des Adsorptionsgleichgewichts liegen bei technischen Gasadsorptionen zwischen einigen Sekunden und Minuten.

5.1.2 Anwendung und technische Durchführung

Der wesentliche Vorteil der Adsorption ist ihre Selektivität, die vor allem bei niedrigen Konzentrationen der zu adsorbierenden Komponente außerordentlich hoch sein kann. Dem ist entgegenzustellen, daß die Abtrennung größerer Stoffmengen aus Gemischen, insbesondere Gasen, relativ aufwendig werden kann, da die Regeneration beladener Adsorptionsmittel, die sowohl für die Wiedergewinnung des Adsorbierten als auch für die Wiederverwendung des Adsorbens notwendig ist, zusätzliche umfangreiche Operationen erfordert. Hauptanwendungsgebiet der Adsorption ist daher die Entfernung von Verunreinigungen und Nebenbestandteilen, z.T. als letzte Reinigungsstufe. Beispiele für technische Adsorptionen sind die Lösemittelrückgewinnung aus Luft mittels Aktivkohle, die Trocknung von Gasen, die Entfernung von Kohlenwasserstoffen, insbesondere von Acetylen, aus flüssigem Sauerstoff mittels Silicagel bei der Luftzerlegung, die Trennung gasförmiger oder flüssiger Normalparaffine von Iso- und Cycloparaffinen mittels Molekularsieben sowie bei der Wasserreinigung die Entfernung organischer Stoffe mit Aktivkohle, wobei gleichzeitig kolloidal gelöste, schwer filtrierbare Verunreinigungen niedergeschlagen werden.

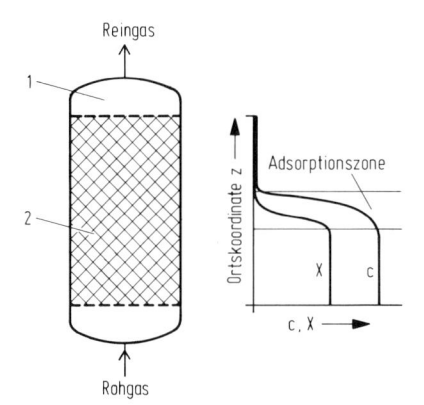

Bild 71. Konzentrationsverläufe in einem Adsorber während der Beladung
1 Adsorber
2 Adsorptionsmittelschicht
c Konzentration im Gasraum
X Beladung des Adsorptionsmittels

Adsorptionen werden in der Technik im allgemeinen chargenweise durchgeführt, und zwar meist an ruhenden Adsorptionsmittelschichten in Form von *Festbetten*, durch die man die zu reinigende gasförmige oder flüssige Mischung strömen läßt. Die Schüttung verhält sich wie eine Chromatographiesäule: der Adsorptionsvorgang verlagert sich mit fortschreitender Beladung vom Eingang in Strömungsrichtung in die frische (oder regenerierte) Adsorptionsmittelschicht. Zwischen dem beladenen und dem nicht beladenen Teil der Schüttung bildet sich eine Übergangszone (Adsorptionszone, vgl. Bild 71) aus, die im Verlaufe der Beladung des Adsorbers durch die ganze Schüttung wandert. Vor und hinter der Adsorptionszone sind Gaskonzentration und Beladung konstant und miteinander im Gleichgewicht. Innerhalb der Adsorptionszone herrscht kein Adsorptionsgleichgewicht; der Konzentrationsverlauf, der sich dort einstellt, wird u.a. von der Adsorptionsgeschwindigkeit und von Temperaturerhöhungen infolge der freiwerdenden Adsorptionsenthalpie sowie von der Anwesenheit anderer adsorbierter Komponenten beeinflußt. Wenn die Adsorptionszone das Ende der Adsorptionsmittelschicht erreicht, macht sich das in einer Erhöhung der Konzentration an adsorbierbarer Komponente (z. B. Lösemitteldampf) im austretenden Gasstrom bemerkbar. Mit diesem sogenannten *Durchbruch* ist die Kapazität des Adsorbers erschöpft; bei kontinuierlichem Betrieb muß das Rohgas nun auf einen zweiten Adsorber mit frischem Adsorptionsmittel geschaltet werden, während der erste Adsorber regeneriert (vgl. Bild 72) oder auch, falls das beladene Adsorptionsmittel verworfen wird, neu gefüllt wird.

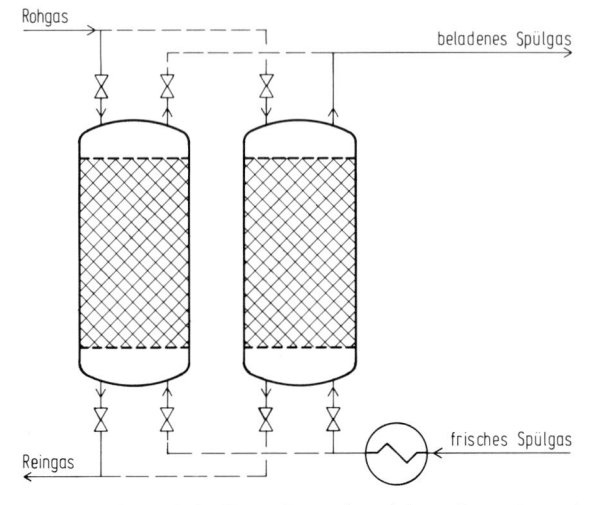

Bild 72. Schematische Darstellung einer Adsorptionsanlage mit Regenerierung

Die *Regenerierung* beladener Adsorbentien ist meist schon aus Gründen der Wirtschaftlichkeit erforderlich; daneben dient sie zur Gewinnung der adsorbierten Stoffe. Für die Regenerierung gibt es verschiedene Möglichkeiten:
– Desorption durch Spülen mit einem nicht adsorbierbaren Gas,
– Desorption durch Erniedrigung des Drucks (Evakuieren),
– Verdrängung des Adsorbats durch eine besser adsorbierbare Komponente.

Für die Regenerierung von Adsorbentien aus Flüssigadsorptionen eignet sich nur die Verdrängungsadsorption; daran muß sich aber in jedem Fall, also auch bei Gasadsorptionen, eine Desorption der verdrängenden Komponente durch ein Spülgas oder durch Evakuieren anschließen. Die Desorption wird durch Temperaturerhöhung begünstigt. Man verwendet daher heiße Spülgase; bei Adsorbern, die mit Kühlrohren zur Abführung der Adsorptionsenthalpie ausgerüstet sind, kann mit diesen Wärmeaustauschflächen das Adsorbens bei der Regenerierung aufgeheizt werden. Oft wird zur Desorption auch Wasserdampf benutzt, wobei allerdings anschließend mit einem Trockengas (Luft) getrocknet werden muß.

Echte kontinuierliche Adsorptionsverfahren, bei denen Adsorption und Desorption voll kontinuierlich ablaufen (z. B. mit Fließbetten), haben sich nicht in größerem Maß durchgesetzt.

Die Auswahl von Adsorptionsverfahren und Adsorptionsmittel für ein spezielles Trennproblem erfolgt zunächst aufgrund von Daten über Adsorptionsgleichgewichte. Für eine genauere Verfahrensbeurteilung und vor allem für die Auslegung technischer Adsorptionsanlagen benötigt man zusätzlich Angaben über das dynamische Verhalten des Adsorbens bei Adsorption und Desorption sowie über dessen Alterung bei wiederholter Regeneration. Dazu sind Modellversuche, möglichst unter denselben Bedingungen (z. B. Produktzusammensetzung, Strömungsgeschwindigkeit) wie beim technischen Verfahren erforderlich.

5.2 Ionenaustausch

Beim Ionenaustausch [8 (Bd. 13), 73, 150] werden an der Oberfläche bestimmter Feststoffe die dort an aktive Gruppen gebundenen Ionen gegen andere in Elektrolytlösungen enthaltene Ionen ausgetauscht. Dieser Austausch ist völlig reversibel. Je nach Zusammensetzung der Lösung und der Art der aktiven Gruppen werden bestimmte Ionen an die unter der Bezeichnung Ionenaustauscher bekannten Feststoffe gebunden. Solche Ionenaustauscher können sowohl anorganische als auch organische Stoffe sein. Unter den ersteren sind es vor allem bestimmte Alumosilikate, in erster Linie die Zeolithe; bei den organischen Ionenaustauschern handelt es sich um Polymerisate und Polykondensate, und zwar hauptsächlich um verschieden stark vernetzte Polystyrolderivate. Die aktiven Gruppen haben sauren oder basischen Charakter; die ersteren tauschen Kationen aus, die letzteren Anionen, und dementsprechend unterscheidet man zwischen *Kationenaustauschern* und *Anionenaustauschern*.

Die beim Ionenaustausch ablaufenden Reaktionen sind Ionenreaktionen; sie lassen sich folgendermaßen formulieren für den Austausch von Kationen:

$$R-SO_3^- H^+ + Na^+ \rightleftharpoons R-SO_3^- Na^+ + H^+ \tag{136}$$

bzw. den Austausch von Anionen:

$$R-NR_3'^+ OH^- + Cl^- \rightleftharpoons R-NR_3'^+ Cl^- + OH^- \tag{137}$$

(R = Ionenaustauschermatrix, R' = Alkylgruppen)

Der Ionenaustausch kann zur Abtrennung, Anreicherung und Gewinnung gelöster Bestandteile aus Elektrolytlösungen benutzt werden. Die wichtigste *Anwendung* ist die Wasseraufbereitung. Dazu gehört einmal die vollständige Entfernung aller Salze nach Gl. (136) und (137), die sog. Vollentsalzung, und zum anderen die Enthärtung, d. h. der Ersatz der Calcium- und Magnesiumionen durch Natriumionen. Als weitere Anwendungen des Ionenaustauschs für Stofftrennungen sind zu nennen die Isolierung der Produkte aus Fermentationslösungen (z. B. bei der Herstellung von Antibiotika) und die Konzentrierung und Rückgewinnung von Metallen aus Industrieabwässern. Darüber hinaus werden Ionenaustauscher auch als heterogene Katalysatoren eingesetzt.

Verfahrenstechnisch kann der Ionenaustausch als Adsorption aus flüssiger Phase verstanden werden, jedoch mit der Besonderheit, daß die Adsorption allein durch Verdrängung erfolgt. An die aktiven Gruppen der Austauscher sind immer Ionen gebunden. Welche Ionen adsorbiert bzw. gebunden werden, hängt von der Zusammensetzung der flüssigen Phase, also der Lösung ab, und zwar über die Gleichgewichte zwischen Ionenaustauschern und den verschiedenen austauschfähigen Ionenarten in der Lösung. Für diese Gleichgewichte gelten ebenso wie für andere Ionenreaktionen Gleichgewichtsbeziehungen. Charakteristisch für Ionenaustauscher ist auch, daß ihre Maximalkapazität durch die Zahl der vorhandenen aktiven Gruppen genau definiert ist. Die bei der technischen Anwendung zu erzielenden dynamischen Kapazitäten liegen natürlich deutlich darunter (bei 50–90% der Theorie). Aufgrund der Gleichgewichtsbeziehung wird auch die Wirkungsweise eines Ionenaustauschers besser verständlich. Wenn ein Kationenaustauscher in der H^+-Form mit einer Na^+-haltigen Lösung zusammengebracht wird, dann treten so lange H^+-Ionen im Austausch gegen Na^+-Ionen in die Lösung über, bis das Austauschgleichgewicht eingestellt ist. Wenn man weiter dafür sorgt, daß die Lösung immer wieder mit frischem Ionenaustauscher in Berührung kommt, beispielsweise dadurch, daß man die Lösung über ein Ionenaustauscherfestbett laufen läßt, dann werden schließlich praktisch alle in der Lösung vorhandenen Kationen durch H^+-Ionen ersetzt.

Der Konzentrationsverlauf beim Durchgang einer Lösung durch ein Ionenaustauscherfestbett ist im wesentlichen der gleiche wie bei einer Verdrängungsadsorption (vgl. Bild 71). Wenn diese Übergangskurve ans Ende des Austauscherbetts gelangt ist, was sich als Konzentrationsänderung in der austretenden Lösung bemerkbar macht, dann ist die Kapazität des Austauschers erschöpft. Zu seiner *Regenerierung* muß man dafür sorgen, daß die Austauschreaktion in umgekehrter Richtung abläuft; bei einem Kationenaustausch gemäß Gl. (136) geschieht das dadurch, daß man den Ionenaustauscher mit einer Lösung, die H^+-Ionen enthält, z. B. verdünnte Salzsäure, zusammenbringt. Bei Festbettaustauschern kann das in gleicher Weise wie bei der vorhergegangenen Reinigung der Lösung erfolgen: man schaltet dazu bei Erschöpfung des Austauschers einfach auf die Regenerierflüssigkeit um. Bei Dauerbetrieb benötigt man zwei parallel geschaltete Austauscherbetten (Filter); wenn das eine Filter arbeitet, befindet sich das andere in der Regenerierphase. Die Arbeitsweise ist dabei im Prinzip die gleiche wie bei der in Bild 72 dargestellten Regenerierung von Adsorbern durch Spülen mit dem Unterschied, daß der Wärmeaustauscher zur Aufheizung des Regeneriermediums im Falle einer Ionenaustauscheranlage entfällt.

Bei der Vollentsalzung von Wasser verwendet man mit Vorteil Kationen- und Anionenaustauscher als Gemenge in Form sogenannter Mischbettfilter; zur Regenerierung muß man Anionen- und Kationenaustauscherpartikel (kugelig, Korngröße 0,3–1,2 mm) voneinander trennen, was aufgrund der unterschiedlichen Dichten der zwei Austauscherarten erfolgt.

Ionenaustauscheranlagen arbeiten überwiegend absatzweise oder unter Parallelschaltung mehrerer Filter halbkontinuierlich. Die vollkontinuierliche Arbeitsweise dürfte sich nur bei sehr hohen Volumendurchsätzen lohnen. Die dafür vorgeschlagenen Verfahren beruhen darauf, daß die Ionenaustauscher als Wanderbett durch die Reinigungs- und die Regenerierzone bewegt werden.

5.3 Membranverfahren

Membranen besitzen für verschiedene Stoffe unterschiedliche Durchlässigkeiten, viele Membranen sind für bestimmte Stoffe sogar völlig undurchlässig. Diese selektiven Eigenschaften von Membranen sind die Grundlage mehrerer Trennverfahren für fluide Phasen, die man zusammenfassend als Membranverfahren [8 (Bd.16), 151–154] bezeichnen kann; den wesentlichen Vorgang dabei, nämlich den Durchgang von Stoffen durch Membranen, nennt man Permeation.

Membranen sind dünne Schichten aus anorganischen oder organischen Materialien, und zwar vorwiegend aus Polymerstoffen wie Cellulose, Cellulosederivat und Polyamid. Die selektive Durchlässigkeit von Membranen beruht zum einen auf ihrer Porenstruktur und der daraus resultierenden Porengröße, zum andern auf dem selektiven Lösungsvermögen des Membranmaterials für bestimmte Komponenten. Danach lassen sich zwei ideale Grenzfälle von Membrantypen unterscheiden: die (poröse) Porenmembran und die (dichte) Löslichkeitsmembran; wirkliche Membranen vereinigen häufig in sich die Eigenschaften der beiden Grundtypen.

Tab. 14 gibt eine Übersicht über Membranverfahren, soweit sie in der chemischen Technik angewendet werden oder aus heutiger Sicht Aussicht auf eine solche Anwendung bieten. Der breitere technische Einsatz von Membranverfahren ist noch relativ neu; dementsprechend ist dieses Gebiet noch stark in Entwicklung begriffen. Interessant sind Membranverfahren vor allem wegen ihrer z. T. außerordentlich hohen Selektivität; daneben erfordern sie meist einen niedrigeren Energieaufwand als andere Trennverfahren.

Tab. 14. Membranverfahren zur Stofftrennung

Verfahren	Treibende Kraft für den Stofftransport	Anwendungen
Dialyse	Δc	Entsalzung von Protein-, Hormon- und Enzymlösungen; künstliche Niere
Elektrodialyse	ΔE	Abtrennung von Elektrolyten aus wäßrigen Lösungen, z. B. zur Gewinnung von Trinkwasser aus Brackwasser, zur Konzentrierung von Meerwasser bei der Salzgewinnung oder zur Entsalzung von Industrieabwässern
Reversosmose (Hyperfiltration)	Δp (ca. 30–100 bar)	Entsalzung von Brackwasser und Meerwasser; Aufarbeitung von Abwasser [155] und Prozeßwasser
Ultrafiltration	Δp (bis 10 bar)	Konzentrierung und Reinigung von wäßrigen Lösungen in der Verarbeitung von Lebensmitteln (z. B. Milch und Milchprodukte) und in der pharmazeutischen Industrie
Gastrennung	$\Delta p, \Delta c$	Abtrennung oder Anreicherung von Gasen (z. B. Wasserstoff, Helium, Kohlendioxid); Isotopentrennung (Uranisotope)

Δc Konzentrationsdifferenz
ΔE elektrische Potentialdifferenz
Δp Druckdifferenz

Wie aus Tab. 14 zu ersehen ist, unterscheiden sich die Membranverfahren u. a. in der Triebkraft für den Stofftransport durch die Membran. Neben der Höhe dieser Triebkraft ist die Durchlässigkeit der Membranen für den Durchsatz einer Trennanordnung maßgebend. Daher ist man bestrebt, mit Membranen möglichst kleiner Schichtdicken zu arbeiten; doch sind hier aus Gründen der mechanischen Stabilität Grenzen gesetzt. Das gilt besonders bei den Verfahren, bei denen die treibende Kraft eine Druckdifferenz ist. Besonders hierfür wurden sog. asymmetrische Membranen entwickelt, die aus einer dichten, extrem dünnen Polymerhaut (0,01–0,05 μm) bestehen, auf die einseitig eine poröse Trägerschicht von ca. 100 μm aufgebracht ist. Übliche Schichtdicken von Membranen für Stofftrennungen liegen zwischen 50 und 200 μm, teilweise noch darunter. Um möglichst hohe Durchsätze bei minimalem Apparatevolumen zu erzielen, benutzt man Anordnungen, in denen möglichst viel Membranfläche auf engstem Raum unterzubringen ist, z. B. in Form von Lamellen oder Hohlfasern. Ein generelles Problem beim Betrieb von Membranverfahren ist die Verhinderung von Ablagerungen („fouling"), welche die Durchlässigkeit der Membranen herabsetzen. Außer durch konstruktive und verfahrenstechnische Maßnahmen, z. B.

[Literatur S. 238]

geeignete Strömungsführung, ist es hier gelungen, durch gezielte Entwicklung strukturierter Membranen Fortschritte zu erzielen [156]. Überhaupt ist festzustellen, daß sowohl bei der Wahl der Membranmaterialien als auch bei dem Verfahren zur Membranherstellung breite Variationsmöglichkeiten bestehen, um Membranen zu erhalten, die für eine bestimmte Trennaufgabe sozusagen maßgeschneidert sind.

Von den verschiedenen Membrantrennverfahren ist am längsten die *Dialyse* bekannt. Sie besteht in der Diffusion von gelösten Stoffen durch eine semipermeable Wand, und zwar aus einer konzentrierteren Lösung in reines Lösemittel oder in verdünntere Lösung. Die dafür verwendeten Membranen haben Porendurchmesser von 2–10 nm. Dementsprechend werden größere Moleküle und Kolloidteilchen zurückgehalten. Man benutzt die Dialyse hauptsächlich zur Abtrennung echt gelöster Anteile (z. B. Elektrolyte) aus makromolekularen Lösungen.

Zwei andere Membranverfahren haben vor allem im Zusammenhang mit der Meerwasserentsalzung besonderes Interesse gefunden: die Elektrodialyse und die Reversosmose. Bei der *Elektrodialyse* [157, 158] legt man an die Dialysezelle senkrecht zu den Membranen eine elektrische Gleichspannung an. Als Membranen dienen Paare von Ionenaustauschermembranen, wobei man die Anionenaustauschermembranen, die nur für Anionen durchlässig sind, näher zur Anode und die Kationenaustauschermembranen näher zur Kathode anordnet. Die Permeation durch die Membranen hat zur Folge, daß in den einzelnen durch die Membranen voneinander abgetrennten plattenartigen Kammern die dort befindliche Lösung an Ionen verarmt oder angereichert wird, je nachdem ob die hemmenden Membranen in Richtung des Ionenstroms durchlässig sind oder nicht.

Unter *Reversosmose*, auch *Hyperfiltration* genannt [151–154, 159], versteht man die Gewinnung von reinem Lösungsmittel (in der Regel Wasser) mittels semipermeabler Membranen, die nur für das Lösemittel durchlässig sind. Zur Überwindung des osmotischen Drucks der Lösung, der auf ihrer Tendenz zur Verdünnung beruht, muß ein in entgegengesetzter Richtung wirkender Druck auf die Lösung aufgebracht werden, der größer als der osmotische Druck sein muß (daher die Bezeichnung Reversosmose oder umgekehrte Osmose). Bei einem osmotischen Druck von Meerwasser von ca. 25 bar sind zu dessen Entsalzung durch Reversosmose unter wirtschaftlich vertretbaren Bedingungen Drücke von etwa 100 bar erforderlich. Inzwischen gibt es Hohlfasermembranen, die diesen Bedingungen standhalten und in Süßwasseranlagen auf Bohrinseln, Schiffen und Inseln mit Erfolg eingesetzt werden.

Der Unterschied der *Ultrafiltration* gegenüber der Hyperfiltration besteht in der Größe der von der Membran zurückgehaltenen Moleküle. Während bei der Hyperfiltration die Membranen nur für das Lösemittel durchlässig sind, nicht aber für Ionen und andere gelöste Komponenten, halten die bei der Ultrafiltration zur Anwendung kommenden porösen Membranen nur höhermolekulare Stoffe zurück, und zwar mit einer unteren Molmassengrenze von ca. 1000–100000 je nach Porengröße der eingesetzten Membranen. Wegen der niedrigen osmotischen Drücke sind im Vergleich zur Reversosmose nur relativ niedrige Arbeitsdrücke erforderlich. Generell eignet sich die Ultrafiltration zur Aufkonzentrierung von Polymerlösungen sowie auch zu deren Entsalzung, z. B. bei der Gewinnung von Eiweiß aus Molke, wozu neben dem Lösemittel Wasser auch die gelösten Salze und die Lactose abgetrennt werden müssen.

Membranverfahren eignen sich in speziellen Fällen auch zur *Trennung von Gasen* [152, 154]. Von den in Tab. 14 angegebenen Möglichkeiten wird technisch in einer Reihe von Anlagen die Anreicherung von Wasserstoff durch Membranpermeation genutzt, und zwar vor allem zur Rückgewinnung von Wasserstoff aus Abgasströmen, z. B. aus der Ausschleusung aus dem Synthesegaskreislauf von Ammoniaksynthesen [160]. Man verwendet daher Module aus Hohlfasern, die Druckdifferenzen bis 60 bar standhalten. Eine andere Anwendung eines Membranverfahrens zur Gastrennung ist die Trennung der Uranisotope durch Diffusion von UF_6 durch poröse Membranen.

Literaturverzeichnis

1. *Eckert, E.R.G.:* Einführung in den Wärme- und Stoffaustausch, 3. Aufl. Berlin–Heidelberg–New York: Springer 1966.
2. *Gröber, H., Erk, S., Grigull, U.:* Die Grundgesetze der Wärmeübertragung, 3. Aufl. Berlin–Heidelberg–New York: Springer 1981.
3. *Rohsenow, W.M., Harnett, J.P.:* Handbook of Heat Transfer. New York: McGraw-Hill 1973.
4. *Lienhard, J.H.:* A Heat Transfer Textbook. Englewood Cliffs, N.J.: Prentice-Hall 1981.
5. VDI-Wärmeatlas, 4. Aufl. Düsseldorf: VDI-Verlag 1983.
6. *Grassmann, P., Widmer, F.:* Einführung in die thermische Verfahrenstechnik, 2. Aufl. Berlin–New York: de Gruyter 1974.
7. *Mersmann, A.:* Thermische Verfahrenstechnik. Berlin–Heidelberg–New York: Springer 1980.
8. Ullmanns Encyklopädie der technischen Chemie, 4. Aufl. Weinheim: Verlag Chemie, ab 1972.
9. *Grigull, U., Sandner, H.:* Wärmeleitung. Berlin–Heidelberg–New York: Springer 1979.
10. *Benedek, P., László, A.:* Grundlagen des Chemieingenieurwesens, 2. Aufl. Leipzig: VEB Deutscher Verlag für Grundstoffindustrie 1967.
11. *Grassmann, P.:* Physikalische Grundlagen der Verfahrenstechnik, 3. Aufl. Aarau und Frankfurt/Main: Sauerländer 1982.
12. *Hausen, H.:* Wärmeübertragung im Gegenstrom, Gleichstrom und Kreuzstrom, 2. Aufl. Berlin–Heidelberg–New York: Springer 1976.
13. *Kast, W.:* Fortschr.-Ber. VDI-Z., Reihe 3, Nr. 6 (1965).
14. *Nußelt, W.:* VDI-Z. 60 (1916), 541.
15. *Schmidt, Th.E.:* Kältetechnik 3 (1951), 282.
16. *Hahne, E., Grigull, U.:* Heat Transfer in Boiling. Washington: Hemisphere Publ. Corp. 1977.
17. *Sparrow, E.M., Cess, R.P.:* Radiation Heat Transfer. Washington: Hemisphere Publ. Corp. 1978.
18. *Gregorig, R.:* Wärmeaustausch und Wärmeaustauscher, 2. Aufl. Aarau und Frankfurt/M.: Sauerländer 1973.
19. *Afgan, N., Schlünder, E.U.:* Heat Exchangers; Design and Theory Source Book. Washington: McGraw-Hill 1974.
20. *Kays, W.M., London, A.L.:* Hochleistungswärmeübertrager. Berlin: Akademie-Verlag 1973.
21. *Young, E.H., Withers, J.G., Lampert, W.B.:* AIChE Symp. Ser. 74 (1978) Nr. 174, 15.
22. *Poggemann, R., Steiff, A., Weinspach, P.-M.:* Chem.-Ing.-Tech. 51 (1979), 948.
23. *Berliner, P.:* Kühltürme. Grundlagen der Berechnung und Konstruktion. Berlin–Heidelberg–New York: Springer 1975.
24. *Kortüm, G., Buchholz-Meisenheimer, H.:* Die Theorie der Destillation und Extraktion von Flüssigkeiten. Berlin–Göttingen–Heidelberg: Springer 1952.
25. *Haase, R.:* Thermodynamik der Mischphasen. Berlin–Göttingen–Heidelberg: Springer 1956.
26. *Prausnitz, J.M.:* Molecular Thermodynamics of Fluid-Phase Equilibria. Englewood Cliffs, N.J.: Prentice-Hall 1969.
27. *Schuberth, H.:* Thermodynamische Grundlagen der Destillation und Extraktion. Berlin: VEB Deutscher Verlag der Wissenschaften 1972.
28. *Van Ness, H.C., Abott, M.M.:* Classical Thermodynamics of Nonelectrolyte Solutions. New York: McGraw-Hill 1982.
29. *Null, H.R.:* Phase Equilibrium in Process Design. New York: Wiley 1970.
30. *Prausnitz, J.M., Gmehling, J.:* Thermische Verfahrenstechnik Phasengleichgewichte. Mainz: Krausskopf 1980.
31. *Redlich, O., Kwong, J.N.S.:* Chem. Rev. 44 (1949), 233.
32. *Landolt-Börnstein:* Zahlenwerte und Funktionen, 6. Aufl. Berlin–Göttingen–Heidelberg: Springer, ab 1950.
33. *D'Ans, J., Lax, E.* (Herausgeber): Taschenbuch für Chemiker und Physiker, 3. Aufl., Bd. 1. Berlin: Springer 1967.
34. *Weast, R.C.* (Herausgeber): Handbook of Chemistry and Physics, 63. Aufl. Cleveland: The Chemical Rubber Co. 1982.
35. *Boublik, T.V., Fried, V., Hala, E.:* The Vapor Pressures of Pure Substances. Amsterdam: Elsevier 1973.
36. *Timmermanns, J.* (Herausgeber): Physico-Chemical Constants of Pure Organic Compounds, Bd. 1 und 2. Amsterdam: Elsevier 1950 und 1965.

37. *Ohe, S.:* Computer Aided Data Book of Vapor Pressure. Tokio: Data Book Publishing Co. 1976.
38. *Wichterle, I., Linek, J.:* Antoine Vapor Pressure Constants of Pure Compounds. Prag: Academia 1971.
39. *Gmehling, J., Onken, U., Arlt, W.:* Vapor-Liquid-Equilibrium Data Collection. Chemistry Data Series, Bd. 1, Teil 1–8. Frankfurt/Main: DECHEMA ab 1977.
40. *Hala, E., Wichterle, I., Polak, J., Boublik, T.:* Vapour-Liquid-Equilibrium Data at Normal Pressures. Oxford: Pergamon Press 1968.
41. *Huda, M., Ohe, S., Nagahama, K.:* Computer Aided Data Book of Vapor-Liquid Equilibria. Tokio: Kodansha/Elsevier 1975.
42. *Horsley, L. H.* (Herausgeber): Azeotropic Data, 3 Bände. Washington, D.C.: Am. Chem. Soc. 1952, 1962 und 1973.
43. *Seidell, A., Linke, W. F.:* Solubilities of Inorganic and Organic Compounds, 4. Aufl., Bd. 1 und 2. Princeton: Van Nostrand 1958 und 1965.
44. *Stephen, H., Stephen, T.* (Herausgeber): Solubilities of Inorganic and Organic Compounds (Übers. aus dem Russ.), Bd. 1 und 2. Oxford: Pergamon Press 1963 und 1964.
45. *Hala, E., Pick, J., Fried, V., Vilim, O.:* Vapour-Liquid-Equilibrium, 2. Aufl. Oxford: Pergamon Press 1967.
46. *Margules, M.:* Sitzungsber. Akad. Wiss. Wien, Math.-Naturwiss. Kl. Abt. 2, 104 (1895), 1234.
47. *Van Laar, J. J.:* Z. Phys. Chem. 72 (1910), 723.
48. *Redlich, O., Kister, A. T.:* Ind. Eng. Chem. 40 (1948), 341.
49. *Wilson, G. M.:* J. Am. Chem. Soc. 86 (1964), 127.
50. *Prausnitz, J. M., Anderson, T. F., Grens, E. A., Eckert, C. A., Hsieh, R., O'Connell, J. P.:* Computer Calculations for Multicomponent Vapor-Liquid and Liquid-Liquid Equilibria. Englewood Cliffs, N.J.: Prentice-Hall 1980.
51. *Onken, U., Gmehling, J., Arlt, W.:* Proc. 2nd Int. Conf. Phase Equilibria and Fluid Properties in the Chemical Industry. EFCE Publ. Ser. Nr. 11 (1980), Tl. 2, 781.
52. *Renon, H., Prausnitz, J. M.:* AIChE J. 14 (1968), 135.
53. *Abrams, D. S., Prausnitz, J. M.:* AIChE J. 21 (1975), 62.
54. *Onken, U.:* Chem.-Ing.-Tech. 50 (1978), 760.
55. *Derr, E. L., Deal, C. H.:* Inst. Chem. Eng. Symp. Ser. 32 (1969), 3:40.
56. *Fredenslund, A., Jones, R. L., Prausnitz, J. M.:* AIChE J. 21 (1975), 1086.
57. *Fredenslund, A., Gmehling, J., Rasmussen, P.:* Vapor-Liquid-Equilibria Using UNIFAC. Amsterdam: Elsevier 1977.
58. *Gmehling, J., Rasmussen, P., Fredenslund, A.:* Ind. Eng. Chem., Process Des. Dev. 21 (1982), 118.
59. *Kojima, K., Tochigi, T.:* Prediction of Vapor-Liquid Equilibria by the ASOG Method. Amsterdam: Elsevier 1979.
60. *Gmehling, J., Anderson, T. F., Prausnitz, J. M.:* Ind. Eng. Chem., Fundam. 17 (1978), 269.
61. *Arlt, W., Grenzheuser, P., Sørensen, J. M.:* Chem.-Ing.-Tech. 53 (1981), 519; Ger. Chem. Eng. 5 (1982), 87.
62. *Noçon, G., Weidlich, U., Gmehling, J., Onken, U.:* Ber. Bunsenges. Phys. Chem. 87 (1983), 17.
63. *Francis, A. W.:* Liquid-Liquid-Equilibrium. New York: Interscience 1963.
64. *Treybal, R. E.:* Liquid Extraction, 2. Aufl. New York: McGraw-Hill 1963.
65. *Sorensen, J. M., Arlt, W.:* Liquid Liquid Equilibrium Data Collection. Chemistry Data Series, Bd. 5, Tl. 1–3. Frankfurt/Main: DECHEMA 1979 und 1980.
66. *Francis, A. W.:* Handbook for Components in Solvent Extraction. New York: Gordon and Breach 1972.
67. *Bird, R. B., Stewart, W. E., Lightfoot, E. N.:* Transport Phenomena, 7. Aufl. New York: Wiley 1966.
68. *Jost, W., Hauffe, K.:* Diffusion, Methoden der Messung und Auswertung. Fortschritte der physikalischen Chemie, 2. Aufl., Bd. 1. Darmstadt: Steinkopff 1972.
69. *Sherwood, T. K., Pigford, R. L., Wilke, C. R.:* Mass Transfer. New York: McGraw-Hill 1975.
70. *Danckwerts, P. V.:* Gas-Liquid Reactions. New York–London: McGraw-Hill 1970.
71. *Brauer, H.:* Stoffaustausch einschließlich chemischer Reaktion. Aarau und Frankfurt/Main: Sauerländer 1971.
72. *Krischer, O., Kast, W.:* Die wissenschaftlichen Grundlagen der Trocknungstechnik, 3. Aufl. Berlin–Heidelberg–New York: Springer 1978.
73. *Wilcox, W. R., in Zief, M., Wilcox, W. R.* (Herausgeber): Fractional Solidification, Bd. 1. New York: Dekker 1967.
74. *Helfferich, F.:* Ionenaustauscher, Bd. 1: Grundlagen. Weinheim: Verlag Chemie 1959.

75. *Nitsch, W.:* Chem.-Ing.-Tech. 38 (1966), 525.
76. *Jablczynski, K., Przemyski, S.:* J. Chim. Physique 10 (1912), 241.
77. *Whitman, W.E.:* Chem. Metall. Eng. 29 (1923), 147.
78. *Higbie, R.:* Trans. Am. Inst. Chem. Eng. 31 (1935), 365.
79. *Danckwerts, P.V.:* Ind. Eng. Chem. 43 (1951), 1460.
80. *Wicke, E.:* Ber. Bunsenges. Phys. Chem. 69 (1965), 761.
81. *Chilton, T.W., Colburn, A.P.:* Ind. Eng. Chem. 27 (1935), 255.
82. *Van Winkle, M.:* Distillation. New York: McGraw-Hill 1967.
83. *Billet, R.:* Industrielle Destillation. Weinheim: Verlag Chemie 1973.
84. *Hengstebeck, R.J.:* Distillation. Principles and Design Procedures, 4.Aufl. Huntington, N.Y.: Krieger 1976.
85. *King, C.J.:* Separation Processes, 2.Aufl. New York: McGraw-Hill 1980.
86. *Henley, E.I., Seader, J.D.:* Equilibrium-Stage Separation Operations in Chemical Engineering. New York: Wiley 1981.
87. *Norman, W.S.:* Absorption, Distillation and Cooling Towers. London: Longmans 1961.
88. *Sattler, K.:* Thermische Trennverfahren. Würzburg: Vogel 1977.
89. *McCabe, W.L., Thiele, E.W.:* Ind. Eng. Chem. 17 (1925), 605.
90. *Fenske, M.R.:* Ind. Eng. Chem. 24 (1932), 482.
91. *Underwood, A.J.V.:* Trans. Inst. Chem. Eng. 10 (1932), 112.
92. *Gilliland, F.R.:* Ind. Eng. Chem. 32 (1940), 1220.
93. *Danziger, R., Banner, W.:* Inst. Chem. Eng. Symp. Ser. 56 (1979), 4.1: 15.
94. *Holland, C.D.:* Fundamentals of Multicomponent Distillation. New York: McGraw-Hill 1981.
95. *Wang, J.C., Henke, G.E.:* Hydrocarbon Process. 45 (1966) Nr. 8, 155.
96. *Naphtali, L.M., Sandholm, D.P.:* AIChE J. 17 (1971), 148.
97. *Boston, J.F., Sullivan, S.L., Jr.:* Can. J. Chem. Eng. 52 (1974), 52.
98. *Ketchum, R.G., Onken, U.:* Inst. Chem. Eng. Symp. Ser. 32 (1969), 5:17.
99. *Ketchum, R.G.:* Chem. Eng. Sci. 34 (1979), 387.
100. *Krell, E.:* Handbuch der Laboratoriumsdestillation, 3.Aufl. Heidelberg–Basel–Mainz: Hüthig 1976.
101. *Rose, A., Rose, E., in Weissberger, A.* (Herausgeber): Technique of Organic Chemistry, 2.Aufl., Bd. 4: Distillation, S. 1. New York: Interscience 1965.
102. *Röck, H.:* Destillation im Laboratorium. Extraktive und azeotrope Destillation. Darmstadt: Steinkopff 1960.
103. *Weissberger, A.* (Herausgeber): Technique of Organic Chemistry, 2.Aufl., Bd. 4: Distillation. New York: Interscience 1965.
104. *Rossini, F.D., Mair, B.J., Streiff, A.J.:* Hydrocarbons from Petroleum, S. 339. New York: Reinhold 1953.
105. *Tassios, D.P.:* Adv. Chem. Ser. 115 (1972), 46.
106. *Kolbe, B., Gmehling, J., Onken, U.:* Inst. Chem. Eng. Symp. Ser. 56 (1979), 1.3: 23.
107. *Othmer, D.F.:* Chem. Eng. Prog. 59 (1963) Nr. 6, 67.
108. *Carlson, C.S., Stewart, J., in Weissberger, A.* (Herausgeber): Technique of Organic Chemistry, 2.Aufl., Bd. 4: Distillation, S. 423. New York: Interscience 1965.
109. *Grewer, Th.:* Chem.-Ing.-Tech. 43 (1971), 655.
110. *Heck, G., Schmidt, A.:* Chem.-Ing.-Tech. 47 (1975), 541.
111. *Stichlmair, J.:* Grundlagen der Dimensionierung des Gas/Flüssigkeit-Kontaktapparates Bodenkolonne. Weinheim: Verlag Chemie 1978.
112. *Hoppe, K., Mittelstraß, M.:* Grundlagen der Dimensionierung von Kolonnenböden. Dresden: Steinkopff 1967.
113. US-PS 3282576 (1966) Union Carbide.
114. *Thelen, B., Kunze, M.:* Vortrag auf der Sitzung des GVC-Fachausschusses „Thermische Zerlegung von Gas- und Flüssigkeitsgemischen". Köln 1981.
115. *Billet, R., Conrad, S., Grubb, C.M.:* Inst. Chem. Eng. Symp. Ser. 32 (1969), 5:111.
116. *Huber, M., Maier, W.:* Tech. Rundsch. Sulzer 57 (1975) Nr. 1, 1.
117. *Meier, W.:* Tech. Rundsch. Sulzer 61 (1979) Nr. 2, 49.
118. *Thormann, K.:* Absorption. Berlin: Springer 1959.
119. *Treybal, R.E.:* Mass Transfer Operations, 3.Aufl. New York: McGraw-Hill 1980.
120. *Kohl, A.L., Riesenfeld, F.C.:* Gas Purification, 3.Aufl. New York: McGraw-Hill 1979.
121. *Hanson, C.:* Neuere Fortschritte der Flüssig-Flüssig-Extraktion. Aarau und Frankfurt/Main: Sauerländer 1974.

122. *Adolphi, G.* (Herausgeber): Lehrbuch der chemischen Verfahrenstechnik, 4. Aufl. Leipzig: VEB Deutscher Verlag für Grundstoffindustrie 1980.
123. *Marr, R., Moser, F.:* Chem.-Ing.-Tech. 50 (1978), 90.
124. *Steiner, L., Hartland, S.:* Chem.-Ing.-Tech. 52 (1980), 602.
125. *Brandt, H.W., Reissinger, K.-H., Schröter, J.:* Chem.-Ing.-Tech. 50 (1978), 345.
126. *Mehner, W., Müller, E., Höhfeld, G.:* Proc. Int. Solvent Extraction Conference (ISEC 71), Den Haag 1971, Bd. 2, S. 1265.
127. *Pilhofer, Th., Mewes, D.:* Siebbodenextraktionskolonnen. Weinheim: Verlag Chemie 1979.
128. *Matz, G.:* Kristallisation, 2. Aufl. Berlin: Springer 1969.
129. *Mullin, J.W.:* Crystallization, 2. Aufl. London: Butterworth 1972.
130. *Mullin, J.W.* (Herausgeber): Industrial Crystallization. New York: Plenum Press 1976.
131. *Bamforth, A.W.:* Industrial Crystallization. London: Hill 1965.
132. *Zief, M., Wilcox, W.R.:* Fractional Solidification, Bd. 1. New York: Dekker 1967.
133. *Nývlt, J.:* Industrial Crystallization from Solutions. 2. Aufl., London: Butterworth 1983.
134. *Mullin, J.W.:* DECHEMA-Monogr. 66 (1971), 9.
135. *Messing, Th.:* Verfahrenstechnik (Mainz) 6 (1972), 106.
136. *Mersmann, A., Beer, W., Seifert, D.:* Chem.-Ing.-Tech. 50 (1978), 65.
137. *Mersmann, A.:* Chem.-Ing.-Tech. 54 (1982), 631.
138. *Schildknecht, H.:* Zonenschmelzen. Weinheim: Verlag Chemie 1964.
139. *Wynne, E.A.,* in *Zief, M., Wilcox, W.R.* (Herausgeber): Fractional Solidification, Bd. 1. New York: Dekker 1967.
140. *Schmidt, J.:* Chem.-Ing.-Tech. 35 (1963), 410.
141. *McKay, D.L., Goard, H.W.:* Chem. Eng. Prog. 61 (1965) Nr. 11, 99.
142. *Perry, R.H., Chilton, C.H.* (Herausgeber): Chemical Engineers' Handbook, 5. Aufl. New York: McGraw-Hill 1973.
143. *Kröll, K.:* Trockner und Trocknungsverfahren, 2. Aufl. Berlin–Heidelberg–New York: Springer 1978.
144. *Kneule, F.:* Das Trocknen, 3. Aufl. Aarau und Frankfurt/Main: Sauerländer 1975.
145. *Schlünder, E.U.:* Chem.-Ing.-Tech. 48 (1976), 190.
146. *Schlünder, E.U.:* Chem.-Ing.-Tech. 53 (1981), 925.
147. *Adamson, A.W.:* Physical Chemistry of Solids, 2. Aufl. New York: Interscience 1967.
148. *De Boer, J.H.:* The Dynamical Character of Adsorption, 2. Aufl. Oxford: University Press 1968.
149. *Hauffe, K., Morrison, S.R.:* Adsorption. Berlin–New York: de Gruyter 1974.
150. *Dorfner, K.:* Ionenaustauscher, 3. Aufl. Berlin: de Gruyter 1970.
151. *Strathmann, H.:* Trennung von molekularen Mischungen mit Hilfe synthetischer Membranen. Darmstadt: Steinkopff 1979.
152. *Meares, P.:* Membrane Separation Processes. Amsterdam: Elsevier 1976.
153. *Hwang, S.-T., Kammermeyer, K.:* Membranes in Separations, in *Weissberger, A.* (Herausgeber): Techniques of Chemistry, Bd. 7. New York: Wiley-Interscience 1975.
154. *Lacey, R.E., Loeb, S.:* Industrial Processing with Membranes. New York: Wiley-Interscience 1972.
155. *Belfort, G.,* in *Shuval, H.J.* (Herausgeber): Water Renovation and Reuse, S. 130. New York: Academic Press 1977.
156. *Staude, E.:* Angew. Makromol. Chem. 109/110 (1982), 139.
157. *Spiegler, K.S., Lard, A.D.K.* (Herausgeber): Principles of Desalination, Tl. A, 2. Aufl. New York: Academic Press 1980.
158. *Pusch, W.:* Chem.-Ing.-Tech. 47 (1975), 914.
159. *Rautenbach, R., Albrecht, R.:* Membrantrennverfahren. Ultrafiltration und Umkehrosmose. Frankfurt/Main und Aarau: Salle und Sauerländer 1981.
160. *MacLean, D.L., Prince, C.E., Chae, Y.C.:* Chem. Eng. Prog. 76 (1980), Nr. 3, 98.

Grundzüge der chemischen Reaktionstechnik

Prof. Dr. Kurt Dialer, München
Prof. Dr. Arno Löwe, Braunschweig

1 Einleitung – Bedeutung der chemischen Reaktionstechnik

Chemische Verfahren sollen der wirtschaftlichen Umsetzung von Stoffen dienen. Das Ziel solcher Umsetzungen stellt im allgemeinen die Erzeugung erwünschter chemischer Produkte dar. Durch die Erfordernisse des Umweltschutzes können aber auch Verfahren wichtig werden, die die Beseitigung unerwünschter Stoffe zum Zwecke haben. Allen Verfahren gemeinsam ist die entscheidende Bedeutung des chemischen Schrittes im Zusammenspiel mit den übrigen, physikalisch-technischen Verfahrensschritten. In diesem Schritt werden sozusagen die Weichen gestellt für Richtung, Ausmaß und Ablauf der Stoffumwandlung. Damit sind zwangsläufig die Anforderungen festgelegt, die an die Verfahrensschritte zur Vorbereitung der Ausgangsstoffe und zur Aufbereitung der Produkte zu stellen sind.

Unabhängig vom Maßstab – ob im Labor oder in der Technik – ist die Reaktion immer mit dem Transport von Stoff, Wärme und Impuls verknüpft. Je größer die Dimensionen des Prozesses werden, um so größer werden die Transportwege und um so bedeutungsvoller wird der Einfluß der mit dem Transport zusammenhängenden Vorgänge. Das Erforschen dieses Zusammenspiels von chemischen und Transportvorgängen und die Nutzung der Erkenntnisse für die Stoffumsetzung in der Praxis unter wirtschaftlichen Gesichtspunkten ist die Aufgabe der *chemischen Reaktionstechnik*. Eines der wichtigsten Ziele ist dabei das Festlegen optimaler Bedingungen für die Führung einer Reaktion unter gegebenen Voraussetzungen. Als *Zielgröße* für das *wirtschaftliche Optimum* interessiert hier vor allem das Minimum der Herstellkosten, wobei aber Fragen des technischen und finanziellen Risikos, der Rohstoffreserven und der Umwelteinwirkungen einzubeziehen sind.

Die festzulegenden *Bedingungen* umfassen: Zusammensetzung, Zustand und Zerteilungsgrad der Ausgangsstoffe; Konzentration, Druck und Temperatur im Reaktionsraum; Einsatz von Katalysatoren, Inhibitoren, Reglern, Löse- und Verdünnungsmitteln sowie anderen Begleitstoffen; Verweilzeit, Vermischung und Segregation der Reaktionsmasse; Betriebsform, Führung der Stoff- und Wärmeströme; Art, Größe und Werkstoffausstattung des Reaktionsapparates.

Die *Voraussetzungen* sind vor allem durch die Kostenstruktur der Produktionsstätte gegeben. Es gehören dazu die Kosten für die verfügbaren Ausgangsmaterialien nach Art, Menge und Reinheit, für Werkstoffe und Apparate, für die verschiedenen Energiearten, für die menschliche Arbeitskraft und für das investierte Kapital. Bei manchen Verfahren ist auch noch der Wert von Gutschriften für Kuppel- und Nebenprodukte zu berücksichtigen. Alle diese Voraussetzungen sind ortsbestimmt. Daher sind auch die optimalen Bedingungen im allgemeinen sowohl großräumig als auch lokal verschieden.

Die endgültige Entscheidung, welche Bedingungen für ein bestimmtes Verfahren optimal sind, kann erst aufgrund einer ins einzelne gehenden Projektierung und Kalkulation gefällt werden. Um aber die Ausgaben für die Projektierung auf ein erträgliches Maß herabzusetzen und an-

1 Einleitung – Bedeutung der chemischen Reaktionstechnik

dererseits unnötige Kosten für halbtechnische Versuche oder gar Fehlinvestitionen für technische Anlagen zu vermeiden, ist es von großem Interesse, einigermaßen zutreffende Vorkalkulationen schon in einem möglichst frühen Stadium der Entwicklung durchführen zu können. Da die Entwicklung neuer Verfahren ebenso wie die Verbesserung laufender Prozesse aber zumeist in einen möglichst kurzen Zeitraum zusammengedrängt werden muß – sowohl Produkte als auch Verfahren veralten oft rasch –, ist es wichtig, den Ablauf im System Planung–Verfahrensentwicklung–Produktverbesserung möglichst schnell zu gestalten. Dazu gehört auch, daß bereits bei der Planung der chemischen Experimente im Labor und später bei ihrer Auswertung reaktionstechnische Gesichtspunkte einfließen müssen.

Die Grundlagen der chemischen Reaktionstechnik bilden die Stöchiometrie, die Thermodynamik und die Kinetik der chemischen Reaktion sowie der Stoff- und Energietransport, insbesondere die Misch- und Austauschvorgänge. Auf diesen Grundlagen baut die chemische Reaktionstechnik auf, um ihre wesentlichen Aufgaben erfüllen zu können, nämlich die Voraussetzung zu schaffen für:
- die Planung und Entwicklung neuer chemischer Verfahren, besonders die dazu notwendige Übertragung einer chemischen Reaktion vom Labor in den technischen Maßstab,
- die Verbesserung bereits laufender Verfahren durch Umstellung auf kontinuierlichen Betrieb, Automatisierung und ggf. Steuerung durch Prozeßrechner,
- die Anpassung laufender Verfahren an neue Anforderungen – von seiten der Rohstoffsituation für die Edukte, von seiten der Marktsituation für die Wertprodukte und von seiten der Umweltsituation für die Abfallprodukte.

Die chemische Reaktionstechnik ist ein Feld des Zusammenwirkens von Chemie und Ingenieurwissenschaften, für das in Deutschland speziell der technische Chemiker und der Verfahrensingenieur, in den angelsächsischen Ländern der chemical engineer verantwortlich sind. Wohl ist die chemische Reaktion das Kernstück eines jeden chemischen Produktionsprozesses, für die Förderung, Herrichtung und Aufbereitung der Stoffe, für die Zu- und Abfuhr von Wärme sind aber eine ganze Reihe von physikalischen Verfahrensschritten notwendig, wie Zerkleinern, Mischen, Heizen und Kühlen, Destillieren, Kristallisieren, Trocknen usw. Im Gefüge eines chemischen Produktionsverfahrens sind diese Schritte sehr oft schon rein äußerlich wesentlich umfangreicher und fallen dementsprechend auch investitionsmäßig wesentlich stärker ins Gewicht als der chemische Verfahrensschritt. In ihrer Auswahl und ihrem jeweiligen Umfang werden sie allerdings entscheidend durch den Ablauf des chemischen Schrittes bestimmt. Die genannten physikalisch-technischen Verfahrensschritte werden als Grundoperationen (unit operations) bezeichnet und sind Gegenstand der Verfahrenstechnik. Diese reicht in ihrem Anwendungsbereich wesentlich über die chemische Technik hinaus. So werden z.B. die Grundoperationen nicht nur in der chemischen Industrie, sondern – oft in sehr ähnlicher Form – in verschiedenen anderen Verbrauchsgüterindustrien angewandt. Beiden Fachgebieten ist gemeinsam, daß sie wissenschaftlich und anwendungstechnisch auch in anderen Bereichen eine zunehmende Rolle spielen, so z.B. in Biologie, Medizin und Umweltschutz.

Dem Gebiet der chemischen Reaktionstechnik (chemical reaction engineering) wird in neuerer Zeit das Gebiet der *Prozeß- und Anlagentechnik* zur Seite gestellt. Die Abgrenzung der Gebiete ist noch nicht einheitlich getroffen; Überschneidungen ergeben sich vor allem bei den Realisierungsstufen Verfahrensauswahl und Verfahrensoptimierung. Der Schwerpunkt der Prozeß- und Anlagentechnik liegt jedenfalls bei der ingenieurmäßigen Vorbereitung der Verwirklichung eines Verfahrens bzw. des Baus von Anlagen, also auf Gebieten, die im industriellen Sprachgebrauch als „basic engineering" und „detail engineering" bezeichnet werden.

Damit ist die chemische Reaktionstechnik in ihrer Stellung, ihrer Aufgabe und ihrer Bedeutung charakterisiert. Für die weitere Entwicklung zeichnen sich folgende grundlegende Tendenzen ab, die sinngemäß auch für die Grundoperationen gelten können. Statt eine Vielfalt von möglichen Apparaten und Verfahrensweisen anzuwenden und zu erforschen, wird man sich zunehmend auf wenige Grundtypen konzentrieren, deren Voraussetzungen, Eignung und Anwendungsbereich besonders sorgfältig und kritisch gesichtet werden müssen. Analog dazu wird man versuchen, für die Interpretation der Vorgänge in den Reaktoren zu möglichst überschaubaren, physikalisch verständlichen Beschreibungsmöglichkeiten zu gelangen. Damit zusammenhängend sind möglichst einfache, aber das Wesentliche treffende Modelle anzustreben. Eine besondere Rolle wird bei der weiteren Entwicklung den Methoden der Systemanalyse bzw. der Systemtechnik zukommen.

Eine erste zusammenfassende Darstellung über das, was heute unter dem Begriff chemische Reaktionstechnik verstanden wird, stammt von *G. Damköhler* [1]. Als neue Disziplin ist das Fach in den Jahren nach 1957 entwickelt worden, wobei ein wesentlicher Anteil auf *N. R. Amundson, P. V. Danckwerts, K.G. Denbigh, H. Kramers, D.W. van Krevelen, K. Schoenemann* und *E. Wicke* zurückgeht. Der jeweilige Stand der Entwicklung wird in zusammenfassenden Artikeln und Büchern beschrieben, die seitdem über das Gebiet der Chemischen Reaktionstechnik erschienen sind [1–19].

Die hier verfolgte Systematik schließt sich an die genannten zusammenfassenden Darstellungen an. Sie behandelt, ausgehend von den Grundlagen der Reaktion, das Zusammenwirken von Reaktion und Transport im technischen Prozeß, und zwar gegliedert nach den vorherrschenden Phasensystemen. Die weitere Behandlung des Stoffes orientiert sich an den Aufgaben, die der chemischen Reaktionstechnik gestellt sind, nämlich der Berechnung von Reaktoren und der Optimierung der Verfahrensführung im Hinblick auf Umsatz und Selektivität.

2 Chemische Reaktion

2.1 Stöchiometrie, Thermodynamik

Die Grundlagen der Stöchiometrie und der Thermodynamik werden in Lehrbüchern der physikalischen Chemie vermittelt und dürfen vorausgesetzt werden. Eine knappe einschlägige Darstellung bringt [15]. Beide Gebiete haben jedoch Anwendungsfelder, die überwiegend von Reaktionstechnikern bearbeitet und entwickelt wurden. Eine umfassende Behandlung der in der Reaktionstechnik nützlichen stöchiometrischen Formulierungen des Massenerhaltungssatzes ist in [20] zu finden.

2.2 Kinetik

Dem Reaktionstechniker soll die chemische Kinetik in erster Linie Daten liefern, mit deren Hilfe er die Reaktoren der Praxis entwerfen, betreiben, regeln und optimieren kann [21]. Das Ziel ist, die Umsatz- bzw. Bildungsgeschwindigkeiten aller wesentlichen Komponenten eines chemischen Verfahrens als Funktion von Konzentrationen, Temperatur und eventuell weiteren Größen im interessierenden Wertebereich quantitativ mit angemessener Genauigkeit angeben zu können. Jede mechanistische Information kann nützlich sein, i.a. wählt man aber nicht den Weg über den molekularen Reaktionsmechanismus, sondern sucht wegen des geringeren Aufwands einen direkten Zugang zu den kinetischen Gesetzen.

Sind die Elementarreaktionen erkannt oder postuliert, so lassen sich die kinetischen Funktionsgleichungen für die Reaktionsgeschwindigkeiten r_j im Prinzip immer ableiten. Gewöhnlich werden Elementarmechanismen als geschlossene oder offene Folgen präsentiert. Ein einfaches Beispiel ist der katalytische Zyklus

$$A + X \leftrightarrows AX \tag{1}$$

$$AX \rightleftarrows BX \tag{2}$$

$$BX \leftrightarrows B + X \tag{3}$$

bei dem X ein Radikal, Ion, Oberflächenzentrum, Enzym o. ä. sein kann. Die formale Behandlung solcher Folgen ist ein Hauptthema der Lehrbücher über Reaktionskinetik. Konzepte wie Reaktionsordnung, Geschwindigkeitskonstante, Aktivierungsenergie, aktive Zentren, quasistationärer Zustand, geschwindigkeitsbestimmender Schritt (oder Zentrum) und andere spielen dabei eine wesentliche Rolle. Diese Aspekte überwiegend formaler Natur sind besonders klar in [21] herausgearbeitet. Einen knappen Abriß enthält [15]. Bei der Entschlüsselung von Reaktionsmechanismen können reaktionskinetische Untersuchungen erhebliche Beiträge leisten [22]. Allerdings ist eine massive Unterstützung durch physikalisch-chemische Methoden notwendig, bei festen Katalysatoren etwa durch die Methoden der Oberflächenchemie und -physik.

Für Teilabschnitte des direkten Wegs stehen Algorithmen zur Verfügung. Wenn alle Komponenten eines Reaktionsgemischs identifiziert sind, läßt sich ein stöchiometrisches Schema ableiten. Es gibt an, wie viele chemische Reaktionen ausreichen, um das Auftreten aller Komponenten zu erklären [20]. Weiter läßt sich dann aus kinetischen Messungen systematisch ableiten, wie viele linear unabhängige Reaktionen ablaufen [23]. Wie viele Reaktionen tatsächlich ablaufen und welche das sind, läßt sich jedoch nicht durch die Anwendung von Algorithmen lösen, wenn auch Ansätze dazu vorgeschlagen wurden [24]. Die Klärung dieser Frage erfordert chemische Kenntnisse und gezieltes Experimentieren: Studium der Produktverteilung, Änderung der Konzentrationsniveaus von Zwischenprodukten durch gezielte Zufuhr, Einsatz von Tracern sind bekannte Strategien, andere sind neueren Datums und noch wenig angewandt, wie die Methoden des partiellen Gleichgewichts und der kontrollierten Desaktivierung [25].

Das Ziel solcher Untersuchungen ist die Formulierung der ablaufenden Reaktionen, meist in Form eines Netzwerks präsentiert. Ist ein derartiges Netzwerk postuliert, steht als nächste Aufgabe an, passende Geschwindigkeitsgleichungen für die einzelnen Reaktionen zu finden und die Parameter zu bestimmen. Kann man das Netzwerk als lineares System klassifizieren, so kann sich das experimentelle und rechnerische Vorgehen von Methoden der linearen Algebra leiten lassen. Die Anwendung solcher Strukturanalysen auf chemisch reagierende Systeme unter Beachtung der stöchiometrischen und anderer physikalischer Einschränkungen wurde von *Wei* und *Prater* [26] entwickelt und umfassend untersucht. Bei linearen Reaktionssystemen werden die Geschwindigkeitskonstanten in vielen Fällen durch die üblichen Methoden der Regressionsrechnung aber einfacher zu ermitteln sein.

Wenn das redundante Reaktionssystem nichtlinear in den Konzentrationen, aber linear in den Parametern ist, kann man über die Meßwerte integrieren und so zu einem linearen Gleichungssystem für die Parameterschätzung gelangen [27]. Ist das Reaktionssystem nichtlinear in den Parametern, oder ist überhaupt noch nichts über die Form der Geschwindigkeitsgesetze bekannt, so stehen methodische Hilfsmittel in weit geringerem Umfang zur Verfügung. Unter bestimmten Voraussetzungen läßt sich ein Netzwerk experimentell entkoppeln, d.h. die Reaktionsgeschwindigkeiten der einzelnen Schritte werden einzeln meßbar und modellierbar [25]. Wenn keine oder nur eine partielle Entkoppelung möglich ist, kann man versuchen, nur redundante Reaktionen simultan zu modellieren und so zu einem Rumpfsystem mit gleicher Anzahl von Reaktionen und stöchiometrischen Beziehungen zu gelangen [28].

Es ist häufig unnötig, sich mit allen Reaktionen eines Netzwerks zu beschäftigen. Kompliziertere Netzwerke, in denen alle Schritte dem Reaktionsablauf annähernd gleichgroße Widerstände entgegensetzen, bieten so geringe Selektivitäten der einzelnen Komponenten, daß sie kaum praktische Bedeutung haben dürften. Häufig sind Reaktionen vergleichsweise schnell oder langsam oder thermodynamisch limitiert und müssen nicht unter allen Umständen in die kinetische Modellierung einbezogen werden. Komponenten allerdings, die z.B. zu Problemen bei der Aufarbeitung führen können oder die schädlich für Katalysatoren sind, müssen zu den kinetisch wesentlichen Stoffen gezählt werden.

In der Reaktionstechnik sind Selektivitäten häufig wichtiger als die Aktivität. Dieser Umstand sollte schon bei kinetischen Untersuchungen im Labor berücksichtigt werden. Beim Testen neuer Katalysatoren oder im Vorstadium der Verfahrensentwicklung z. B. lohnt es sich meistens nicht, die Reaktionsgeschwindigkeiten in einem Netzwerk absolut zu erfassen. Relative Reaktionsgeschwindigkeiten sind prinzipiell mit geringeren Fehlern behaftet.

Zum Beispiel ist im Netzwerk

$$
\begin{array}{c}
A \xrightarrow{1} P \\
{}_3\searrow \swarrow_2 \\
X
\end{array}
\tag{4}
$$

– der Einfachheit halber mit linearer Kinetik angesetzt – die relative Reaktionsgeschwindigkeit:

$$\frac{dc_p}{dc_A} = -\frac{k_1}{k_1 + k_3} + \frac{k_2}{k_1 + k_3}\frac{c_p}{c_A} \tag{5}$$

Ungenauigkeiten in den Versuchsbedingungen wie Temperatur, Druck oder Zeit wirken sich bei einer solchen Auswertung weniger aus als bei der Bestimmung der absoluten Reaktionsgeschwindigkeiten. Die Zeit (Uhrzeit oder Verweilzeit) ist explizit in Gl. (5) nicht mehr enthalten, und das Verhältnis von Geschwindigkeitskonstanten ist weit weniger temperaturempfindlich als die Geschwindigkeitskonstanten selbst. Diese relative Unempfindlichkeit wäre unträgbar für fundamentale kinetische Untersuchungen, ist aber äußerst vorteilhaft, um den Bereich günstiger Betriebsbedingungen im technischen Prozeß schnell und einigermaßen zuverlässig eingrenzen zu können. Dazu müssen die Konstanten k_1, k_2 und k_3 nicht einzeln erfaßt werden, sondern es genügt u.U. schon eine zweiparametrige Darstellung der Selektivitätsbeziehung:

$$\frac{dc_p}{dc_A} = a_1 \frac{c_p}{c_A} + a_2 \tag{6}$$

Damit verläßt man allerdings den Boden echter Kinetik und begibt sich auf den weit unsichereren Grund der Formalkinetik. Im obigen Beispiel sind a_1 und a_2 abhängig von der Verweilzeitverteilung und nicht ohne weiteres auf andere Strömungsformen übertragbar.

Es ist häufig nicht möglich, mit vertretbarem Aufwand alle Komponenten oder gar alle Reaktionen eines Netzwerks zu identifizieren. Dann ist man praktisch gezwungen, Komponenten und Reaktionen nach bestimmten Gesichtspunkten zu konzentrieren und die kinetischen Gesetzmäßigkeiten formal anzuwenden.

Es gibt viele Beispiele für ein solches Vorgehen, auch Beispiele extremer Art, bei denen komplizierte Reaktionsabläufe auf die Formel ‚Edukte ergeben Produkte' reduziert sind: *Monods* Geschwindigkeitsgleichung vom *Michaelis-Menten*-Typ für mikrobielle Fermentationen gehört ebenso in diese Kategorie wie das vielzitierte Beispiel des katalytischen Crackens von Gasöl [29]:

$$
\begin{array}{c}
\text{Gasöl (A)} \xrightarrow{1} \text{Benzin (P)} \\
{}_3\searrow \swarrow_2 \\
\text{Koks} \\
+ \text{leichte KW} \\
\text{(X)}
\end{array}
\tag{7}
$$

In den formalen, empirisch gewonnenen Geschwindigkeitsausdrücken des letzten Beispiels,

$$\frac{dw_A}{dt} = -(k_1 + k_3)w_A^2 \tag{8}$$

$$\frac{dw_p}{dt} = k_1 w_A^2 - k_2 w_p \tag{9}$$

machen sich die stark unterschiedlichen Crack-Reaktivitäten der Gasölkomponenten bemerkbar: Formal wird die Verteilung der Geschwindigkeitskonstanten durch eine ‚Reaktion zweiter Ordnung' dargestellt.

Bei der formalkinetischen Behandlung von Reaktionssystemen darf man nicht überrascht sein, wenn die nur pseudokinetischen Koeffizienten elementarkinetischen Theorien widersprechen. Häufig wird man z. B. temperaturabhängige Aktivierungsenergien finden oder Geschwindigkeitskonstanten bzw. Reaktionsordnungen, die von der (Anfangs-)Zusammensetzung abhängen. Über einige solcher Möglichkeiten geben z. B. rechnerische Studien von *Luss* Aufschluß [30] s. a. [31].
In technisch relevanten, und das heißt meistens in mehrphasigen Systemen wird der Ablauf chemischer Reaktionen nachhaltig durch Transportprozesse lokaler Art und fluiddynamische Vorgänge räumlichen Ausmaßes verändert. Diese zusätzlichen Einflüsse entweder im chemisch-mechanistisch orientierten Experiment zu eliminieren oder ihre Auswirkungen zu diagnostizieren und für den technischen Maßstab in Rechnung zu stellen, ist die eigentliche Aufgabe der chemischen Reaktionstechnik.

Für reaktionstechnische Zwecke geeignete experimentelle reaktionskinetische Methoden können ohne Berücksichtigung dieser Transporteinflüsse nicht sinnvoll diskutiert werden. Laborreaktoren und zugehörige Probleme werden daher im folgenden erst später besprochen. An dieser Stelle sei nur auf die zur Zeit wohl umfassendste Darlegung in [16] verwiesen. Über Laborreaktoren für Gas-fest- bzw. Gas-flüssig-fest-Systeme gibt es mehrere spezielle Abhandlungen, z.B. [32, 33].

3 Reaktion und Transport (Makrokinetik)

3.1 Reaktionen in einer Phase

Ist ein Reaktionsgemisch im strengen Sinne homogen, so gibt es darin keine Konzentrations- und Temperaturunterschiede und dementsprechend auch keine Möglichkeit bzw. Notwendigkeit eines Transports von Stoff oder Wärme. Die Betrachtung der Makrokinetik, d. h. des Zusammenspiels von Reaktion und Transport, ist bei solchen völlig homogenen Systemen überflüssig. Im technischen Maßstab genügen aber sehr oft auch Reaktionen, die im Labormaßstab noch als homogen anzusprechen sind, nicht mehr den strengen Anforderungen an die Homogenität; das bedeutet, daß dabei beträchtliche Konzentrations- und Temperaturunterschiede auftreten können. Bei solchen Reaktionen, die zwar innerhalb einer Phase, aber nicht homogen ablaufen, ist bereits eine makrokinetische Betrachtung angebracht.

Inhomogenitäten innerhalb einer Phase in einem technischen Reaktor können grundsätzlich zweierlei Ursprung haben. Sie können einmal darauf zurückzuführen sein, daß die Reaktionskomponenten vor bzw. beim Eintritt in den Reaktor nicht genügend molekular vermischt wurden, zum anderen kann sich auch durch die Führung der kontinuierlichen Stoffströme im Reaktor eine unterschiedliche Selbstvermischung des Reaktionsgemischs ergeben.

Es ist prinzipiell schwierig, die Güte einer Vermischung zu beschreiben. Nur im ideal gemischten Reaktor ist die Vermischung momentan, d.h. die Vermischungsgeschwindigkeit ist unendlich groß, und die Konzentrationsunterschiede, die über molekulare Schwankungen hinausgehen, sind gleich Null. In nichtidealen Reaktoren kann die Mischgüte zumeist nicht mit einem einzigen Parameter beschrieben werden. In technischen Dimensionen muß man nämlich Bereiche verschiedener Größenordnungen unterscheiden:
– Strömungsvorgänge, die sich über die gesamte Ausdehnung des Reaktors erstrecken,
– Bereiche der durch die Strömung oder Mischorgane hervorgerufenen Fluidelemente (z.B. Turbulenzballen) und
– den Bereich der molekularen Vermischung, in dem die Diffusion die Aufgabe des Homogenisierens übernimmt.

Danckwerts [34] hat ein Konzept zur Beschreibung von Inhomogenitäten eingeführt, das auf zwei Kriterien abstellt, nämlich den *Segregationsabstand* b_s und die *Segregationsintensität* I_s. Der Segregationsabstand soll

der mittlere Abstand zwischen zwei Punkten sein, zwischen denen ein maximaler Konzentrationsunterschied besteht; er kann als Maß für die Größe von Turbulenzballen aufgefaßt werden.
Die Segregationsintensität entspricht dem maximal vorhandenen Konzentrationsunterschied im Verhältnis zum ursprünglichen Wert. Bei einer laminaren Mischung vermindert sich zunächst b_s sehr stark, während I_s dem anschließenden Diffusionsausgleich entspricht und nur langsam abnimmt. Bei turbulentem Mischen kann b_s sehr lange in ursprünglicher Höhe bestehen bleiben, während I_s z. B. exponentiell mit der Zeit abnimmt. Der Zusammenhang der Änderung von b_s und I_s mit der Zeit kann bisher allerdings noch nicht allgemeingültig beschrieben werden.
Ein anderes Kriterium ist die Mischzeit t_m, die angibt, wie lange es dauert, bis ein Konzentrationsunterschied auf den Bruchteil α seines Ausgangswertes abnimmt. Diese Mischzeit ist bei konstantem Segregationsabstand proportional dem Logarithmus des zu erreichenden Bruchteils der Konzentrationsdifferenz:

$$t_m = k \ln \frac{1}{\alpha} \tag{10}$$

Die Mischzeit kann allerdings im allgemeinen nur für den turbulenten Bereich als ein geeignetes Kriterium angesprochen werden, da im laminaren Bereich die Voraussetzungen eines konstanten Segregationsabstands nur beim Rohrreaktor erfüllt sind.

Ein besonderes Problem stellt die sogenannte Mikrovermischung dar. Sie ist eng mit dem Segregationsverhalten verknüpft. Dabei kann man zwei Grenzfälle unterscheiden:
– Vollständige *Mikrovermischung*: sie bedeutet Vermischung der Fluidelemente bis in den molekularen Bereich.
– Vollständige *Segregation*: das Fluid besteht aus abgeschlossenen Volumenelementen, die klein sind gegenüber den Reaktorabmessungen, aber groß gegenüber den Molekülen.

Im Bereich zwischen den beiden Grenzfällen kann man einen Segregationsgrad definieren [35], der sich aus der „Altersverteilung" der Moleküle im System bzw. aus dem Zeitpunkt der Vermischung ergibt. Er ist im Fall vollständiger Segregation gleich Eins und geht mit zunehmender Mikrovermischung gegen Null. Eine anders definierte Größe ist die Segregationszahl [36]; sie entspricht einem Verhältnis charakteristischer Zeiten für Mikro- und Makrovermischung.
Die Einflüsse einer ungenügenden Vorvermischung wirken sich insbesondere dann aus, wenn die Reaktionsgeschwindigkeit gegenüber den Ausgleichs- und Mischvorgängen relativ schnell ist. Beispiele für solche Reaktionen sind einerseits die Ionen- und die Radikalreaktionen, die als solche außerordentlich schnell ablaufen, andererseits Reaktionen in konzentrierten Polymersystemen, bei denen die Reaktionen zwar an sich nicht besonders schnell sind, dafür aber die Transportvorgänge wegen der hohen Viskosität sehr langsam verlaufen. Die beiden Bereiche sind gleichzeitig auch Bereiche der Strömungsformen turbulent und laminar.
Ionenreaktionen verlaufen im allgemeinen so schnell, daß mangelnde Mischgüte sich nur in einer unvollständigen Ausbeute äußert. Zur Behebung dieser Mängel wird man also auf einfache Maßnahmen wie Erhöhung der Mischintensität oder Vergrößerung des Reaktionsraumes zurückgreifen können. Ansätze zu einer theoretischen Behandlung sind bei [37] zu finden.
Eine wesentlich schwierigere Situation liegt dagegen bei den technisch sehr bedeutsamen Flammenreaktionen vor. Insbesondere wenn nicht die Verbrennung das erwünschte Ziel ist, sondern Produkte der partiellen Oxidation bzw. der endothermen Spaltung gefaßt werden sollen, kommt es auf den einheitlichen Ablauf der Reaktionen und damit auf gute Vormischung an. Die Verhältnisse sind aber durch die gleichzeitigen Vorgänge der Rückvermischung kompliziert, die zum Teil für den Ablauf der Prozesse (Radikalnachlieferung bzw. Vorwärmeeffekt) unbedingt notwendig sind. Ansatzpunkte für eine Behandlung dieser Probleme finden sich in [38–41].
Über den Einfluß von Stofftransportvorgängen in Reaktoren für hochviskose Polymersysteme liegen erst wenige gezielte experimentelle Befunde vor [42]. Eine theoretische Behandlung solcher Vorgänge könnte sich an den gleichzeitigen Ablauf von Stoffübergang und Reaktion bei heterogenen Systemen anlehnen [13].

3.2 Heterogene Reaktionen

Heterogene Reaktionen, insbesondere solche, bei denen die Reaktion an der Oberfläche fester Stoffe abläuft oder bei denen Gase mit Flüssigkeiten in Berührung gebracht werden, spielen in der chemischen Technik eine bedeutende Rolle. Hierher gehören kontaktkatalytische Reaktionen, Reduktions- und Röstprozesse, die Vergasung und Verbrennung fester und flüssiger Brennstoffe, chemische Gaswäschen, die Produktionsverfahren gas/flüssig sowie Fermentationsprozesse.

Für heterogene Reaktionen sind Stoff- und Wärmetransport zu und von den Phasengrenzflächen sowie Austauschströme zwischen den Phasen charakteristisch. Die Geschwindigkeit der Transportprozesse ist in vielen Fällen maßgebend für den zeitlichen Ablauf der Gesamtreaktion, d.h. ein Transportprozeß kann der geschwindigkeitsbestimmende Schritt sein.

3.2.1 Fluidreaktionen mit Feststoffkatalysatoren

Diffusion in den Hohlräumen poröser Feststoffe sowie Wärme- und Stoffaustausch zwischen Umgebung und äußerer Kornoberfläche sind wesentliche Merkmale von Gas-Feststoff-Reaktionen. Das Zusammenspiel von Reaktion und Transport im porösen Einzelkorn und seine Auswirkungen auf so relevante Größen bzw. Vorgänge im industriellen Reaktor, wie Reaktionsordnung, scheinbare Aktivierungsenergie, Stabilität, Selektivität, Vergiftung und Regenerierung, ist verschiedentlich untersucht worden.

Erstmalig wurden derartige Probleme eingehender von *Damköhler* [43] und später von *Thiele* [44] sowie *Zeldovitch* [45] behandelt. Weiterführende theoretische Beiträge wurden von *Wagner* [46], *Frank-Kamenetskii* [47], und *Wheeler* [48, 49] gebracht. Gerade auf diesem Gebiet haben sehr viele Reaktionstechniker Beiträge geleistet. Der heutige Stand der Kenntnisse ist in den Monographien von *Satterfield* [50] und *Aris* [51] umfassend dargestellt.

Die Menge eines Ausgangsstoffs, der im Innern eines porösen Katalysatorkorns durch chemische Reaktion verbraucht wird, muß im stationären Zustand durch Transportvorgänge, i.a. durch Diffusion, nachgeliefert werden. Diffusion setzt ein Konzentrationsgefälle der betrachteten Reaktionskomponente von der äußeren Kornoberfläche zum -zentrum voraus, das um so steiler sein wird, je größer der Diffusions- und je geringer der Reaktionswiderstand ist. Ein steiles Profil bedeutet eine Verarmung an Ausgangsstoff im Korninneren; synonyme Bezeichnungen für einen solchen Zustand sind geringe Eindringtiefe der Reaktion oder niedriger *Nutzungsgrad* des Katalysators.

Die wesentlichen Züge der Modellbehandlung für den simultanen Vorgang Reaktion–Diffusion und die Auswirkungen auf den Gesamtverlauf der chemischen Umsetzung lassen sich an einem einfachen Fall zeigen. Die vereinfachenden Annahmen sind: kein Temperaturprofil im Korn (isothermer Fall), konstanter effektiver Diffusionskoeffizient D_e, eindimensionale Diffusion, Reaktion erster Ordnung. Die Stoffbilanz – Abnahme des Diffusionsstroms gleich Verbrauch durch Reaktion – für ein differentielles Volumenelement läßt sich dann formulieren als

$$D_e \frac{d^2 c_j}{dz^2} = k c_j. \qquad (11)$$

Gl. (11) kann man durch Normieren auf c_{j0} und eine charakteristische Kornabmessung l dimensionslos machen und erhält dabei den Parameter, der für das hier behandelte, auch unter der Kurzbezeichnung *Porendiffusion* bekannte Problem wichtig ist: die *Katalysatorkennzahl* oder der *Thiele-Modul* (sie entsprechen der Wurzel aus der zweiten *Damköhler*-Zahl) $\varphi = l\sqrt{k/D_e}$:

$$\frac{d^2(c_j/c_{j0})}{d(z/l)^2} = \varphi^2 \frac{c_j}{c_{j0}} \qquad (12)$$

Die Lösung dieser Gleichung ergibt mit den Randbedingungen $z = 0$ und $c_j = c_{j0}$ sowie $z = 1$ und $dc_j/dz = 0$ den Verlauf des Konzentrationsprofils $c_j(z)$. Im Hinblick auf die Stoffverarmung ist es üblich und vorteilhaft, mit dem *Nutzungsgrad* η ein mittleres Maß einzuführen. Definitionsgemäß ist η das Verhältnis der meßbaren („effektiven") Reaktionsgeschwindigkeit r_e zur Reaktionsgeschwindigkeit an der äußeren Kornoberfläche r_0, also

$$\eta = \frac{r_e}{r_0} = \frac{\frac{1}{l}\int_0^l k c_j(z) dz}{k c_{j0}} \tag{13}$$

Mit der Lösung $c_j(z)$ aus Gl. (12) folgt

$$\eta = \frac{\tanh\varphi}{\varphi} \tag{14}$$

Diese Funktion ist in Bild 1 dargestellt. Für $\varphi < 0{,}3$ ($\eta \approx 1$) ist die chemische Kinetik der geschwindigkeitsbestimmende Vorgang, die Konzentrationsprofile sind flach; der Bereich $0{,}3 < \varphi < 3$ ist ein Übergangsgebiet, und bei $\varphi > 3$ ist das Gebiet der Porendiffusion (im engeren Sinne) erreicht. Hier ist der Diffusionswiderstand geschwindigkeitsbestimmend, die Beziehung $\eta = \tanh\varphi/\varphi$ geht in die (im Bild 1 gestrichelt angedeutete) Asymptote $\eta = 1/\varphi$ über; außerdem ist die Konzentration c_j im Kornzentrum $z = l$ auf Null abgefallen.

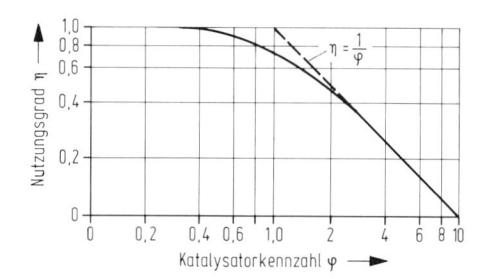

Bild 1. Katalysator-Nutzungsgrad als Funktion der Kennzahl φ

Als erste interessante Folgerung läßt sich aus dieser Modellbehandlung die Aussage gewinnen, daß im Bereich der Porendiffusion mit $\eta = 1/\varphi$ nur die halbe Aktivierungsenergie der chemischen Reaktion gemessen wird, wie sich aus der Gleichungsfolge

$$r_e = \eta r_0 = (1/\varphi) k c_{j0} = \left(\sqrt{D_e}/l\right)\sqrt{k_0}\exp(E/2RT) c_{j0} \tag{15}$$

ergibt. Der Einfluß des Stofftransports auf die Temperaturabhängigkeit der chemischen Umsetzung ist in dem *Arrhenius*-Diagramm Bild 2 dargestellt; für die einzelnen Bereiche charakteristische Konzentrationsverläufe sowie die effektiven (scheinbaren) Aktivierungsenergien E_e sind ebenfalls angegeben. Auf den äußeren Stofftransport *(Filmdiffusion)* wird weiter unten eingegangen.

Für andere Erwägungen mit Blick auf praktische Anwendungen müssen einige der vereinfachenden Annahmen aufgegeben oder zumindest etwas näher betrachtet werden. Bei anderen Kornformen wie Kugel, Zylinder oder auch irregulären Formen, in denen die Diffusion nicht mehr als eindimensionaler Vorgang beschrieben werden kann, sowie bei anderen kinetischen Ordnungen mit $n \neq 1$ kann der Nutzungsgrad mit hinreichender Genauigkeit von der η/φ-Kurve in Bild 1 abgelesen werden, wenn die modifizierte Katalysatorkennzahl

$$\varphi' = \frac{V}{A}\sqrt{\frac{n+1}{2}\frac{k}{D_e} c_{j0}^{n-1}} \tag{16}$$

eingeführt wird. (Volumen V durch äußere Oberfläche A ist die charakteristische Länge.)

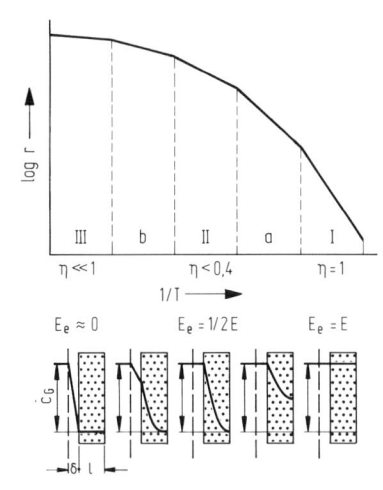

Bild 2. Arrhenius-Diagramm für Gasreaktionen an porösen Feststoffen
Bereich I: chemische Reaktion
Bereich II: Porendiffusion
Bereich III: Filmdiffusion

Ausnahmen, besonders bei mittleren Werten von φ, ergeben Ordnungen nahe Null oder sehr hohe Ordnungen (s. z. B. [8]). Solche Ordnungen, dazu auch negative, ergeben sich formal als Grenzfälle kinetischer Gleichungen vom *Langmuir-Hinshelwood*-Typ [15, 52].
Es ist kein besonderes Problem, auch bei komplizierten Geschwindigkeitsgleichungen Gl. (12) oder ein gekoppeltes System für Mehrfachreaktionen numerisch zu lösen. Probleme ergeben sich aus der meist ungenauen Kenntnis der Parameter. Besondere Beachtung verdient der effektive Diffusionskoeffizient D_e. Für den Stofftransport im Korninneren kommen hauptsächlich *Knudsen*- und normale Gasdiffusion in Betracht, daneben auch hydrodynamische Strömung, hervorgerufen durch Volumenänderungen bei der Reaktion, sowie Oberflächendiffusion, besonders in Anwesenheit leicht adsorbierbarer Dämpfe. Da Gl. (11) sich auf ein Volumenelement des porösen Stoffes bezieht, dürfen nicht die im freien Gasraum gültigen Diffusionskoeffizienten eingesetzt werden. Die Raumversperrung durch die Feststoffmatrix und die Verwindung der Poren werden mit einem Strukturfaktor berücksichtigt, der die Porosität P, eine relativ einfach zu ermittelnde Größe, und einen *Labyrinthfaktor* L (tortuosity factor) enthält, der in vielen Fällen zwischen 2 und 6 liegt. Damit gilt: $D_e = (P/L)D$.
Auch die kinetischen Parameter sind selten genau bekannt. Selbst die Form des Geschwindigkeitsgesetzes mag noch ungeklärt sein. Anhand gemessener Reaktionsgeschwindigkeiten r_e läßt sich mit einem einigermaßen zutreffenden Schätzwert für D_e immerhin prüfen, ob ein Einfluß des Diffusionswiderstands vorliegen könnte. Aus $r_e = r_0 \eta$ folgt durch Erweitern mit $l^2(n+1)/2D_e c_{j0}$:

$$r_e \frac{l^2}{D_e c_{j0}} = \frac{2}{n+1} \varphi^2 \eta \tag{17}$$

Damit η nahe Eins ist, muß φ < 0,3 und damit (für n = 1) näherungsweise

$$\Phi_1 = r_e \frac{l^2}{D_e c_{j0}} < 0,1 \tag{18}$$

sein. Diese Beziehung ist als *Weisz-Prater*-Kriterium [53] bekannt. Sie wird häufig für Kugeln angegeben, wobei l durch den Radius r_K ersetzt ist, so daß der Zahlenwert auf der rechten Seite ungefähr 1 beträgt.
Es ist weitaus wichtiger, abschätzen zu können, ob Diffusionseinflüsse vorliegen, als für eine einfache Reaktion Nutzungsgrade auszurechnen. Meist ist es nämlich nicht die Nutzung des Katalysators, die wirklich interessant ist. Man kann einen schlechten Wirkungsgrad verhältnismäßig

einfach ausgleichen, wenn man entsprechend mehr Katalysator einsetzt. Bei den meisten Verfahren spielen diese zusätzlichen Kosten für mehr Katalysator und die sich daraus ergebenden Folgekosten keine große Rolle. Interessanter sind andere Auswirkungen des Diffusionseinflusses. Bei Mehrfachreaktionen kann der Diffusionseinfluß die Selektivität ändern. In Anlehnung an *Wheeler* [49] unterscheidet man drei Selektivitätstypen. Bei Parallelreaktionen (Typ I: A → P, A → X) verschiebt wachsendes φ die Selektivität zugunsten der Reaktion mit der niedrigeren Ordnung. Bei Folgereaktionen (Typ II: A → P → X) ist jeder merkliche Diffusionswiderstand schädlich: Das erwünschte Zwischenprodukt P wird behindert, in den freien Gasraum zu kommen. Der dritte Typ sind die (stöchiometrisch) ungekoppelten Reaktionen A_1 → B und A_2 → D. Bei diesen wird die Umsetzung der Komponente mit dem kleineren Diffusionskoeffizienten stärker behindert. Bei allen drei Typen sind quantitative Beziehungen leicht abzuleiten [50]. Wenn man den Bereich der Konfigurationsdiffusion, wie sie in Zeolithen vorherrscht, miteinbezieht, können die Diffusionskoeffizienten sehr stark unterschiedlich und die Effekte beträchtlich sein. Im Grenzfall dieser als Gestaltselektivität (shape selectivity) bezeichneten Erscheinungen können bestimmte Komponenten von der inneren Katalysatoroberfläche ausgesperrt werden, z. B. verzweigte gegenüber geradkettigen Kohlenwasserstoffen.

Einen wirklich kritischen Einfluß kann der Diffusionswiderstand bei Reaktionen ausüben, bei denen eine Diffusionskopplung zwischen verschiedenen Katalysatorfunktionen vorliegt. Ein verhältnismäßig einfacher Fall einer solchen polyfunktionellen Mehrfachreaktion kann dargestellt werden durch

$$A \underset{}{\overset{X}{\rightleftharpoons}} Z \overset{Y}{\rightarrow} P \tag{19}$$

,Nichttrivial' wird ein solches System genannt, wenn das chemische Gleichgewicht A ⇌ Z weit auf der Seite von A liegt [54]. Will man eine annehmbare Ausbeute an P erzielen, muß man dafür sorgen, daß in der Umgebung der katalytisch aktiven Y-Komponente möglichst viel Z, d.h. die Gleichgewichtskonzentration $c_{Z,Gl}$, vorhanden ist. Zumindest die X-Funktion muß daher das *Weisz-Prater*-Kriterium [53, 55] erfüllen. Da $c_{Z,Gl}$ klein ist, muß für kurze Diffusionswege l gesorgt werden. Kann Z zusätzlich noch an X zu einem unerwünschten Produkt U weiterreagieren entsprechend

$$A \underset{}{\overset{X}{\rightleftharpoons}} Z \overset{X}{\underset{Y}{\diagdown}} \begin{matrix} U \\ P \end{matrix} \tag{20}$$

wird besonders augenfällig, daß der Übergang des Z von der X- zur Y-Funktion nicht durch einen Diffusionswiderstand behindert sein darf.

Gemäß der angenommenen Gleichgewichtslage A ⇌ Z ist Z häufig eine energiereichere Verbindung. Solche energiereicheren Zwischenprodukte und die Diffusionskopplung zwischen verschiedenartigen Katalysatorfunktionen spielen bei den Crackprozessen der Mineralölindustrie eine wichtige Rolle, ebenso bei den noch viel komplexeren Reaktionsfolgen biologischer Vorgänge [56].

Nachfolgend werden Maßnahmen besprochen, wie der *Thiele*-Modul φ beeinflußt werden kann, entweder für diagnostische Zwecke oder um z.B. die Produktausbeute oder ein anderes Gütekriterium zu verbessern. Die chemische Reaktionsgeschwindigkeit, in den einfachen Fällen vertreten durch die Geschwindigkeitskonstante k, läßt sich, wie bereits anhand von Bild 2 diskutiert, über die Temperatur stark verändern. Bei der Interpretation eines experimentellen Ergebnisses gemäß Bild 2 sollte man stets bedenken, daß der Schluß von der Wirkung auf die Ursache selten eindeutig zu ziehen ist. Es gibt selbstverständlich auch andere Ursachen, die ein Abbiegen der *Arrhenius*-Geraden bewirken können, z.B. ein Übergang zu einem anderen geschwindigkeitsbestimmenden Schritt. Weitere Möglichkeiten, k zu verändern, sind partielle Vergiftung oder andere auf die spezifische Aktivität zielende Maßnahmen. Bei Metall/Träger-Katalysatoren z.B.

läßt sich die Beladung mit der aktiven Komponente variieren. Man kann auch feinkörniges aktives mit inaktivem Material in wechselnder Zusammensetzung zu Pellets pressen [57]. Dann wird man bei chemisch kontrolliertem Reaktionsverlauf lineare Proportionalität zwischen aktivem Anteil und Reaktionsgeschwindigkeit finden, bei Porendiffusionskontrolle hingegen Zunahme von r_e mit der Wurzel aus dem aktiven Anteil. Ist der äußere Widerstand zwischen Gas und Korn geschwindigkeitsbestimmend, so ist r_e unabhängig von der aktiven Beladung. Bei dieser Methode darf natürlich nicht die Pelletstruktur verändert werden. Änderungen der Struktur, z. B. der Porosität, bewirken eine Änderung von D_e. Bei merklichem Anteil von Gasphasen-Diffusion am Stofftransport im Korn kann D_e auch durch Wechsel des Inertgases beeinflußt werden. Einfach und besonders wirkungsvoll läßt sich der Korndurchmesser ändern: Messungen bei verschiedenen Werten von l gehören zur Routine bei Katalysatoruntersuchungen. Auch diese Methode ist jedoch nicht völlig problemlos, z. B. wenn die aktive Komponente ungleichmäßig verteilt ist. Man kann auch die Ausdehnung der aktiven Zone im Katalysatorkorn verändern (Schalenkatalysatoren). Die Konzentrierung der aktiven Komponente auf eine äußere Schale erhöht z. B. bei Folgereaktionen des Typs A → P → X die Aktivität (bezogen auf Kornvolumen) und die Selektivität, ohne daß ein für den Druckverlust in der Schüttung ungünstiger kleinerer Korndurchmesser in Kauf genommen werden müßte.

Alle hier skizzierten Maßnahmen, seien sie zur Verbesserung von Umsatz, Selektivität oder für die Diagnose gedacht, sind in der Literatur in Experiment und Theorie dokumentiert. Der Zugang ist über neuere zusammenfassende Literatur [33, 50, 58] leicht möglich.

Der effektive Diffusionskoeffizient D_e als die wichtigste Größe läßt sich u. U. aus Strukturdaten des Korns (BET-Oberfläche, Porosität, Porenradienverteilung) abschätzen oder aus Diffusionsmessungen ermitteln (*Wicke-Kallenbach*-Methode [59] und Modifizierungen). Daneben gibt es chemische Methoden zur getrennten und zur gemeinsamen Ermittlung von k und D_e. So läßt sich k aus Messungen mit kleinen Korndurchmessern erhalten und dann zur Auswertung von Messungen mit größerem l heranziehen. Natürlich ist die Übertragung dieses einfach aussehenden Prinzips in die Praxis mit Vorsicht zu vollziehen; besonders die Unzulänglichkeiten einer formalen Kinetik können einen verfälschenden Einfluß ausüben. Die gemeinsame Ermittlung von k und D_e erfordert eine zusätzliche Meßgröße: Im Einzelkornreaktor kann neben r_e noch eine der Konzentration im Kornzentrum c(0) entsprechende Größe experimentell erfaßt werden [60]. Aus $r_e = k c(l) \tanh(\varphi)/\varphi$ und $c(0)/c(l) = 1/\cosh(\varphi)$ kann man dann k und D_e ausrechnen.

Sehr eingehend sind auch die Auswirkungen des Wärmetransportwiderstandes im Korn untersucht worden. Analog der Diffusion (s. Gl. (11)) gilt hierfür:

$$\lambda_e \frac{d^2T}{dz^2} = k c_j \Delta H_R \tag{21}$$

mit λ_e als effektiver Wärmeleitfähigkeit und ΔH_R als molarer Reaktionsenthalpie.
Einsetzen von $k c_j$ aus Gl. (11) und zweimalige Integration liefern

$$T - T_0 = \frac{(-\Delta H_R) D_e}{\lambda_e} (c_{j0} - c_j) \tag{22}$$

Mit realistischen Werten für die eingehenden Größen läßt sich nach dieser Beziehung abschätzen, daß im Normalfall die maximale Temperaturdifferenz zwischen Kornzentrum und -oberfläche, $T_{max,1} - T_0$, etwa zwischen 0,1 und 10 K liegt. Neben der normierten maximalen Temperaturdifferenz

$$\beta = (T_{max,1} - T_0)/T_0 \tag{23}$$

ist noch der *Arrhenius*-Parameter $\gamma = E/RT$ als Maß für die Temperaturempfindlichkeit der Reaktionsgeschwindigkeit zu berücksichtigen. Aus vielen reaktionstechnischen Studien darf man den Schluß ziehen, daß Temperatureffekte, insbesondere auch theoretisch mögliche Mehrfachzustände oder Instabilitäten, unter technischen Bedingungen i. a. nicht zu erwarten sind, soweit es sich um die Vorgänge *im* Korn handelt.

Wie schon in Bild 2 angedeutet, beginnt der Konzentrationsabfall der betrachteten Komponente bei hohen Reaktionsgeschwindigkeiten nicht erst im Korninneren, sondern bereits im Gasraum an der äußeren Kornoberfläche. Die Transportvorgänge werden entweder durch Übergangskoeffizienten charakterisiert oder es wird angenommen, daß der Transportwiderstand auf eine Grenzschicht der Dicke δ beschränkt ist. Beide Betrachtungsweisen sind äquivalent, denn sowohl Übergangskoeffizienten als auch Grenzschichtdicken sind i. a. nur über Kenngrößenbeziehungen der Form Sh = f(Re, Sc) bzw. Nu = f(Re, Pr) zugänglich. Die Einzelheiten dieser Ansätze hängen von der Umgebung des Korns ab (Einzelkorn, Riesel- oder Flugstaubwolke, Wirbelschicht, Festbett).

Für die meßbare Reaktionsgeschwindigkeit r_e erhält man aus dem Stoffübergang zwischen Gasraum und äußerer Kornoberfläche A

$$r_e = A k_G (c_{jG} - c_{j0}) = A \frac{D}{\delta} (c_{jG} - c_{j0}) \tag{24}$$

mit k_G als Stoffübergangskoeffizient in der Gasphase. Im Grenzfall wird $c_{j0} = 0$; der äußere Transportwiderstand ist geschwindigkeitsbestimmend (Bereich der *Filmdiffusion*). Außer dem Korndurchmesser, der schon bei der Porendiffusion einen Einfluß hat, ist jetzt noch die Strömungsgeschwindigkeit ein weiterer mitbestimmender Parameter für die Makrokinetik der Reaktion. Die scheinbare Aktivierungsenergie entspricht der Temperaturabhängigkeit des Stofftransports, liegt also sehr niedrig (s. Bild 2).

Es ist zweckmäßig, eine Makrokinetik der Reaktion am Einzelkorn mit Größen zu formulieren, die einer unmittelbaren Messung zugänglich sind, also r_e und Gasraumkonzentration c_{jG}:

$$r_e = k_e c_{jG} \tag{25}$$

Eine Beziehung für die effektive Geschwindigkeitskonstante k_e gewinnt man aus den drei Gleichungen des stationären Zustands

$$r_e = k_e c_{jG} \tag{25}$$

$$r_e = A k_G (c_{jG} - c_{j0}) \tag{26}$$

und $\quad r_e = \eta k c_{j0} \tag{27}$

durch Eliminieren der Konzentration c_{j0} an der Oberfläche. Es ergibt sich

$$\frac{1}{k_e} = \frac{1}{k \eta} + \frac{1}{A k_G} \tag{28}$$

also die bekannte Addition von Widerständen für Prozesse in Serie, deren Geschwindigkeiten lineare Funktionen der treibenden Kräfte sind. (Mit anderen Reaktionsordnungen als eins lassen sich solche einfachen Zusammenhänge nicht herstellen.)

Neben Stoffgrößen und kinetischen Konstanten beeinflussen also Strömungsgeschwindigkeiten (über k_G) und Kornabmessungen (über A, k_G, η) die Geschwindigkeit und bei konkurrierenden Reaktionen auch den Weg der chemischen Umsetzung im technischen Prozeß. Welche Auswirkungen des Zusammenspiels zwischen Reaktion und Transport qualitativ zu erwarten sind, haben die Ergebnisse umfangreicher Forschungsarbeiten gezeigt. Auch die Größenordnung dieser Auswirkungen läßt sich in vielen Fällen abschätzen.

Im konkreten Einzelfall ist es aber meistens nicht angebracht, alle einzelnen Bausteine wie chemische Kinetik, Transportprozesse, Strukturdaten des Feststoffs etc. isoliert zu beschaffen und dann für die Durchführung des technischen Prozesses mit den noch hinzukommenden Einflußgrößen rechnerisch zusammenzusetzen. Ein solches Vorgehen erscheint selten zuverlässig, weil die meisten Prozesse zu komplex, die Modelle zu ungenau oder die verfügbaren Daten nicht ausreichend sind. Auch hier zeigt sich, daß Methoden und Ziele in der Verfahrensentwicklung vielfach anders sind als in der reaktionstechnischen Grundlagenforschung. Als verhältnismäßig bequemer Weg bietet sich an, den Korndurchmesser d_K und die (lineare) Gasgeschwindigkeit u vom Versuchsreaktor zur Großanlage nicht zu ändern, eine auch heute noch befolgte Regel, die in den aufgezeigten Zusammenhängen eine erklärende Stütze findet.

In vielen Fällen wird man den Einfluß von d_K und u auf Selektivität, Temperaturabhängigkeit, Wärmeentwicklung etc. experimentell in Pilotanlagen untersuchen, zumal von diesen beiden Parametern auch noch andere Vorgänge betroffen werden (z. B. Druckverlust oder Wärmeaustausch mit der Umgebung). Richtung und Ausmaß der Auswirkungen können durch Regressionspolynome oder ähnliche Beziehungen abgesteckt und ihre Tendenz anhand des Grundlagenwissens auf Plausibilität überprüft werden.

Ein Weg zum Verständnis der Dynamik, speziell der *thermischen Stabilität*, in Systemen gas–fest führt ebenfalls über das Einzelkorn. Wie schon angedeutet, soll hier der weit wichtigere und zudem anschaulicher darstellbare Fall des äußeren Transportwiderstandes betrachtet werden.

Die stationären Zustände bei einer exothermen Gasreaktion am Einzelkorn ergeben sich aus einer Bilanz für die durch chemische Reaktion erzeugte Wärme $\dot{Q}_R$ und die abgeführte Wärme $\dot{Q}_{ab}$:

$$k_e c_{jG}(-\Delta H_R) = \frac{c_{jG}(-\Delta H_R)}{\frac{1}{k\eta} + \frac{1}{Ak_G}} = \alpha A (T_0 - T_G) \qquad (29)$$

Die auf maximale Wärmeerzeugung

$$\dot{Q}_{R,max} = A k_G c_{jG}(-\Delta H_R) \qquad (30)$$

normierten Größen

$$\dot{Q}_R/\dot{Q}_{R,max} = \frac{1}{1 + \frac{A k_G}{k\eta}} \quad \text{und} \quad \dot{Q}_{ab}/\dot{Q}_{R,max} = \frac{\alpha(T_0 - T_G)}{k_G c_{jG}(-\Delta H_R)} \qquad (31)$$

sind in Bild 3 aufgetragen. Die Wärmeerzeugungskurve hat den typischen S-förmigen Verlauf; die Wärmeabfuhr wird durch Geraden dargestellt. Die Lage der Kurven wird festgelegt durch die Parameter d_K und u, die im wesentlichen die S-Kurve verschieben, sowie c_{jG} und T_G, die Anstieg

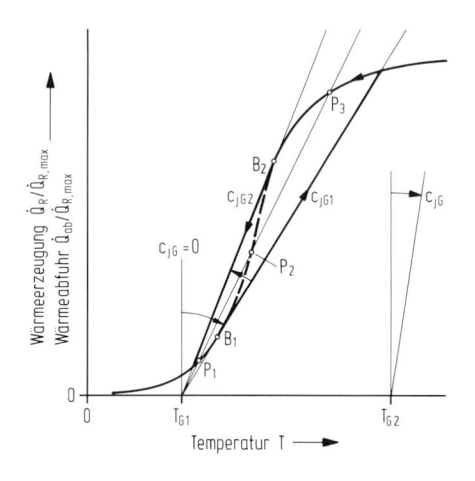

Bild 3. Stabilitätsdiagramm für eine Gasreaktion am Einzelkorn mit S-förmiger Wärmeerzeugungskurve und Wärmeabfuhrgeraden (s. Text)

und Abszissenabschnitt der Abfuhrgeraden bestimmen. In Bild 3 wird c_{jG} als veränderlich betrachtet. Bei c_{jG}-Werten zwischen c_{jG1} und c_{jG2} sind offenbar drei stationäre Reaktionszustände möglich, von denen der mittlere P_2 instabil, der niedrige P_1 und der hohe P_3 gegen kleine Störungen stabil sind. Ändert sich nämlich z. B. im Reaktionszustand P_3 die Temperatur geringfügig zu höheren Werten hin, so wird die Wärmeabfuhr größer als die -erzeugung und das System kehrt in den stationären Zustand zurück. Genauso läßt sich – für kleine Störungen der Temperatur nach hohen und niedrigen Werten hin – die Stabilität von P_1 und die Instabilität von P_2 verständlich machen. Die zwischen B_1 und B_2 liegenden Zustände sind experimentell nicht zu realisieren. Sie werden bei entsprechender Variation von c_{jG} in einer Hysterese umgangen, die durch die Pfeile im Bild angedeutet ist. Wenn c_{jG} den Wert c_{jG1} überschreitet, „zündet" die Reaktion, d. h. sie geht vom Bereich niedrigerer in den Bereich hoher Reaktionszustände über; entsprechend „verlöscht" sie, wenn c_{jG2} unterschritten wird.

3.2.2 Heterogene Fluidreaktionen

Ebenso wie bei den heterogen-katalytischen Gasreaktionen lassen sich in dispersen Systemen, in denen beide Phasen Fluide sind, je nach Vorherrschen von Reaktion oder Transport mehrere Grenzbereiche unterscheiden. Die Unterteilung muß hier aber selbst bei einfachsten Annahmen vielfältiger sein. Dafür gibt es im wesentlichen zwei Gründe. Zum einen sind häufig in beiden Phasen Reaktionspartner vorhanden, so daß u. U. Stoffströme in zwei entgegengesetzten Richtungen zur Phasengrenze zu berücksichtigen sind. Zum andern spielen bei zwei fluiden Phasen hydrodynamische Vorgänge eine weit größere Rolle. Die Grenzbereiche von Reaktion und Transport werden im folgenden am Beispiel der Gas-flüssig-Reaktionen, also der *chemischen Absorption*, dargestellt. Die Analogie zu anderen Phasenkombinationen ist in vielen Fällen gegeben. Davon zeugen insbesondere Untersuchungen an Systemen flüssig–flüssig oder fest–flüssig (s. [61]); auch die Ergebnisse des vorigen Abschnitts lassen sich einordnen, wie beispielhaft in Tabelle 1 [47, 62] geschehen.

Ausgangspunkt einer Behandlung der chemischen oder physikalischen Absorption ist gewöhnlich eine Modellvorstellung über die hydrodynamischen Vorgänge in der Flüssigphase. Hier sind als die gebräuchlichen Modelle *Penetrationstheorie* und *Filmtheorie* zu nennen. Nach den Vorstellungen der Penetrationstheorie spielen sich Reaktion und Transport in den Flüssigkeitselementen einer Grenzschicht nächst der Phasengrenzfläche ab, die nach einer bestimmten Aufenthaltszeit aus dem völlig vermischt angenommenen Kern der Flüssigkeit ersetzt werden. Die Aufenthaltszeit kann für alle Flüssigkeitselemente gleich angesetzt werden (*Higbie* [63]) oder einer Wahrscheinlichkeitsverteilung entsprechen (*Danckwerts* [64]); eine solche Verteilung kann auch für den Abstand der Elemente von der Phasengrenze angenommen werden (*Harriott* [65]). Im Gegensatz dazu faßt die Filmtheorie den lokalen Absorptionsvorgang als stationären Prozeß in einem stagnierenden Grenzflächenfilm auf; im Flüssigkeitskern wird gleichmäßige Konzentration angenommen. Wegen der Stationarität sind Berechnungen aufgrund des Filmmodells wesentlich einfacher; es wird in der Technik überwiegend angewendet. In der Grundlagenforschung wird dagegen die Penetrationstheorie mit ihren physikalisch etwas realistischeren Vorstellungen bevorzugt. Obwohl die beiden Theorien im Konzept und in der mathematischen Formulierung sehr unterschiedlich sind, ergeben sie im allgemeinen ähnliche Aussagen für praktische Anwendungen. Einen Sonderfall stellen die Verhältnisse in Reaktoren mit sehr intensiver Gas-Flüssigkeits-Kontaktierung wie dem Strahldüsenreaktor dar. Für solche Absorptionssysteme, in denen die Dicke der Flüssigkeitslamellen kleiner sein kann als die üblichen Abmessungen von Grenzflächenfilmen, haben *Nagel* et al. [66] ein Lamellenmodell entwickelt. Hinsichtlich weiterer theoretischer Ansätze vgl. [67].

Ausgehend von der Penetrationstheorie hat *Astarita* [61, 62] die Grenzbereiche beim Stofftransport mit chemischer Reaktion diskutiert. Sie sind, geringfügig abgewandelt und erweitert, in Tabelle 1 dargestellt (vgl. dazu auch Bild 4).

[Literatur S. 330]   3 *Reaktion und Transport (Makrokinetik)*   257

Tab. 1. *Grenzbereiche im Zusammenspiel von Reaktion und Transport bei heterogenen Gasreaktionen mit Flüssigkeit oder festem Katalysator; Stoffumsatzrate:*
$\bar{j}a \sim a^{e_1}(1a)^{e_2}(k_{L,o})^{e_3}k^{e_4}(c'_2 - c_{2Gl})^{e_5}$

Bereich		Bedingung (Gas-flüssig)	Stoffstromdichte $\bar{j}$	Exponenten e_1 e_2 e_3 e_4 e_5	Bedingung (Gas-fest)
I	langsam	$t_D \ll t_R$			Für ruhenden Katalysator nicht möglich ($t_D \to \infty$)
	I1 kinetisch	$t_R \gg 1/k_{L,o}$	$1 \cdot r(c'_2 - c_{2Gl})$	0 1 0 1 n	
	I2 diffusiv	$t_R \ll 1/k_{L,o}$	$k_{L,o} \cdot (c'_2 - c_{2Gl})$	1 0 1 0 1	
II	schnell	$t_D \gg t_R$			
	II1 kinetisch	unrealistisch		0 1 0 1 n	$\varphi \ll 1$
	II2 diffusiv	$t_R \ll l^2/D$ $\sqrt{t_D/t_R} \ll (v_A/v_B)(c_{BI}/c'_2)$	$\sqrt{\dfrac{D}{t_R}}(c'_2 - c_{2Gl})$	1 0 0 $\frac{1}{2}$ $\frac{n+1}{2}$	$\varphi \gg 1$ $\varphi < l/d_{Pore}$
III	momentan	$\sqrt{t_D/t_R} \gg (v_A v_B)(c_{BI}/c'_2)$ $k_{L,o}\sqrt{D_B/D_A}(v_A/v_B)c_{BI} < k_G c_1$	Gl. (45)	1 0 1 0 ~0	unrealistisch
IV	Grenzflächenreaktion	s. IV2			nicht porös oder $\varphi > l/d_{Pore}$
	IV1 kinetisch	unrealistisch		0 1 0 1 n	$k_G \gg 1 \cdot r(c_{jG})/c_{jG}$
	IV2 diffusiv	$k_{L,o}\sqrt{D_B/D_A}(v_A/v_B)c_{BI} > k_G c_1$	$k_G c_1$		$k_G \ll 1 \cdot r(c_{jG})/c_{jG}$

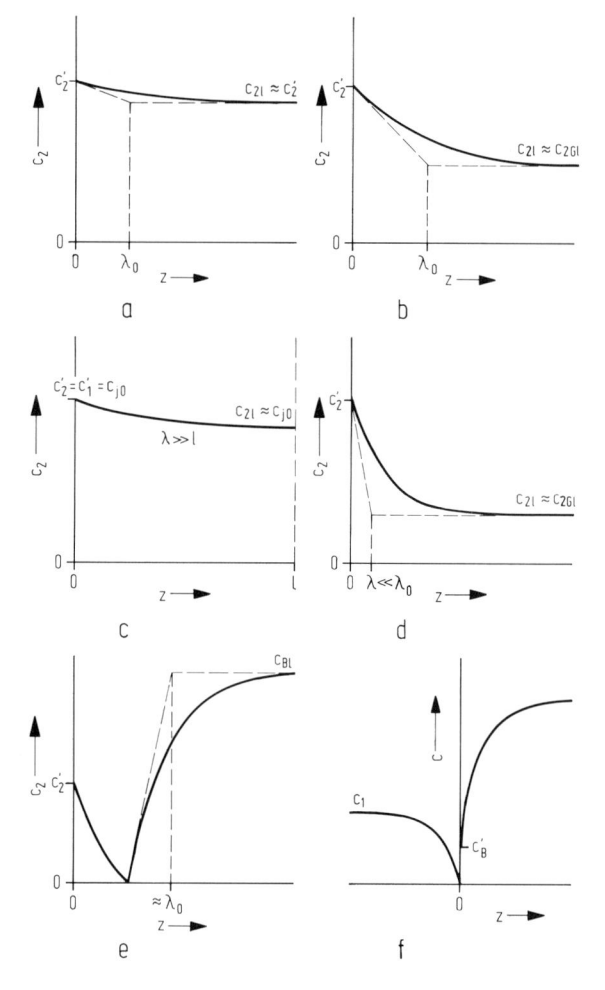

Bild 4. Konzentrationsprofile in den Grenzbereichen nach Tabelle 1, z = Ortskoordinate, c_1 = Konzentration der Komponente A in der Phase 1, c_2 = Konzentration der Komponente A in Phase 2 (Flüssigkeit mit Ausnahme von Teilbild c)
a) Grenzbereich I 1
b) Grenzbereich I 2
c) Grenzbereich II 1 (Phase: Feststoff)
d) Grenzbereich II 2
e) Grenzbereich III
f) Grenzbereich IV 2

Die Bedingungen für die Grenzbereiche der langsamen und der schnellen Reaktion ergeben sich aus der instationären Bilanzgleichung in einem Flüssigkeitselement an der Phasengrenzfläche:

$$D \frac{\partial^2 c_2}{\partial z^2} = \frac{\partial c_2}{\partial t} + r(c_2 - c_{2Gl}) \tag{32}$$

Dabei bedeutet $r(c_2 - c_{2Gl})$ die sich für $\Delta c = c_2 - c_{2Gl}$ ergebende Reaktionsgeschwindigkeit r. c_2 ist dabei die Konzentration der gelösten Gaskomponente A, die mit der Flüssigphasekomponente B nach der Umsatzgleichung $v_A A + v_B B$ = Produkte reagiert. Die Konzentration c_B soll zunächst ortsunabhängig gleich der Konzentration c_{Bl} im Kern der Flüssigkeit sein.
Gl. (32) läßt sich mit den Größen

$$\zeta = \frac{c_2 - c_{2Gl}}{c_2' - c_{2Gl}}, \quad \vartheta = \frac{t}{t_D}, \quad t_R = \frac{c_2' - c_{2Gl}}{r(c_2' - c_{2Gl})} \tag{33}$$

umformen zu

$$D \frac{\partial^2 \zeta}{\partial z^2} = \frac{1}{t_D} \frac{\partial \zeta}{\partial \vartheta} + \frac{1}{t_R} \frac{r(c_2 - c_{2Gl})}{r(c_2' - c_{2Gl})} \tag{34}$$

mit c' als Konzentration an der Phasengrenzfläche und c_{Gl} als Gleichgewichtskonzentration.

Die *Diffusionszeit* t_D ist ein Maß für die mittlere Aufenthaltszeit der Flüssigkeitselemente an der Grenzfläche. In Anlehnung an die Penetrationstheorie, aber an sich unabhängig von jeder hydrodynamischen Modellvorstellung, wird sie definiert durch die Beziehung $k_{L,o} = \sqrt{D/t_D}$. ($k_{L,o}$ ist der Stoffübergangskoeffizient in der Flüssigphase bei physikalischer Absorption ohne chemische Reaktion.)

Die Bedingung $t_D \ll t_R$ gilt für eine „langsame Reaktionsgeschwindigkeit". In den Gl. (32) bzw. (34) kann dann der zweite Summand der rechten Seite vernachlässigt werden; man erhält formal die Bilanzgleichung der physikalischen Absorption. Es findet in diesem Fall praktisch keine Reaktion in den Grenzflächenelementen statt, wohl aber, im Gegensatz zur rein physikalischen Absorption, im Kern der Flüssigkeit.
Die auf die Flächeneinheit bezogene Absorptionsrate, ausgedrückt durch die zeitgemittelte Stoffstromdichte $\bar{j}$, ist gegeben durch einen zur physikalischen Absorption analogen Ausdruck:

$$\bar{j} = k_L(c_2' - c_{21}) = k_{L,o}(c_2' - c_{21}) \tag{35}$$

mit c_{21} als Konzentration im Flüssigkeitskern.
Im Bereich langsamer Reaktionsgeschwindigkeit laufen also Reaktion und Transport getrennt im Flüssigkeitskern bzw. Oberflächenelement ab; durch die Reaktion wird nur die treibende Kraft $c_2' - c_{21}$, nicht aber der Transportkoeffizient $k_{L,o}$ beeinflußt. Im (quasi-)stationären Zustand ist

$$k_{L,o}(c_2' - c_{21}) = 1 \cdot r(c_{21} - c_{2Gl}) \tag{36}$$

(Auf der rechten Seite dieser Gleichung ist die Differenz ein Funktionsargument, auf der linken Seite dagegen ein Faktor.)
Je nachdem, ob $c_{21} \approx c_2'$ oder $c_{21} \approx c_{2Gl}$ ist, die gesamte treibende Kraft $c_2' - c_{2Gl}$ also überwiegend von der Reaktion oder vom Transportvorgang beansprucht wird, unterscheidet man einen kinetischen und einen diffusiven Grenzbereich. Dazu muß entweder die Ungleichung

$$k_{L,o}(c_2' - c_{2Gl}) \gg 1 \cdot r(c_2' - c_{2Gl}) \quad \text{(kinetisch)} \tag{37}$$

oder $\quad k_{L,o}(c_2' - c_{2Gl}) \ll 1 \cdot r(c_2' - c_{2Gl}) \quad \text{(diffusiv)} \tag{38}$

erfüllt sein, wie aus dem Vergleich von Gl. (37) bzw. (38) mit Gl. (36) hervorgeht. Die in Tabelle 1 angegebenen Bedingungen ergeben sich unmittelbar aus den beiden Ungleichungen.
Im Grenzbereich schneller Reaktionen, definiert durch $t_D \gg t_R$, verlaufen Diffusion und Reaktion simultan. Das Vorherrschen von Reaktion oder Transport richtet sich wieder danach, ob $c_{21} \approx c_2'$ oder $c_{21} \approx c_{2Gl}$ ist. Im ersten Fall, also im kinetischen Bereich, ist die *Eindringtiefe* λ groß gegen die charakteristische Länge l:

$$\lambda = -\frac{c_2' - c_{2Gl}}{(dc_2/dz)_{z=0}} = \frac{c_2' - c_{2Gl}}{1 \cdot r(c_2' - c_{2Gl})/D} \gg 1 \tag{39}$$

Aus der letzten Ungleichung folgt die angegebene Bedingung in Tabelle 1; sie entspricht völlig der Bedingung bei Reaktionen gas–fest, denn es ist $\varphi = 1\sqrt{1/(Dt_R)}$. Insgesamt muß also im Bereich II 1 gelten:

$$t_D \gg l^2/D \tag{40}$$

Diese Ungleichung kann bei der chemischen Absorption unter den üblichen Bedingungen nie erfüllt sein; nach Tabelle 2 bewegt sich t_D in der Größenordnung von 10^{-1} s, l^2/D liegt etwa bei 10^3 s.
l ist eine charakteristische Länge; sie entspricht dem Verhältnis des Volumens, in dem die Reaktion abläuft, zu der Grenzfläche, durch die der Stofftransport erfolgt.
Nur der diffusive Grenzbereich der schnellen Reaktion gas–flüssig ist daher praktisch interessant. Als Bilanzgleichung folgt aus Gl. (34) bzw. (32):

$$D \frac{d^2 c_2}{dz^2} = r(c_2 - c_{2Gl}) \tag{41}$$

mit den Randbedingungen $z = 0$ und $c_2 = c_2'$ sowie $c_2 = c_{21} (\approx c_{2Gl})$ und $dc_2/dz = 0$. Bilanzgleichung und Randbedingungen der schnellen Reaktion gelten auch für den Bereich der Porendiffusion wegen $c_2 = c_{2Gl} (= 0)$ und $dc_2/dz = 0$ bei $z = l$ und ergeben sich auch aus der Filmtheorie, wobei nur die zweite Randbedingung einiger Diskussion bedarf [61]. Drei sehr unterschiedliche physikalische Situationen bzw.

Tab. 2. *Typische Größenordnung einiger Parameter bei Gas-flüssig-Reaktionen nach* [62]

Parameter	t_D	l	D	$k_{L,o}$	λ_o
Größenordnung	10^{-1} s	10^{-1} cm	10^{-5} cm^2/s	10^{-2} cm/s	10^{-2} cm

Vorstellungen können also hier durch dieselben Gleichungen beschrieben werden, im wesentlichen deshalb, weil bei schnellen Reaktionen mit geringer Eindringtiefe die Abmessung des „Diffusionsraums" unwichtig ist.
Im Hinblick auf das übliche Vorgehen in der Praxis wird bei der chemischen Absorption das Nebeneinander von Reaktion und Transport in einem chemischen Stoffübergangskoeffizient k_L oder in einem *chemischen Verstärkungsfaktor* $E = k_L/k_{L,o}$ zusammengefaßt, während bei den Kontaktreaktionen der Ausnutzungsgrad als maßgebliche Größe verwendet wird. Für

$$k_L = -\frac{D(dc_2/dz)_{z=0}}{c'_2 - c_{2I}} \qquad (42)$$

ergibt sich aus Gl. (41) und den zugehörigen Randbedingungen

$$k_L = \sqrt{D/t_R} \qquad (43)$$

Dieser Beziehung, die (von einem Faktor in der Größenordnung eins abgesehen) unabhängig von der speziellen Form der Geschwindigkeitsgleichung $r(c_2 - c_{2Gl})$ ist, wurde die Definitionsgleichung $k_{L,o} = \sqrt{D/t_D}$ nachgebildet. (Ebenfalls gleichartig gebaut sind die Formeln für die Eindringtiefen mit und ohne chemische Reaktion: $\lambda = \sqrt{Dt_R}$ und $\lambda_o = \sqrt{Dt_D}$.) Aus $t_D \gg t_R$, der Bedingung für den Bereich II, folgt dann

$$k_L \gg k_{L,o} \quad (\text{und } \lambda \ll \lambda_o) \qquad (44)$$

Im Bereich I ist der chemische Verstärkungsfaktor gleich Eins, im Bereich II (bzw. II 2) groß gegen Eins. Für eine Reaktion erster oder pseudo-erster Ordnung kann in den Bereichen I und II der Verstärkungsfaktor E aus Bild 1 unmittelbar abgelesen werden, wenn man für den Nutzungsgrad den entsprechenden reziproken Verstärkungsfaktor $1/E$ (Ordinate) und für die Katalysatorkennzahl die analoge Größe $\sqrt{kD}/k_{L,o}$ (Abszisse) einsetzt. Die verschiedenen Stoffübergangsmodelle sind in dieser Hinsicht in ihrem Ergebnis gleichwertig. Die der Katalysatorkennzahl entsprechende Größe für eine Reaktion zweiter Ordnung $\sqrt{kc_{BI}D_A}/k_{L,o}$ wird als *Hatta*-Zahl (Ha) bezeichnet. Der Verstärkungsfaktor für eine irreversible Reaktion zweiter Ordnung läßt sich auch in einem Bild 1 ähnlichen Diagramm als Funktion von Ha und dem Verhältnis c_{BI}/c'_2 darstellen. Verstärkungsfaktoren kleiner Eins, die in der Literatur angegeben werden, sind unrealistisch. Sie kommen dadurch zustande, daß im Bereich I als treibende Kraft $c'_2 - c_{2Gl}$ anstelle von $c'_2 - c_{2I}$ verwendet und damit u. U. ein viel zu hoher Wert eingesetzt wird (s. z. B. [68]).
Wenn die Reaktionsgeschwindigkeit sehr groß wird, muß die Annahme $c_B = c_{BI}$ aufgegeben werden. Im Grenzfall momentaner, d.h. unendlich großer Reaktionsgeschwindigkeit, können die Komponenten A und B nicht nebeneinander am gleichen Ort existieren. Es bilden sich dann Konzentrationsprofile aus, wie sie Bild 4e schematisch zeigt. Für die Stoffstromdichte $\bar{j}$ erhält man bei irreversiblen Reaktionen unter den meist gut erfüllten Annahmen nicht zu stark differierender Diffusionskoeffizienten D_A und D_B sowie $(v_A/v_B)c_{BI} \gg c'_2$:

$$\bar{j} = k_{L,o}c'_2((D_A/D_B)^{0.5} + (D_B/D_A)^{0.5}(v_A/v_B)(c_{BI}/c'_2)) \qquad (45)$$

und daraus

$$k_L = k_{L,o}\frac{1 + (D_B/D_A)(v_A/v_B)(c_{BI}/c'_2)}{(D_B/D_A)^{0.5}} \qquad (46)$$

Aus dem Vergleich mit der entsprechenden Beziehung für den Bereich II 2, Gl. (43)

$$k_L = \sqrt{D/t_R} = k_{L,o}\sqrt{t_D/t_R} \qquad (47)$$

ergeben sich die Bedingungen zur gegenseitigen Abgrenzung der Bereiche II 2 und III: Wenn z. B. Gl. (47) einen wesentlich kleineren Wert für k_L voraussagt als Gl. (46), also $t_D/t_R \ll (\nu_A/\nu_B)(c_{Bl}/c_2')$, verläuft die Reaktion im Bereich II 2.

Aufgrund einer analogen Überlegung läßt sich der Bereich III gegen den Bereich der Grenzflächenreaktion abgrenzen, in dem $c_1' = c_2' = 0$ sein muß. Die Absorptionsrate kann nicht größer werden als die gasseitige Stoffstromdichte

$$\bar{j} = k_G (c_1 - c_1') \qquad (48)$$

Je nachdem, ob Gl. (48) mit $c_1' = 0$ oder Gl. (45) mit $c_2' = 0$ einen kleineren Wert für $\bar{j}$ voraussagt, verläuft die Absorption im Bereich IV 2 oder III.

Bei porösen Katalysatoren spricht man bereits von Grenz- oder Oberflächenreaktion (bzw. *Filmdiffusion*), wenn die Eindringtiefe der Reaktion kleiner als der mittlere Porendurchmesser wird; dem entspricht die Angabe $\varphi > 1/d_p$ in Tabelle 1.

Innerhalb der Grenzbereiche kann die Absorptionsgeschwindigkeit, bezogen auf das Reaktionsvolumen, durch den einfachen Potenzansatz

$$\bar{j}a \sim a^{e_1} (1a)^{e_2} (k_{L,o})^{e_3} k^{e_4} (c_2' - c_{2Gl})^{e_5} \qquad (49)$$

angegeben werden mit den Exponenten e_1 bis e_5 nach Tabelle 1. Außer den physikalisch-chemischen Größen k und c_2' treten in Gl. (49) Größen auf, die sowohl geometrischer als auch hydrodynamischer Natur sind. Das besondere Problem der chemischen Absorption und allgemein der Fluid-fluid-Reaktion verglichen mit den katalytischen Gasreaktionen an Feststoffkatalysatoren besteht zum großen Teil darin, daß die geometrischen Größen a (m^2/m^3) und 1a, also spezifische Grenzfläche und Volumenanteil (Hold-up) nicht vorgegeben sind, sondern selbst wieder hydrodynamischen Einflüssen unterliegen.

Wenn die physikalisch-chemischen Daten, also im wesentlichen Reaktionskinetik und Gaslöslichkeit (Verteilungskoeffizient), bekannt sind, lassen sie sich nach Gl. (49) den hydrodynamischen Größen a, 1a und $k_{L,o}$ gewissermaßen aufpfropfen, für die aus den Grundoperationen „Physikalische Absorption" Kenngrößenbeziehungen und Meßmethoden in großem Umfang zur Verfügung stehen (s. z. B. [68–70]). Dieses Aufpfropfen kommt schon in dem Begriff des chemischen Verstärkungsfaktors zum Ausdruck. Es wird gerechtfertigt durch die theoretisch und experimentell gestützte Erfahrung, daß die hydrodynamischen Bedingungen zwar für die physikalischen Transportgrößen mitverantwortlich sind, aber sich kaum auf das Zusammenspiel zwischen Reaktion und Transport auswirken. Zum Beispiel sind in den Grenzbereichen I und III Reaktion und Transport räumlich getrennt und $k_L = k_{L,o}$ bzw. $k_L = \text{konst}\, k_{L,o}$, wobei konst nach Gl. (46) nicht von hydrodynamischen Größen abhängt; im Bereich II ist k_L unabhängig von $k_{L,o}$.

Eine relativ geringe Empfindlichkeit des chemischen Verstärkungsfaktors gegenüber den hydrodynamischen Verhältnissen in der Flüssigphase kann auch in den Übergangsbereichen angenommen werden. Die Ergebnisse von Berechnungen anhand verschiedener Modellvorstellungen (hauptsächlich wiederum Film- und Penetrationstheorie) für den Übergangsbereich I–II lassen sich praktisch zur Deckung bringen, wenn sie in der Form $k_L/k_{L,o}$ gegen $\sqrt{t_D/t_R}$ aufgetragen werden. Der analytisch einfachste Ausdruck ergibt sich aus dem *Danckwerts*-Modell:

$$E = \frac{k_L}{k_{L,o}} = \sqrt{\frac{t_D + t_R}{t_R}} \qquad (50)$$

Auch im Übergangsbereich II–III führen Interpolationsrechnungen nach verschiedenen hydrodynamischen Modellen zu sehr ähnlichen Ergebnissen. Allerdings erhält man selbst anhand der Filmtheorie $k_L/k_{L,o}$ nur als implizite Funktion [71], so daß i. a. graphische Darstellungen von $k_L/k_{L,o}$ gegen $\sqrt{t_D/t_R}$ verwendet werden.

Um die Kinetik der chemischen Reaktion mit dem physikalischen Absorptionsprozeß verbinden zu können, muß man ein Zeitgesetz ermitteln. Dazu verwendet man bei schnellen Reaktionen häufig *Strahl-* oder auch *Filmabsorber* [67], in denen die Austauschfläche verhältnismäßig einfach vorgegeben werden kann. Bei laminarer Strömung (und geringer Eindringtiefe) entsprechen die hydrodynamischen Verhältnisse dem *Higbie*-Modell. Wenn man die Reaktionsbedingungen außerdem so wählt, daß die Reaktion erster oder zumindest pseudo-erster Ordnung ist, läßt sich die Geschwindigkeitskonstante k nach der Beziehung für den Bereich II in Tabelle 1 unmittelbar aus der gemessenen Absorptionsgeschwindigkeit bestimmen. Die Meßmethode läßt sich auf den Übergangsbereich I–II ausdehnen und kann selbst im Übergangsbereich

II–III nützlich sein. Sie liefert u. U. auch andere physikalisch-chemische Größen wie c'_2 oder D. Umgekehrt kann man Testreaktionen mit definierter, möglichst einfacher Formalkinetik dazu benutzen, Aussagen über die Stoffaustauschleistung von Kontakt- und Reaktionsapparaten gas/flüssig, insbesondere über die spezifische Phasengrenzfläche zu gewinnen. Zu dem letztgenannten Zweck bedient man sich mit Vorteil katalytisch beschleunigter Reaktionen, bei denen eine gezielte Steuerung der Reaktionsgeschwindigkeit bis in den Bereich II möglich ist.

In die Bereiche I–II bis II–III gehören vor allem die *chemischen Gaswäschen*. Soweit es sich dabei um Verfahren handelt, bei denen nur eine Gaskomponente wie z. B. CO_2 oder H_2S auszuwaschen ist, zeichnet sich auch in der technischen Praxis mehr und mehr das Vorgehen ab, physikalisch-chemische Größen aus Labormessungen mit geometrisch-hydrodynamischen Größen in Anlehnung an Gl. (49) zusammenzusetzen. Die Grundlagen dafür sind geschaffen [72] und erfolgreich angewendet worden, z. B. bei der Absorption von CO_2 aus Synthesegasen.

Für kinetische Untersuchungen langsamer Reaktionen, zu denen viele Produktionsverfahren gas–flüssig zählen, ist besonders der Bereich I 1 günstig. Hier erhält man r unmittelbar aus der Absorptionsgeschwindigkeit, die gewöhnlich in begasten Rührkesseln gemessen wird. Ob die Bedingungen für den Bereich I 1 erfüllt sind, läßt sich anhand der verlangten Proportionalität zwischen Absorptionsgeschwindigkeit und Hold-up überprüfen.

Wesentlich schwieriger zu erfassen sind Absorptionsprozesse dann, wenn gleichzeitig Desorption auftritt, wenn lokale Wärmeeffekte zu berücksichtigen sind, wenn mehrere Gas- und Flüssigkomponenten im Spiel sind und wenn Konzentrationsprofile interessieren, um z. B. Fragen der *Selektivität* zu studieren. Die chemische Selektivität bezüglich des erwünschten Produkts P in dem Reaktionsschema

$$A + B \xrightarrow{k_1} P$$
$$P + A \xrightarrow{k_2} X$$
(51)

hat van de Vusse [74] untersucht und den Einfluß verschiedener Variablen gezeigt. Dieses Schema kann (im einzelnen viel kompliziertere) Reaktionen beschreiben wie etwa Chlorierung, Oxidation oder Hydrierung von Kohlenwasserstoffen. Hinsichtlich A handelt es sich bei diesem Schema um eine Parallelreaktion, wobei der Teilschritt zu P im Überschuß an B pseudo-erster, der Teilschritt zu X zweiter Ordnung ist. Bei Parallelreaktionen begünstigt eine Konzentrationsverminderung den Schritt mit der niedrigeren Ordnung. Dieses hier nur plausibel gemachte Argument hält auch einer strengeren Prüfung stand. Da infolge der Reaktion (geringe Eindringtiefe von A vorausgesetzt) B in der Grenzschicht abnimmt und P anwächst, beide Vorgänge aber die Bildung von X begünstigen, gibt es aus dem Blickwinkel der Transportprozesse zwei Maßnahmen, die Selektivität für das erwünschte Zwischenprodukt P möglichst hoch zu halten: Erhöhung des Übergangskoeffizienten, um die Verarmung an B und die Anreicherung an P in der Grenzschicht zu mindern, sowie Erhöhung der Konzentration an B im Flüssigkeitskern. Die zweite Maßnahme ergibt sich auch vom reaktionskinetischen Standpunkt. Andererseits wird man die Konzentration an A möglichst niedrig ansetzen.

Außerdem sollte die Verweilzeit im Reaktor so klein sein, daß nur ein geringer Umsatz entsteht und damit in der Grenzschicht und natürlich auch im Flüssigkeitskern nur wenig P vorhanden ist. (Ganz ähnliche Überlegungen lassen sich anhand des Schemas (Gl. (51)) auch für schnelle homogene Reaktionen in segregierten Fluiden anstellen (vgl. Abschnitt 5.2.1.1).

Geringer Umsatz und geringe Konzentration der stöchiometrisch begrenzenden Komponente (c_A) bedeuten i. a. geringe Produktleistung und hohe Kosten für Kreislaufführung und Aufbereitung des Produktgemisches. Welche Selektivität bei einer geforderten Produktleistung wirtschaftlich optimal ist, kann daher wieder nur im Zusammenhang mit anderen Verfahrensstufen des Gesamtprozesses geklärt werden.

Bei den Gaswäschen hat die Selektivität eine andere Bedeutung. Ein physikalischer oder chemischer Absorptionsprozeß, bei dem gleichzeitig zwei Komponenten A und B ausgewaschen werden, heißt selektiv bezüglich A, wenn das Verhältnis $\bar{j}_A/\bar{j}_B$ größer ist als p_A/p_B. Zum Beispiel ist bei der gleichzeitigen Absorption von CO_2 und H_2S in Wasser die Selektivität im wesentlichen durch die verschiedenen Löslichkeiten gegeben. (H_2S ist in Wasser ca. dreimal so gut löslich wie CO_2). Durch Verwendung alkalischer Lösungen läßt sich die Selektivität bezüglich H_2S stark erhöhen. Das liegt daran, daß die Reaktion von H_2S in solchen Lösungen praktisch nur in einer Protonenübertragung besteht und daher im Bereich III verläuft (von Transportwiderständen auf der Gasseite einmal abgesehen). Die Reaktion von CO_2, z. B. in Puffer- oder bestimmten Aminlösungen, ist dagegen langsamer und liegt häufig im Übergangsbereich I–II. Da in diesem Bereich der Exponent e_3 von Eins auf Null abfällt, im Bereich III dagegen gleich Eins ist, läßt sich die Selektivität noch weiter verbessern durch alle Maßnahmen, die $k_{L,0}$ erhöhen.

Häufig handelt es sich bei technischen Absorptionsverfahren um Vielkomponentensysteme; kinetische und andere wichtige Daten sind nicht bekannt und mit vertretbarem Aufwand auch nicht zu beschaffen. Hier können Theorie und Ergebnisse der reaktionstechnischen Grundlagenforschung nur als allerdings nicht zu unterschätzender Wegweiser für die Prozeßentwicklung dienen. Das betrifft vornehmlich die Auswahl der maßgebenden Einflußgrößen, die Systematik der Untersuchungen und die Überprüfung der Ergebnisse auf Widerspruchsfreiheit im Rahmen der Theorie [75].

Die Absorptionsgeschwindigkeit wird in der Praxis häufig beschrieben durch

$$\bar{j}_a = K_G a (p_i - p_i^*) \tag{52}$$

mit K_G als Stoffdurchgangskoeffizienten und p_i^* als rechnerischem Gleichgewichtspartialdruck, ohne Rücksicht darauf, ob der Widerstand überwiegend auf der Gas- oder Flüssigkeitsseite liegt. Für den Gesamtwiderstand wird angenommen, daß er sich additiv aus den Einzelwiderständen ergibt (s. z. B. [76]):

$$\frac{1}{K_G a} = \frac{1}{k_G a} + \frac{K_H}{k_L a} + \frac{K_H}{k c_{Bl} l a} \tag{53}$$

mit k_G und k_L als Stoffübergangskoeffizienten in der Gas- bzw. Flüssigphase und K_H als *Henry*schem Absorptionskoeffizient.

Mit Hilfe von Gl. (53) läßt sich Gl. (49) mit den Exponenten nach Tabelle 1 in eine Abhängigkeit des Gesamtkoeffizienten $K_G a$ von den Primärvariablen T, u_G, u_L, c_{Bl} und p_i übersetzen, wie es beispielhaft für die Bereiche II und IV in Tabelle 3 dargestellt ist. Diese Abhängigkeit kann natürlich nicht sehr scharf gefaßt sein, da der Einfluß der Primärvariablen auf die hydrodynamischen Größen nur annähernd voraussagbar ist. Außerdem wirken die Primärvariablen z. T. auf mehrere Größen in Gl. (49) gleichzeitig ein (s. zweite Spalte in Tab. 3), wobei auch Sekundäreffekte zu bedenken sind.

Tab. 3. Abhängigkeit des Gesamtkoeffizienten $K_G a$ von Primärvariablen

Variable	Beeinflußte Größen	Abhängigkeit von $K_G a$[1]	
		Bereich II	Bereich IV
T	k, c_2', K_H, ($k_{L,o}$, k_G)	s	w
u_G	k_G	w	s bis m
u_L	$k_{L,o}$, a, l	w	w
c_{Bl}	k, (K_H)	m	w
p_i	c_2', (K_H)	m bis w	w

[1]) *Jordan* [75] bezeichnet die Abhängigkeit als stark (s), wenn die betrachtete Variable mit einer Potenz größer 0,8 eingeht; bei mittelstarken (m) und schwachen (w) Abhängigkeiten liegen die Exponenten etwa zwischen 0,5 und 0,8 bzw. unter 0,5.

3.2.3 Reaktionen von Feststoffen mit Fluiden

Reaktionen, bei denen Feststoffe als Reaktionspartner teilnehmen und nicht nur als Katalysator wirken, lassen sich grob in zwei Klassen einteilen:
– alle Produkte sind flüchtig oder in der fluiden Phase löslich,
– mindestens ein Produkt ist ein Feststoff.
Reaktionen der erstgenannten Klasse, die in den inneren Bereichen II 1 und II 2 (Tabelle 1) ablaufen, weisen kaum Besonderheiten gegenüber den katalytischen Gasreaktionen auf. Bezeichnend dafür ist, daß wichtige Aussagen der theoretischen Behandlung der Porendiffusion experimentell nachgeprüft und bestätigt werden konnten anhand der Verbrennung und Vergasung von

reinem Kohlenstoff mit O_2 bzw. CO_2. Auch kinetische Untersuchungen solcher Vergasungsreaktionen sowie Auswertung und Interpretation der Ergebnisse [78, 79] entsprechen Arbeitsmethoden und Vorstellungen der heterogenen Katalyse.

Solange der Feststoffumsatz nicht zu groß ist, bleibt bei Reaktionen im inneren Bereich II die äußere Gestalt des Feststoffs (l) erhalten; innere Oberfläche und Porosität nehmen dagegen zu. Dies führt – ebenso wie Aktivitätsminderungen und teilweise Porenverstopfung durch Beläge bei katalytischen Reaktionen – dazu, daß Parameter der Makrokinetik wie k bzw. D_e sich im Verlauf der Reaktion langsam ändern. Oft genügt es dann, mit mittleren Werten für geeignete Zeitabschnitte zu rechnen. Dafür lassen sich aber kaum allgemeine Richtlinien aufstellen.

Im äußeren Bereich IV nimmt die charakteristische Partikelabmessung l ab, z. B. bei „schnellen" Verbrennungsreaktionen oder beim Auflösen von Kristallen. Damit ändert sich k_G, das einmal direkt von l abhängt und zum andern noch, z. B. in Flugstaub- oder Wirbelschichtreaktoren, über die Relativgeschwindigkeit zwischen Gas und Partikel mit l verknüpft ist. Dagegen bleibt $kl = k_s$, die auf die äußere Oberfläche bezogene Geschwindigkeitskonstante, unverändert.

Im kinetischen Bereich IV1 ist die Schrumpfgeschwindigkeit dr/dt einer kugelförmigen Partikel für die Reaktion

$$A(Gas) + F(Feststoff) \rightarrow B(Gas) \tag{54}$$

gegeben durch

$$-\varrho_F 4\pi r^2 \frac{dr}{dt} = k_s 4\pi r^2 c_{AG} \tag{55}$$

mit ϱ_F als molarer Feststoffdichte.

Im diffusiven Bereich IV2 läßt sich ein solcher Ansatz mit k_G anstelle von k_s nur machen, wenn man annimmt, daß die Zeit für eine merkliche Schrumpfung groß ist gegenüber der Zeit zur Ausbildung des stationären Konzentrationsprofils im umgebenden Gasfilm. Diese Annahme eines quasistationären Zustands ist bei Gasen i. a. gerechtfertigt, da die Geschwindigkeit der Diffusionsströmung und die Schrumpfgeschwindigkeit etwa im Verhältnis 1000:1 (entsprechend ϱ_F/c_{AG}) stehen. Die Schrumpfgeschwindigkeit ist aber nicht konstant wie im kinetischen Bereich, sondern hängt über k_G von r ab.

Wesentliche Merkmale der Reaktionsklasse, bei der mindestens ein Produkt ein Feststoff ist, gehen aus dem folgenden einfachen Beispiel hervor: Gas A reagiert mit einem nichtporösen Feststoff F_1 zu Gas B und porösem Feststoff F_2

$$A(Gas) + F_1(Fest) \rightarrow B(Gas) + F_2(Fest) \tag{56}$$

Zunächst läuft die Reaktion offenbar an der äußeren Schale der F_1-Partikel ab. Die Reaktionszone F_1/F_2 verlagert sich dann in das Korninnere, wobei der Gesamtradius r_0 konstant bleiben soll (Bild 5). Die entstehende F_2-Schicht wird allgemein als „Asche" bezeichnet, das skizzierte Modell als *Asche-Kern-Modell*. Bei einem solchen Reaktionsablauf können als Grenzfälle geschwindigkeitsbestimmend sein:
  a) die chemische Reaktion an der Grenze F_1/F_2,
  b) die Diffusion durch die Ascheschicht F_2 und
  c) der Stoffübergang vom Gasraum an die Partikeloberfläche.
Der relative Einfluß der einzelnen Reaktionswiderstände ändert sich dabei mit fortschreitendem Feststoffumsatz: Der Stoffübergangswiderstand vom Gasraum an die Partikeloberfläche bleibt

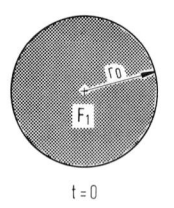

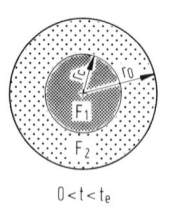

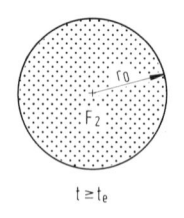

Bild 5. Asche-Kern-Modell
F_1 Ausgangsstoff
F_2 Asche

konstant; der Widerstand der chemischen Reaktion wächst mit abnehmendem Kernradius r_c; ein Diffusionswiderstand ist im Anfang nicht vorhanden, wird aber mit der Ausbildung der Ascheschicht schnell größer und übertrifft im allgemeinen bald den äußeren Widerstand.

Fall a) entspricht völlig dem Beispiel der schrumpfenden Partikel und wird durch Gl. (55) beschrieben (mit $\varrho_F = \varrho_{F1}$). Fall c) geht wie gesagt gewöhnlich bald in Fall b) über. Für die Schrumpfgeschwindigkeit des Kerns dr_c/dt läßt sich ansetzen, wieder unter der Annahme, daß $r_c(t)$ bzw. das Konzentrationsprofil von A in der Ascheschicht quasistationär ist:

$$-\varrho_{F_1} 4\pi r_c^2 \frac{dr_c}{dt} = 4\pi \frac{D_e}{1/r_c - 1/r_o} \tag{57}$$

Die Integration ergibt, daß nach der Zeit

$$t = \frac{\varrho_{F_1} r_o^2}{6 D_e c_{AG}} (1 - 3(r_c/r_o)^2 + 2(r_c/r_o)^3) \tag{58}$$

der Radius von F_1 von r_o auf r_c abgenommen hat. Bis zum vollständigen Feststoffumsatz dauert es

$$t_e = \frac{\varrho_{F1} r_o^2}{6 D_e c_{AG}} \tag{59}$$

Das Asche-Kern-Modell ist auf eine Reihe von Prozessen anwendbar, die auf den ersten Blick nicht viel Gemeinsames zu haben scheinen. Tabelle 4 gibt einige Beispiele, bei denen der Transport von Stoff oder, als analoger Vorgang, von Wärme durch die Ascheschicht zumindest unter bestimmten Betriebsbedingungen geschwindigkeitsbestimmend ist.

Tab. 4. Anwendung des Asche-Kern-Modells auf einige Verfahren

Verfahren	Asche	Kern	Geschwindigkeitsbestimmender Transportvorgang in der Asche
Rösten	Metalloxid	Metallsulfid	Diffusion
Reduzieren	Metall	Metalloxid	Diffusion
Brennen von Kalkstein	CaO	$CaCO_3$	Wärmeleitung
Regenerieren poröser Katalysatoren	freigebrannter Teil	„verkokter" Teil	Diffusion
Auslaugen	salzfreier Teil	salzhaltiger Teil	Diffusion
Kokskammerverfahren	Koks	eingesetzte Kohlefüllung[1]	Wärmeleitung

[1] Das Asche-Kern-Modell wird hier auf die Kammer angewendet, nicht auf das Einzelkorn.

Die vielseitige Anwendbarkeit deutet gleichzeitig auf eine Schwäche des Asche-Kern-Modells hin: Es kann strukturelle Einzelheiten kaum erfassen. Daher sind ausgehend von diesem Modell eine Reihe weiterer Modelle oder auch nur Modifikationen entwickelt worden, von denen das bekannteste wohl das Feinkorn-Korn-Modell (grain pellet model) ist [80] (s. a. die Übersicht in [76]). Man darf aber auch von diesen verfeinerten Modellen nicht erwarten, daß sie systematisch und allgemeingültig Vorgänge beschreiben können wie Phasenumwandlungen im festen Zustand, Sintern, Schmelzen, Sublimieren, Entweichen flüchtiger Bestandteile oder gar homogene Nachreaktionen in der Gasphase; deren Berücksichtigung ist dem jeweiligen speziellen Fall vorbehalten.

Die Umsetzungen von Feststoffen mit Fluiden nehmen hinsichtlich der makrokinetischen Modellbehandlung eine gewisse Mittelstellung ein zwischen den katalytischen Reaktionen, die i.a. als stationär, und den Fluid-fluid-Reaktionen, die (lokal) als instationär angenommen werden.

Die quasistationäre Näherung sollte in jedem Fall geprüft werden, besonders aber dann, wenn die Transportkoeffizienten sehr klein sind, wie z. B. bei Auslaugprozessen [81]. Erweist sich diese Annahme nicht als gerechtfertigt, so wird eine rechnerische Erfassung beträchtlich schwieriger. Es handelt sich dann um instationäre Diffusions- bzw. Wärmeleitungsvorgänge mit wandernder Grenze, die in allgemeiner Form von *Danckwerts* [64], mit speziellem Bezug auf die Gas-Feststoff-Reaktionen von *Wen* u. *Wang* [82] behandelt worden sind.

3.2.4 Mehrphasensysteme

Die Behandlung von Mehrphasensystemen schließt sich unmittelbar an diejenige der Zweiphasensysteme an. Von besonderem Interesse sind dabei Reaktionen, in denen ein Feststoff zusammen mit einer flüssigen und einer gasförmigen Phase auftritt. Der Feststoff wirkt dabei häufig als Katalysator, er kann aber auch stöchiometrisch an der Reaktion teilnehmen.

3.2.4.1 Dreiphasensysteme mit Feststoff als Katalysator

Sowohl für eine feste Anordnung als auch für eine bewegte Suspension des Katalysators setzt man in ähnlicher Weise wie in Gl. (53) den Gesamtwiderstand für den makrokinetischen Ablauf der Reaktion aus den einzelnen Teilwiderständen zusammen (vgl. Bild 6). Dabei nimmt man an, daß die Teilschritte örtlich getrennt ablaufen. Zum Widerstand auf beiden Seiten der Gas-Flüssigkeits-Phasengrenze tritt der Widerstand in der Flüssigkeitsschicht am Feststoff sowie bei porösen Katalysatoren der Porendiffusionswiderstand.

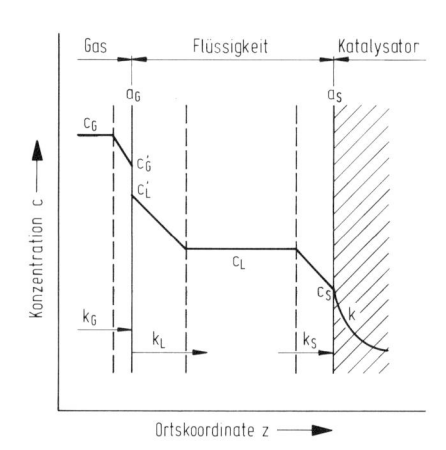

Bild 6. Konzentrationsverlauf und Stofftransportwiderstände bei Gas/Flüssigkeit/Feststoff-Reaktionen

Für eine irreversible Reaktion 1. Ordnung kann man nach dem Filmmodell ansetzen:

$$\frac{1}{j a_G} = \frac{c_G}{r_e} = \frac{1}{k_G a_G} + \frac{K_H}{k_L a_G} + \frac{1}{k_S a_S} + \frac{1}{k \eta} \qquad (60)$$

wobei sich der Index S auf die äußere Feststoffoberfläche bezieht.
Den Widerstand auf der Gasseite darf man in den meisten Fällen vernachlässigen. Zweckmäßigerweise ersetzt man für begaste Suspensionen die spezifischen Phasengrenzflächen in Gl. (60) durch besser zugängliche Größen, z. B.:

$$a_G = 6\varepsilon_G/d_B; \quad a_S = 6 m_{V,K}/\varrho_K d_K \qquad (61)$$

mit d_B als Blasendurchmesser und $m_{V,K}$ als volumenbezogene Katalysatormasse.

Bezieht man ferner die Reaktionsgeschwindigkeit auf die spezifische äußere Katalysatoroberfläche durch Einführen von $k_K = k \varrho_K d_K / 6 m_{V,K}$, so erhält man:

$$\frac{c_G}{r^e} = \frac{\varrho_K d_K}{6 m_{V,K}} \left(\frac{1}{k_S} + \frac{1}{k_K \eta} \right) + \frac{K_H d_B}{6 \varepsilon_G k_L} \tag{62}$$

Bei einer Auftragung von c_G/r_e gegen $1/m_{V,K}$ resultieren aus Gl. (62) Geraden, deren Ordinatenabschnitte um so größer sind, je mehr der Einfluß des Stoffübergangs in die Flüssigphase vorherrscht, und deren Steigung um so größer ist, je mehr der Stofftransport im und um das Katalysatorkorn behindert wird. Zwei Grenzfälle kann man dabei diskutieren.
– Bei hoher Katalysatorbeladung der Suspension wird der Stoffübergang des Gases in die Flüssigphase geschwindigkeitsbestimmend. Eine weitere Katalysatorzugabe hat keinen Sinn mehr; man muß versuchen, $k_L a_G$ zu erhöhen.
– In der Flüssigphase der Suspension liegt überall die Sättigungskonzentration der Gaskomponente vor. Die Bruttoreaktionsgeschwindigkeit hängt von der Katalysatorkonzentration ab, bei Vorliegen von Porendiffusionseinfluß auch von der Größe des Katalysatorkorns; man muß versuchen, diese Parameter zu beeinflussen.

Abweichungen von der Geradenform nach Gl. (62) können bei hohen Katalysatorkonzentrationen dadurch bedingt sein, daß der Katalysator nicht mehr ausreichend suspendiert ist, bei niedrigen Konzentrationen dadurch, daß sich Katalysatorgifte bemerkbar machen.

Bei sehr kleinen Katalysatorkörnern kann man den Widerstand im umgebenden Flüssigkeitsfilm vernachlässigen. Für diesen Fall kann man auch bei anderen Reaktionsordnungen als eins ähnlich einfache Auftragungen erhalten, wie dies für Gl. (62) angedeutet wurde. Für kompliziertere Fälle sei auf [83] verwiesen.

3.2.4.2 Dreiphasensysteme mit Feststoff als Reaktionspartner

Als wichtigstes Beispiel dieser Systeme sind Reaktionen zu betrachten, bei denen ein Gas A und ein Feststoff B in einem gemeinsamen flüssigen Lösemittel reagieren. Man kann dabei von verschiedenen Grenzfällen ausgehen, je nachdem in welchem Verhältnis die Geschwindigkeiten der Reaktion in der Lösung und die Geschwindigkeiten der Nachlieferung aus den Eduktphasen zueinander stehen.

Von den insgesamt neun Fällen werden nur die in der Praxis wichtigeren herausgegriffen:
– Reaktion und Feststoffauflösung sind örtlich getrennt:
Dieser Fall liegt vor, wenn der Durchmesser der Feststoffpartikel groß ist gegenüber der Dicke δ_L der Flüssigkeits-Grenzschicht und die Reaktion so schnell verläuft, daß sie sich nur im unmittelbaren Bereich der Phasengrenze Gas-Flüssigkeit abspielt. Mit einigen vereinfachenden Annahmen kann man für diesen Fall als Kriterium ableiten [84]:

$$\frac{k_S a_S D_{AL}^2}{4 k_L^2 D_{BL}} \ll 1 \tag{63}$$

Solange diese Voraussetzungen erfüllt sind, kann man die Makrokinetik des Systems wie die einer reinen Gas-Flüssigkeits-Reaktion behandeln mit der Einteilung in Grenzbereiche, wie sie in Abschn. 3.2.2 beschrieben sind. Die betreffende Konzentration c_{Bl} an Feststoffkomponente B im Kern der Flüssigkeit kann aus einem Stoffübergangsansatz der Form $a_S k_S (c_{BS} - c_{Bl})$ ermittelt werden. Durch entsprechende Wahl der Partikelgröße des Feststoffanteils kann man auf a_S und damit auch auf c_{Bl} Einfluß nehmen.
– Reaktion und Feststoffauflösung sind örtlich nicht getrennt: Dieser Fall liegt vor, wenn der Durchmesser der Feststoffpartikeln klein ist gegenüber der Grenzschichtdicke δ_L. Hier sei der spezielle Fall herausgegriffen, daß die Umsetzung im Grenzbereich der momentanen Reaktion abläuft, sich also eine Reaktionsfläche zwischen den Reaktionspartnern ausbildet. Ist die Auflösungsgeschwindigkeit der Feststoffpartikeln sehr groß (sehr kleiner Teilchendurchmesser), so fällt die Reaktionsfläche mit der Phasengrenzfläche zwischen Gas und Flüssigkeit zusammen. Damit wird die Diffusion von B zur Phasengrenzfläche geschwindigkeitsbestimmend. Ist in diesem Bereich außer dem Kriterium für momentane Reaktion

$$\frac{\sqrt{k c_{BL} D_{AL}}}{k_L} \gg \frac{c_{BS}}{c'_{AL}} \left(1 + \frac{a_S k_S D_{AL}^2}{4 k_L^2 D_{BL}} \right) \tag{64}$$

auch noch das Kriterium

$$\sqrt{k_s a_s / D_{BL}} \gtreqless 5 \tag{65}$$

erfüllt, kann man für die effektive Reaktionsgeschwindigkeit ansetzen [84]:

$$r_e = c_{BS} \sqrt{k_s a_s D_{BL}} \tag{66}$$

Da auch hier die spezifische Feststoffoberfläche a_s als wesentliche Variable eingeht, kann man durch entsprechende Wahl der Partikelgröße und des Feststoffanteils Einfluß auf die effektive Reaktionsgeschwindigkeit nehmen.

3.3 Desaktivierung fester Katalysatoren

Aktivität und Selektivität von Katalysatoren ändern sich i.a. während des Betriebs von Reaktoren. Das kann folgende Ursachen haben: Vergiftung durch Fremdkomponenten, Fehlreaktionen von Reaktionspartnern, die zu Belägen auf dem Katalysator führen (typisches Beispiel: Verkokung), oder morphologische Änderungen wie Phasenumwandlungen, Sintern oder ähnliche, auch mit dem Sammelbegriff ‚Alterung' bezeichnete Erscheinungen. Von diesen drei Vorgängen sind die beiden erstgenannten chemischer Natur; der letztgenannte Vorgang ist zwar überwiegend physikalisch, wird aber häufig stark durch chemische Einwirkungen geprägt (z.B. Transportreaktionen, chemisches Ätzen).

Die Katalysatordesaktivierung sollte daher einer chemisch-kinetischen Behandlung zugänglich sein. Eine vollständige kinetische Modellierung muß sowohl den eigentlichen Reaktionen als auch der Desaktivierung Rechnung tragen. Man kann als vollständige Geschwindigkeitsgleichung für eine Reaktion ansetzen:

$$r = r(c_i, T, h) \tag{67}$$

wobei h ein Funktional der Vergangenheit des Katalysators bedeutet, und als Geschwindigkeitsgleichung für die Desaktivierung einen Ausdruck der Form

$$-\dot{a}_k = f(c_i, T, h) \tag{68}$$

wählen. Die katalytische Aktivität a_k ist definiert durch

$$a_k = \frac{r(c_{i,ref}, T_{ref}, t)}{r_0(c_{i,ref}, T_{ref}, t = 0)} \tag{69}$$

Die Größe a_k ist ein differentielles Aktivitätsmaß. Integrale Maße wie Umsatz, Ausbeute, Durchsatz zum Erzielen einer vorgegebenen Ausbeute usw. charakterisieren Kollektive von Katalysatorteilchen wie z.B. eine Schüttung; sie sind natürlich einfacher und schneller zu ermitteln, eignen sich aber mehr für qualitative Aussagen. Die Bezeichnungen ‚integral' und ‚differentiell' beziehen sich, wie in der Reaktionstechnik in solchem Zusammenhang üblich, auf Reaktoren. Das ‚differentielle' Maß a_k wird seinerseits integral, wenn es auf ein Katalysatorkorn, und nicht nur auf ein Reaktionszentrum im Korn angewendet wird. Da die Desaktivierung i.a. zu einer ungleichen Aktivitätsverteilung im Korn führt, scheint eine auf das Gesamtkorn bezogene, d.h. makrokinetische Interpretation der Aktivität a_k die brauchbarste zu sein. Auf die konsequenterweise eigentlich erforderliche Kennzeichnung von a_k, r und r_0 als effektive Größen wird der Einfachheit halber meistens verzichtet.

Noch relativ einfach ist die kinetische Modellierung der Katalysatordesaktivierung, wenn sich die vollständige Geschwindigkeitsgleichung (67) in einen Reaktions- und einen Aktivitätsterm aufspalten läßt:

$$r = r_0(c_i, T) a_k(t) \tag{70}$$

In diesen sogenannten separablen Fällen ist h(t) identisch mit $a_k(t)$; das Funktional wird also der unmittelbaren Messung gemäß Gl. (69) zugänglich. Nur bei separabler Kinetik sind reaktionskinetische Gesetze und ihre Parameter unabhängig vom Aktivitätszustand des Katalysators, so daß es möglich ist, gemessene Reaktionsgeschwindigkeiten mit Korrekturfaktoren auf andere Aktivitätsniveaus umzurechnen. Die Definitionsgleichung (69) weist schon auf eine Möglichkeit hin, vor jeder kinetischen Modellierung auf Separabilität zu prüfen: Zu einem gewählten Zeitpunkt t muß sich die Aktivität a_k experimentell als unabhängig von den Referenzbedingungen $c_{i,\,ref}$ und T_{ref} erweisen. Diese und weitere experimentelle Möglichkeiten im Hinblick auf eine vollständige kinetische Modellierung werden in [25] diskutiert.

Analysen der Desaktivierung des Einzelkorns sind von einer Reihe von Autoren durchgeführt worden [58, 85, 86]; Studien dieser Art können Anhaltspunkte für Geschwindigkeitsgleichungen und Hinweise auf mögliche Verbesserungen des Katalysators, insbesondere der Kornstruktur geben.

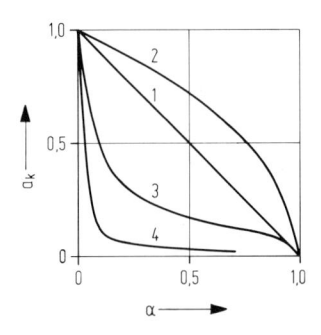

Bild 7. Abnahme der katalytischen Aktivität a_k mit dem Anteil der vergifteten Oberfläche α
Kurve 1: η → 1 (s oder w)
Kurve 2: η → 0 (w)
Kurve 3: η = 0,1 (s)
Kurve 4: η = 0,01 (s)
Nutzungsgrad η bezieht sich auf den unvergifteten Katalysator; w: schwache (uniforme) Vergiftung; s: starke (schalenförmige) Vergiftung

Bild 7 zeigt die Abhängigkeit der katalytischen Aktivität vom vergifteten Anteil der Gesamtoberfläche bei Vergiftung durch eine Fremdkomponente entsprechend

$$A \rightarrow P, \quad F \rightarrow G \tag{71}$$

in einer Momentaufnahme [49]. Auch der Einfluß der Vergiftung auf die Temperaturabhängigkeit der Gesamtreaktion wurde dabei untersucht. Es ist verständlich, daß eine diffusionslimitierte Reaktion mit fortschreitender Schalenvergiftung eine sehr kleine scheinbare Aktivierungsenergie aufweist; ähnlich wie bei der Diffusion durch einen äußeren Gasfilm (vgl. Abschn. 3.2.1) wird hier die Temperaturabhängigkeit der Diffusion durch den vergifteten Kornbereich bestimmt. Die makrokinetische Behandlung der Fremdvergiftung hat die beiden *Thiele*-Moduln $\varphi_{A0} = 1\sqrt{k_A/D_{eA}}$ und $\varphi_{F0} = 1\sqrt{k_F/D_{eF}}$ als Parameter. Tab. 5 bringt eine Zusammenstellung einiger charakteristischer Merkmale für die Grenzfälle der uniformen bzw. der Schalenvergiftung.

Tab. 5. *Makrokinetische Beziehungen bei Fremdvergiftung*

Thiele-Modul		Separable Kinetik	Potenzgesetz der Desaktivierung $(-\dot{a}_k \sim a_k^m)$
$\varphi_{F,o} \rightarrow 0$	$\varphi_{A,o} \rightarrow 0$	ja	m = 1
	$\varphi_{A,o} \approx 1$	nein	bedingt anwendbar; m etwas kleiner als 1
	$\varphi_{A,o} \gg 3$	ja	m = 1
$\varphi_{F,o} \rightarrow \infty$	$\varphi_{A,o} \rightarrow 0$	ja	nicht anwendbar
	$\varphi_{A,o} \approx 1$	nein	nicht anwendbar
	$\varphi_{A,o} \gg 3$	nein	nur für $a_k \lesssim 0,5$

Nähere Einzelheiten hierzu sind in [33] zu finden. Man kann aus Tab. 5 bei aller gebotenen Vorsicht die Empfehlung ableiten, bei der Auswertung von Experimenten versuchsweise die Desaktivierungskinetik mit einer Potenzfunktion von a_k anzusetzen:

$$-\dot{a}_k = f_{12}(c_i, T) a_k^m \tag{72}$$

Aus einer Reihe von Modellrechnungen [87] lassen sich Maßnahmen zur Katalysatorverbesserung ableiten, die entsprechend abgewandelt auch für diagnostische Zwecke im kinetischen Experiment dienen können. Sofern bei einer Fremdvergiftung die Giftabscheidung diffusionskontrolliert bleibt, sollte der Korndurchmesser so weit verkleinert werden, bis die Reaktion im chemisch kontrollierten Bereich abläuft. Dann sind i.a. sowohl die Aktivität als auch Stabilität (Standzeit) am größten. Entsprechend sollte der Korndurchmesser bei Reaktionen im chemisch kontrollierten Bereich vergrößert werden, wenn dadurch die Vergiftungsreaktion stärker diffusionsbehindert wird. Wenn Reaktion und Vergiftung beide im Zwischenbereich Reaktionskinetik/Diffusion ablaufen, könnte ein bestimmter Korndurchmesser optimal sein. Um den Diffusionseinfluß zu variieren, kann man anstelle des Korndurchmessers auch die Porenstruktur ändern. Wird z. B. ein diffusionskontrolliertes Gift stark vom Katalysatorträger adsorbiert, könnte man die Porosität, gleichzeitig aber auch die Trägeroberfläche erhöhen und zusätzlich die aktiven Katalysatorkomponenten ins Innere verlagern [58]. Auch das Einbetten aktiven Feinkorns in eine makroporöse, giftaufnehmende Matrix kann Aktivität und Stabilität verbessern helfen.

Neben der Fremddesaktivierung gibt es noch die Paralleldesaktivierung

$$A \rightarrow P, \quad A \rightarrow G \tag{73}$$

sowie die Folgedesaktivierung

$$A \rightarrow P \rightarrow G \tag{74}$$

als Grundtypen.

Bei einer Folgedesaktivierung ist ein möglichst kleiner *Thiele*-Modul für Aktivität und Stabilität günstig. Bei der Paralleldesaktivierung hat man einen Kompromiß zu schließen zwischen hoher (geringer) Anfangsaktivität und geringerer (höherer) Stabilität bei kleinem (großem) *Thiele*-Modul. Diese Folgerungen gelten für uniforme Verteilung der aktiven Komponenten. Bei Folgedesaktivierung behält das Korn, in dem die aktive Komponente auf den äußeren Bereich konzentriert ist, die höhere Aktivität; weniger aktiv, aber stabiler sind Pellets mit aktivem Kern. Diese Aussagen treffen zu, wenn die aktive Komponente das Gift aufnimmt. Wenn sich das Gift auf dem Träger niederschlägt und dabei die aktive Komponente physikalisch blockiert, sind die Verhältnisse etwas verwickelter [88].

Noch interessanter, aber auch komplizierter sind Selektivitätsänderungen durch Desaktivierung. Bei Parallelreaktionen ändert sich die Selektivität nicht, wenn beide Reaktionen in nichtselektiver Weise vergiftet werden. Bei Folgereaktionen drängt man den Diffusionseinfluß am besten weit zurück. Wenn das nicht möglich ist, kann ein höherer Vergiftungsgrad sich günstig auf die Selektivität auswirken [89].

Bei unabhängigen Reaktionen sind ausgeprägte Maxima oder Minima der Selektivität in Abhängigkeit vom Vergiftungsgrad möglich. Bei bifunktionellen Katalysatoren scheint bei allen Desaktivierungstypen ein gewisser Diffusionseinfluß günstig für Stabilität und Selektivität zu sein [90].

Bei allen bisher angeführten Untersuchungen wurde angenommen, die Diffusionseigenschaften des Korns würden im Laufe der Desaktivierung nicht verändert. Größere Mengen abgeschiedenen Kokses können die Poren jedoch merklich verengen, so daß der effektive Diffusionskoeffizient abnimmt [91]. Eine weitere Gefahr ist die teilweise Verstopfung der Porenöffnungen durch abgeschiedene Metallverbindungen [92, 93].

Für kinetische Untersuchungen konzentrationsabhängiger Desaktivierungsvorgänge wurde eine besondere Methode vorgeschlagen [77, 94]: Durch geregelte Verstellung der Zuströme zu einem gradientenlosen Reaktor werden die Gaskonzentrationen konstant gehalten. Dann kann man Aktivität und Konzentrationseinflüsse getrennt untersuchen, ebenso wie man reaktionskinetische Messungen gewöhnlich isotherm durchführt, um den Konzentrationseinfluß vom Temperatureinfluß zu trennen. Weitere Möglichkeiten dieser Versuchsführung betreffen Tests auf Separabilität der Kinetik sowie die experimentelle Entkopplung von Reaktionsnetzwerken [25]. Bei konzentrationsunabhängiger Desaktivierung lassen sich kinetische Daten im Prinzip auch mit den üblichen Laborreaktoren gewinnen, besonders dann, wenn man eine separable Kinetik voraussetzen darf. Will man den Desaktivierungstyp herausfinden, kann es nützlich sein, den fehlerträchtigen Zeiteinfluß auszuschalten (s. a. Abschnitt 2.2); dazu ist der Einzelkornreaktor besonders geeignet [60].

4 Berechnung von Reaktoren

Technische Reaktionen ergeben sich, wie erwähnt, aus dem Zusammenspiel von chemischer Umsetzung und dem Transport von Stoff, Wärme und Impuls. Dieses Wechselspiel von Chemismus und Transport gestaltet sich deswegen sehr oft so außerordentlich kompliziert, weil die einzelnen Vorgänge untereinander eng verflochten sind, andererseits aber in sich schon komplex verlaufen können. Man denke nur an die verschiedenen Möglichkeiten des Wärmetransports durch Leitung, Konvektion und Strahlung. Es gibt zwar auch Fälle, bei denen einer der genannten Vorgänge dominierend den Ablauf der Reaktionen bestimmt. Unter diesen Umständen ist es möglich, die Berechnung allein auf diesen geschwindigkeitsbestimmenden Vorgang zu gründen. Je größer der Maßstab ist, in dem eine Reaktion durchgeführt wird, um so größer wird aber im allgemeinen auch die Wahrscheinlichkeit, daß mehrere Vorgänge gleichzeitig eine Rolle spielen. Das gilt insbesondere für Reaktionen in mehrphasigen Systemen.
Die rechnerische Behandlung technischer Prozesse stößt aber noch auf weitere Schwierigkeiten. Für die Wahl der Bedingungen, unter denen gearbeitet werden soll, gelten in erster Linie wirtschaftliche und zum Teil auch apparatebauliche Gesichtspunkte. Dies führt dazu, daß die Prozesse oft in nichtidealen Stoffsystemen durchgeführt werden müssen, daß bei heterogenen Reaktionsgemischen die stoffliche Verteilung auch in größeren Bereichen nicht gleichmäßig ist und daß auch in einphasigen Reaktionsgemischen mitunter erhebliche Konzentrationsunterschiede auftreten. Im technischen Maßstab können ferner oft auch andere Größen nicht mehr als konstant betrachtet werden; z. B. sind bei Reaktionen mit nennenswerter Wärmetönung Temperaturunterschiede innerhalb des Reaktionsraums praktisch nicht zu vermeiden.
Es ist daher verständlich, daß eine vollständige und genaue Erfassung durch theoretische Ansätze bei technischen Untersuchungen nicht mehr allgemein gelingen kann. Auch für Teillösungen ist der rechnerische Aufwand meist noch erheblich und nur durch Einsatz von Großrechnern zu bewältigen. Da also eine zuverlässige Voraussage allein auf der Grundlage von Laborversuchen nicht möglich ist, muß man bei der Maßstabsvergrößerung schrittweise vorgehen. Dabei werden die experimentell gewonnenen Ergebnisse auf den Maßstab der nächsten Stufe extrapoliert. Jede derartige Extrapolation ist aber mit einer Unsicherheit belastet, die um so größer ist, je schmaler der experimentell untersuchte Bereich ist und je weiter man sich durch die Extrapolation von ihm entfernt. Eine systematische Untersuchung des Einflusses aller einzelnen Parameter verbietet sich schon deswegen, weil die Anzahl der notwendigen Versuche exponentiell mit der Anzahl der Veränderlichen ansteigt und sich außerdem sehr oft einzelne Parameter nicht verändern lassen, ohne daß damit auch andere gleichzeitig geändert werden. Man nimmt daher lieber eine gewisse Unsicherheit in Kauf und bestimmt die Zahl der Zwischenstufen nach dem abgeschätzen Grad der Unsicherheit der Extrapolation, d.h. man wählt die einzelnen Schritte der Maßstabsvergrö-

ßerung so, daß die Kosten, die durch die notwendigen Sicherheitszuschläge anfallen, kleiner sind als die Kosten für eine eventuell noch zusätzlich einzuplanende Zwischenstufe. Vom Standpunkt der technischen Reaktorplanung und nach den Gesichtspunkten einer möglichst raschen Übertragung in den größeren Maßstab ist dieses Vorgehen unbefriedigend. Solche Zwischenstufen (pilot plants) können aber auch entscheidende Vorteile haben. Einmal werden oft im Labormaßstab Spurenverunreinigungen übersehen, die sich im Großmaßstab entweder verfahrenstechnisch oder auch umwelttechnisch verheerend auswirken können. Solchen Verunreinigungen kommt man in Versuchsanlagen schnell auf die Spur. Ein weiterer Vorteil solcher Anlagen, insbesondere bei hohem Veredelungsgrad, ist die Möglichkeit, das Produkt schon vor einer kommerziellen Erzeugung in größeren Mengen testen und zur Einführung auf den Markt bringen zu können. Die Forderung einer möglichst hohen Stofferzeugung sollte dabei aber immer in den Hintergrund treten gegenüber der eigentlichen Aufgabe der Versuchsanlage, eine richtig ausgelegte Großanlage planen zu können. Dazu ist es auch wünschenswert, in der Versuchsanlage möglichst viele Einflußgrößen unabhängig ändern zu können. Bei der Maßstabsvergrößerung müssen die Bedingungen für die nächstgrößere Einheit dann von vornherein in der Richtung abgeändert werden, in der man aufgrund experimentell gefundener oder theoretischer Zusammenhänge das Optimum für die Endstufe erwarten kann.

4.1 Grundformen technischer Reaktionsapparate

4.1.1 Kennzeichnende Merkmale

Einer systematischen Ordnung der verschiedenen Typen technischer Reaktionsapparate kann man je nach Zielsetzung verschiedene Einteilungsprinzipien zugrunde legen. So kann z. B. vom Standpunkt des Konstrukteurs bzw. Apparatebauers eine Unterscheidung nach dem Druck (Apparate für Normal-, Hoch- und Höchstdruck) durchaus sinnvoll sein. Für reaktionstechnische Berechnungen und Planungen wird man zweckmäßig andere Merkmale in den Vordergrund stellen. Man wird als gleichartig oder ähnlich solche Apparate zusammenfassen, die hinsichtlich der Reaktionskinetik sowie des Stoff- und Wärmetransports formal in gleicher oder ähnlicher Weise zu behandeln sind. Ein wichtiges Merkmal, nach dem eine solche Einteilung getroffen werden kann, ist die *Betriebsform* (Satz-, Fließ- und Teilfließbetrieb), wobei als ergänzender Gesichtspunkt die Führung der Stoff- und Wärmeströme (Gleich-, Gegen- und Kreuzstrom) zu berücksichtigen ist. Ein weiteres wichtiges Kriterium ist das Ausmaß der *Vermischung*, das besonders bei kontinuierlicher Reaktionsführung Bedeutung hat.

Die *Phasenzusammensetzung* ist in diesem Sinn kein geeignetes Einteilungsmerkmal. Bei genügend feiner Zerteilung kann man heterogene Systeme zumeist formal wie homogene Reaktionsgemische behandeln – mit Ausnahme von Effekten, die mit der Segregation zusammenhängen (s. Abschn. 5.2.1.1). Andererseits können aber für denselben Prozeß je nach Zerteilungsgrad verschiedene Vorgänge geschwindigkeitsbestimmend sein; z. B. Stofftransport bei grober und chemische Reaktion bei feiner Zerteilung. Für kontinuierliche Verfahren wird in der Technik häufig eine feine Zerteilung angestrebt (Vergrößerung der Phasengrenzfläche, Verkürzung der Transportwege). Dieser Tendenz sind allerdings Grenzen gesetzt: Einmal werden dabei oft verfahrenstechnisch schwierig zu behandelnde Größenbereiche erreicht, zum anderen werden die erforderlichen Reaktionsräume wegen der i. a. immer voluminöser werdenden dispersen Systeme oft unwirtschaftlich groß. Dabei sind Zerteilungszustände, die sich nur zweidimensional vergrößern lassen, von vornherein im Nachteil. Wenn die Zerteilung erst im Reaktionsraum stattfindet, kann das Problem der Kontaktierung der verschiedenen Phasen entscheidend werden (s. dazu besonders [13]).

Die bisher besprochenen Kriterien waren im wesentlichen stofflicher Art. Bei Reaktionen, die mit großer Wärmeentwicklung oder -bindung einherlaufen, kann die Frage der Temperaturführung zum entscheidenden Faktor für die Auswahl des Reaktionsapparats werden. Hierfür gibt es besonders bei Reaktoren für heterogen-katalytische Prozesse und für Flammenreaktionen wichtige Beispiele.

4.1.2 Technische Betriebsformen

4.1.2.1 Satzbetrieb

Der in früheren Zeiten ausschließlich geübte absatzweise Betrieb chemischer Umsetzungen wird immer mehr von der kontinuierlichen Betriebsform abgelöst. Trotzdem gibt es verfahrenstechnische und wirtschaftliche Gründe, die in bestimmten Fällen den Chargenbetrieb notwendig oder zweckmäßig erscheinen lassen, z. B. bei langsam verlaufenden Reaktionen, bei Förderproblemen (zähe Teige) oder bei der Herstellung kleiner oder stark wechselnder Mengen (Farbstoffe, Pharmaka) bzw. mehrerer Produkte in derselben Apparatur.

4.1.2.2 Fließbetrieb

Der kontinuierliche Betrieb ermöglicht eine weitgehende Mechanisierung bzw. Automatisierung. Dies bedeutet sichere Einhaltung und Kontrolle der Betriebsbedingungen, gleichmäßige Qualität der Produkte und Einsparungen an Personalkosten. Bei richtiger Auslegung des kontinuierlichen Betriebs ist das für eine bestimmte Produktionskapazität erforderliche Reaktorvolumen kleiner als beim Satzbetrieb, weil die Zeiten für Füllen und Entleeren sowie für das Aufheizen und Abkühlen gespart werden können. Auch an Energiekosten kann oft gespart werden, weil im allgemeinen die Voraussetzungen für einen kontinuierlichen Wärmeaustausch ohnehin gegeben sind und so das Aufheizen und Abkühlen nach jeder Charge entfallen kann. Dies ist vor allem dann von Bedeutung, wenn die Wärmekapazität des Apparats vergleichbar mit der des Reaktionsgemisches oder gar größer ist. Den Einsparungen an Personal- und Energiekosten sowie an Volumen der Anlage stehen allerdings die höheren Aufwendungen für kompliziertere Förder-, Dosier-, Meß- und Regeleinrichtungen sowie gegebenenfalls für Wärmeaustauschaggregate gegenüber. Ab einer bestimmten Größe der Produktionskapazität, die von Verfahren zu Verfahren natürlich etwas variiert, überwiegen stets die wirtschaftlichen Vorteile der kontinuierlichen Anlage; dazu kommt die bessere und gleichmäßigere Qualität der Produkte sowie die Möglichkeit, die Ausgangsstoffe besser auszunützen und Hilfschemikalien zu sparen. Schließlich ist noch auf entscheidende Vorteile hinsichtlich der Anforderungen an die Betriebssicherheit, die Gewerbehygiene und den Umweltschutz hinzuweisen. In der chemischen Industrie muß sehr oft mit Stoffen gearbeitet werden, die entweder für den Menschen lästig oder gesundheitsschädlich sind oder die feuer- oder explosionsgefährlich sind. Beim Fließbetrieb läßt sich das Austreten solcher Stoffe aus dem Apparat viel sicherer vermeiden als beim Satzbetrieb.

Fließbetrieb in einem chemischen Reaktionsapparat bedeutet ununterbrochene Zufuhr der Reaktionspartner und ununterbrochene Abfuhr der Reaktionsprodukte. Nach neueren Vorstellungen kann dabei in bestimmten Fällen auch eine oszillatorische Führung der Stoffströme von Vorteil sein [95, 96]. Anders als beim Chargenbetrieb, bei dem die Förderung der Reaktionsteilnehmer ein rein verfahrenstechnisches Problem darstellt, greift beim Fließbetrieb die Führung der Stoff- und Wärmeströme mit in den Reaktionsvorgang ein.

Im Falle des *stofflichen Gleichstroms* fließen die Reaktionsteilnehmer in gleicher Richtung durch den Reaktor. Bei Reaktionsgemischen, die unter normalen Bedingungen nicht oder nur träge reagieren, bietet der Gleichstrom die Möglichkeit, die Reaktionspartner bereits vorgemischt zum Reaktionsort zu führen. Erst dort findet dann unter den Voraussetzungen für das schnelle Ablaufen der Reaktion (Temperatur, Druck, Katalysator usw.) die Umsetzung statt. Es gibt einige Gründe, die dazu zwingen, einen Prozeß im stofflichen Gleichstrom zu führen:
– Ein Gegeneinanderführen der Stoffströme ist nicht möglich. Das ist z. B. der Fall bei Reaktionen zwischen Feststoffen oder dann, wenn die Reaktionsteilnehmer ein homogenes Gemisch bilden.
– Reaktionsteilnehmer bilden ein heterogenes Gemisch, das sich infolge zu geringer Dichteunterschiede, zu feiner Verteilung der dispergierten Phase oder der Bildung stabiler Grenzflächen nicht rasch genug trennt.
– Einer der Reaktionspartner ist „konzentrationsempfindlich", d. h. er reagiert z. B. mit den Reaktionsprodukten unter Bildung unerwünschter Folgeprodukte.

Voraussetzungen für die Anwendung des *stofflichen Gegenstroms* sind
- das Vorliegen von Phasengrenzflächen,
- die Möglichkeit einer leichten Trennung der beiden Phasen.

Die Vorteile des Gegenstroms liegen vor allem darin, daß er in vielen Fällen eine schnellere und vollständigere Reaktion gewährleistet als der Gleichstrom. Er läßt sich oft auch günstig mit einem thermischen Gegenstrom verknüpfen.

Der aus der Wärmetechnik her bekannte *Kreuzstrom* hat für die Reaktionstechnik nur untergeordnete Bedeutung.

4.1.2.3 Teilfließbetrieb

Zu den im Teilfließbetrieb durchgeführten Prozessen zählen strenggenommen eine große Zahl technischer Umsetzungen, die zwar überwiegend Kennzeichen des Satzbetriebs aufweisen, bei denen aber einzelne Komponenten ganz oder teilweise während der Umsetzung nachgeschleust oder ausgetragen werden. Hierher gehören beispielsweise Veresterungsreaktionen, bei denen zur Erzielung eines möglichst vollständigen Umsatzes (Gleichgewicht!) das gebildete Wasser laufend entfernt wird. Weitere Beispiele sind: die Herstellung von Azopigmenten, bei der die Kupplungskomponente kontinuierlich zugegeben wird, oder Polymerisationsreaktionen, bei denen das Monomere oder Initiatoren bzw. beide nachgeschleust werden. Von Teilfließbetrieben im engeren Sinne spricht man bei Prozessen, bei denen zwei verschieden dichte Medien beteiligt sind, vorwiegend Feststoffe oder Feststoffsuspensionen und Gase, wobei der Reaktor mit dem gesamten dichteren Medium beschickt wird, während das Gas kontinuierlich zu- bzw. abgeführt wird. Man wählt für derartige Umsetzungen den Teilfließbetrieb, weil einerseits eine lange Reaktionsdauer oder Schwierigkeiten bei der kontinuierlichen Förderung des dichteren Mediums einen absatzweisen Betrieb verlangen, andererseits die bessere Steuerung der Reaktion oder das große Volumen der äquivalenten Gasmenge für eine kontinuierliche Führung sprechen (s. dazu z. B. [97]).

Um auch beim Teilfließbetrieb einen – in bezug auf Menge und Zusammensetzung – gleichmäßigen Gasstrom zu erzielen, wird eine Gruppe von gleichartigen Apparaten eingesetzt, durch die der Gasstrom parallel oder in Serie geführt wird. Man spricht dann von einer Batterie gleicher Apparate und folglich auch von *Batteriebetrieb*. Batteriebetrieb mit parallel geschalteten Apparaten entspricht einem stofflichen Gleichstrom. Er wird besonders angewendet, wenn bei der Umsetzung ein Gas gebunden oder entwickelt wird.

Der Batteriebetrieb in Serienschaltung kann insbesondere mit stofflichem Gegenstrom angewendet werden, und zwar dann, wenn der Gasstrom durch Reaktion einer Komponente an dieser verarmt. Eine möglichst vollständige Ausnutzung der Ausgangsstoffe wird dann dadurch erzielt, daß der frische Gasstrom zuerst in den Apparat geleitet wird, in dem die festen oder flüssigen Reaktionspartner schon weitgehend verbraucht sind, während in den frisch beschickten Apparat der verarmte Gasstrom geführt wird.

4.2 Modelle isothermer Reaktoren

Der Weg zum Verständnis und zur Dimensionierung technischer Reaktoren führt über die Betrachtung idealisierter Reaktortypen (s. Bild 8). In diesem Teilbereich der chemischen Reaktionstechnik, der durch Begriffe wie Simulation oder Modellierung von Reaktoren zu umreißen ist, spielen der *ideale Rührkessel* und das *ideale Strömungsrohr* eine wichtige Rolle. Ihre Bedeutung läßt sich durch folgende Punkte aufzeigen:
- Die Idealtypen entsprechen den Grundformen technischer Reaktoren und gleichzeitig den Grenzfällen der Strömungsformen (keine oder vollständige Vermischung). Sie können reale Reaktoren häufig genau genug repräsentieren. Das liegt nicht zuletzt auch daran, daß von der Konstruktionsseite her alle Anstrengungen unternommen werden, den Unterschied zwischen realem Reaktor und dem entsprechenden Idealtyp – z.T. auch aus Gründen der Wärmeführung – möglichst gering zu machen.
- Laborapparaturen zur Ermittlung kinetischer Daten sind meist genügend ideal.
- Abweichungen vom Idealverhalten lassen sich oft durch einfache Korrekturen berücksichtigen.

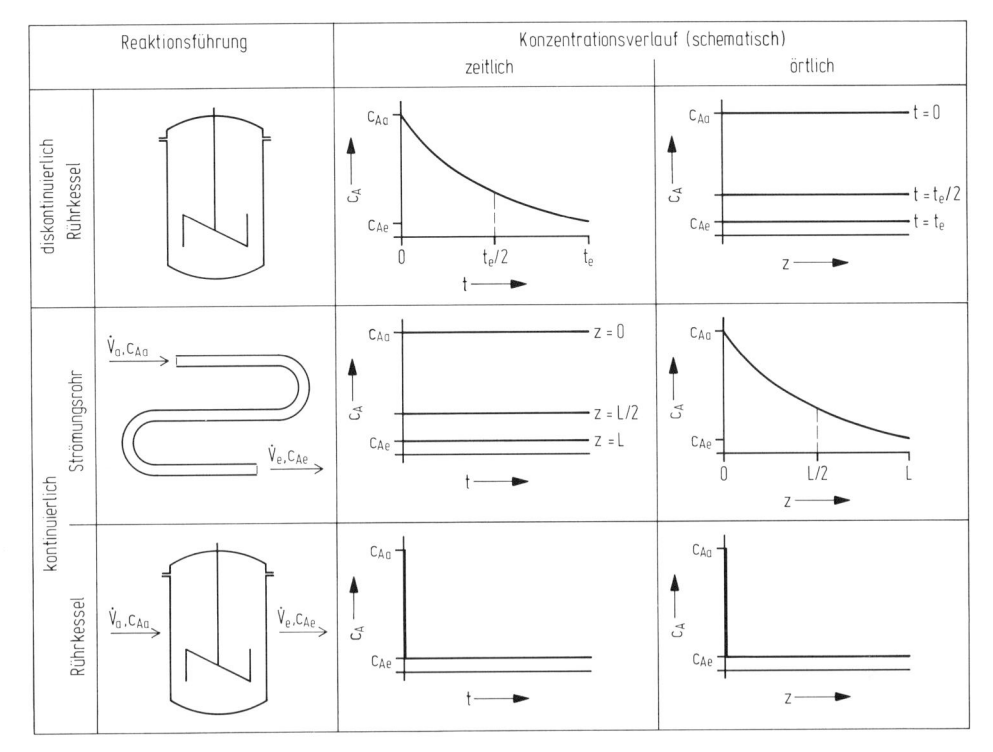

Bild 8. Konzentrationsverlauf in idealen Reaktoren

- Komplexe Strömungsformen können durch Schaltungen der Idealtypen modelliert werden.
- Schaltungen der Idealtypen, parallel oder in Reihe, sind technisch verwirklicht (Kaskade, Horde, Bündel).
- Auch in dispersen Systemen entspricht die Strömungsform der einzelnen Phasen häufig einer der Idealformen.

Jede Berechnung eines idealen oder realen Reaktors beruht letztlich auf *Bilanzgleichungen*. Eine *Stoffmengenbilanz*, die etwa die Mitte zwischen der Vielfalt der mathematischen Möglichkeiten und dem Zwang zur Vereinfachung hält, dabei aber flexibel genug ist, die Gegebenheiten der sechs aufgeführten Punkte zu umfassen, läßt sich etwa folgendermaßen formulieren; sie betrifft die Molzahländerung einer Komponente in einem Bilanzgebiet, das von Fall zu Fall geeignet zu wählen ist:

$$\underbrace{\begin{Bmatrix} \text{Zeitliche} \\ \text{Änderung} \\ \text{der Mol-} \\ \text{zahl} \end{Bmatrix}}_{\text{I}} = \underbrace{\begin{Bmatrix} \text{Änderung} \\ \text{des mola-} \\ \text{ren Kon-} \\ \text{vektions-} \\ \text{stroms} \end{Bmatrix}}_{\text{II}} + \underbrace{\begin{Bmatrix} \text{Änderung} \\ \text{des effek-} \\ \text{tiven mola-} \\ \text{ren Lei-} \\ \text{tungsstro-} \\ \text{mes (Dis-} \\ \text{persion)} \end{Bmatrix}}_{\text{III}} + \underbrace{\begin{Bmatrix} \text{Molarer} \\ \text{Übertra-} \\ \text{gungsstrom} \\ \text{zu (oder} \\ \text{von) ande-} \\ \text{ren Phasen} \end{Bmatrix}}_{\text{IV}} + \underbrace{\begin{Bmatrix} \text{Änderung} \\ \text{der Mol-} \\ \text{zahl durch} \\ \text{chemische} \\ \text{Reaktion} \end{Bmatrix}}_{\text{V}} \quad (75)$$

Der Term III berücksichtigt bereits Abweichungen vom idealen Verhalten. Um das grundsätzliche Verhalten der idealen Reaktortypen zu untersuchen, wird zunächst nur die Stoffmengenbilanz (75) herangezogen. Die vorläufige Beschränkung auf isotherme Systeme ist nicht so einschneidend, wie es auf den ersten Blick scheinen mag: Viele Reaktoren können bei entsprechender Wärmeübertragung durch Heizen oder Kühlen isotherm behandelt werden, ebenso Prozesse mit großem Inertstoffüberschuß (z. B. Gaswäschen), geringer Reaktionswärme bzw. Aktivierungsenergie oder kleiner Reaktionsgeschwindigkeit. Außerdem seien zunächst nur einphasige Reaktionen bzw. Reaktoren betrachtet. Die entsprechenden Bilanzgleichungen gelten aber zumindest formal auch für viele disperse Systeme, da die Ausdrücke IV und V in Gl. (75) häufig zu effektiven Größen zusammengezogen werden.

4.2.1 Idealkessel

Im Idealkessel (IK) sind Konzentrationen (und Temperatur) ortsunabhängig. Als Bilanzvolumen kann daher der gesamte Kessel – oder genauer das Reaktionsvolumen V_R – gewählt werden.

4.2.1.1 Absatzweise betriebener Idealkessel (AIK)

Aus der allgemeinen Bilanzgleichung (75) bleiben die Terme I und V übrig:

$$\frac{dn_i}{dt} = V_R \sum_j v_{ji} r_j(c_1, c_2 \ldots c_N) \qquad j = 1 \text{ bis } M \tag{76}$$

Die stöchiometrische Behandlung eines solchen Gleichungssystems läßt sich in hohem Maße formalisieren (z. B. [8]). Durch Einführen von (stöchiometrischen) Reaktionsvariablen $\xi_j = (\Delta n_i)_j / v_{ij}$ für jede der M unabhängigen stöchiometrischen Gleichungen, bezogen auf das Volumen V_R, die Anfangsmolzahl n_a oder die Masse m erhält man M Gleichungen der Form

$$\frac{d\xi_{V,j}}{dt} = r_j(\xi_{V,1}, \xi_{V,2} \ldots \xi_{V,M}) \qquad j = 1 \text{ bis } M \tag{76a}$$

wobei z. B. $\xi_{V,j} = \xi_j / V_R$ bedeutet.
Einfachere Fälle werden jedoch besser individuell behandelt. Liegt z. B. nur eine stöchiometrisch unabhängige Reaktion vor (M = 1), so lassen sich alle Molzahlen n_i durch den Umsatz X_k einer Schlüsselkomponente A_k ausdrücken; ist zudem noch V_R konstant oder mit X_k verknüpfbar, ergibt sich die Reaktionszeit t_e aus:

$$t_e = \frac{c_{ka}}{(-v_k)} \int_0^{X_{ke}} \frac{V_{Ra}}{V_R(X_k)} \frac{dX_k}{r(X_k)} \tag{77}$$

Feinheiten, wie etwa die Änderung des Reaktionsvolumens, werden nur selten zu berücksichtigen sein, zumal in Kesseln überwiegend Flüssigphasereaktionen durchgeführt werden, bei denen Dichteänderungen meist in bescheidenen Grenzen bleiben. Solange von der Großausführung erwartet werden kann, daß sie sich (annähernd) ideal verhält und isotherm gehalten werden kann, genügt es, den Konzentrationsverlauf $c_i(t)$ einer (oder mehrerer) interessierenden Produktkomponente aus Laborversuchen verfügbar zu haben, ohne daß eine Aufschlüsselung nach Reaktionsfolgen oder Geschwindigkeitskonstanten möglich oder auch nur wünschenswert sein muß.
Mit dem aus Versuchen bekannten Zusammenhang $c_i(t)$ ist die Bilanzgleichung (76) gleichsam experimentell gelöst für bestimmte Bedingungen (Einsatzkonzentrationen, Temperatur). Die volumenbezogene Produktleistung $c_i(t_e)/(t_e + t^*)$ oder auch wie in Bild 9 ihr Maximum läßt sich aus einem solchen Diagramm unmittelbar ablesen. t* ist dabei die Zeit, die zum Füllen, Leeren und Reinigen sowie eventuell auch zum Aufheizen und Abkühlen benötigt wird. Aus der meist geforderten Produktkapazität $n_i(t_e)/(t_e + t^*)$ ergibt sich dann unmittelbar das erforderliche Reaktionsvolumen

$$V_R = n_i(t_e)/c_i(t_e). \tag{78}$$

[Literatur S. 330]   *4 Berechnung von Reaktoren*   277

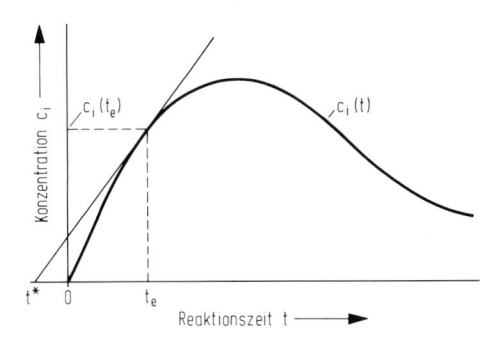

Bild 9. Bestimmung der maximalen Produktleistung im AIK bei vorgegebener Zeit t*

4.2.1.2 Kontinuierlich betriebener Idealkessel (KIK)

Zusätzlich zu Gl. (76) müssen die zu- und abfließenden Stoffmengenströme $\dot{n}_i$ (Term II in Gl. (75)) berücksichtigt werden:

$$\frac{dn_i}{dt} = \dot{n}_{ia} - \dot{n}_{ie} + V_R \sum_j \nu_{ji} r_j(c_{1e}, c_{2e} \ldots c_{Ne}) \qquad j = 1 \text{ bis } M \tag{79}$$

Diese Gleichung ist der Ausgangspunkt zur Untersuchung instationärer Vorgänge im KIK. Dazu gehören Anfahren, Umstellen, Verweilzeitverhalten und Stabilitätsfragen. Im stationären Betrieb ist $dn_i/dt = 0$. Durch Einführen normierter Reaktionsvariablen läßt sich wieder ein System von M (algebraischen) Gleichungen aufstellen.

Bei nur einer stöchiometrischen Gleichung ergibt sich, wenn die Stoffmengenströme und Konzentrationen durch den Umsatz

$$X_k = 1 - \frac{\dot{n}_{ke}}{\dot{n}_{ka}} = 1 - \frac{\dot{V}_e c_{ke}}{\dot{V}_a c_{ka}} \tag{80}$$

ausgedrückt werden und außerdem $\dot{V}_e/\dot{V}_a = \varrho_a/\varrho_e = f(X_k)$ ist:

$$\frac{V_R}{\dot{V}_a} = t = \frac{c_{ka}}{(-\nu_k)} \frac{X_k}{r\left(X_k, \frac{\dot{V}_e}{\dot{V}_a}(X_k)\right)} \tag{81}$$

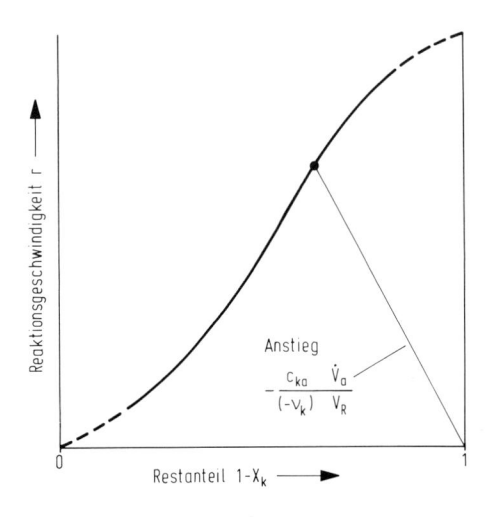

Bild 10. Graphische Ermittlung des Betriebspunktes eines KIK

Nur bei raumbeständigen Reaktionen ($\dot{V}_e/\dot{V}_a = \varrho_a/\varrho_e = 1$) ist die *Raumzeit* t gleich der mittleren Verweilzeit $\tau(= V_R/\dot{V})$. Gl. (81) gibt eine lineare Bilanzbeziehung zwischen $r(X_k)$ und X_k mit dem Anstieg $\frac{c_{ka}}{(-\nu_k)}\frac{\dot{V}_a}{V_R}$. Wenn $r(X_k)$ graphisch, tabellarisch oder analytisch vorliegt, ergibt der Schnittpunkt zwischen der $r(X_k)$-Kurve und dieser Bilanzgeraden den Betriebspunkt des KIK (Bild 10). Der Kehrwert der Raumzeit wird häufig auch als Raumgeschwindigkeit bezeichnet. Ein in der Praxis vielverwendeter Begriff ist die Raumzeitausbeute. Sie stellt die auf das Reaktions- (oder Reaktor-)Volumen bezogene Produktleistung $\dot{n}_i(t)/V_R$ eines kontinuierlich betriebenen Reaktors oder eines Katalysators dar.

4.2.2 Idealrohr

Im Idealrohr (IR) ist die Strömungsgeschwindigkeit über den Querschnitt konstant (Pfropfen- oder Kolbenströmung). Außerdem findet keine *Dispersion* oder Vermischung in axialer Richtung statt. Beide Forderungen lassen sich in die Aussage zusammenfassen: Im IR ist die Verweilzeit aller Fluidelemente gleich.

Da die Konzentrationen im IR in axialer Richtung nicht konstant sind, wird die Bilanzgleichung (75) auf ein differentielles Volumenelement dV_R angewendet; im stationären Zustand gilt dann:

$$\frac{d\dot{n}_i}{dV_R} = \sum_j \nu_{ji} r_j(c_1, c_2 \ldots c_N) \quad j = 1 \text{ bis } M \tag{82}$$

oder bei nur einer stöchiometrisch unabhängigen Reaktion

$$\dot{V}_a c_{ka} \frac{dX_k}{dV_R} = (-\nu_k) r\left(X_k, \frac{\dot{V}}{\dot{V}_a}(X_k)\right) \tag{83}$$

Dabei wurde wieder von den Beziehungen

$$X_k = 1 - \frac{\dot{n}_k}{\dot{n}_{ka}} = 1 - \frac{\dot{V} c_k}{\dot{V}_a c_{ka}} \tag{84}$$

Gebrauch gemacht und $\dot{V}/\dot{V}_a = \varrho_a/\varrho = f(X_k)$ angenommen. Aus Gl. (83) folgt

$$\frac{V_R}{\dot{V}_a} = t = \frac{c_{ka}}{(-\nu_k)} \int_0^{X_{ke}} \frac{dX_k}{r\left(X_k, \frac{\dot{V}}{\dot{V}_a}(X_k)\right)} \tag{85}$$

Wenn die Dichte ϱ und damit der Volumenstrom $\dot{V}$ konstant ist, ist die Raumzeit t gleich der Verweilzeit τ. In diesem Fall sind die Gl. (81) und (85) für AIK und IR identisch. Die Beziehungen und die daran anknüpfenden Überlegungen für den AIK können dann ohne weiteres auf das IR übertragen werden.

Bei nicht raumbeständigen Reaktionen sind zwei Arten zu unterscheiden:
– Reaktionen in flüssiger Phase, bei denen die Dichte sich nur mäßig ändert und nicht direkt mit der Molzahländerung gekoppelt ist;
– Gasreaktionen, bei denen die Änderung des Volumenstroms von der Molzahländerung abhängt. Wenn das Reaktionsgemisch als ideales Gas betrachtet und der Druckabfall vernachlässigt werden kann, ist die Gesamtkonzentration $c = p/RT$ konstant. Die Konzentrationen $c_i = c x_i$ lassen sich dann durch den Umsatz ausdrücken.

Z.B. gilt für die Gasreaktion $A \to 2B$ ($\sum \nu_i = 1$) mit $r = k c_A$:

$$c_A = c x_A = c \frac{x_{Aa}(1 - X_A)}{1 + x_{Aa} X_A} \tag{86}$$

Damit wird aus Gl. (85)

$$k \frac{V_R}{\dot{V}_a} = \int_0^{X_{Ae}} \frac{1 + x_{Aa} X_A}{1 - X_A} dX_A = x_{Aa} X_{Ae} + (1 + x_{Aa})\ln(1 - X_{Ae}) \qquad (87)$$

In Bild 11 sind die Reaktorgleichungen (77), (81) und (85) graphisch dargestellt (für ϱ = konst). Man sieht, daß bei einem KIK die Raumzeit und damit das Reaktionsvolumen für einen bestimmten Umsatz unter sonst gleichen Bedingungen immer größer sein muß als beim IR. (Raumzeit im IR und Reaktionszeit im AIK unterscheiden sich in diesem Fall nicht; allerdings muß beim AIK die Zeit t* zusätzlich berücksichtigt werden). Dieser Unterschied läßt sich auch leicht einsehen: Bei gleichem Umsatz ist im KIK die Konzentration $c_k = c_{ke}$, im IR ist dagegen $c_k(z) > c_{ke}$ (s. Bild 8); d.h. an jeder Stelle des Rohres ist die Reaktionsgeschwindigkeit größer als im KIK. Vorausgesetzt wird dabei, daß Reaktionsgeschwindigkeit und Konzentration c_k sich in gleicher Richtung ändern, daß also die Reaktionsordnung bezüglich c_k formal positiv ist. Für bestimmte Arten von Umsetzungen trifft diese Voraussetzung nicht zu. Dazu gehören autokatalytische Reaktionen innerhalb gewisser Konzentrationsbereiche und, wenn man einmal über den Bereich der einphasigen und isothermen Reaktionen hinausblickt, Reaktionen mit bestimmten Geschwindigkeitsgleichungen vom *Hougen-Watson*-Typ sowie als besonders wichtige Gruppe die nichtisothermen Reaktionsverläufe (vgl. Abschn. 4.4).

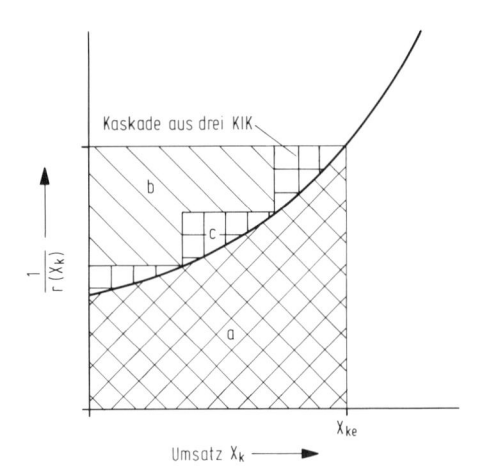

Bild 11. Vergleich der Raumzeit von IR bzw. AIK (Fläche a = $t_{IR}(-v_K)/c_{ka}$ bzw. $t_e(-v_K)/c_{ka}$)) mit KIK (Fläche (a + b + c) = $t_{KIK}(-v_K)/c_{ka}$) bzw. mit einer Kaskade aus drei KIK (Fläche (a + c))

Für technische Zielsetzungen kann das unterschiedliche Verhalten der Idealtypen natürlich nicht nur, auch nicht einmal in erster Linie, auf erreichbare Umsätze oder erforderliche Reaktionsvolumina hin betrachtet werden. Zum Beispiel wäre ein KIK dann vorzuziehen, wenn die Qualität eines Produkts von der Gleichmäßigkeit der Konzentrationsbedingungen abhängt, unter denen es gebildet wird (s. Abschn. 4.5.5). Die Beziehung zwischen Umsatz, Ausbeute oder Selektivität auf der einen Seite, kinetischen Daten (Reaktionsordnung, Geschwindigkeitskonstanten), thermodynamischen Größen (Gleichgewicht) und Raumzeiten auf der anderen Seite können meist nur als Entscheidungsgrundlage dienen. Solche Beziehungen finden sich in graphischer Form z.B. in [5]; berücksichtigt sind Reaktionsordnungen und Einsatzverhältnisse bei Einzelreaktionen sowie verschiedene kinetische Ansätze und Gleichgewichtslagen bei Folge- und Parallelreaktionen.

280 Grundzüge der chemischen Reaktionstechnik [Literatur S. 330]

4.2.3 Reaktorschaltungen

Kombinationen der Grundtypen Rührkessel und Strömungsrohr erbringen zusammen mit der Aufspaltung von Stoffströmen eine große Variationsmöglichkeit der Reaktionsführung. Grundlage und Ausgangspunkt der Auswahl einer geeigneten Reaktoranordnung für einen bestimmten Reaktionstyp sind die Reaktorgleichungen (76), (79) und (82) und die Stoffmengenbilanzen an den Misch- oder Verzweigungspunkten. Die systematische Berechnung solcher technologischen Schaltungen unter Einbeziehung von Trennanlagen und anderen Prozeßeinheiten ist Gegenstand der *Prozeßtechnik* [98, 99]. Die folgenden einfachen Reaktorschaltungen lassen sich aber noch ohne prozeßtechnische Methoden überblicken. Zu den bekannten und häufig eingesetzten Formen gehören *Kesselkaskade, Hordenreaktor, Rohrbündelreaktor* und *Kreislaufreaktor*.

Serienschaltung von KIK – Kaskaden

Für jeden Einzelkessel gilt Gl. (79). Das in Bild 10 angedeutete Verfahren läßt sich daher auf Kaskaden (Bild 12) ausdehnen.

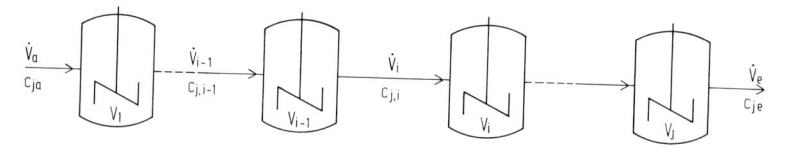

Bild 12. Schematische Darstellung einer Kaskade

Bei raumbeständigen Reaktionen unterscheiden sich die Anstiege $1/\tau_j$ der Bilanzgeraden

$$\frac{1}{\tau_i}(c_{k,i-1} - c_{k,i}) = (-\nu_k) r(c_{k,i}) \tag{88}$$

nur, wenn Kessel ungleicher Größe verwendet werden (Bild 13).

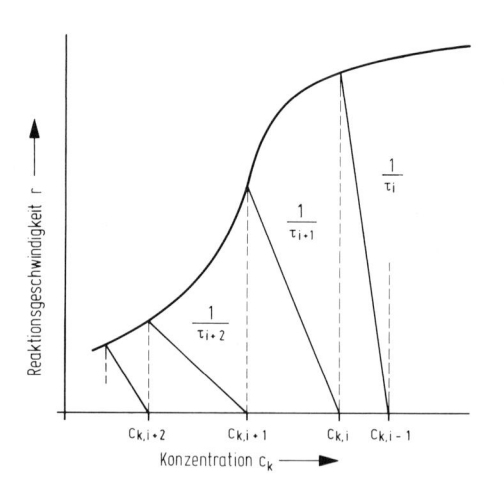

Bild 13. Graphische Berechnung einer Kaskade verschieden großer KIK bei raumbeständiger Reaktion

Das für einen bestimmten Umsatz erforderliche Reaktionsvolumen ($V_R = \sum V_j$) einer Kaskade liegt, wie Bild 11 zeigt, immer zwischen V_R(KIK) und V_R(IR). In besonders einfachen Fällen lassen sich auch geschlossene Berechnungsformeln für eine Kaskade angeben; z.B. erhält man mit $r = k c_k$, $V_j = V_R/J$ und $\dot{V} = $ konst:

$$\frac{c_{ke}}{c_{ka}} = \frac{c_{kJ}}{c_{ka}} = 1 - X_k = \left(1 + (-\nu_k) k \frac{V_j}{\dot{V}}\right)^{-J} \tag{89}$$

Die Grenzfälle $J = 1$ und $J \to \infty$ ($V_i \to 0$) ergeben die Gleichungen für den KIK

$$\frac{c_{ke}}{c_{ka}} = \frac{1}{1 + (-\nu_k)k\frac{V_R}{\dot{V}}} \qquad (90)$$

bzw. für das IR

$$\frac{c_{ke}}{c_{ka}} = \exp\left(-(-\nu_k)k\frac{V_R}{\dot{V}}\right) \qquad (91)$$

Reaktor mit Rückführung – Kreislaufreaktor
Eine ähnliche Mittelstellung zwischen KIK und IR nimmt der Kreislaufreaktor ein. Unter den in Bild 14

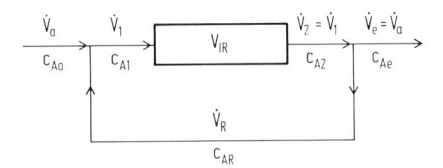

Bild 14. Schematische Darstellung eines Kreislaufreaktors

angegebenen Verhältnissen ist für eine raumbeständige Reaktion erster Ordnung (A → Produkte)

$$\frac{c_{A2}}{c_{A1}} = \exp\left(-k\frac{V_{IR}}{\dot{V}_1}\right) \qquad (92)$$

Mit den einfachen Bilanzen

$$\dot{V}_1 = \dot{V}_a + \dot{V}_R \quad \text{und} \quad \dot{V}_1 c_{A1} = \dot{V}_a c_{Aa} + \dot{V}_R c_{AR}$$

erhält man

$$\frac{c_{Ae}}{c_{Aa}} = \frac{\exp\left(-k\frac{V_{IR}/\dot{V}_a}{1+R}\right)}{1 + R\left[1 - \exp\left(-k\frac{V_{IR}/\dot{V}_a}{1+R}\right)\right]} \qquad (93)$$

mit dem *Rücklaufverhältnis* $R = \dot{V}_R/\dot{V}_a$. Die Grenzfälle $R \to 0$ und $R \to \infty$ ergeben wieder die Gleichungen für IR bzw. KIK. Diese „Zwischencharakteristik" des Kreislaufreaktors kann unter besonderen Umständen vorteilhaft sein [100]. Der Kreislaufreaktor mit großem Rücklaufverhältnis ist außerdem ein wertvoller Laborreaktor für kinetische Untersuchungen heterogener Fluidreaktionen [77, 101].

Parallelschaltung von Rohrreaktoren – Rohrbündel
Hier gibt es keine Berechnungsprobleme. n Rohre haben die n-fache Produktkapazität von einem (nicht unbedingt idealen) Rohr. Die Schwierigkeiten liegen auf der konstruktiven Seite. Es ist nicht einfach, den Stoffstrom gleichmäßig auf die einzelnen Rohre aufzuteilen oder, allgemeiner gesagt, für gleiche Bedingungen in allen Rohren zu sorgen.

Serienschaltung von Rohrreaktoren – Horden
Eine Serienschaltung von Rohren wird erst interessant, wenn man die Möglichkeiten der Stoff- und Temperaturführung in Betracht zieht. Es ist manchmal günstig, die Konzentrationen einiger Komponenten (A) längs des Reaktionsweges hoch, die anderer (B) niedrig zu halten. Das läßt sich durch die in Bild 15 skiz-

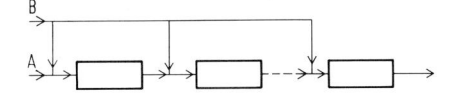

Bild 15. Zuführung von Komponenten längs des Reaktionsweges

zierte Stoffführung erreichen. Die durch Kästchen angedeuteten Reaktoren könnten natürlich auch Kessel sein. (Eine andere Möglichkeit, c_A hoch und c_B niedrig zu halten, wäre ein Teilfließbetrieb, bei dem A vorgelegt und B nachgeschleust wird.) Die Abzweigung eines Teils des Stoffstroms und seine Verteilung auf den Reaktionsweg (Bild 16) ist bei der Temperaturführung als „Kaltgaseinspritzen" bekannt.

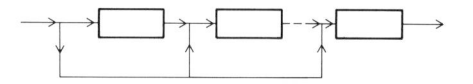

Bild 16. Aufspaltung des Stoffstroms

Serienschaltung Kessel–Rohr

Diese Kombination kann in Erwägung gezogen werden bei Reaktionen, bei denen „autokatalytisches" Verhalten „normalem" Verhalten im Sinne des Bildes 17 vorangeht.

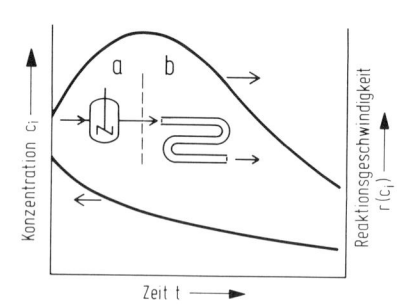

Bild 17. Serienschaltung von KIK und IR bei „autokatalytischem" (a) und „normalem" (b) Verhalten

4.3 Verweilzeitverhalten

Die mittlere Verweilzeit der Elemente eines Fluids, das mit konstantem Volumenstrom $\dot{V}$ durch ein Volumen V_R strömt, ist $\tau = V_R/\dot{V}$. (Strenggenommen ist das nur für sogenannte *geschlossene Reaktoren* richtig [102], bei denen Fluidelemente aus dem Volumen V_R nicht in den Zustrom und Elemente des Produktstroms nicht wieder in V_R hinein gelangen können.) Im IR sind die individuellen Verweilzeiten aller Fluidelemente und mittlere Verweilzeit τ gleich groß. In allen anderen Reaktortypen, im KIK und ebenso in den realen Reaktoren der Praxis, sind die individuellen Verweilzeiten der Fluidelemente über ein mehr oder weniger breites *Verweilzeitspektrum* verteilt. Wie die unterschiedlichen Reaktionsergebnisse in IR und KIK gezeigt haben, sind offenbar Umsatz, Ausbeute etc. auch von der *Verweilzeitverteilung* im Reaktor stark abhängig.

4.3.1 Verweilzeitverteilung

Das Verweilzeitverhalten eines Reaktors läßt sich durch eine *Verweilzeitdichtefunktion* w(t), meist kürzer Verweilzeitspektrum genannt, darstellen, wobei w(t)dt als Wahrscheinlichkeit dafür interpretiert werden kann, daß ein zur Zeit t = 0 in den Reaktionsraum eintretendes Teilchen diesen im Intervall t bis (t + dt) wieder verläßt. Anders ausgedrückt stellt w(t)dt den Bruchteil der Elemente am Reaktorausgang dar, die sich eine Zeit zwischen t und (t + dt) im Reaktor aufgehalten haben, deren Alter also dieser Zeit entspricht (Altersdichtefunktion).
Um das Verweilzeitspektrum eines Reaktors empirisch zu ermitteln, kann man z. B. am Eingang eine kleine Menge n_M einer Markierungssubstanz M (Farbstoff, radioaktiver Indikator) stoßartig injizieren und den Bruchteil

$$C(t) = \frac{1}{\tau} \frac{c_M(t)}{n_M/V_R} \triangleq w(t) \tag{94}$$

dieser Menge bestimmen, der im Lauf der Zeit aus dem Reaktor wieder austritt. Dieses Vorgehen entspricht regelungstechnisch dem Aufgeben einer Stoßfunktion (δ-Funktion, Puls- oder *Dirac*-Signal) und dem Aufnehmen einer Antwortfunktion in Form einer Gewichtsfunktion. Man kann auch anders vorgehen und die Markierung nicht einmal stoßartig, sondern von einem bestimmten Zeitpunkt t = 0 an laufend in konstanter Menge zugeben. Man setzt also eine scharfe Grenze für den Einlauf und beobachtet das Ansteigen der Konzentration der Markierungssubstanz im Auslauf. Dieses Vorgehen entspricht der Aufgabe einer Sprungfunktion und dem Aufnehmen einer Übergangsfunktion im Sinne der Regelungstechnik. Man erhält damit die Summenkurve

$$F(t) = \frac{c_M(t)}{c_{Ma}} = \int_0^t C(t) dt \tag{95}$$

F(t) entspricht damit auch dem Integral $W(t) = \int_0^t w(t) dt$. Neben δ- und Sprungfunktion lassen sich auch andere Eingangssignale realisieren. Periodische oder stochastische Signale bieten den Vorteil, daß Störungen („Rauschen") aus den Antwortkurven herausgemittelt werden können [103]. Die Auswertung der Antwortkurven im Hinblick auf w(t) folgt ebenfalls Methoden der Regelungstheorie.

4.3.2 Verweilzeitmodelle

Für die einfachsten Strömungsformen, repräsentiert durch die Modelle KIK und IR, ergeben sich die folgenden Verweilzeitfunktionen:

$$\text{KIK} \quad w(t) = \frac{1}{\tau} \exp(-t/\tau) \tag{96}$$

$$W(t) = 1 - \exp(-t/\tau) \tag{97}$$

$$\text{IR} \quad \begin{aligned} w(t) &\to \infty \quad \text{für} \quad t = \tau \\ w(t) &= 0 \quad \text{für} \quad t \neq \tau \end{aligned} \tag{98}$$

$$\begin{aligned} W(t) &= 0 \quad \text{für} \quad t < \tau \\ W(t) &= 1 \quad \text{für} \quad t > t \end{aligned} \tag{99}$$

Ein Vergleich dieser Funktionen mit experimentell aufgenommenen C(t)- oder F(t)-Kurven gibt Aufschluß darüber, wie weit der betreffende Reaktor dem einen oder anderen Grenzmodell entspricht. W(t)-Kurven für IR, KIK und Kaskaden sind in Bild 18 dargestellt.

Kleinere Abweichungen von der Strömungsform des IR lassen sich häufig gut durch das Modell des Pfropfenströmungsreaktors mit axialer Dispersion beschreiben. Die axiale Dispersion oder (Rück-)Vermischung wird durch einen Ausdruck $D_{ax} \partial^2 c_i / \partial z^2$ (Term III in Gl. (75)) erfaßt, der formal einem Diffusionsprozeß nachgebildet ist. Der Dispersionskoeffizient D_{ax} kann durch Anpassen der Verweilzeitfunktion w(t) des Modells an eine experimentelle C(t)-Kurve ermittelt werden.

Zur Berechnung der Modellfunktion w(t) geht man von der instationären Bilanzgleichung des Modells aus, angesetzt für die Konzentration der Markierungssubstanz c_M. Für das *Dispersionsmodell* gilt:

$$\frac{\partial c_M}{\partial t} = -u \frac{\partial c_M}{\partial z} + D_{ax} \frac{\partial^2 c_M}{\partial z^2} + \frac{n_M}{\pi r^2} \delta(z) \delta(t) \tag{100}$$

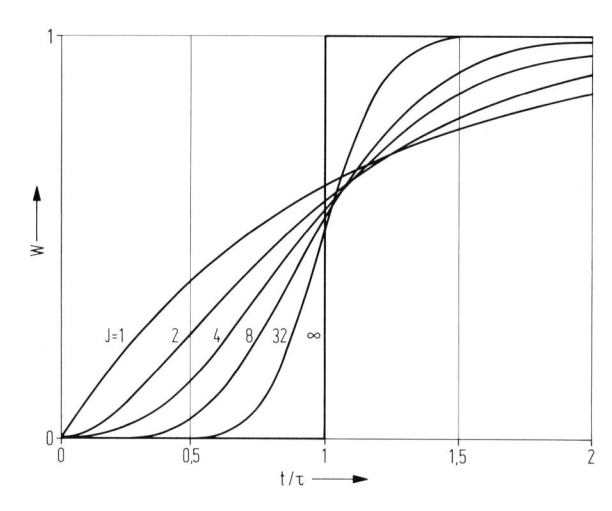

Bild 18. Verweilzeitverteilungsfunktion W (Summenkurve) für KIK (J = 1), IR (J → ∞) und Kaskaden gleich großer KIK. (τ ist die mittlere Verweilzeit im gesamten Reaktor)

Der letzte Term beschreibt ein δ-Signal im Querschnitt an der Stelle z = 0 zur Zeit t = 0 (Bild 19). Eine Lösung dieser Gleichung mit den entsprechenden Randbedingungen ergibt w(t) an der Stelle L als Funktion von t/τ und der *Bodenstein*-Zahl Bo = uL/D$_{ax}$:

$$w(t) = f\left(\frac{t}{\tau}, Bo\right) \tag{101}$$

Zwischen den Momenten

$$\mu_t = \int_0^\infty t\, w(t)\, dt \tag{102}$$

und

$$\sigma_t^2 = \int_0^\infty (t - \mu_t)^2 w(t)\, dt \tag{103}$$

und dem Parameter Bo läßt sich ein einfacher Zusammenhang herstellen [102]. Für den „geschlossenen" Reaktor nach Bild 19 ist z. B.:

$$\mu_t = \tau \quad \text{und} \quad \sigma_t^2/\tau^2 = \frac{2}{Bo} - \frac{2}{Bo^2}(1 - \exp(-Bo)) \tag{104}$$

Man braucht also zur Anpassung nur aus der gemessenen Verweilzeitkurve C(t)

$$\int_0^\infty (t - \mu_t)^2 C(t)\, dt \tag{105}$$

(bzw. als Näherung die entsprechende Summe) zu bilden.

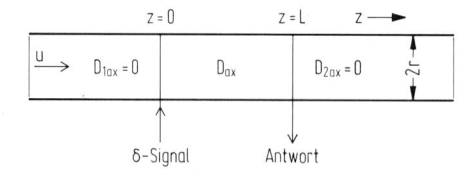

Bild 19. „Geschlossener Rohrreaktor" mit axialer Dispersion

Die Grenzfälle des *Dispersionsmodells*, keine Rückvermischung (D$_{ax}$ = 0) oder vollständige Rückvermischung (D$_{ax}$ → ∞), ergeben die Formeln für IR bzw. KIK. Zur Beschreibung realer Kessel wird das Dispersionsmodell jedoch nicht herangezogen.

[Literatur S. 330] 4 *Berechnung von Reaktoren* 285

Bei komplexen Strömungsformen kann das Verweilzeitverhalten auch durch Ersatzschaltungen nachgebildet werden. Die Bausteine solcher Modellschaltungen sind wiederum IR und KIK, dazu kommen noch das Strömungsrohr mit Pfropfenströmung und axialer Dispersion sowie *Totwasserzonen*. Zu den Verbindungen gehören Bypass-, Rückführungs- und Austauschströme. Modellschaltungen können völlig übereinstimmen mit technischen Reaktorschaltungen, wie etwa das einfache *Zellenmodell* mit der Kaskade gleichgroßer KIK nach Bild 12. Andere, wie etwa in Bild 20, sind nur hypothetisch und als reale Anordnung nicht zu verwirklichen. Die in Bild 20 gezeigte Schaltung ist das Modell eines realen Rührkessels nach [104]; es simuliert einen „Kurzschluß" zwischen Ein- und Ausgang ($\dot{V}_2$), einen gut vermischten Bereich in der Umgebung des Rührers (V_a) und Zonen stagnierender Flüssigkeit (V_T), die von der Rührwirkung nicht erfaßt werden. Andere Ersatzschaltungen realer Kessel berücksichtigen Zirkulationsströmungen ober- und unterhalb der Rührerebene [105].

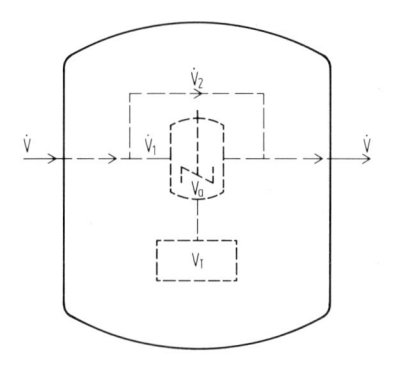

Bild 20. Modell eines realen Rührkessels (s. Text)

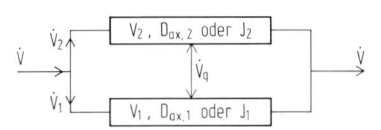

Bild 21. Zweistrangmodell ($\dot{V}_q$ = Austauschstrom)

Zu den besonders anpassungsfähigen Modellen gehört das *Zweistrangmodell* (Bild 21). Es kann Verweilzeitverhalten zwischen IR und KIK und zusätzlich Bypass- oder Totwassercharakteristik simulieren. Die Rückvermischung in den einzelnen Strängen wird durch ein Dispersions- oder ein Zellenmodell beschrieben. Bild 22 zeigt eine w(t)-Kurve dieses Zweistrangmodells nach [106]. Anhand solcher Reaktormodelle, die das Strömungsbild in Reaktoren mehr oder weniger realistisch erfassen [107], können die Auswirkungen verschiedener Strömungsbereiche auf Verweil-

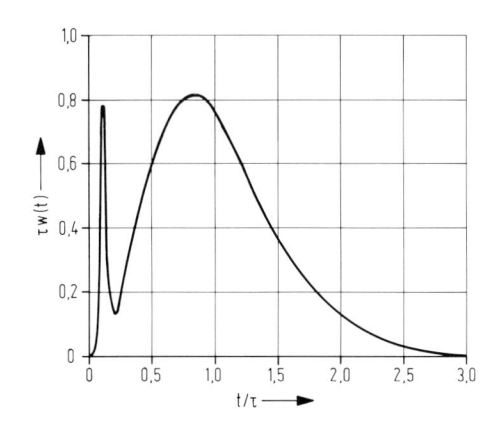

Bild 22. Verweilzeitkurve gemäß dem Zweistrangmodell mit $\dot{V}_q = 0$;

$$\frac{V_2/\dot{V}_2}{V_1/\dot{V}_1} = 10; \dot{V}_1/\dot{V} = 0{,}05; J_1 = 15; J_2 = 4$$

zeitverhalten, Umsatz etc. wenigstens abgeschätzt werden. Andererseits lassen sich Ad-hoc-Modelle nur schwer übertragen, ihre Parameter kaum physikalisch deuten oder unabhängig vorhersagen.

4.3.3 Verweilzeitverteilung und Reaktion

Um das Reaktionsergebnis in einem kontinuierlichen Reaktor zu berechnen, reicht es nicht aus zu wissen, wie lange sich Fluidelemente im Reaktor aufgehalten haben. Es bedarf zusätzlicher Information darüber, wo und in welcher Umgebung sie sich befanden. Über die erste Frage nach der sog. *Makrovermischung* geben die Verweilzeitfunktionen Auskunft. Die zweite Frage wird in Begriffen der *Mikrovermischung* diskutiert. Zwei Grenzfälle lassen sich hier unterscheiden: vollständige *Segregation* und *maximale Mikrovermischung*.
Bei vollständiger Segregation besteht zwischen den Fluidelementen keinerlei Wechselwirkung. In diesem Fall läßt sich der Umsatz oder allgemein die Endkonzentration einer interessierenden Komponente allein aus der Verweilzeitverteilung und der Reaktionskinetik ermitteln. Die Kinetik braucht dabei nicht explizit in Form von Geschwindigkeitsgleichungen und -konstanten vorzuliegen, sondern es genügt eine Konzentrations-Zeit-Kurve $c_i(t)$, z. B. aus einem diskontinuierlichen Versuch. Jedes Fluidelement wird als kleiner AIK betrachtet; die (über die Verweilzeitverteilung der Fluidelemente gemittelte) Konzentration c_{ie} im Auslauf des realen Reaktors ist dann gegeben durch

$$c_{ie} = \int_{t=0}^{\infty} c_i(t)C(t)dt = \int_{F=0}^{1} c_i(t)dF(t) \tag{106}$$

Anstelle der empirischen Funktionen $C(t)$ und $F(t)$ kann man auch Modellfunktionen einsetzen, für einen gut gerührten, d.h. völlig makrovermischten Kessel (SKIK, s. Tab. 6) also die Gl. (96) bzw. (97).

Tab. 6. *Ideale Reaktoren als Grenzfälle der Vermischung*

		Makrovermischung	
		keine	vollständige
Mikrovermischung	vollständige	IR	KIK
	keine	IR	SKIK

Gl. (106) wird zweckmäßig graphisch ausgewertet (Bild 23) [108]. Man trägt über einer Zeitachse sowohl $c_i(t)$ als auch $F(t)$ auf, entnimmt den beiden Kurven für verschiedene Zeiten die zugehörigen Wertepaare

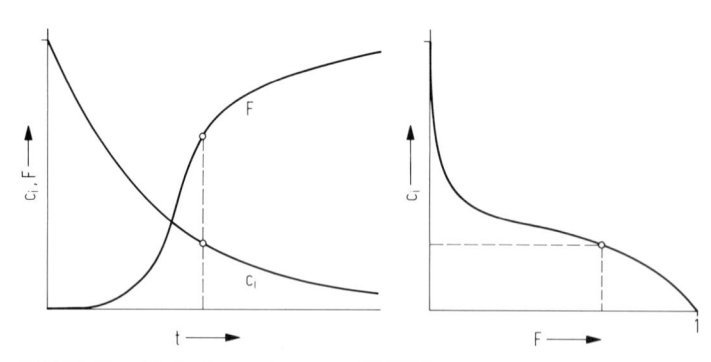

Bild 23. Graphische Auswertung von Gl. (106)

und trägt diese in einem zweiten Diagramm gegeneinander auf. Die Fläche unter der so erhaltenen Kurve ist gleich c_{ie}.

Bei maximaler Mikrovermischung liegt die größtmögliche Wechselwirkung zwischen Fluidelementen vor, die mit einer gegebenen Verweilzeitverteilung verträglich ist. Für einen Reaktor mit vollständiger Makrovermischung, d. h. einer w(t)-Kurve nach Gl. (96), bedeutet dies gleichmäßige Vermischung bis in den molekularen Bereich im gesamten Volumen V_R. Ein solcher Reaktor ist ein KIK. Bei beliebigen Verweilzeitkurven ist die Berechnung des Umsatzes ebenfalls möglich [109, 109a].

Beide Grenzfälle ergeben denselben Umsatz für IR bei beliebiger Reaktionsordnung sowie für Reaktionen erster Ordnung bei beliebiger Verweilzeitverteilung.

Wenn keine dieser beiden Voraussetzungen erfüllt ist, divergieren die Berechnungsergebnisse um so mehr, je stärker das Verweilzeitverhalten von dem des IR abweicht, je mehr die Ordnung von eins verschieden und je höher der Umsatz ist. Die Ergebnisspanne zwischen den Grenzfällen wird aber nur in ungünstigen Fällen (hoher Umsatz) groß. Bezüglich quantitativer Angaben siehe Bild 34. Das Verfahren nach Gl. (106), einfacher in der Anwendung als die Berechnung nach dem Modell der maximalen Mikrovermischung, reicht daher meistens aus, um die Verweilzeitverteilung angemessen zu berücksichtigen. Es sagt Umsätze voraus, die bei Reaktionsordnungen größer Eins zu hoch, bei Ordnungen kleiner Eins zu niedrig ausfallen. Seine Anwendung ist aber, wie alle Überlegungen dieses Abschnitts 4.3, beschränkt auf Reaktoren mit vorgemischtem Zulauf. Werden verschiedene Reaktionskomponenten dem Reaktor getrennt zugeführt, so liegt ein anders geartetes Problem der Mikrovermischung vor, das besonders bei schnellen Reaktionen ins Gewicht fallen kann (s. Abschn. 3.1).

Zur Ermittlung des Reaktionsergebnisses in Reaktoren mit nur teilweiser Mikrovermischung kann man von Modellen ausgehen, die Reaktorschaltungen (s. Abschn. 4.2.3) von Grenzfällen der Mikrovermischung entsprechen. Eine vergleichende Untersuchung solcher und anderer Modelle auf ihre Brauchbarkeit bringt [110]. Sie zeigt, daß die Unterschiede zwischen den einzelnen Modellen z. T. recht gering sind.

Über den tatsächlichen Grad der Mikrovermischung in einem Reaktor kann man Auskunft erhalten durch Umsatzmessungen bei Reaktionen nicht-erster Ordnung mit genau bekannter Kinetik. Diese Methode der „reaktiven Strömungsmarkierung" wurde z. B. in [111] untersucht.

4.4 Berücksichtigung der Wärmebilanz von Reaktoren

Es ist häufig nicht zweckmäßig oder nicht möglich, die Temperatur in technischen Reaktoren durch Kühlen oder Heizen auf dem Eingangswert T_a zu halten. Um das Verhalten solcher nichtisothermen Reaktoren zu untersuchen, ist zusätzlich zur Stoffmengenbilanz die *Wärmebilanz* – eine spezielle, für chemische Reaktoren fast immer ausreichende Form der Energiebilanz – zu berücksichtigen. Sie läßt sich in Analogie zu Gl. (75) für ein bestimmtes Bilanzvolumen folgendermaßen formulieren:

$$\underbrace{\begin{Bmatrix} \text{zeitliche Änderung} \\ \text{des Wärmeinhalts} \end{Bmatrix}}_{\text{I}} = \underbrace{\begin{Bmatrix} \text{Änderung des} \\ \text{konvektiven} \\ \text{Wärmestroms} \end{Bmatrix}}_{\text{II}} + \underbrace{\begin{Bmatrix} \text{Änderung des} \\ \text{effektiven Wärme-} \\ \text{leitungsstroms} \end{Bmatrix}}_{\text{III}}$$

$$+ \underbrace{\begin{Bmatrix} \text{Wärmeaustausch-} \\ \text{strom mit ande-} \\ \text{ren Phasen} \end{Bmatrix}}_{\text{IV}} + \underbrace{\begin{Bmatrix} \text{Wärmeaustausch-} \\ \text{strom mit Um-} \\ \text{gebung} \end{Bmatrix}}_{\text{V}} + \underbrace{\begin{Bmatrix} \text{Wärmeerzeugung} \\ \text{oder -verbrauch} \\ \text{durch chemische} \\ \text{Reaktion} \end{Bmatrix}}_{\text{VI}} \quad (107)$$

Für ideale, homogene Reaktoren fallen die Terme III und IV weg. Im folgenden werden außerdem Einzelreaktionen sowie stationärer Betrieb der kontinuierlichen Reaktoren vorausgesetzt.

4.4.1 Adiabatische Reaktionsführung

Wenn kein Wärmeaustausch mit der Umgebung stattfindet (Term V in Gl. (107) ist gleich Null), spricht man von *adiabatischen Reaktoren* oder *adiabatischer Reaktionsführung*. Stoff- und Wärmebilanz ergeben für AIK, KIK sowie IR eine lineare Beziehung zwischen Umsatz X_k und Temperatur T, die auch ohne Ableitung verständlich ist:

$$T = T_a + \frac{(-\Delta H_R)c_{ka}}{(-\nu_k)\varrho c_p} X_k \tag{108}$$

Damit kann die Reaktionsgeschwindigkeit $r(X_k, T)$ in eine Funktion von X_k allein umgewandelt werden, und die Berechnungsformeln (77), (81) und (85) lassen sich weiter verwenden. Umsatz X_k, Raumzeit t oder Raumzeitausbeute $\frac{\nu_P}{(-\nu_k)} \frac{c_{ka} X_k}{t}$ kann man in einem Diagramm entsprechend Bild 11 ermitteln.

Praktisch geht man wie folgt vor: Bei reversiblen Reaktionen bestimmt man zunächst den maximal erzielbaren Umsatz X_k^*. Für den Bereich $0 < X_k < X_k^*$ trägt man Gl. (108) sowie $1/r(X_k, T)$ auf (Bild 24). Meistens wird bei exothermen Reaktionen die Konzentrationsabnahme zunächst durch den Temperaturanstieg überkompensiert; es ergibt sich der für (im weitesten Sinn) autokatalytische Reaktionen typische Verlauf der $1/r - X_k$-Kurve. Für AIK und IR ergibt die Fläche unter dieser Kurve bis zu dem gewünschten X_k den Wert $t(-\nu_k)/c_{ka}$. Beim KIK entspricht diesem Ausdruck eine Rechteckfläche, die sich bei gleichem Flächeninhalt u. U. mit verschiedenen X_k-Werten bilden läßt.

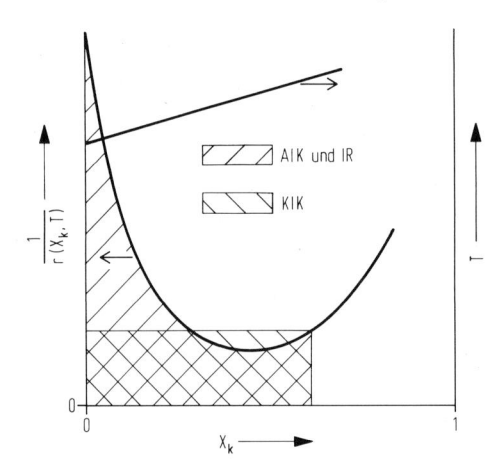

Bild 24. Schematische Darstellung der graphischen Lösung von Stoff- und Wärmebilanz für adiabatische Reaktoren

Diese mehrfachen stationären Betriebszustände des adiabatischen KIK bei bestimmten Parameterwerten erkennt man besser, wenn man – hier für eine irreversible exotherme Reaktion erster Ordnung als spezielles Beispiel – unter Verwendung von Gl. (90) die Wärmebilanz

$$\dot{V}\varrho c_p(T - T_a) = V_R k c_k(-\Delta H_R) = V_R(-\Delta H_R)\frac{k c_{ka}}{1 + k\tau} \tag{109}$$

graphisch löst. Dazu werden abgeführte und erzeugte Wärme zweckmäßig auf die maximal mögliche Wärmeerzeugung $\dot{Q}_{R, max} = \dot{V}c_{ka}(-\Delta H_R)$ normiert

$$\frac{\dot{Q}_{ab}}{\dot{Q}_{R, max}} = \frac{\dot{V}\varrho c_p(T - T_a)}{\dot{V}c_{ka}(-\Delta H_R)} = \frac{\varrho c_p}{c_{ka}(-\Delta H_R)}(T - T_a) \tag{110}$$

$$\frac{\dot{Q}_R}{\dot{Q}_{R, max}} = \frac{V_R(-\Delta H_R)\frac{k c_{ka}}{1 + k\tau}}{\dot{V}c_{ka}(-\Delta H_R)} = \frac{k\tau}{1 + k\tau} \tag{111}$$

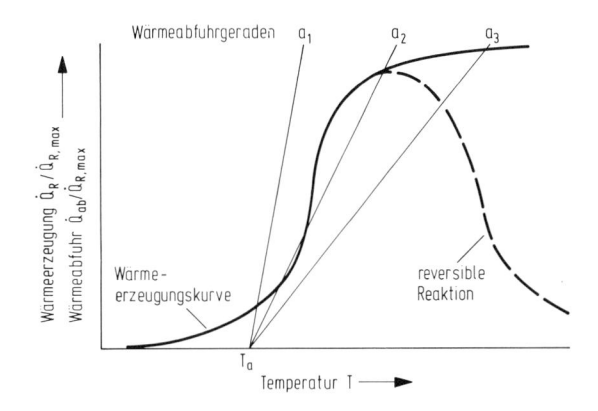

Bild 25. Mehrfache stationäre Zustände im adiabatischen KIK (vgl. Bild 3)

und diese Ausdrücke gegen T aufgetragen (Bild 25). Man erhält ein Diagramm vom Typ des Bildes 3 mit der S-Kurve für die Wärmeerzeugung und Wärmeabführungsgeraden vom Anstieg $\varrho c_p/c_{ka}(-\Delta H_R)$ und Abszissenabschnitt $T = T_a$. Die Betrachtungen über die Stabilität der stationären Zustände sowie über *Zünd-Lösch-Verhalten* und Hysterese sind analog denen bei Gasreaktionen am Einzelkorn.

4.4.2 Nichtadiabatische Reaktionsführung

Bei allen nichtadiabatisch geführten Reaktionen wird die Reaktionswärme ganz oder teilweise nach außen abgegeben oder von außen zugeführt. Sofern die Wärme durch Wände, die das Bilanzvolumen begrenzen, zu- oder abgeführt wird, läßt sich für den Wärmeaustauschstrom $\dot{Q}_c$ (Term V in Gl. (107)) ansetzen:

$$\dot{Q}_c = K A_c (T - T_c) \tag{112}$$

Dabei bedeutet K den Wärmedurchgangskoeffizienten, A_c die Wärmeaustauschfläche, T die Temperatur der Reaktionsmasse und T_c die des Wärmeträgers (Heiz- und Kühlmittel).

Im allgemeinen Fall ist T_c variabel. Dann ist auch für den Wärmeträger eine Wärmebilanzgleichung anzusetzen und zusammen mit Stoffmengen- und Wärmebilanzen der Reaktionsmasse zu lösen. In dieser zusätzlichen Gleichung werden die Terme I, II und V der allgemeinen Bilanz (107) für den Wärmeträger formuliert. Sie erübrigt sich, wenn T_c konstant ist (temperaturkonstantes Bad, z. B. mit siedender Flüssigkeit) oder näherungsweise als konstant behandelt werden kann (arithmetisches Mittel der Eingangs- und Ausgangstemperatur bei relativ kleiner Temperaturänderung des Wärmeträgers).

4.4.2.1 Absatzweise betriebener Idealkessel

Im Chargenbetrieb soll häufig die Temperatur (annähernd) konstant bleiben; dazu muß die gesamte Reaktionswärme durch die Austauschflächen abgeführt werden. Es ist dann

$$V_R r (-\Delta H_R) = K A_c (T - T_c) \tag{113}$$

Die Reaktionsgeschwindigkeit und damit die Wärmeentwicklung bzw. -bindung ist am Anfang der Reaktion größer als am Ende; daher muß am Anfang auch mehr Wärme ab- oder zugeführt werden. Die dazu erforderliche Einstellung von T_c (und evtl. auch von K) kann durch Regelung der Heizung oder der Kühlung erreicht werden. Oft werden aber auch Reaktionsteilnehmer oder Katalysatoren im Verlauf der Reaktion nachgeschleust, um die Reaktionsgeschwindigkeit und damit – bei annähernd konstanter Wärmeübertragung – auch die Temperatur in gewünschten engen Grenzen zu halten. Man hat dann nicht mehr einen echten Satzbetrieb, sondern eine Art Teilfließbetrieb. In diesen Fällen wird man die Dosierung zweckmäßig über die Temperatur regeln.

4.4.2.2 Kontinuierlich betriebener Idealkessel

Beim KIK gilt im stationären Betrieb

$$V_R r(-\Delta H_R) = K'(T - T_{ca}) + \dot{V}\varrho c_p(T - T_a) \tag{114}$$

Die Form des hier etwas umfassender gewählten Ausdrucks für die Wärmeübertragung nach außen bleibt z. B. in folgenden praktisch wichtigen Fällen erhalten:
- bei Siedekühlung oder gleichartigen Sonderfällen (s. oben), für die $T_{ca} = T_c = $ konst angesetzt werden darf; dann ist

$$K' = K A_c \tag{115}$$

- bei konvektiver Mantelkühlung, wenn der Kühlmantel hinsichtlich der Strömungsform selbst als KIK behandelt werden kann:

$$K' = \frac{(\dot{V}\varrho c_p)_c}{1 + (\dot{V}\varrho c_p)_c/(K A_c)} \tag{116}$$

- bei Kühlschlangen oder ähnlichen, dem Kühlmittel durch die Konstruktion vorgeschriebenen Strömungswegen, die als IR anzusehen sind:

$$K' = (\dot{V}\varrho c_p)_c \left(1 - \exp\left[-\frac{K A_c}{(\dot{V}\varrho c_p)_c}\right]\right) \tag{117}$$

Zusammen mit der Stoffmengenbilanz nach Gl. (81)

$$\dot{V} c_{ka} X_k = V_R(-\nu_k) r(X_k, T) \tag{118}$$

stellt die Wärmebilanz (114) die Verknüpfung zwischen den acht für die Reaktorplanung wichtigen Größen her: $\dot{V}$, c_{ka}, X_k, V_R, T, K', T_a und T_{ca}. Sechs voneinander unabhängige Größen müssen also vorgegeben sein oder gewählt werden; dann lassen sich die restlichen zwei berechnen.

Für ein typisches Beispiel seien vorgegeben: die Zulaufkonzentrationen c_{ia}, Umsatz X_k, Produktkapazität $\dot{n}_P = \frac{\nu_P}{(-\nu_k)} \dot{V} c_{ka} X_k$ und die Zulauftemperatur T_a. Die Reaktion sei exotherm und reversibel. In diesem Fall kann man häufig eine obere Grenze für die Reaktionstemperatur T finden. Oberhalb dieser Grenztemperatur wird z.B. der Abstand zum Gleichgewicht so gering, daß die Reaktionsgeschwindigkeit insgesamt mit T abnimmt; auch können unerwünschte Nebenreaktionen auftreten. Diese obere Grenze kann dann auch als Reaktionstemperatur gewählt werden. Mit der Wahl von T ist durch Gl. (118) auch das erforderliche Reaktionsvolumen V_R festgelegt. Jetzt ist noch ein geeignetes Kühlsystem zu suchen, dessen Daten K' und T_{ca} die Wärmebilanz (114) erfüllen müssen.

Auch im nichtadiabatischen KIK können instabile stationäre Betriebszustände auftreten. Eine graphische Lösung der Bilanzgleichungen (114) und (118) führt wieder zu einem Diagramm vom Typ der Bilder 25 bzw. 3. Die normierte Wärmeabfuhr $\dot{Q}_{ab}/\dot{Q}_{R,\max}$ ist im nichtadiabatischen Fall durch Geraden mit dem Anstieg

$$m = \frac{1 + K'/(\dot{V}\varrho c_p)}{\Delta T_{ad}} \tag{119}$$

und dem Abszissenabschnitt

$$T_o = \frac{T_a + K'/(\dot{V}\varrho c_p)T_{ca}}{1 + K'/(\dot{V}\varrho c_p)} \qquad (120)$$

gegeben. Der Wert

$$\Delta T_{ad} = \frac{(-\Delta H_R)c_{ka}}{(-\nu_k)\varrho c_p} \qquad (121)$$

ist dabei die maximale adiabatische Temperaturerhöhung. Der Ausdruck für $\dot{Q}_R/\dot{Q}_{R,max}$ ändert sich (für eine irreversible Reaktion erster Ordnung) gegenüber Gl. (111) nicht. Das anschauliche Stabilitätskriterium – stabil gegen kleine Störungen sind die stationären Betriebspunkte, bei denen die Wärmeabfuhrgerade steiler verläuft als die Wärmeerzeugungskurve – ist allerdings für den nichtadiabatischen KIK nicht unter allen Umständen ausreichend. Genauere Stabilitätsanalysen (z.B. [112–114]) haben gezeigt, daß nur solche Betriebszustände asymptotisch stabil sind, für die gleichzeitig gilt:

$$\frac{K'}{\dot{V}\varrho c_p} > \frac{k\tau}{(1+k\tau)^2} \frac{\Delta T_{ad}}{T} \frac{E}{RT} - 1 \qquad (122)$$

und

$$\frac{K'}{\dot{V}\varrho c_p} > k\tau \left(\frac{1}{1+k\tau} \frac{\Delta T_{ad}}{T} \frac{E}{RT} - 1 \right) - 2 \qquad (123)$$

Dabei sind T und k die Werte am stationären Betriebspunkt.
Die Wärmebilanz nach Gl. (114), unter Berücksichtigung von Gl. (118) etwas umgeformt zu

$$\frac{K'}{\dot{V}\varrho c_p}(T - T_{ca}) = (T_a - T) + \Delta T_{ad} X_k \qquad (124)$$

darf also nicht durch beliebige Werte von K' und $(T - T_{ca})$ erfüllt werden, wenn die Stabilität des Produktionsverfahrens gewährleistet sein soll. Es gibt einen Mindestwert von K', in Bild 26 ge-

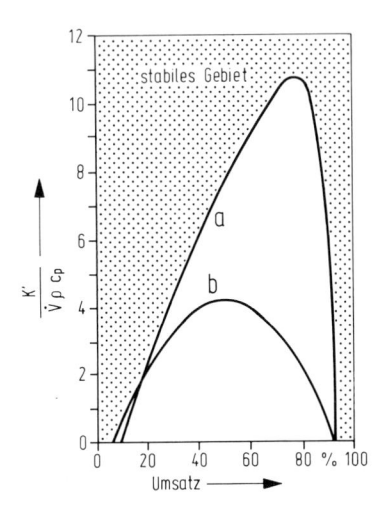

Bild 26. Stabilitätsdiagramm für eine Reaktion erster Ordnung im nichtadiabatischen KIK mit $\Delta T_{ad} E/RT^2 = 21$ und $T = T_a$ nach [112]
a) Gl. (122)   b) Gl. (123)

geben durch die Abgrenzung stabiles/instabiles Gebiet, und entsprechend einen Höchstwert von $(T - T_{ca})$. Sind diese Werte einmal (mit einem gewissen Sicherheitsabstand) gewählt, so darf im Betrieb, wenn sich der Wärmeübergang z. B. durch Verschmutzung der Kühlflächen verschlechtert, nur K' (über den Kühlmitteldurchsatz) korrigiert, aber nicht die Vorlauftemperatur T_{ca} des Kühlmittels herabgesetzt werden.

4.4.2.3 Idealrohr

Die einfachste Wärmebilanz für ein nichtadiabatisches IR vernachlässigt radiale Temperaturgradienten sowie Wärmeleitung in axialer Richtung. Gl. (107) wird wie die Stoffbilanz (82) auf ein differentielles Volumenelement dV_R angewendet, für eine Einzelreaktion gilt also:

$$\dot{V} \varrho c_p \frac{dT}{dV_R} + K a_c (T - T_c) = r(-\Delta H_R) \tag{125}$$

$a_c = dA/dV_R$ bedeutet die Wärmeaustauschfläche je Einheit des Rohrvolumens; bei zylindrischen Rohren ist $a_c = 4/d_R$.

Die Integration des Gleichungssystems (125) und (82) mit den Anfangsbedingungen $V_R = 0$, $X_k = X_{ka}$ und $T = T_a$, hilft Fragen zu untersuchen wie z. B. nach dem Zusammenhang zwischen Umsatz und Rohrvolumen, nach der günstigsten Anfangs- oder Kühlmitteltemperatur oder nach der Austauschfläche a_c bzw. dem Rohrdurchmesser d_R.

Selbst wenn die so ermittelten Betriebszustände eindeutig und stabil sind, kann der Verlauf der Konzentrations- und Temperaturprofile im nichtadiabatischen IR übermäßig stark auf kleine Änderungen bestimmter Betriebsvariablen reagieren. Diese von *Bilous* und *Amundson* [114] *parametrische Empfindlichkeit* genannte Erscheinung ist in Bild 27 anhand der Temperatur-

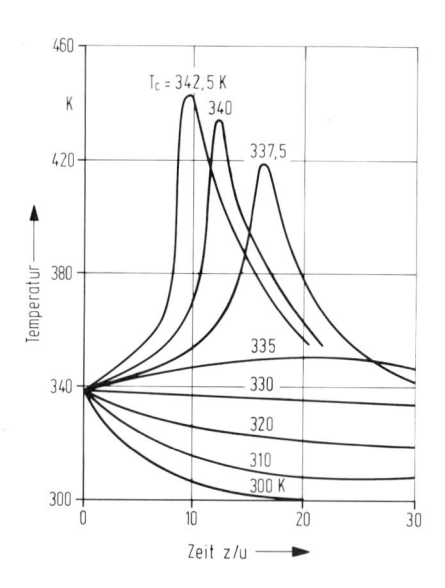

Bild 27. Parametrische Empfindlichkeit eines wandgekühlten Rohrreaktors

profile gezeigt. Die Betriebsvariable, die in diesem Beispiel geändert wird, ist die (über a_c ortsunabhängige) Kühlmitteltemperatur T_c. Bei einem T_c-Wert von ungefähr 335 K beginnt der Bereich der parametrischen Empfindlichkeit: eine geringfügige Erhöhung führt zu einem steilen Anstieg des Temperaturprofils im Reaktor. Man spricht auch vom „Durchgehen" des Reaktors, da hohe Spitzentemperaturen i. a. die tolerierbaren Temperaturgrenzen wesentlich überschreiten.

[Literatur S. 330] *4 Berechnung von Reaktoren*   293

Zu befürchtende Folgen sind: Zunahme unerwünschter Nebenreaktionen, die nicht nur die Selektivität herabsetzen, sondern häufig auch eine große Reaktionswärme haben und das Durchgehen des Reaktors noch beschleunigen, sowie Materialschädigungen an Katalysatoren oder an den Reaktorwänden.

Zur (natürlich nicht scharfen) Abgrenzung des parametrisch empfindlichen gegen den unempfindlichen Bereich sind eine Anzahl von Kriterien entwickelt worden (Zusammenstellung s. [115]). Fast alle Kriterien führen zu sehr ähnlichen Beziehungen, die zwei Gruppen der eingehenden Parameter verknüpfen, z. B. in der Form:

$$\left(\frac{\frac{L}{d_R} \frac{K}{u \varrho c_p}}{k(T_c) \tau \frac{\Delta T_{ad}}{T_c} \frac{E}{RT_c}} \right)_{krit} = f\left(\left(\frac{\Delta T_{ad}}{T_c} \frac{E}{RT_c} \right)_{krit} \right) \tag{126}$$

Die Aussagekraft solcher Kriterien wurde experimentell nachgeprüft [116].
Leider lassen sich die Kriterien bzw. die Beziehungen nach Gl. (126) nur auf Einzelreaktionen anwenden. Bei komplexen Reaktionen kann die Frage nach dem Bereich der parametrischen Empfindlichkeit nur individuell, d. h. für die Praxis i. a. experimentell, beantwortet werden. Dabei muß nicht zuletzt auch an die mögliche Verschlechterung des Wärmedurchgangs im Betrieb gedacht werden.

Obwohl in der Auswirkung sehr ähnlich, wird die parametrische Empfindlichkeit nicht als echte Instabilität im mathematischen Sinn aufgefaßt. Echte Instabilitäten, verbunden mit *Mehrfachzuständen*, sind im Strömungsrohr i. a. thermisch bedingt; sie können nur auftreten, wenn ein Teil der entwickelten Reaktionswärme der Strömungsrichtung entgegen zurückgeführt wird. Ein solches „feedback" kann z. B. auf der axialen Wärmeleitung im Rohrreaktor beruhen oder durch Gegenstromkühlung bewirkt sein.

Der gezielten Wärmerückführung kommt oft eine besondere Bedeutung zu: Bei exothermen Reaktionen kann der Zustrom dabei u. U. soweit aufgeheizt werden, daß der Prozeß ohne zusätzliche Wärmezufuhr auf dem erforderlichen Temperaturniveau gehalten werden kann *(autotherme Prozesse)*. Analoges gilt auch für endotherme Reaktionen. Bild 28 zeigt ein spezielles Beispiel

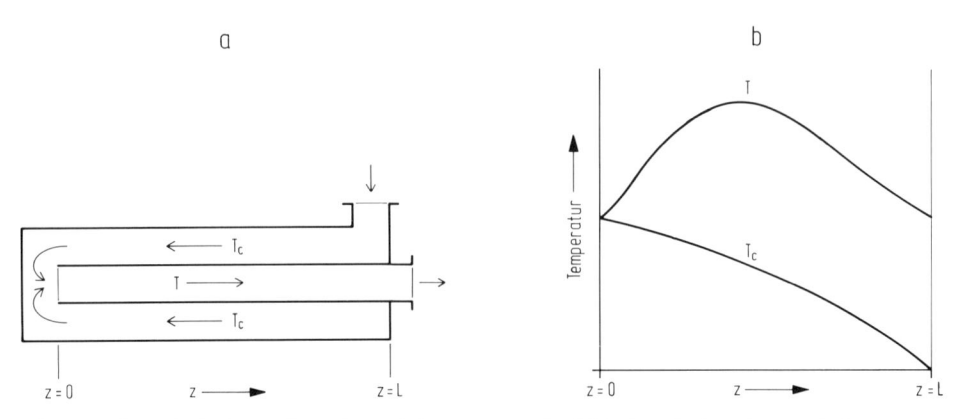

Bild 28. Schematische Darstellung (a) und Temperaturverlauf (b) eines Rohrreaktors mit Gegenstromkühlung durch den Zulauf

der Wärmerückkopplung: eine Gegenstromkühlung des Reaktors wird hier durch den Zustrom selbst bewirkt. Der Temperaturverlauf ist schematisch im Teilbild 28 b dargestellt. (Beispiele sind die NH_3-Synthese oder die CO-Konvertierung in Rohrbündelreaktoren, für die Bild 28a ein

Element darstellt.) Im stationären Betriebspunkt muß – gleichbleibende Wärmekapazität vorausgesetzt – die folgende „Wärmebilanz" erfüllt sein:

$$T_a - T_{cL} = T_a - T_L + \frac{(-\Delta H_R)}{\varrho c_p}(c_{ka} - c_{kL}) \quad (\Delta T_1 = \Delta T_2) \tag{127}$$

Die rechte Seite von Gl. (127) als Funktion von T_a ergibt sich aus der Lösung der Stoff- und Wärmebilanzen (nach Gl. (82) und (125)) für das Innere des Reaktionsrohres zusammen mit der Bilanz

$$u \varrho c_p \frac{dT_c}{dz} = -\frac{4}{d_R} K(T - T_c) \tag{128}$$

für den außen strömenden Zulauf. Randbedingungen sind:

für $z = 0$: $c_k = c_{ka}$, $T_c = T_a$ und für $z = L$: $T_c = T_{cL}$.

Da die rechte Seite von Gl. (127), ΔT_2, der Summe aus chemisch erzeugter Wärme und Änderung der fühlbaren Wärme der Reaktionsmasse im Reaktor entspricht, ist der Verlauf der Lösung in Abhängigkeit von T_a auch ohne Rechnung verständlich. Bei niedrigen T_a-Werten ist die Reaktionsgeschwindigkeit, bei hohen Temperaturen T_a der Abstand vom Gleichgewicht zu gering; in beiden Fällen wird praktisch keine Wärme erzeugt. ΔT_2, die „Erzeugungskurve", wird daher den in Bild 29 gezeigten Verlauf haben. Ihre Höhe hängt ab von dem Wärmeaustauschparameter

$$W = 4 \frac{L}{d_R} \frac{K}{u \varrho c_p} \tag{129}$$

ΔT_1 ist in diesem Diagramm eine Gerade. Obwohl damit die Bilder 29 und 25 (für reversible Reaktionen) äußerlich ähnlich sind, ist die Bedeutung der Geraden und der glockenförmigen „Erzeugungskurven" verschieden. Die weitere Interpretation der Diagramme stimmt jedoch weitgehend überein. Es sind mehrfache Betriebszustände möglich, von denen der mittlere, d.h. durch den mittleren Schnittpunkt repräsentierte, instabil ist. Der höchste Umsatz wird bei einer Betriebsweise erhalten, die nahe an der Stabilitätsgrenze liegt. Schließlich muß die Reaktion beim Anfahren gezündet werden (z.B. durch kurzzeitiges Erhöhen von T_{cL}), um in einen oberen stabilen Betriebszustand zu gelangen.

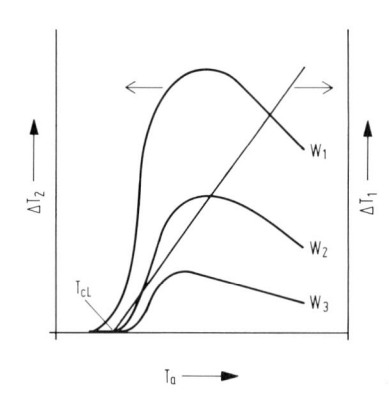

Bild 29. Wärmebilanzdiagramm für einen Rohrreaktor mit Gegenstromkühlung gem. Bild 28 bei unterschiedlichem Wärmeaustauschparameter W (s. Text)

Die Charakteristiken autothermer Verfahren und allgemeiner die Auswirkungen von Wärmerückkopplungen auf das Verhalten exothermer Prozesse wurden durch Arbeiten von *van Heerden* [117] in größerem Umfang bekannt. Seitdem sind eine Fülle von Arbeiten über Mehrfachlösungen, Eindeutigkeitskriterien und Stabilitätsuntersuchungen veröffentlicht worden [118, 119].

4.5 Reaktoren für disperse Systeme

Die kennzeichnenden Merkmale technischer Reaktoren treffen in ihrer Gesamtheit erst auf zwei- oder mehrphasige Systeme zu. Eine Fülle von Kontaktierungsmöglichkeiten ergibt sich aus der Betriebsform, der Führung der Ströme (Gleich- und Gegenstrom, Rückführung, Aufspaltung), dem Verweilzeitverhalten jeder Phase sowie der Dispergierung einer Phase in der anderen.

Das Verweilzeitverhalten jeder Phase kann häufig wieder genau genug durch die Grenzfälle – keine oder vollständige Rückvermischung – beschrieben werden. Abweichungen von diesen idealen Strömungsformen, z. B. Bachbildung in Füllkörpertürmen bei Gas-Flüssigkeits-Umsetzungen, wird man möglichst nicht durch ein kompliziertes Verweilzeitmodell erfassen, sondern man wird versuchen, Abhilfe zu schaffen, etwa durch den Einbau von Strömungsverteilern. Allerdings läßt sich die (annähernd) ideale Strömung nicht immer erzwingen. So ist eine der Schwierigkeiten bei der reaktionstechnischen Behandlung von Gaswirbelschichten das komplizierte Strömungsbild der Gasphase, das durch teilweise Rückvermischung meist nur unzutreffend und auch durch einen zusätzlichen Bypass-Anteil nur grob darzustellen ist.

In Gas-Feststoff-Reaktoren ist der körnige Feststoff naturgemäß die dispergierte Phase und, wenn er kontinuierlich durchgeschleust wird, eine segregierte Phase. Die Phasenfläche ist vorgegeben, wenn auch nicht unbedingt genau bekannt oder unveränderlich.

Sehr viel verwickelter sind die Verhältnisse in Gas-Flüssigkeits- oder allgemein Fluid-Fluid-Reaktoren. Die Grenzflächen bilden sich erst im Reaktor aus: im (turbulenten) Strömungsfeld, an Füllkörpern oder durch mechanische Rührwirkung. Jede Phase ist dispergierbar; aber die dispergierte Phase kann, wenn Tropfen oder Blasen koaleszieren, nicht als vollständig segregiert gelten [120].

Bei der Beschreibung von Reaktoren für disperse Systeme zeichnet sich allgemein eine Tendenz ab, von den bisher fast ausschließlich betrachteten Kontinuums-Modellen abzugehen. Für eine genauere Projektierung wird man ohnehin zumeist numerisch rechnen, d.h. die Struktur des Reaktors auflösen müssen. Dann ist der Schritt zu einem detaillierten Modell (Stufen-, Zellen- oder Zonen-Modell) nicht mehr so weit.

4.5.1 Festbettreaktoren

Die (pseudo-)homogenen Modelle (Tab. 7) fassen das disperse System gasförmig-fest als Konti-

Tab. 7. Modelle des Festbettreaktors

	(pseudo-)homogen $(c_i, T)_{Gas} = (c_i, T)_{Korn}$		heterogen $(c_i, T)_{Gas} \neq (c_i, T)_{Korn}$	
eindimensional	A 1	IR-Modell	B 1	+ äußere Transportwiderstände
	A 2	+ axiale Dispersion	B 2	+ innere Transportwiderstände
zweidimensional	A 3 ↓	+ radiale Dispersion	B 3 ↓	+ radiale Dispersion

nuum auf. Im einfachsten Fall (A 1) sind daher die Bilanzgleichungen der Form nach identisch mit den Gleichungen für einphasige IR, also z. B.
Stoffmengenbilanz

$$\frac{d(u c_i)}{dz} = v_i r \quad \text{und} \tag{130}$$

Wärmebilanz

$$u \varrho c_p \frac{dT}{dz} + K a_c (T - T_c) = r(-\Delta H_R) \tag{131}$$

Der Unterschied liegt in der Interpretation der Gleichungsterme. Im Reaktionsterm r ist die lokale Makrokinetik der heterogenen Umsetzung zusammengefaßt: die chemische Kinetik, der Austausch zwischen den Phasen und die Transportprozesse im porösen Korn. Die komplizierte Flechtströmung in einer Schüttung ist zu einer Pfropfenströmung abstrahiert; alle Feinheiten wie Beschleunigung in engen Kanälen, Verwirbelung in Hohlräumen oder Wandeffekte und ihre Auswirkungen werden in Parameter mit einbezogen, wie in den Wärmedurchgangskoeffizienten K in Gl. (131) und auch in die Größen D_{ax}, λ_{ax}, D_r, λ_r und α_W. Alle diese Größen hängen daher ab von der Strömungsgeschwindigkeit sowie von Korngröße und -form und relativem Lückenvolumen der Schüttung ε. Die erheblichen Streuungen in den publizierten Daten sind daher kaum verwunderlich.

In der Praxis wird das IR-Modell des Festbettreaktors, das an sich zu stark vereinfacht erscheint, bisher fast ausschließlich und mit Erfolg angewendet.

Dafür gibt es – abgesehen von den Fällen langsamer Reaktion mit geringer Wärmetönung – mehrere Gründe:
- Zunächst einmal ist es bereits ein sorgfältig abzuwägender Schritt, von den globalen Messungen von Raumzeitausbeuten – evtl. statistisch geplant und ausgewertet – abzugehen und den zeitlichen und finanziellen Aufwand für eine mehr ins einzelne gehende Untersuchung zu betreiben. Wenn das aber geschieht, wird man zunächst das einfachste Modell aussuchen bzw. versuchen, ihm im Labormaßstab möglichst nahe zu kommen.
- Die axiale Vermischung von Stoff und Wärme (A2) und die daraus sich ergebende Möglichkeit von Mehrfachzuständen scheinen unter technischen Bedingungen im allgemeinen unberücksichtigt bleiben zu können, wie mehrere eingehende Untersuchungen anhand der einschlägigen Parameter D_{ax} und λ_{ax} gezeigt haben (s. dazu [121]).
- Die technisch üblichen Gasgeschwindigkeiten sind oft hoch genug, daß Temperatur- und Konzentrationsunterschiede zwischen Gas und Feststoffoberfläche (B1) in bescheidenen Grenzen bleiben. Außerdem läßt sich das Modell B1 u. U. leicht in A1 umwandeln. Dies gilt für den stationären Zustand und solange mit der Kornüberhitzung verbundene Stabilitätsfragen außer Betracht bleiben können.
- Die erlaubten Temperaturgrenzen technischer Verfahren sind oft so eng, daß aus Gründen der Wärmeübertragung sehr schlanke Reaktoren gebaut werden müssen. Die radialen Temperatur- und Konzentrationsprofile (A3) sind dann häufig so flach, daß eine eindimensionale Behandlung als erste Näherung ausreicht.

Selbstverständlich lassen sich zu allen aufgeführten Punkten Gegenbeispiele finden. So wurden etwa bei experimentellen Untersuchungen adiabatischer Festbettreaktoren im Labormaßstab unter besonderen Bedingungen steile axiale Temperaturprofile realisiert, *Zünd-Lösch-Verhalten* kurzer Kontaktschichten hervorgerufen oder *wandernde Reaktionszonen* beobachtet. Obwohl unter solchen extremen Bedingungen auch merkliche Kornüberhitzungen auftreten, lassen sich diese Phänomene – z.T. auch in quantitativer Übereinstimmung – durch ein homogenes Modell (A2) beschreiben [122, 123]. Erscheinungen wie wandernde Reaktionszonen sind als Störfälle in technischen Reaktoren bekannt. Oft ist eine (thermische) Desaktivierung des Katalysators das auslösende Moment.

Die Bedeutung der axialen Dispersion wird gelegentlich falsch eingeschätzt. Die übliche Faustregel – kein Dispersionseinfluß bei mehr als 50–100 Kornlagen – ist bestenfalls verläßlich, wenn im Reaktor das Gleichgewicht erreicht wird und nur dieser Umstand interessiert. Es gibt Fälle, wo unabhängig von der Schüttlänge nur die genaue Form des axialen Temperaturprofils auf einem kurzen Abschnitt von Bedeutung ist. Zum Beispiel kann die kinetische Auswertung solcher Profile schon auf geringe Verzerrungen durch Dispersion außerordentlich empfindlich reagieren, wie kürzlich durch Simulationsrechnungen gezeigt wurde [124].

Als zunächst wohl wichtigste Verbesserung des Modells A1 müßten die radialen Profile, besonders das Temperaturprofil, berücksichtigt werden. Um die örtlichen Temperaturen T(r) genauer berechnen zu können, wird das Modell A3 (ohne axiale Vermischung) herangezogen, z. B.:

$$-D_r\left(\frac{\partial^2 c_i}{\partial r^2} + \frac{1}{r}\frac{\partial c_i}{\partial r}\right) + \frac{\partial(u c_i)}{\partial z} = -k c_i^{n_i} \tag{132}$$

und $$-\lambda_r\left(\frac{\partial^2 T}{\partial r^2} + \frac{1}{r}\frac{\partial T}{\partial r}\right) + u\varrho c_p \frac{\partial T}{\partial z} = k c_i^{n_i}(-\Delta H_R) \tag{133}$$

mit den Randbedingungen

$z = 0$: $c_i = c_{ia}$, $T = T_a$ für alle r,

$r = 0$: $\dfrac{\partial c_i}{\partial r} = \dfrac{\partial T}{\partial r} = 0$ für alle z und

$r = d_R/2$: $\dfrac{\partial c_i}{\partial r} = 0$, $-\lambda_r \dfrac{\partial T}{\partial r} = \alpha_W(T - T_W) = k_W(T - T_c)$ für alle z.

Die letzte Randbedingung berücksichtigt die experimentelle Erfahrung, daß der effektive Wärmeleitungskoeffizient λ_r in der Schüttung annähernd konstant ist, aber in unmittelbarer Nähe der Wand (im Bild 30 durch T_R markiert) stark abnimmt. Hier wird besser mit einem Wärmeübergangskoeffizienten α_W gerechnet, so daß

$$\frac{1}{k_W} = \frac{1}{\alpha_W} + \frac{s}{\lambda_W} + \frac{1}{\alpha_c} \tag{134}$$

Je nach Art der Kühlung (bzw. Heizung) kann der äußere Widerstand ($1/\alpha_c$) einen kleinen (Siedekühlung) oder wesentlichen (Rauchgase) Beitrag zum Gesamtwiderstand leisten.

Ob die Aufspaltung des radialen Wärmetransports in zwei Anteile mit λ_r und α_W berechtigt ist, muß für die praktische Anwendung nicht in erster Linie entscheidend sein. Die Auswahl eines Modells wird sich auch nach Zahl, Genauigkeit und Erprobung der Korrelationen für die wichtigsten seiner Parameter richten.

Für λ_r und α_W gibt es eine Reihe von experimentell (und z.T. auch theoretisch) abgeleiteten Beziehungen, die sich in folgende Form bringen lassen [125–127]:

$$\frac{\lambda_r}{\lambda_G} = \frac{\lambda_{r,o}}{\lambda_G} + C_\lambda \operatorname{Re} \operatorname{Pr} \tag{135}$$

und $$\frac{\alpha_W d_K}{\lambda_G} = \frac{\alpha_{W,o} d_K}{\lambda_G} + C_\alpha \operatorname{Re} \operatorname{Pr} \tag{136}$$

(Die mit o indizierten Größen berücksichtigen dabei den statischen, d.h. strömungsunabhängigen Beitrag des Festbetts.) Allerdings reicht in Anbetracht der Empfindlichkeit des Reaktorverhaltens gegenüber diesen Werten ihre Genauigkeit noch nicht aus für eine sichere Vorausberechnung, auch dann nicht, wenn noch eine ganze Reihe von Korrekturen angebracht werden wie etwa in [128, 129]. Weniger kritisch scheint die genaue Erfassung der radialen Stoffdispersion zu sein; sie ist wahrscheinlich mit $\dfrac{u d_K}{D_r}$-Werten zwischen 8 und 10 angemessen berücksichtigt.

Zum Vergleich der Modelle A1 und A3 erforderlich und zur Berechnung von K aus den Korrelationen für λ_r und α_W nützlich ist die Beziehung

$$\frac{1}{K} = \frac{1}{k_W} + \frac{d_R}{8 \lambda_r} \quad \text{bzw.} \quad \frac{K}{k_W} = \frac{1}{1 + \frac{1}{4}\operatorname{Bi}} \tag{137}$$

mit $\operatorname{Bi} = d_R k_W / 2 \lambda_r$.

Wegen

$$\frac{1}{1+\frac{1}{4}\mathrm{Bi}} = \frac{T_R - T_c}{\bar{T} - T_c} \qquad (138)$$

ist die *Biot-Zahl* Bi auch ein Maß für die Abweichung des radialen Temperaturverlaufs von einem flachen Profil (s. Bild 30) und damit für die Güte der eindimensionalen Näherung.

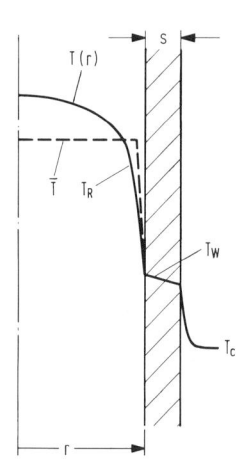

Bild 30. Temperaturverlauf in einem Festbettrohrreaktor nach den Modellen A1 und A3 (Tab. 7)

Die Beziehungen (137) und (138) folgen, wenn man ein parabelförmiges radiales Temperaturprofil durch den Stützpunkt $r^* = 2r/d_R = \sqrt{2}/2$ annimmt; andere Stützpunkte ergeben etwas andere Zahlenwerte. Statt einer Parabel läßt sich z. B. auch ein quadratisches Polynom mit mehreren Stützpunkten verwenden, um das radiale T-Profil anzunähern. Das ist der Ausgangspunkt der Kollokationsmethoden [130], die sich insbesondere bei der Lösung der zweidimensionalen Modellgleichungen als sehr wirksam erwiesen haben.

Die Transportprozesse im Katalysatorkorn, zwischen Korn und Gasphase sowie in der Schüttung sind nicht alle gleichgewichtig. Für die treibenden Kräfte trifft häufig folgende Reihenfolge zu: axiale und radiale Temperaturgradienten > Temperaturunterschied zwischen Gas und Korn > Temperaturgradient im Korn; bei den Konzentrationsgradienten: axial > im Korn > Gas/Korn. Ob und wie sich diese Gradienten bemerkbar machen, darüber lassen sich zumindest bei Einzelreaktionen Aussagen anhand von Kriterien treffen, die man aus den Modellgleichungen des Festbettreaktors ableiten kann [131–133].

4.5.2 Wirbelschichtreaktoren

Zwei Eigenschaften von Wirbelschichten sind es hauptsächlich, die als Vorteil dieses überwiegend für Gas-Feststoff-Reaktionen eingesetzten Reaktortyps gelten:
– die Möglichkeit, große Feststoffmengen verhältnismäßig einfach und billig nach pneumatischen Prinzipien zu fördern;
– die Wärmeübertragungscharakteristik, die einen guten Wärmeaustausch mit der Umgebung erlaubt und innere Temperaturgradienten auf ein geringes Maß reduziert.

Daneben gibt es auch noch andere Gesichtspunkte, wie etwa die gute Ausnutzung hochaktiver Katalysatoren.

Da die Schwierigkeiten der Wärmeübertragung bei Reaktionen mit großen Wärmetönungen auch in Festbettreaktoren gemeistert werden können (z. B. bei der Phthalsäureanhydrid-Synthese), ist ganz besonders der erstgenannte Punkt ein wichtiges Kriterium für die Wahl eines Wirbelschichtreaktors, also z. B. dann, wenn Feststoffe umgesetzt werden oder wenn Katalysatoren kontinuierliche Regenerierung erfordern. In solchen Fällen können die Vorteile von Wirbelschichtanordnungen, z. B. als Reaktor-Regenerator-Typ, die Schwierigkeiten bei Planung, Bau und Betrieb überwiegen. Komplikationen können sich insbesondere ergeben im Zusammenhang mit Einbauten, Anströmboden, Abrieb, Erosion, Feststoffaustragung oder, vom engeren reaktionstechnischen Standpunkt, aus den noch unbefriedigenden Kenntnissen über die Mechanismen der Gas-Feststoff-Kontaktierung.

Die komplizierten hydrodynamischen Verhältnisse in Gaswirbelschichten und ihr Einfluß auf den Reaktionsverlauf ist ein besonderer Forschungsschwerpunkt in der chemischen Reaktionstechnik. Für den wichtigsten Bereich der aggregativen oder *Zweiphasenaufwirbelung* kann die Vermischung der Gasphase in erster Näherung grob durch ein Zweistrangmodell (Bild 21) beschrieben werden. (Das Verhalten eines kontinuierlich durchgeschleusten Feststoffs ist i. a. durch vollständige Makrovermischung hinreichend beschrieben.) Ein Strang repräsentiert die (feststoffarme) *Blasenphase*, der andere das Gas in der sog. *Suspensionsphase*. Besondere Bedeutung hat dabei der Austauschstrom zwischen der Blasenphase, durch die der Hauptteil des zugeführten Gases geht, und der Suspensionsphase, in der im wesentlichen die Reaktion stattfindet. Die Parameter dieses Modells werden entweder festgesetzt (z. B. $D_{ax} = 0$ für die Blasenphase entsprechend einer Pfropfströmung), oder sie werden Verweilzeit- bzw. Reaktionsmessungen angepaßt. Wenn für die Ermittlung der Parameter sog. ‚kalte Reaktoren' größeren Maßstabs zur Verfügung stehen, können diese Modelle für die Maßstabsvergrößerung von hohem Nutzen sein [134].

Physikalisch fundierter erscheinen die sog. Blasenmodelle. Sie beachten ebenso wie die Zweistrangmodelle, daß zwei ‚Phasen' vorhanden sind. Der Unterschied liegt in dem Versuch, ausgehend von hydrodynamischen Theorien das Verhalten von Wirbelschichten, insbesondere den Stoffaustausch zwischen den Phasen (q) auf unabhängige Beziehungen zurückzuführen. Als wichtigste Größe geht dabei die Blasengröße d_B ein, für die i. a. der Durchmesser einer volumengleichen Kugel angenommen wird.

Aus hydrodynamischen Modellvorstellungen läßt sich ableiten, daß der Stofftransport aus einer Blase an die Zweiphasengrenze zwischen Blase und Suspension aus einem (meistens überwiegenden) konvektiven sowie einem diffusiven Anteil besteht. Zum Beispiel haben *Davidson* et al. [135] für halbkugelförmige Blasen abgeleitet:

$$K_G a' = 7{,}14\, u_{mf}\, d_B^{-1} + 5{,}46\, D_G^{1/2}\, g^{1/4}\, \frac{\varepsilon_{mf}}{1+\varepsilon_{mf}}\, d_B^{-5/4} \tag{139}$$

mit u_{mf} und ε_{mf} am Lockerungspunkt der Wirbelschicht.

Geht man davon aus, daß zumindest in Blasenschwärmen kaum ein Transportwiderstand auf Seiten der Suspensionsphase liegt, benötigt man nur noch eine Beziehung für den Volumenanteil der Blasenphase ε_B, um die wichtige, oft domierende Einflußgröße $q = K_G a = K_G a'\, \varepsilon_B$ abschätzen zu können. ε_B läßt sich über die Aufstiegsgeschwindigkeit u_B mit d_B verknüpfen. Man kann $u_B \varepsilon_B = u - u_{mf}$ setzen oder, da unter praktischen Bedingungen meist $u \gg u_{mf}$ ist, $\varepsilon_B \approx u/u_B$. Für u_B gilt unter idealisierten Bedingungen theoretisch [136, 137]:

$$u_B = u - u_{mf} + 0{,}71\, \sqrt{g\, d_B} \tag{140}$$

Die Abhängigkeit von u_B von $\sqrt{g\, d_B}$ wurde wiederholt experimentell bestätigt. Eine für die Reaktorberechnung brauchbare Korrelation, $u_B = \Phi \sqrt{g\, d_B}$, hat *Werther* [138] ermittelt. Sein Proportionalitätsfaktor Φ erfaßt die wichtige Abhängigkeit vom Wirbelschichtdurchmesser d_W, die den Einfluß von u bzw. $u - u_{mf}$ im Rahmen der Meßgenauigkeit offenbar überdeckt.

Sowohl *Werther* [138] als auch *Darton* et al. [139] haben statistische Koaleszenzmodelle benutzt, um Messungen der Blasengröße bzw. des Blasenwachstums mit der Strömungsgeschwindigkeit u und der Höhe h über dem Anströmboden zu korrelieren. Nach *Werther* gilt (u in m/s; h in m):

$$d_B = 0{,}00853\, (1 + 27{,}2(u - u_{mf}))^{1/3}\, (1 + 6{,}84\, h)^{1{,}21} \tag{141}$$

Nach *Darton* et al. gilt:

$$d_B = 0{,}54(u - u_{mf})^{2/5}(h + 4A_0^{1/2})^{4/5}/g^{1/5} \tag{142}$$

(A_0, die sog. catchment area, versucht den Einfluß des Anströmbodens zu erfassen.) Bei der Anwendung dieser Beziehungen ist zu berücksichtigen, daß Blasen in Wirbelschichten in einer bestimmten Äquilibrierungshöhe h* ihre maximal stabile Größe erreichen. h* hängt in komplizierter Weise von verschiedenen Einflüssen ab, sehr ausgeprägt z. B. vom Feinkornanteil, und ist zur Zeit eine der unsichersten Größen.

Die hier aus der Fülle der Publikationen ausgewählten Zusammenhänge könnten in verschiedener Weise genutzt werden. Sie scheinen bereits auszureichen, um aus Laborergebnissen zur Kinetik einer Reaktion die technische Durchführbarkeit und die ungefähr erforderliche Reaktorgröße abschätzen zu können. Als Beleg sei die Übereinstimmung zwischen A-priori-Rechnungen und Meßergebnissen in Labor-, Pilot- und technischen Anlagen angeführt [33, 139a]. Außerhalb der bereits eingehender geprüften Bereiche (p, T, u, d_K) ist bei solchen Voraussagen selbstverständlich erhöhte Vorsicht geboten. Für die sichere Auslegung eines Wirbelschichtreaktors wird man auf Untersuchungen in größeren, zumindest ‚kalten' Einheiten nicht verzichten können. Aus den angegebenen Zusammenhängen kann man ableiten, daß eine solche kalte Einheit einen Durchmesser von mindestens 0,6 m und eine Höhe der expandierten Schicht von mindestens 3 m haben sollte, um einerseits den Einfluß von d_W weitgehend auszuschalten und andererseits die Äquilibrierungshöhe h* erfassen zu können. Meßergebnisse in solchen Einheiten ($\overline{\varepsilon_B}$, $\overline{K_G a}$) können anhand der theoretischen oder halbempirischen Abhängigkeiten auf Plausibilität geprüft werden, z.B. nach [140]. Art und Ausmaß möglicher Einflüsse der chemischen Reaktion (Molzahländerung, Adsorption) auf das hydrodynamische Verhalten sind allerdings zur Zeit kaum vorherzusagen.

4.5.3 Gas-Flüssig-Reaktoren

Die formale Modellbehandlung von Gas-Flüssig-Reaktoren (oder auch allgemein Fluid-Fluid-Kontaktierungsarten) kann mit der Stoffmengenbilanz für die Flüssigphase, in der meist die Reaktion abläuft, beginnen [141]:

$$\text{IR:} \quad -K_L a(c_{iG}^* - c_i) + \frac{d(u_L c_i)}{dz} = v_i r(1a) \tag{143}$$

$$\text{KIK:} \quad -K_L a(c_{iG}^* - c_i) + \frac{\dot{V}_{Le} c_{ie} - \dot{V}_{La} c_{ia}}{V_R} = v_i r(1a) \tag{144}$$

Die Grenzfälle der Vermischung sind oft eine brauchbare Näherung, und auch die isotherme Näherung ist häufig berechtigt. Insgesamt gesehen sind die Gleichungen aber mehr dazu geeignet, als Ausgangspunkt zur Diskussion der vielfältigen Probleme zu dienen, als daß sie Rezeptformeln für praktische Berechnungen darstellen sollen. Ihre systematische Anwendung in den verschiedenen Bereichen der Reaktionsgeschwindigkeit (s. Tab. 1) hat z. B. die Abstimmungsmöglichkeiten zwischen makrokinetischer Charakteristik und typischen Eigenschaften der hauptsächlichen Reaktortypen weiter erhellt [61, 67].

Eine neue Problemstellung gegenüber den einphasigen Reaktoren ist analog zu den Wirbelschichtreaktoren in dem Term $K_L a$ enthalten. Wenn überhaupt ein Gas-Flüssigkeits-Reaktor genauer als integral betrachtet werden kann, dann muß dieser Term empirisch entweder direkt in Versuchsanlagen [75] ermittelt werden, oder es müssen hydrodynamische Theorien und Modellvorstellungen anwendbar sein [142]. Ein sehr weiter Schritt ist dann die getrennte Ermittlung von K_L bzw. k_L und a. Sie lohnt sich aber für eine vergleichende Bewertung von Reaktoren hinsichtlich der Austauschfläche [143]. Sie ist außerdem erforderlich, wenn man Verstärkungsfaktoren bei chemischen Reaktionen aus Absorptionsgeschwindigkeiten berechnen will. Hierbei ist allerdings zu beachten, daß die spezifische Austauschfläche a mehr darstellt als eine bezogene geometrische Fläche, wie sie etwa mit optischen Methoden bestimmt werden kann [144]. Insbesondere bei intensiver Phasenkontaktierung kann die lokale Turbulenzstruktur in unmittelbarer Nähe der Phasengrenze – und nicht etwa eine (ggf. sogar örtliche) Reynolds-Zahl – die Effizienz für den Stoffaustausch bestimmen [145, 146].

Aus chemischen Absorptionsmessungen läßt sich a am einfachsten bestimmen, wenn es sich um eine Reaktion erster Ordnung mit bekannter Geschwindigkeitskonstante handelt, die unter Meßbedingungen im Bereich II abläuft (Tab.1). Vielfach wird hierzu die durch Schwermetallionen (Co, Mn) katalysierte Sulfitoxidation mit Sauerstoff benutzt, obwohl ihre Kinetik nicht so einfach ist, wie bisher zumeist angenommen, und dementsprechend große Sorgfalt bei ihrer Anwendung nötig ist [147]. Die so ermittelten chemischen Austauschflächen sind integrale Werte, die örtliche Unterschiede (z.B. in begasten Rührkesseln) nicht berücksichtigen. Es ist zudem nicht genau bekannt, wieweit a von der Zusammensetzung der Flüssigphase und davon empfindlich abhängenden Eigenschaften (Oberflächenspannung) beeinflußt wird, mit anderen Worten, ob die mit einem bestimmten Modellsystem ermittelten Werte ohne weiteres auf andere Systeme übertragbar sind [148]. Trotzdem beginnen sich Erfolge in der Bestimmung von Austauschflächen und ihrer fundierten Verknüpfung mit Betriebsvariablen oder damit in unmittelbarem Zusammenhang stehenden Größen abzuzeichnen. Ein Beispiel sind die Beziehungen zwischen Austauschflächen und dissipierter Energie, empirisch in verschiedenen Reaktortypen bestimmt und abgestützt durch die Theorie der Energiedissipation in isotropen Turbulenzfeldern [143].

Zu den am meisten verwendeten Reaktoren für die Umsetzung von Gasen mit Flüssigkeiten gehören der *begaste Rührkessel* und die *Blasensäule*. Beide Reaktortypen weisen eine verhältnismäßig große Austauschfläche und einen großen Flüssigkeitsanteil sowie eine günstige Möglichkeit der Wärmeabfuhr auf. Sie kommen insbesondere auch für Produktionsverfahren mit niedriger Reaktionsgeschwindigkeit (Tab.1, Bereich I) in Frage.
Die Blasensäule kann auch in einer Variante betrieben werden, bei der das Gas nach unten in eine Flüssigkeit eingedüst wird (Abstrom-Blasensäule). Diese Variante bietet neben anderen reaktionstechnischen Vorteilen auch die Möglichkeit, längere Gasverweilzeiten vorzugeben [149, 150].
Speziell über die Blasensäule, die sich durch eine besonders einfache Bauweise auszeichnet, liegt eine Fülle von theoretischen Arbeiten und experimentellen Untersuchungen vor. Diese Fülle ist zum Teil aber auch Ausdruck dafür, wie schwierig es ist, diesen Reaktortyp modellmäßig zu erfassen und darauf aufbauend eine zuverlässige Maßstabsvergrößerung vorzunehmen. Wegen der Formveränderlichkeit der Phasengrenzfläche und des großen Einflusses oberflächenaktiver Stoffe liegen die Schwierigkeiten zum Teil erheblich über denen der sonst in verschiedener Hinsicht vergleichbaren Wirbelschicht.
Unmittelbar damit verknüpft ist die Schwierigkeit, zuverlässige Aussagen zu machen über die Parameter, die sich beim Betrieb von selbst einstellen. Dazu gehören außer dem Durchmesser und der Aufstiegsgeschwindigkeit der Blasen besonders die relativen Phasenanteile, die spezifische Phasengrenzfläche sowie die Koeffizienten der Vermischung und des Wärme- und Stoffübergangs. Diese Parameter sind zum Teil in recht komplizierter Weise verknüpft, so daß ihre gezielte Änderung nur sehr beschränkt möglich ist.
Die zweite Hauptschwierigkeit liegt in der Auswahl eines geeigneten Reaktormodells. Hier gibt es Modellvorstellungen, die von der Einzelblase im Schwarm ausgehen, wie das Hüllkugelmodell von *Happel* [151]. Für den technisch besonders interessanten Bereich der heterogenen, d.h. turbulent betriebenen Blasensäule wurden Modelle entwickelt, die die intensiven Wirbelströmungen in diesem Regime berücksichtigen [152]. Ein kürzlich vorgestelltes Modell [153] beschreibt die Wirbelströmungen durch mehrere kreuzweise übereinandergeschichtete Walzenpaare. Diese Modelle weisen z.T. auch eine gute Übereinstimmung mit empirischen Korrelationen für die genannten Vermischungs- und Wärmetransport-Koeffizienten auf. Hinsichtlich der anderen, meist sehr viel bedeutsameren Größen reicht die Aussagekraft bzw. die Zuverlässigkeit der Modelle für eine rechnerische Auslegung von Blasensäulen zur Zeit noch nicht aus. Hier spielen neben

den Schwierigkeiten der Datenbeschaffung für die technischen Stoffsysteme auch die ausgeprägte Orts- und Durchmesserabhängigkeit der Parameter herein, außerdem auch der Umstand, daß die meisten Untersuchungen mit nicht koalszierenden, nicht reagierenden Systemen arbeiten. Man muß daher für die Praxis zu einfachen Reaktormodellen greifen. Entsprechend der Verweilzeitverteilung der beiden Phasen hat sich ein Zweistrang-Dispersionsmodell bisher am besten bewährt. Für Reaktionen erster Ordnung lassen sich dabei eine Reihe von analytischen Lösungen angeben [154]. Eine zusätzliche Komplikation bringen noch folgende Erscheinungen: Der Druckabfall in der Blasensäule macht die Berücksichtigung der Kompressibilität der Gasphase nötig, wobei man in erster Näherung von einem linearen Druckabfall ausgehen kann. Gegebenenfalls muß man auch wegen der chemischen Umsetzung mit einer veränderlichen Gasgeschwindigkeit rechnen.

Für eine chemische Reaktion in der flüssigen Phase mit nichtflüchtigem Reaktionsprodukt vom Typ $A + \nu B \rightarrow P$ lauten die Bilanzgleichungen für den stationären, isothermen Fall:

$$\varepsilon_G D_{AG} \frac{d}{dz}\left(c_G \frac{dx_A}{dz}\right) - \frac{d}{dz}(u_G c_{AG}) - \dot{n}_{V,S} = 0 \qquad (145)$$

$$\varepsilon_L D_L \frac{d^2 c_{AL}}{dz^2} + b u_L \frac{dc_{AL}}{dz} + \dot{n}_{V,S} - r = 0 \qquad (146)$$

$$\varepsilon_L D_L \frac{d^2 c_{BL}}{dz^2} + b u_L \frac{dc_{BL}}{dz} - \nu r = 0 \qquad (147)$$

wobei $\dot{n}_{V,S}$ der volumenbezogene Stoffaustauschstrom ist; der Koeffizient b hat im Gleichstrom den Wert -1, im Gegenstrom den Wert $+1$.
Zusätzlich wird noch die Gesamtbilanz der Gasphase

$$-\frac{d}{dz}(u_G c_G) - \dot{n}_{V,S} = 0 \qquad (148)$$

sowie eine einfache Beziehung für den linearen Druckabfall benötigt:

$$p(z) = p[1 + \alpha(1 - z)] \qquad (149)$$

(α ist dabei das Verhältnis von hydrostatischem Druck zum Druck am Kopf der Säule.)
Für die Ermittlung der volumenbezogenen Stoffmengenströme lassen sich die in Abschnitt 3.2.2 angegebenen Beziehungen verwenden. Für den häufig vorkommenden Fall einer Reaktion pseudo-erster Ordnung hinsichtlich der übergehenden Komponente A kann man im Bereich der langsamen bis schnellen Reaktion ansetzen [67]:

$$\dot{n}_{V,S} = k_L a_G \sqrt{1 + M}\left(c'_A - \frac{c_{AL}}{1 + M}\right) \qquad (150)$$

wobei für M gilt:

$$M = k D_A / k_L^2 \qquad (151)$$

Für eine Reaktion pseudo-n-ter Ordnung kann man in ausreichender Näherung nach *Hikita* und *Asai* [155] auch setzen:

$$M = \frac{2}{n + 1} c'^{n-1}_A \frac{k n D_A}{k_L^2} \qquad (152)$$

Das Bilanzgleichungssystem stellt also schon bei einer Reaktion erster Ordnung wegen der variablen Gasgeschwindigkeit ein nichtlineares Randwertproblem mit nichtkonstanten Koeffizienten (Druckprofil!) dar. Eine Lösung ist nur numerisch möglich [156, 157]. Dabei ist noch nicht berücksichtigt, daß die relativen

Phasenanteile, die spezifische Grenzfläche und die Dispersionskoeffizienten ortsabhängig sein können. Ferner ist auch eine eventuelle Änderung des Flüssigkeitsstroms bzw. der Verweilzeit durch die Absorption sowie ein gasseitiger Stoffübergangswiderstand nicht erfaßt.

Insbesondere in technischen Blasensäulen ist die Durchmischung der Gasphase nicht mehr zu vernachlässigen. Die entsprechenden Koeffizienten können zwei- bis dreimal größer sein als die der flüssigen Phase und durch *Bodenstein*-Zahlen zwischen 1 und 10 charakterisiert werden. In Laborblasensäulen mit einem Durchmesser unter 40 cm kann die Durchmischung der Gasphase allerdings vernachlässigt werden.

Die Durchmischung in der flüssigen Phase kann im allgemeinen als vollständig betrachtet werden. Lediglich bei sehr langsamen Reaktionen im kinetischen Bereich I 1 (Tab. 1) und im Übergang zum diffusiven Bereich I 2 kann es notwendig sein, eine Flüssigphasenbilanz für die übergehende Komponente A auf der Basis des Dispersionsmodells zu berücksichtigen [156]. Für die Flüssigphasenkomponente B kann man fast immer von einer gleichmäßigen Konzentration über die ganze Blasensäule ausgehen. Dies gilt besonders auch für den Bereich schneller Reaktionen, bei dem noch weitere Vereinfachungen zutreffen können. Bei kleinen Eingangsmolenbrüchen der Gaskomponente A und höheren Betriebsdrücken kann man die Ortsabhängigkeit der Gasgeschwindigkeit vernachlässigen.

Für diesen Sonderfall lautet die dimensionslos gemachte Gasphasenbilanz (Dispersionsmodell):

$$\frac{1}{Bo_G} \frac{d^2 x_{AG}}{d(z/L)^2} - \frac{dx_{AG}}{d(z/L)} - St_G x_{AG} = 0 \tag{153}$$

mit $St_G = Sh/(Re\,Sc)$ als *Stanton*-Zahl für den Stoffübergang.

Für *Bodenstein*-Zahlen der Gasphase größer als etwa 2 läßt sich in diesem Fall die erforderliche Reaktorhöhe H explizit angeben:

$$H = \frac{2 D_G \varepsilon_G}{u_G (1-q)} \ln\left[\frac{1-X}{4q}(1+q)^2\right] \tag{154}$$

mit

$$q = \sqrt{1 + 4 St_G / Bo_G} \tag{155}$$

Für die Berechnung weiterer Fälle siehe [156].

4.5.4 Mehrphasenreaktoren

Die gezielte Entwicklung der Mehrphasenreaktoren in der chemischen Industrie geht wohl auf die Arbeiten zur vierstufigen Butadien-Synthese in der BASF Ende der zwanziger Jahre zurück. Einen großen Aufschwung haben die Mehrphasenreaktoren dann im Bereich der Kohle- und Erdölveredelung genommen. In den letzten Jahren sind wesentliche Impulse für die Weiterentwicklung von Verfahren ausgegangen, die dem Umweltschutz und der weitgehenden Nutzung unserer Rohstoffe dienen. Hierzu gehören z. B. einerseits verschiedene Prozesse zur Rauchgasentschwefelung, zum anderen eine große Reihe von Verfahren der Biotechnologie.

Die Bedeutung von Drei- oder Mehrphasenreaktoren wird in Zukunft noch stärker zunehmen als bisher. Allgemein gesprochen sind bei Reaktionen, an denen neben einer Gasphase und Feststoffphasen auch Flüssigkeiten beteiligt sind, die Bedingungen für die Reaktionskomponenten schonender als bei der klassischen heterogenen Gaskatalyse. Zu den Katalysatoren, die auf solche schonenden Bedingungen angewiesen sind, gehören insbesondere ‚heterogenisierte' homogene Katalysatoren, organische Ionenaustauscher-Katalysatoren sowie immobilisierte enzymatische Systeme. Aber auch für Systeme, bei denen im Prinzip Gasphasenprozesse an festen Katalysatoren möglich wären, bietet sich häufig alternativ der Übergang zum Dreiphasensystem an, z. B. zur besseren Wärmebeherrschung, um der Desaktivierung des Katalysators entgegenzuwirken oder um höhere Selektivitäten zu erzielen [158].

Von den Dreiphasenreaktoren werden hier nur die beiden Hauptvertreter vorgestellt: der Rieselbettreaktor und der Suspensionsreaktor. Auf die vielen Modifikationen oder auch auf andere Typen wie Aufstromreaktoren, dreiphasige Wirbelschichten usw. kann nur verwiesen werden [83, 163].

4.5.4.1 Rieselbettreaktoren

Die Hauptmerkmale dieses Reaktortyps werden am besten durch eine Gegenüberstellung von Vor- und Nachteilen gegenüber anderen Dreiphasenreaktoren, insbesondere den Suspensionsreaktoren, gekennzeichnet. Vorteilhaft sind die für hohe Umsätze günstige Verweilzeitverteilung, die Möglichkeit, große Einheiten ($\sim 300\,\mathrm{m}^3$) und hohe Drücke zu realisieren sowie die verhältnismäßig niedrigen Investitions- und Betriebskosten. Nachteilig sind die schlechte Katalysatorausnutzung, die schwierige Wärmebeherrschung und das unsichere Scale-up.

Neben den Transportwiderständen zwischen Gas und Flüssigkeit bzw. Flüssigkeit und Feststoff sowie im Porenraum der Katalysatoren, der mehr oder weniger vollständig mit Flüssigkeit gefüllt sein kann, bereitet vor allem die Kontaktierung Gas–Flüssigkeit–Feststoff hinsichtlich einer vollständigen Modellierung und einem sicheren Scale-up noch erhebliche Schwierigkeiten. Sie beginnen schon damit, daß die Rieselströmung nur eine von mehreren Strömungsformen ist. Je nach Gas- und Flüssigkeitsbelastung können Blasenströmung, pulsierende Strömung, Sprüh- oder stoßende Strömung auftreten. Jeder Bereich hat seine eigenen Merkmale der Kontaktierung, des Druckverlusts, des Hold-up und des Stoff- und Wärmetransports.

Die wohl entscheidende Größe ist die Flüssigkeits-Querschnittsbelastung. Sie beeinflußt die verschiedenen Beiträge zum statischen und dynamischen Hold-up der Flüssigkeit, insbesondere auch die Ausdehnung stagnierender Zonen, weiter die Katalysatorbenetzung, die Flüssigkeitsverteilung, die axiale Dispersion und natürlich den Stofftransport zwischen den verschiedenen Phasen und Zonen. Davon abhängig wiederum ist gegebenenfalls der Beitrag homogener Reaktionen in der Flüssigkeitsphase oder die direkte Kontaktierung zwischen Gas bzw. Dampf und Katalysator. Der Anteil der unmittelbaren Reaktion von Gaskomponenten an ‚trockenen' Stellen der Katalysatorpellets ist besonders schwierig vorherzusagen. Die Wärmeentwicklung bei exothermen Reaktionen z. B. mag zu einer teilweisen Verdampfung der flüssigen Phase führen. Wenn solche Effekte eine Rolle spielen können, sind Messungen in ‚kalten Einheiten' wenig hilfreich. Das gilt auch für kritisches Verhalten hinsichtlich Benetzung oder Schaumbildung. Alle genannten Phänomene sind maßstabsabhängig. Eine universelle A-priori-Modellierung scheint zur Zeit nicht möglich, wenn auch neue Ansätze (Perkolationstheorie [159]) auf weitere Fortschritte hoffen lassen. Drei pragmatische Vorgehensweisen seien erwähnt: die Modellierung verhältnismäßig einfacher Systeme, diagnostische Tests und die Entwicklung spezifischer Scale-up-Regeln sowie Maßstabsvergrößerung auf der Basis dynamischer Ähnlichkeit.

Zu den ‚einfachen' Systemen kann man z. B. das Hydrotreating hochsiedender Fraktionen bei geringen Reaktionsgeschwindigkeiten zählen. Hier lassen sich für die Simulation, Planung und eine bescheidene Extrapolation von Pilot- oder technischen Anlagen Modellgleichungen auf folgende vereinfachende Annahmen stützen: nahezu isotherme Betriebsweise, keine homogenen Reaktionen in der Flüssigkeitsphase, irreversible Reaktionen erster Ordnung hinsichtlich der Edukte, keine Stofftransport-Einflüsse. Dann muß noch die Querschnittsbelastung groß genug sein (Anhaltswert: $4\,\mathrm{kg/m^2\,s}$), um nahezu die Bedingungen des idealen Rieselbettreaktors, mit anderen Worten vollständige Katalysatorausnutzung, zu erreichen. In kleinen Pilot- oder Laboranlagen, in denen man mit solchen Querschnittsbelastungen nicht arbeiten kann, kann man annähernd gleich gute Kontaktierung erreichen, indem man das Lückenvolumen der Schüttung mit inertem Feinkorn füllt. Unter solchen idealen Bedingungen ist der Umsatz gegeben durch die einfache Reaktorgleichung:

$$\ln \frac{c_i}{c_{ia}} = -\frac{m}{\dot{V}} k_{app} \qquad (156)$$

Man kann diese Gleichung auch als Definitionsgleichung für die effektive oder scheinbare Geschwindigkeitskonstante k_{app} auffassen. Ihr Verhältnis zur Geschwindigkeitskonstante der chemischen Reaktion k_{app}/k_{intr} wird häufig als Katalysatorausnutzung bezeichnet.
Zumindest solange die Reaktionen pseudo-erster Ordnung sind, ist das durch k_{app} vertretene Konzept auch für komplexere Situationen außerordentlich nützlich: Abweichungen vom vollständigen Ausnutzungsgrad können durch diagnostische Tests und spezielle Kriterien auf Ursachen hin untersucht und ihre Folgen für die Maßstabsvergrößerung abgeschätzt werden. Die meisten dieser Tests [160] beruhen darauf, die Flüssigkeitsbelastung über einen möglichst weiten Bereich zu variieren, bis sich entweder vollständige Ausnutzung anzeigt oder sich die Einflüsse auf k_{app} abschätzen lassen. Außer der Flüssigkeitsbelastung können auch Korndurchmesser, intrinsische Katalysatoraktivität k_{intr}, Konzentrationen oder Gasbelastung variiert werden.

Für Prozesse mit noch wenig erforschten Stoffsystemen wird eine verläßliche Maßstabsvergrößerung zweckmäßigerweise auf hydrodynamische Ähnlichkeit abgestellt, d.h. in der Pilotanlage sollte mit gleicher Querschnittsbelastung gearbeitet werden, wie sie für den Großreaktor vorgesehen ist. Auch die für den technischen Einsatz geplante Korngröße sollte bereits verwendet und als Rohrdurchmesser mindestens das 10–20fache dieser Korngröße gewählt werden. Das Problem der Flüssigkeitsverteilung scheint weitgehend gelöst zu sein, sowohl für den Pilotreaktor als auch bei der Übertragung auf technische Durchmesser. Gleiche Umsätze bei hydrodynamischer Ähnlichkeit erfordern technische Schütthöhen, also u.U. Rohrlängen von mehr als 10 m. Selbst ein solcher Aufwand garantiert noch keine problemlose Maßstabsvergrößerung. Zum Beispiel müssen bei stark exothermen Reaktionen noch Vorkehrungen getroffen werden, um ‚hot spots' zu vermeiden, die in Strömungs-Totzonen hinter Einbauten auftreten können [161]. Solche Totzonen können auch während des Betriebs entstehen, wenn abgeriebenes Katalysatormaterial anschwemmt und Versperrungen bildet. Ein solches Ereignis wurde für einen Aufstromreaktor dokumentiert, seine Modellbehandlung ist ein schönes Beispiel für die Bedeutung dynamischer Reaktormodelle [162].

4.5.4.2 Suspensionsreaktoren

Bei den Suspensionsreaktoren ist der feinverteilte Feststoff (Partikelgröße oft < 100 μm) zumeist ein Katalysator. Es gibt im wesentlichen zwei apparative Ausführungsformen, nämlich den Dreiphasen-Rührkessel und die Dreiphasen-Blasensäule, die überwiegend absatzweise betrieben werden [163]. Eine kontinuierliche Betriebsführung bedingt die oft problematische Abtrennung des feindispersen Feststoffanteils aus der Suspension.
Hauptvorteile dieses Reaktortyps sind die einheitliche Temperatur, die hohe Katalysatorleistung und der geringe Druckabfall. Die Nachteile liegen einmal im Verweilzeitverhalten der flüssigen Phase begründet, das dem eines KIK meist sehr nahe kommt und sich hinsichtlich hoher Umsätze und Selektivitäten ungünstig auswirkt. Durch Kaskadenanordnung mehrerer Apparate läßt sich dieser Nachteil jedoch weitgehend vermeiden. Einen weiteren Nachteil besonders im Vergleich zum Rieselbettreaktor stellt die geringe spezifische Reaktorleistung – bedingt durch den geringen Feststoffgehalt (oft $< 1\%$) – dar. Im übrigen sind Suspensionsreaktoren bei Limitierung durch den Stoffübergang flüssig/fest sowie bei Prozessen mit Einfluß von Porendiffusion vorteilhaft. Dies gilt natürlich besonders bei Reaktionen, deren Selektivität durch Porendiffusion verringert wird.
Bei katalytischen Reaktionen muß man neben der spezifischen Umsatz- bzw. Produktleistung des Reaktors auch noch die spezifische Katalysatorleistung betrachten. Da sowohl Reaktorleistung wie Katalysatorleistung in die Produktionskosten eingehen, wird man versuchen, optimale Betriebsbedingungen anzusteuern. Dabei kann man von zwei Grenzfällen ausgehen [164].
Für den Fall, daß der flüssigkeitsseitige Stoffübergang des Gases limitierend ist, ergibt sich die maximale volumenbezogene Reaktorleistung $R_{V,max}$ (in kmol/m³s) zu

$$R_{V\,max} = k_L a c_L^* \tag{157}$$

mit c_L^* als flüssigkeitsseitiger Grenzflächenkonzentration der Gaskomponente im Gleichgewicht.

Die Reaktorleistung ist in diesem Fall hoch. Sie läßt sich noch verbessern durch Maßnahmen zur Erhöhung von $k_L a$ (intensivere Begasung) und durch Erhöhung des Partialdrucks der Gaskomponente. In diesem Bereich ist andererseits die spezifische Katalysatorleistung $R_V/m_{V,K}$ (in kmol/kg Kat s) niedrig, weil man relativ große Mengen Katalysator braucht. Dies ist nur bei einigermaßen preiswerten Katalysatoren zu vertreten. Dabei kann es empfehlenswert sein, bei geringen Sättigungen c_L/c_L^* zu arbeiten, da in diesem Bereich die Katalysatorleistung noch stark ansteigt. Geringe Sättigungsgrade können auch sinnvoll sein, wenn hohe Selektivitäten erwünscht sind oder eine Desaktivierung des Katalysators unterdrückt werden soll. Ein solcher Betriebszustand ist im übrigen beim Fließbetrieb angebracht – vor allen Dingen dann, wenn sowohl Edukt wie Produkt gasförmig sind.

Der andere Grenzfall liegt vor, wenn die Reaktion bzw. die Stofftransportwiderstände in und am Korn limitierend sind. Die Suspensionsphase ist dann praktisch vollständig gesättigt. Unter diesen Umständen ist die Reaktorleistung niedrig; die Katalysatorleistung kann dagegen hoch sein, sofern $m_{V,K}$ niedrig ist. Ein solches Vorgehen empfiehlt sich, wenn es sich um teure Katalysatormaterialien handelt. Auch wenn man im Satzbetrieb arbeitet, wird man zweckmäßig solche Betriebsbedingungen einstellen. Die Katalysatorleistung kann noch durch Erhöhung des Partialdrucks und der Temperatur (besonders bei Reaktionslimitierung) sowie durch Verkleinern der Korngröße günstig beeinflußt werden, die Reaktorleistung außerdem auch durch eine Erhöhung der Katalysatorkonzentration.

Für eine allgemeine Modellierung bzw. Auslegung von Suspensionsreaktoren liegen keine ausreichenden Unterlagen vor. Es gibt allerdings eine Reihe von Fällen, in denen der Einfluß der Feststoffphase durch eine an Zweiphasensysteme angelehnte Behandlung mit Effektivwerten erfaßt werden kann [164–166].

Im Rührkessel steht bei größeren Feststoffpartikeln die Rührleistung im Vordergrund. Sie muß mindestens so groß sein, daß der Feststoff ausreichend dispergiert wird. Bei Teilchengrößen < 100 μm wird die Gasdispergierung immer wichtiger. In der Blasensäule, in der die Dispergierung des Feststoffs durch Impulse der Fluidströmung erfolgen muß, ist eine entsprechende Gasgeschwindigkeit nötig. Sie muß um so größer sein, je größer das Korn und je höher der Feststoffanteil ist. Bei den anzustrebenden turbulenten Betriebsbedingungen ist die Verteilung der Feststoffteilchen über die Länge der Blasensäule nicht mehr einheitlich. In beiden Reaktorformen können sich die Feststoffteilchen auch in grenzflächenaktiver Weise bemerkbar machen (Bildung von Flotationsschäumen, Blasenkoaleszenz).

4.5.5 Andere Reaktoren

Die bisher vorgestellten Reaktoren waren nur die Haupttypen; gelegentlich wurde auf Modifizierungen hingewiesen, wie sie z. B. durch Einbauten oder durch andere Formen der Phasenkontaktierung zustandekommen.

Auf einigen Gebieten stellt die chemische Reaktion aber so spezifische Anforderungen an die Reaktionsführung, daß spezielle Reaktortypen gerechtfertigt sind. Eine Sonderstellung dieser Art nehmen z. B. Polymerisationsreaktoren oder in jüngster Zeit verstärkt die Bioreaktoren ein, daneben auch die Reaktoren der metallurgischen [80, 167] oder elektrochemischen [168] Verfahren.

Schon in homogenen Systemen können sich bei *Polymerisationsreaktoren* die Schwierigkeiten häufen, die sich herleiten aus der komplexen Kinetik, dem oft nicht-*Newton*schen Verhalten viskoser Reaktionsmassen (mit allen Problemen für Transportprozesse, Vermischung und Wärmebeherrschung) oder aus einer besonderen Empfindlichkeit gegenüber der Mikrovermischung. Dazu kommen bei heterogenen Systemen (Suspensions-, Emulsionspolymerisation) außer den Austauschprozessen zwischen den Phasen u. U. noch die nicht leicht zu beherrschenden Vorgänge der Keimbildung und des Keimwachstums. Hier sind viele Fragen noch ungelöst, aber z. T. schon im Stadium einer erfolgversprechenden Bearbeitung [42, 169–171].

Als Beispiel für die Auswirkungen reaktionstechnischer Gegebenheiten bei Polymerisationsreaktionen seien die Arbeiten *Denbighs* [11] über den Einfluß von Kinetik und Verweilzeitverhalten auf die Molmassenverteilung der Produkte angeführt. Mittelwert und Breite der Molmassenverteilung sind so entscheidend für mechanische und andere physikalische Eigenschaften von Polymeren, daß ihrer gezielten Steuerung größte Aufmerksamkeit zukommt. Man könnte auf den ersten Blick vermuten, daß in einem KIK stets eine breitere Molmassenverteilung erhalten wird als in einem IR oder AIK. Wie *Denbigh* gezeigt hat, läßt sich diese Vermutung nur bei Polymerisationsprozessen bestätigen, bei denen die Lebensdauer der aktiven wachsenden Kette groß ist gegenüber der mittleren Verweilzeit im Reaktor (Bild 31a). Bei relativ geringer Lebensdauer der aktiven Polymerketten erhält man hingegen im IR eine breitere Molmassenverteilung, während sich im KIK eine engere Verteilung ergibt (Bild 31 b). Die Verweilzeit kann ja nur dann eine Rolle spielen, wenn sie zum Tragen kommt, d. h. kurz gegenüber der Lebensdauer der Kette ist. Andernfalls ist das gleichbleibende Milieu des KIK günstiger für eine enge Molmassenverteilung. Aufgrund einer analogen Überlegung ist auch verständlich, warum für diesen Fall ein SKIK (Emulsions- oder Suspensionspolymerisation!) eine viel breitere Molmassenverteilung als der mikrovermischte KIK liefert. Sie ähnelt bezeichnenderweise sehr viel mehr der des AIK [172].

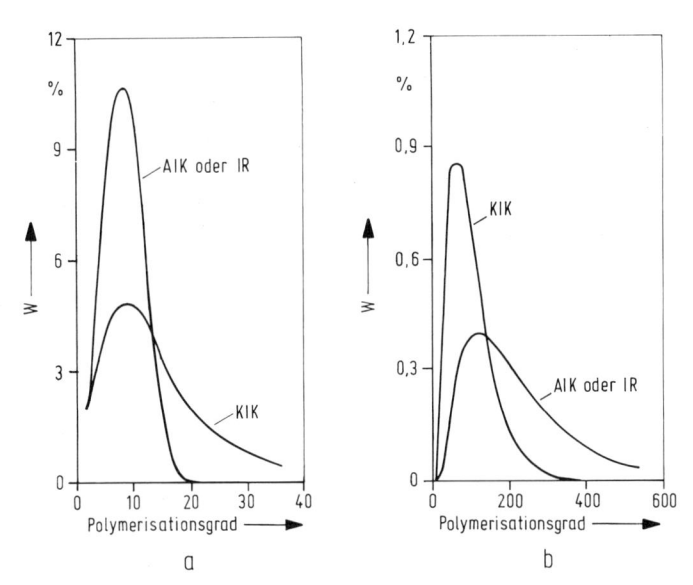

Bild 31. Molmassenverteilung bei relativ langer (a) bzw. kurzer (b) Lebensdauer der aktiven Polymerkette

In der Praxis der Polymerisationstechnik herrschen noch immer die Rührkesselreaktoren vor. Neben der z. T. erwünschten Charakteristik der Molmassenverteilung haben diese Reaktoren auch oft Vorteile hinsichtlich der Wärmeabfuhr (z. B. durch eingebaute Verdampfungskühler) und der Vermeidung von Produktausscheidungen. Wird für kontinuierliche Betriebsweise die Molmassenverteilung eines AIK oder IR angestrebt, so setzt man Kesselkaskaden ein oder unterteilt den Rührkessel in strömungsmäßig unabhängige Bereiche. In die gleiche Richtung zielt die Entwicklung von Polymerisationsverfahren im gerührten Rohrreaktor [173].
Zu den Besonderheiten bei *Bioreaktoren* zählen Keimfreiheit, Sauerstoffbedarf, Zellschädigung durch zu hohe Schergefälle, z. T. auch rheologische Eigenheiten, ganz besonders aber die Möglichkeit der Adaptierung, die eine einzigartige Komponente in die Kinetik einbringt. Im Bereich der Biotechnologie sind ganz neuartige Reaktoren in der Entwicklung, wie z. B. Membranreaktoren für enzymatische Reaktionen. In der Fermentationstechnik sind eine Reihe von Abwandlungen des Blasensäulentyps wie etwa der Air-Lift-Fermenter in der Diskussion, alle in erster Linie darauf ausgelegt, die Energiekosten für den Sauerstoffeintrag (bei Submersverfahren) zu senken. Für die fermentative Produktion ist aber aus Gründen der größeren Flexibilität nach wie vor der begaste („belüftete') Rührkessel der Reaktor der Wahl [174]. Erst mit zunehmender Reak-

torgröße wird wie bei chemischen Prozessen der Blasensäulentyp immer interessanter; der in der Abwasseraufbereitung eingesetzte ‚Bio-Hochreaktor' sei als Beispiel angeführt [175]. Neben Rührkessel und (in Zukunft) Blasensäule werden weiterhin konventionelle Reaktoren Verwendung finden, wie etwa der Rieselbettreaktor (Essigsäureproduktion) als Vertreter der Film- oder Dünnschichtreaktoren. Für eine zusammenfassende Darstellung siehe z. B. [176].

5 Wahl der Betriebsbedingungen

Das Ziel chemischer Verfahren ist die wirtschaftliche Herstellung von Stoffen. Das bedeutet, daß man den Grad der Umsetzung so weit wie möglich oder besser so weit wie wirtschaftlich vertretbar treiben wird. Auch bei einfachen irreversiblen Reaktionen ist ein einigermaßen vollständiger Umsatz schon nicht sinnvoll, da die Geschwindigkeit bei der Annäherung an $X_k \to 1$ außerordentlich stark abfällt. Bei reversiblen Einzelreaktionen gilt eine gleiche Beschränkung für die Annäherung an das thermodynamische Gleichgewicht. Auch hier ist eine praktisch vollständige Annäherung wirtschaftlich nicht tragbar. Bei solchen eindeutigen Reaktionen – z. B. NH_3-Synthese und SO_2-Oxidation – ist der Umsatz als Zielgröße für die reaktionstechnische Optimierung des Ausmaßes der Reaktion ausreichend. Das Problem kann so auf die Minimierung der Reaktionszeit und damit – für eine gegebene Produktion – des Reaktorvolumens zurückgeführt werden. Für eine wirtschaftliche Betrachtung solcher Verfahren wird man die Nachteile des größeren Ausmaßes an Trennung für das Produktgemisch und gegebenenfalls an nichtausgenutzten Ausgangsstoffen gegen die Vorteile der kleineren Reaktordimensionen bei geringerem Umsatz abzuwägen haben.

Bei Mehrfachreaktionen kommt zur Zielgröße Umsatz noch die Zielgröße Selektivität hinzu. Zur Frage der Produktionsgeschwindigkeit tritt also die Frage der Stoffausnutzung. Sie ist sogar in vielen Fällen ausschlaggebend. Dabei gibt es Beschränkungen, die einem Ansteuern der maximal möglichen Selektivität entgegenstehen. So ist beispielsweise hohe Selektivität sehr oft nur unter Inkaufnahme sehr kleiner Umsätze zu erreichen. Auch hier wird man also nach einer wirtschaftlich sinnvollen Lösung zu suchen haben.

Die Aufgabenstellung ist im ganzen sehr komplex. Dies hängt damit zusammen, daß die Zielgrößen für eine Optimierung vielfältig sind und aus ganz verschiedenen Ebenen stammen. Eine Entscheidung kann nur unter Einbeziehung der vor- und nachgeschalteten verfahrenstechnischen Schritte gefällt werden. Die Einflußgrößen, die zur Lenkung des Umsatzes und der Selektivität zur Verfügung stehen – also die Betriebsbedingungen bei gegebener Reaktorausführung –, bieten eine so große Zahl von Variationsmöglichkeiten, daß es ausgeschlossen ist, sie alle experimentell oder auch nur rechnerisch durchzuprüfen. Es erscheint daher sinnvoll, Entscheidungshilfen für die Auswahl an die Hand zu geben, die auf grundsätzliche reaktionstechnische Gesichtspunkte zurückzuführen sind.

5.1 Zielgröße Umsatz

Unvollständiger Umsatz, den man bei technischen Reaktionen immer in mehr oder weniger großem Ausmaß in Kauf nehmen muß, bedeutet in den meisten Fällen, die Produkte von den nichtumgesetzten Reaktionspartnern und gegebenenfalls auch von anderen Reaktionskomponenten abtrennen zu müssen. Ist die Leistung eines Reaktors gegeben und liegen die Betriebsbedingungen von Temperatur, Druck und Eingangskonzentrationen fest, dann kann eine der drei Größen Umsatz, Durchsatz und Reaktorvolumen frei gewählt werden. Bei gleicher Leistung bedeutet hoher Durchsatz einen geringen Umsatz und damit kleine Verweilzeit. Da dann auch die Reaktionsgeschwindigkeit relativ groß ist, braucht nur ein kleines Reaktorvolumen zur Verfügung zu stehen. Umgekehrt bedingt kleiner Durchsatz ein großes Reaktorvolumen. Kann man die nichtumgesetzten Ausgangsstoffe abtrennen und in den Reaktor zurückführen, was sehr oft nicht nur wegen der Rohstoffnutzung, sondern auch der Abfallvermeidung anzustreben ist, so ist es sinnvoll, anstelle des Durchsatzes den Kreislauffaktor zu betrachten, d.h. das Verhältnis von rückgeführter zu frisch eingebrachter Eduktmenge.

Im Bild 32 sind die Verhältnisse schematisch dargestellt. Wollte man die Reaktion bis zum Gleichgewicht führen, dann wäre ein unendlich großes Reaktorvolumen erforderlich; der Durchsatz würde den kleinstmöglichen Wert annehmen (senkrechte Asymptote). Bei sehr rasch verlaufenden Reaktionen, z.B. Ionenreaktionen oder vorgemischten Flammen, kann man der vollständigen Gleichgewichtseinstellung bzw. dem vollständigen Umsatz praktisch mit einem sehr kleinen Reaktorvolumen recht nahe kommen. In diesen Fällen ist aber das Reaktorvolumen nicht mehr durch die Reaktionsgeschwindigkeit, sondern durch andere Faktoren wie Vermischung oder Wärmeübertragung bestimmt. Wählt man den Durchsatz immer größer, so nähert sich das Reaktorvolumen einer unteren Grenze (waagerechte Asymptote im Bild 32). Dieses minimale Reaktorvolumen entspricht dem Verhältnis von Leistung zur Reaktionsgeschwindigkeit bei Eingangsbedingungen (bzw. im Anfangszustand) auf das Produkt bezogen, also $\dot{n}_P/r_{Pa}$.

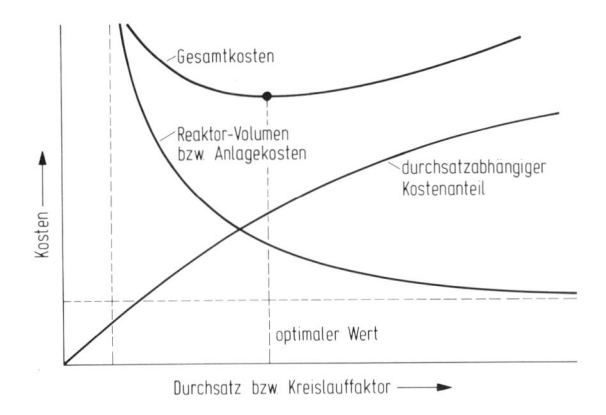

Bild 32. Abhängigkeit der Kosten vom Durchsatz bei gegebener Leistung

Für die wirtschaftliche Auslegung eines chemischen Prozesses kann man die Kosten der Produktion aufschlüsseln in einen „reaktorabhängigen" und in einen „durchsatzabhängigen" Teil. Der reaktorabhängige Teil (Anlagekosten) ist im wesentlichen durch das Reaktorvolumen festgelegt. Der durchsatzabhängige Teil (Betriebskosten) enthält die Kosten für die Ausgangsstoffe und die Trennkosten (Trennanlage, Wärmeaustauscher, Energien). Er geht symbat mit dem Durchsatz. Die Gesamtkosten, d.h. die Summe beider Anteile, haben für einen bestimmten Durchsatz und den zugehörigen Umsatz ein Minimum.

Unter den Voraussetzungen, daß der Umsatz eindeutig von der mittleren Verweilzeit abhängt und die Kosten der Trennung in erster Linie vom Durchsatz und nicht so sehr vom Umsatz bestimmt werden, kann das Optimum des Umsatzes auf einfache Weise graphisch aufgesucht werden (vgl. Bild 33). Dazu

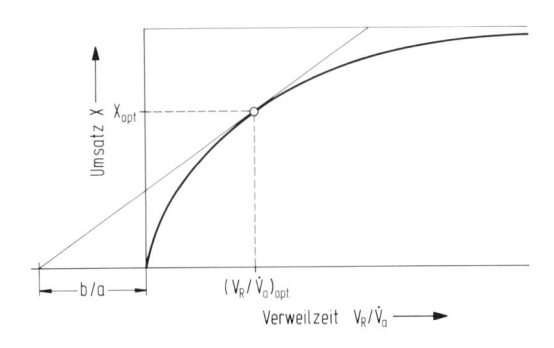

Bild 33. Ermittlung des Optimums von Umsatz und Verweilzeit (s. Text)

trägt man den Umsatz als Funktion von $V_R/\dot{V}_a$ auf. Ferner nähert man die Abhängigkeit der Gesamtkosten K vom Reaktorvolumen V_R und Volumenstrom $\dot{V}_a$ mit folgender Gleichung linear an:

$$K = a V_R + b \dot{V}_a (+ \text{konst}). \tag{158}$$

Dabei bedeutet a die spezifischen Reaktorkosten (Kosten je Volumeneinheit) und b die spezifischen Kosten, die nur vom Durchsatz abhängen. Die Konstruktion der Tangente, deren Berührungspunkt die optimalen Werte für Umsatz und Verweilzeit für eine bestimmte Leistung ergibt, geht aus Bild 33 hervor. Wenn der lineare Ansatz in Gl. (158) als Näherung nicht genügt – z. B. liegt der Exponent der Kostendegression für Apparate bzw. Anlagen oft bei 0,6 –, kann man das zuerst gewonnene Ergebnis iterativ verbessern.

5.1.1 Konzentrationsführung

Die Konzentration bzw. den Konzentrationsverlauf im Reaktor kann man im wesentlichen durch folgende Faktoren direkt beeinflussen:
– Druck (bei Gasreaktionen) oder Zusatz von Inertstoffen,
– Einsatzverhältnis (Mengenverhältnis der eingesetzten Reaktionspartner),
– Vermischung im Reaktor (Extremfälle: Idealrohr und Idealkessel) und
– Zusatz bzw. Entnahme einer oder mehrerer Komponenten an verschiedenen Stellen des Reaktors.

5.1.1.1 Druck und Inertstoffkonzentration

Das chemische Gleichgewicht wird bei Reaktionen, die unter Molzahländerung verlaufen, durch Veränderung der Gesamtkonzentration der Reaktionsteilnehmer so verschoben, daß sich die Gesamtmolzahl im Reaktionsgemisch dem ausgeübten „Zwang" anpaßt, also z. B. bei Erhöhung des Drucks vermindert. Auf diese Weise kann der Umsatz im Reaktor beeinflußt werden. Vom kinetischen Standpunkt aus wird man die Konzentration der Edukte bei eindeutigen Reaktionen so hoch wie möglich wählen, da diese in der überwiegenden Zahl der Fälle mit einer positiven Reaktionsordnung in die Geschwindigkeitsgleichung eingehen.

Um den erwünschten Effekt zu erzielen, können bei Gasreaktionen Druck oder Inertgaszusatz und bei Reaktionen in flüssiger Phase die Menge der inerten Lösemittel entsprechend variiert werden. Diese Maßnahmen sind in ihrer Anwendung allerdings nach oben und unten begrenzt. Bei Gasreaktionen kann man bestimmte Druckbereiche wegen der zu hohen Apparate- und Kompressionskosten nicht überschreiten; bei Reaktionen in Flüssigkeiten ist eine bestimmte Maximalkonzentration der Reaktionspartner durch das Volumen der reinen Stoffe bzw. durch Löslichkeitsgrenzen gegeben. Andererseits kann man die Konzentration nicht beliebig erniedrigen, weil das Reaktorvolumen und der Aufwand für die Abtrennung der erwünschten Produkte sonst unzulässig groß wird. Oft ist man von vornherein auf eine bestimmte Gesamtkonzentration der Reaktionsteilnehmer am Eingang des Reaktors festgelegt. Andernfalls müssen verschiedene Möglichkeiten kalkuliert werden, um die besten Bedingungen zu ermitteln.

Für die folgende Betrachtung wird angenommen, daß die Gesamtkonzentration der Reaktionsteilnehmer im Ausgangsgemisch bereits festliegt.

5.1.1.2 Einsatzverhältnis

Um das günstigste Einsatzverhältnis zu finden, kann man Diagramme analog Bild 32 für verschiedene Zusammensetzungen des Eingangsgemisches zeichnen und danach die Auswahl treffen.

Für einige solche Fälle läßt sich die richtige Zusammensetzung aber auch unmittelbar angeben. Zum Beispiel wird, wenn bei niedrigen spezifischen Reaktorkosten Gleichgewicht angestrebt werden kann, stöchiometrischer Einsatz oder Überschuß der billigeren Edukte günstig sein. Bei hohen Reaktorkosten dagegen, wenn hohe Reaktionsgeschwindigkeiten wünschenswert sind, geben die Teilordnungen der Reaktionspartner in den Zeitgesetzen das Einsatzverhältnis an.

5.1.1.3 Vermischung

Der Einfluß der Vermischung auf das Reaktionsergebnis ist bei der Behandlung der idealen Reaktortypen deutlich geworden. Zur Charakterisierung der Verhältnisse sind in Tab. 8 einige Beispiele angeführt. Man ersieht, daß die spezifische Produktleistung (Raumzeitausbeute) bei einer Einzelreaktion (bzw. bei Parallelreaktionen gleicher Ordnung) im Idealrohr, d. h. ohne Vermischung, immer höher ist als im kontinuierlichen Idealkessel mit vollständiger Vermischung. Der Unterschied ist um so größer, je höher Umsatz und Bruttoreaktionsordnung sind. Von diesem Standpunkt aus ist das Rohr bei einer Einzelreaktion stets vorzuziehen. In manchen Fällen sprechen allerdings andere Gründe gegen die Verwendung eines Rohrreaktors. Beispielsweise erfordert die Produktion großer Mengen bei verhältnismäßig kleiner Reaktionsgeschwindigkeit große Reaktionsräume; diese sind mit Kesseln oft wesentlich einfacher zu verwirklichen als mit Rohren. Die Temperatur läßt sich im Rührkessel leichter über den ganzen Reaktionsraum konstant halten; auch die Möglichkeit, große Wärmemengen zu- oder abzuführen, kann beim Kessel durch besondere Ausführungsformen (z. B. eingetauchte Kühler) günstiger sein als beim Rohr. Um solche Vorteile des Kessels zu nutzen, gleichzeitig aber das Verweilzeitverhalten dem IR anzunähern, setzt man Rührkesselkaskaden ein. Hierbei ist nach der günstigsten *Verteilung des Gesamtvolumens* auf die einzelnen Kessel zu fragen. Bei einer Reaktion erster Ordnung und gleicher Temperatur in allen Kesseln ist der Gesamtumsatz in einer Kaskade am größten, wenn das Volumen der einzelnen Kessel gleich ist. Für Reaktionen zweiter und höherer Ordnung kann man unter der vereinfachenden Annahme, daß bereits im ersten Kessel ein großer Umsatz erreicht ist, Aussagen treffen [177]. Danach ergibt sich für eine Kaskade aus zwei Kesseln das optimale Volumenverhältnis 1:2 für eine Reaktion zweiter Ordnung bzw. 1:3 für eine Reaktion dritter Ordnung. Da man annehmen kann, daß die Kosten für die ganze Kaskade bei gegebener Stufenzahl im wesentlichen nur vom Gesamtvolumen abhängen, ist es zweckmäßig, bei Reaktionen höherer Ordnung den nachfolgenden Kessel stets größer als den vorangegangenen auszulegen, und zwar in dem genannten Verhältnis.

Tab. 8. *Erforderliches relatives Volumen für eine bestimmte Reaktorleistung in Abhängigkeit vom Reaktortyp und Umsatz*

Reaktortyp	Umsatz (%)			
	50	75	90	99
Reaktion 1. Ordnung (isotherm)				
Absatzweiser Idealkessel (AIK)*)	1	1,33	1,83	3,33
Idealrohr (IR)	0,91	1,21	1,67	3,03
Kontinuierlicher Idealkessel (KIK)	1,32	2,58	6,52	65,15
Reaktion 2. Ordnung (isotherm)				
Absatzweiser Idealkessel (AIK)*)	1	2,00	5,00	50,00
Idealrohr (IR)	0,91	1,82	4,54	45,45
Kontinuierlicher Idealkessel (KIK)	1,83	7,36	46,3	4630

*) Für die Leer- und Füllzeiten wurden 10% von der Reaktionszeit angenommen.

Wie sich die *Segregation* auf den Umsatz auswirkt, läßt sich am Grenzfall der vollständigen Segregation rechnerisch nachprüfen [178]. In Bild 34 sind auf der Abszisse die nicht umgesetzten Anteile eines Ausgangsstoffes für den Fall der maximalen Vermischung, auf der Ordinate die entsprechenden Anteile für den Fall der vollständigen Segregation aufgetragen. Teil a gibt die Verhältnisse in einem Idealkessel für Reaktionen verschiedener Ordnung wieder. Teil b gilt für eine Kaskade aus vier gleichgroßen Idealkesseln, in denen jeweils maximale Vermischung vorliegt. Eine Reaktion erster Ordnung, bei der das Reaktionsergebnis unabhängig vom Segregationsgrad

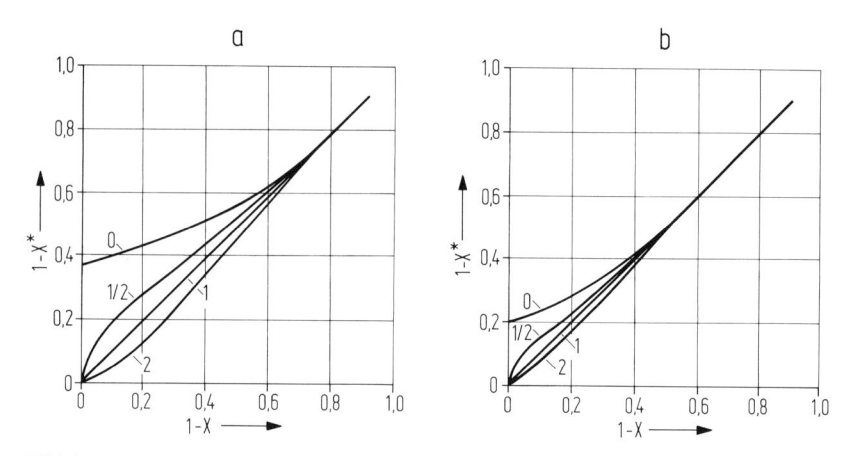

Bild 34. Vergleich der Umsätze bei vollständiger Segregation (X*) und bei maximaler Vermischung (X) in einem Idealkessel (a) bzw. einer Kaskade von 4 gleichgroßen Idealkesseln (b) für verschiedene Reaktionsordnungen

ist, ergibt in dieser Darstellung eine Diagonale. Reaktionen mit einer Ordnung < 1 geben bei hohen Umsätzen eine deutliche Abweichung zuungunsten, bei Ordnungen > 1 eine relativ kleine Abweichung zugunsten des Segregationsfalles. Wie man aus Bild 34b ersieht, verringern sich die Unterschiede in einer Kaskade von vier Kesseln deutlich.

Ein besonderes Problem bilden die Rührkessel der Praxis, deren Mischbedingungen häufig weit vom Verhalten des Idealkessels abweichen. Dabei ist es in vielen Fällen auch nicht möglich, das Verweilzeitverhalten durch eine Kaskade oder eine ähnlich einfache Modellanordnung zu beschreiben. Ganz abgesehen von den Schwierigkeiten einer exakten Aussage über den Vermischungs- bzw. Segregationsgrad ist eine allgemeine Lösung dieser Fragestellung nicht anzugeben. Es kommt allerdings sehr auf das Verhältnis von Mischgeschwindigkeit zu Reaktionsgeschwindigkeit an. Bei relativ langsamen Reaktionen spielt das Problem keine Rolle. Es wird erst dann von Bedeutung, wenn es sich um relativ schnelle Reaktionen bzw. schwer mischbare (hochviskose) Reaktionsmedien handelt.

In der Praxis kann man zwei Fälle unterscheiden, nämlich den mit *vorgemischtem Zulauf* und den mit *getrenntem Zulauf* der Reaktionsteilnehmer. Für den ersten Fall haben *Olson* und *Stout* [105] aufgrund einer Analyse der verschiedenen Zonen im Rührkessel ein Modell mit sechs Parametern vorgeschlagen, dessen allgemeine Anwendbarkeit allerdings in Frage steht. Grundsätzlich ist neben der Rührgeschwindigkeit die Lage des Zu- und Ablaufs von entscheidendem Einfluß. Je weiter der Zulauf vom Rührer entfernt ist, um so ausgedehnter wird man eine Zone mit quasi-Kolbenströmung zu berücksichtigen haben, in der Reaktionen mit höherer Ordnung bevorzugt ablaufen. Je weiter andererseits der Ablauf vom Rührer entfernt ist und je besser ein Kurzschluß zwischen Zulauf und Ablauf vermieden wird, um so größer wird der Umsatz sein.

Werden die Reaktionsteilnehmer getrennt in den Rührkessel eingeführt, so sind die Verhältnisse noch verwickelter. In diesem Fall kann man versuchen, ein empirisches Modell zu verwenden, wie es von *Toor* [37] angegeben wurde. Allerdings ist der darin verwendete Parameter der Inhomogenitätsintensität schwer zu bestimmen, was den Anwendungsbereich der Methode sehr eng begrenzt. In Fällen, wo dieses Problem von Bedeutung ist, wird man daher eine Lösung durch konstruktive Maßnahmen suchen.

5.1.1.4 Zu- bzw. Abfuhr von Reaktionskomponenten

In den vorangegangenen Abschnitten war bisher immer nur die Rede von einer bestimmten (Einsatz-)Konzentration. Speziell in Rohrreaktoren kann man aber auch einen Konzentrationsverlauf von Reaktionspartnern oder homogenen Katalysatoren längs des Reaktionswegs einstellen und zwar durch kontinuierliches oder abschnittsweises Nachschleusen dieser Stoffe an verschiedenen Stellen des Reaktors. Das Aufsuchen des optimalen Konzentrationsverlaufs ist in Verbindung zu sehen mit dem entsprechenden Problem für den optimalen Temperaturverlauf [177] (vgl. Abschn. 5.1.3). Durch geeignete Temperierung des nachgeschleusten Stoffes kann auch eine kombinierte Stoff- und Wärme- bzw. Kältezufuhr vorgenommen und so auf den Umsatz Einfluß genommen werden.

Um den Umsatz bei einer Gleichgewichtsreaktion zu verbessern, kann man auch die gebildeten Produkte aus der Reaktionsmasse ausschleusen. Hierfür ist aber im allgemeinen das Vorhandensein von Phasengrenzen Vorbedingung.

5.1.2 Stoffstromführung

Setzt sich ein Reaktionsgemisch aus mehreren Phasen zusammen, so läßt sich der Umsatz bei einer Gleichgewichtsreaktion auch durch den Stoffübergang zwischen den Phasen beeinflussen. Beispiele hierfür bietet die Abführung von Reaktionsprodukten aus dem Reaktor durch kontinuierliches Abdestillieren oder durch eine Flüssig-flüssig-Extraktion. Auch auf ursprünglich einphasige Systeme kann man durch Einführen einer geeigneten zusätzlichen Phase in diesem Sinne wirken. Mit solchen Maßnahmen kann eine Abtrennung und Rückführung nicht umgesetzter Ausgangsstoffe vorteilhaft umgangen werden.

In nichtdispersen Systemen Flüssigkeit/Dampf, wie sie normalerweise in einem Rührkessel vorliegen, ist diese Maßnahme relativ einfach durchzuführen, sofern das Produkt entsprechend flüchtig ist. Da bei einem kontinuierlich betriebenen Rührkessel die Konzentrationen in der Flüssigkeit im allgemeinen stationär sind, ergibt sich für einen konstanten Druck im Dampfraum unter gleichen Rührbedingungen auch ein konstanter Stoffübergang. Vorteilhafterweise wird dieses Prinzip für Reaktionen verwandt, bei denen große Unterschiede zwischen den Dampfdrücken der Ausgangsstoffe und der Produkte bestehen. Dies ist besonders dann der Fall, wenn die Molmasse von auszuschleusenden Produkten wesentlich kleiner ist als die der übrigen Reaktionsteilnehmer (Beispiel: Wasserdampf bei Veresterungsreaktionen).

Das Problem der dispersen Phasen in Rohrreaktoren kann eine besondere Rolle spielen. Maßgeblich ist dabei der Stoffübergang in Abhängigkeit von den Konzentrationen bzw. dem Druck im Reaktor. Die Behandlung solcher Stoffübergangsprobleme in dispersen Systemen hinsichtlich des Umsatzes bei Gleichgewichtsreaktionen kann in analoger Weise vorgenommen werden, wie in Abschn. 5.2.2 beschrieben; die Rückreaktion ist dabei einfach als Folgereaktion aufzufassen. Mit der Führung der Stoffströme hat man noch einen weiteren Freiheitsgrad in der Hand. Wenn es, wie hier angenommen, nur auf einen möglichst großen Umsatz ankommt, wird man anstreben, die Phase, mit der das Produkt ausgeschleust werden soll, im Gegenstrom zur reagierenden Phase zu führen. Auf diese Weise kann man auch bei hohen Umsätzen noch eine große Triebkraft für den Stoffübergang erreichen (hinsichtlich gewisser Einschränkungen vgl. Abschn. 5.2.2). Das gleiche Prinzip wird auch mit Vorteil bei Reaktionen angewendet, bei denen ein fluider Partner mit Feststoffen reagiert.

5.1.3 Temperaturführung

Fast alle Reaktionen verlaufen rascher, wenn die Temperatur erhöht wird. Die Gleichgewichtslage oder allgemeiner das Verhältnis der Geschwindigkeiten von verschiedenen Reaktionen zueinander kann bei höherer Temperatur im Hinblick auf die Produktausbeute günstiger, aber auch ungünstiger sein. Aus diesem Grunde gibt es bei chemischen Reaktionen im allgemeinen eine optimale Reaktionstemperatur bzw. einen optimalen Temperaturverlauf längs des Reaktionswegs. Unabhängig davon sind oft auch Gründe des Wärmehaushalts, der Stabilität bzw. der Temperaturempfindlichkeit von Reaktionsteilnehmern, Katalysatoren und Reaktionsapparaten für die Temperaturführung maßgebend. In den folgenden Ausführungen wird im wesentlichen auf die reaktionstechnischen Gesichtspunkte der Temperaturführung bei Einzelreaktionen eingegangen.

Bei *irreversiblen Einzelreaktionen* bestimmen im allgemeinen die Maßnahmen der Wärmezu- und -abfuhr die Temperatur bzw. den Temperaturverlauf. Man wird daher die Temperatur so hoch wie möglich einstellen, weil dadurch praktisch alle Reaktionen beschleunigt werden. Bei exothermen Reaktionen wird man versuchen, eine autotherme Wärmeführung zu verwirklichen bzw. die Temperatur gerade so hoch zu halten, daß schädigende Einflüsse auf Reaktionsmasse und Reaktor noch vermieden werden können. Etwas schwieriger gestaltet sich die Temperaturführung bei einer *reversiblen Einzelreaktion*.

Als Beispiel diene die Reaktion entsprechend Gl. (159) mit dem Geschwindigkeitsausdruck nach Gl. (160).

$$A_1 + A_2 \underset{k'}{\overset{k}{\rightleftarrows}} A_3 + A_4 \tag{159}$$

$$r = k c_1 c_2 - k' c_3 c_4 \tag{160}$$

Ist X_1 der auf A_1 bezogene Umsatz, dann ergibt sich aus einem *Arrhenius*-Ansatz bei stöchiometrischem Einsatz der Reaktionspartner

$$r = \frac{(\sum c_i)^2}{4} \left[k_o e^{-E/RT} (1 - X_1)^2 - k'_o e^{-E'/RT} X_1^2 \right] \tag{161}$$

Das für X_1 erforderliche Reaktionsvolumen eines kontinuierlich betriebenen *Idealkessels* (KIK) ist gleich dem Quotienten aus Produktleistung und Reaktionsgeschwindigkeit ($\dot{n}_P/v_P r(X_1)$). Ist die Reaktion endotherm ($E > E'$), wird durch die Temperaturerhöhung auch die Gleichgewichtslage nach der Seite der Endprodukte hin verschoben; man wählt daher die Reaktionstemperatur im KIK so hoch wie möglich. Ist die Reaktion exotherm, erhält man für einen gegebenen Umsatz eine Temperatur, für die die Umsetzungsgeschwindigkeit r am größten und daher das Reaktorvolumen am kleinsten ist. Durch Maximieren der Funktion r(T) aus Gl. (161) erhält man für die optimale Temperatur den Ausdruck

$$T_{opt} = \frac{(E - E')}{R \ln \dfrac{k_o E (1 - X_1)^2}{k'_o E' X_1^2}} \tag{162}$$

Dabei wurde angenommen, daß die Aktivierungsenergien groß gegen 2RT sind und daß es sich um eine Reaktion in flüssiger Phase handelt, bei der die Summe der Konzentrationen der Reaktionsteilnehmer als temperaturunabhängig angesehen werden kann. Sind die Vernachlässigungen nicht statthaft, kann man iterativ vorgehen (s. dazu [11]).

Um die günstigste Auslegung einer Anlage zu ermitteln, berechnet man für verschieden gewählte Umsätze die optimalen Temperaturen, dann die zugehörigen Reaktorvolumina und die Anlagekosten und trägt letztere in einem Diagramm gegen X auf. Man findet so neben der optimalen Reaktionstemperatur auch das optimale Reaktorvolumen. In einer Kaskade muß für jeden einzelnen Kessel die Optimalbedingung nach (Gl. 162) erfüllt sein.

Für das *Ideal*rohr findet man den optimalen Temperaturverlauf für eine exotherme Reaktion, indem man die Grundgleichung für das Rohr (Gl. 82)) zusammen mit einer Gl. (162) entsprechenden Optimalbedingung integriert. Man erhält dabei – ebenso wie für die Kaskade – stets einen vom Anfang des Reaktionsapparates bis zu seinem Ende fallenden Temperaturverlauf; denn am Reaktoreingang, wo die Rückreaktion noch wenig Einfluß hat, ist es vorteilhaft, durch hohe Temperatur die Reaktion zu beschleunigen, während man am Reaktorausgang eine niedere Temperatur wählen muß, damit das Gleichgewicht genügend weit auf der Seite der Endprodukte liegt.

Die formale Anwendung der Gl. (162) liefert für kleinen Umsatz (Anfangsteil des Rohres) sinnlose Werte für die absolute Temperatur. Praktisch geht man folgendermaßen vor [179]: Für den Anfangsteil des Rohres wird die höchste praktisch realisierbare Temperatur gewählt, die durch die Stabilität der Komponenten oder Werkstofffragen bestimmt ist. Erst von der Stelle ab, an der diese Maximaltemperatur von der aus der Optimalbedingung errechneten Temperatur unterschritten wird, verwendet man die Optimalbedingung zur Ermittlung der Temperatur.

Die Berechnung des optimalen Temperaturverlaufs im Idealrohr bei einer Einzelreaktion [180] kann man auch graphisch vornehmen. Man trägt dabei in einem Diagramm die Reaktionsgeschwindigkeit gegen den Umsatz für verschiedene Temperaturen als Parameter auf. Die Berührungspunkte der Einhüllenden der Isothermenschar mit den einzelnen Isothermen ordnen jedem Umsatz die zugehörige optimale Temperatur zu. Diese Zuordnung entspricht einer Optimalbedingung analog Gl. (162).

Die Temperatur als Funktion des Ortes im Reaktor muß in all diesen Fällen durch eine graphische oder numerische Integration gefunden werden (vgl. z. B. [5, 11]).

Wieviel man an Reaktionsraum einsparen kann, wenn man eine optimale Temperaturführung entlang des Reaktionsweges vorsieht, läßt sich aus Bild 35 [178] erkennen. Darin ist das Verhältnis der Volumina des optimalen isothermen Reaktors zu dem eines Reaktors mit optimaler Temperaturvariation V_{isoth}/V_{min} aufgetragen gegen das Verhältnis der Aktivierungsenergien von Rückreaktion zu Hinreaktion. Wie ersichtlich, sind die Einsparungen, die man durch optimale Temperaturführung erzielen kann, um so größer, je kleiner die Unterschiede in den Aktivierungsenergien sind, bei einer Reaktion erster Ordnung außerdem je höher der angestrebte Umsatz ist.

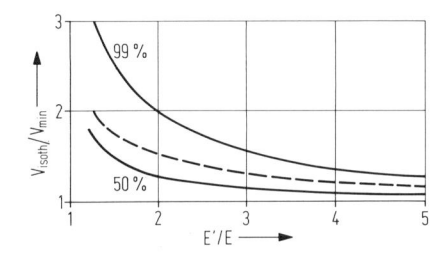

Bild 35. Vergleich des Volumens eines optimalen isothermen Reaktors mit dem eines optimalen Reaktors mit Temperaturvariation
——— Reaktion erster Ordnung $A \rightleftharpoons B$ (Umsatz 50 % und 99 %)
- - - - Reaktion zweiter Ordnung $A + B \rightleftharpoons C + D$ mit stöchiometrischem Einsatz ($V_{isoth.}/V_{min}$ ist vom Umsatz unabhängig)

In der Praxis ist es nicht möglich, den errechneten optimalen Temperaturverlauf eines Rohrreaktors exakt einzustellen. Man kann aber versuchen, ihn so gut wie möglich anzunähern. Immerhin hat man die Möglichkeit, die Güte einer technischen Realisierung an einem solchen theoretischen Optimum zu messen. Meist ist eine kontinuierlich angepaßte Temperaturführung längs des ganzen Reaktors auch zu aufwendig und daher unwirtschaftlich. Man teilt dann besser den Reaktionsapparat in eine Anzahl von adiabatischen Reaktorabschnitten auf, zwischen denen dem Reaktionsgemisch Wärme zugeführt oder entzogen wird. Bei gegebener Anzahl der Reaktorabschnitte (und somit auch der Wärmeaustauscher) und dem gegebenen Gesamtvolumen sind hierbei die Eingangstemperaturen und Volumina so zu wählen, daß der Gesamtumsatz ein Maximum ergibt.

Wie ein optimaler Temperaturverlauf bei *Reaktoren mit mehreren adiabatischen Stufen* aussieht, ist im Bild 36 dargestellt. Die oberste Kurve in diesem Diagramm bildet die Gleichgewichtslinie (Reaktionsgeschwindigkeit = 0). Die darunterliegenden ausgezogenen Kurven gelten für gleiche Reaktionsgeschwindigkeit (1 bzw. 100). Die Maxima dieser Kurven geben die Temperaturen

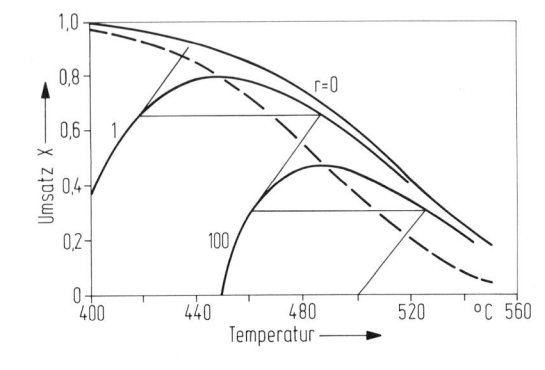

Bild 36. Temperaturverlauf bei Reaktoren mit mehreren adiabatischen Stufen und Zwischenkühlung

wieder, bei denen unter den gegebenen Voraussetzungen der höchste Umsatz erreicht werden kann. Die gestrichelt eingetragene Verbindungslinie der Maxima stellt den optimalen Temperaturverlauf in Abhängigkeit vom Umsatz dar. Dieser Temperaturverlauf wird nun bei Reaktoren mit mehreren adiabatischen Stufen durch die eingezeichnete Zickzacklinie angenähert. Die horizontalen Äste dieser Zickzacklinie entsprechen der Kühlung. Sie sind hier so bemessen, daß die Reaktionsgeschwindigkeit vor und nach dem Abkühlen gleich bleibt. Die ansteigenden Äste entsprechen dem adiabatischen Umsatz. Je mehr adiabatische Abschnitte man vorsieht und je stärker man zwischen den Abschnitten kühlt, um so größeren Umsatz kann man bei gegebener Gesamtmasse an Katalysator erhalten. Allerdings bedingen beide Maßnahmen eine Erhöhung der Anlage- bzw. Energiekosten.

Man kann einen höheren Umsatz auch dadurch erzwingen, daß man die Gesamtmasse an Katalysator erhöht. Das bedeutet gleichzeitig eine Erhöhung der Kosten nicht nur für den Katalysator, sondern für den zur Verfügung zu stellenden Reaktionsraum. Man wird daher nach der minimalen Masse an Katalysator fragen, die man für einen angestrebten Umsatz einsetzen muß. Bei gegebener Stufenzahl und Gesamtkatalysatormasse läßt sich diese Aufgabe lösen (vgl. [178, 181]). Man kann dabei die *optimale Verteilung des Katalysators* auf die einzelnen Stufen und gleichzeitig auch die entsprechenden Ein- und Ausgangstemperaturen für den Reaktor ermitteln. Für den Fall, daß die Kühlung so bemessen wird, daß die Reaktionsgeschwindigkeit am Ende einer Stufe und am Anfang der folgenden gleich ist (s. Bild 36), läßt sich der Zusammenhang zwischen Umsatz und gesamter Katalysatormasse in Abhängigkeit von der Zahl der adiabatischen Stufen gewinnen. Ein Beispiel dafür gibt Bild 37 wieder. Man kann aus einem solchen Diagramm unmittelbar ablesen, wieviel Katalysator bzw. wieviel Reaktionsraum man für einen bestimmten Umsatz in Abhängigkeit von der Stufenzahl vorsehen muß. Anhand solcher Daten läßt sich dann entscheiden, bei welcher Stufenzahl die niedrigsten Kosten anfallen.

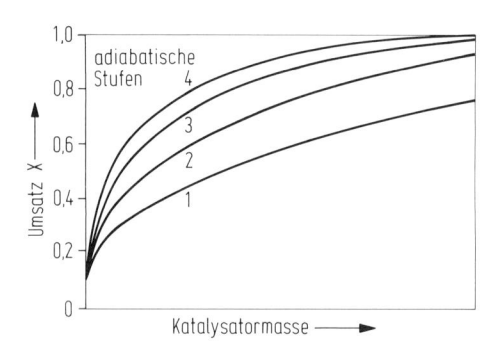

Bild 37. Umsatz in Reaktoren mit unterschiedlicher Anzahl adiabatischer Stufen als Funktion der gesamten Katalysatormasse (bei konstantem Durchsatz)

Das Prinzip der stufenweisen Wärmezu- oder -abfuhr zwischen einzelnen Reaktoren bzw. Abschnitten kombiniert man in manchen Fällen auch mit dem Prinzip der stufenweisen Zufuhr von Reaktionskomponenten. Ein Beispiel dafür ist die *Kaltgaseinführung* bei exothermen Reaktionen wie der NH_3-Synthese. Hierbei müssen in diesem Falle allerdings auch reaktions- und wärmetechnische Nachteile in Kauf genommen werden, die mit der Zumischung von kaltem, nicht umgesetztem Gas zu dem Gasstrom zwischen den Reaktionszonen verbunden sind. Ersetzt man die Kühlung mittels Kaltgaseinführung zwischen den Abschnitten durch den nur wenig aufwendigeren rekuperativen Wärmeaustausch mit dem Kaltgas, kann man diese Nachteile vermeiden.

5.1.4 Maßnahmen bei Katalysator-Desaktivierung

Nimmt die Aktivität eines Katalysators während der Reaktion ab, kommen verschiedene Gegenmaßnahmen in Frage, deren Auswahl im wesentlichen von der Lebensdauer, d. h. der Desaktivierungsgeschwindigkeit des Katalysators, der Temperatursensitivität der Desaktivierung, dem

Aggregatzustand des Fluids und der Produktionskapazität abhängt. Die Maßnahmen erstrecken sich auf die Führung der Konzentration, der Temperatur und der Fluidbelastung während des Betriebs sowie auf Maßnahmen zur Reaktivierung bzw. Regenerierung während oder nach dem Betrieb [182, 183]. Bevor man diese Maßnahmen ergreift, wird man in jedem Fall prüfen, ob sich die Desaktivierung nicht dadurch verändern läßt, daß man erkannte Katalysatorgifte entsprechend entfernt. Ferner wird man prüfen, ob es nicht wirtschaftlicher ist, einfach soviel Katalysator im Reaktor vorzusehen, daß man die empfindliche Reaktionszone durch den Katalysator wandern lassen kann.

5.1.4.1 Maßnahmen während der Desaktivierung

Anzustreben ist die laufende Reaktivierung während der Reaktion entweder durch dauernde Zugabe eines Regenerierungsmittels oder durch kontinuierliche Ausschleusung eines Katalysatoranteils mit anschließender Regenerierung und Rückführung in den Reaktor. Eine besonders wirksame Maßnahme kann die laufende Reaktivierung durch Destraktion desaktivierender Stoffe bei gezielter Führung des Prozesses im überkritischen Bereich darstellen [101].

Ist eine kontinuierliche Reaktivierung nicht möglich, geht man häufig während des Betriebs so vor, daß man zwei der drei Größen Umsatz, Durchsatz (bzw. Kreislauffaktor) und Temperatur konstant hält und nur eine ändert.

Werden Durchsatz und Temperatur konstant gehalten, nimmt der Umsatz infolge der Desaktivierung ab. Bei mittlerer Betriebsdauer des Katalysators (Wochen bis Monate) und mittleren Produktionskapazitäten (etwa 10^4 t/a) ist dies meist das bevorzugte Verfahren.

Man kann den Aktivitätsverlust aber auch dadurch ausgleichen, daß man den Durchsatz drosselt und somit eine längere Verweilzeit vorgibt. Damit sinkt jedoch insgesamt die Produktleistung. Eine andere Möglichkeit besteht darin, bei konstantem Frischdurchsatz den Kreislaufstrom anwachsen zu lassen. Dabei kann man u. U. die Produktleistung aufrechterhalten. Welche der beiden Möglichkeiten man wählt, hängt auch vom Aufwand ab, der für die Anpassung des Durchsatzes bzw. des Kreislaufs getrieben werden muß.

Ist die Desaktivierung stärker temperaturempfindlich als die Reaktion – z. B. wenn sie von einer strukturellen Veränderung der Oberfläche herrührt oder von einem geschwindigkeitsbestimmenden Oberflächenreaktionsschritt –, so ist eine geeignete Temperaturführung zweckmäßig, insbesondere wenn es sich um Großproduktionen (etwa 10^5 t/a) und lange Lebensdauer des Katalysators handelt (Monate bis Jahre). Diese Temperaturführung erstreckt sich am besten sowohl über die Zeit als auch über die Reaktorposition [184], sofern dies in einfacher Weise möglich ist.

Beträgt die Betriebsdauer des Katalysators nur Tage bis Monate, so ist es zweckmäßig, bei größeren Produktionen mehrere Reaktoren parallel zu schalten. Üblicherweise werden zwei Reaktoren eingesetzt, von denen jeweils einer auf Reaktion und einer auf Regeneration geschaltet ist. In vielen Fällen wird auch eine geeignete Kombination der hier geschilderten Vorgehensweisen sinnvoll sein.

5.1.4.2 Maßnahmen zur Reaktivierung

Zur allgemeinen Strategie bei katalytischen Reaktionen mit Desaktivierung gehört die schwerwiegende Entscheidung darüber, wie lange man mit dem Katalysator fährt, bis er wieder regeneriert wird, und wie weit man die Regenerierung treibt. Beide Gesichtspunkte wirken sich in wirtschaftlicher Hinsicht stark aus. Eine Diskussion damit zusammenhängender Fragen findet sich in [183, 185].

Die Maßnahmen zur Regeneration können sehr vielfältig sein. Desaktivierende Verunreinigungen können z. B. durch physikalische Operationen (Destillation, Extraktion, Destraktion) entfernt werden. Oft sind aber chemische Regenerierungsmethoden nicht zu umgehen. Bei Verkokungen wird häufig ein Oxidationszyklus vorgenommen, z. B. durch sogenanntes Abbrennen des Katalysators. Angesammelte irreversible Gifte können u. U. durch Hydrierungsreaktionen beseitigt werden.

5.2 Zielgröße Selektivität

In der Praxis der technischen Umsetzungen bilden Einzelreaktionen die Ausnahme, Mehrfachreaktionen die Regel. Je mehr die Gesichtspunkte der Rohstoffnutzung einerseits und die der Vermeidung umweltstörender Nebenprodukte andererseits in den Vordergrund treten, um so wichtiger werden die Probleme der Selektivität technischer Reaktionen. War man früher geneigt, einige Prozente der Ausbeute als Verfärbungs-, Verharzungs-, Verkokungs- oder sonstige Fehlreaktionen hinzunehmen, so ist man neuerdings sehr oft gezwungen, diese Fehlausbeuten gezielt zu vermeiden und sie als Selektivitätsprobleme zu betrachten. Leider sind die Zusammenhänge aber so verwickelt, daß allgemein gültige Aussagen quantitativer Art nur in sehr beschränktem Ausmaß gegeben werden können. Qualitative Überlegungen sind aber auch hier bei der gedanklichen Durchdringung technischer Prozesse und bei den planerischen Bemühungen um ihre Verwirklichung nützlich. Solche Überlegungen sollen anhand von wenigen exemplarischen Fällen aufgezeigt werden.

Generell bedeutet das Herausstellen der Selektivität als entscheidendes Merkmal der Reaktionsführung, daß der für Einzelreaktionen maßgebende Gesichtspunkt der Verweilzeit – bzw. damit zusammenhängend der Reaktorgröße – um so mehr in den Hintergrund tritt, je unangenehmer sich das Ausmaß der Fehlreaktionen bemerkbar macht. Im gleichen Maße verlagert sich das Problem von einem Raum-Zeit-Problem zu einem Stoffmengen-Problem, das in erster Linie mit dem Wert der Ausgangsstoffe und dem „Unwert" der Fehlprodukte verknüpft ist.

Als Maß für die Selektivität einer Reaktion wird neben dem Verhältnis von Ausbeute B_{ik} zu Umsatz X_k (fractional yield) auch das ursprünglichere Maß der Ausbeute $B_{ik} \sim (\dot{n}_{ia} - \dot{n}_i)/\dot{n}_{ka}$ an erwünschtem Produkt verwendet. In der Literatur wird daneben auch von einer momentanen Selektivität Gebrauch gemacht (instantaneous fractional yield), die dem jeweiligen örtlichen Verhältnis von Bildungs- bzw. Umsatzgeschwindigkeiten entspricht (s. dazu [11]).

5.2.1 Konzentrationsführung

Besitzen unerwünschte Parallel- oder Folgereaktionen eine andere Ordnung als die Hauptreaktion, dann läßt sich die Selektivität des gewünschten Produkts durch eine einfache Maßnahme verbessern. Reaktionen höherer Ordnung werden bei großen Konzentrationen gegenüber Reaktionen niederer Ordnung bevorzugt und umgekehrt. Diese allgemeine Regel wird man besonders bei der Wahl der Einsatzkonzentration berücksichtigen. Sie spielt aber auch die entscheidende Rolle bei den Einflüssen, die die Vermischung auf die örtlichen und zeitlichen Konzentrationsprofile im Reaktor nimmt.

5.2.1.1 Vermischung

Bei Mehrfachreaktionen ist der Einfluß der Vermischung so vielfältig und verwickelt, daß allgemeine Aussagen nicht mehr möglich sind. Es sollen daher nur einige charakteristische Beispiele betrachtet werden.

Parallelreaktionen

Für Parallelreaktionen gleicher Ordnung ist die Selektivität – unabhängig vom Umsatz – gleich dem Verhältnis der Geschwindigkeitskonstanten.
Für zwei Parallelreaktionen mit den Geschwindigkeitsausdrücken

$$r_P = k_P c_A^p \tag{163}$$

$$r_X = k_X c_A^x \tag{164}$$

läßt sich die Selektivität in Abhängigkeit vom Umsatz explizit angeben [13]. Sie ist im Idealrohr:

$$S_{PA} = 1 - \frac{1}{X_A} \int_0^X \frac{dX_A}{1 + \gamma(1 - X_A)^\varphi} \tag{165}$$

mit $\varphi = p - x$ und $\gamma = k_P c_{A_0}^{p-x}/k_X$. Für den Idealkessel gilt:

$$S_{PA} = \frac{(1 - X_A)^\varphi}{1 + \gamma(1 - X_A)^\varphi} \tag{166}$$

Wie die Ausbeute an dem gewünschten Endprodukt bei Parallelreaktionen verschiedener Ordnungen durch das Ausmaß der Vermischung beeinflußt wird, soll an dem einfachen Beispiel der isothermen Reaktionen

$$A \xrightarrow{k_1} B \tag{167}$$

$$A \xrightarrow{k_2} C \tag{168}$$

mit den Geschwindigkeitsausdrücken

$$r_1 = k_1 c_A \tag{169}$$

$$r_2 = k_2 c_A^2 \tag{170}$$

gezeigt werden.

Die Eingangskonzentration und die Temperatur im Reaktor seien gegeben. Der nicht umgesetzte Anteil des Ausgangsstoffes A soll nicht rückgeführt werden.

Um für eine bestimmte Produktion die optimale Anlage zu finden, kann man zunächst die mittleren Verweilzeiten im Reaktor willkürlich vorgeben. Mit Hilfe von Kostenfunktionen für verschiedene Reaktortypen wird man dann Verweilzeit und Vermischungsgrad optimal festlegen können.

Wenn die Reaktorkosten hauptsächlich vom Volumen und nicht so sehr vom Typ des Reaktors abhängen, ist der günstigste Reaktortyp für vorgegebene mittlere Verweilzeiten in diesem Fall leicht zu finden: Der Anteil des gewünschten Produkts bzw. die Selektivität muß so groß wie möglich sein; denn bei gegebener Produktkapazität werden dann Reaktorvolumen und damit auch die erforderliche Menge an Ausgangsprodukt ein Minimum.

Ist C das gewünschte Endprodukt, dann ist das Idealrohr immer dem Idealkessel vorzuziehen. Die größere Konzentration von A im Rohr erhöht dann nämlich im allgemeinen sowohl die Reaktionsgeschwindigkeit als auch das Verhältnis der Geschwindigkeiten von erwünschter und unerwünschter Reaktion.

Für den Fall, daß B das erwünschte Endprodukt ist, sollen zunächst Idealrohr und Idealkessel miteinander verglichen werden. Im Bild 38 ist für ein Verhältnis $k_1/(k_2 c_{Aa}) = 4$ die Ausbeute an B als Funktion des dimensionslosen Ausdrucks $k_1 \tau$ für Idealrohr und Idealkessel eingezeichnet. Man erkennt, daß beim IR die Ausbeute an B mit wachsender Verweilzeit einem Grenzwert von etwa 80 % zustrebt. Der entsprechende Grenzwert für den KIK liegt bei 100 %. Das IR erreicht seinen Grenzwert aber viel rascher als der KIK, daher schneiden sich beide Kurven (hier etwa bei $k_1 \tau = 6$). Für große Verweilzeiten und damit Umsätze ist also der Kessel dem Rohr vorzuziehen und umgekehrt.

Bei diesem Beispiel kann man vermuten, daß Zwischenformen eine bessere Selektivität als Idealrohr oder Idealkessel liefern. Die Rechnung zeigt, daß ein aus KIK und IR zusammengesetzter

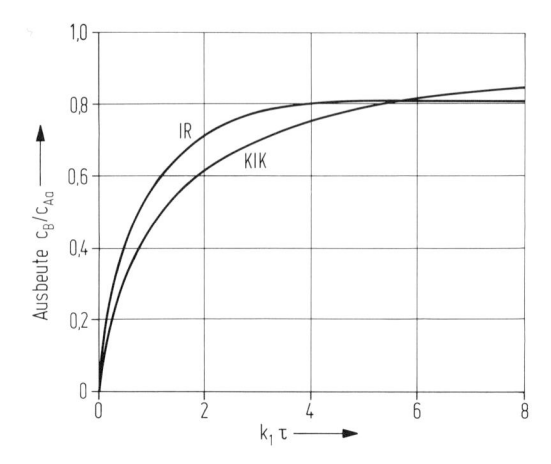

Bild 38. Ausbeute in einem Idealkessel bzw. Idealrohr bei Parallelreaktionen (s. Text)

Reaktionsapparat (erst KIK, dann IR) mit einer Verweilzeit von insgesamt $\tau = 6/k_1$, bei dem etwa 60% des Volumens auf den KIK entfallen (optimaler Wert), eine Ausbeute von 90% liefert. Ein IR würde bei dem gewählten Beispiel eine so hohe Ausbeute überhaupt nicht erreichen und ein KIK erst bei einer Verweilzeit von $\tau = 13/k_1$.

Andere Möglichkeiten für eine kombinierte Reaktorform stellen die Kaskade oder ein Kreislaufreaktor dar. Das optimale Rücklaufverhältnis würde für das angegebene Beispiel bei etwa 1,5 liegen, d.h. es müßten 60% des Endgemischs zurückgeführt werden. Dem entspräche eine Ausbeute von 87%.

Treffen die Voraussetzungen der idealen Reaktortypen bei technischen Reaktoren nicht mehr zu, werden quantitative Aussagen über die Selektivität schwierig. Für zwei Parallelreaktionen verschiedener Ordnung in einem völlig segregierten System hat *Thoenes* [13] Angaben gemacht. Bezüglich des Einflusses der Diffusion auf die Selektivität von heterogenen Kontaktreaktionen siehe [48]. Für den allgemeinen Fall von Parallelreaktionen in realen Systemen gilt das einfache Rezept der Konzentrationsführung: Ist die Ordnung der gewünschten Reaktionen niedriger als die Ordnung der unerwünschten, so ist eine möglichst frühzeitige und weitgehende Vermischung bzw. möglichst geringe Segregation anzustreben und umgekehrt.

Folgereaktionen

Um die Verhältnisse bei Folgereaktionen zu illustrieren, sei die einfache Folge erster Ordnung

$$A \xrightarrow{k_1} B \xrightarrow{k_2} C \tag{171}$$

betrachtet.

Ist das Produkt C das erwünschte Produkt, reduziert sich – zumindest für die Idealfälle – das Selektivitätsproblem sozusagen auf ein Umsatzproblem. Der schwierigere Fall liegt dann vor, wenn B das erwünschte Produkt ist. Für die Bedingung $c_{Ba} = c_{Ca} = 0$ läßt sich das Verhältnis c_{Be}/c_{Aa} als Funktion der mittleren Verweilzeit im Idealkessel angeben:

$$\frac{c_{Be}}{c_{Aa}} = \frac{k_1 \tau}{(1 + k_1 \tau)(1 + k_2 \tau)} \tag{172}$$

Für das Idealrohr gilt

$$\frac{c_{Be}}{c_{Aa}} = \frac{k_1}{k_1 - k_2}(e^{-k_2 \tau} - e^{-k_1 \tau}) \tag{173}$$

Sowohl im IR wie auch im KIK erhält man bei einer bestimmten mittleren Verweilzeit eine maximale Ausbeute für B. Diese optimale Verweilzeit τ_{opt} beträgt für das Idealrohr:

$$\tau_{opt} = \frac{\ln k_1/k_2}{k_1 - k_2} \tag{174}$$

und für den Idealkessel:

$$\tau_{opt} = \frac{1}{\sqrt{k_1 k_2}} \tag{175}$$

Eine praktische Anwendung für den Entwurf eines Reaktors können diese Gleichungen dann finden, wenn die Reaktionstemperatur festgelegt ist und die Anlagekosten gegenüber den Materialkosten (teurer Ausgangsstoff A) weniger ins Gewicht fallen. Man kann die Gl. (174) und (175) auch als eine Beziehung zwischen der Temperatur, die implizit in den Geschwindigkeitskonstanten enthalten ist, und der Verweilzeit auffassen. Wenn die Aktivierungsenergien beider Reaktionen gleich sind, gelten die Gleichungen auch als Bedingungen für die optimale Temperatur.

Die maximale Ausbeute an B beträgt im Idealrohr:

$$\frac{c_{B\,max}}{c_{Aa}} = \left(\frac{k_2}{k_1}\right)^{k_2/(k_1 - k_2)} \tag{176}$$

und im Idealkessel:

$$\frac{c_{B\,max}}{c_{Aa}} = \frac{1}{(1 + \sqrt{k_2/k_1})^2} \tag{177}$$

Im Idealrohr liegt demnach immer eine höhere Selektivität für B vor als im Idealkessel, wobei gleichzeitig auch die dazugehörige optimale Verweilzeit im IR kleiner ist als im KIK. Bild 39 gibt die Verhältnisse als Funktion von k_2/k_1 wieder. Idealrohr und Kaskade mit möglichst großer Stufenzahl sind bei einer solchen Folgereaktion vorzuziehen.

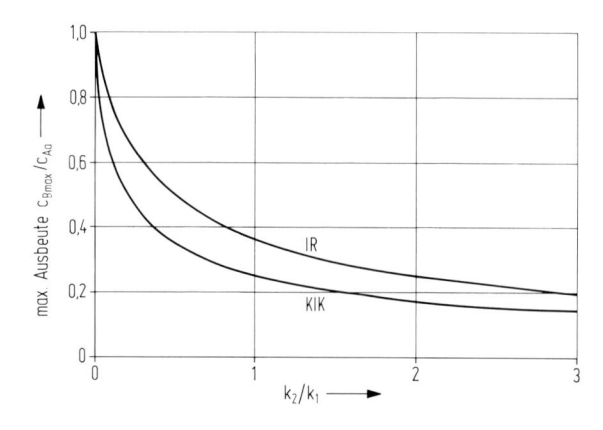

Bild 39. Maximale Ausbeute an einem Zwischenstoff B im Idealkessel (KIK) und im Idealrohr (IR) bei einer Folgereaktion erster Ordnung

Für die Abhängigkeit der Selektivität vom Umsatz X_A und vom Verhältnis der Geschwindigkeitskonstanten $\varkappa = k_1/k_2$ gelten folgende Beziehungen [13]:
im Idealrohr:

$$S_{BA} = \frac{(1 - X_A)\varkappa}{X_A(\varkappa - 1)}\left[\left(\frac{1}{1 - X_A}\right)^{\frac{\varkappa - 1}{\varkappa}} - 1\right] \quad \text{für } \varkappa \neq 1 \tag{178}$$

bzw.

$$S_{BA} = \frac{1 - X_A}{X_A} \ln \frac{1}{1 - X_A} \qquad \text{für } \varkappa = 1 \qquad (179)$$

im Idealkessel:

$$S_{BA} = \frac{(1 - X_A)\varkappa}{X_A + \varkappa(1 - X_A)} \qquad (180)$$

Für die Grenzwerte des Umsatzes ergeben sich daraus die trivialen Schlußfolgerungen, daß beim Umsatz 0 die Selektivität gleich 1 und beim Umsatz 1 die Selektivität gleich 0 ist.

Ein wichtiger Typ von Folgereaktionen ist die Weiterreaktion eines Produkts mit einem der Edukte (vgl. Gl. (51)). Ist man an dem Produkt P interessiert, so gelten bei idealen Reaktortypen im Prinzip die gleichen Überlegungen wie im vorangehenden Beispiel. Man wird versuchen, den Prozeß möglichst in einem Reaktor ohne Rückvermischung (Rohrreaktor) zu führen. Dies setzt allerdings voraus, daß die Stoffströme genügend rasch vorgemischt werden können, ohne zu reagieren. Bei sehr reaktiven Substanzen wird eine solche Vormischung aber oft nicht möglich sein, ohne daß die Reaktion dabei in erheblichem Umfang fortschreitet oder gar schon abgeschlossen ist.

Bei solchen schnellen Reaktionen – oder schwierig zu mischenden Reaktionsmedien – kann also das Problem der Segregation bzw. des Zeitpunktes der Vermischung nicht mehr vernachlässigt werden. Bild 40 gibt einen schematischen Überblick über die Verhältnisse bei der Mischung der beiden Stoffströme A und B. Je schneller die Reaktion im Verhältnis zur Mischung verläuft, um so schmaler wird die Reaktionszone sein. Dies bedeutet, daß bei einer praktisch unendlich schnellen Reaktion überhaupt kein Produkt P mehr gefunden wird, da es sofort nach der Bildung mit A weiterreagiert. Um die Erzeugung des Produkts P zu begünstigen, wird man daher versuchen, die Reaktionszone möglichst breit zu machen, d. h. den Grad der Homogenität möglichst rasch zu erhöhen. Hier kommt es also auf möglichst frühzeitige intensive Vermischung z. B. auch durch möglichst feine Zerteilung der Ausgangsstoffe an. Wenn die Vermischung aus apparativen Gründen nicht schnell genug erfolgen kann, wird man in diesem Fall sogar bestrebt sein, die Reaktion in gewissem Umfang zu verzögern. Das kann z. B. durch Verdünnung der Reaktionsteilnehmer, Zusatz eines Inhibitors oder durch Temperaturänderung geschehen.

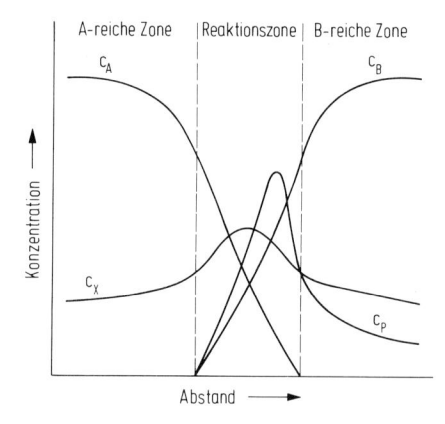

Bild 40. Schematische Konzentrationsprofile bei sehr raschen Folgereaktionen vom Typ $A + B \rightarrow P, P + A \rightarrow X$

Gemischte Reaktionen

Für kompliziertere Reaktionen, insbesondere für gemischte Reaktionen – Kombinationen von Parallel- und Folgereaktionen – lassen sich keine allgemein gültigen Aussagen mehr treffen. Für einzelne, noch relativ einfache Fälle sind in der Literatur Angaben gemacht worden. Dies gilt z. B. für den Fall der Reaktion $A \rightarrow B \rightarrow C, A + A \rightarrow D$ [186]. Wenn eine hohe Selektivität an B gewünscht wird, wäre wegen der Folgereaktion zu C an sich ein Idealrohr vorzuschlagen. Ist die Dimerisierungsreaktion aber von höherer Ordnung als die erwünschte Reaktion, so wäre ein Idealkessel vorzuziehen. Hier wird man erwarten, daß je nach den kinetischen Bedingungen gegebenenfalls auch ein kombinierter Reaktortyp (Reaktorschaltung) ein besseres Ergebnis liefert als die reinen Idealtypen. Weitere Literatur zu gemischten Reaktionen findet sich insbesondere bei *Jungers* et al. [187].

5.2.1.2 Zu- bzw. Abfuhr von Reaktionskomponenten

Gerade bei komplizierteren Reaktionen kann es sinnvoll sein, die Konzentrationsführung nicht allein dem Mischungsverhalten des Reaktors zu überlassen, sondern die Selektivität dadurch zu beeinflussen, daß man „konzentrationsempfindliche" Edukte entlang des Reaktionsweges zuführt oder Produkte aus dem Reaktionsgemisch entfernt. Beispiele dieser Art sind z. B. in [177, 186, 188] behandelt worden.

Für die gezielte Abfuhr von Reaktionsprodukten kommt praktisch nur die Einführung einer zusätzlichen Phase in Betracht. Die Problematik dieser Maßnahme wird im folgenden Abschnitt geschildert.

5.2.2 Stoffstromführung

Liegen in einem Reaktionsgemisch Phasengrenzen vor oder werden sie durch Einführen von zusätzlichen Phasen absichtlich erzeugt, so kann der Stoffübergang zwischen den Phasen bei Mehrfachreaktionen auch für die Selektivität bedeutsam werden. Wieweit der Einfluß zum Tragen kommt, wird davon abhängen, wie sich die Geschwindigkeiten des Stoffübergangs zu den Geschwindigkeiten der einzelnen Reaktionsschritte verhalten. Damit kommen neben den Einflüssen der Phasengrenze an sich [143] auch die übrigen für den Stoffübergang maßgeblichen Größen wie Strömungsgeschwindigkeit, Dispersionsgrad usw. ins Spiel.

Im Fall von *Parallelreaktionen* gilt sinngemäß die allgemeine Regel der Konzentrationsführung: Wenn die erwünschte Reaktion eine höhere Ordnung hat als die unerwünschten, kann eine bessere Selektivität dadurch erreicht werden, daß man ein steileres Konzentrationsprofil vorgibt oder erzwingt. Umgekehrt wird ein flaches Konzentrationsprofil dann sinnvoll sein, wenn die unerwünschte Reaktion die höhere Ordnung hat. Besonders in letzterem Fall kann man die Selektivität auch durch die Wahl des Reaktortyps günstig beeinflussen. Bei Gas-Flüssigkeits-Reaktionen wird die Maßnahme z. B. darin bestehen können, daß man kleine Konzentrationsgradienten in der flüssigen Phase dadurch erzwingt, daß man den Stoffübergang auf der Gasseite im Verhältnis zum Stoffübergang auf der Flüssigkeitsseite niedrig hält.

Bei *Folgereaktionen* entsprechend Gl. (171) wird man versuchen, das erwünschte Produkt B so schnell auszuschleusen, daß es nicht nachreagiert. Dies entspricht dem Vorgehen, wie es für Gleichgewichtsreaktionen bereits geschildert wurde. Die Ausschleusung des Produkts kann z. B. durch Maßnahmen der Destillation, der Kristallisation oder Extraktion geschehen. Den Fall der Extraktion hat *Hofmann* [189] behandelt. Er hat dabei zur Vereinfachung angenommen, daß das Verteilungsgleichgewicht für das Produkt B zwischen der eingeführten Aufnehmerphase (S) und der Reaktionsphase (R) dauernd eingestellt ist. Für ein bestimmtes Durchsatz- bzw. Volumenverhältnis der beiden Phasen V_S/V_R läßt sich ein Verteilungswert

$$W_c = 1 + K_c V_S/V_R \tag{181}$$

definieren. Er gibt das Verhältnis des Produkts B in beiden Phasen zu der in der Reaktionsphase enthaltenen Menge an. Welche Ausbeute an B sich bei *Gleichstromführung* im Idealkessel bzw. Idealrohr in Abhängigkeit von den Verteilungswerten W_c erzielen läßt, geht aus Bild 41 hervor. Wie man sieht, läßt sich die Ausbeute durch eine simultane Extraktion ($W_c = 10$) beträchtlich gegenüber der unbeeinflußten Reaktion ($W_c = 1$) steigern.

In beiden Reaktoren gibt es einen Maximalwert der Ausbeute, der sich allerdings mit steigendem Durchsatz an Aufnehmer und/oder größerem Verteilungswert zu höheren Verweilzeiten verschiebt. Dabei ist

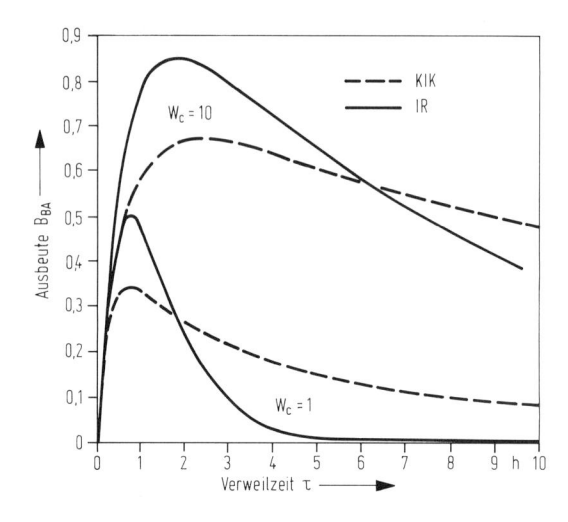

Bild 41. Ausbeute an Zwischenprodukt B bei der Gleichstromextraktion von B während der Folgereaktion A → B → C im Idealkessel (KIK) bzw. im Idealrohr (IR) bei verschiedenen Verteilungswerten W_c

das IR dem KIK bei kleinen Verweilzeiten überlegen. Hier findet sich auch die höchste Ausbeute. Bei längeren Verweilzeiten kehrt sich die Situation um; hier bringt der KIK bessere Ausbeuten.

In gewissen Grenzen hat man es auch bei Gleichstromführung in der Hand, die Geschwindigkeiten und Verweilzeiten der beiden Phasen verschieden zu halten. Läßt man in dem behandelten Beispiel die Lösemittelphase schneller als die Raffinatphase durch den Reaktor strömen, so kann man z. B. im Strömungsrohr einen beschränkten Extraktionseffekt erzielen, solange in der Raffinatphase die Konzentration an erwünschtem Produkt in Strömungsrichtung zunimmt. Man erreicht damit einen analogen Effekt, wie er bei der reinen Gleichstromextraktion durch den Einsatz mehrerer theoretischer Böden erzielt werden kann.

Bei Führung der Stoffströme im *Gegenstrom* werden die Materialbilanzen komplizierter. Hier soll nur eine Kaskade aus KIK betrachtet werden. Im IR würde nämlich ein reines Gegenstromverfahren eine schlechtere Ausbeute an erwünschtem Produkt B liefern als eine Kaskade mit wenigen KIK. Der Grund dafür liegt darin, daß der am Ende des Reaktors eintretende frische Aufnehmerstrom das Produkt B aus der Reaktionsphase zwar extrahieren würde, aber dann am Anfang des Reaktors, wo die Konzentration an B in der Reaktionsphase sehr klein ist, wieder an diese zurückgegeben würde. Für eine Kaskade von zwei KIK ergibt sich im betrachteten Modellfall, daß bei kleinen Verteilungswerten das Gleichstromverfahren im Hinblick auf die erreichbaren Ausbeuten vorzuziehen ist. Bei höheren W_c-Werten wird dagegen die Gegenstromführung überlegen.

Bei Reaktionen, bei denen die Geschwindigkeitskonstante der unerwünschten Folgereaktion größer ist als die der erwünschten Reaktion, kann die Einführung einer inerten Aufnehmerphase (gasförmig, flüssig oder fest) der einzig brauchbare Weg sein, zu einer annehmbaren Ausbeute an dem erwünschten Produkt zu gelangen.

Ein anderer Fall liegt vor, wenn der Ausgangsstoff A aus einer anderen Phase in die Reaktionsphase übergeht und das Zwischenprodukt B in umgekehrter Richtung abwandert. Hier ist die Selektivität am günstigsten, wenn der Stoffübergangskoeffizient in die Reaktionsphase klein gehalten werden kann gegenüber dem Stoffübergangskoeffizienten in die Gegenrichtung [190].

5.2.3 Temperaturführung

Bei Mehrfachreaktionen erfordert die richtige mathematische Formulierung des Optimalproblems große Sorgfalt. So kommt es z. B. bei einer Folgereaktion erster Ordnung entsprechend Gl. (171), wenn sie mit Rückführung betrieben wird, nicht nur darauf an, daß möglichst viel B gebildet wird, sondern auch darauf, daß dabei möglichst wenig C entsteht. Der optimale Temperaturverlauf längs des Rohres wird daher in einer Anlage ohne Rückführung anders aussehen

als in einer Anlage mit Rückführung. Ferner ist bei Mehrfachreaktionen die Optimalbedingung nicht bloß eine einfache Beziehung zwischen der Zusammensetzung des Reaktionsgemischs und der Temperatur, sondern z. B. eine Differentialgleichung [179] oder eine Beziehung zwischen Zusammensetzung, Temperatur und Hilfsgrößen, die einem Differentialgleichungssystem genügen [191].
Die allgemeinen Gesichtspunkte der Temperaturführung bei Mehrfachreaktionen sollen an einfachen Beispielen herausgestellt werden. Zuerst sei die *Parallelreaktion*

$$A \xrightarrow{k_1} B \tag{182}$$

$$A \xrightarrow{k_2} C \tag{183}$$

mit den Geschwindigkeitsausdrücken

$$r_1 = k_{01} e^{-E_1/RT} f_1(c_A) \tag{184}$$

$$r_2 = k_{02} e^{-E_2/RT} f_2(c_A) \tag{185}$$

betrachtet. Da die Aktivierungsenergien der beiden Reaktionen i. a. voneinander verschieden sind, kann man durch Maßnahmen der Temperaturführung die Ausbeute im gewünschten Sinne lenken. Unabhängig davon, ob die Konzentrationsfunktionen der beiden Reaktionen gleich oder verschieden sind – wenn sie sich nur nicht mit der Temperatur ändern –, gilt für die momentane Selektivität der Reaktion:

$$dc_B/dc_C = \text{konst} \, e^{(E_2 - E_1)/RT} \tag{186}$$

Wenn die erwünschte Reaktion also die höhere Aktivierungsenergie hat, wird man bei möglichst hoher Temperatur, im umgekehrten Falle bei möglichst tiefer Temperatur arbeiten. Da die Forderung einer möglichst niederen Temperatur im letzteren Fall aber i. a. mit einer entsprechenden Erniedrigung der Reaktionsgeschwindigkeit verbunden ist, wird es für eine gegebene Verweilzeit einen optimalen Temperaturverlauf in einem Reaktionsrohr geben. Er wird bei niederen Temperaturen beginnen, um die unerwünschte Reaktion zu unterbinden, und bei hohen Temperaturen enden, um die Reaktionsgeschwindigkeit – allerdings etwas auf Kosten der erwünschten Reaktion – in vernünftiger Höhe zu halten. Der damit zu erzielende Effekt gegenüber einer isothermen Fahrweise kann u. U. beachtlich sein [192].
Bei der *einfachen Folgereaktion* erster Ordnung entsprechend Gl. (171) mit B als gewünschtem Produkt ist der Effekt einer optimalen Temperaturlenkung gegenüber der isothermen Betriebsweise – unabhängig von den kinetischen Größen – i. a. nicht so markant. *Bilous* und *Amundson* [179] haben für diese Reaktion untersucht, welcher Temperaturverlauf längs des Idealrohrs bei gegebener Verweilzeit die höchste Ausbeute an B ergibt (ohne Rückführung). Ist die Aktivierungsenergie der Sekundärreaktion größer als die der Primärreaktion, dann erhält man als Bedingung einen vom Reaktoranfang bis zum Ende fallenden Temperaturverlauf. Das ist aus ähnlichen Gründen plausibel wie bei reversiblen Reaktionen; an die Stelle der Rückreaktion tritt hier die unerwünschte Folgereaktion. Die maximal erzielbare Ausbeute wird immer höher, je länger die Verweilzeit gewählt wird; die (mittlere) Temperatur des Reaktors sinkt dabei gleichzeitig ab. Hier wird man ein wirtschaftliches Optimum der Ausbeute anzustreben haben; denn mit wachsender Verweilzeit werden auch die Kosten für den Reaktor immer größer.
Wenn die Aktivierungsenergie der Sekundärreaktion kleiner ist als die der Primärreaktion, erhält man eine stetig wachsende Ausbeute an B, wenn man zu immer kleineren Verweilzeiten und gleichzeitig höheren Temperaturen übergeht. Die Ausbeute an B ist daher durch die Schwierigkeiten der Wärmeübertragung begrenzt; unter diesen Umständen kann ein vorgeschriebener Temperaturverlauf ohnehin nicht realisiert werden.

Führt man bei der Reaktion entsprechend Gl. (171) das unverbrauchte Ausgangsprodukt A in den Reaktionsapparat zurück, kann man auch bei endlichem Reaktorvolumen bzw. praktikablen Reaktionstemperaturen eine beliebig hohe Ausbeute an B durch einen entsprechend groß gewählten Kreislauffaktor erhalten.

Bei manchen Reaktionen spielen die Kosten für den Reaktionsapparat gegenüber den Kosten für die Ausgangsprodukte keine Rolle. Man kann dann gleichzeitig mit der Temperatur auch das Reaktorvolumen variieren bzw. von vornherein mit eingestelltem Gleichgewicht rechnen (vgl. [193]).

Am Beispiel der Reaktion

$$A \xrightarrow{k_1} B \xrightarrow{k_3} P \qquad (187)$$
$$\downarrow k_2 \downarrow k_4$$
$$X X$$

kann aufgezeigt werden, wie man bei *komplizierten Reaktionen* einerseits aus einer Betrachtung der Aktivierungsenergien der Reaktion bereits qualitative Aussagen über die Temperaturführung treffen kann, wie sich andererseits aber quantitative Verbesserungen durch gezielte Temperaturlenkung erreichen lassen.

Die einfache qualitative Überlegung bezüglich der Aktivierungsenergien sieht folgendermaßen aus: Wenn $E_1 < E_2$ und $E_3 < E_4$ sind, wird man im ganzen Reaktor die Temperaturen möglichst niedrig halten, um möglichst viel erwünschtes Produkt P zu erzeugen. Sind die Verhältnisse umgekehrt, wird man bei möglichst hohen Temperaturen arbeiten. Wenn aber $E_1 > E_2$ und $E_3 < E_4$ sind, entsteht das Dilemma, daß man für den Umsatz von A möglichst hohe, für die Weiterreaktion von B aber möglichst tiefe Temperaturen haben sollte. Den Ausweg aus dieser Situation kann man dadurch suchen, daß man zu Anfang der Reaktion, wo A in hoher Konzentration vorliegt, hohe Temperaturen und später, wenn B im Verhältnis zu A überwiegt, eine niedrige Temperatur vorsieht. Die gegenteilige Temperaturführung wird dann sinnvoll sein, wenn $E_1 < E_2$ und $E_3 > E_4$ sind.

Eine weitere Überlegung läßt sich hinsichtlich der Geschwindigkeitskonstanten treffen: Wenn die Abreaktion von A sehr schnell ist gegenüber der Reaktion von B ($k_1 + k_2 \gg k_3 + k_4$), wird A praktisch umgesetzt sein, bevor B reagieren kann. Spaltet man nach einem Vorschlag von *Denbigh* [193] den Reaktor in zwei Teile, die Idealkesseln entsprechen und bei verschiedenen Temperaturen gefahren werden, kann man die Reaktion so lenken, daß die Umsetzung von A praktisch im ersten und die von B im zweiten Reaktor erfolgt. Der Temperaturunterschied zwischen den beiden Kesseln kann entsprechend groß gehalten und damit die Selektivität günstig beeinflußt werden. Wenn $k_1 + k_2$ nicht sehr verschieden ist von $k_3 + k_4$, wird der Effekt klein bleiben und nicht sehr viel besser sein können als eine isotherme Fahrweise. Für einen speziellen Fall dieser Reaktion hat *Denbigh* durch die Führung in einer Kaskade von zwei Idealkesseln die Ausbeute von 25% auf 53% verbessern können. Führt man die Reaktion in einem Reaktor mit optimaler Temperaturführung durch, so kann man die Verbesserung, wie *Horn* [192] gezeigt hat, auf 69% treiben.

Weitere Beispiele für die Temperaturführung bei Mehrfachreaktionen finden sich in [192] und [4]. Dabei wird auch auf die Berechnung von optimalen Temperaturverläufen bei solchen Reaktionen eingegangen. Erste Ansätze optimaler Temperaturstrategien für den Fall einer Aktivitätsänderung im Festbettreaktor finden sich in [85].

6 Fragen der Anwendung

In den vorangehenden Abschnitten wurde die chemische Reaktionstechnik in ihren Grundzügen umrissen und der derzeitige Stand der Kenntnisse auf diesem Gebiet aufgezeigt. Dabei ist auch verschiedentlich auf Fragen der Nutzung dieser Kenntnisse für die praktische Anwendung eingegangen worden. Dieser Abschnitt soll nun einige übergeordnete Gesichtspunkte herausstellen, die für die Anwendung der chemischen Reaktionstechnik von Bedeutung sind, insbesondere bei ihrer Hauptaufgabe, die Planung und Entwicklung von chemischen Reaktoren und Anlagen vorzubereiten. Sieht man sich in der Praxis vor eine derartige Aufgabe gestellt, so taucht eine Fülle von Fragen auf. Man kann sie in drei Hauptgruppen einordnen, die sehr oft gleichzeitig auch Stadien der Verfahrensentwicklung entsprechen: die Beschaffung der für die Auslegung notwendigen Daten, die Übertragung der Planungsunterlagen auf den größeren Maßstab und die Ermittlung des angestrebten Optimums.

6.1 Datenbeschaffung

Die Stoffdaten und die stöchiometrischen und thermodynamischen Unterlagen eines chemischen Verfahrens sind im allgemeinen relativ einfach zu beschaffen [16, 194–197]. Daneben gibt es umfangreiche Datenbänke, verbunden mit rechnergestützten Suchverfahren [198]. Für weniger gut untersuchte oder etwas ausgefallene Systeme gibt es verschiedene empirische Abschätzungsmöglichkeiten, die z.T. auch über EDV zugänglich sind. Hinweise darüber finden sich z.B. in [199, 200]. Sehr viel schwieriger ist die Beschaffung kinetischer Daten. Hier kann man, wie mehrfach betont, keine zuverlässigen Werte aus theoretischen Überlegungen gewinnen. Man ist immer auf experimentelle Bestimmungen angewiesen. Angaben aus der Literatur sind bei technischen Neuplanungen nur in ganz besonderen Ausnahmefällen verfügbar. Man wird sie auch, wenn irgend möglich, mit eigenen Messungen im Laboratorium überprüfen. Zu solchen Laboratoriumsmessungen ist ganz allgemein zu sagen, daß bereits bei der Planung der Experimente und später auch bei ihrer Auswertung die reaktionstechnischen Gesichtspunkte einfließen müssen. Auf diese Problematik wurde zum Teil in einzelnen Abschnitten schon hingewiesen. Hier soll noch einmal hervorgehoben werden, daß der Einsatz statistischer Methoden nicht nur bei der Versuchsplanung, sondern besonders auch bei der Ermittlung von Parametern und bei der Entscheidung, welches kinetische Modell zu unterlegen ist, wertvolle Dienste leistet. Dies gilt auch für die Fragen der Makrokinetik. Speziell für die Transportvorgänge sind hier allerdings – zum großen Teil aus der verfahrenstechnischen Literatur – eine Reihe von empirischen Zusammenhängen bekannt.

Für die Fragen der Reaktorplanung wurden zwar die grundlegenden Bilanzgleichungen angegeben, aber nur wenige Größenangaben gemacht über die Koeffizienten in den Bilanzgleichungen (Übergangskoeffizienten für Stoff und Wärme, Mischkoeffizienten, Austauschflächen). Die Ermittlung und die kritische Interpretation solcher Parameter ist nicht auf das Gebiet der chemischen Reaktionstechnik beschränkt, sondern reicht darüber hinaus in den Bereich der Verfahrenstechnik [201, 202]. Dabei handelt es sich allerdings um Werte, die mit wenigen Ausnahmen in Abwesenheit chemischer Reaktionen gemessen worden sind und daher manchmal nur bedingt auf reagierende Systeme übertragen werden können.

Die Koeffizienten der Bilanzgleichungen sind fast ausschließlich effektive Größen, die in komplizierter Weise von physikalischen Stoffwerten, geometrischen Verhältnissen, Betriebsvariablen usw. abhängen. Sie spiegeln sozusagen die Struktur des betreffenden Systems wider. Als Methode der Wahl versucht man im allgemeinen die Dimensionsanalyse zur Ermittlung der entsprechenden Abhängigkeiten einzusetzen. Hierauf wird im folgenden Abschnitt noch etwas näher eingegangen. Aber auch mit dieser Methode können fast immer nur die wichtigsten Einflußgrößen berücksichtigt werden. Dies bedeutet, daß die empirischen Beziehungen von vornherein nur Näherungscharakter besitzen und zudem nur in einem relativ engen Bereich gültig sind. Zudem können in den dimensionslosen Kennzahlen auch Größen auftreten, die selbst wieder nicht ohne weiteres verfügbar sind (Druckabfall) oder sehr empfindlich auf kleine Änderungen ansprechen (Oberflächeneffekte). Trotz dieser Einschränkungen sind solche Beziehungen aber oft der einzige Schlüssel zur Lösung der Aufgabe. Ihr Wert liegt besonders auch darin, daß sie als Rahmen realistischer Parameterwerte bei Reaktorstudien oder als „Elle" für die experimentellen Untersuchungsergebnisse im speziellen Fall dienen können.

6.2 Maßstabsvergrößerung

Ein Hauptfeld der Anwendung für die chemische Reaktionstechnik bildet die Übertragung (scale up) chemischer Umsetzungen vom Labormaßstab in die technische Größe. Daß diese Übertragung sehr oft nicht in einem Schritt vorgenommen werden kann, ist bereits erwähnt worden. In jedem Fall wird man – ausgehend von den reaktionstechnischen Untersuchungen im Labor bzw. in der Versuchsanlage (pilot plant) – eine problemgerechte Maßstabsvergrößerung durchführen müssen. Das bedeutet, daß die Versuche hauptsächlich im Hinblick auf die Maßstabsübertragung angelegt werden. Dies führt in Versuchsanlagen sehr oft zu Interessenkonflikten mit den Instanzen der Produktion. Es kann aber nicht genügend betont werden, daß das Ziel solcher Pilotanlagen nicht in der optimalen Produktion, sondern in der Ermittlung der Parameter liegt, die für die optimale Produktion in der Großanlage richtungsweisend sind.

Und noch ein anderer Punkt sei in diesem Zusammenhang hervorgehoben: Schon in einem möglichst frühen Stadium der Verfahrensplanung sollte man darauf bedacht sein, diejenigen Verfahrensvarianten oder -schritte bevorzugt auszuwählen, deren Maßstabsvergrößerung die geringeren Schwierigkeiten bereitet. Unter diesem Aspekt sind Reaktionssysteme oder Reaktoren, die sich problemlos in alle Raumdimensionen vergrößern lassen, vorzuziehen.

Bevor die Regeln für eine Maßstabsvergrößerung erarbeitet werden können, müssen zwei schwierige Fragen gelöst werden: Welcher großtechnische Reaktortyp ist nach den Laborergebnissen zur chemischen Reaktion für die beabsichtigte Produktion überhaupt geeignet, und wie muß der Pilotreaktor aussehen, der die Verhältnisse im Großreaktor am besten simulieren kann. Es wird häufig übersehen, daß diese Entscheidung zum zweiten Problem – ein Scale-down-Problem sozusagen – die eigentlich entscheidende Weichenstellung birgt. Besonders in den Abschnitten über Mehrphasenreaktoren wurde schon darauf hingewiesen: Es gibt Effekte wie etwa das Blasenwachstum in Wirbelschichtreaktoren, die in kleineren Einheiten gar nicht hinreichend studiert werden können. Es gibt andererseits Probleme mit kleineren Reaktoren wie etwa ungenügende Adiabasie oder ungünstige Strömungsformen, die dem Großreaktor fremd sind.

Der Versuchsreaktor muß es ermöglichen, diagnostische Tests durchzuführen. Er soll ferner erlauben, auch in technisch nicht beabsichtigte Bereiche der einstellbaren Parameter vorzustoßen, um die Zuverlässigkeit und Vorhersagekraft von Modellen testen zu können. Ein zu enger Bereich oder ungenügendes Abschreiten des Variablenraums in Versuchsanlagen ist eines der größten Versäumnisse, das man begehen kann.

Ein wesentliches Hilfsmittel zur Übertragung stellt die Ähnlichkeitslehre dar; über ihre Grundzüge s. z.B. [203]. Die Ähnlichkeitsanalyse oder Analyse mit dimensionslosen Kennzahlen bietet sich immer dann an, wenn ein technisches Problem zwar in den physikalischen Grundlagen bekannt ist, aber entweder nicht mathematisch formuliert oder nur mit zu großem mathematischen Aufwand gelöst werden könnte. Dabei gibt es vor allem zwei Vorteile. Einmal wird bei der Ermittlung funktionaler Zusammenhänge die Zahl der Versuchsparameter reduziert. Ein klassisches Beispiel ist die Behandlung von Wärmeübergangsproblemen mit den drei dimensionslosen Kennzahlen Nu, Re und Pr. Zum anderen kann man aus Versuchsergebnissen im Kleinen auf entsprechende Ergebnisse im Großen schließen, ohne den funktionellen Zusammenhang der Versuchsparameter explizit zu kennen. Wenn alle für das System charakteristischen dimensionslosen Kennzahlen bis auf die eine, die das betreffende Ergebnis enthält, konstant gehalten werden, dann bleibt auch diese eine Kennzahl konstant; das Ergebnis im Großen kann dann aus ihr abgeleitet werden.

Die Ähnlichkeitslehre liefert außer einigen Grundgesetzen keine starren Vorschriften für die Behandlung eines Problems. Sie erfordert in jedem Fall physikalisches Verständnis des Problems und eine kritische Sichtung der in Frage kommenden Einflußgrößen. Die Grenzen der Anwendung liegen vor allen Dingen darin, daß sich besonders unter den Bedingungen einer technischen Reaktion eine vollkommene Ähnlichkeit deswegen nicht aufrechterhalten läßt, weil bei der Maßstabsübertragung Parameter verknüpft sind, deren Abhängigkeiten in die verschiedenen Arten der Ähnlichkeit (z. B. geometrische, thermische, chemische) verschieden eingehen. Auf die Schwierigkeiten, die sich bei der Anwendung nur partieller Ähnlichkeiten bei chemisch-technischen Problemen einstellen, hat bereits *Damköhler* [1] hingewiesen. Trotzdem behält die Ähnlichkeitsanalyse ihren Wert, besonders bei den Problemen des reinen Stoff-, Energie- und Impulsaustausches [196, 202, 204].

Im folgenden sei ein Beispiel angeführt, das zeigt, welche Vorteile eine Behandlung nach Ähnlichkeitskriterien bringen kann:
Für die effektive Diffusionskonstante D_e in einem durchströmten Schüttgut werden hauptsächlich folgende Größen von Einfluß sein: (mittlerer) Korndurchmesser d_K, Strömungsgeschwindigkeit u, dynamische Zähigkeit η und Dichte ϱ des Gases bzw. der Flüssigkeit. In diesen fünf Größen kommen drei Grundeinheiten vor: Masse, Länge und Zeit. Es lassen sich zwei (= 5 − 3) dimensionslose Kennzahlen bilden. Zweckmäßigerweise wählt man dafür die (modifizierte) *Reynolds*-Zahl $Re' = u d_K \varrho/\eta$ und als zweite Kennzahl $D_e/u d_K$. Zwischen den fünf Größen besteht dann der Zusammenhang: $D_e/u d_K = f(Re')$.
Zur Ermittlung von D_e muß also lediglich einmal die Funktion f(Re') experimentell bestimmt werden, dann läßt sich für jeden speziellen Fall D_e aus u, d_K, ϱ und η berechnen. Freilich gelten solche Zusammenhänge oft nur näherungsweise, weil noch andere, in dieser Darstellung nicht berücksichtigte Größen von mehr oder weniger großem Einfluß sind; hier z. B. Kornform, Schüttung, Wandeinfluß, Diffusionsart, Abweichung vom *Newton*schen Verhalten usw.

6.3 Optimierung

Liegen die Ausgangsdaten für die Planung eines Reaktors oder einer Anlage einmal vor, so besteht die Aufgabe darin, aus diesen Unterlagen die optimale Lösung zu suchen. Hierfür gibt es eine besonders in den letzten Jahren ausgereifte wissenschaftliche Methodik [205–207]. Es wurde aber schon erwähnt, daß die Zielgrößen für das Aufsuchen des Optimums bei den Problemen der chemischen Technik sehr unterschiedlich gesetzt werden können. Hier kann man verschiedene Kategorien unterscheiden, die sich sowohl durch den fachlichen Bereich als auch durch die Größe der Operation voneinander abheben. Beginnt man mit der stofflichen Kategorie, die sich im wesentlichen im chemischen Labor abklären läßt, so wird man als Zielgröße für die Optimierung den Stoffverbrauch oder – bilanzmäßig gesehen – die Materialkosten ansprechen können. Hierher gehören auch die reinen Selektivitätsprobleme. Eine weitere Kategorie, die zentral die reaktionstechnische Fragestellung repräsentiert, ist die des chemisch-technischen Verfahrens, für das die Unterlagen im allgemeinen in einer Pilotanlage zu erarbeiten sind. Hier spielt neben dem Stoffverbrauch auch der Energieverbrauch eine entscheidende Rolle. Im Gesamtverfahren – also einschließlich der verfahrenstechnischen Grundoperationen – wird das Minimum der Material- und Betriebskosten zu suchen sein. Außerdem münden hier auch die Fragen ein, die mit der Größe und Gestalt des Reaktors zusammenhängen. Die nächste Kategorie liegt auf betriebswirtschaftlicher Ebene. Sie wird sich mit der kommerziellen Betriebsanlage zu befassen haben. Bilanzmäßig betrachtet wird man das Minimum der Herstellungskosten im Auge haben. Dabei spielen aus reaktionstechnischer Sicht insbesondere der bereits genannte Stoff- und Energieverbrauch sowie die Kosten für den Reaktor und die übrigen verfahrenstechnischen Apparate eine Rolle. Als letzte Kategorie kann man schließlich das Optimum in finanzwirtschaftlicher Hinsicht sehen, d. h. es muß als Zielgröße die Rentabilität einer Produktion betrachtet werden.
Bei alledem darf aber nicht vergessen werden, daß eine Optimierung nach den angedeuteten Zielgrößen für die Entscheidung nicht allein ausschlaggebend sein kann. In allen vier genannten Kategorien gibt es ja Risiken, die mit der Erreichung der gesuchten Zielgröße verknüpft sind und die man sehr oft zwar nicht quantitativ erfassen kann, aber trotzdem in die Entscheidung einbeziehen muß. Zu diesen Risiken gehören in stofflicher Hinsicht die Reinheit und der zugängliche Vorrat an Ausgangsstoffen sowie in technischer Hinsicht die Risiken bezüglich Betriebssicherheit und Produktionsleistung einer Anlage. Als wirtschaftliche Risiken wird man einerseits die Nutzungsdauer und die Anlagenauslastung zu betrachten haben, andererseits kommen für die Fragen der Rentabilität der Verkaufspreis und die Absatzrisiken ins Spiel.

Bei der Komplexheit dieser Entscheidungssituation ist es in jedem Fall von Vorteil, möglichst viele Informationen über die einzelnen Optima möglichst frühzeitig zur Verfügung zu haben. Dazu soll die Beschäftigung mit der chemischen Reaktionstechnik die entscheidende Hilfe bieten.

Literaturverzeichnis

1. *Damköhler, G.*, in *Eucken, A., Jakob, M.* (Herausgeber): Der Chemie-Ingenieur, Bd. III/1. Leipzig: Akadem. Verlagsgesellschaft 1937.
2. *Dialer, K., Horn, F., Küchler, L.:* Chemische Reaktionstechnik, in Winnacker, K., Küchler, L. (Herausgeber): Chemische Technologie, 2. Aufl., Bd. 1, S. 199. München: Carl Hanser 1958.
3. *Brötz, W.:* Grundriß der chemischen Reaktionstechnik. Weinheim: Verlag Chemie 1958 und 1970.
4. *Aris, R.:* The Optimal Design of Chemical Reactors. New York: Academic Press 1961.
5. *Levenspiel, O.:* Chemical Reaction Engineering. New York: Wiley 1962 und 1972.
6. *Kramers, H., Westerterp, K.R.:* Elements of Chemical Reactor Design and Operation. Amsterdam: Netherlands University Press 1963.
7. *Denbigh, K.G.:* Chemical Reactor Theory. Cambridge: University Press 1965.
8. *Aris, R.:* Introduction to the Analysis of Chemical Reactors. Englewood Cliffs, N.J.: Prentice-Hall 1965.
9. *Aris, R.:* Elementary Chemical Reactor Analysis. Hemel Hempstead: Prentice-Hall 1969.
10. *Cooper, A.R., Jeffreys, G.V.:* Chemical Kinetics and Reactor Design. Edinburgh: Oliver & Boyd 1971.
11. *Denbigh, K.G., Turner, J.C.R.:* Einführung in die chemische Reaktionstechnik. Weinheim: Verlag Chemie 1973.
12. *Budde, K.* (Herausgeber): Reaktionstechnik, Bd. 1-3. Leipzig: Verlag für Grundstoffindustrie 1974-1977.
13. *Thoenes, D.*, in [204], Bd. 1, S. 213 (1972).
14. *Fitzer, E., Fritz, W.:* Technische Chemie. Berlin: Springer 1975.
15. *Dialer, K., Löwe, A.:* Chemische Reaktionstechnik. München: Carl Hanser 1975.
15a. *Carberry, J.J.:* Chemical and Catalytic Reaction Engineering. New York: McGraw-Hill 1976.
16. *Rase, H.F.:* Chemical Reactor Design for Process Plants, Bd. 1 und 2. New York: Wiley 1977.
17. *Hill, C.G.:* An Introduction to Chemical Engineering Kinetics and Reactor Design. New York: Wiley 1977.
18. *Horák, J., Pašek, J.:* Design of Industrial Chemical Reactors from Laboratory Data. London: Heyden 1978.
19. *Froment, G.F., Bischoff, K.B.:* Chemical Reactor Analysis and Design. New York: Wiley 1979.
20. *Schubert, E., Hofmann, H.:* Chem.-Ing.-Tech. 47 (1975), 191.
21. *Boudart, M.:* Kinetics of Chemical Processes. Englewood Cliffs, N.J.: Prentice-Hall 1968.
22. *Moore, J.W., Pearson, R.G.:* Kinetics and Mechanism. New York: Wiley 1981.
23. *Aris, R., Mah, R.H.S.:* Ind. Eng. Chem., Fundam. 2 (1963), 90.
24. *Probst, K.:* Dissertation, Universität Erlangen-Nürnberg 1981.
25. *Löwe, A.:* Chem.-Ing.-Tech. 52 (1980), 777.
26. *Wei, J., Prater, C.D.:* Adv. Catal. 13 (1962), 203.
27. *Himmelblau, D.M., Jones, C.R., Bischoff, K.B.:* Ind. Eng. Chem., Fundam. 6 (1967), 539.
28. *Dalla Lana, I.G., Myint, A., Wanke, S.E.:* Can. J. Chem. Eng. 51 (1973), 578.
29. *Nace, D.M., Voltz, S.E., Weekman, V.W.:* Ind. Eng. Chem., Process Des. Dev. 10 (1971), 530.
30. *Luss, D., Golikeri, S.V.:* AIChE J. 21 (1975), 865.
31. *Hoffmann, U., Hofmann, H.:* Chem.-Ing.-Tech. 48 (1976), 630.
32. *Weekman, V.W.:* AIChE J. 20 (1974), 833.
33. *Bub, G., Dialer, K., Löwe, A., Prauser, G.:* Reaktionstechnik heterogener Gasreaktionen. DECHEMA-Kurshandbuch. Frankfurt 1982.
34. *Danckwerts, P.V.:* Appl. Sci. Res., Sect. A 3 (1953), 279.
35. *Danckwerts, P.V.:* Chem. Eng. Sci. 8 (1958), 93.
36. *Naumann, E.B.:* J. Macromol. Sci. C 10 (1974), 75.
37. *Toor, H.L.:* AIChE J. 8 (1962), 70.

38. *Lewis, B., von Elbe, G.:* Combustions, Flames and Explosions of Gases, 2. Aufl. New York: Academic Press 1961.
39. *Bockhorn, H., Coy, R., Fetting, F., Prätorius, W.:* Chem.-Ing.-Tech. 49 (1977), 883.
40. *Fetting, F.:* Chem.-Ing.-Tech. 35 (1963), 185.
41. *Warnatz, J.:* Ber. Bunsenges. Phys. Chem. 82 (1978) 193, 643, 834.
42. *Gerrens, H.,* in Proc. Int. Symp. Chem. React. Eng. (ISCRE), 4th, Heidelberg 1976. Frankfurt: DECHEMA 1976. S.a. [204], Bd.19, S.107 (1980).
43. *Damköhler, G.:* Z. Elektrochem. 42 (1936) 846.
44. *Thiele, E.W.:* Ind. Eng. Chem. 31 (1939), 916.
45. *Zeldovitch, Y.B.:* Acta Physicochim. URSS 10 (1939), 583.
46. *Wagner, C.:* Chem. Tech. (Heidelberg) 18 (1945), 1; Z. Phys. Chem., Abt. A 19 (1943), 1.
47. *Frank-Kamenetskii, D.A.:* Diffusion and Heat Transfer in Chemical Kinetics. New York: Plenum Press 1969.
48. *Wheeler, A.,* in *Frankenburg, W.G., Komarewski, V.J., Rideal, E.K.* (Herausgeber): Advances in Catalysis, Bd.3, S.249. New York: Academic Press 1951.
49. *Wheeler, A.,* in *Emmett, P.H.* (Herausgeber): Catalysis, Bd.2, S.105. New York: Reinhold 1955.
50. *Satterfield, C.N.:* Mass Transfer in Heterogeneous Catalysis. Cambridge, Mass.: MIT Press 1970.
51. *Aris, R.:* The Mathematical Theory of Diffusion and Reaction in Permeable Catalysts, Bd.1 und 2. London: Oxford University Press 1975.
52. *Schlosser, E.G.:* Heterogene Katalyse. Weinheim: Verlag Chemie 1972.
53. *Weisz, P.B., Prater, C.D.:* Interpretation of Measurements in Experimental Catalysis, in *Frankenburg, W.G., Komarewsky, V.J., Rideal, E.K.* (Herausgeber): Advances in Catalysis, Bd.6, S.143. New York: Academic Press 1954.
54. *Weisz, P.B.:* Adv. Catal. 13 (1962), 148.
55. *Smith, J.M.:* Chemical Engineering Kinetics, 3. Aufl. New York: McGraw-Hill 1981.
56. *Weisz, P.B.:* Science 179 (1973), 433.
57. *Koros, R.M., Nowak, E.J.:* Chem. Eng. Sci. 22 (1967), 470.
58. *Hegedus, L.L., McCabe, R.W.:* Catal. Rev. – Sci. Eng. 23 (1981), 377.
59. *Wicke, E., Kallenbach, R.:* Kolloid-Z. 97 (1941), 135.
60. *Hegedus, L.L., Petersen, E.E.:* J. Catal. 28 (1973), 150.
61. *Astarita, G.:* Mass Transfer with Chemical Reaction. Amsterdam: Elsevier 1967.
62. *Astarita, G.:* Ind. Eng. Chem. 58 (1966) Nr.8, 18.
63. *Higbie, R.:* Trans. Am. Inst. Chem. Eng. 31 (1935), 365.
64. *Danckwerts, P.V.:* Trans. Faraday Soc. 46 (1950), 701.
65. *Harriott, P.:* Chem. Eng. Sci. 17 (1962), 149.
66. *Nagel, O., Kürten, H., Hegner, B., Sinn, R.:* Chem.-Ing.-Tech. 42 (1970), 921.
67. *Danckwerts, P.V.:* Gas-Liquid Reactions. London: McGraw-Hill 1970.
68. *Sherwood, T.K., Pigford, R.L.:* Absorption and Extraction, 2. Aufl. New York: McGraw-Hill 1952.
69. *Ramm, V.M.:* Absorption of Gases (Übers. aus dem Russ.). Jerusalem: Israel Program for Scientific Translations 1968.
70. *Valentin, F.H.H.:* Absorption in Gas-Liquid Dispersions. London: Spon 1967.
71. *Van Krevelen, D.W., Hoftijzer, P.J.:* Recl. Trav. Chim. Pays-Bas 67 (1948), 563.
72. *Danckwerts, P.V., Sharma, M.M.:* Chem. Eng. (London), Trans. Inst. Chem. Eng. 44 (1966), CE 244.
73. *Schmidt, H.W.:* Chem.-Ing.-Tech. 40 (1968), 425.
74. *Van de Vusse, J.G.:* Chem. Eng. Sci. 21 (1966), 631, 645, 1239.
75. *Jordan, D.G.:* Chemical Process Development, Bd.1 und 2. New York: Wiley 1968.
76. *Levenspiel, O.:* Chem. Eng. Sci. 35 (1980), 1821.
77. *Hedden, K., Löwe, A.:* Chem.-Ing.-Tech. 38 (1966), 846.
78. *Walker, P.L. jr., Rusinko, F. jr., Austin, L.G.:* Gas Reactions of Carbon, in *Frankenburg, W.G., Komarewsky, V.J., Rideal, E.K.* (Herausgeber): Advances in Catalysis, Bd.11, S.134. New York: Academic Press 1959.
79. *Hedden, K., Löwe, A.:* Carbon 5 (1967), 339.
80. *Szekely, J., Evans, J.W., Sohn, H.Y.:* Gas-Solid Reactions. New York: Academic Press 1976.
81. *Lueken, A., Löwe, A., Dialer, K.:* Chem.-Ing.-Tech. 41 (1969), 309.
82. *Wen, C.Y., Wang, S.C.:* Ind. Eng. Chem. 62 (1970) Nr.8, 30.
83. *Shah, Y.T.:* Gas-Liquid-Solid Reactor Design. New York: McGraw-Hill 1979.
84. *Ramachandran, P.A., Sharma, M.M.:* Chem. Eng. Sci. 24 (1969), 1681.

85. *Butt, J. B.:* Catalyst Deactivation, in Proc. Int. Symp. Chem. React. Eng. (ISCRE), 1st, Washington, D.C., 1970, S. 259. Adv. Chem. Ser. 109 (1972).
86. *Butt, J. B., Billimoria, R. M.:* ACS Symp. Ser. 72 (1978), 288.
87. *Masamune, S., Smith, J. M.:* AIChE J. 12 (1966), 384.
88. *Corbett, W. E., Luss, D.:* Chem. Eng. Sci. 29 (1974), 1473.
89. *Sada, E., Wen, C. Y.:* Chem. Eng. Sci. 22 (1967), 559.
90. *Lee, J. W., Butt, J. B.:* Chem. Eng. J. (Lausanne) 6 (1973), 111.
91. *Suga, K., Morita, Y., Kunugita, E., Otake, T.:* Int. Chem. Eng. 7 (1967), 742.
92. *Hiemenz, W.:* World Pet. Congr., Proc., 6th, Hamburg 1963, S. 307.
93. *Newson, E.:* Ind. Eng. Chem., Process Des. Dev. 14 (1975), 27.
94. *Levenspiel, O.:* J. Catal. 25 (1972), 265.
95. *Bailey, J. E., Horn, F.J.M.:* Ber. Bunsenges. Phys. Chem. 73 (1969), 274.
96. *Renken, A.:* Chem.-Ing.-Tech. 54 (1982), 571.
97. *Hugo, P.:* Chem.-Ing.-Tech. 53 (1981), 107.
98. *Ladet, P., Himmelblau, D. M.,* in *Drew, Th. B., Hooper, J. W.* (Herausgeber): Advances in Chemical Engineering, Bd. 8, S. 184. New York: Academic Press 1970.
99. *Rudd, D. F., Watson, C. C.:* Strategy of Process Engineering. New York: Wiley 1968.
100. *Carberry, J.J.:* Ind. Eng. Chem. 58 (1966) Nr. 10, 40.
101. *Tiltscher, H., Schelchshorn, J., Wolf, H., Dialer, K.:* Chem.-Ing.-Tech. 51 (1979), 682.
102. *Levenspiel, O., Bischoff, K. B.,* in *Drew, Th. B., Hooper, J. W.* (Herausgeber): Advances in Chemical Engineering, Bd. 4, S. 95. New York: Academic Press 1963.
103. *Bub, G., Löwe, A., Dialer, K.:* Chem.-Ing.-Tech. 43 (1971), 619.
104. *Cholette, A., Cloutier, L.:* Can. J. Chem. Eng. 37 (1959), 105.
105. *Olson, J. H., Stout, L. E.,* in *Uhl, V. W., Gray, J. B.* (Herausgeber): Mixing. Bd. 2, S. 115. New York: Academic Press 1967, 1972.
106. *Himmelblau, D. M., Bischoff, K. B.:* Process Analysis and Simulation. New York: Wiley 1968.
107. *Wen, C. Y., Fan, L. T.:* Models for Flow Systems and Chemical Reactors. New York: Dekker 1975.
108. *Schoenemann, K.:* DECHEMA-Monogr. 21 (1952), 203.
109. *Wicke, E., Vortmeyer, D.:* Ber. Bunsenges. Phys. Chem. 63 (1959), 145.
109a. *Zwietering, Th. N.:* Chem. Eng. Sci. 11 (1959), 1.
110. *Rao, D. P., Edwards, L. L.:* Chem. Eng. Sci. 28 (1973), 1179.
111. *Gestrich, W., Kerber, R.:* Chem.-Ing.-Tech. 41 (1969), 1222.
112. *Brandes, H.,* in *Oppelt, W., Wicke, E.* (Herausgeber): Grundlagen der chemischen Prozeßregelung, S. 65. Zürich: Deutsch 1970.
113. *Wicke, E.,* in *Oppelt, W., Wicke, E.* (Herausgeber): Grundlagen der chemischen Prozeßregelung, S. 46. Zürich: Deutsch 1970.
114. *Bilous, O., Amundson, N. R.:* AIChE J. 1 (1955), 513.
115. *Hlaváček, V.:* Ind. Eng. Chem. 62 (1970) Nr. 7, 8.
116. *Emig, G., Hofmann, H., Hoffmann, U., Fiand, U.:* Chem. Eng. Sci. 35 (1980), 249.
117. *Van Heerden, C.:* Chem. Eng. Sci. 8 (1958), 133.
118. *Perlmutter, D. D.:* Stability of Chemical Reactors. Englewood Cliffs, N.J.: Prentice-Hall 1972.
119. *Schmitz, R. A.:* Adv. Chem. Ser. 148 (1975), 156.
120. *Rietema, K.,* in *Drew, Th. B., Hooper, J. W.* (Herausgeber): Advances in Chemical Engineering, Bd. 5, S. 237. New York: Academic Press 1964.
121. *Froment, G. F.,* in Proc. Int. Symp. Chem. React. Eng. (ISCRE), 2nd, Amsterdam 1972, S. A5-1. Amsterdam: Elsevier 1972.
122. *Wicke, E., Padberg, G., Arens, H.,* in Proc. Eur. Symp. Chem. React. Eng., 4th, Brüssel 1968. Oxford: Pergamon Press 1971.
123. *Vortmeyer, D., Jahnel, W.:* Chem. Eng. Sci. 27 (1972), 1485.
124. *Löwe, A.:* Chem.-Ing.-Tech. 51 (1979), 779.
125. *Beek, J.,* in *Drew, Th. B., Hooper, J. W.* (Herausgeber): Advances in Chemical Engineering, Bd. 3, S. 203. New York: Academic Press 1956–1970.
126. *Froment, G. F.:* Ind. Eng. Chem. 59 (1967) Nr. 2, 18.
127. *De Wasch, A. P., Froment, G. F.:* Chem. Eng. Sci. 27 (1972), 567.
128. *Schlünder, E. U.:* ACS Symp. Ser. 72 (1978), 110.
129. VDI-Wärmeatlas, 3. Aufl., S. Gg 1. Düsseldorf: VDI-Verlag 1977.
130. *Finlayson, B. A.:* The Method of Weighted Residuals and Variational Principles, Kap. 5. New York: Academic Press 1972.

131. *Mears, D. E.:* Ind. Eng. Chem., Process Des. Dev. 10 (1971), 541.
132. *Hoffmann, U.:* Fortschr.-Ber. VDI-Z. Reihe 3, Bd. 49 (1978).
133. *Hofmann, H.:* Chem.-Ing.-Tech. 51 (1979), 257.
134. *de Vries, R. J., van Swaaij, W. P. M., Mantovani, C., Heijkoop, A.,* in Proc. Int. Symp. Chem. React. Eng. (ISCRE), 2nd, Amsterdam 1972, S. B 9–59. Amsterdam: Elsevier 1972.
135. *Davidson, J. F., Harrison, D., Darton, R. C., La Nauze, R. D.,* in *Lapidus, L., Amundson, N. R.* (Herausgeber): Chemical Reactor Theory – A Review, S. 583. Englewood Cliffs, N.J.: Prentice-Hall 1977.
136. *Davies, R. M., Taylor, G. I.:* Proc. R. Soc. London, Ser. A 200 (1950), 375.
137. *Nicklin, D. J.:* Chem. Eng. Sci. 17 (1962), 693.
138. *Werther, J.:* Chem.-Ing.-Tech. 49 (1977), 777; 54 (1982), 876.
139. *Darton, R. C., La Nauze, R. D., Davidson, J. F., Harrison, D.:* Trans. Inst. Chem. Eng. 55 (1977), 247.
139a. *Löwe, A.:* Chem.-Ing.-Tech. 54 (1982), 755.
140. *Krishna, R.,* in *Rodrigues, A. E., Calo, J. M., Sweed, N. H.* (Herausgeber): Multiphase Chemical Reactors, Bd. 2. Alphen aan den Rijn: Sijthoff u. Noordhoff 1981.
141. *Astarita, G.,* in Proc. Int. Symp. Chem. React. Eng. (ISCRE), 2nd, Amsterdam 1972, S. A 3. Amsterdam: Elsevier 1972.
142. *Levich, G.:* Physicochemical Hydrodynamics. Englewood Cliffs, N.J.: Prentice-Hall 1962.
143. *Nagel, O., Kürten, H., Sinn, R.:* Chem.-Ing.-Tech. 44 (1972), 367, 899.
144. *Calderbank, P. H.:* Mass Transfer, in *Uhl, V. W., Gray, J. B.* (Herausgeber): Mixing, Bd. 2, S. 1. New York: Academic Press 1972.
145. *Bergbauer, W., Hörner, B., Dialer, K.:* Chem.-Ing.-Tech. 51 (1979), 38.
146. *Hörner, B., Abbenseth, R., Bergbauer, W.:* Chem. Eng. Sci. 35 (1980), 232.
147. *Bub, G.:* Habilitationsschrift, Universität Bochum 1979.
148. *Reith, T.:* Br. Chem. Eng. 15 (1970), 1559.
149. *Herbrechtsmeier, P., Schäfer, H., Steiner, R.:* Chem.-Ing.-Tech. 53 (1981), 200.
150. *Herbrechtsmeier, P., Schäfer, H.:* Chem.-Ing.-Tech. 54 (1982), 166.
151. *Happel, J.:* AIChE J. 4 (1958), 197.
152. *Joshi, J. B., Sharma, M. M.:* Trans. Inst. Chem. Eng. 75 (1979), 244.
153. *Zehner, P.:* Chem.-Ing.-Tech. 54 (1982), 248.
154. *Langemann, H.:* Chem.-Ztg. 92 (1968), 391, 845; 93 (1969), 707.
155. *Hikita, H., Asai, S.:* Int. Chem. Eng. 4 (1964), 5.
156. *Deckwer, W.-D.:* Chem.-Ing.-Tech. 49 (1977), 213.
157. *Deckwer, W.-D.,* in *Fogler, H. S.* (Herausgeber): Chemical Reactors. ACS Symp. Ser. Nr. 168, S. 213. Washington, D.C.: American Chemical Society 1981.
158. *Dialer, K.:* Chem.-Ing.-Tech. 54 (1982), 1.
159. *Crine, M., Marchot, P., L'Homme, G. A.:* Chem. Eng. Sci. 35 (1980), 51.
160. *Koros, R. M.,* in *Rodrigues, A. E., Calo, J. M., Sweed, N. H.* (Herausgeber): Multiphase Chemical Reactors, Bd. 2. Alphen aan den Rijn: Sijthoff u. Noordhoff 1981.
161. *Jaffe, S. B.:* Ind. Eng. Chem., Process Des. Dev. 15 (1976), 410.
162. *Eigenberger, G.:* Modelling and Simulation in Industrial Chemical Reaction Engineering, in *Ebert, K. H., Deuflhard, P., Jäger, W.* (Herausgeber): Modelling of Chemical Reaction Systems, S. 284. Heidelberg: Springer 1981.
163. *Joschek, H.-I.,* in [204], Bd. 3, S. 494 (1973).
164. *Deckwer, W.-D., Alper, E.:* Chem.-Ing.-Tech. 52 (1980), 219.
165. *Hammer, H.:* Chem.-Ing.-Tech. 51 (1979), 295.
166. *Van Landeghem, H.:* Chem. Eng. Sci. 35 (1980), 1912.
167. *Kunii, D.:* Chem. Eng. Sci. 35 (1980), 1887.
168. *Heitz, E., Kreysa, G.:* Grundlagen der technischen Elektrochemie. Weinheim: Verlag Chemie 1978.
169. *Ray, W. H.,* in *Lapidus, L., Amundson, N. R.* (Herausgeber): Chemical Reactor Theory – A Review, S. 532. Englewood Cliffs, N.J.: Prentice-Hall 1977.
170. *Shinnar, R., Katz, S.,* in Proc. Int. Symp. Chem. React. Eng. (ISCRE), 1st, Washington, D.C., 1970. Adv. Chem. Ser. 109 (1972), 56.
171. *Gerstenberg, H., Sckuhr, P., Steiner, R.:* Chem.-Ing.-Tech. 54 (1982), 541.
172. *Tadmor, Z., Biesenberger, J. A.:* Ind. Eng. Chem., Fundam. 5 (1966), 336.
173. *Moritz, H. U., Reichert, K. H.:* Chem.-Ing.-Tech. 53 (1981), 386.
174. *Sittig, W., Heine, H.:* Chem.-Ing.-Tech. 49 (1977), 595.
175. *Leistner, G., Müller, G., von Rüden, F.:* Chem.-Ing.-Tech. 53 (1981), 303.
176. *Moser, A.:* Bioprozeßtechnik. Wien: Springer 1981.

177. *Denbigh, K.G.:* Trans. Faraday Soc. 40 (1944), 352.
178. *Horn, F., Küchler, L.:* Chem.-Ing.-Tech. 31 (1959), 1.
179. *Bilous, O., Amundson, N.R.:* Chem. Eng. Sci. 5 (1956), 81, 115.
180. *Jungers, J.C., Giraud, A.:* Rev. Inst. Fr. Pet. 8 (1953), 3.
181. *Bartholomé, E., Krabetz, R.:* Z. Elektrochem. 65 (1961), 223.
182. *Levenspiel, O.:* The Chemical Reactor Omnibook. Corvallis: OSU Book Stores Inc. 1979.
183. *Douglas, J.M., Reiff, E.K. jr., Kittrell, J.R.:* Chem. Eng. Sci. 35 (1980), 322.
184. *Crowe, C.M.:* Chem. Eng. Sci. 31 (1976), 959.
185. *Park, J.Y., Levenspiel, O.:* Ind. Eng. Chem., Process Des. Dev. 15 (1976), 534, 538.
186. *Van de Vusse, J.G.:* Chem. Eng. Sci. 19 (1964), 994.
187. *Jungers, J.C.:* Cinétique chimique appliquée. Paris: Technip 1958.
188. *Grütter, W.F., Messikommer, B.H.:* Chem. Eng. Sci. 14 (1961), 321.
189. *Hofmann, H.:* Chem. Eng. Sci. 8 (1958), 113.
190. *Bridgewater, J.:* Chem. Eng. Sci. 22 (1967), 185, 711.
191. *Horn, F.:* Chem. Eng. Sci., Spec. Suppl. 131 (1957) (F).
192. *Horn, F., Troltenier, U.:* Chem.-Ing.-Tech. 32 (1960), 382.
193. *Denbigh, K.G.:* Chem. Eng. Sci., Spec. Suppl. 125 (1957).
194. *D'Ans-Lax* (Herausgeber): Taschenbuch für Chemiker und Physiker, 3. Aufl., Bd. 1–3. Berlin–Heidelberg–New York: Springer 1964–1970.
195. *Landolt-Börnstein:* Zahlenwerte und Funktionen aus Physik, Chemie, Astronomie, Geophysik und Technik, 6. Aufl., Bd. II/2–5 und IV/4. Berlin–Göttingen–Heidelberg–New York: Springer 1961–1980.
196. *Perry, J.H.* (Herausgeber): Chemical Engineers' Handbook, 5. Aufl. New York: McGraw-Hill 1973.
197. *Weast, R.C.* (Herausgeber): Handbook of Chemistry and Physics, 62. Aufl. Cleveland, Ohio: CRC Press 1981.
198. *Behrens, D., Eckermann, R.* (Herausgeber): DECHEMA Chemistry Data Series. Frankfurt: DECHEMA 1977.
199. *Luck, W.A.P.*, in [204], Bd. 1, S. 55 (1972).
200. *Schneider, G.M.*, in [204], Bd. 1, S. 1 (1972).
201. *Brauer, H.:* Grundlagen der Einphasen- und Mehrphasenströmungen. Aarau–Frankfurt: Sauerländer 1971.
202. *Brauer, H.:* Stoffaustausch. Aarau–Frankfurt: Sauerländer 1972.
203. *Vortmeyer, D.*, in [204], Bd. 1, S. 197 (1972).
204. Ullmanns Encyklopädie der technischen Chemie, 4. Aufl. Weinheim: Verlag Chemie, ab 1972.
205. *Bandermann, F.*, in [204], Bd. 1, S. 293, 361 (1972).
206. *Bojarinow, A.I., Kafarow, W.W.:* Optimierungsmethoden in der chemischen Technologie. Weinheim: Verlag Chemie 1970.
207. *Hoffmann, U., Hofmann, H.:* Einführung in die Optimierung. Weinheim: Verlag Chemie 1970.

Sachregister

Abscheiden v. Partikeln (als Trennverfahren)
- aus Flüssigkeiten 64 ff.
- aus Gasen 55 ff.
Abscheider
- elektrische (Elektrofilter) 63 f.
- Fliehkraftabscheider 57 f.
- Naßabscheider 59 ff.
Absorption
- als Trennverf. 199 ff.
- - Absorptionsapparate 204
- - chem. Absorption 203 f.
- Makrokinetik v. Absorptionssystemen 256 ff.
Abweiseradsichter 79 f.
Adsorptionsanlagen 232 ff.
Adsorptionsmittel
- Porosität 231 f.
Adsorptionsverfahren
- Grundlagen 231 ff.
Ähnlichkeitsanalyse 328 f.
Agglomerate 99 ff.,
Agglomerieren 94 ff.
- Verfahren 102 ff.
Aktivitätskoeffizienten s. Phasengleichgewichte
AP-Reaktor 114
ARD-Kolonne 210
ASOG-Methode s. a. Phasengleichgewichte 165
Attritoren s. a. Zerkleinerungsmaschinen 89

Bioreaktoren 307 f.
Blasensäulen 301 ff.
Bodenkolonnen 194 ff.
Boden, theoretischer 177
Bodenwirkungsgrad (einer Trennstufe) 178
Bodenzahl s. Trennstufentheorie
Böschungswinkel
- einer Schüttgutoberfläche 119
Bogensiebe 69 f.
Brecher (Zerkleinerungsmaschinen) 87 f.
Bruchfunktionen (Partikelzerkleinerung) 85
Brüdenkompression 181, 187
Bunkern v. Schüttgütern 118 ff.

Chemisorption 232
Coulombsches Fließkriterium s. Mohr-Coulombsches Fließkriterium
Coulter-Counter 52

Dekanter 73 f.
Dephlegmation 182
Destillation
- als Trennverf. 180 ff.
Dialyse 237
Dispergieren
- durch Rühren (Kenngrößenbeziehungen) 111, 113
Drehscheibenkolonnen 210, 211

Drucknutschen 74 f.
Dünnschichtverdampfer 156

Eigenschaftsfunktionen (z. Darst. v. Partikelkollektiven) 34
Eindicken v. Suspensionen 69
Elektrodialyse 237
Elektrofilter 63 f.
Entfeuchten v. Filterkuchen 67 f.
Extraktion
- als Trennverf.
- - Feststoffextraktion 230 f.
- - Flüssigkeitsextraktion 204 ff.
Extraktionsapparate 208 ff., 230 f.
Extraktivrektifikation 192 ff.

Festbettreaktoren 295 ff.
Festigkeit
- v. Agglomeraten 100 ff.
Filmabsorber 261
Filmdiffusion 254, 261
Filmtheorie (Absorptionsvorgang) 256, 259, 261
Filterkuchen 65, 66 ff.
- Waschen, Entfeuchten 67 f.
Filter z. Feststoffabtrennung
- aus Flüssigkeiten (s. a. Zentrifugen) 64 ff.
- aus Gasen 61 ff.
Flammenreaktionen
- Makrokinetik 248
Fliehkraftabscheider 57 f.
Fließrinnen 133
Fließverhalten v. Schüttgütern 118 ff.
- Fließprofile (beim Bunkern) 122 f.
Fluidisation v. Partikelkollektiven (Wirbelschichten)
- als Verfahrensprinzip 40 ff.
- techn. Anwendungen 45 f.
Fluidmischer 116
Förderung v. Schüttgütern
- hydraulisch 126 f.
- - Förderanlagen (Daten) 127
- pneumatisch 127 f.
- - Stopfgrenze 131 ff.
Folien 16 ff.
Fraktionierverfahren (Theorie) 174 f.
Freifallmischer 115
Füllkörperkolonnen 197 f.

Gefriertrocknung 229 f.
Gegenstromtrennverfahren 174 ff.
- Trennstufentheorie 176 ff.
Gewässerreinhaltung s. Abwasserreinigung
Gleitzentrifuge 71
Glockenboden s. Bodenkolonnen
Granulatmischer 116
Granulieren s. a. Agglomerieren
- in d. Wirbelschicht 46
Größenverteilung (bei Partikelkollektiven) s. a. Partikelmeßtechnik 32 f.

Haftung v. Partikeln s. Partikelkollektive
Hammerbrecher 88
Hammermühlen 92
Heteroazeotrop 161, 162
Hordenreaktor 281 f.
HTU-Methode (Theorie d. Gegenstromtrennung) 180, 199
Hyperfiltration 237

Ionenaustauschverfahren
– Grundlagen 234

Kapillardruckkurven (Festigkeit v. Agglomerten) 101 f.
Kaskaden (Kessel) s. Reaktorschaltungen
Katalysatoren
– Desaktivierung 268 ff., 316 f.
– Makrokinetik 249 ff., 266 f.
– Nutzungsgrad 250
– Reaktivierung 317
– Selektivität 252, 270, 318 ff.
– Vergiftung 269 f.
Kegelbrecher 87
Kegelschneckenmischer 116, 117
Keimbildung s. Kristallisation
Kinetik, chemische
– in d. Reaktionstechnik 244 ff.
Kläreindicker 68, 69
Klären v. Suspensionen 68 f.
Klassieren
– in Gasen s. Windsichten
Kollergang 88
Kontakttrockner 229
Korngröße s. Partikelkollektive u. Partikelmeßtechnik
Kratzkühler 221
Kreislaufreaktor 281
Kristallisation
– als Trennverf. 212 ff.
– – Apparate s. Kristallisatoren
– – Keimbildung 213
– – Kristallwachstum 214 ff.
– – Kühlungskristallisation 216, 218
– – – Zonenschmelzen 218
– – Vakuumkristallisation 216, 219
– – Verdampfungskristallisation 216, 218, 219
Kristallisatoren 219 ff.
– Auslegung 216 f., 372 ff.
– Kratzkühler 221
– Kristallisierkolonne 222
– Oslo-Kristaller 220
Kühni-Extraktor 210
Kugelmühlen 89

Ljungström-Regenerator 158
Lösemittel
– f. Flüssigkeitsextraktion 206
Löslichkeitsdiagramme
– Flüssig-flüssig-Systeme 166, 167
Luftstoßmischer 116, 117

Mahlkörpermühlen 89 ff.
Mahltrocknung 228
Makrokinetik s. Reaktionstechnik

Maßstabvergrößerung
s. a. Reaktionstechnik 328 f.
McCabe-Thiele-Diagramm 177, 178
Mehrstufenrührer 109
Membranverfahren
– z. Stofftrennung 235 ff.
– – Trennung v. Gasen 237
Mikrovermischung s. Mischgüte
Mischen (als Grundoperation) 105 ff.
– in Rohrleitungen 113
– v. Feststoffen (Apparatetypen) 114 ff.
– v. zähen Massen 113 f.
Mischer-Scheider (mixer-settler) 208
Mischgüte
– in fluiden Reaktionsgemischen 247 f., 311 f., 318 ff.
– – Mikrovermischung 248, 287
– – Segregation 248, 286, 311, 322
Mischsilos 116 f.
Mischungslücke s. a. Phasengleichgewichte 161, 166, 167
Mixer-settler s. Mischer-Scheider
Mohr-Coulombsches Fließkriterium (bei Schüttgütern) 119, 120
Mühlen s. Zerkleinerungsmaschinen

Naßabscheider 59 ff.

Oberflächenerneuerungstheorien (Stoffdurchgang) 174
Oberfläche, spezifische
– v. Partikelkollektiven 35
Optimierung
– d. Verfahrensführung 329 f.
Oslo-Kristaller 220

Packungen f. Rektifizierkolonnen
– Füllkörper 197 ff.
– geordnete Packungen 199
Partikelkollektive 31 f.
– Oberfläche, spezifische 35
– Partikelbewegungen 36 ff.
– Partikelgrößenanalyse
  s. a. Partikelmeßtechnik 29, 31, 33, 34
– Partikelhaftung 94 ff.
– Partikelmerkmale 31 f.
– Strömungen durch Partikelpackungen 40
– – Fluidisation (Wirbelschichten) 40 ff., 45 f.
Partikelmeßtechnik 46 ff.
– Analysenwindsichtung 52
– Sedimentationsanalyse 48 ff.
– Siebanalyse 52 f.
– Zählverfahren 50 ff.
Pelletieren s. Agglomerieren
Penetrationstheorie (Absorptionsvorgang) 256, 261
Permeation 235
Phasengleichgewichte 158 ff.
– Flüssigphase-Aktivitätskoeffizienten 163 ff.
– Phasendiagramme 161 f., 166 f., 168 f.
Plattenwärmeaustauscher 155
Polymerisationsreaktoren 306 f.
Porendiffusion 249, 259, 263
Porosität
– v. Agglomeraten 95, 99 f.
– v. Katalysatoren (Makrokinetik) 249 f.

Sachregister

- v. Membranen 236
- v. techn. Adsorptionsmitteln 231 f.
Prallbrecher 88
Prallmühlen 91 ff.
Propellerrührer 109
Prozeßtechnik 280

RDC-Kolonne 210, 211
Reaktionsapparate s. a. Reaktoren 272 ff.
Reaktionstechnik, chemische 242 ff.
- Allg. z. Anwendung
- - Maßstabvergrößerung 328 f.
- - Optimierung d. Verfahrensführung 329 f.
- Entwicklungstendenzen 243 f.
- Makrokinetik (Zusammenspiel Reaktion/ Transport) 247 ff.
- - v. Absorptionssystemen 256 ff.
- - v. Systemen mit Feststoffen
- - - als Katalysator 249 ff., 266 f.
- - - als Reaktionspartner 263 ff., 267 f.
- Reaktoren u. Reaktorberechnung
- - Betriebsformen 273 f.
- - Einbeziehung der Wärmebilanz 287 ff.
- - f. disperse Systeme 295 ff.
- - Idealtypen isothermer Reaktoren 274 ff.
- - Reaktorschaltung 280 ff.
- - Verweilzeitverhalten 282 ff.
- - Wahl d. Betriebsbedingungen
- - Selektivität als Zielgröße 318 ff.
- - Umsatz als Zielgröße 308 ff.
- - - Katalysator-Desaktivierung u. -Reaktivierung 316 f.
Reaktoren 271 ff.
- Berechnung u. Auslegung 271 ff.
- ideale Reaktoren 274 ff., 289 ff.
- mit autothermem Prozeß 293 f.
- parametrische Empfindlichkeit 292 f.
- Typen
- - Bioreaktoren 307 f.
- - Blasensäulen 301 ff.
- - Festbettreaktoren 295 ff.
- - Polymerisationsreaktoren 306 f.
- - Rieselbettreaktoren 304 f.
- - Suspensionsreaktoren 305 f.
- - Wirbelschichtreaktoren 298 ff.
Reaktorschaltungen 280 ff.
Regeneratoren (Wärmeaustauscher) 157 f.
Rektifikation
- als Trennverf. 180, 182 ff., 187 ff.
- - Kolonnen s. Rektifizierapparate
- - Theorie d. Trennstufen 176 ff.
Rektifizierapparate
- Bodenkolonnen 194 ff.
- Füllkörperkolonnen 197 f.
- Kolonnen mit geordneten Packungen 199
- Rotationskolonnen 199
Reversosmose 237
Rieselbettreaktoren 304 f.
Robert-Verdampfer 153, 220
Rohrbündelapparate
- als Reaktoren 281
- Wärmeübertragung 153, 154
Rotationskolonnen 199
- f. Flüssigkeitsextraktion 210
Rotationszerstäuber

- z. Feststoffabscheidung aus Gasen 59
Rücklaufverhältnis (Rektifiziertechnik) 177, 184
Rührbehälter
- mit Wärmeaustauschvorrichtungen (Wärmedurchgangskoeffizienten) 155 f.
Rühren (als Grundoperation) 108 ff.
Rührer
- Einsatzgebiete 109
- Kennwerte 109
- Leistungscharakteristiken 110
- Mischzeitcharakteristiken 111
Rührwerksmühlen 91

Scale up s. Maßstabvergrößerung
Schälzentrifuge 70
Scheibenregenerator 157 f.
Scheibenrührer 109
Schergerät (Fließgrenze v. Schüttgütern) 120 f.
Schlauchfilter 62
Schleppmittel (Azeotroprektifikation) 190
Schleudermischer 116, 117
Schmelzdiagramme s. a. Phasengleichgewichte 168
Schneckenmaschinen
- z. Mischen zäher Massen 114
Schrägblattrührer 109
Schubmischer 115
Schubzentrifuge 71
Schüttgüter
- Bunkern 122 ff.
- Fließverhalten 118 ff.
- Probenteilung 48
- Typen bei d. Fluidisation 43 f.
Schwingmühlen 90
Schwingsiebe 70
Schwingzentrifuge 71
Sedimentationsanalyse (Partikelmeßtechnik) 48 ff.
Segregation s. Mischgüte
Selektivität
- als Zielgröße d. Reaktionsführung 318 ff.
- v. Absorptionssystemen 262
- v. Katalysatoren 252, 270
Siebanalyse 47, 52 f.
Siebbodenkolonnen 194
- pulsierte, f. Flüssigkeitsextraktion 210
Siebdekanter 74
Siebschneckenzentrifuge 71 f.
Silo
- f. Schüttgüter s. a. Bunkern 125 f.
Silomischer 116 f.
Speicherfilter 61 f.
Spiralstrahlmühle 93
Spiralwärmeaustauscher 155
Spiralwindsichter 77 ff.
Sprühtrockner 228 f.
Stiftmühlen 92
Stoffdurchgang s. Stofftransport
Stofftransport
- in d. therm. Verfahrenstechnik 169 f.
- - durch Grenzflächen (Stoffdurchgang) 172 ff.
Stopfgrenze (pneumat. Förderung v. Schüttgütern) 131 ff.
Strahlabsorber 261
Strahlmühlen 93

Strahlwäscher 59, 203, 204
Streulichtmeßgeräte (z. Partikelgrößenanalyse) 52
Strippung b. Absorptionstrennverf. 200, 201
Strömungen
– durch Partikelpackungen 40
– Fluidisation 40 ff., 45 f.
– Strömungstrennverf. (Partikelmeßtechnik) 47
Stromtrockner 228
Sublimationstrocknung s. Gefriertrocknung
Suspendieren
– durch Rühren (Kenngrößenbeziehungen) 111 f.
Suspensionsreaktoren 305 f.
Systemanalyse 244

Taumelzentrifuge 71
Teerfarbstoffe 12 f.
Teilchengrößenanalysator 50
Teilchengröße s. Partikelkollektive, Partikelmeßtechnik
Tellerseperator 72, 211
Thormann-Boden s. Bodenkolonnen
Transport
– v. Schüttgütern s. Förderung
Trenngrad v. Abscheidern 55 f.
Trennstufentheorie (Gegenstromverf.) 176 ff.
– McCabe-Thiele-Diagramm 177, 178
– theoretischer Boden 177
Trennverfahren, mechanische 53 ff.
– Klassieren in Gasen (Windsichten) 76 ff.
– mit Feststoffabscheidung
– – aus Flüssigkeiten 64 ff.
– – aus Gasen 55 ff.
Trennverfahren, thermische 158 ff., 174 ff., 180 ff.
– Absorption 199 ff.
– – chemische 203 f.
– Adsorption 231 ff.
– Destillation 181 f.
– Feststoffextraktion 230 f.
– Flüssigkeitsextraktion 204 ff.
– Gegenstromverfahren (Theorie) 174 ff.
– Ionenaustausch 234 f.
– Kristallisation 212 ff.
– Membranverfahren 235 ff.
– – z. Trennung v. Gasen 237
– Rektifikation 180 ff.
– – Azeotroprektifikation 191 f.
– – Extraktivrektifikation 192 ff.
Trockner
– Auslegung 224 ff.
– Bauarten 227 ff.
– – Gefriertrocknungsanlagen 229 f.
– – Kontakttrockner 229
– – Wirbelbettrockner 228
– – Zerstäubungstrockner 228 f.
Trocknung
– thermische (als Grundoperation) 222 ff.
– – Apparate s. Trockner
Tropfsiebe 70
Tunnelboden s. Bodenkolonnen
Turbomischer 116
Turmextraktor 209

Übertragungseinheiten s. HTU-Methode
Ultrafiltration 237
UNIFAC-Methode s. a. Phasengleichgewichte 165

UNIQUAC-Gleichung s. a. Phasengleichgewichte 163

Vakuumfilter 75 f.
Vakuumkristallisation 216, 219
Ventilboden s. Bodenkolonnen
Venturiwäscher 59, 203, 204
Verdampfer
– Dünnschichtverdampfer 156
Verfahrenstechnik, mechanische 29 ff.
Verfahrenstechnik, thermische 139 ff.
Verstärkungsverhältnis s. Bodenwirkungsgrad
Verteilungsfunktionen (Partikelgrößenanalyse) 34 f.
Verweilzeitverhalten v. Reaktoren 282 ff.
Vollmantelschneckenzentrifuge 73 f.
Vollmersche Grenzschichttheorie (Kristallwachstum) 214 f.

Wälzmühlen 88 f.
Wärmeaustauscher
– Bauarten, Stromführung 150 f.
– prakt. Wärmedurchgangskoeffizienten 152 ff.
– – Rohrbündelapparate 152 ff.
– – Rührbehälter 155 f.
Wärmebilanz (Reaktorberechnung) 287 ff.
Wärmedurchgangskoeffizienten
  s. Wärmeübertragung
  s. Wärmeaustauscher
Wärmeübertragung, technische
– Apparate s. Wärmeaustauscher
– beim Rühren (Kenngrößenbeziehungen) 111
– Grundlagen 139 ff.
– – Wärmedurchgang 147 f.
– – Wärmetransport durch Strahlung 148 ff.
Waschtürme
– z. Feststoffabscheidung aus Gasen 59
Wasserdampfdestillation 181 f.
Wendelrührer 109
Windsichten (als Trennverfahren) 76 ff.
Windsichter 77 ff.
– z. Partikelgrößenanalyse 52
Wirbelbetttrocknung 229
Wirbelschichten
– Fluidisation als Verfahrensprinzip 40 ff., 45 f.
– Silomischer 116, 117
Wirbelschicht-Strahlmühle 46
Wirbelwäscher 59

Zentrifugalextraktoren 211 f.
Zentrifugen
– z. Feststoffabtrennung aus Flüssigkeiten 70 ff.,
Zerkleinern v. Feststoffen
– als Grundoperation 80 ff.
– – Partikelzerstörung 80 ff.
– – Zerkleinerungsgesetze 86 f.
– Zerkleinerungsmaschinen 87 ff.
– – Brecher 87 f.
– – Mahlkörpermühlen 89 ff.
– – Prallmühlen 91 ff.
– – Wälzmühlen 88 f.
Zerstäubungstrockner 228 f.
Zonenschmelzen 218
Zustandsdiagramme
– f. Wirbelschichten 42 f.
Zweifilmtheorie (Stoffdurchgang) 172 ff.
Zyklone 57 f.